100% EXOS

T^le^ S

Maths

Spécifique & spécialité

Sophie Barache
Professeur agrégée au lycée Jean-Lurçat de Martigues

Fabrice Barache
Professeur agrégé à l'École de l'air de Salon-de-Provence

Sophie Bauer
Professeur agrégée au lycée Saint-Exupéry de La Rochelle

Raphaël Bauer
Professeur agrégé au lycée Saint-Exupéry de La Rochelle

Hatier

Maquette de principe : Marie-Astrid Bailly-Maître
Mise en pages : Indologic, Pondichéry (Inde)
Schémas : Indologic, Pondichéry (Inde)
Édition : Régine Delay

 ISBN : 978-2-218-96268-4

Avant-propos

Votre ouvrage 100 % exos

■ Conforme aux programmes des enseignements spécifique et de spécialité de mathématiques en T^{le} S entrés en vigueur à la rentrée 2012, ce « 100 % exos » vous propose une **méthode de travail** complète et un **entraînement intensif** sur mesure tout au long de l'année.

■ Pour chaque thème du programme vous trouverez un **cours** structuré, les **savoir-faire** qu'il faut maîtriser, des **exercices** progressifs et leurs **corrigés** détaillés.

■ Assorties **d'indications de solution**, de **commentaires** et de **conseils** des auteurs, tous les exercices corrigés vous permettent :

- de **comprendre** les notions essentielles et de **maîtriser** le cours ;
- de **progresser** et de vous **entraîner** à votre rythme ;
- de vous **évaluer** et de **réussir** vos contrôles ;
- de viser la **mention** et l'entrée en classe **prépa**.

Sur le site www.annabac.com

■ L'achat de ce « 100 % exos » vous permet de bénéficier, pendant un an, d'un **ACCÈS GRATUIT** à toutes les ressources d'annabac.com en mathématiques T^{le} S.

■ Pour profiter de cette offre, rendez-vous sur **www.annabac.com**, dans la rubrique « Vous avez acheté un ouvrage Hatier ? »*

---

* La saisie d'un mot clé du livre (lors de votre première visite) vous permettra de créer un compte personnel et d'utiliser librement le site pendant un an.

Sommaire

ENSEIGNEMENT SPÉCIFIQUE

Analyse

Sommaire

Probabilités et estimation

9 Probabilités conditionnelles

10 Lois continues – Échantillonnage – Estimation

ENSEIGNEMENT DE SPÉCIALITÉ

11 Arithmétique

12 Matrices

Enseignement spécifique

1 Limites de suites et de fonctions

I LIMITE D'UNE SUITE QUAND n TEND VERS $+\infty$

1. Limite finie d'une suite

■ **Définition :** La suite (u_n) a pour limite le réel l (quand n tend vers $+\infty$) si, et seulement si, tout intervalle ouvert contenant l contient tous les termes de la suite à partir d'un certain rang. On note :

$$\lim_{n \to +\infty} u_n = l.$$

EXEMPLE : La suite (u_n) représentée dans le repère ci-dessous a pour limite 1 quand n tend vers $+\infty$:

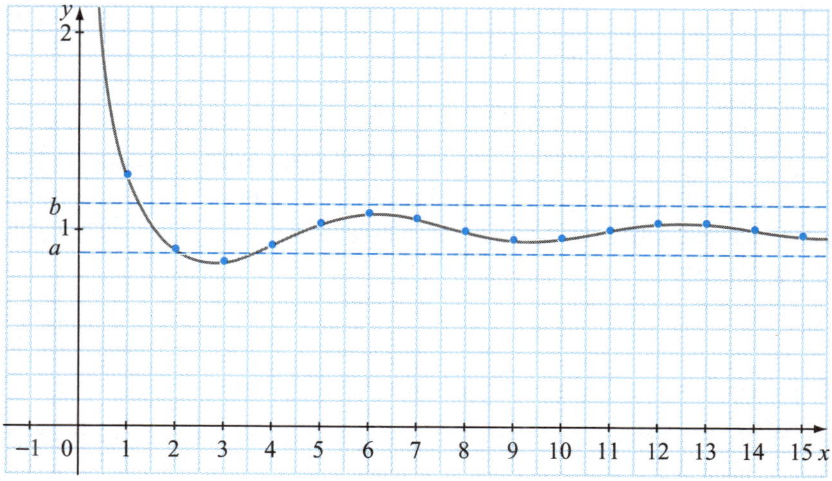

On pourrait démontrer que l'intervalle $]0{,}875\,;1{,}125[$ représenté ci-dessus contient tous les termes de la suite à partir du rang $n = 4$ (et non $n = 2$ puisque $u_3 \notin\ ]0{,}875\,;1{,}125[$).

■ Lorsque une suite admet une limite finie quand n tend vers $+\infty$, on dit qu'elle **converge**, ou encore que c'est une **suite convergente**.

EXEMPLES : $\lim\limits_{n \to +\infty} \dfrac{1}{n} = 0\,;\ \lim\limits_{n \to +\infty} \dfrac{1}{\sqrt{n}} = 0.$

2. Limite infinie d'une suite

■ La suite (u_n) a pour limite $+\infty$ si, et seulement si, tout intervalle de la forme $]A\,;+\infty[$ contient tous les termes de la suite à partir d'un certain rang. On note :

$$\lim_{n\to+\infty} u_n = +\infty.$$

■ La suite (u_n) a pour limite $-\infty$ si, et seulement si, tout intervalle de la forme $]-\infty\,;A[$ contient tous les termes de la suite à partir d'un certain rang. On note :

$$\lim_{n\to+\infty} u_n = -\infty.$$

EXEMPLE : La suite (u_n) représentée dans le repère ci-dessous a pour limite $-\infty$ quand n tend vers $+\infty$:

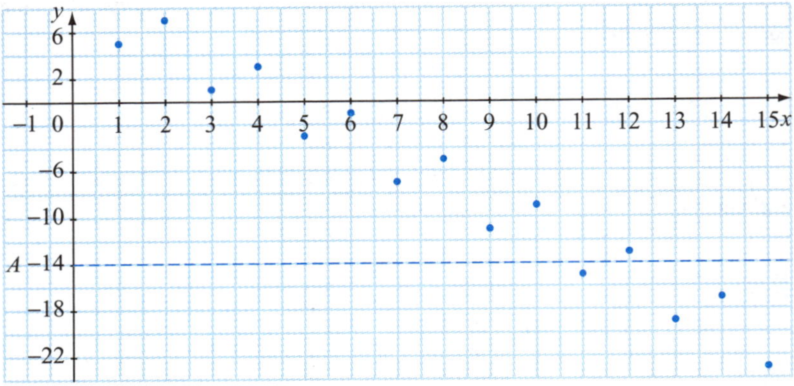

On pourrait démontrer que l'intervalle $]-\infty\,;-14[$ représenté ci-dessus contient tous les termes de la suite à partir du rang $n = 13$ (et non $n = 11$).

■ Lorsque une suite admet une limite infinie quand n tend vers $+\infty$, on dit qu'elle **diverge**.

EXEMPLES : $\lim\limits_{n\to+\infty} n^2 = +\infty$; $\lim\limits_{n\to+\infty} \sqrt{n} = +\infty$.

3. Exemples de suites n'ayant pas de limite en $+\infty$

• La suite (u_n) définie, pour tout $n \in \mathbb{N}$, par $u_n = (-1)^n$ n'admet pas de limite quand n tend vers $+\infty$.

En effet, $u_n = \begin{cases} 1 \text{ si } n \text{ est pair} \\ -1 \text{ si } n \text{ est impair} \end{cases}$.

Les termes de la suite ne tendent donc pas vers une valeur limite.

• Toute suite géométrique (v_n) non nulle et de raison $q < -1$ n'admet pas de limite. Ainsi de la suite définie pour tout $n \in \mathbb{N}$, par $v_n = 5 \times \left(-\dfrac{3}{2}\right)^n$.

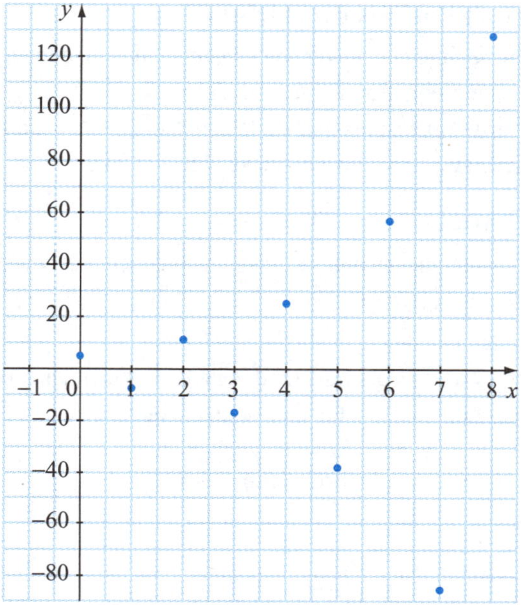

■ Lorsque une suite n'admet pas de limite quand n tend vers $+\infty$, on dit encore qu'elle **diverge**.

II LIMITE D'UNE FONCTION

1. Limite finie en $+\infty$ ou en $-\infty$

■ **Limite finie en $+\infty$**

f désigne une fonction définie au moins sur un intervalle de la forme $]a\,;+\infty[$ $(a \in \mathbb{R})$.

Dire que $f(x)$ tend vers le réel l quand x tend vers $+\infty$ signifie que, pour des valeurs suffisamment grandes de x, $f(x)$ est aussi proche que l'on veut de l. On écrit :

$$\lim_{x\to+\infty} f(x) = l.$$

EXEMPLES : • $\lim_{x\to+\infty}\left(3-\frac{1}{x}\right)=3$; • $\lim_{x\to+\infty}\frac{1}{\sqrt{x}}=0$; • si $n \in \mathbb{N}^*$, $\lim_{x\to+\infty}\frac{1}{x^n}=0$.

■ **Limite finie en $-\infty$**

f désigne une fonction définie au moins sur un intervalle de la forme $]-\infty\,;a[$ $(a \in \mathbb{R})$

EXEMPLES : • $\lim_{x\to-\infty}\left(\frac{1}{x}\right)=0$; • $\lim_{x\to-\infty}\left(\frac{1}{x^2}\right)=0^+$; • si $n \in \mathbb{N}^*$, $\lim_{x\to-\infty}\frac{1}{x^n}=0$.

Asymptote parallèle à l'axe des abscisses

Si f admet une limite finie l en $+\infty$ ou en $-\infty$, on dit que $\mathscr{C}_f$ admet pour asymptote horizontale la droite d'équation $y = l$.

EXEMPLE : La courbe représentative de la fonction inverse admet pour asymptote horizontale l'axe des abscisses en $+\infty$ et en $-\infty$.

2. Limite infinie en $+\infty$ ou en $-\infty$

f désigne une fonction définie au moins sur un intervalle de la forme $]a\,;+\infty[$ ou $]-\infty\,;a[$, où a est un réel.

Limite infinie en $+\infty$

Dire que $f(x)$ tend vers $+\infty$ quand x tend vers $+\infty$ signifie que, pour des valeurs suffisamment grandes de x, $f(x)$ est aussi grand que l'on veut. On écrit :

$$\lim_{x \to +\infty} f(x) = +\infty.$$

EXEMPLES : • $\lim_{x\to+\infty} x = +\infty$; • $\lim_{x\to+\infty} \sqrt{x} = +\infty$; • si $n \in \mathbb{N}^*$, $\lim_{x\to+\infty} x^n = +\infty$.

Limite infinie en $-\infty$

EXEMPLES : • $\lim_{x\to-\infty} x = -\infty$; • $\lim_{x\to-\infty} x^2 = +\infty$;

• si $n \in \mathbb{N}^*$, $\lim_{x\to-\infty} x^n = \begin{cases} +\infty \text{ si } n \text{ est pair} \\ -\infty \text{ si } n \text{ est impair} \end{cases}$.

3. Limite infinie en un réel a

f est définie sur un intervalle dont a est une borne ouverte.

■ Dire que $f(x)$ tend vers $+\infty$ quand x tend vers a signifie que, pour des valeurs de x suffisamment proches de a, $f(x)$ est aussi grand que l'on veut. On écrit :

$$\lim_{x \to a} f(x) = +\infty.$$

EXEMPLES : • $\lim_{x\to 0^+} \left(\frac{1}{x}\right) = +\infty$; • $\lim_{x\to 0^-} \left(\frac{1}{x}\right) = -\infty$; • $\lim_{x\to 0} \left(\frac{1}{x^2}\right) = +\infty$.

• Soit $n \in \mathbb{N}^*$, $\lim_{x\to 0^+} \left(\frac{1}{x^n}\right) = +\infty$; $\lim_{x\to 0^-} \left(\frac{1}{x^n}\right) = \begin{cases} +\infty \text{ si } n \text{ est pair} \\ -\infty \text{ si } n \text{ est impair} \end{cases}$.

Asymptote parallèle à l'axe (Oy)

Si $f(x)$ tend vers $+\infty$ (ou vers $-\infty$) quand x tend vers a, on dit que $\mathscr{C}_f$ admet pour asymptote verticale la droite d'équation $x = a$.

EXEMPLE : La courbe représentative de la fonction inverse admet pour asymptote verticale l'axe des ordonnées d'équation $x = 0$.

4. Exemples de fonctions n'admettant pas de limite

■ La fonction représentée ci-dessous n'admet pas de limite en $+\infty$, ni en $-\infty$.

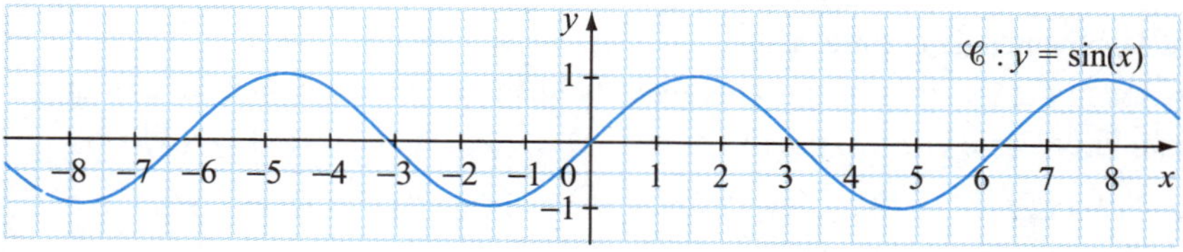

La fonction f représentée ci-dessous est définie sur $\mathbb{R}^*$ et n'admet pas de limite en 0.

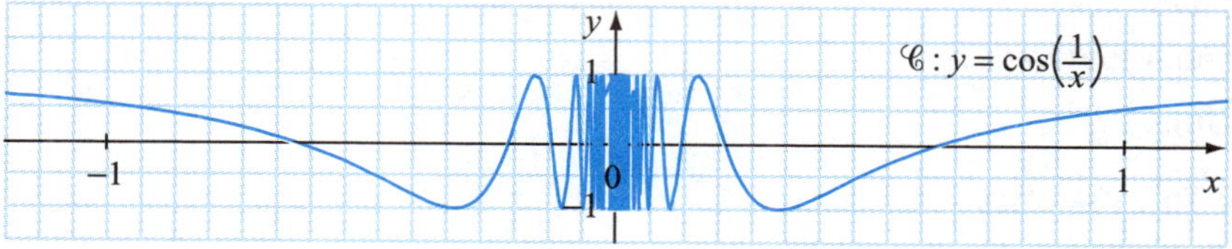

III LIMITES ET COMPARAISON

1. Pour les suites

■ **Théorèmes de comparaison**

• Soient (u_n) et (v_n) deux suites convergentes telles que pour tout n, $u_n \leqslant v_n$.

Alors $\lim\limits_{n\to+\infty} u_n \leqslant \lim\limits_{n\to+\infty} v_n$.

• Soient (u_n) et (v_n) deux suites telles que :

$$\begin{cases} \text{pour tout } n, u_n \leqslant v_n \\ \lim\limits_{n\to+\infty} u_n = +\infty \end{cases}$$

alors $\lim\limits_{n\to+\infty} v_n = +\infty$.

• Soient (u_n) et (v_n) deux suites telles que :

$$\begin{cases} \text{pour tout } n, u_n \leqslant v_n \\ \lim\limits_{n\to+\infty} v_n = -\infty \end{cases}$$

alors $\lim\limits_{n\to+\infty} u_n = -\infty$.

■ **Théorème des gendarmes**

Soit (u_n) une suite vérifiant :

$$\begin{cases} \text{pour tout } n, v_n \leqslant u_n \leqslant w_n \\ \lim\limits_{n\to+\infty} v_n = \lim\limits_{n\to+\infty} w_n = l, \text{ avec } l \in \mathbb{R} \end{cases}$$

alors $\lim\limits_{n\to+\infty} u_n = l$.

2. Pour les fonctions

Ici, α désigne soit un réel, soit $+\infty$ soit $-\infty$.

Théorèmes de comparaison

- Soient f et g deux fonctions définies au voisinage de α et admettant chacune une limite finie en α. Si pour tout $x, f(x) \leqslant g(x)$, alors $\lim\limits_{x \to \alpha} f(x) \leqslant \lim\limits_{x \to \alpha} g(x)$.
- Soient f et g deux fonctions définies au voisinage de α et telles que :

$$\begin{cases} \text{pour tout } x, f(x) \leqslant g(x) \\ \lim\limits_{x \to \alpha} f(x) = +\infty \end{cases}, \text{ alors } \lim\limits_{x \to \alpha} g(x) = +\infty.$$

- Soient f et g deux fonctions définies au voisinage de α et telles que :

$$\begin{cases} \text{pour tout } x, f(x) \leqslant g(x) \\ \lim\limits_{x \to \alpha} g(x) = -\infty \end{cases}, \text{ alors } \lim\limits_{x \to \alpha} f(x) = -\infty.$$

Théorème des gendarmes

Soit f, g et h trois fonctions définies au voisinage de α et vérifiant :

$$\begin{cases} \text{pour tout } x, g(x) \leqslant f(x) \leqslant h(x) \\ \lim\limits_{x \to \alpha} g(x) = \lim\limits_{x \to \alpha} h(x) = l \end{cases}, \text{ alors } \lim\limits_{x \to \alpha} f(x) = l.$$

IV OPÉRATIONS SUR LES LIMITES

Dans ce paragraphe, α désigne soit un réel, soit $+\infty$, soit $-\infty$.

1. Limite de la somme de deux suites, de deux fonctions

Le tableau donne, lorsque c'est possible, $\lim\limits_{n \to +\infty} (u_n + v_n)$, respectivement $\lim\limits_{x \to \alpha} (f(x) + g(x))$.

$\lim\limits_{n \to +\infty} u_n / \lim\limits_{x \to \alpha} f(x)$ — $\lim\limits_{n \to +\infty} v_n / \lim\limits_{x \to \alpha} g(x)$	$-\infty$	$l \in \mathbb{R}$	$+\infty$
$-\infty$	$-\infty$	$-\infty$	Forme indéterminée
$l' \in \mathbb{R}$	$-\infty$	$l + l'$	$+\infty$
$+\infty$	Forme indéterminée	$+\infty$	$+\infty$

2. Limite du produit de deux suites, de deux fonctions

Le tableau donne, lorsque c'est possible, $\lim\limits_{n \to +\infty} (u_n \times v_n)$, respectivement $\lim\limits_{x \to \alpha} (f(x) \times g(x))$.

$\lim\limits_{n\to+\infty} u_n / \lim\limits_{x\to\alpha} f(x)$ — $\lim\limits_{n\to+\infty} v_n / \lim\limits_{x\to\alpha} g(x)$	$-\infty$	$l<0$	0	$l>0$	$+\infty$
$-\infty$	$+\infty$	$+\infty$	Forme indéterminée	$-\infty$	$-\infty$
$l'<0$	$+\infty$	$l\times l'$	0	$l\times l'$	$-\infty$
0	Forme indéterminée	0	0	0	Forme indéterminée
$l'>0$	$-\infty$	$l\times l'$	0	$l\times l'$	$+\infty$
$+\infty$	$-\infty$	$-\infty$	Forme indéterminée	$+\infty$	$+\infty$

3. Limite du quotient de deux suites

Ici, (v_n) désigne une suite telle que, pour tout n, $v_n \neq 0$, g désigne une fonction ne s'annulant pas sur son ensemble de définition. Le tableau donne, lorsque c'est possible, $\lim\limits_{n\to+\infty}\left(\dfrac{u_n}{v_n}\right)$, $\left(\text{respectivement } \lim\limits_{x\to\alpha}\dfrac{f(x)}{g(x)}\right)$.

$\lim\limits_{n\to+\infty} u_n / \lim\limits_{x\to\alpha} f(x)$ — $\lim\limits_{n\to+\infty} v_n / \lim\limits_{x\to\alpha} g(x)$	$-\infty$	$l<0$	0	$l>0$	$+\infty$
$-\infty$	Forme indéterminée	0	0	0	Forme indéterminée
$l'<0$	$+\infty$	$\dfrac{l}{l'}$	0	$\dfrac{l}{l'}$	$-\infty$
0^-	$+\infty$	$+\infty$	Forme indéterminée	$-\infty$	$-\infty$
0^+	$-\infty$	$-\infty$	Forme indéterminée	$+\infty$	$+\infty$
$l'>0$	$-\infty$	$\dfrac{l}{l'}$	0	$\dfrac{l}{l'}$	$+\infty$
$+\infty$	Forme indéterminée	0	0	0	Forme indéterminée

4. Limite de la composée de deux fonctions

α et β désignent un réel, ou $+\infty$, ou $-\infty$.

Si $\begin{cases} \lim\limits_{x \to \alpha} u(x) = \beta \\ \lim\limits_{X \to \beta} f(X) = l \end{cases}$ alors, par composition, $\lim\limits_{x \to \alpha} f(u(x)) = l$.

V LIMITES DE POLYNÔMES ET DE FRACTIONS RATIONNELLES

■ Soit P un polynôme. La limite de $P(x)$ quand x tend vers $+\infty$ (respectivement $-\infty$) est égale à la limite en $+\infty$ (respectivement en $-\infty$) de son terme de plus haut degré.

■ Soit $f = \dfrac{P}{Q}$ une fraction rationnelle (quotient de deux polynômes notés P et Q).

La limite de $f(x)$ quand x tend vers $+\infty$ (respectivement $-\infty$) est égale à la limite en $+\infty$ (respectivement en $-\infty$) du quotient **simplifié** de ses termes de plus hauts degrés.

- Attention, ce résultat n'est pas valable pour déterminer la limite en un réel *a*.
- Ce résultat est applicable aux suites. Voir le savoir-faire 5.

SAVOIR-FAIRE

1. Montrer qu'une suite admet une limite infinie

On considère un réel M. On peut imposer $M > 0$ si la limite est $+\infty$, et $M < 0$ si la limite est $-\infty$.

On résout ensuite l'inéquation $u_n > M$ si la limite est $+\infty$, et $u_n < M$ si la limite est $-\infty$

EXEMPLES

a. Montrer que la suite (u_n) définie pour tout $n \in \mathbb{N}$, par $u_n = \sqrt{n}$ a pour limite $+\infty$

Soit M un réel positif. $u_n > M \Leftrightarrow \sqrt{n} > M \Leftrightarrow n > M^2$.

Notons n_0 le plus petit entier supérieur ou égal à M^2. **Alors, pour tout $n \geqslant n_0$, $u_n > M$.**

Donc la suite (u_n) a pour limite $+\infty$ quand n tend vers $+\infty$.

b. Montrer que la suite (v_n) définie pour tout $n \in \mathbb{N}^*$ par $v_n = 3 - (\sqrt{n} - 1)^2$ a pour limite $-\infty$ quand n tend vers $+\infty$.

Soit M un réel négatif.

$v_n < M \Leftrightarrow 3-(\sqrt{n}-1)^2 < M \Leftrightarrow (\sqrt{n}-1)^2 > 3-M > 0$ (car $-M > 0$)

$\Leftrightarrow \sqrt{n}-1 > \sqrt{3-M}$ car la fonction racine carrée est strictement croissante sur $]0\,;+\infty\,[$

$\Leftrightarrow \sqrt{n} > \sqrt{3-M}+1 > 0$

$\Leftrightarrow n > (\sqrt{3-M}+1)^2$ car la fonction carré est strictement croissante sur $]0\,;+\infty[$.

Notons n_0 le plus petit entier supérieur ou égal à $(\sqrt{3-M}+1)^2$.

Alors, pour tout $n \geqslant n_0$, $v_n < M$.
Donc la suite (v_n) a pour limite $-\infty$ quand n tend vers $+\infty$.

2. Montrer qu'une suite admet une limite finie l

Il s'agit de montrer que tout intervalle ouvert centré sur l (c'est-à-dire de la forme $]\,l-\varepsilon\,;\,l+\varepsilon[$) contient tous les termes de la suite à partir d'un certain rang n_0. Il faut donc :

- Considérer un réel $\varepsilon > 0$. On peut imposer ε aussi proche de 0 que l'on veut.
- Résoudre ensuite l'inéquation $l-\varepsilon < u_n < l+\varepsilon$.

EXEMPLE : Montrer que la suite (u_n) définie, pour tout $n \in \mathbb{N}$, par :

$$u_n = \frac{3\sqrt{n}-2}{\sqrt{n}+1}$$

a pour limite 3 quand n tend vers $+\infty$.

Soit ε un réel strictement positif, tel que $\varepsilon < 5$:

$$3-\varepsilon < u_n < 3+\varepsilon \Leftrightarrow -\varepsilon < u_n - 3 < \varepsilon$$

$$\Leftrightarrow -\varepsilon < \frac{3\sqrt{n}-2}{\sqrt{n}+1} - 3 < \varepsilon \Leftrightarrow -\varepsilon < \frac{-5}{\sqrt{n}+1} < \varepsilon$$

$$\Leftrightarrow -\varepsilon < \frac{-5}{\sqrt{n}+1} \quad \text{car } \frac{-5}{\sqrt{n}+1} < 0 < \varepsilon$$

$$\Leftrightarrow (\sqrt{n}+1) > \frac{5}{\varepsilon} \quad \text{(multiplication par } \frac{\sqrt{n}+1}{-\varepsilon} < 0\text{)}$$

$$\Leftrightarrow \sqrt{n} > \frac{5}{\varepsilon} - 1 > 0 \quad (\varepsilon < 5\text{, ainsi } \frac{5}{\varepsilon} > 1 \text{ et } \frac{5}{\varepsilon} - 1 > 0)$$

$$\Leftrightarrow n > \left(\frac{5}{\varepsilon} - 1\right)^2$$ car la fonction carré est strictement croissante sur $]0\,;+\infty[$

Notons n_0 le plus petit entier supérieur ou égal à $\left(\frac{5}{\varepsilon}-1\right)^2$.

Alors, pour tout $n \geqslant n_0$, $3 - \quad < u_n < 3 +$

Donc la suite (u_n) a pour limite 3 quand n tend vers $+\infty$.

3. Appliquer les résultats d'opérations sur les limites

- Reconnaître dans l'expression de $f(x)$ la somme, le produit ou la composée de fonctions de références.
- Connaître par cœur les règles d'opérations sur les limites données dans les tableaux.

EXEMPLE : Déterminer les limites suivantes :

a. Limite en $+\infty$ de la suite (u_n) définie pour tout $n \in \mathbb{N}$ par $u_n = -n\sqrt{n}$.

(u_n est le produit de $(-n)$ par $\sqrt{n}$)

$$\begin{cases} \lim\limits_{n \to +\infty} (-n) = -\infty \\ \lim\limits_{n \to +\infty} \sqrt{n} = +\infty \end{cases}, \text{ donc, par produit, } \lim\limits_{n \to +\infty} u_n = -\infty.$$

b. Limite en 0 de $g : x \mapsto \frac{-2}{\sqrt{x-1}}$, définie sur $]1\,;+\infty[$.

Pour tout $x > 1$, $g(x) = -2 \times \frac{1}{\sqrt{x-1}}$.

Posons $X = \sqrt{x-1}$, alors $g(x) = -2 \times \frac{1}{X}$.

$$\begin{cases} \lim\limits_{x \to 1^+} \sqrt{x-1} = 0^+ \\ \lim\limits_{X \to 0^+} \frac{1}{X} = +\infty \end{cases}, \text{ donc, par composition, } \lim\limits_{x \to 1^+} \frac{1}{\sqrt{x-1}} = +\infty.$$

On en déduit que $\lim\limits_{x \to 1^+} g(x) = -\infty$.

4. Lever une indétermination

S'il s'agit de la limite d'une somme, il suffit souvent de factoriser par le terme qui tend le plus vite vers l'infini.

S'il s'agit d'un quotient, faire de même avec chaque facteur et simplifier la fraction ainsi obtenue.

S'il s'agit d'un produit, on peut le développer pour obtenir une somme.

EXEMPLE : Déterminer les limites suivantes :

a. Limite en 0 de la fonction f définie sur $]0\,;+\infty[$ par $f(x) = \sqrt{x} \times \left(\frac{1}{x} - 1\right)$.

$\lim\limits_{x \to 0^+} \sqrt{x} = 0$ et $\lim\limits_{x \to 0^+} \left(\frac{1}{x} - 1\right) = +\infty$.

Il s'agit d'une forme indéterminée.

Développons $f(x)$:

$$f(x)=\frac{\sqrt{x}}{x}-\sqrt{x}=\frac{1}{\sqrt{x}}-\sqrt{x}.$$

$\begin{cases}\lim\limits_{x\to 0^+}\dfrac{1}{\sqrt{x}}=+\infty\\ \lim\limits_{x\to 0^+}\sqrt{x}=0\end{cases}$, donc, par différence, $\boldsymbol{\lim\limits_{x\to 0^+} f(x)=+\infty}$.

b. Limite en $+\infty$ de $f : x\mapsto \dfrac{3x-1}{\sqrt{x}+2}$

$\lim\limits_{x\to+\infty}(3x-1)=+\infty$ et $\lim\limits_{x\to+\infty}\sqrt{x}+2=+\infty$. Il s'agit d'une forme indéterminée.

Or, $f(x)=\dfrac{x\times\left(3-\dfrac{1}{x}\right)}{\sqrt{x}\left(1+\dfrac{2}{\sqrt{x}}\right)}=\sqrt{x}\times\dfrac{3-\dfrac{1}{x}}{1+\dfrac{2}{\sqrt{x}}}$.

$\begin{cases}\lim\limits_{x\to+\infty}3-\dfrac{1}{x}=3\\ \lim\limits_{x\to+\infty}1+\dfrac{2}{\sqrt{x}}=1\end{cases}$ donc, par quotient, $\lim\limits_{x\to+\infty}\dfrac{3-\dfrac{1}{x}}{1+\dfrac{2}{\sqrt{x}}}=3$.

Puis, $\lim\limits_{x\to+\infty}\sqrt{x}=+\infty$, donc, par produit, $\boldsymbol{\lim\limits_{x\to+\infty} f(x)=+\infty}$.

5. Déterminer la limite en $\pm\infty$ de $f=\dfrac{P}{Q}$ ou de $u_n=\dfrac{P(n)}{Q(n)}$, P et Q étant des polynômes

Il suffit d'appliquer la propriété du paragraphe V sans oublier de simplifier dans le cas d'un quotient (sans quoi on a toujours une forme indéterminée).

EXEMPLES : **a.** $\lim\limits_{n\to+\infty}n^2-3n+1=\lim\limits_{n\to+\infty}n^2=+\infty$.

b. $\lim\limits_{n\to+\infty}\dfrac{1+2n-3n^3}{6n^2+1}=\lim\limits_{n\to+\infty}\dfrac{-3n^3}{6n^2}=\lim\limits_{n\to+\infty}\left(-\dfrac{n}{2}\right)=-\infty$.

EXERCICES D'APPLICATION

1 OPÉRATIONS SUR LES LIMITES | ★ | 20 min | ▸P. 28

Déterminer, en justifiant, les limites suivantes :

1. Limite en 0^- de $\dfrac{1}{x^2}$. On pourra poser $X = x^2$.

2. Limite en $+\infty$ de $\sqrt{n}\ (3 - n^2)$.

3. Limite en $-\infty$ de $\dfrac{|x|}{3-\dfrac{2}{x}}$.

4. Limite en $+\infty$ de $\dfrac{3}{\sqrt{x}} - \sqrt{x}$.

5. Limite en $(0{,}5)^-$ de $f(x) = \dfrac{4x-3}{2x-1}$.

6. Limite en $-\infty$ de $\left(\dfrac{1}{x^2} - 3\right)(4x^3 + 100\,000)$.

Voir le savoir-faire 3.

2 POLYNÔMES ET FRACTIONS RATIONNELLES | ★ | 15 min | ▸P. 28

1. Limite en $-\infty$ de $-2x^3 + 3x^2 - 1$.

2. Limite en $+\infty$ de $\dfrac{11-n^2}{3n+5}$.

Voir le savoir-faire 5.

3. Soit a, b, c des réels avec $a \neq 0$. Déterminer en fonction de a la limite en $-\infty$ de $(ax^2 + bx + c)^3$.

3 THÉORÈMES DE COMPARAISON | ★ | 15 min | ▸P. 29

1. Soit f une fonction vérifiant sur $\mathbb{R}$ l'inégalité $5x^3 - x \leqslant f(x)$.
Déterminer, lorsque c'est possible, les limites de f aux bornes de son ensemble de définition.

2. Soit g une fonction définie sur $]-\infty\,;0[\cup]0\,;+\infty[$ et vérifiant, pour tout $x \neq 0$:

$$\left(\frac{5x^2-2x-1}{x^2+1} \leqslant g(x) \leqslant \frac{5x^2-2x+1}{x^2+1}\right).$$

Déterminer, lorsque c'est possible, les limites de g aux bornes de son ensemble de définition.

Voir le cours, III 2.

4 COMPOSITION DE LIMITES | ★ | 15 min | ▸ P. 29

Soit f la fonction définie sur $]-\infty\,;0[\cup]0\,;+\infty[$ par $x \mapsto \sqrt{1+\frac{1}{x^2}}$

1. Décomposer $f(x)$ en $g(u(x))$, où g est une fonction de référence.
2. Montrer alors que f est bien définie sur $]-\infty\,;0[\cup]0\,;+\infty[$.
3. Déterminer les limites de $u(x)$ aux bornes de $]-\infty\,;0[\cup]0\,;+\infty[$.
4. En déduire les limites de f aux bornes de son ensemble de définition.

EXERCICES D'ENTRAÎNEMENT

5 DÉFINITION DE LA LIMITE | ★★ | 20 min | ▸ P. 30

Établir, à l'aide de la définition, chacune des limites suivantes :

1. La suite u_n définie pour tout $n \in \mathbb{N}^*$ par $u_n = \frac{1}{\sqrt{n}}$ a pour limite 0 quand n tend vers $+\infty$.
2. La suite v_n définie pour tout $n \in \mathbb{N}$, par $v_n = -2n+3$ a pour limite $-\infty$ quand n tend vers $+\infty$.
3. La suite w_n définie pour tout $n \in \mathbb{N}^*$ par $w_n = \frac{1-n}{2n+1}$ a pour limite $-\frac{1}{2}$ quand n tend vers $+\infty$.

Voir le savoir-faire 1.

6 OPÉRATIONS SUR LES LIMITES | ★★ | 25 min | ▸ P. 30

1. Déterminer, en justifiant, les limites suivantes :

a. limite en $-\infty$ de $f(x) = \frac{4x^4 - 3x^3}{(2x-1)^4}$.

b. limite en $(0{,}5)^-$ de $f(x) = \frac{4x^4 - 3x^3}{(2x-1)^4}$.

2. a. Déterminer la limite en $-\infty$ de $\frac{x^3+1}{2-3x^3}$.

b. En déduire la limite $+\infty$ de $\frac{\left(2-3\sqrt{x}\right)^3+1}{2-3\left(2-3\sqrt{x}\right)^3}$.

3. Déterminer, en justifiant, les limites suivantes.

a. Limite en $+\infty$ de $2n\sqrt{n} - n^2$.

b. Limite en 0^+ et en 0^- de $\frac{1}{x} - \frac{1}{x^2}$.

7 THÉORÈMES DE COMPARAISON | ★★ | 40 min | ▸ P. 32

1. Soit f la fonction définie sur $]0\,;+\infty[$ par $f(x)=\dfrac{1+x^2}{\sqrt{x}}$.

a. Vérifier qu'il s'agit d'une forme indéterminée.

b. Démontrer que, pour tout $x>0$, $1+x^2 \geqslant 2x$ (résultat en fait vrai pour tout x réel).

c. En déduire une fonction g qui minore f sur $]0\,;+\infty[$.

d. Déterminer alors la limite de f en $+\infty$.

2. Soit (u_n) la suite définie, pour tout $n\in\mathbb{N}$, par $u_n=\dfrac{n+(-1)^n}{3n+5}$.

a. Encadrer $n+(-1)^n$ par deux fonctions affines de n.

b. En déduire un encadrement de u_n.

c. Déterminer la limite en $+\infty$ de u_n.

8 ALGORITHME : PLUS PETIT ENTIER TEL QUE $u_n \geqslant M$ | ★★ | 30 min | ▸ P. 33

Soit (u_n) la suite définie pour tout $n\in\mathbb{N}^*$ par $u_n=n\sqrt{n}$.

1. Écrire un algorithme associant au réel M positif le plus petit entier n_0 tel que $u_{n_0}\geqslant M$.

Utiliser la boucle « Tant que ».

2. Peut-on en déduire que, pour tout entier $n\geqslant n_0$, $u_n\geqslant M$? Justifier.

3. Démontrer que la suite (u_n) est croissante.

Étudier les variations de $f : x \mapsto x\sqrt{x}$.

4. En déduire que, pour tout $n\geqslant n_0$, $u_n\geqslant M$.

5. La fonction cube étant strictement croissante sur $\mathbb{R}$, elle admet une fonction réciproque g, appelée racine cubique.

La fonction racine cubique est définie et strictement croissante sur $\mathbb{R}$ et, à tout réel x, elle associe l'unique réel y (noté $x^{\frac{1}{3}}$) tel que $y^3=x$. Ainsi :

$$a^3=b \Leftrightarrow a=b^{\frac{1}{3}} \text{ et } a^3<b \Leftrightarrow a<b^{\frac{1}{3}}.$$

À l'aide de la fonction racine cubique, démontrer que la suite (u_n) a pour limite $+\infty$ quand n tend vers $+\infty$.

9 DÉMONSTRATION | ★★ | 15 min | ▸ P. 33

L'objectif de cet exercice est de démontrer que, si une suite (u_n) est croissante et tend vers le réel l, alors, pour tout n, $u_n\leqslant l$.

Pour cela, on procède par l'absurde.

1. Énoncer la propriété contraire à celle de la conclusion « pour tout n, $u_n\leqslant l$ »

2. Soit donc n_0 un entier tel que $u_{n_0}>l$. Posons $\varepsilon=u_{n_0}-l$.

a. Quel est le signe de ε ?
b. Justifier que, quelque soit $n \geqslant n_0$, $u_n \notin \,]l-\varepsilon\,;\,l+\varepsilon[$?
c. Conclure.

10 LIMITES DES SUITES ARITHMÉTIQUES | ★ | 5 min | ▸P. 34

1. On considère la suite arithmétique (u_n) définie par :

$$\begin{cases} u_0 \\ \text{pour tout } n \in \mathbb{N},\, u_{n+1} = u_n + r \end{cases}$$

a. Rappeler l'expression de u_n en fonction de n.
b. Déterminer la limite de u_n quand n tend vers $+\infty$, en fonction des valeurs de r.
2. Reprendre les questions précédentes pour la suite (u_n) définie par :

$$\begin{cases} u_1 \\ \text{pour tout } n \in \mathbb{N}^*,\, u_{n+1} = u_n + r \end{cases}$$

EXERCICES D'APPROFONDISSEMENT

11 ALGORITHME : POLYNÔMES ET FRACTIONS RATIONNELLES | ★★ | 30 min | ▸P. 34

Dans tout cet exercice, α vaut $+\infty$ ou $-\infty$.

Partie A. Limite à l'infini d'un polynôme
Soit f la fonction polynôme définie sur $\mathbb{R}$ par :
$f(x) = ax^n + a_{n-1}\,x^{n-1} + \cdots + a_1\,x + a_0$, avec $a \neq 0$ et $n \in \mathbb{N}^*$.

1. Donner la limite de $f(x)$ quand x tend vers α, selon les valeurs de a, de n et de α.
2. Écrire un algorithme donnant la limite en α de $f(x)$. Cet algorithme aura en entrées a, n et s, de sorte que $s = 1$ lorsque $\alpha = +\infty$ et $s = -1$ lorsque $\alpha = -\infty$.

La parité de n est donnée par la valeur de $(-1)^n$.

Partie B. Limite à l'infini d'une fraction rationnelle
Soit f la fraction rationnelle définie par :

$$f(x) = \frac{ax^n + a_{n-1}x^{n-1} + \cdots + a_1x + a_0}{bx^p + b_{p-1}x^{p-1} + \cdots + b_1x + b_0},$$

avec $a \neq 0$, $b \neq 0$ et $p,\, n \in \mathbb{N}^*$

1. Donner la limite de $f(x)$ quand x tend vers α, selon les valeurs de a et b, de n et p et de α.
2. Écrire un algorithme donnant la limite en a de $f(x)$. Cet algorithme aura en entrées a, b, n, p et s, de sorte que $s = 1$ lorsque $\alpha = +\infty$ et $s = -1$ lorsque $\alpha = -\infty$.

12 FONCTION PARTIE ENTIÈRE | ★★ | 20 min | ▸P. 36

Pour tout réel x, on appelle partie entière de x, et on note $\mathrm{E}(x)$, l'unique entier n qui vérifie $n \leqslant x < n+1$.

$\mathrm{E}(\pi) = 3$ car $3 \leqslant \pi < 4$; $\mathrm{E}(-4{,}5) = -5$ car $-5 \leqslant -3{,}5 < -4$; $\mathrm{E}(12) = 12$ car $12 \leqslant 12 < 13$.

1. Donner les valeurs de $\mathrm{E}(15{,}999)$, $\mathrm{E}(-25)$, $\mathrm{E}\left(\sqrt{2}\right), \mathrm{E}\left(-\dfrac{4}{3}\right)$.

2. On a tracé ci-dessous la courbe représentative de la fonction partie entière.

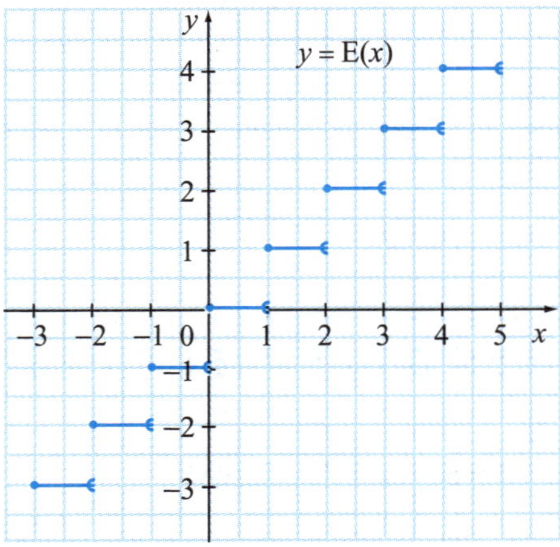

Encadrer $\mathrm{E}(x)$ par deux fonctions affines.

3. Soit g la fonction définie sur $\mathbb{R}$ par $g(x) = \dfrac{\mathrm{E}(x)}{x^2+1}$

a. Déduire de la question **2.** un encadrement de $g(x)$.

b. Déterminer la limite en $-\infty$ de $g(x)$.

13 FONCTION COMPOSÉE | ★★ | 60 min | ▸P. 36

Partie A. Étude d'une fonction intermédiaire

Soit g la fonction définie sur $[0\,;+\infty[$ par $g(x) = x\sqrt{x} - 4x + 5\sqrt{x} - 2$.

1. Montrer que, pour tout $x > 0, (g'x) = \dfrac{1}{2\sqrt{x}}(3x - 8\sqrt{x} + 5)$.

2. Déterminer les racines du trinôme $3X^2 - 8X + 5$

3. En déduire une factorisation de $g'(x)$.

4. Dresser le tableau de variation de g.

5. Calculer $g(4)$.

6. En déduire le signe de g sur $\mathbb{R}$, ainsi que les valeurs en lesquelles la fonction s'annule.

Partie B

Soit f la fonction définie sur $]0\,;+\infty[$ par $f(x) = \left(\dfrac{1}{x} - \dfrac{1}{\sqrt{x}}\right)^3$.

1. Déterminer la limite de f en $+\infty$

2. Limite en 0^+

a. Pourquoi s'agit-il d'une forme indéterminée ?

b. Écrire $\dfrac{1}{x}-\dfrac{1}{\sqrt{x}}$ sous forme d'un quotient.

c. Déterminer la limite en 0 de f.

3. Développer et dériver $f(x)$, pour $x > 0$.

4. Montrer que $f'(x)$ est du signe de $g(x)$ sur $]0\ ;+\infty[$.
Dresser le tableau de variation complet de f.

CONTRÔLE

14 QCM

★★ | 10 min | ▶P. 38

Pour chacune des questions **1.** à **4., une ou plusieurs réponses** sont exactes.

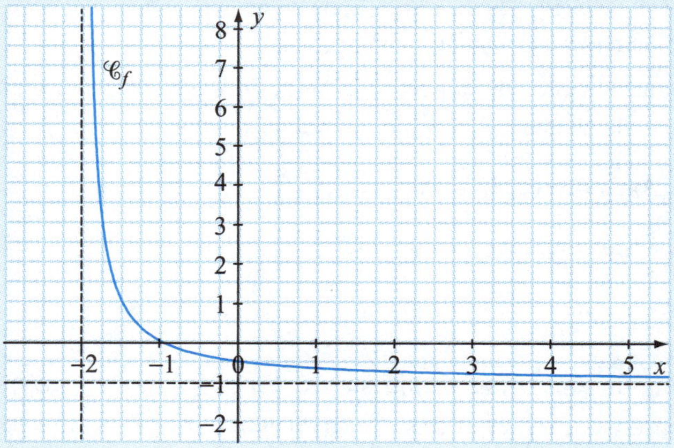

Soit f la courbe représentée ci-dessus.

1. a. $\lim\limits_{x\to-2} f(x)=+\infty$ **b.** $\lim\limits_{x\to-2} f(x)=-\infty$ **c.** $\lim\limits_{x\to+\infty} f(x)=-2$;

d. $\lim\limits_{x\to-\infty} f(x)=-2$.

2. a. $\lim\limits_{x\to-1} f(x)=+\infty$; **b.** $\lim\limits_{x\to-1} f(x)=-\infty$; **c.** $\lim\limits_{x\to+\infty} f(x)=-1$;

d. $\lim\limits_{x\to-\infty} f(x)=-1$.

3. $\mathscr{C}_f$ admet une asymptote…

a. verticale en –2 ; **c.** horizontale en –1 ;

b. verticale en $+\infty$; **d.** horizontale en $+\infty$.

4. $\mathscr{C}_f$ admet pour asymptote la droite d'équation

a. $y=-2$; **b.** $x=-2$; **c.** $x=-1$; **d.** $y=-1$.

15 ASYMPTOTE OBLIQUE | ★★ | 50 min | ▸P. 38

Soit f la fonction définie sur $]-\infty\,;3[\cup]3\,;+\infty[$ par :

$$f(x)=\frac{x^2-10}{x-3}.$$

On note $\mathcal{C}_f$ sa courbe représentative dans un repère orthonomal.

Partie A. Étude de la fonction *f*

1. Déterminer les limites de f en $+\infty$ et en $-\infty$.

2. Déterminer la limite de f quand x tend vers 3 par valeurs supérieures, puis quand x tend vers 3 par valeurs inférieures.

Réfléchir au signe de $x - 3$.

3. Décrire les éventuelles asymptotes horizontales et verticales à la courbe $\mathcal{C}_f$.
4. Étudier le signe de $f'(x)$.
5. Dresser le tableau de variation complet de f.
6. Déterminer l'équation réduite de la tangente T à $\mathcal{C}_f$ au point d'abscisse 2 puis celle de la tangente T' à $\mathcal{C}_f$ au point d'abscisse 4.

Partie B. Asymptotes obliques

1. Montrer que, pour tout $x \neq 3$:

$$f(x)=x+3-\frac{1}{x-3}.$$

2. Soit g la fonction affine définie sur $\mathbb{R}$ par $g(x) = x + 3$, et (D) la droite d'équation $y = x + 3$. L'écart entre (D) et $\mathcal{C}_f$ est mesuré par la différence :

$$d(x)=f(x)-(x+3).$$

a. Déterminer la limite en $+\infty$ et en $-\infty$ de $d(x)$. En donner une interprétation graphique.
b. Étudier le signe de $d(x)$ lorsque x décrit $]-\infty\,;3[\cup]3\,;+\infty[$ En déduire la position relative sur $\mathbb{R}\backslash\{3\}$ de $\mathcal{C}_f$ et (D).
3. Tracer (D), T, T' et $\mathcal{C}_f$.

CONTRÔLE

16 QUESTION DE COURS | ★★ | 15 min | ▸P. 39

Soient u, v et w des suites telles que :

$$\begin{cases} \text{pour tout } n, v_n \leqslant u_n \leqslant w_n \\ \lim\limits_{n \to +\infty} v_n = \lim\limits_{n \to +\infty} w_n = -2 \end{cases}.$$

Dèmontrer, en utilisant la définition de la limite, que $\lim\limits_{n \to +\infty} u_n = -2$.

17 ENCADREMENT | ★★ | 30 min | ▸P. 40

Soit (u_n) la suite définie, pour tout $n \in \mathbb{N}$ par $u_n = \dfrac{-2n + 3 \times (-1)^n}{n + \sqrt{n} + 1}$.

1. Justifier que la suite est définie pour tout entier naturel n.

2. Calculer les cinq premiers termes de la suite

3. Donner un encadrement du numérateur par deux fonctions affines de n

4. Montrer qu'il existe des réels a, b, c et d à définir tels que pour tout $n \in \mathbb{N}$:

$$\frac{an+b}{n+\sqrt{n}+1} \leqslant u_n \leqslant \frac{cn+d}{n+\sqrt{n}+1}$$

5. Posons $N = \sqrt{n}$. Exprimer $\dfrac{an+b}{n+\sqrt{n}+1}$ et $\dfrac{cn+d}{n+\sqrt{n}+1}$ en fonction de N.

6. En déduire, en appliquant les règles de composition de limites, la limite en $+\infty$ de $\dfrac{an+b}{n+\sqrt{n}+1}$ et celle de $\dfrac{cn+d}{n+\sqrt{n}+1}$.

7. Déterminer la limite quand n tend vers $+\infty$ de la suite (u_n).

CORRIGÉS

1 1. $\begin{cases} \lim\limits_{x\to 0^-} x^2 = 0^+ \\ \lim\limits_{X\to 0^+} \dfrac{1}{X} = +\infty \end{cases}$, donc, par composition, $\mathbf{\lim\limits_{x\to 0^-} \dfrac{1}{x^2} = +\infty}$.

2. $\begin{cases} \lim\limits_{n\to+\infty} \sqrt{n} = +\infty \\ \lim\limits_{n\to+\infty} (3-n^2) = -\infty \end{cases}$, donc, par produit, $\mathbf{\lim\limits_{n\to+\infty} \sqrt{n}(3-n^2) = -\infty}$.

3. $\begin{cases} \lim\limits_{x\to-\infty} |x| = +\infty \\ \lim\limits_{x\to-\infty} \left(3-\dfrac{2}{x}\right) = 3 \end{cases}$, donc, par quotient, $\mathbf{\lim\limits_{x\to-\infty} \dfrac{|x|}{3-\dfrac{2}{x}} = +\infty}$.

4. $\begin{cases} \lim\limits_{x\to+\infty} \dfrac{3}{\sqrt{x}} = 0 \\ \lim\limits_{x\to+\infty} \sqrt{x} = +\infty \end{cases}$, donc, par différence, $\mathbf{\lim\limits_{x\to+\infty} \left(\dfrac{3}{\sqrt{x}} - \sqrt{x}\right) = -\infty}$.

5. $\begin{cases} \lim\limits_{x\to 0,5^-} (4x-3) = -1 \\ \lim\limits_{x\to 0,5^-} (2x-1) = 0^- \end{cases}$, donc, par quotient, $\mathbf{\lim\limits_{x\to 0,5^-} \dfrac{4x-3}{2x-1} = +\infty}$.

Lorsque la limite du dénominateur vaut 0, il faut déterminer le signe du dénominateur.

6. $\begin{cases} \lim\limits_{x\to-\infty} \left(\dfrac{1}{x^2} - 3\right) = -3 \\ \lim\limits_{x\to-\infty} (4x^3 + 100\,000) = -\infty \end{cases}$,

donc, par produit, $\mathbf{\lim\limits_{x\to-\infty} \left(\dfrac{1}{x^2} - 3\right)(4x^3 + 100\,000) = +\infty}$.

2 1. $\lim\limits_{x\to-\infty} (-2x^3 + 3x^2 - 1) = \lim\limits_{x\to-\infty} (-2x^3) = +\infty$,

d'où $\mathbf{\lim\limits_{x\to-\infty} (-2x^3 + 3x^2 - 1) = +\infty}$.

2. $\lim\limits_{n\to+\infty} \dfrac{11-n^2}{3n+5} = \lim\limits_{n\to+\infty} \dfrac{-n^2}{3n} = \lim\limits_{n\to+\infty} \dfrac{-n}{3} = -\infty$, d'où $\mathbf{\lim\limits_{n\to+\infty} \dfrac{11-n^2}{3n+5} = -\infty}$.

3. Le terme de plus haut degré de $(ax^2 + bx + c)^2$ vaut ax^4 donc :

$\lim\limits_{x\to-\infty} (ax^2 + bx + c)^3 = \lim\limits_{x\to-\infty} a^3x^6 = \begin{cases} +\infty \text{ si } a^3 > 0 \\ -\infty \text{ si } a^3 > 0 \end{cases}$, d'où :

$\mathbf{\lim\limits_{x\to-\infty} (ax^2 + bx + c^2) = \begin{cases} +\infty \text{ si } a > 0 \\ -\infty \text{ si } a < 0 \end{cases}}$

3 1. • $\lim\limits_{x\to-\infty}(5x^3-x)=\lim\limits_{x\to-\infty}5x^3=-\infty.$

On ne peut en déduire la limite en $-\infty$ de f.

• $\begin{cases}\lim\limits_{x\to+\infty}(5x^3-x)=+\infty \\ \text{pour tout } x\in\mathbb{R}, 5x^3-x\leq f(x)\end{cases}$,

donc, d'après le premier théorème de comparaison pour les fonctions :

$$\mathbf{\lim\limits_{x\to+\infty} f(x)=+\infty}$$

2. • $\lim\limits_{x\to-\infty}\dfrac{5x^2-2x-1}{x^2+1}=\lim\limits_{x\to-\infty}\dfrac{5x^2}{x^2}=\lim\limits_{x\to-\infty}5=5$;

$\lim\limits_{x\to-\infty}\dfrac{5x^2-2x+1}{x^2+1}=\lim\limits_{x\to-\infty}\dfrac{5x^2}{x^2}=\lim\limits_{x\to-\infty}5=5$;

donc, d'après le théorème des gendarmes :

$$\mathbf{\lim\limits_{x\to-\infty} f(x)=5.}$$

• $\lim\limits_{x\to+\infty}\dfrac{5x^2-2x-1}{x^2+1}=\lim\limits_{x\to+\infty}\dfrac{5x^2}{x^2}=\lim\limits_{x\to+\infty}5=5$;

$\lim\limits_{x\to+\infty}\dfrac{5x^2-2x+1}{x^2+1}=\lim\limits_{x\to+\infty}\dfrac{5x^2}{x^2}=\lim\limits_{x\to+\infty}5=5$;

donc, d'après le théorème des gendarmes :

$$\mathbf{\lim\limits_{x\to+\infty} f(x)=5.}$$

• $\lim\limits_{x\to0}\dfrac{5x^2-2x-1}{x^2+1}=-1$ et $\lim\limits_{x\to0}\dfrac{5x^2-2x+1}{x^2+1}=1$, donc **on ne peut conclure quant à l'existence d'une limite en 0 de *f*.**

4 1. $f(x)=\sqrt{u(x)}=g(u(x))$, avec $\boldsymbol{g : x\mapsto\sqrt{x}}$ **et** $\boldsymbol{u : x\mapsto 1+\dfrac{1}{x^2}}$.

2. u est définie sur $\mathbb{R}\setminus\{0\}$ et, pour tout $x\neq0$, $u(x)\geq0$.

Donc *f* est bien définie sur $\mathbf{]-\infty\,;0[\cup]0\,;+\infty[}$.

Voir chapitre "Généralités sur les fonctions" du 100% exos de 1re S.

3. $\lim\limits_{x\to-\infty}\left(1+\dfrac{1}{x^2}\right)=\mathbf{1}$ et $\lim\limits_{x\to+\infty}\left(1+\dfrac{1}{x^2}\right)=\mathbf{1}$ et $\lim\limits_{x\to0^+}\left(1+\dfrac{1}{x^2}\right)=\lim\limits_{x\to0^-}\left(1+\dfrac{1}{x^2}\right)=\mathbf{+\infty}$.

4. Posons $X=1+\dfrac{1}{x^2}$.

$\lim\limits_{X\to1}\sqrt{X}=1$, donc $\mathbf{\lim\limits_{x\to-\infty}f(x)=1}$ **et** $\mathbf{\lim\limits_{x\to-\infty}f(x)=1.}$

$\lim\limits_{X\to+\infty}\sqrt{X}=+\infty$, donc $\mathbf{\lim\limits_{x\to0^+}f(x)=+\infty}$ **et** $\mathbf{\lim\limits_{x\to0^-}f(x)=-\infty.}$

5 1. Pour tout $n \in \mathbb{N}^*$, $u_n > 0$. Donc il suffit de montrer que tout intervalle ouvert de la forme $]0\,;\varepsilon[$ (avec $\varepsilon > 0$) contient tous les termes de la suite à partir d'un certain rang.
Soit $\varepsilon > 0$.

$0 < u_n < \varepsilon \Leftrightarrow 0 < \dfrac{1}{\sqrt{n}} < \varepsilon \Leftrightarrow \dfrac{1}{\sqrt{n}} < \varepsilon \Leftrightarrow \sqrt{n} > \dfrac{1}{\varepsilon} \Leftrightarrow n > \dfrac{1}{\varepsilon^2}$ (car la fonction carré est strictement croissante sur $\mathbb{R}^+$).

Soit n_0 le plus petit entier supérieur ou égal à $\dfrac{1}{\varepsilon^2}$. **Alors, pour tout $n \geqslant n_0$, $u_n \in]0\,;\varepsilon[$.**

Donc la suite (u_n) converge vers 0.

2. Soit M un réel négatif.

$$v_n < M \Leftrightarrow -2n+3 < M \Leftrightarrow 2n > 3-M \Leftrightarrow n > \frac{3-M}{2}.$$

Notons n_0 le plus petit entier supérieur ou égal à $\dfrac{3-M}{2}$.
Alors, pour tout $n \geqslant n_0, v_n < M$.
Donc la suite (v_n) a pour limite $-\infty$ quand n tend vers $+\infty$.

3. La suite w_n définie, pour tout $n \in \mathbb{N}^*$ par $w_n = \dfrac{1-n}{2n-1}$ a pour limite $-\dfrac{1}{2}$ quand n tend vers $+\infty$.
Soit ε un réel strictement positif :

$$-\frac{1}{2}-\varepsilon < w_n < -\frac{1}{2}+\varepsilon \Leftrightarrow -\varepsilon < w_n + \frac{1}{2} < \varepsilon \Leftrightarrow -\varepsilon < \frac{1-n}{2n+1} + \frac{1}{2} < \varepsilon$$

$$\Leftrightarrow -\varepsilon < \frac{3}{2(2n+1)} < \varepsilon \Leftrightarrow -\varepsilon < \frac{3}{4n+2} < \varepsilon$$

$$\Leftrightarrow \frac{3}{4n+2} < \varepsilon \text{ car } \frac{3}{4n+2} > 0 > -\varepsilon$$

$$\Leftrightarrow \frac{3}{\varepsilon} < 4n+2 \quad \text{(multiplication par } \frac{4n+2}{\varepsilon} > 0)$$

$$\Leftrightarrow n > \frac{3}{4\varepsilon} - \frac{1}{2}.$$

Notons n_0 le plus petit entier naturel ou égal à $\dfrac{3}{4\varepsilon} - \dfrac{1}{2}$.

Alors, pour tout $n \geqslant n_0$, $w_n \in \left]-\dfrac{1}{2}-\varepsilon\,; -\dfrac{1}{2}+\varepsilon\right[$.

Donc la suite (u_n) a pour limite $-\dfrac{1}{2}$ quand n tend vers $+\infty$.

6 **1. a.** Le terme de plus haut degré de $(2x-1)^4$ est $(2x)^4 = 16x^4$.

$\lim\limits_{x \to -\infty} \dfrac{4x^4 - 3x^3}{(2x-1)^4} = \lim\limits_{x \to -\infty} \dfrac{4x^4}{16x^4} = \lim\limits_{x \to -\infty} \dfrac{1}{4}$, d'où $\boldsymbol{\lim\limits_{x \to -\infty} \dfrac{4x^4 - 3x^3}{(2x-1)^4} = \dfrac{1}{4}}$.

b. $\dfrac{4x^4-3x^3}{(2x-1)^4} = x^3 \times \dfrac{4x-3}{(2x-1)^4}$

$\lim\limits_{x\to 0{,}5^-} (4x^3-3x^3) = 4\times\left(\dfrac{1}{2}\right)^4 - 3\times\left(\dfrac{1}{2}\right)^3 = \dfrac{4}{16}-\dfrac{3}{8} = -\dfrac{1}{8}$

$\lim\limits_{x\to 0{,}5^-} (2x-1)^4 = 0^+$;

donc, par quotient, $\boldsymbol{\lim\limits_{x\to 0{,}5^-} \dfrac{4x-3}{(2x-1)^4} = -\infty}$.

La méthode du **1.** ne s'applique qu'à l'infini.

2. a. $\lim\limits_{x\to-\infty} \dfrac{x^3+1}{2-3x^3} = \lim\limits_{x\to-\infty} \dfrac{x^3}{-3x^3} = \lim\limits_{x\to-\infty} -\dfrac{1}{3}$, d'où $\boldsymbol{\lim\limits_{x\to-\infty} \dfrac{x^3+1}{2-3x^3} = -\dfrac{1}{3}}$.

b. Posons $X = 2-3\sqrt{x}$. Alors $\dfrac{(2-3\sqrt{x})^3+1}{2-3(2-3\sqrt{x})^3} = \dfrac{X^3+1}{2-3X^3}$.

$\begin{cases} \lim\limits_{x\to+\infty} (2-3\sqrt{x}) = -\infty \\ \lim\limits_{X\to-\infty} \dfrac{X^3+1}{2-3X^3} = -\dfrac{1}{3} \end{cases}$, donc, par composition, $\boldsymbol{\lim\limits_{x\to+\infty} \dfrac{(2-3\sqrt{x})^3+1}{2-3(2-3\sqrt{x})^3} = -\dfrac{1}{3}}$.

3. a. $\lim\limits_{n\to+\infty} 2n\sqrt{n} = +\infty$ et $\lim\limits_{n\to+\infty} (-n^2) = -\infty$. Il s'agit d'une forme indéterminée.

Factorisons alors $2n\sqrt{n}-n^2$ par le terme qui tend le plus vite vers l'infini (n^2) :

Pour tout $n \geqslant 0$, $2n\sqrt{n}-n^2 = n^2\left(\dfrac{2}{\sqrt{n}}-1\right)$.

$\begin{cases} \lim\limits_{n\to+\infty} n^2 = +\infty \\ \lim\limits_{n\to+\infty} \left(\dfrac{2}{\sqrt{n}}-1\right) = -1 \end{cases}$, donc, par produit, $\boldsymbol{\lim\limits_{n\to+\infty} (2n\sqrt{n}-n^2) = -\infty}$.

$2n\sqrt{n}-n^2$ n'étant pas un polynôme, la méthode du savoir-faire ne s'applique pas ici.

b. • $\lim\limits_{x\to0^+} \dfrac{1}{x} = +\infty$ et $\lim\limits_{x\to0^+} -\dfrac{1}{x^2} = -\infty$. Il s'agit d'une forme indéterminée.

Factorisons alors $\dfrac{1}{x}-\dfrac{1}{x^2}$ par le terme qui tend le plus vite vers l'infini $\left(\dfrac{1}{x^2}\right)$:

$$\frac{1}{x}-\frac{1}{x^2} = \frac{1}{x^2}(x-1).$$

$\begin{cases} \lim\limits_{x \to 0^+} \dfrac{1}{x^2} = +\infty \\ \lim\limits_{x \to 0^+} (x-1) = -1 \end{cases}$, donc, par produit, $\lim\limits_{x \to 0^+} \left(\dfrac{1}{x} - \dfrac{1}{x^2}\right) = -\infty$.

• $\begin{cases} \lim\limits_{x \to 0^-} \dfrac{1}{x} = -\infty \\ \lim\limits_{x \to 0^-} -\dfrac{1}{x^2} = -\infty \end{cases}$, donc, par somme, $\lim\limits_{x \to 0^-} \left(\dfrac{1}{x} - \dfrac{1}{x^2}\right) = -\infty$.

Penser à vérifier les résultats obtenus en observant sur la calculatrice les courbes représentatives des fonctions étudiées.

7 1. a. $\lim\limits_{x \to +\infty} (1+x^2) = +\infty$ et $\lim\limits_{x \to +\infty} \sqrt{x} = +\infty$. Il s'agit bien d'une **forme indéterminée**.

b. Étudions le signe de la différence.
Pour tout $x > 0$, $1 + x^2 - 2x = (1 - x)^2 \geqslant 0$, donc :

$$\mathbf{1 + x^2 \geqslant 2x.}$$

c. Pour tout $x \in]0\,;+\infty[$, $\dfrac{1+x^2}{\sqrt{x}} \geqslant \dfrac{2x}{\sqrt{x}}$, c'est-à-dire $f(x) \geqslant 2\sqrt{x}$.

Donc la fonction g définie sur $]0\,;+\infty[$ par $g(x) = 2\sqrt{x}$ minore f.

d. $\lim\limits_{x \to +\infty} \sqrt{x} = +\infty$, donc $\lim\limits_{x \to +\infty} g(x) = +\infty$, donc, d'après le premier théorème de comparaison pour les fonctions :

$$\lim_{x \to +\infty} f(x) = +\infty.$$

2. a. Pour tout $n \in \mathbb{N}, -1 \leqslant (-1)^n \leqslant 1$, donc :

$$n - 1 \leqslant n + (-1)^n \leqslant n + 1.$$

b. Pour tout $n \in \mathbb{N}^*$:

$$\frac{n-1}{3n+5} \leqslant u_n \leqslant \frac{n+1}{3n+5}.$$

c. $\lim\limits_{n \to +\infty} \dfrac{n-1}{3n+5} = \lim\limits_{n \to +\infty} \dfrac{n}{3n} = \lim\limits_{n \to +\infty} \dfrac{1}{3} = \dfrac{1}{3}$.

De même, $\lim\limits_{n \to +\infty} \dfrac{n+1}{3n+5} = \dfrac{1}{3}$.

D'après le théorème des gendarmes, $\lim\limits_{n \to +\infty} u_n = \dfrac{1}{3}$.

8 1.

```
VARIABLES
  M EST_DU_TYPE NOMBRE
  n EST_DU_TYPE NOMBRE
DEBUT_ALGORITHME
  LIRE M
  SI(M>0) ALORS
    DEBUT_SI
    n PREND_LA_VALEUR 0
    TANT_QUE(n*sqrt(n)<M) FAIRE
        DEBUT_TANT_QUE
        n PREND_LA_VALEUR n+1
        FIN_TANT_QUE
    AFFICHER "n0 = "
    AFFICHER n
    FIN_SI
FIN_ALGORITHME
```

2. **Non,** le fait que $u_{n_0} \geqslant M$ n'implique pas que cette inégalité reste vraie pour tout $n \geqslant n_0$.

3. Pour tout $n \geqslant 0$, $u_n = f(n)$ avec $f(x) = x\sqrt{x}$.

Étudions les variations de f.

Pour tout $x > 0, f'(x) = \sqrt{x} + \dfrac{x}{2\sqrt{x}} = \sqrt{x} + \dfrac{\sqrt{x}}{2} = \dfrac{3\sqrt{x}}{2} > 0$;

f est donc strictement croissante sur $\mathbb{R}+$.

Par conséquent, la suite (u_n) est également croissante sur $\mathbb{R}^+$.

4. La suite étant croissante, $n \geqslant n_0 \Rightarrow u_n \geqslant u_{n_0}$. Or $u_{n_0} \geqslant M$.
Donc $\boldsymbol{n \geqslant n_0 \Rightarrow u_n \geqslant M}$.

5. **Soit M un réel strictement positif.**

$u_n > M \Leftrightarrow n\sqrt{n} > M \Leftrightarrow (\sqrt{n})^3 > M \Leftrightarrow \sqrt{n} > M^{\frac{1}{3}}$

$\Leftrightarrow (\sqrt{n})^2 > (M^{\frac{1}{3}})^2$ car la fonction carré est strictement croissante sur $\mathbb{R}^+$

$\Leftrightarrow n > (M^{\frac{1}{3}})^2$.

Notons n_0 le plus petit entier supérieur à $(M^{\frac{1}{3}})^2$. **Alors, pour tout $n \geqslant n_0$, $u_n > M$. Donc la suite (u_n) diverge vers $+\infty$**

9 Raisonnons par l'absurde.

1. La propriété contraire à « pour tout n, $u_n \leqslant l$ » est « il existe un entier n_0 tel que $u_{n_0} > l$ ».

2. a. $u_{n_0} > l$ donc $u_{n_0} - l > 0$, soit $\boldsymbol{\varepsilon > 0}$.

b. $l + \varepsilon = u_{n_0}$ donc, la suite (u_n) étant croissante, **pour tout** $\boldsymbol{n \geqslant n_0}$, $u_n \geqslant u_{n_0}$, soit $u_n \geqslant l + \varepsilon$, à fortiori, $\boldsymbol{u_n \notin \,]l - \varepsilon\,;\, l + \varepsilon[}$.

c. On a trouvé un intervalle ouvert contenant l pour lequel il n'existe pas de rang à partir duquel les termes de la suite appartiennent à cet intervalle. Cela signifie que la suite (u_n) ne converge pas vers l. D'où la contradiction.

Donc toute suite (u_n) croissante et tendant vers le réel l vérifie, pour tout n, $u_n \leqslant l$.

10 **1. a.** Pour tout $n \in \mathbb{N}$, $\boldsymbol{u_n = u_0 + nr}$.

b. $$\lim_{n \to +\infty} u_n = \begin{cases} +\infty \text{ si } r > 0 \\ 0 \text{ si } r = 0 \\ -\infty \text{ si } r < 0 \end{cases}.$$

2. a. Pour tout $n \in \mathbb{N}^*$, $\boldsymbol{u_n = u_1 = (n-1)r = u_1 - r + nr}$.

b. Même réponse qu'au **1.b.**

11 **Partie A**

1. • Si $\alpha = +\infty$, alors $$\lim_{x \to \alpha} f(x) = \begin{cases} +\infty \text{ si } a > 0 \\ -\infty \text{ si } a < 0 \end{cases}.$$

• Si $\alpha = -\infty$, alors $$\lim_{x \to \alpha} f(x) = \begin{cases} +\infty \text{ si } (a > 0 \text{ et } n \text{ pair}) \text{ ou si } (a < 0 \text{ et } n \text{ impair}) \\ -\infty \text{ si } (a > 0 \text{ et } n \text{ impair}) \text{ ou si } (a < 0 \text{ et } n \text{ pair}) \end{cases}.$$

2. Voici deux algorithmes possibles :

```
VARIABLES
    s EST_DU_TYPE NOMBRE
    a EST_DU_TYPE NOMBRE
    n EST_DU_TYPE NOMBRE
DEBUT_ALGORITHME
    LIRE s
    LIRE a
    LIRE n
    AFFICHER "f a pour limite"
    SI (s= =1) ALORS
        DEBUT_SI
        SI (a>0) ALORS
            DEBUT_SI
            AFFICHER "+infini"
            FIN_SI
        SI(a<0) ALORS
            DEBUT_SI
            AFFICHER"-infini"
            FIN_SI
        FIN_SI
    SI(s= = -1)ALORS
        DEBUT_SI
        SI ((a>0 ET pow(-1,n) = =1) OU (a<0 ET pow (-1,n) = = -1)) ALORS
            DEBUT_SI
            AFFICHER"+infini"
            FIN_SI
        SI ((a>0 ET pow(-1,n) = =1) OU (a<0 ET pow (-1,n) = = 1)) ALORS
            DEBUT_SI
            AFFICHER " -infini"
            FIN_SI
        FIN_SI
FIN_ALGORITHME
```

```
VARIABLES
    s EST_DU_TYPE NOMBRE
    a EST_DU_TYPE NOMBRE
    n EST_DU_TYPE NOMBRE
DEBUT_ALGORITHME
    LIRE s
    LIRE a
    LIRE n
    AFFICHER "f a pour limite"
    SI (s= =1) ALORS
        DEBUT_SI
        SI (a>0) ALORS
            DEBUT_SI
            AFFICHER "+infini"
            FIN_SI
        SI(a<0) ALORS
            DEBUT_SI
            AFFICHER"-infini"
            FIN_SI
        FIN_SI
SI(s= = -1)ALORS
    DEBUT_SI
    SI (a* pow(-1,n) >0) ALORS
        DEBUT_SI
        AFFICHER"+infini"
        FIN_SI
    SI (a* pow(-1,n) <0) ALORS
        DEBUT_SI
        AFFICHER " -infini"
        FIN_SI
    FIN_SI
FIN_ALGORITHME
```

Partie B

1. $\lim_{x \to \alpha} f(x) = \lim_{x \to \alpha} \frac{a}{b} \times x^{n-p}$, donc :

- Si $n < p$, alors $\lim_{x\to\alpha} f(x) = 0$.
- Si $n = p$, alors $\lim_{x\to\alpha} f(x) = \frac{a}{b}$.
- Si $n > p$, alors :

si $\alpha = +\infty$, alors $\lim_{x\to\alpha} f(x) = \begin{cases} +\infty \text{ si } \frac{a}{b} > 0 \\ -\infty \text{ si } \frac{a}{b} < 0 \end{cases}$;

$$\text{si } \alpha = -\infty, \text{ alors } \lim_{x\to\alpha} f(x) = \begin{cases} +\infty \text{ si } \left(\frac{a}{b} > 0 \text{ et } n-p \text{ pair}\right) \\ \quad \text{ou si} \left(\frac{a}{b} < 0 \text{ et } n-p \text{ impair}\right). \\ -\infty \text{ si } \left(\frac{a}{b} < 0 \text{ et } n-p \text{ impair}\right) \\ \quad \text{ou si } \left(\frac{a}{b} > 0 \text{ et } n-p \text{ pair}\right) \end{cases}$$

2.

```
VARIABLES
  n EST_DU_TYPE NOMBRE
  p EST_DU_TYPE NOMBRE
  a EST_DU_TYPE NOMBRE
  b EST_DU_TYPE NOMBRE
  s EST_DU_TYPE NOMBRE
  L EST_DU_TYPE NOMBRE
DEBUT_ALGORITHME
  LIRE n
  LIRE p
  LIRE a
  LIRE b
  LIRE s
  AFFICHER "f a pour limite"
  SI (n<p) ALORS
    DEBUT_SI
    AFFICHER "0"
    FIN_SI
  SI (n==p) ALORS
    DEBUT_SI
    L PREND_LA_VALEUR a/b
    AFFICHER L
    FIN_SI
  SI (n>p) ALORS
    DEBUT_SI
  SI(s==1) ALORS
    DEBUT_SI
    SI (a/b<0) ALORS
      DEBUT_SI
      AFFICHER "+infini"
      FIN_SI
    SI (a/b>0) ALORS
      DEBUT_SI
      AFFICHER "–infini"
      FIN_SI
    FIN_SI
    SI (s==–1) ALORS
      DEBUT_SI
    SI ((a*pow(–1,n))/(b*pow(–1,p))>0) ALORS
      DEBUT_SI
      AFFICHER "+infini"
      FIN_SI
    SI ((a*pow(–1,n))/(b*pow(–1,p))<0) ALORS
      DEBUT_SI
      AFFICHER "–infini"
      FIN_SI
    FIN_SI
  FIN_SI
FIN_ALGORITHME
```

12 1. $E(15{,}999) = \mathbf{15}$, $E(-25) = \mathbf{25}$, $E\left(\sqrt{2}\right) = 1$, $E\left(-\dfrac{4}{3}\right) = \mathbf{-2}$.

2. Pour tout x réel, $x-1 < E(x) \leqslant x$.

En effet, notons $n = E(x)$. Alors $n \leqslant x < n+1$, d'où $E(x) \leqslant x$.

De l'inégalité (1), on déduit, en soustrayant 1 à chaque membre :

$$n - 1 \leqslant x - 1 < n$$

$$x - 1 < E(x)$$

$$\boldsymbol{x-1 < E(x) \leqslant x.}$$

3. a. Pour tout x réel :

$$\boldsymbol{\frac{x-1}{x^2+1} < g(x) \leqslant \frac{x}{x^2+1}.}$$

b. $\lim\limits_{x\to-\infty} \dfrac{x-1}{x^2+1} = \lim\limits_{x\to-\infty} \dfrac{x}{x^2} = \lim\limits_{x\to-\infty} \dfrac{1}{x} = 0.$

De même, $\lim\limits_{x\to-\infty} \dfrac{x}{x^2+1} = 0.$

D'après le théorème des gendarmes, $\boldsymbol{\lim\limits_{x\to-\infty} g(x) = 0.}$

13 **Partie A**

1. Pour tout $x > 0$, $g'(x) = \sqrt{x} + \dfrac{x}{2\sqrt{x}}$:

$$\boldsymbol{g'(x) = \frac{1}{2\sqrt{x}}(3x - 8\sqrt{x} + 5).}$$

2. $\Delta = 4 > 0$ Donc le trinôme $3X^2 - 8X + 5$ admet deux racines distinctes :

$$\boldsymbol{X_1 = \frac{8-2}{6} = 1 \text{ et } X_2 = \frac{10}{6} = \frac{5}{3}.}$$

Donc $3X^2 - 8X + 5 = 3(X-1)\left(X - \dfrac{5}{3}\right)$.

Une méthode plus rapide consiste à remarquer que 1 est solution et factoriser par $(X-1)$:

$3X^2 - 8X + 5 = (X-1)(3X-5)$.

3. $g'(x) = \dfrac{1}{2\sqrt{x}}\left(\left(\sqrt{x}\right)^2 - 8\sqrt{x} + 5\right)$ soit :

$$\boldsymbol{g'(x) = \frac{3}{2\sqrt{x}}\left(\sqrt{x} - 1\right)\left(\sqrt{x} - \frac{5}{3}\right).}$$

4. $\dfrac{3}{2\sqrt{x}} > 0$ sur $\mathbb{R}^{+*}$ et $\sqrt{x} - 1 > 0 \Leftrightarrow x > 1$ et $\sqrt{x} - \dfrac{5}{3} > 0 \Leftrightarrow \sqrt{x} > \dfrac{5}{3} \Leftrightarrow x > \dfrac{25}{9}$,

car la fonction carré est strictement croissante sur $[0 ; +\infty[$.

x	0		1		$\frac{25}{9}$		$+\infty$
$(\sqrt{x}-1)$		$-$	0	$+$		$+$	
$\left(\sqrt{x}-\frac{5}{3}\right)$		$-$		$-$	0	$+$	
Signe de $g'(x)$		$+$	0	$-$	0	$+$	
Variations de g	-2	↗	0	↘	$-\frac{4}{27}$	↗	

5. $g(4) = 4 \times 2 - 4 \times 4 + 5 \times 2 - 2$ soit $\boldsymbol{g(4) = 0}$.

6. **g est donc strictement négative sur $[0\,;1[\cup]1\,;4[$, strictement positive sur $]4\,;+\infty[$ et nulle en 0 et en 4.**

Partie B

1. $\lim\limits_{x\to+\infty} \frac{1}{x} = 0$ et $\lim\limits_{x\to+\infty} \frac{1}{\sqrt{x}} = 0$, donc $\lim\limits_{x\to+\infty} \left(\frac{1}{x} - \frac{1}{\sqrt{x}}\right) = 0$.

De plus, $\lim\limits_{X\to+\infty} X^3 = 0$, donc, par composition $\boldsymbol{\lim\limits_{x\to+\infty} f(x) = 0}$.

2. a. $\lim\limits_{x\to0^+} \frac{1}{x} = +\infty$ et $\lim\limits_{x\to0^+} \left(-\frac{1}{\sqrt{x}}\right) = -\infty$, **donc il s'agit d'une forme indéterminée.**

b. $\boldsymbol{\frac{1}{x} - \frac{1}{\sqrt{x}} = \frac{1-\sqrt{x}}{x}}$.

c. $\begin{cases} \lim\limits_{x\to0^+} \left(1-\sqrt{x}\right) = 1 \\ \lim\limits_{x\to0^+} x = 0^+ \end{cases}$, donc, par quotient, $\lim\limits_{x\to0^+} \left(\frac{1}{x} - \frac{1}{\sqrt{x}}\right) = +\infty$.

De plus, $\lim\limits_{X\to+\infty} X^3 = +\infty$, donc, par composition, $\boldsymbol{\lim\limits_{x\to0^+} f(x) = +\infty}$.

3. Soit $x > 0$, $f(x) = \left(\frac{1}{x^2} - \frac{2}{x\sqrt{x}} + \frac{1}{x}\right) \times \left(\frac{1}{x} - \frac{1}{\sqrt{x}}\right)$, soit :

$$\boldsymbol{f(x) = \frac{1}{x^3} - \frac{3}{x^2\sqrt{x}} + \frac{3}{x^2} - \frac{1}{x\sqrt{x}}}.$$

Donc $\boldsymbol{f'(x) = \frac{-3}{x^4} + \frac{15}{2x^3\sqrt{x}} - \frac{6}{x^3} + \frac{3}{2x^2\sqrt{x}}}$.

4. Pour tout $x > 0, f'(x) = \dfrac{-6+15\sqrt{x}-12x+3x\sqrt{x}}{2x^4} = \dfrac{3\times g(x)}{2x^4}$ est bien du **signe de $g(x)$ sur $]0\ ;+\infty[$.**

x	0		1		4		$+\infty$
Signe de $g(x)$		$-$	0	$-$	0	+	
Variations de f	$+\infty$	↘			$-\frac{1}{64}$	↗	0

14 1. a. – 2. c. – 3. a. et d. – 4. b. et d.

15 **Partie A**

1 • $\lim\limits_{x\to+\infty} f(x) = \lim\limits_{x\to+\infty} \dfrac{x^2}{x} = \lim\limits_{x\to+\infty} x$, donc $\boldsymbol{\lim\limits_{x\to+\infty} f(x) = +\infty}$.

• De même, $\lim\limits_{x\to-\infty} f(x) = \lim\limits_{x\to-\infty} x$, donc $\boldsymbol{\lim\limits_{x\to-\infty} f(x) = -\infty}$.

2. • $\begin{cases}\lim\limits_{x\to3^+} (x^2-10) = -1\\ \lim\limits_{x\to3^+} x-3 = 0^+\end{cases}$, donc, par quotient, $\boldsymbol{\lim\limits_{x\to3+} f(x) = -\infty}$.

• $\begin{cases}\lim\limits_{x\to3^-} (x^2-10) = -1\\ \lim\limits_{x\to3^-} x-3 = 0^-\end{cases}$, donc, par quotient, $\boldsymbol{\lim\limits_{x\to3^-} f(x) = +\infty}$

3. **$\mathscr{C}_f$ admet une asymptote verticale d'équation $x = 3$.**

4. Pour tout $x \neq 3, f'(x) = \dfrac{2x(x-3)-(x^2-10)\times 1}{(x-3)^2} = \dfrac{x^2-6x+10}{(x-3)^2}$.

Étudions le signe du numérateur. $\Delta = -4 < 0$, donc $x^2 - 6x + 10 > 0$ sur $\mathbb{R}$ $(a = 1 > 0)$.
Il en résulte que $f'(x) > 0$ pour tout $x \neq 3$.
Donc f est strictement croissante sur $]-\infty\ ; 3[$ et sur $]3\ ;+\infty[$.

5.

x	$-\infty$		3		$+\infty$
Signe de $f'(x)$		+	||	+	
Variations de f	$-\infty$	↗	$+\infty$ || $-\infty$	↗	$+\infty$

6. • $T : y = f(2) + f'(2)(x-2)$ avec $f(2) = 6$ et $f'(2) = 2$, donc $\boldsymbol{T : y = 2x + 2}$.

• $T' : y = f(4) + f'(4)(x-4)$ avec $f(4) = 6$ et $f'(2) = 2$, donc $\boldsymbol{T' : y = 2x - 2}$.

Partie B

1. Soit $x \neq 3$, $x+3-\dfrac{1}{x-3}=\dfrac{(x-3)\,(x+3)-1}{x-3}=f(x)$.

Autre méthode : $f(x)=\dfrac{x^2-10}{x-3}=\dfrac{x^2-9-1}{x-3}=\dfrac{(x-3)(x+3)-1}{x-3}=x+3-\dfrac{1}{x-3}$.

2. a. Pour tout $x \neq 3$, $d(x)=x+3\ -\dfrac{1}{x-3}-(x+3)=-\dfrac{1}{x-3}$.

Donc $\lim\limits_{x\to+\infty} d(x)=\lim\limits_{x\to+\infty}\dfrac{-1}{x-3}$ d'où $\lim\limits_{x\to+\infty} d(x)=0$.

$\lim\limits_{x\to-\infty} d(x)=\lim\limits_{x\to-\infty}\dfrac{-1}{x-3}$, d'où $\lim\limits_{x\to-\infty} d(x)=0$.

La courbe $\mathscr{C}_f$ se rapproche de la droite (*D*) au voisinage de l'infini.

b. Si $x<3$, alors $x–3<0$ et $d(x)>0$. Si $x>3$, alors $x-3>0$ et $d(x)<0$.

$\mathscr{C}_f$ est donc au-dessus de (*D*) sur] ∞ ; 3[, et en dessous de (*D*) sur]3 ; +∞[.

3.

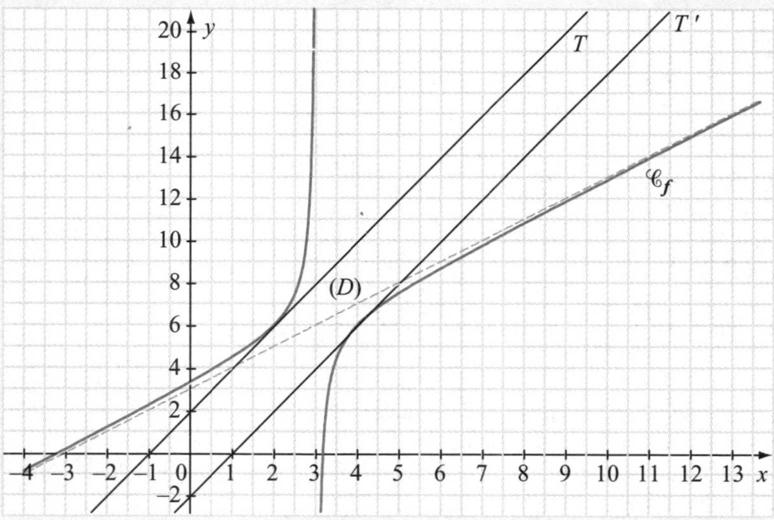

16 Soit ε un réel strictement positif.

$\lim\limits_{n\to+\infty} v_n=-2$, donc il existe un entier n_1 tel que, pour tout $n \geqslant n_1$:

$$v_n \in\ ]-2-\varepsilon\ ;-2+\varepsilon[.$$

$\lim\limits_{n\to+\infty} w_n=-2$, donc il existe un entier n_2 tel que, pour tout $n \geqslant n_2$, $w_n \in\ ]-2-\varepsilon\ ;-2+\varepsilon[$.

Notons n_0 le plus grand des entiers n_1 et n_2.

Alors, pour tout $n \geqslant n_0$, $-2-\varepsilon < v_n \leqslant u_n \leqslant w_n < -2+\varepsilon$, donc $\boldsymbol{u_n \in\ ]-2-\varepsilon\ ;-2+\varepsilon[}$.

Donc $\boldsymbol{\lim\limits_{n\to+\infty} u_n=-2}$.

17 **1.** Soit $n \in \mathbb{N}$, $n+\sqrt{n}+1$ est la somme de trois termes positifs dont l'un est strictement supérieur à 0, donc $\boldsymbol{n+\sqrt{n}+1>0}$.

2. $u_0 = \mathbf{3}$; $u_1 = -\dfrac{\mathbf{5}}{\mathbf{3}}$; $u_2 = -\dfrac{\mathbf{1}}{\mathbf{3+\sqrt{2}}}$; $u_3 = -\dfrac{\mathbf{9}}{\mathbf{4+\sqrt{3}}}$; $u_4 = -\dfrac{\mathbf{5}}{\mathbf{7}}$.

Pour tout $a \neq 0$, $a^0 = 1$ en particulier, $(-1)^0 = 1$.

3. Pour tout $n \in \mathbb{N}$, $-1 \leqslant (-1)^n \leqslant 1$, donc $-3 \leqslant 3 \times (-1)^n \leqslant 3$ (multiplication par $3 > 0$) donc $\boldsymbol{-2n - 3 \leqslant -2n + 3(-1)^n \leqslant -2n + 3}$.

4. Pour tout $\boldsymbol{n \in \mathbb{N}, \dfrac{-2n-3}{n+\sqrt{n}+1} \leqslant u_n \leqslant \dfrac{-2n+3}{n+\sqrt{n}+1}}$.

5. Posons $N = \sqrt{n}$. Alors :

$$\boldsymbol{\frac{-2n-3}{n+\sqrt{n}+1} = \frac{-2N^2-3}{N^2+N+1}} \textbf{ et } \boldsymbol{\frac{-2n+3}{n+\sqrt{n}+1} = \frac{-2N^2+3}{N^2+N+1}}.$$

6. •
$$\begin{cases} \lim\limits_{n\to+\infty} \sqrt{n} = +\infty \\ \lim\limits_{N\to+\infty} \dfrac{-2N^2-3}{N^2+N+1} = \lim\limits_{N\to+\infty} \dfrac{-2N^2}{N^2} = \lim\limits_{N\to+\infty} -2 = -2, \end{cases}$$

donc, par composition, $\boldsymbol{\lim\limits_{n\to+\infty} \dfrac{-2n-3}{n+\sqrt{n}+1} = -2}$.

•
$$\begin{cases} \lim\limits_{n\to+\infty} \sqrt{n} = +\infty \\ \lim\limits_{N\to+\infty} \dfrac{-2N^2+3}{N^2+N+1} = \lim\limits_{N\to+\infty} \dfrac{-2N^2}{N^2} = \lim\limits_{N\to+\infty} -2 = -2 \end{cases}$$

donc, par composition, $\boldsymbol{\lim\limits_{n\to+\infty} \dfrac{-2n-3}{n+\sqrt{n}+1} = -2}$.

7. Pour tout $n \in \mathbb{N}$, $\dfrac{-2n-3}{n+\sqrt{n}+1} \leqslant u_n \leqslant \dfrac{-2n+3}{n+\sqrt{n}+1}$.

$$\lim_{n\to+\infty} \frac{-2n-3}{n+\sqrt{n}+1} = \lim_{n\to+\infty} \frac{-2n-3}{n+\sqrt{n}+1} = -2.$$

Donc, d'après le théorème des gendarmes, $\boldsymbol{\lim\limits_{n\to+\infty} u_n = -2}$.

2 Compléments sur les fonctions

I RAPPEL : DÉRIVÉE ET SENS DE VARIATION

Théorème : Soit f une fonction dérivable sur un intervalle I.
Si f' est strictement positive sur I, sauf en des valeurs isolées en lesquelles elle s'annule, alors f est strictement croissante sur I.
Si f' est strictement négative sur I, sauf en des valeurs isolées en lesquelles elle s'annule, alors f est strictement décroissante sur I.

II DÉRIVÉE D'UNE FONCTION DE LA FORME $g(u)$

■ **Théorème 1 :** Soit u une fonction dérivable sur I et à valeurs strictement positives.
Alors $\sqrt{u}$ est dérivable sur I et $(\sqrt{u})' = \dfrac{u'}{2\sqrt{u}}$.

■ **Théorème 2 :** Soit u une fonction dérivable sur I, et n un entier naturel supérieur ou égal à 2.
Alors u^n est dérivable sur I et $(u^n)' = u' \times nu^{n-1}$.

■ **Théorème 3 :** Soit g une fonction dérivable sur un intervalle I, et a et b deux réels fixés.
Alors la fonction $f : x \rightarrow g(ax+b)$ est dérivable en tout x tel que $ax+b \in I$ et $f'(x) = ag'(ax+b)$

Ces résultats sont généralisables : soit u une fonction définie et dérivable sur un intervalle I, et g une fonction définie et dérivable en tout $u(x)$, $x \in I$; alors la fonction $f : x \rightarrow g(u(x))$ est dérivable sur I et, pour tout $x \in I$:

$$f'(x) = u'(x) \times g'(u(x)).$$

III CONTINUITÉ

1. Définition et propriétés

■ **Définition**

Soient a un réel et f une fonction définie sur un intervalle I contenant a.
On dit que ***f* est continue en *a*** si $\lim_{x \to a} f(x) = f(a)$.

On dit que f est continue sur I si f est continue en tout point de I.

Intuitivement, la continuité de f sur I correspond à l'idée que nous pouvons tracer sur I la courbe représentative de f sans lever le stylo.

EXEMPLE : Les fonctions polynômes, rationnelles, valeur absolue et racine carrée sont continues sur leur ensemble de définition.

■ Si f admet une limite en a^+ et en a^- et si $\lim_{x \to a^+} f(x) = \lim_{x \to a^-} f(x) = l$, alors la fonction $x \mapsto \begin{cases} f(x) \text{ si } x \neq a \\ l \text{ si } x = a \end{cases}$ est continue en a.

■ La somme, le produit, le quotient, la composée de fonctions continues est continue.

2. Un exemple de fonction non continue : la fonction partie entière

Pour tout $x \in \mathbb{R}$, on appelle partie entière de x l'unique entier n tel que $n \leqslant x < n+1$ et on le note $\mathrm{E}(x)$.

Voir l'exercice 12 du chapitre 1.

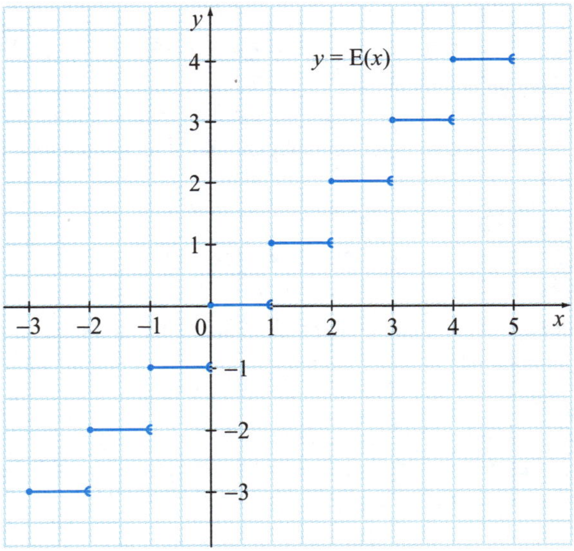

Courbe représentative de la fonction partie entière

La fonction partie entière est discontinue en tout $a \in \mathbb{Z}$ et continue partout ailleurs.

3. Continuité et dérivabilité

Si f est une fonction dérivable en un réel a, alors f est continue en a.

Attention, la réciproque est fausse : les fonctions racine carré et valeur absolue sont continues en 0, mais non dérivables en 0.

4. Théorème des valeurs intermédiaires

■ **Théorème des valeurs intermédiaires** (admis)

Soit f une fonction continue sur $[a\ ;\ b]$ (où $a < b$), alors, pour tout réel k compris entre $f(a)$ et $f(b)$, il existe au moins un réel $x_0 \in [a\ ;\ b]$ tel que $f(x_0) = k$.

■ **Corollaire**

Soit f une fonction continue et strictement monotone sur $[a\ ;\ b]$ (où $a < b$). Alors pour tout réel k compris entre $f(a)$ et $f(b)$, il existe un unique réel $x_0 \in [a\ ;\ b]$ tel que $f(x_0) = k$.

Le théorème et le corollaire se prolongent à des intervalles de la forme $]a\ ;\ b[$, $[a\ ;\ b[$, $]a\ ;\ b]$, $]-\infty\ ;\ b]$, $[a\ ;+\infty[$, ... Et on remplace alors $f(a)$, $f(b)$, par les limites de f en a, b, en $-\infty$, en $+\infty$.

Par convention, les flèches obliques dans le tableau de variation d'une fonction f signifient que f est continue et strictement monotone sur les intervalles correspondants : le tableau de variation permet de déduire le nombre de solutions de l'équation $f(x) = k$.

IV FONCTIONS COSINUS ET SINUS

1. Définitions et premières propriétés

■ La fonction **cosinus** est définie sur $\mathbb{R}$ et notée cos ; elle associe à tout réel x l'abscisse du point du cercle trigonométrique ayant pour affixe x.

La fonction **sinus** est définie sur $\mathbb{R}$ et notée sin ; elle associe à tout réel x l'ordonnée du point du cercle trigonométrique ayant pour affixe x.

■ **Propriété 1 :** Pour tout $x \in \mathbb{R}$, $-1 \leqslant \cos(x) \leqslant 1$ et $-1 \leqslant \sin(x) \leqslant 1$.

■ **Propriété 2 :** Pour tout $x \in \mathbb{R}$, $\cos(x + 2\pi) = \cos(x)$ et $\sin(x + 2\pi) = \sin(x)$.

On dit que les fonctions cosinus et sinus sont périodiques, de période 2π.

La courbe représentative sur $\mathbb{R}$ de la fonction cosinus (resp[t] de la fonction sinus) se déduit de celle sur $]-\pi\ ;\ \pi]$ par translations de vecteurs $2k\pi\vec{i}$, $k \in \mathbb{Z}$.

■ **Propriété 3**

Pour tout $x \in \mathbb{R}$, $\cos(-x) = \cos(x)$: on dit que la fonction cosinus est **paire**. Sa courbe représentative est symétrique par rapport à l'axe des ordonnées.

Pour tout $x \in \mathbb{R}$, $\sin(-x) = -\sin(x)$: on dit que la fonction sinus est **impaire**. Sa courbe représentative est symétrique par rapport à l'origine O du repère.

2. Variations et représentations graphiques

■ **Propriété 4 :** La fonction cosinus est dérivable sur $\mathbb{R}$ et, pour tout réel x :

$$\cos'(x) = -\sin(x).$$

La fonction sinus est dérivable sur $\mathbb{R}$ et, pour tout réel x, $\sin'(x) = \cos(x)$.

Tableaux de variation sur $]-\pi\,;\pi]$:

x	$-\pi$	$-\frac{\pi}{2}$	0	$\frac{\pi}{2}$	π
Variations de $x \mapsto \cos x$	-1 ↗	0 ↗	1 ↘	0 ↘	-1

x	$-\pi$	$-\frac{\pi}{2}$	0	$\frac{\pi}{2}$	π
Variations de $x \mapsto \sin x$	0 ↘	-1 ↗	0 ↗	1 ↘	0

Courbes représentatives

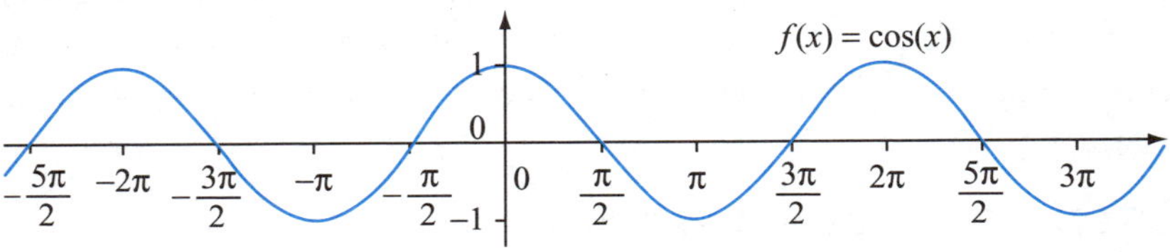

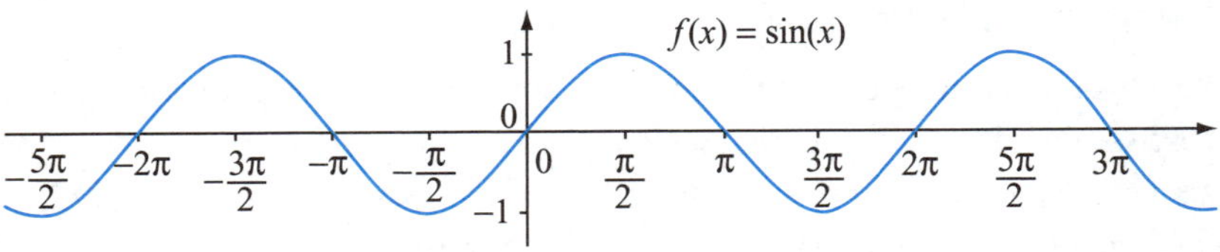

Les fonctions cosinus et sinus n'admettent pas de limite en $+\infty$ ni en $-\infty$.

3. Autres propriétés

■ **Propriété 5 :** $\lim\limits_{x \to 0} \dfrac{\sin x}{x} = 1$.

Ce résultat provient de la définition de la dérivabilité en 0 de la fonction sinus.

■ **Fonctions de la forme cos(u)**

Soit u une fonction définie et dérivable sur un intervalle I. Alors la fonction $\cos(u) : x \mapsto \cos(u(x))$ est définie et dérivable sur I et $(\cos(u))' = -u' \times \sin(u)$.

■ **Fonctions de la forme sin(u)**

Soit u une fonction définie et dérivable sur un intervalle I.

Alors la fonction $\sin(u) : x \mapsto \sin(u(x))$ est définie et dérivable sur I et :

$$(\sin(u))' = u' \times \cos(u).$$

SAVOIR-FAIRE

1. Étudier les variations d'une fonction de la forme $f(u)$

On reconnaît la forme $f(u)$, puis on applique la formule de dérivation sans oublier le facteur u'.

EXEMPLES

a. Étudier les variations de la fonction f définie sur $\mathbb{R}$ par $f(x)=\dfrac{(2x^2-1)^3}{2}$.

$f=\dfrac{1}{2}\times u^3$, avec $u : x \to 2x^2-1$.

Pour tout $x \in \mathbb{R}$:

$$f'(x)=\frac{1}{2}\times u'\times 3u^2=\frac{1}{2}\times 4x\times 3(2x^2-1)^2=6x(2x^2-1)^2.$$

$f'(x)$ est du signe de $6x$, c'est-à-dire négative sur $\mathbb{R}^-$ et positive sur $\mathbb{R}^+$. De plus, $f'(x)$ s'annule en 0, $\dfrac{1}{\sqrt{2}}$ et $-\dfrac{1}{\sqrt{2}}$, qui sont des valeurs isolées.

f est donc strictement décroissante sur $]-\infty\,;0]$ et strictement croissante sur $]0\,;+\infty[$.

b. Calculer la dérivée sur $]-\infty\,;3[$ de $f : x \mapsto (3-x)\sqrt{3-x}$. En déduire les variations de f sur $]-\infty\,;3]$.

$f(x)=g(3-x)=g(ax+b)$ avec $a=-1$, $b=3$ et $g : t \to t\sqrt{t}$.

Or $g'(t)=\sqrt{t}+\dfrac{t}{2\sqrt{t}}=\dfrac{3}{2}\sqrt{t}$. Donc, pour tout $x \in\,]0\,;3[$:

$$f'(x)=a\times g'(ax+b)=(-1)\times\frac{3}{2}\sqrt{3-x}=-\frac{3}{2}\sqrt{3-x}<0.$$

Donc f est strictement décroissante sur $]-\infty\,;\,3]$.

2. Rédiger et appliquer le corollaire du théorème des valeurs intermédiaires

Après avoir montré chacun des points, rédiger selon le schéma suivant, qui montre que l'on a bien toutes les hypothèses du corollaire du théorème des valeurs intermédiaires.

- f est continue et strictement *croissante/décroissante* sur l'intervalle … ; …
- k est compris entre… et … *(valeur ou limite)*.

Donc, d'après le corollaire du théorème des valeurs intermédiaires, l'équation $f(x)=k$ admet une unique solution … sur l'intervalle … ; …

EXEMPLE : Soit f la fonction définie sur $]-\infty\,;3]$ par $f(x)=(3-x)\sqrt{3-x}$.

Montrer que l'équation $f(x)=5$ admet une unique solution sur $]-\infty\,;3]$.

- Calculons tout d'abord la limite en $-\infty$ de f :

$$\begin{cases}\lim\limits_{x\to-\infty}(3-x)=+\infty \\ \lim\limits_{X\to+\infty}X\sqrt{X}=+\infty\end{cases},\qquad \text{donc } \lim_{x\to-\infty}f(x)=+\infty.$$

- f est continue et strictement décroissante sur l'intervalle $]-\infty\,;3]$.
- 5 est compris entre $f(3)=0$ et $\lim\limits_{x\to-\infty}f(x)=+\infty$.

Donc, d'après le corollaire du théorème des valeurs intermédiaires, **l'équation $f(x)=5$ admet une unique solution sur l'intervalle $]-\infty\,;3]$.**

3. Déduire d'un tableau de variation le nombre de solutions de l'équation $f(x)=k$

Considérer séparément chacun des intervalles sur lesquels f est strictement monotone.

EXEMPLE : Soit f une fonction définie sur $\mathbb{R}$ dont on connaît le tableau de variation.

Déterminer le nombre de solutions de l'équation $f(x)=0$.

x	$-\infty$		0		2		$+\infty$
Variations de f	2	↗	3	↘	-1	↗	0

D'après le tableau de variation, l'équation $f(x)=0$ admet :

- aucune solution sur $]-\infty\,;0]$ (puisque 0 n'est pas compris entre 2 et 3) ;
- une unique solution sur $]0\,;2]$ (puisque $-1<0<3$) ;
- aucune solution sur $[2\,;+\infty[$, f étant strictement croissante sur cet intervalle et ayant pour limite 0, nécessairement f est strictement négative sur $[2\,;+\infty[$.

L'équation $f(x)=0$ admet donc une unique solution sur $\mathbb{R}$.

4. Déterminer une valeur approchée à 10^{-2} près de x_0, solution de $f(x)=k$

- Entrer l'expression de $f(x)$ dans la calculatrice.
- Régler le pas en lui donnant la valeur 1. Chercher dans la table l'entier n_0 tel que $f(n_0)<k<f(n_0+1)$.
- Régler le pas à 0,1 et prendre comme valeur de départ de la table $x=n_0$.

Lire dans la table un encadrement à 10^{-1} près de x_0 $(a < x_0 < b)$.

- Régler le pas à 10^{-2} et prendre comme valeur de départ de la table $x = a$. Lire dans la table un encadrement à 10^{-2} près de x_0.

EXEMPLE : (Suite de l'exemple du Savoir Faire 2)

La fonction f est définie sur $]-\infty\ ;\ 3]$ par $f(x) = (3-x)\sqrt{3-x}$. Déterminer un encadrement à 10^{-2} près de l'unique solution x_0 de l'équation $f(x) = 5$.

Pas de 1 :

X	Y_1
0	5,19615
1	2,82842

Donc $0 < x_0 < 1$.

Pas de 0,1 :

X	Y_1
0	5,19615242
0,1	4,93852205

Donc $0 < x_0 < 0{,}1$.

Pas de 0,01 :

X	Y_1
0,07	5,01535213
0,08	4,98969819

Donc $0{,}07 < x_0 < 0{,}08$.

5. Déterminer la limite en $\pm\infty$ d'une fonction de la forme $f(\cos(x))$ ou $f(\sin(x))$

On ne peut appliquer le résultat sur les compositions de limites, puisque ni cos ni sin n'admettent de limite à l'infini. L'idée est donc d'encadrer cos(x) ou sin(x) à l'aide de la propriété 1. du **IV 1.**, puis d'appliquer si possible le théorème des gendarmes.

EXEMPLE : Déterminer la limite en $+\infty$ de la fonction f définie sur $[0\ ;+\infty[$ par $f(x) = \dfrac{\sin(x)}{x}$.

Pour tout $x > 0$, $-1 \leqslant \sin(x) \leqslant 1$.

Donc (multiplication par $\dfrac{1}{x} > 0$) :

$$\frac{-1}{x} \leqslant f(x) \leqslant \frac{1}{x}.$$

$\lim\limits_{x\to+\infty} \dfrac{-1}{x} = \lim\limits_{x\to+\infty} \dfrac{1}{x} = 0$. Donc, d'après le théorème des gendarmes :

$$\mathbf{\lim_{x\to+\infty} f(x) = 0.}$$

EXERCICES D'APPLICATION

1 DÉFINITON DE LA CONTINUITÉ

★ | 10 min | ▸ P. 59

1. Soit f la fonction définie sur $\mathbb{R}$ par $f(x)=\begin{cases}\dfrac{x^2-4}{x+2} \text{ si } x\neq -2\\ -4 \text{ si } x=-2\end{cases}$

Étudier la continuité de la fonction f en -2.

- On pourra transformer l'écriture de $f(x)$ lorsque $x \neq -2$.
- Voir le cours, IV 3.

2. Soit g la fonction définie sur $[-1\,;1]$ par $g(x)=\begin{cases}1 \text{ si } x=0\\ \dfrac{\sin(x)}{x} \text{ si } x\neq 0\end{cases}$

Montrer que g est continue en 0.

2 CONTINUITÉ ET ENCADREMENT

★ | 10 min | ▸ P. 59

Soit h la fonction définie sur $\mathbb{R}$ par $h(x)=\begin{cases}x\sin\left(\dfrac{1}{x}\right) \text{ si } x\neq 0\\ 0 \text{ si } x=0\end{cases}$,

1. Démontrer que, pour tout $x>0$, $-x \leqslant h(x) \leqslant x$. En déduire la limite de h en 0^+.

2. Démontrer que, pour tout $x<0$, $-x \geqslant h(x) \geqslant x$ et en déduire la limite de h en 0^-.

3. Montrer alors que h est continue en 0.

Voir le cours, III.1.

3 LIMITES

★★ | 30 min | ▸ P. 59

1. Déterminer la limite en α de chacune des suites ou fonctions suivantes :

a. $u_n=\cos\left(\dfrac{1}{n}\right)$ et $\alpha=+\infty$.

b. $f(x)=\dfrac{x^2+3}{x^2+3+|\cos(x)|}$ et $\alpha=-\infty$.

c. $v_n=n^2-3\cos(n)$ et $\alpha=+\infty$.

d. $g(x) = \dfrac{1}{\sin(x)}$ et $\alpha = 0^-$.

> Pour les 1.b. et 1.c., voir le savoir-faire 5.

2. Soit h la fonction définie sur $\left]-\dfrac{\pi}{2}\ ;\ \dfrac{\pi}{2}\right[$ par $h(x) = \dfrac{\sin(x)}{\cos(x)}$.

Déterminer les limites de h aux bornes de son ensemble de définition.

> h est la restriction de la fonction tangente à l'intervalle $\left]-\dfrac{\pi}{2}\ ;\ \dfrac{\pi}{2}\right[$.

4 ALGORITHME : RACINES CUBIQUES | ★★ | 35 min | ▸ P. 60

Notons f la fonction cube définie sur $\mathbb{R}$.

1. Justifier que f est continue et strictement monotone sur $\mathbb{R}$

2. Soit k un réel. Montrer que l'équation $x^3 = k$ admet une unique solution x_0 sur $\mathbb{R}$.

3. Donner la solution de chacune des équations :

$$x^3 = 1,\ \ x^3 = 0,\ x^3 = -1,\ x^3 = 27,\ \ x^3 = -8,\ \ x^3 = 125.$$

4. Écrire un algorithme associant à un réel k positif :
- la valeur de x_0 si x_0 est un entier ;
- un encadrement à l'unité de x_0 sinon.

> Utiliser la boucle « Tant que ».

5. Écrire un algorithme associant à un réel k positif un encadrement au dixième de x_0.

> On ne traite pas ici le cas k négatif, mais, comme la fonction cube est impaire, si l'algorithme appliqué à $|k| = -k$ donne $a \leqslant |k| \leqslant b$, alors $-b \leqslant k \leqslant -a$.

5 THÉORÈME DES VALEURS INTERMÉDIAIRES ET TABLEAU DE VARIATION | ★ | 25 min | ▸ P. 62

Soit f une fonction définie sur $\mathbb{R}$ dont voici le tableau de variation :

x	$-\infty$		0		4		$+\infty$
Variations de f	$+\infty$	↘	-2	↗	π	↘	0

1. Déterminer, en justifiant, le nombre de solutions :

a. de l'équation $f(x) = 4$;

b. de l'équation $f(x) = -2$.

Voir le savoir-faire 3.

2. Sans justification, donner le nombre de solutions de l'équation $f(x) = m$ selon les valeurs du réel m.

6 THÉORÈME DES VALEURS INTERMÉDIAIRES | ★ | 20 min | ▸P. 62

Soit f la fonction définie sur $[0\ ;\ +\infty[$ par $f(x) = 2(x-6) + \sin(x)$.

1. Étudier les variations de f

2. Déterminer la limite de f en $+\infty$.

3. Déterminer le nombre de solutions de l'équation $f(x) = 0$.

Voir le savoir-faire 2.

4. Donner une valeur approchée à 10^{-2} près de(s) antécédent(s) de 0 par f.

Voir le savoir-faire 4.

7 FONCTIONS COMPOSÉES | ★★ | 35 min | ▸P. 63

1. Étudier le sens de variation de chacune des fonctions définies ci-dessous :

Voir le savoir-faire 1.

a. f est définie sur $[2{,}5\ ;\ +\infty[$ par $f(x) = \sqrt{2x-5}$.

b. g est définie sur $[0\ ;\ +\infty[$ par $g(x) = (2\sqrt{x}-1)^5$.

c. h est définie sur $\mathbb{R}$ par $h(x) = \sqrt{3x^2+1}$.

d. k est définie sur $\left[\frac{2}{\pi}\ ;\ +\infty\right[$ par $k(x) = \sin\frac{1}{x}$.

On sera amené à étudier le signe de $\cos(x)$ sur $\left]0\ ;\ \frac{\pi}{2}\right]$.

2. Soit f la fonction définie sur $\left[0\ ;\ \frac{\pi}{2}\right]$ par $f(x) = \cos\left(\frac{\pi}{2} - 4x\right)$.

a. Calculer $f'(x)$ pour $x \in \left[0\ ;\ \frac{\pi}{2}\right]$.

b. Résoudre sur $\left[0\ ;\ \frac{\pi}{2}\right]$ l'équation $\sin\left(\frac{\pi}{2} - 4x\right) = 0$.

Voir programme de 1re S.

c. Recopier et compléter le tableau suivant :

x	0	$\frac{\pi}{8}$	$\frac{3\pi}{8}$	$\frac{\pi}{2}$
$\frac{\pi}{2}-4x$	…	…	…	…
Signe de $\sin\left(\frac{\pi}{2}-4x\right)$				
Signe de $f'(x)$				
Variations de f				

8 FONCTION COMPOSÉE ET COSINUS | ★ | 30 min | ▸ P. 64

Soit f la fonction définie sur $[0 ; \pi]$ par $f(x)=\cos(2x)$.

1. Étude des variations de f

a. Calculer $f'(x)$ pour $x \in [0 ; \pi]$.

b. Résoudre sur $[0 ; \pi]$ l'équation $\sin(2x)=0$.

Voir programme de 1re S.

c. Recopier et compléter le tableau suivant :

x	0	$\frac{\pi}{2}$	π
$2x$	…	…	…
Signe de $\sin(2x)$			
Signe de $f'(x)$			
Variations de f			

2. Résoudre l'équation $f(x)=0$.

3. Résoudre l'équation $f(x)=\frac{1}{2}$.

4. Déterminer l'équation des tangentes T et T' à $\mathscr{C}_f$ aux points d'abscisses respectives 0 et $\frac{\pi}{2}$.

5. Tracer T, T' et $\mathscr{C}_f$ dans un repère orthogonal, avec comme échelle en abscisse 1 cm pour $\frac{\pi}{6}$.

EXERCICES D'ENTRAÎNEMENT

9 DÉFINITION DE LA CONTINUITÉ | ★★ | 15 min | ▶p. 66

Soit f la fonction définie sur $\mathbb{R}$ par $f(x)=\begin{cases}\dfrac{2x^3+7x^2+2x-3}{2x-1} \text{ si } x \neq \dfrac{1}{2}\\ \alpha \text{ si } x=\dfrac{1}{2}\end{cases}$

1. Déterminer les réels a, b et c tels que, pour tout x réel :

$$2x^3+7x^2+2x-3=(2x-1)(ax^2+bx+c).$$

Développer $(2x-1)(ax^2+bx+c)$ et regrouper les termes de même degré, puis comparer ses coefficients à ceux de $2x^3+7x^2+2x-3$.

2. Pour quelle valeur de α la fonction f est-elle continue sur $\mathbb{R}$?

10 FONCTION CONTINUE NON DÉRIVABLE | ★★ | 20 min | ▶p. 66

Soit f la fonction définie sur $\mathbb{R}$ par $f(x)=\begin{cases}x\sin\dfrac{1}{x} \text{ si } x\neq 0\\ 0 \text{ si } x=0\end{cases}$.

1. Déterminer la limite en $+\infty$ et en $-\infty$ de $\dfrac{\sin X}{X}$.

2. Étudier alors la continuité de f en 0.

3. Étudier la dérivabilité de f en 0.

Voir la remarque en fin de paragraphe IV-2.

4. Visualiser à l'aide d'un logiciel la courbe représentative de la fonction f.

11 ÉTUDE DE FONCTION ET THÉORÈME DES VALEURS INTERMÉDIAIRES | ★★ | 35 min | ▶p. 68

Soit f la fonction définie sur $]-\infty\,;\,-2[\,\cup\,]-2\,;\,+\infty[$ par :

$$f(x)=\frac{x^3+x^2+x+1}{x+2}.$$

1. Déterminer les limites de f aux bornes de son ensemble de définition.

2. Calculer $f'(x)$.

3. On note g la fonction définie sur $\mathbb{R}$ par $g(x) = 2x^3 + 7x^2 + 4x + 1$.

a. Étudier les variations de la fonction g et dresser son tableau de variation complet.

b. Montrer que l'équation $g(x) = 0$ admet une solution unique sur $]-\infty\,;\,-2[$, que l'on notera α. Donner un encadrement de α à 10^{-2} près.

c. L'équation $g(x) = 0$ admet-elle d'autres solutions dans $\mathbb{R}$?

4. Dresser un tableau indiquant, en fonction de x, le signe de $f'(x)$ et les variations de f.

12 FONCTION COMPOSÉE *F(u)* | ★★ | 25 min | ▸ P. 69 |

On considère la fonction f définie sur $\mathbb{R}$ par $f(x) = \frac{1}{2}\left(\sqrt{3x^2+4} - x\sqrt{3}\right)$.

1. Déterminer la limite de f en $-\infty$.

2. On veut maintenant déterminer la limite de f en $+\infty$.

> Pour cela, lever l'indétermination en multipliant numérateur et dénominateur par l'expression conjuguée $\left(\sqrt{3x^2+4} + x\sqrt{3}\right)$.

3. Écrire $f'(x)$ sous forme d'un quotient.

4. Résoudre dans $[0\,;\,+\infty[$ l'inéquation $3x < \sqrt{9x^2+12}$.

5. Étudier le signe de $f'(x)$ sur $\mathbb{R}$ et en déduire les variations de f.

13 FONCTION $x \to \sin\frac{1}{x}$ | ★★ | 25 min | ▸ P. 69 |

Soit f la fonction définie sur $\left[\frac{1}{2\pi}\,;\,+\infty\right[$ par $f(x) = \sin\frac{1}{x}$.

1. Déterminer la limite de f en $+\infty$.

2. Calculer $f'(x)$ pour $x \geqslant \frac{1}{2\pi}$.

3. Étudier le signe de $f'(x)$ sur chacun des intervalles $\left[\frac{1}{2\pi}\,;\,\frac{2}{3\pi}\right[$, $\left]\frac{2}{3\pi}\,;\,\frac{2}{\pi}\right[$ et $\left]\frac{2}{\pi}\,;\,+\infty\right[$.

> Pour chaque cas, on doit se poser les questions suivantes : À quel intervalle appartient $\frac{1}{x}$? Quel est le signe de la fonction sinus sur cet intervalle ?

4. Dresser le tableau de variation complet de f.

EXERCICES D'APPROFONDISSEMENT

14 ALGORITHME DICHOTOMIE | ★★ | 45 min | ▶ P. 70

Ici, f désigne une fonction strictement croissante sur $\mathbb{R}$ et vérifiant :

$$\begin{cases} \lim\limits_{x \to -\infty} f(x) = -\infty \\ \lim\limits_{x \to +\infty} f(x) = +\infty \end{cases}.$$

Nous allons créer un algorithme associant à une telle fonction f l'unique solution (notée x_0) sur $\mathbb{R}$ de l'équation $f(x) = 0$. Cet algorithme procède « par dichotomie », de la manière suivante.

Admettons que l'on connaisse deux réels a_0 et b_0 tels que $f(a_0) < 0$ et $f(b_0) > 0$. On sait, d'après le corollaire du théorème des valeurs intermédiaires, que $x_0 \in [a_0 ; b_0]$.

1re étape : On veut situer x_0 par rapport au centre $c_0 = \dfrac{a_0 + b_0}{2}$ de l'intervalle $[a_0 ; b_0]$.

x	a_0	$c_0 = \dfrac{a_0+b_0}{2}$	b_0
Variations de f	$f(a_0)$	↗	$f(b_0)$

Si $f(c_0) < 0$, nécessairement $x_0 \in [c_0 ; b_0]$. On pose alors $a_1 = c_0$ et $b_1 = b_0$;

si $f(c_0) > 0$, nécessairement $x_0 \in [a_0 ; c_0]$. On pose alors $a_1 = a_0$ et $b_1 = c_0$.

Alors $x_0 \in [a_1 ; b_1]$.

2e étape : On veut situer x_0 par rapport au centre $c_1 = \dfrac{a_1 + b_1}{2}$ de l'intervalle $[a_1 ; b_1]$.

Si $f(c_1) < 0$, nécessairement $x_0 \in [c_1 ; b_1]$. On pose alors $a_2 = c_1$ et $b_2 = b_1$;

si $f(c_0) > 0$, nécessairement $x_0 \in [a_1 ; c_1]$. On pose alors $a_2 = a_1$ et $b_2 = c_1$.

Alors $x_0 \in [a_2 ; b_2]$.

On continue jusqu'à obtenir un encadrement à la précision souhaitée. Dès que $b_n - a_n \leqslant \varepsilon$, on s'arrête : l'encadrement $a_n \leqslant x_0 \leqslant b_n$ obtenu est bien un encadrement à ε près.

1. Soit f la fonction définie sur $\mathbb{R}$ par $f(x) = x^3 + x - 17$.

a. Vérifier que f est strictement croissante sur $\mathbb{R}$ et que $\lim\limits_{x \to -\infty} f(x) = -\infty$ et $\lim\limits_{x \to +\infty} f(x) = +\infty$.

b. Calculer $f(0)$ et $f(5)$. On pose $a_0 = 0$ et $b_0 = 5$.

c. Déterminer l'intervalle $[a_1 ; b_1]$.
d. Continuer jusqu'à obtenir un encadrement à 0,2 près de x_0.
2. Dans Algobox, entrer la fonction f (= F_1). Écrire un algorithme qui, aux réels a et b, associe un encadrement à 10^{-2} près de x_0.

a, b et c prendront successivement les valeurs a_0, b_0, c_0 ; a_1, b_1, c_1 ...

3. Tester l'algorithme avec la fonction $F_1 = g \mapsto \dfrac{x^3}{3} + \dfrac{x^2}{2} + x - 5$ avec $a = 0$ et $b = 10$.

15 AVEC DES VALEURS ABSOLUES | ★★★ | 60 min | ▸ P. 72

Soit l'application f de $\mathbb{R}$ dans $\mathbb{R}$ définie par $f(x) = \sqrt{|x^2 - 6x + 5|}$, et soit $\mathscr{C}_f$ sa courbe représentative dans un plan rapporté à un repère orthonormé $(\text{O} ; \vec{i} ; \vec{j})$. On appelle A et B les points de $\mathscr{C}_f$ d'abscisses respectives 1 et 5.

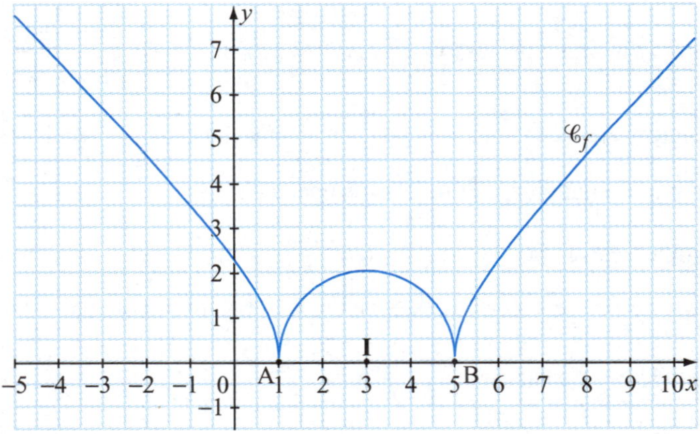

1. Étudier, suivant les valeurs de x, le signe du polynôme $x^2 - 6x + 5$ et l'expression de $f(x)$ sans le symbole « valeur absolue ».
2. Déterminer la limite de f en $+\infty$ et en $-\infty$.
3. Étudier la continuité de f en 1 et en 5.
4. a. Calculer la limite en 5^+ de $\dfrac{f(x) - f(5)}{x - 5}$. f est-elle dérivable en 5 ?

b. Calculer la limite en 1^- de $\dfrac{f(x) - f(1)}{x - 1}$. f est-elle dérivable en 1 ?

Utiliser la forme factorisée de $x^2 - 6x + 5$ et regarder le signe de chaque facteur.

5. Étudier les variations de f.

6. Soit I le point de coordonnées (3 ; 0). Démontrer que pour tout x appartenant à l'intervalle $[1\,;5]$, le point M de coordonnées $(x\,;f(x))$ est à une distance constante de I.
En déduire la nature géométrique de $\mathscr{C}_f$ lorsque $1 \leqslant x \leqslant 5$.

16 FONCTION TANGENTE | ★★★ | 45 min | ▸P. 74

La fonction tangente est la fonction qui à x associe $\tan(x) = \dfrac{\sin(x)}{\cos(x)}$.

1. Résoudre dans $\mathbb{R}$ l'équation $\cos(x) = 0$.
2. En déduire l'ensemble de définition $D_{\tan}$ de la fonction tangente.
3. Montrer que la fonction tan est π- périodique, c'est-à-dire que pour tout $x \in D_{\tan}$, $\tan(x+\pi) = \tan(x)$. En déduire qu'il suffit d'étudier la fonction tangente sur $\left]-\dfrac{\pi}{2}\,;\dfrac{\pi}{2}\right[$.

Voir un chapitre de trigonométrie de 1re S.

4. Déterminer la limite de $\tan(x)$ aux bornes de l'intervalle $\left]-\dfrac{\pi}{2}\,;\dfrac{\pi}{2}\right[$.
5. Démontrer que, pour tout $x \in \left]-\dfrac{\pi}{2}\,;\dfrac{\pi}{2}\right[$, $\tan(x) = \dfrac{1}{\cos^2(x)} = 1 + \tan^2(x)$.
En déduire les variations de la fonction tangente.
6. Déterminer les valeurs de $\tan(0)$, $\tan\left(\dfrac{\pi}{4}\right)$ et $\tan\left(-\dfrac{\pi}{4}\right)$.
7. Tracer la courbe représentative de tan dans un repère orthogonal $(\mathrm{O}\,;\vec{i}\,;\vec{j})$.
(On tracera la courbe sur $\left]-\dfrac{3\pi}{2}\,;\dfrac{3\pi}{2}\right[$).

CONTRÔLE

17 QCM | ★★ | 20 min | ▸P. 76

1. La dérivée de $x \mapsto \sqrt{x^2+1}$ est :

a. $\dfrac{1}{\sqrt{x^2+1}}$; **b.** $\dfrac{x}{\sqrt{x^2+1}}$; **c.** $\dfrac{2x}{\sqrt{x^2+1}}$; **d.** $\dfrac{1}{2\sqrt{x^2+1}}$.

2. Soit f une fonction continue sur $[2\,;5]$ et telle que $f(2) = 3$ et $f(5) = -1$.
L'équation $f(x) = 0$ admet :

a. aucune solution ; **b.** une seule solution ;
c. au moins une solution ; **d.** au plus une solution.

3. La fonction cosinus :

a. est croissante sur $\left[0\ ;\ \frac{\pi}{2}\right]$; **b.** est décroissante sur $\left[-\frac{\pi}{2}\ ;\ \frac{\pi}{2}\right]$;

c. admet un maximum en $\frac{\pi}{2}$; **d.** est décroissante sur $[0\ ;\ \pi]$.

4. La fonction $x \mapsto \frac{\cos(x)-1}{x}$ a pour limite, quand x tend vers 0 :

a. 1 ; **b.** 0 ; **c.** $+\infty$; **d.** $-\infty$.

18 ÉTUDE D'UNE FONCTION | ★★ | 60 min | ▸P. 76

Soit f la fonction définie sur $\mathbb{R}$ par $f(x) = \frac{x^3-4}{x^2+1}$.

Partie A. Étude d'une fonction auxiliaire

Soit g la fonction définie sur $\mathbb{R}$ par $g(x) = x^3 + 3x + 8$.

1. Étudier les variations de g.

2. Démontrer que l'équation $g(x) = 0$ admet une unique solution α dont on donnera un encadrement d'amplitude 10^{-2}.

3. Déterminer le signe de $g(x)$ suivant les valeurs de x.

Partie B. Étude de *f*

1. Étudier les variations de f.

2. Démontrer que $\frac{f(\alpha)}{\alpha} = \frac{3}{2}$. En déduire un encadrement de $f(\alpha)$.

À partir de l'égalité $g(\alpha) = 0$, exprimer α^3 en fonction de α et reporter dans l'expression de $\frac{f(\alpha)}{\alpha}$.

3. On note $(\mathscr{C})$ la courbe représentative de f dans un repère orthonormal $(O\ ;\ \vec{i}\ ;\ \vec{j})$.

a. Déterminer l'équation réduite de la tangente (T) à la courbe représentative $(\mathscr{C})$ de f au point d'abscisse 0.

b. Préciser les positions relatives de $(\mathscr{C})$ et de (T).

c. Tracer $(\mathscr{C})$ et (T) (unité graphique 1cm).

CONTRÔLE

19 QUESTION DE COURS | ★★ | 20 min | ▸P. 77

L'objet de cet exercice est de démontrer que toute fonction dérivable en un réel a est continue en a.

Soit I un intervalle contenant a ou dont a est une borne, et soit f une fonction définie sur I et dérivable en a.

1. Rappeler la définition de la dérivabilité de f en a.

2. Notons g la fonction définie sur $I \setminus \{a\}$ par $g(x) = \dfrac{f(x) - f(a)}{x - a}$.

a. Soit x un réel tel que $x \in I$ et $x \neq a$. Exprimer $f(x)$ en fonction de x, a et g.

b. Démontrer que f est continue en a.

20 CALCUL D'AIRE | ★★ | 35 min | ▶ P. 78

Le plan orienté est muni d'un repère orthonormé $(\text{O}; \vec{i}; \vec{j})$.

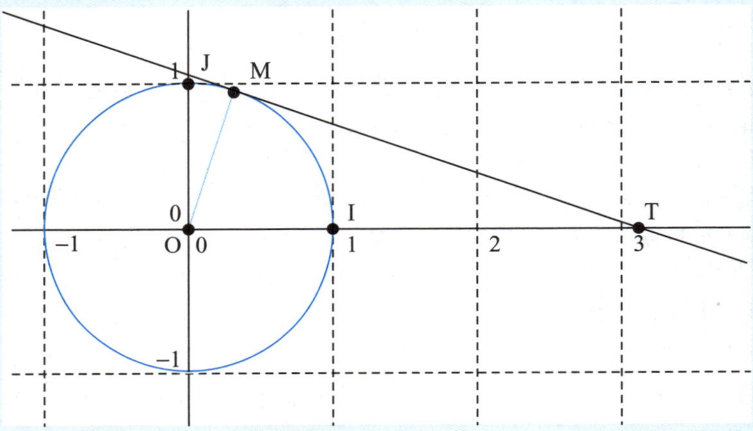

Pour tout $x \in \left[0 \,;\, \dfrac{\pi}{2}\right[$, on note M le point du cercle trigonométrique d'affixe x, et T le point d'intersection de l'axe des abscisses avec la tangente au cercle en M.

On note $L(x)$ la longueur OT, et $A(x)$ l'aire du triangle OMT.

1. Quel est le signe de $\cos(x)$ et de $\sin(x)$ sur $\left[0 \,;\, \dfrac{\pi}{2}\right[$?

2. Montrer que $L(x) = \dfrac{1}{\cos(x)}$.

3. Établir que $\text{MT} = \dfrac{\sin(x)}{\cos(x)}$ et en déduire l'expression de $A(x)$.

Pour tout réel x, $\sqrt{x^2} = |x|$.

4. Étudier les variations de la fonction $x \mapsto A(x)$ sur $\left[0 \,;\, \dfrac{\pi}{2}\right[$.

5. Déterminer la limite de $A(x)$ quand x tend vers $\dfrac{\pi}{2}$ par valeurs inférieures.

CORRIGÉS

1 **1.** Un des moyens d'établir la continuité en a d'une fonction f est de transformer l'écriture de $f(x)$ pour $x \neq a$.

Pour tout $x \neq -2$, $f(x) = \dfrac{(x-2)(x+2)}{x+2} = x-2$, donc :

$$\lim_{x \to -2} f(x) = \lim_{x \to -2} (x-2) = -4.$$

$\lim\limits_{x \to -2} f(x) = f(-2)$, donc **$f$ est continue en -2**.

2. D'après le cours, $\lim\limits_{x \to 0} \dfrac{\sin(x)}{x} = 1$, donc $\lim\limits_{x \to 0} \dfrac{\sin(x)}{x} = g(0)$.

La fonction g est donc continue en 0.

2 **1.** • Pour tout $x > 0$, $-1 \leqslant \sin\left(\dfrac{1}{x}\right) \leqslant 1$.

Si $x > 0$, $-1 \times x \leqslant \sin\left(\dfrac{1}{x}\right) \times x \leqslant 1 \times x$ soit :

$$\boldsymbol{-x \leqslant h(x) \leqslant x.}$$

• $\lim\limits_{x \to 0^+} x = \lim\limits_{x \to 0^+} (-x) = 0$ donc, d'après le théorème des gendarmes :

$$\boldsymbol{\lim_{x \to 0^+} h(x) = 0.}$$

2. • Pour tout $x < 0$, $-1 \leqslant \sin\left(\dfrac{1}{x}\right) \leqslant 1$.

Si $x > 0$, $-1 \times x \geqslant \sin\left(\dfrac{1}{x}\right) \times x \geqslant 1 \times x$ soit :

$$\boldsymbol{x \leqslant h(x) \leqslant -x.}$$

• $\lim\limits_{x \to 0^-} x = \lim\limits_{x \to 0^-} (-x) = 0$ donc, d'après le théorème des gendarmes :

$$\boldsymbol{\lim_{x \to 0^-} h(x) = 0.}$$

3. On en déduit que $\lim\limits_{x \to 0^-} h(x) = \lim\limits_{x \to 0^+} h(x) = 0$.

Donc h est continue en 0.

3 **1. a.** $\begin{cases} \lim\limits_{n \to +\infty} \dfrac{1}{n} = 0 \\ \lim\limits_{X \to 0} \cos(X) = 1 \end{cases}$, donc, par composition, $\boldsymbol{\lim\limits_{n \to +\infty} u_n = 1}$.

b. Pour tout $x \in \mathbb{R}$, $0 \leqslant |\cos(x)| \leqslant 1$, donc $x^2+3 \leqslant x^2+3+|\cos(x)| \leqslant x^2+4$, d'où :

$$\frac{1}{x^2+4} \leqslant \frac{1}{x^2+3+|\cos(x)|} \leqslant \frac{1}{x^2+3}.$$

Donc $\dfrac{x^2+3}{x^2+4} \leqslant f(x) \leqslant 1.$

$\lim\limits_{x\to-\infty} \dfrac{x^2+3}{x^2+4} = \lim\limits_{x\to-\infty} \dfrac{x^2}{x^2} = \lim\limits_{x\to-\infty} 1 = 1$. D'après le théorème des gendarmes :

$$\boldsymbol{\lim_{x\to-\infty} f(x) = 1}.$$

c. Pour tout n, $-1 \leqslant \cos(n) \leqslant 1$, donc $3 \geqslant -3\cos(n) \geqslant -3$ (multiplication par $-3 < 0$), donc $n^2 - 3 \leqslant v_n \leqslant n^2+3$.

$\begin{cases} \lim\limits_{n\to+\infty} (n^2-3) = +\infty \\ \text{pour tout } n,\ v_n \geqslant n^2 - 3 \end{cases}$ donc, d'après le premier théorème de comparaison :

$$\boldsymbol{\lim_{n\to+\infty} v_n = +\infty}.$$

d. $\begin{cases} \lim\limits_{x\to 0^-} \sin(x) = 0^- \\ \lim\limits_{X\to 0^-} \dfrac{1}{X} = -\infty \end{cases}$, donc $\boldsymbol{\lim\limits_{x\to 0^-} \mathrm{g}(x) = -\infty}$.

2. $\begin{cases} \lim\limits_{x\to -\frac{\pi}{2}^+} \sin(x) = -1 \\ \lim\limits_{x\to -\frac{\pi}{2}^+} \cos(x) = 0^+ \end{cases}$ donc, par quotient, $\boldsymbol{\lim\limits_{x\to -\frac{\pi}{2}^+} h(x) = -\infty}$.

$\begin{cases} \lim\limits_{x\to \frac{\pi}{2}^-} \sin(x) = 1 \\ \lim\limits_{x\to \frac{\pi}{2}^-} \cos(x) = 0^+ \end{cases}$ donc, par quotient, $\boldsymbol{\lim\limits_{x\to \frac{\pi}{2}^-} h(x) = +\infty}$.

4 **1.** f est une fonction polynôme, donc elle est continue et dérivable sur $\mathbb{R}$. Pour tout x réel, $f'(x) = 3x^2$.

f' est positive sur $\mathbb{R}$ et s'annule en 0, **donc f est strictement croissante sur $\mathbb{R}$.**

2. Soit k un réel.

- f est continue et strictement croissante sur $\mathbb{R}$.
- k est compris entre $\lim\limits_{x\to-\infty} f(x) = -\infty$ et $\lim\limits_{x\to+\infty} f(x) = +\infty$.

Donc, d'après le corollaire du théorème des valeurs intermédiaires, **l'équation $x^3 = k$ admet une unique solution x_0 sur $\mathbb{R}$.**

3. $x^3 = 1 \Leftrightarrow x = 1$, $x^3 = 0 \Leftrightarrow x = 0$, $x^3 = -1 \Leftrightarrow x = -1$,
$x^3 = 27 \Leftrightarrow x = 3$, $x^3 = -8 \Leftrightarrow x = -2$, $x^3 = 125 \Leftrightarrow x = 5$.

4.

```
VARIABLES
    k EST_DU_TYPE NOMBRE
    a EST_DU_TYPE NOMBRE
    b EST_DU_TYPE NOMBRE
DEBUT_ALGORITHME
    LIRE K
    b PREND_LA_VALEUR 0
    SI (k > = 0) ALORS
          DEBUT_SI
          TANT_QUE (pow(b,3)<k) FAIRE
              DEBUT_TANT_QUE
              b PREND_LA_VALEUR b+1
              FIN_TANT_QUE
         a PREND_LA_VALEUR b-1
         SI (pow(b,3)==k) ALORS
              DEBUT_SI
              AFFICHER "X0 = "
              AFFICHER b
              FIN_SI
              SINON
                  DEBUT_SINON
                  AFFICHER "x0 est compris entre"
                  AFFICHER a
                  AFFICHER "et "
                  AFFICHER b
                  FIN_SINON
    FIN_SI
FIN_ALGORITHME
```

5.

```
VARIABLES
    k EST_DU_TYPE NOMBRE
    b EST_DU_TYPE NOMBRE
    a EST_DU_TYPE NOMBRE
DEBUT_ALGORITHME
    LIRE K
    b PREND_LA_VALEUR 0
    SI (k>=0) ALORS
       DEBUT_SI
       TANT_QUE (pow(b,3)<k)FAIRE
            DEBUT_TANT_QUE
            b PREND_LA_VALEUR b+1
            FIN_TANT_QUE
       a PREND_LA_VALEUR b-1
       SI (pow(b,3)==k) ALORS
            DEBUT_SI
            AFFICHER "x0 ="
            AFFICHER b
            FIN_SI
            SINON
                 DEBUT_SINON
                 b PREND_LA_VALEUR a
                 TANT_QUE (pow(b,3)<k) FAIRE
                      DEBUT_TANT_QUE
                      b PREND_LA_VALEUR b+0.1
                      FIN_TANT_QUE
                 a PREND_LA_VALEUR b-0.1
                 AFFICHER "x0 est compris entre"
                 AFFICHER a
                  AFFICHER "et"
                 AFFICHER b
                 FIN_SINON
       FIN_SI
FIN_ALGORITHME
```

Le logiciel Algobox n'est pas capable de tester correctement une égalité du style « si $b^3 = k$ alors... » s'il s'agit de décimaux. On doit donc se contenter ici d'inégalités larges pour l'encadrement de x_0.

5 **1. a.** D'après le tableau de variation, l'équation $f(x)=4$ admet :
une unique solution sur $]-\infty\ ;\ 0]$, puisque $4 \in [-2\ ;\ +\infty[$;
aucune solution sur $[0\ ;\ +\infty[$, puisque 4 est strictement supérieur au maximum π.
L'équation $f(x)=4$ admet une unique solution sur $\mathbb{R}$.
b. D'après le tableau de variation, l'équation $f(x)=-2$ admet :
une unique solution sur $]-\infty\ ;\ 4]$, puisque -2 est le minimum de f sur cet intervalle et n'est atteint qu'une fois ;
aucune solution sur $[4\ ;\ +\infty[$, car $-2 \notin]0\ ;\ \pi]$.
Donc l'équation $f(x)=-2$ admet une unique solution sur $\mathbb{R}$.
2. L'équation $f(x)=m$ admet :
- **aucune solution si $m<-2$;**
- **une solution si $m=-2$;**
- **deux solutions si $m \in]-2\ ;\ 0]$;**
- **trois solutions si $m \in]0\ ;\ \pi[$;**
- **deux solutions si $m=\pi$;**
- **une solution si $m>\pi$.**

6 **1.** Pour tout $x \geqslant 0$, $f'(x)=2+\cos(x) \geqslant 1$ car $\cos(x) \geqslant -1$.

Donc f' est strictement positive sur $\mathbb{R}^+$, donc **f est strictement croissante sur $\mathbb{R}^+$.**

2. Pour tout $x \geqslant 0$, $\sin(x) \geqslant -1$ donc $f(x) \geqslant 2(x-6)-1 \geqslant 2x-13$.

De plus, $\lim\limits_{x\to+\infty}(2x-13)=+\infty$. Donc, d'après le premier théorème de comparaison,

$$\lim_{x\to+\infty} f(x)=+\infty.$$

Voir le chapitre 1, premier théorème de comparaison.

3. • f est continue et strictement croissante sur $[0\ ;\ +\infty[$;
• 0 est compris entre $f(0)=-12$ et $\lim\limits_{x\to+\infty} f(x)=+\infty$.
Donc, d'après le corollaire du théorème des valeurs intermédiaires, **l'équation $f(x)=0$ admet une unique solution sur $\mathbb{R}^+$.**

4.

X	*Y1*
6,08	–0,04179013
6,09	–0,01198592
6,1	0,0178375
6,11	0,04767912

0 est compris entre $f(6{,}09) \approx -0{,}01$ et $f(6{,}1) \approx 0{,}02$, donc un encadrement à 10^{-2} de l'unique antécédent x_0 de 0 par f est :

$$\mathbf{6{,}09 < x_0 < 6{,}1}.$$

7 **1. a.** f est de la forme $g(ax+b)$ avec $g\colon x \mapsto \sqrt{x}$ et $a=2$ et $b=-5$.
Donc, pour tout $x > 2{,}5$:

$$f'(x) = 2 \times g'(2x-5) = 2 \times \frac{1}{2\sqrt{2x-5}} = \frac{1}{\sqrt{2x-5}} > 0.$$

Donc f est strictement croissante sur $[2{,}5\,;+\infty[$.

On peut aussi écrire $f = \sqrt{u}$ avec $u : x \to 2x-5$. (Voir le cours, théorème 1).

b. g est de la forme u^5 avec $u : x \mapsto 2\sqrt{x}-1$.

Donc $g' = u' \times 5u^4$ soit, pour tout $x > 0$:

$$g'(x) = \left(2 \times \frac{1}{2\sqrt{x}}\right) \times 5\left(2\sqrt{x}-1\right)^4 = \frac{5}{\sqrt{x}} \times \left(2\sqrt{x}-1\right)^4 \geqslant 0.$$

De plus, g' s'annule lorsque $\sqrt{x} = \frac{1}{2}$, c'est-à-dire pour $x = \frac{1}{4}$ (valeur isolée).
Donc g est strictement croissante sur $[0\ ;+\infty[$.

c. h est de la forme $\sqrt{u}$ avec $u\colon x \mapsto 3x^2+1$ donc $h' = \frac{u'}{2\sqrt{u}}$.

Pour tout $x \in \mathbb{R}$, $h'(x) = \frac{6x}{2\sqrt{3x^2+1}} = \frac{3x}{\sqrt{3x^2+1}} \begin{cases} >0 \text{ si } x>0 \\ <0 \text{ si } x<0 \end{cases}$

Donc h est strictement décroissante sur $[-\infty\ ;0[$ et strictement croissante sur $[0\,;+\infty[$.

d. k est de la forme $\sin(u)$ avec $u : x \mapsto \frac{1}{x}$ donc $k' = u' \times \cos(u)$.

Pour tout $x \geqslant \frac{2}{\pi}$, $k'(x) = -\frac{1}{x^2} \times \cos\left(\frac{1}{x}\right)$.

Or $x \geqslant \frac{2}{\pi} \Rightarrow 0 < \frac{1}{x} \leqslant \frac{\pi}{2}$. La fonction cosinus est strictement positive sur $\left]0\ ;\ \frac{\pi}{2}\right[$ et nulle en $\frac{\pi}{2}$.

Donc $\cos\left(\frac{1}{x}\right) > 0$ sur $\left]\frac{2}{\pi}\ ;+\infty\right[$ et $k'(x) < 0$ sur $\left]\frac{2}{\pi}\ ;+\infty\right[$.

Donc k est strictement décroissante sur $\left[\frac{2}{\pi}\ ;\ +\infty\right[$.

2. a. f est de la forme $\cos(u)$ avec $u : x \mapsto \dfrac{\pi}{2} - 4x$ donc $f' = u' \times (-\sin u)$.

Pour tout $x \in \left[0 \,;\, \dfrac{\pi}{2}\right]$, $f'(x) = (-4) \times \left(-\sin\left(\dfrac{\pi}{2} - 4x\right)\right)$ soit :

$$\boldsymbol{f'(x) = 4\sin\left(\frac{\pi}{2} - 4x\right)}.$$

b. Soit $x \in \left[0 \,;\, \dfrac{\pi}{2}\right]$:

$$\sin\left(\frac{\pi}{2} - 4x\right) = 0 \Leftrightarrow \frac{\pi}{2} - 4x = 0 + k\pi \ (k \in \mathbb{Z})$$

$$\Leftrightarrow 4x = \frac{\pi}{2} - k\pi \ (k \in \mathbb{Z})$$

$$\Leftrightarrow x = \frac{\pi}{8} - k\frac{\pi}{4} \ (k \in \mathbb{Z})$$

$$\Leftrightarrow \left(x = \frac{\pi}{8} \text{ ou } x = \frac{\pi}{8} + \frac{\pi}{4} = \frac{3\pi}{8}\right) \text{ car } x \in \left[0 \,;\, \frac{\pi}{2}\right].$$

c.

x	0		$\frac{\pi}{8}$		$\frac{3\pi}{8}$		$\frac{\pi}{2}$
$\frac{\pi}{2} - 4x$	$\frac{\pi}{2}$		0		$-\pi$		$-\frac{3\pi}{2}$
Signe de $\left(\frac{\pi}{2} - 4x\right)$		+	0	−	0	+	
Signe de $f'(x) = 4\sin\left(\frac{\pi}{2} - 4x\right)$		+	0	−	0	+	
Variations de f	0	↗	1	↘	-1	↗	0

Les valeurs de $\dfrac{\pi}{2} - 4x$ décroissent.

8 **1. a.** f est de la forme $\cos(u)$ avec $u : x \mapsto 2x$. Donc $f' = u' \times (-\sin u)$.
Pour tout $x \in [0 \,;\, \pi]$, $f'(x) = -2\sin(2x)$.

On peut aussi considérer $f(x) = \cos(ax + b)$ avec $a = 2$ et $b = 0$ (cf cours, II, théorème 3).

b. Soit $x \in [0\,;\pi]$:

$$\sin(2x) = 0 \Leftrightarrow 2x = 0 + k\pi \ (k \in \mathbb{Z})$$

$$\Leftrightarrow x = 0 + k\frac{\pi}{2} \ (k \in \mathbb{Z})$$

$$\mathbf{\sin(2x) = 0 \Leftrightarrow \left(x = 0 \text{ ou } x = \frac{\pi}{2} \text{ ou } x = \pi\right)} \text{ car } x \in [0\,;\pi].$$

c.

x	0		$\frac{\pi}{2}$		π
$2x$	0		π		2π
Signe de $\sin(2x)$	0	$+$	0	$-$	0
Signe de $f'(x) = -2\sin(2x)$	0	$-$	0	$+$	0
Variations de f	1	$\searrow$	-1	$\nearrow$	1

2. $f(x) = 0 \Leftrightarrow \cos(2x) = 0 \Leftrightarrow \left(2x = \frac{\pi}{2} \text{ ou } 2x = \frac{3\pi}{2}\right)$ (car $2x$ décrit $[0\,;2\pi]$)

$$\mathbf{f(x) = 0 \Leftrightarrow \left(x = \frac{\pi}{4} \text{ ou } x = \frac{3\pi}{4}\right)}.$$

3. $f(x) = \frac{1}{2} \Leftrightarrow \cos(2x) = \frac{1}{2} \Leftrightarrow \cos(2x) = \cos\frac{\pi}{3}$

$$\Leftrightarrow \left(2x = \frac{\pi}{3} \text{ ou } 2x = \frac{5\pi}{3}\right) \qquad \text{(car } 2x \text{ décrit } [0\,;2\pi])$$

$$\mathbf{f(x) = \frac{1}{2} \Leftrightarrow \left(x = \frac{\pi}{6} \text{ ou } x = \frac{5\pi}{6}\right)}.$$

4. • T : $y = f(0) + f'(0) \times (x - 0)$ avec $f(0) = 1$ et $f'(0) = 0$.

Donc $\boldsymbol{T}$ **:** $\boldsymbol{y = 1}$.

T' : $y = f\left(\frac{\pi}{2}\right) + f'\left(\frac{\pi}{2}\right) \times \left(x - \frac{\pi}{2}\right)$ avec $f\left(\frac{\pi}{2}\right) = -1$ et $f'\left(\frac{\pi}{2}\right) = 0$.

Donc $\boldsymbol{T'}$**:** $\boldsymbol{y = -1}$.

5.

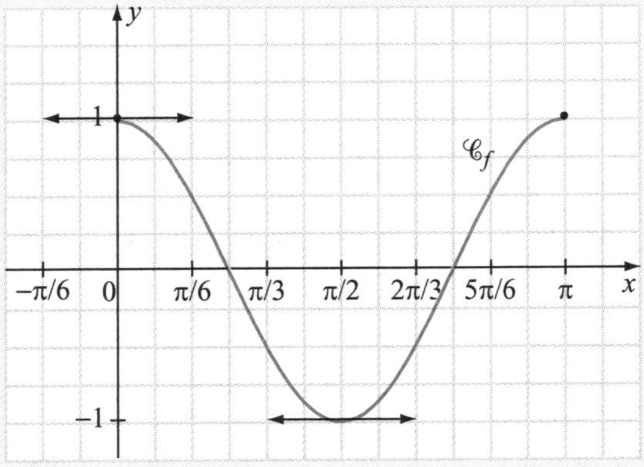

9

1. Pour tout x réel :

$$(2x-1)(ax^2+bx+c)=2ax^3+(2b-a)x^2+(2c-b)x-c.$$

Donc $2x^3+7x^2+2x-3=(2x-1)(ax^2+bx+c)$ pour tout x si, et seulement si :

$$\begin{cases}2a=2\\2b-a=7\\2c-b=2\\-c=-3\end{cases},\quad \text{soit} \quad \begin{cases}a=1\\b=4\\c=-3\end{cases}$$

Il y a plus d'équations que d'inconnues. La résolution de la 4e équation constitue une vérification.

Donc, pour tout x réel, $2x^3+7x^2+2x-3=(2x-1)(x^2+4x-3)$.

2. Pour tout $x \neq -\dfrac{1}{2}$,

$$f(x)=\frac{(2x-1)(x^2+4x+3)}{2x-1}=x^2+4x+3, \text{ donc } \lim_{x\to-\frac{1}{2}} f(x)=5{,}25.$$

***f* est continue en $\dfrac{1}{2}$ si, et seulement si, *a* = 5,25.**

10 **1.** • Pour tout $X>0$, $-1 \leqslant \sin X \leqslant 1$, donc $-\dfrac{1}{X} \leqslant \dfrac{\sin X}{X} \leqslant \dfrac{1}{X}$.

De plus, $\lim\limits_{X\to+\infty} -\dfrac{1}{X} = \lim\limits_{X\to+\infty} \dfrac{1}{X} = 0$, donc, d'après le théorème des gendarmes,

$$\lim_{X\to+\infty} \frac{\sin X}{X} = 0.$$

• Pour tout $X<0$, $-1 \leqslant \sin X \leqslant 1$, donc $-\dfrac{1}{X} \geqslant \dfrac{\sin X}{X} \geqslant \dfrac{1}{X}$ (division par $X<0$).

De plus, $\lim\limits_{X\to-\infty} -\dfrac{1}{X} = \lim\limits_{X\to-\infty} \dfrac{1}{X} = 0$ donc, d'après le théorème des gendarmes :

$$\boldsymbol{\lim_{X\to-\infty} \frac{\sin X}{X} = 0.}$$

La fonction sin n'admettant pas de limite à l'infini, on a commencé par encadrer sin *X*.

2. Pour tout $x \neq 0$, $f(x) = \dfrac{\sin\left(\dfrac{1}{x}\right)}{\dfrac{1}{x}} = \dfrac{\sin(X)}{X}$ avec $X = \dfrac{1}{x}$.

$\begin{cases} \lim\limits_{x\to0^+} \dfrac{1}{x} = +\infty \\ \lim\limits_{X\to+\infty} \dfrac{\sin X}{X} = 0 \end{cases}$, donc, par composition, $\lim\limits_{x\to0^+} f(x) = 0$.

$\begin{cases} \lim\limits_{x\to0^-} \dfrac{1}{x} = -\infty \\ \lim\limits_{X\to-\infty} \dfrac{\sin X}{X} = 0 \end{cases}$, donc, par composition, $\lim\limits_{x\to0^-} f(x) = 0$.

$\lim\limits_{x\to0^+} f(x) = \lim\limits_{x\to0^-} f(x) = f(0)$, donc ***f* est continue en 0**.

3. Soit $x \neq 0$, $\dfrac{f(x)-f(0)}{x-0} = \sin\dfrac{1}{x}$. Or lorsque x tend vers 0^+ ou 0^-, $\dfrac{1}{x}$ tend vers $+\infty$ ou $-\infty$ et la fonction sinus n'admet pas de limite en $+\infty$ ni en $-\infty$. Donc $\dfrac{f(x)-f(0)}{x-0}$ n'admet pas de limite en 0. Cela signifie que ***f* n'est pas dérivable en 0**.

4.

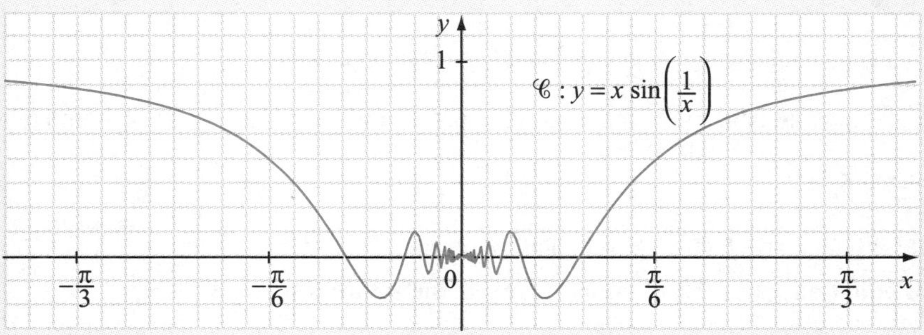

11 • **1.** Limites de $f(x)$ à l'infini

D'après la propriété de la limite en l'infini d'une fraction rationnelle :

$$\lim_{x\to\pm\infty} f(x) = \lim_{x\to\pm\infty} \frac{x^3}{x} = \lim_{x\to\pm\infty} x^2 = +\infty.$$

D'où $\mathbf{\lim_{x\to+\infty} f(x) = +\infty}$ et $\mathbf{\lim_{x\to-\infty} f(x) = +\infty}$.

• Limites de $f(x)$ en -2

$$\lim_{x\to-2}\left(x^3+x^2+x+1\right) = -5 \text{ et } \lim_{x\to-2^+}(x+2) = 0^+, \text{ donc } \mathbf{\lim_{x\to-2^+} f(x) = -\infty} ;$$

$$\lim_{x\to-2}\left(x^3+x^2+x+1\right) = -5 \text{ et } \lim_{x\to-2^-}(x+2) = 0^-, \text{ donc } \mathbf{\lim_{x\to-2^-} f(x) = +\infty}.$$

2. $f'(x) = \dfrac{(3x^2+2x+1)(x+2)-(x^3+x^2+x+1)}{(x+2)^2}$

$$\mathbf{f'(x) = \frac{2x^3+7x^2+4x+1}{(x+2)^2}}.$$

3. a. $g'(x) = 6x^2+14x+4 = 2\left(3x^2+7x+2\right)$.

Factorisons $g'(x)$ pour en connaître le signe.

$$\Delta = 49-24 = 5^2,\ x_1 = -2 \text{ et } x_2 = -\frac{1}{3}, \text{ d'où } g'(x) = 2\times3(x+2)\left(x+\frac{1}{3}\right).$$

Tableau de variation de g :

x	$-\infty$		-2		$-\frac{1}{3}$		$+\infty$
Signe de $g'(x)$		+	0	−	0	+	
Variations de g	$-\infty$	↗	5	↘	$\frac{10}{27}$	↗	$+\infty$

b. g est continue et strictement croissante sur $\left]-\infty\ ;\ -2\right]$

0 est compris entre $\lim_{x\to-\infty} g(x) = -\infty$ et $g(-2) = 5$,

donc **l'équation $g(x)=0$ admet une unique solution α sur l'intervalle $\left]-\infty\ ;\ -2\right]$.**

$$g(-2{,}87) < 0 \text{ et } g(-2{,}86) > 0, \text{ donc } \mathbf{-2{,}87 < \alpha < -2{,}86}.$$

c. D'après le tableau de variation, g admet un minimum en $-\frac{1}{3}$, et ce minimum vaut $\frac{10}{27} > 0$.

g est donc strictement positive sur $\left[-2\ ;\ +\infty\right[$.

L'équation $g(x)=0$ n'admet donc aucune solution sur $\left[-2\ ;\ +\infty\right[$.

4. $f'(x)$ est du signe de $g(x)$ sur $\mathbb{R}\{-2\}$, donc :

x	$-\infty$	α	-2	$+\infty$
Signe de $f'(x)$	$-$	0 $+$	‖	$+$
Variations de g	$+\infty$ ↘	$f(\alpha)$ ↗	$+\infty$ ‖ $-\infty$ ↗	$+\infty$

$$f(\alpha) \approx f(-2{,}87) \approx 19{,}85.$$

12 1. $\begin{cases} \lim\limits_{x\to-\infty} 3x^2+4 = +\infty \\ \lim\limits_{X\to+\infty} \sqrt{X} = +\infty. \end{cases}$ donc, par composition $\lim\limits_{x\to-\infty} \sqrt{3x^2+4} = +\infty$;

de plus, $\lim\limits_{x\to-\infty} -x\sqrt{3} = +\infty$ donc, par somme, $\mathbf{\lim\limits_{x\to-\infty} f(x) = +\infty}$.

2. • $\lim\limits_{x\to+\infty} 3x^2+4 = +\infty$ et $\lim\limits_{X\to+\infty} \sqrt{X} = +\infty$, donc $\lim\limits_{x\to+\infty} \sqrt{3x^2+4} = +\infty$.

• $\lim\limits_{x\to+\infty} -x\sqrt{3} = -\infty$.

C'est une forme indéterminée. Or :

$$f(x) = \frac{1}{2}\frac{\left(\sqrt{3x^2+4}-x\sqrt{3}\right)\times\left(\sqrt{3x^2+4}+x\sqrt{3}\right)}{\left(\sqrt{3x^2+4}+x\sqrt{3}\right)} = \frac{1}{2}\frac{3x^2+4-3x^2}{\sqrt{3x^2+4}+x\sqrt{3}} = \frac{2}{\sqrt{3x^2+4}+x\sqrt{3}}.$$

• $\lim\limits_{x\to+\infty} \sqrt{3x^2+4} = +\infty$;

• $\lim\limits_{x\to+\infty} x\sqrt{3} = +\infty$.

Donc $\lim\limits_{x\to+\infty} \left(\sqrt{3x^2+4}+x\sqrt{3}\right) = +\infty$ soit $\mathbf{\lim\limits_{x\to+\infty} f(x) = 0}$.

3. Pour tout x réel, $f'(x) = \frac{1}{2}\left(\frac{6x}{2\sqrt{3x^2+4}} - \sqrt{3}\right)$

$$\mathbf{f'(x) = \frac{3x-\sqrt{9x^2+12}}{2\sqrt{3x^2+4}}}.$$

4. Si $x \geqslant 0$, alors $3x < \sqrt{9x^2+12}$ équivaut à $9x^2 < 9x^2+12$ (car la fonction carré est strictement croissante sur $\mathbb{R}^+$) et à $0 < 12$ (toujours vrai).

Donc pour tout $x \geqslant 0$, $3x-\sqrt{9x^2+12} < 0$ et $f'(x) < 0$.

5. Si $x < 0$, alors $3x < 0$, donc $3x - \sqrt{9x^2+12} < 0$, donc $f'(x) < 0$

Finalement, pour tout x réel, $f'(x) < 0$, **donc f est strictement décroissante sur $\mathbb{R}$.**

13 1. $\begin{cases} \lim\limits_{x\to+\infty} \frac{1}{x} = 0 \\ \lim\limits_{X\to 0} \sin X = 0 \end{cases}$, donc, par composition, $\mathbf{\lim\limits_{x\to+\infty} f(x) = 0}$.

2. f est de la forme $\sin(u)$ avec $u : x \mapsto 2x$. Donc $f' = u' \times \cos(u)$.

Pour $x \geqslant \frac{1}{2\pi}$ $\boldsymbol{f'(x) = -\frac{1}{x^2} \times \cos\left(\frac{1}{x}\right)}$.

3. Sur $\left[\frac{1}{2\pi}\,;\,\frac{2}{3\pi}\right[$, $\frac{3\pi}{2} < \frac{1}{x} \leqslant 2\pi$. Or la fonction cosinus est strictement positive sur $\left]\frac{3\pi}{2}\,;\,2\pi\right]$. Donc $\cos\frac{1}{x} > 0$, donc $\boldsymbol{f'(x) < 0}$.

Dessiner le cercle trigonométrique au brouillon.

Sur $\left]\frac{2}{3\pi}\,;\,\frac{2}{\pi}\right[$, $\frac{\pi}{2} < \frac{1}{x} < \frac{3\pi}{2}$, donc $\cos\frac{1}{x} < 0$, donc $\boldsymbol{f'(x) > 0}$.

Sur $\left]\frac{2}{\pi}\,;\,+\infty\right[$, $0 < \frac{1}{x} < \frac{\pi}{2}$, donc $\cos\frac{1}{x} > 0$, donc $\boldsymbol{f'(x) < 0}$.

4.

x	$\frac{1}{2\pi}$		$\frac{2}{3\pi}$		$\frac{2}{\pi}$		$+\infty$
Signe de $f'(x)$		$-$	0	+	0	$-$	
Variations de f	0 ↘		-1	↗	1	↘	0

Penser à toujours vérifier la conformité de vos résultats avec l'allure de la courbe donnée par la calculatrice.

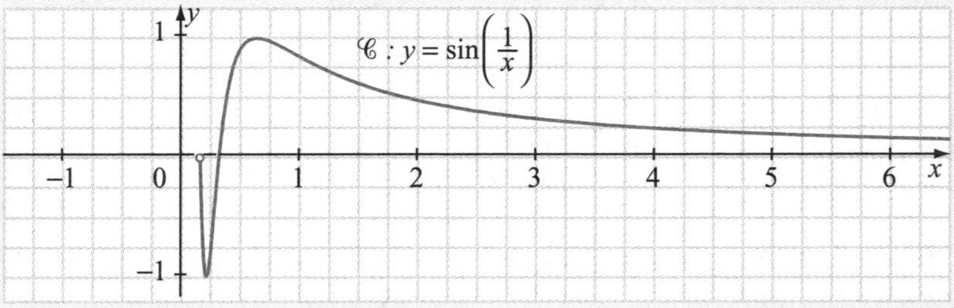

14 **1. a.** Pour tout x réel, $f'(x) = 3x^2 + 1 > 0$, donc f **est strictement croissante sur** $\mathbb{R}$.

De plus, $\lim\limits_{x \to -\infty} f(x) = \lim\limits_{x \to -\infty} x^3$, donc $\lim\limits_{x \to -\infty} f(x) = -\infty$ et $\lim\limits_{x \to +\infty} f(x) = \lim\limits_{x \to +\infty} x^3$, donc :

$$\lim_{x \to +\infty} \boldsymbol{f(x) = +\infty}.$$

b. $\boldsymbol{f(0) = -17}$ **et** $\boldsymbol{f(5) = 113}$.

c. $a_0 = 0$ et $b_0 = 5$, donc $c_0 = 2,5$.

$f(2,5) = 1,125$, donc $x_0 \in [a_1 \; ; b_1]$ avec $\boldsymbol{a_1 = 0}$ et $\boldsymbol{b_1 = 2,5}$.

d. • $c_1 = 1,25$ et $f(c_1) \approx -13,8$, donc $x_0 \in [1,25 \; ; 2,5]$.

Comme $2,5 - 1,25 > 0,2$, on continue.

• $c_2 = \dfrac{2,5+1,25}{2} = 1,875$ et $f(c_2) \approx -8,5$, donc $x_0 \in [1,875 \; ; 2,5]$.

Comme $2,5 - 1,875 > 0,2$, on continue.

• $c_3 = \dfrac{2,5+1,875}{2} = 2,1875$ et $f(c_3) \approx -4,34$, donc $x_0 \in [2,1875 \; ; 2,5]$.

Comme $2,5 - 2,1875 > 0,2$, on continue.

• $c_4 = \dfrac{2,5+2,1875}{2} = 2,34375$ et $f(c_3) \approx -1,8$, donc $x_0 \in [2,34375 \; ; 2,5]$.

Comme $2,5 - 2,34375 \leqslant 0,2$, on s'arrête.

Donc, x_0 est compris entre 2,34375 et 2,5.

2.

```
VARIABLES
    a EST_DU_TYPE NOMBRE
    b EST_DU_TYPE NOMBRE
    c EST_DU_TYPE NOMBRE
DEBUT_ALGORITHME
    LIRE a
    LIRE b
    TANT_QUE (b-a>0.01) FAIRE
        DEBUT_TANT_QUE
        c PREND_LA_VALEUR (a+b)/2
        SI (F1(c)==0) alors
            DEBUT_SI
            AFFICHER "x0 ="
            AFFICHER c
            FIN_SI
            SINON
                DEBUT_SINON
                SI (F1(c)<0 ALORS
                    DEBUT_SI
                    a PREND_LA_VALEUR c
                    FIN_SI
                    SINON
                        DEBUT_SINON
                        b PREND_LA_VALEUR c
                        FIN_SINON
                FIN_SINON
            FIN_TANT_QUE
    AFFICHER "x0 est compris entre"
    AFFICHER a
    AFFICHER "et"
    AFFICHER b
FIN_ALGORITHME
```

On obtient un encadrement à 10^{-2} près de x_0 :

```
*** Algorithme lancé***
x0 est compris entre 2.4414063 et 2.4511719
***Algorithme terminé***
```

3. On obtient :

```
*** Algorithme lancé***
x0 est compris entre 1.7382813 et 1.7480469
***Algorithme terminé***
```

15 1. • On remarque que 1 est une racine du trinôme x^2-6x+5 qui se factorise donc en $(x-1)(x-x_2)$, x_2 désignant la seconde racine du trinôme. En développant, on trouve $x_2=5$.

On peut aussi calculer Δ, puis les racines de x^2-6x+5.

x^2-6x+5 est positif à l'extérieur des racines (puisque $a=1>0$), c'est-à-dire :

$$x^2-6x+5 \text{ est } \begin{cases} \text{strictement positif sur }]-\infty\,;1[\cup]5\,;+\infty[\,; \\ \text{strictement négatif sur }]1\,;5[\,; \\ \text{nul en 1 et en 5.} \end{cases}$$

• Par conséquent, $$\boldsymbol{f(x)=\begin{cases}\sqrt{x^2-6x+5} \text{ si } x\in]-\infty\,;1]\cup[5,+\infty[\\ \sqrt{-(x^2-6x+5)}=\sqrt{-x^2+6x-5} \text{ si } x\in]1\,;5[.\end{cases}}$$

2. Au voisinage de $+\infty$ et de $-\infty$, $f(x)=\sqrt{x^2-6x+5}$.

• $\begin{cases}\lim\limits_{x\to+\infty} x^2-6x+5=\lim\limits_{x\to+\infty} x^2=+\infty \\ \lim\limits_{X\to+\infty}\sqrt{X}=+\infty\end{cases}$, donc, par composition, $\boldsymbol{\lim\limits_{x\to+\infty} f(x)=+\infty}$.

• $\begin{cases}\lim\limits_{x\to-\infty} x^2-6x+5=\lim\limits_{x\to-\infty} x^2=+\infty \\ \lim\limits_{X\to+\infty}\sqrt{X}=+\infty\end{cases}$, donc, par composition, $\boldsymbol{\lim\limits_{x\to-\infty} f(x)=+\infty}$.

3. • $\begin{cases}\lim\limits_{x\to5^+}(x^2-6x+5)=0 \\ \lim\limits_{X\to0}\sqrt{X}=0\end{cases}$, donc, par composition, $\lim\limits_{x\to5^+} f(x)=0$;

$\begin{cases}\lim\limits_{x\to5^-}(-x^2+6x-5)=0 \\ \lim\limits_{X\to0}\sqrt{X}=0\end{cases}$, donc, par composition, $\lim\limits_{x\to5^-} f(x)=0$;

$f(5)=\sqrt{|5^2-6\times5+5|}=\sqrt{0}=0$.

Donc f est continue en 5.

Voir le cours, fin du paragraphe III 1.

- $\begin{cases} \lim\limits_{x\to 1^+}(x^2-6x+5)=0 \\ \lim\limits_{X\to 0}\sqrt{X}=0 \end{cases}$, donc, par composition, $\lim\limits_{x\to 1^+} f(x)=0$;

$\begin{cases} \lim\limits_{x\to 1^-}(x^2-6x+5)=0 \\ \lim\limits_{X\to 0}\sqrt{X}=0 \end{cases}$, donc, par composition, $\lim\limits_{x\to 1^-} f(x)=0$.

De plus, $f(1)=\sqrt{|1^2-6\times 1+5|}=\sqrt{0}=0$.

Donc *f* est continue en 1.

4. a. Si $x>5$, $\dfrac{f(x)-f(5)}{x-5}=\dfrac{f(x)}{x-5}=\dfrac{\sqrt{(x-1)(x-5)}}{x-5}=\dfrac{\sqrt{x-1}}{\sqrt{x-5}}$.

Or $\begin{cases} \lim\limits_{x\to 5^+}\sqrt{x-1}=2 \\ \lim\limits_{x\to 5^+}\sqrt{x-5}=0^+ \end{cases}$, donc, par quotient, $\lim\limits_{x\to 5^+}\dfrac{f(x)-f(5)}{x-5}=+\infty$.

A fortiori, ***f* n'est pas dérivable en 5.**

b. Si $x<1$, $\dfrac{f(x)-f(1)}{x-1}=\dfrac{f(x)}{x-1}=\dfrac{\sqrt{(x-1)(x-5)}}{-(1-x)}=\dfrac{\sqrt{(1-x)(5-x)}}{-\sqrt{1-x^2}}=-\dfrac{\sqrt{5-x}}{\sqrt{1-x}}$

car $5-x>0$ et $1-x>0$.

Or $\begin{cases} \lim\limits_{x\to 1^-}\sqrt{5-x}=2 \\ \lim\limits_{x\to 1^-}\sqrt{1-x}=0^+ \end{cases}$, donc, par quotient, $\lim\limits_{x\to 1^-} f(x)=-\infty$.

A fortiori, ***f* n'est pas dérivable en 1.**

On peut montrer de plus que $\lim\limits_{x\to 1^+} f(x)=+\infty$ et que $\lim\limits_{x\to 5^-} f(x)=-\infty$. On peut alors affirmer que $\mathscr{C}_1$ admet des tangentes verticales aux points d'abscisses 1 et 5.

5. • Sur $]-\infty\,;1[$ et sur $]5\,;+\infty[$, *f* est de la forme $\sqrt{u}$ avec $u : x\mapsto x^2-6x+5$.

Alors $f'(x)=\dfrac{u'(x)}{2\sqrt{u(x)}}=\dfrac{2x-6}{2\sqrt{x^2-6x+5}}=\dfrac{x-3}{\sqrt{x^2-6x+5}}$.

Sur $]-\infty\,;1[$, $x-3<0$, donc $f'(x)<0$.

***f* est strictement décroissante sur $]-\infty\,;1]$.**

Sur $]5\,;+\infty[$, $x-3>0$, donc $f'(x)>0$.

***f* est strictement croissante sur $[5\,;+\infty[$.**

• Sur $]1\,;\,5[$, f est de la forme $\sqrt{u}$ avec $u:\ x \mapsto -x^2+6x-5$.

Alors $f'(x)=\dfrac{-2x+6}{2\sqrt{-x^2+6x-5}}=\dfrac{-x+3}{\sqrt{-x^2+6x-5}}$.

Or $\quad -x+3\begin{cases}>0 \text{ si } x<3\\<0 \text{ si } x>3\\=0 \text{ si } x=3\end{cases}$ donc $f'(x)\begin{cases}>0 \text{ si } x<3\\<0 \text{ si } x>3\\=0 \text{ si } x=3\end{cases}$.

Donc f est strictement croissante sur $[1;3]$ et strictement décroissante sur $[3;5]$.

6. Soit $x\in[1\,;\,5]$.

$\text{IM}=\sqrt{(x-3)^2+(f(x)-0)^2}=\sqrt{x^2-6x+9+(-x^2+6x-5)}=\sqrt{4}=2.$

La restriction de $\mathscr{C}_f$ à l'intervalle $[1\,;\,5]$ est donc une portion du cercle de centre I et de rayon 2.
Mais comme I est le milieu du segment [AB], avec A(1 ; 0) et B(5 ; 0), on peut affirmer que **la restriction de $\mathscr{C}_f$ à l'intervalle $[1;5]$ est le demi-cercle supérieur de diamètre [AB].**

16 1. $\cos(x)=0 \Leftrightarrow \left(x=\dfrac{\pi}{2}+2k\pi,\ k\in\mathbb{Z} \text{ ou } x=-\dfrac{\pi}{2}+2k\pi,\ k\in\mathbb{Z}\right)$

$$\boldsymbol{\cos x=0 \Leftrightarrow x=\frac{\pi}{2}+k\pi,\ k\in\mathbb{Z}.}$$

2. $\tan=\dfrac{\sin}{\cos}$, donc **la fonction tan est définie sur $\mathbb{R}\setminus\left\{\dfrac{\pi}{2}+k\pi,\ k\in\mathbb{Z}\right\}$.**

3. Pour tout $x\neq\dfrac{\pi}{2}+k\pi\,(k\in\mathbb{Z}), \tan(x+\pi)=\dfrac{\sin(x+\pi)}{\cos(x+\pi)}=\dfrac{-\sin(x)}{-\cos(x)}=\tan(x)$.

La fonction tan est donc π- périodique et il suffit de l'étudier sur l'intervalle $\left]-\dfrac{\pi}{2}\,;\,\dfrac{\pi}{2}\right[$.

Pour tout $k\in\mathbb{Z}^*$, on obtient la représentation graphique de tan sur l'intervalle $\left]-\dfrac{\pi}{2}+k\pi\,;\,\dfrac{\pi}{2}+k\pi\right[$ à partir de celle de tan sur $\left]-\dfrac{\pi}{2}\,;\,\dfrac{\pi}{2}\right[$. par la translation de vecteur $k\pi\vec{i}$

4. Voir corrigé de l'exercice **3.b**.

$$\lim_{x \to -\frac{\pi}{2}^+} \tan(x) = -\infty \text{ et } \lim_{x \to \frac{\pi}{2}^-} \tan(x) = +\infty.$$

5. • Pour tout $x \in \left]-\frac{\pi}{2} ; \frac{\pi}{2}\right[$:

$$\tan'(x) = \frac{\cos(x)\times\cos(x) - \sin(x)\times(-\sin(x))}{(\cos(x))^2} = \frac{\cos^2(x)+\sin^2(x)}{\cos^2(x)}.$$

En utilisant la propriété $\cos^2(x)+\sin^2(x)=1$, on obtient :

$$\tan'(x) = \frac{1}{\cos^2(x)}.$$

On trouve également :

$$\tan'(x) = \frac{\cos^2(x)+\sin^2(x)}{\cos^2(x)} = \frac{\cos^2(x)}{\cos^2(x)} + \frac{\sin^2(x)}{\cos^2(x)} = 1+\tan^2(x).$$

• De chacune de ces deux expressions, on déduit que $\tan'(x) > 0$ sur $\left]-\frac{\pi}{2} ; \frac{\pi}{2}\right[$.

Donc la fonction tangente est strictement croissante sur $\left]-\frac{\pi}{2} ; \frac{\pi}{2}\right[$.

6. $\tan(0) = \frac{\sin(0)}{\cos(0)} = \frac{0}{1} = \mathbf{0}$;

$$\tan\left(\frac{\pi}{4}\right) = \frac{\sin\left(\frac{\pi}{4}\right)}{\cos\left(\frac{\pi}{4}\right)} = \frac{\frac{\sqrt{2}}{2}}{\frac{\sqrt{2}}{2}} = \mathbf{1} ;$$

$$\tan\left(\frac{-\pi}{4}\right) = \frac{\sin\left(\frac{-\pi}{4}\right)}{\cos\left(\frac{-\pi}{4}\right)} = \frac{\frac{-\sqrt{2}}{2}}{\frac{-\sqrt{2}}{2}} = \mathbf{1}.$$

7.

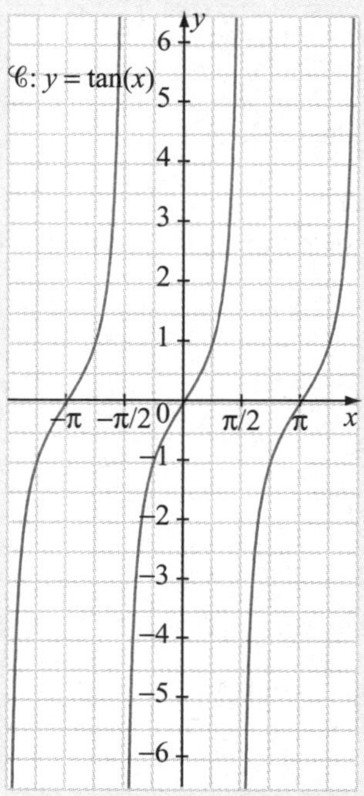

17 1. **Réponse b.** 2. **Réponse c.** car rien ne dit que f est strictement monotone

3. **Réponse d.** 4. **Réponse b.** car $\dfrac{\cos(x)-1}{x}=\dfrac{\cos(x)-\cos(0)}{x-0}$, qui a pour limite $\cos'(0)=-\sin(0)=0$ quand x tend vers 0.

18

Partie A

1. g est dérivable sur $\mathbb{R}$ et pour tout $x\in\mathbb{R}$, $g'(x)=3x^2+3>0$.
Donc g est strictement croissante sur $\mathbb{R}$.

2. $\lim\limits_{x\to+\infty} g(x)=\lim\limits_{x\to+\infty} x^3=+\infty$ et $\lim\limits_{x\to-\infty} g(x)=\lim\limits_{x\to-\infty} x^3=-\infty$.

g est continue et strictement croissante sur $\mathbb{R}$.
0 est compris entre $\lim\limits_{x\to-\infty} g(x)=-\infty$ et $\lim\limits_{x\to+\infty} g(x)=+\infty$.

Donc, d'après le corollaire du théorème des valeurs intermédiaires, **l'équation $g(x)=0$ admet une unique solution α.**

$g(-1{,}52)\approx-0{,}072$ et $g(-1{,}51)\approx 0{,}027$ soit $g(-1{,}52)<0<g(-1{,}51)$.

Donc $\mathbf{-1{,}52<\alpha<-1{,}51}$.

3.

x	$-\infty$		α		$+\infty$
Variations de g	$-\infty$	↗	0	↗	$+\infty$
Signe de g		$-$	0	$+$	

Partie B

1. f est définie et dérivable sur $\mathbb{R}$ et, pour tout $x\in\mathbb{R}$:

$$f'(x)=\frac{3x^2(x^2+1)-(x^3-4)\times 2x}{(x^2+1)^2}=\frac{x^4+3x^2+8x}{(x^2+1)^2}=\frac{xg(x)}{(x^2+1)^2}.$$

x	$-\infty$		α		0		$+\infty$
x		$-$		$-$	0	$+$	
$g(x)$		$-$	0	$+$		$+$	
Signe de $f'(x)$		$+$	0	$-$	0	$+$	
Variations de f	$-\infty$	↗	$f(\alpha)$	↘	-4	↗	$+\infty$

$\lim\limits_{x\to+\infty} f(x) = \lim\limits_{x\to+\infty} \dfrac{x^3}{x^2} = \lim\limits_{x\to+\infty} x = +\infty$ et $\lim\limits_{x\to-\infty} f(x) = \lim\limits_{x\to-\infty} \dfrac{x^3}{x^2} = \lim\limits_{x\to-\infty} x = -\infty$.

2. • $g(\alpha) = 0$, donc $\alpha^3 = -3\alpha - 8$, d'où :

$\dfrac{f(\alpha)}{\alpha} = \dfrac{1}{\alpha} + \dfrac{-3\alpha - 12}{\alpha^2 + 1} = \dfrac{-3(\alpha+4)}{\alpha^3 + \alpha} = \dfrac{-3(\alpha+4)}{-2\alpha - 8} = \dfrac{3}{2}$. **Donc** $\boldsymbol{f(\alpha) = \dfrac{3}{2}\alpha}$**.**

• $-1{,}52 < \alpha < -1{,}51$, donc $\boldsymbol{-2{,}280 < f(\alpha) < -2{,}265}$**.**

3. a. $T :\ y = f(0) + f'(0) \times (x - 0)$.

Or $f(0) = -4$ et $f'(0) = 0$, donc l'équation de T est $\boldsymbol{y = -4}$.

b. $f(x) - (-4) = \dfrac{x^3 - 4}{x^2 + 1} + 4 = \dfrac{x^3 + 4x^2}{x^2 + 1} = x^2 \times \dfrac{x+4}{x^2+1}$.

Si $x < -4$, alors $f(x) - (-4) < 0$ et **$\mathscr{C}$ est au-dessous de (T) ;**

Si $x > -4$, et $x \neq 0$, alors $f(x) - (-4) > 0$ et **$\mathscr{C}$ est au-dessous de (T) ;**

$\mathscr{C}$ et (T) se coupent au point d'abscisse -4.

c.

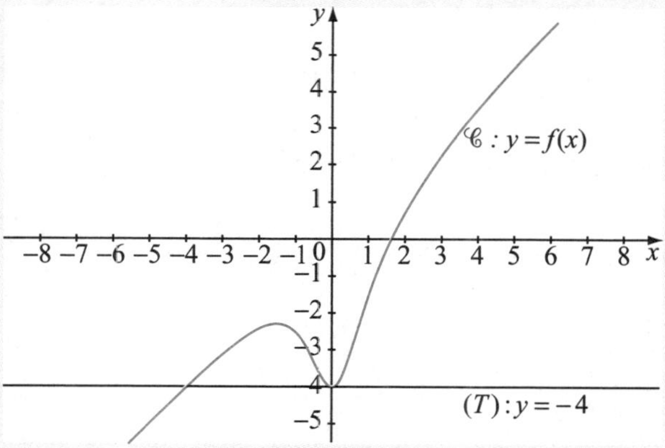

19 **1.** f est **dérivable en** a si $\dfrac{f(x) - f(a)}{x - a}$ admet une limite finie quand x tend vers a.

2. a. Soit x un réel tel que $x \in$ I et $x \neq a$.

$$f(x) - f(a) = g(x)(x-a), \text{ donc } \boldsymbol{f(x) = f(a) + g(x)(x-a)}.$$

b. Comme f est dérivable en a, $\lim\limits_{x\to a} g(x) = f'(a) \in \mathbb{R}$.

$$\begin{cases} \lim\limits_{x\to a} g(x) = f'(a) \\ \lim\limits_{x\to a} (x-a) = 0 \end{cases}, \text{ donc, par produit, } \lim\limits_{x\to a} g(x)(x-a) = 0.$$

Donc $\lim\limits_{x\to a} f(a) + g(x)(x-a) = f(a)$, soit $\lim\limits_{x\to a} f(x) = f(a)$.

Donc f est continue en a.

20 1. $\mathbf{cos}(x) > \mathbf{0}$ sur $\left[0\ ;\ \frac{\pi}{2}\right[$ et $\mathbf{sin}(x) \geqslant \mathbf{0}$ sur $\left[0\ ;\ \frac{\pi}{2}\right[$.

2. Dans OMT rectangle en M :

d'une part, $\cos\widehat{\mathrm{MOT}} = \dfrac{\mathrm{OM}}{\mathrm{OT}} = \dfrac{1}{L(x)}$;

d'autre part, $\cos\widehat{\mathrm{MOT}} = \dfrac{\mathrm{OM}}{\mathrm{OT}} = \cos(\overrightarrow{\mathrm{OT}}\ ;\ \overrightarrow{\mathrm{OM}}) = \cos(x)$.

Finalement, $\cos(x) = \dfrac{1}{L(x)}$ d'où, $\boldsymbol{L(x) = \dfrac{1}{\cos(x)}}$.

$\cos(x) = \cos(-x)$, donc $\cos\widehat{\mathrm{MOT}}$ est égal aussi bien à $\cos(\overrightarrow{\mathrm{OM}}\ ;\ \overrightarrow{\mathrm{OT}})$ qu'à $\cos(\overrightarrow{\mathrm{OT}}\ ;\ \overrightarrow{\mathrm{OM}})$.

3. • Le théorème de Pythagore appliqué au triangle OMT rectangle en M donne

$\mathrm{OM}^2 + \mathrm{MT}^2 = \mathrm{OT}^2$, soit $\mathrm{MT}^2 = \dfrac{1}{\cos^2(x)} - 1 = \dfrac{1-\cos^2(x)}{\cos^2(x)} = \dfrac{\sin^2(x)}{\cos^2(x)}$.

Donc $\mathrm{MT} = \sqrt{\dfrac{\sin^2(x)}{\cos^2(x)}} = \left|\dfrac{\sin(x)}{\cos(x)}\right|$, donc, d'après 1. $\mathbf{MT} = \dfrac{\sin x}{\cos x}$.

Autre méthode possible : $\tan\widehat{\mathrm{TOM}} = \dfrac{\mathrm{MT}}{\mathrm{OM}} = \mathrm{MT}$

et $\tan\widehat{\mathrm{TOM}} = \dfrac{\sin\widehat{\mathrm{TOM}}}{\cos\widehat{\mathrm{TOM}}} = \dfrac{\sin x}{\cos x}$.

• Il en résulte que $A(x) = \dfrac{\mathrm{OM}\times\mathrm{MT}}{2}$, soit $\boldsymbol{A(x) = \dfrac{\sin(x)}{\cos(x)}}$.

4. Pour tout $x \in \left[0\ ;\ \frac{\pi}{2}\right[$, $A'(x) = \dfrac{2\cos^2(x) + 2\sin^2(x)}{4\cos^2(x)} = \dfrac{1}{2\cos^2(x)} > 0$,

donc A **est strictement croissante sur** $\left[\mathbf{0}\ ;\ \frac{\pi}{2}\right[$.

5. $\begin{cases} \lim\limits_{x\to\frac{\pi}{2}^-} \sin(x) = 1 \\ \lim\limits_{x\to\frac{\pi}{2}^-} 2\cos(x) = 0^+ \end{cases}$,

donc, par quotient, $\lim\limits_{x\to\frac{\pi}{2}^-} \boldsymbol{A(x)} = +\infty$.

3 La fonction exponentielle

I INTRODUCTION

1. Fonction exponentielle et premières propriétés

■ Il existe une unique fonction f définie et dérivable sur $\mathbb{R}$ telle que $f(0)=1$ et $f'=f$.
La fonction ainsi définie s'appelle **fonction exponentielle** et on la note exp.

- $\exp(0)=1$.
- La fonction exp est dérivable sur $\mathbb{R}$ et $\exp'=\exp$.

■ **Premières propriétés**

- Pour tout $x \in \mathbb{R}$, $\exp(-x)=\dfrac{1}{\exp(x)}$.
- La fonction exp ne s'annule pas sur $\mathbb{R}$.

2. Relation fonctionnelle et notation e^x

■ **Théorème**

Pour tout couple $(x\ ;\ y) \in \mathbb{R}^2$:

1. $\exp(x+y)=\exp(x)\times\exp(y)$;
2. $\exp(x-y)=\dfrac{\exp(x)}{\exp(y)}$;
3. pour tout $n \in \mathbb{Z}$, $\exp(nx)=[\exp(x)]^n$.

Pour tout $x \in \mathbb{R}$, $\exp(x)>0$.

■ **Nouvelle notation**

On pose $\exp(1)=\mathrm{e}$. D'après la relation (3), $\exp(n)=\mathrm{e}^n$.

On convient alors de poser, pour tout $x \in \mathbb{R}$, $\exp(x)=\mathrm{e}^x$.

Alors, pour tous $x, y \in \mathbb{R}$, pour tout $n \in \mathbb{Z}$:

$$\mathrm{e}^{x+y}=\mathrm{e}^x\times\mathrm{e}^y,\qquad \mathrm{e}^{-x}=\frac{1}{\mathrm{e}^x},\qquad \mathrm{e}^{x-y}=\frac{\mathrm{e}^x}{\mathrm{e}^y},\qquad (\mathrm{e}^x)^n=\mathrm{e}^{nx}.$$

II ÉTUDE DE LA FONCTION EXPONENTIELLE

1. Étude du signe de la dérivée

La fonction exponentielle est **strictement croissante** sur $\mathbb{R}$.

En effet, exp est dérivable sur $\mathbb{R}$ et, pour tout x réel, $\exp'(x) = \exp(x)$ qui est strictement positif d'après le I-2.
D'où, pour tous réels x et y :

$$x < y \Leftrightarrow e^x < e^y \; ; \quad e^x = e^y \Leftrightarrow x = y.$$

2. Limites aux bornes de l'ensemble de définition

$$\lim_{x \to +\infty} e^x = +\infty \text{ et } \lim_{x \to -\infty} e^x = 0^+$$

3. Courbe représentative

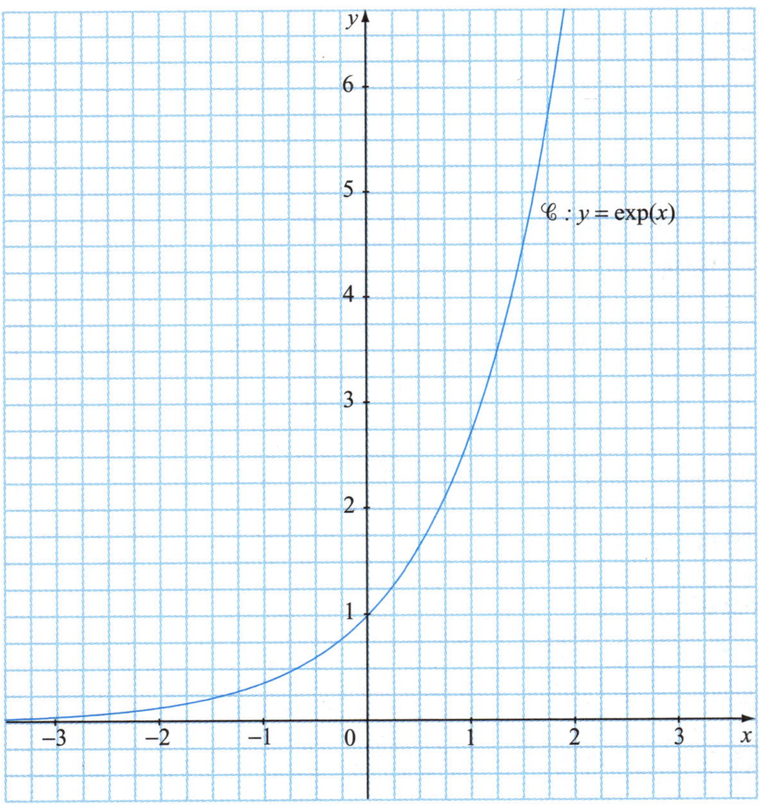

4. Croissances comparées

$$\lim_{x \to +\infty} \frac{e^x}{x} = +\infty \quad \text{et} \quad \lim_{x \to -\infty} x e^x = 0.$$

De plus, pour tout $n \in \mathbb{N}^*$:

$$\lim_{x \to +\infty} \frac{e^x}{x^n} = +\infty \quad \text{et} \quad \lim_{x \to -\infty} x^n e^x = 0.$$

5. Comportement au voisinage de 0

La fonction exponentielle est dérivable en 0 et $\exp'(0) = 1$ d'où :

$$\lim_{x \to 0} \frac{e^x - 1}{x} = 1.$$

III FONCTIONS DE LA FORME $x \mapsto e^{u(x)}$

1. Ensemble de définition

Soit u une fonction définie sur un ensemble D. Alors la fonction $e^u : x \mapsto e^{u(x)}$ est également définie sur D.

2. Dérivation

Si u désigne une fonction définie et dérivable sur un intervalle I, alors la fonction $e^u : x \mapsto e^{u(x)}$ est également dérivable sur I.
De plus, $(e^u)' = u' \times e^u$, d'où, pour tout $x \in \text{I}$:

$$(e^u)'(x) = u'(x) \times e^{u(x)}.$$

3. Limite

Soit u une fonction définie sur un intervalle dont a est une borne.

- Si $\lim_{x \to a} u(x) = +\infty$, alors $\lim_{x \to a} e^{u(x)} = +\infty$.
- Si $\lim_{x \to a} u(x) = -\infty$, alors $\lim_{x \to a} e^{u(x)} = 0$.
- Si $\lim_{x \to a} u(x) = \ell \, (\ell \in \mathbb{R})$, alors $\lim_{x \to a} e^{u(x)} = e^{\ell}$.

SAVOIR-FAIRE

1. Réduire des expressions à l'aide de la relation fonctionnelle

Pour réduire une expression contenant des exponentielles, on utilise les propriétés du **I-1.** pour faire apparaître un produit d'exponentielles que l'on simplifie.

EXEMPLE : Soit x un réel. Simplifier l'expression $\dfrac{e^{x^2}\times e}{(e^x)^2}$.

Tout d'abord $e = e^1$. Ensuite, $(e^x)^2 = e^{2x}$ donc $\dfrac{1}{(e^x)^2} = \dfrac{1}{e^{2x}} = e^{-2x}$.

Finalement, $\dfrac{e^{x^2}\times e}{(e^x)^2} = e^{x^2}\times e^1 \times e^{-2x} = e^{x^2+1-2x} = e^{x^2-2x+1} = e^{(x-1)^2}$.

$$\boldsymbol{\frac{e^{x^2}\times e}{(e^x)^x} = e^{(x-1)^2}}.$$

$1 = e^0$ et $e = e^1$.

2. Résoudre une (in)équation de la forme $e^A = e^B (e^A < e^B \ldots)$

EXEMPLE : Résoudre l'inéquation d'inconnue x : $e^{3x^2}\left(e^{-x}\right)^6 \geqslant 1$.

Avant tout, il faut se ramener à la forme $e^A \geqslant e^B$. Ensuite, on applique la conséquence du **II-1.**

$$\begin{aligned} e^{3x^2}\times\left(e^{-x}\right)^6 \geqslant 1 &\Leftrightarrow e^{3x^2}\times e^{-6x} \geqslant e^0 \quad \text{car } e^0 = 1\\ &\Leftrightarrow e^{3x^2-6x} \geqslant e^0\\ &\Leftrightarrow 3x^2 - 6x \geqslant 0 \text{ car la fonction exponentielle est strictement croissante sur } \mathbb{R}\\ &\Leftrightarrow 3x(x-2) \geqslant 0. \end{aligned}$$

Le trinôme du second degré $3x^2-6x = 3x(x-2)$ est positif $(a=3)$ à l'extérieur des racines, d'où le tableau de signes :

x	$-\infty$		0		2		$+\infty$
Signe de $3x(x-2)$		+	0	−	0	+	

On en déduit les équivalences suivantes :

$$e^{3x^2}\times\left(e^{-x}\right)^6 \geqslant 1 \Leftrightarrow 3x(x-2)\geqslant 0 \Leftrightarrow \left(x\leqslant 0 \text{ ou } x\geqslant 2\right).$$

L'ensemble des solutions de l'inéquation $e^{3x^2}\times(e^{-x})^6 \geqslant 1$ est :

$$\boldsymbol{]-\infty\,;\,0]\cup[2\,;+\infty[}.$$

3. Étudier une fonction de la forme $x \mapsto e^{u(x)}$

EXEMPLE : Soit f la fonction $x \mapsto e^{\frac{1}{x}}$. Déterminer :

a. l'ensemble de définition D_f de la fonction f ;

b. les variations de f ;

c. les limites de f aux bornes de D_f.

On reconnaît la forme $f = e^u$, u étant une fonction à définir et on applique ensuite les résultats du **III.**

Ici, $f = e^u$, u désignant la fonction définie par $u(x) = \frac{1}{x}$ (c'est la fonction inverse).

a. u est définie sur $D_u = \mathbb{R}^* =]-\infty\ ;\ 0[\ \cup\ ]0\ ;+\infty[$, donc :

$$\mathbf{D_f = D_u =]-\infty\ ;\ 0[\cup]0\ ;\ +\infty[.}$$

b. u est dérivable sur $]-\infty\ ;0[\ \cup\ ]0\ ;+\infty[$, donc f est, elle aussi, dérivable sur $]-\infty\ ;0[\ \cup\ ]0\ ;+\infty[$.

Pour tout $x \neq 0$, $f'(x) = u'(x)e^{u(x)} = \frac{-1}{x^2} \times e^{\frac{1}{x}}$.

On étudie le signe de $f'(x)$ sur chaque intervalle de son ensemble de définition :

Sur $]-\infty\ ;0[$, $\frac{-1}{x^2} < 0$ et $e^{\frac{1}{x}} > 0$, donc $f'(x) < 0$.

Sur $]0\ ;+\infty[$, $\frac{-1}{x^2} < 0$ et $e^{\frac{1}{x}} > 0$, donc $f'(x) < 0$.

***f* est donc strictement décroissante sur $]-\infty\ ;0[$ et sur $]0\ ;+\infty[$.**

c. • $\lim\limits_{x\to-\infty} \frac{1}{x} = 0$ et $\lim\limits_{X\to 0} e^X = 1$, donc, par composition :

$\lim\limits_{x\to-\infty} e^{\frac{1}{x}} = 1$, c'est-à-dire $\mathbf{\lim\limits_{x\to-\infty} f(x) = 1.}$

• $\lim\limits_{x\to 0^-} \frac{1}{x} = -\infty$ et $\lim\limits_{X\to-\infty} e^X = 0$, donc, par composition :

$\lim\limits_{x\to 0^-} e^{\frac{1}{x}} = 0$, c'est-à-dire $\mathbf{\lim\limits_{x\to 0^-} f(x) = 0.}$

• $\lim\limits_{x\to 0^+} \frac{1}{x} = +\infty$ et $\lim\limits_{X\to+\infty} e^X = +\infty$, donc, par composition :

$\lim\limits_{x\to 0^+} e^{\frac{1}{x}} = +\infty$, c'est-à-dire $\mathbf{\lim\limits_{x\to 0^+} f(x) = +\infty.}$

• $\lim\limits_{x\to-\infty} \frac{1}{x} = 0$ et $\lim\limits_{X\to -0} e^X = 1$, donc par composition :

$\lim\limits_{x\to+\infty} e^{\frac{1}{x}} = 1$, c'est-à-dire $\mathbf{\lim\limits_{x\to+\infty} f(x) = 1.}$

EXERCICES D'APPLICATION

1 RELATION FONCTIONNELLE | ★ | 5 min | ▸P. 96

Simplifier au maximum les expressions suivantes :

a. $\dfrac{e^{11}+e^{16}}{e^{8}}-\dfrac{e}{(e^{-1})^{2}}$;

Voir le savoir-faire 1.

b. $\dfrac{e^{(3x+1)^2}}{e^{6x}}-e$;

c. $e^{\cos^2(x)}\,e^{\sin^2(x)}$;

d. $\dfrac{(e^{\cos^2(x)})^2}{e}$.

Utiliser une formule de duplication.

2 (IN) ÉQUATIONS | ★★ | 15 min | ▸P. 96

Résoudre les équations ou inéquations suivantes :

a. $e^{x^2-3}=1$;

b. $e^{x(x-1)}>e^{3x+1}$;

Voir le savoir-faire 2.

c. $e^{2x}+(1-e)e^{x}-e=0$.

Poser $X=e^x$ et résoudre l'équation du second degré d'inconnue X.

d. $e^{x}+e^{-x}\leqslant\dfrac{e^{2}+1}{e}$.

3 CROISSANCE COMPARÉE | ★★ | 20 min | ▸P. 97

1. Déterminer :

a. la limite en $-\infty$ de $e^{|x|}$;

b. la limite en 0^- de $\exp\left(\dfrac{1}{x}\right)$;

c. la limite en $+\infty$ de $e^{2x}-e^{x}+1$;

Procéder comme pour la limite en $+\infty$ d'un polynôme.

d. la limite en $+\infty$ de $\dfrac{e^{2x}+3}{e^{3x}+e^{x}+1}$.

2. Rappeler les valeurs des limites suivantes :

$$\lim_{x\to+\infty}\left(\frac{e^x}{x}\right), \lim_{x\to-\infty}(xe^x), \lim_{x\to0}\left(\frac{e^x-1}{x}\right)$$

3. En déduire :

a. la limite en $+\infty$ de $\frac{x}{e^x}$;

b. la limite en 0^- de $\frac{e^{\frac{1}{x}}}{x}$;

Poser $X = \frac{1}{x}$.

c. la limite en $+\infty$ de $\frac{(e^x)^2}{2x}$;

d. la limite en $-\infty$ de $x\left(e^{\frac{1}{x}}-1\right)$.

4 ÉTUDES DE VARIATIONS | ★★ | 20 min | ▸P. 98

Calculer la dérivée de chacune des fonctions suivantes et en déduire le sens de variations :

1. $f(x) = e^{-x}$, définie et dérivable sur $\mathbb{R}$;
2. $g(x) = \exp\left(\frac{1}{x^2+1}\right)$, définie et dérivable sur $\mathbb{R}$;
3. $h(x) = \frac{-3}{e^x+2}$, définie et dérivable sur $\mathbb{R}$;
4. $k(x) = \left(5-2e^{\frac{x}{2}}\right)^3$ définie et dérivable sur $\mathbb{R}$.

On utilise la formule $(e^u)'(x) = u'(x)e^{u(x)}$ (cours III 2).

5 ANTÉCÉDENTS PAR LA FONCTION EXP | ★★ | 20 min | ▸P. 99

1. À partir de l'étude de la fonction exponentielle, démontrer que, pour tout réel strictement positif y, l'équation $e^x = y$ admet une unique solution dans $\mathbb{R}$. On notera ln(y) cette solution.
2. Déterminer les valeurs de ln(e), de ln(1) et de $\ln(e^3)$.
3. Donner un encadrement au centième de ln(5).

Appliquer le théorème des valeurs intermédiaires.

6 TANGENTE À C_{EXP} AU POINT D'ABSCISSE 0 | ★ | 15 min | ▸P. 99

Dans un repère $(O ; \vec{i} ; \vec{j})$ on note $\mathscr{C}$ la courbe représentative de la fonction exp.

1. Déterminer l'équation réduite de la tangente T à $\mathscr{C}$ au point d'abscisse 0.
2. Étudier les variations, puis le signe de la fonction f, définie sur $\mathbb{R}$ par :

$$f(x) = e^x - x - 1$$

3. En déduire la position relative des courbes $\mathscr{C}$ et T.

EXERCICES D'ENTRAÎNEMENT

7 QCM | ★★ | 20 min | ▸P. 100 |

Pour chacune des questions ci-dessous, une seule réponse est correcte.

1. Soit $\mathscr{C}$ la courbe représentative de la fonction exponentielle et T la tangente à $\mathscr{C}$ au point d'abscisse -1. T a pour équation :

a. $y = \mathrm{e}^{-1}(-x-1)$; **b.** $y = -x-1$;

c. $y = \dfrac{2+x}{\mathrm{e}}$; **d.** $y = \mathrm{e}^{-1}(-x+1)$;

2. $\mathrm{e}^{x-1} + \mathrm{e}^{x+1}$ est égal à …

a. $\mathrm{e}^{x-1} \times (1 + \mathrm{e}^{x+2})$; **b.** e^{x^2-1} ;

c. $\mathrm{e}^{x} \times \left(\mathrm{e} + \dfrac{1}{\mathrm{e}}\right)$; **d.** $\left(\mathrm{e}^{x-1}\right)^{x+1}$.

3. Une des fonctions ci-dessous vérifie, sur $\mathbb{R}$, l'égalité $2f' = f + 6$:

a. la fonction $f_1 : x \mapsto \mathrm{e}^{\frac{x}{2}} - 6$.

b. la fonction $f_2 : x \mapsto 6 \times \mathrm{e}^{2x}$.

c. la fonction $f_3 : x \mapsto \mathrm{e}^{\frac{x}{2}} + 6$.

d. la fonction $f_4 : x \mapsto \mathrm{e}^{2x} - 6$.

4. On étudie la limite en $+\infty$ de $f : x \mapsto \mathrm{e}^{x} + \mathrm{e}^{-x}$

a. il s'agit d'une forme indéterminée ;

b. la limite en $+\infty$ de f vaut $+\infty$;

c. la limite en $+\infty$ de f vaut $-\infty$;

d. la limite en $+\infty$ de f vaut 0.

8 QUESTION DE COURS | ★★ | 10 min | ▸P. 100 |

On rappelle que :

(1) pour tous réels a, b, $\exp(a+b) = \exp(a) \times \exp(b)$;

(2) $\exp(0) = 1$.

À l'aide de (1) et (2), démontrer que pour tous réels a, b, $\exp(-b) = \dfrac{1}{\exp(b)}$

puis que $\exp(a-b) = \dfrac{\exp(a)}{\exp(b)}$.

9 SYSTÈMES D'ÉQUATIONS | ★★ | 15 min | ▸P. 101

Résoudre les systèmes suivants :

1. $\begin{cases} e^x e^y = \dfrac{1}{e} \\ (e^x)^y = e^{-6} \end{cases}$;

2. $\begin{cases} ye^x + e^x = 1 \\ ye^{2x} + e^{x+1} = e \end{cases}$.

Exprimer e^x en fonction de y dans la première équation, puis procéder par substitution.

10 FONCTION $x \mapsto e^{-x^2}$. | ★★ | 30 min | ▸P. 101

Soit f la fonction définie par $x \mapsto f(x) = e^{-x^2}$ On note $\mathscr{C}_f$ sa courbe représentative dans un repère orthogonal.

1. Montrer que f est définie et dérivable sur $\mathbb{R}$.
2. Étudier les variations de f sur $\mathbb{R}$ et dresser son tableau de variation.
3. Étudier les limites de f aux bornes de son ensemble de définition.
4. Déterminer l'équation réduite de la tangente en 0.
5. Tracer avec la calculatrice les courbes $\mathscr{C}_f$ et T, et vérifier les résultats obtenus précédemment.

11 ÉTUDE DE FONCTION | ★★ | 30 min | ▸P. 102

Soit f la fonction définie sur $[0\,;+\infty[$ par $f(x) = e^x - \dfrac{x^2}{2} - 2x - 2$, et $\mathscr{C}_f$ sa courbe représentative dans un repère $(O\,;\vec{i}\,;\vec{j})$.

1. Étudier les variations de la fonction f'.
2. Démontrer que l'équation $f'(x) = 0$ admet une unique solution α sur $[0\,;+\infty[$. Donner ensuite un encadrement de α au millième.

- Factoriser $f'(x)$ par e^x.
- Voir le cours II.4. : théorèmes sur les croissances comparées.

3. Déduire de ce qui précède l'étude des variations de f et déterminer sa limite en $+\infty$.
4. Montrer que $f(\alpha) = -\alpha\left(\dfrac{\alpha}{2} + 1\right)$ et en déduire un encadrement au centième de $f(\alpha)$.

Sachant que $f'(\alpha) = 0$, écrire e^α comme fonction affine de α.

5. Déterminer l'équation de la tangente T_2 à $\mathscr{C}_f$ au point d'abscisse 2, puis celle de la tangente T_α à $\mathscr{C}_f$ au point d'abscisse α.
6. Tracer $\mathscr{C}_f$, T_α et T_2.

12 ALGORITHME | ★★ | 40 min | ▸ P. 104

L'objectif de cet exercice est d'écrire un algorithme donnant le nombre de solutions réelles de l'équation (E) : $ae^{2x}+be^{x}+c=0$, où a, b et c sont des réels, avec $a \neq 0$.

Pour cela, nous allons procéder par étapes.

1. Soient s et t deux réels fixés. Déterminer, en fonction de s et de t, le nombre de solutions réelles de l'équation $\left(e^{x}-s\right)\times\left(e^{x}-t\right)=0$.

2. Écrire un algorithme associant, aux réels s et t, le nombre de solutions de l'équation $\left(e^{x}-s\right)\times\left(e^{x}-t\right)=0$.

3. Posons maintenant $X=e^{x}$. L'équation (E) s'écrit alors $aX^{2}+bX+c=0$. Lorsqu'elles existent, exprimer en fonction de a, b et c les solutions réelles de l'équation $aX^{2}+bX+c=0$.

> Le cas échéant, on notera X_0 (respectivement X_1 et X_2) la (les) racine(s) de aX^2+bX+c.

4. Écrire un algorithme donnant le nombre de solutions de l'équation (E) $ae^{2x}+be^{x}+1=0$. dans le cas où $a\neq 0$.

5. Tester l'algorithme sur les équations suivantes :

a. $e^{2x}+e^{x}+1=0$;

b. $e^{2x}+2e^{x}+1=0$;

c. $e^{2x}-2e^{x}+1=0$;

d. $e^{2x}+4e^{x}+3=0$;

e. $e^{2x}+2e^{x}-3=0$;

f. $e^{2x}-4e^{x}+3=0$;

g. $e^{2x}-3e^{x}=0$.

> Voir le chapitre 4 pour l'écriture d'un algorithme donnant les valeurs des solutions réelles de (E).

13 RADIOACTIVITÉ | ★★ | 20 min | ▸ P. 106

On veut étudier le phénomène de décroissance radioactive.

Le nombre $N(t)$ de noyaux radioactifs présents à l'instant t est donné par $N(t)=N_0e^{-\lambda t}$, λ étant la constante radioactive positive, $N_0=N(0)$ et t est exprimé en années.

1. Montrer que $N'(t)$ est proportionnel au nombre de noyaux radioactifs $N(t)$, et donner le coefficient de proportionnalité.

2. La période T représentant le temps au bout duquel la moitié des noyaux radioactifs présents se sont désintégrés, exprimer T en fonction de λ.

Écrire $2 = \exp(\ln 2) = e^{\ln 2}$, puis montrer que $T = \frac{\ln^2}{X}$ (voir l'exercice 6).

3. Application numérique : datation au carbone 14.
a. La période du carbone 14 est de 5 568 ans. Que vaut la constante radioactive λ ?
b. On a trouvé en 2006 dans un site archéologique des ossements humains dont la teneur en carbone 14 est égal à 35 % de celle des os d'un être humain en vie. Déterminer la date de la mort de cet humain.

EXERCICES D'APPROFONDISSEMENT

14 FONCTION $x \mapsto e^{-x}\cos(x)$ | ★★★ | 45 min | ▸P. 107

Soit f la fonction définie sur $[0\ ;+\infty[$ par :

$$f(x) = e^{-x} \times \cos(x).$$

On note $\mathscr{C}$ la courbe représentative de f dans un repère $(O\ ; \vec{i}\ ; \vec{j})$.
On appelle $\mathscr{C}_1$ la courbe d'équation $y = e^{-x}$ et $\mathscr{C}_{-1}$ la courbe d'équation $y = -e^{-x}$.

1. a. Démontrer que pour tout $x \geqslant 0$:

$$-e^{-x} \leqslant f(x) \leqslant e^{-x}.$$

b. En déduire la limite de f en $+\infty$.
2. Résoudre les équations $f(x) = e^{-x}$, $f(x) = -e^{-x}$ et $f(x) = 0$.
3. a. Justifier que f est dérivable sur $[0\ ;+\infty[$ et montrer que pour tout $x \geqslant 0$,

$$f'(x) = -\sqrt{2}e^{-x} \times \sin\left(x + \frac{\pi}{4}\right).$$

b. Résoudre l'équation $f'(x) = 0$.
c. Dresser le tableau de tableau des variation de f sur $[0\ ;\ 4\pi]$.

Établir que $f'(x) > 0 \Leftrightarrow x \in \left]-\frac{\pi}{4} + (2k+1)\pi\ ; -\frac{\pi}{4} + (2k+2)\pi\right[$ avec $k \in \mathbb{N}$.

d. Tracer $\mathscr{C}$, $\mathscr{C}_1$, $\mathscr{C}_{-1}$.

15 FONCTIONS COSINUS HYPERBOLIQUE ET SINUS HYPERBOLIQUE | ★★★ | 45 min | ▸P. 109

On définit sur $\mathbb{R}$ les fonctions ch et sh (appelées cosinus et sinus hyperboliques) par :

$$\text{ch}(x)=\frac{\text{e}^{x}+\text{e}^{-x}}{2} \text{ et } \text{sh}(x)=\frac{\text{e}^{x}-\text{e}^{-x}}{2}.$$

1. a. Étudier les limites de ch et sh en $-\infty$ et en $+\infty$.
b. Étudier les variations de ch et sh sur $\mathbb{R}$.
c. Tracer les courbes représentatives de ch et sh dans un repère orthogonal $(\text{O}\,;\vec{i}\,;\vec{j})$.
2. Quelques propriétés.
a. Démontrer que pour tout $x\in\mathbb{R}$, $\text{ch}^2(x)-\text{sh}^2(x)=1$.
b. Pour tout $(x\,;y)\in\mathbb{R}^2$, $\text{sh}(x)\text{ch}(y)+\text{ch}(x)\text{sh}(y)=\text{sh}(x+y)$.

En déduire que pour tout $x\in\mathbb{R}$:

$$\text{sh}(2x)=2\text{sh}(x)\text{ch}(x).$$

c. Pour tout $(x\,;y)\in\mathbb{R}^2$, $\text{ch}(x)\text{ch}(y)+\text{sh}(x)\text{sh}(y)=\text{ch}(x+y)$.

En déduire que pour tout $x\in\mathbb{R}$:

$$\text{ch}(2x)=\text{ch}^2(x)+\text{sh}^2(x)=2\text{ch}^2(x)-1=1+2\text{sh}^2(x).$$

16 ALGORITHME D'EULER | ★★ | 30 min | ▸P. 110

Aujourd'hui, les ordinateurs nous tracent avec une grande précision la courbe de la fonction exponentielle. Sans cet outil, un moyen efficace de l'approcher est de tracer la fonction affine par morceaux obtenue par la méthode d'Euler, qui repose sur l'approximation affine.

> Soit f une fonction dérivable en a.
> Si h est proche de zéro, $f(a+h)\approx f(a)+hf'(a)$.

Nous allons appliquer ce résultat à la fonction exponentielle.
1. Soit a un réel. Démontrer que, pour h proche de zéro :

$$\exp(a+h)\approx(1+h)\exp(a).$$

2. Nous allons approcher la fonction exponentielle par une fonction affine par morceaux (dont le pas est noté h) : c'est la méthode d'Euler.
Prenons par exemple $h=0,2$.
- Le premier point M_0 a pour coordonnées $x_0=0$ et $y_0=1$.
- Le point suivant M_1 a pour coordonnées $x_1=x_0+h=0,2$ et y_1.

L'approximation affine pour $a = x_0$ nous donne une valeur approchée de $\exp(x_1)$ puisque :

$$\exp(x_1) = \exp(x_0 + h) \approx (1+h)\exp(x_0).$$

On pose donc :

$$y_1 = (1+h) \times \exp(x_0) = (1+0,2) \times 1, \text{ d'où } y_1 = 1,2.$$

• Le point M_2 a pour coordonnées $x_2 = x_1 + h = 0,4$ et y_2.
L'approximation affine pour $a = x_1$ nous donne une valeur approchée de $\exp(x_2)$ puisque :

$$\exp(x_2) = \exp(x_1 + h) \approx (1+h) \times \exp(x_1) \approx (1+h)y_1.$$

On pose donc :

$$y_2 = (1+h) \times y_1 = (1+0,2) \times 1,2, \text{ d'où } y_2 = 1,44.$$

a. Déterminer maintenant les coordonnées de M_3 et de M_4.

b. On a écrit ci-dessous un algorithme permettant d'afficher les premiers points M_n (dont l'abscisse est inférieure à $4 + h$).

```
VARIABLES
    x EST_DU_TYPE NOMBRE
    y EST_DU_TYPE NOMBRE
DEBUT_ALGORITHME
    x PREND_LA_VALEUR 0
    y PREND_LA_VALEUR 1
    TRACER_POINT (0,1)
    TANT_QUE (x<4) FAIRE
        DEBUT_TANT_QUE
        x PREND_LA_VALEUR x+0.2
        y PREND_LA_VALEUR y*(1+0.2)
        TRACER_POINT (x,y)
        FIN_TANT_QUE
FIN_ALGORITHME
```

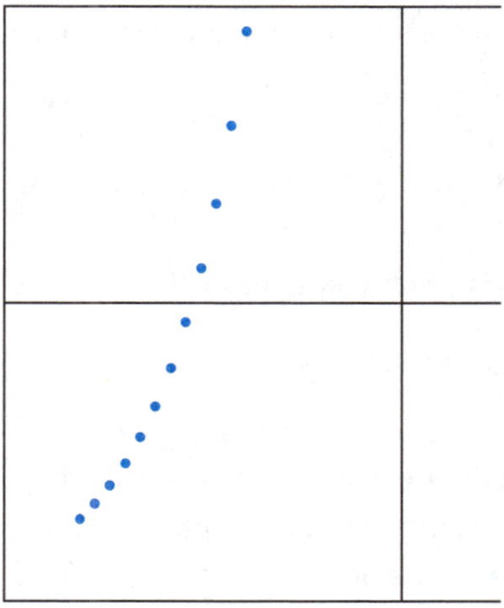

Résultats

Algorithme lancé
Algorithme terminé

Sur ce modèle, écrire un algorithme applicable à n'importe quelle valeur de h. Le tester pour $h = 0,1$, puis $h = 0,05$.

c. Modifier maintenant l'algorithme de la question précédente de façon à comparer la courbe obtenue par la méthode d'Euler et celle de la fonction exponentielle.

17 PROLONGEMENT ET DÉRIVABILITÉ | ★★★ | 100 min | ▸P. 112

Partie A. Étude d'une fonction auxiliaire

La fonction d est définie sur $]-1\ ;\ +\infty[$ par $d(x)=\mathrm{e}^{\frac{x}{x+1}}$.

1. Calculer la fonction dérivée d'. En déduire les variations de d.
2. Déterminer les limites de d en -1 et en $+\infty$.
3. Montrer que, pour tout $x>-1$, $0<d(x)<\mathrm{e}$.

Transformer l'écriture de $\dfrac{x}{x+1}$ de sorte que la variable x n'apparaisse qu'une fois dans l'expression de $d(x)$.

Partie B. Étude de la fonction *f*

Dans cette partie on s'intéresse à la fonction f définie sur l'intervalle $]-1\,;+\infty[$ par $f(x)=x+1-\mathrm{e}^{\frac{x}{x+1}}$.

On appelle ($\mathscr{C}$) la courbe représentative de f dans un repère orthonormal, l'unité graphique étant 5 cm. On désigne par f' et f'' les dérivées première et seconde de f.

1. Démontrer que la droite (D) d'équation $y=x-\mathrm{e}+1$ est asymptote à la courbe ($\mathscr{C}$), c'est-à-dire que $\lim\limits_{x\to+\infty}\big(f(x)-(x-\mathrm{e}+1)\big)=0$.

2. a. Pour $x\in]-1\,;+\infty[$, calculer $f'(x)$ et $f''(x)$.

Vérifier que $f''(x)=\dfrac{2x+1}{(x+1)^4}\exp\left(\dfrac{x}{x+1}\right)$.

En déduire le signe de $f''(x)$ lorsque x décrit $\mathbb{R}$.

b. Dresser le tableau de variation de f' (on admettra que $\lim\limits_{-1} f'=\lim\limits_{+\infty} f'=1$).

3. Démontrer que l'équation $f'(x)=0$ admet sur $]-1\,;+\infty[$ deux solutions, dont l'une est 0. Dans la suite du problème, on notera α la solution non nulle. Donner une valeur approchée de α au centième près.

4. a. Donner le signe de $f'(x)$ lorsque x décrit $\mathbb{R}$.

S'aider du tableau du **2.b.**

b. Calculer les limites de f aux bornes de son ensemble de définition.

c. Dresser le tableau de variation de f.

Partie C. Prolongement de la fonction *f* en – 1

On considère la fonction g définie sur $]-1\,;+\infty[$ par :

$$\begin{cases} g(-1)=0 \\ g(x)=f(x) \text{ pour tout } x>-1 \end{cases}$$

On appelle ($\mathscr{C}'$) la courbe représentative de la fonction g dans le repère de la **partie B**.

1. a. Montrer que l'on peut écrire $\dfrac{g(x)-g(-1)}{x-(-1)} = 1 - \dfrac{1}{x}\left(\dfrac{x}{x+1}\mathrm{e}^{\frac{x}{x+1}}\right)$.

b. Pour $x \in]-1\,;+\infty[$, déterminer la limite lorsque x tend vers -1 de $\dfrac{x}{x+1}$ puis de $\dfrac{x}{x+1}\mathrm{e}^{\frac{x}{x+1}}$.

c. En déduire que g est dérivable en -1 et préciser sa dérivée $g'(-1)$.

2. Construire (D) et $(\mathscr{C}')$. Préciser les tangentes à $(\mathscr{C}')$ aux points d'abscisses -1, α et 0.

CONTRÔLE

18 QCM | ★ | 60 min | ▸ P. 117

1. L'équation $\mathrm{e}^{2x} - 3\mathrm{e}^{x} - 4 = 0$ admet dans $\mathbb{R}$:

a. aucune solution ; **b.** une solution ;

c. deux solutions distinctes ; **d.** plus de deux solutions.

2. L'expression $-\mathrm{e}^{-x}$:

a. n'est jamais négative ; **b.** est toujours négative ;

c. n'est négative que si x est positif ; **d.** n'est négative que si x est négatif.

3. $\lim\limits_{x\to+\infty}\left(\dfrac{2\mathrm{e}^{x}-1}{\mathrm{e}^{x}+2}\right) =$

a. $-\dfrac{1}{2}$; **b.** 1 ; **c.** 2 ; **d.** $+\infty$.

4. La courbe ci-dessous représente une fonction de la forme $f : x \mapsto k\exp\left(\dfrac{-(x-\mu)^2}{2\sigma^2}\right)$, où k, μ et $\sigma (> 0)$ sont des constantes réelles.

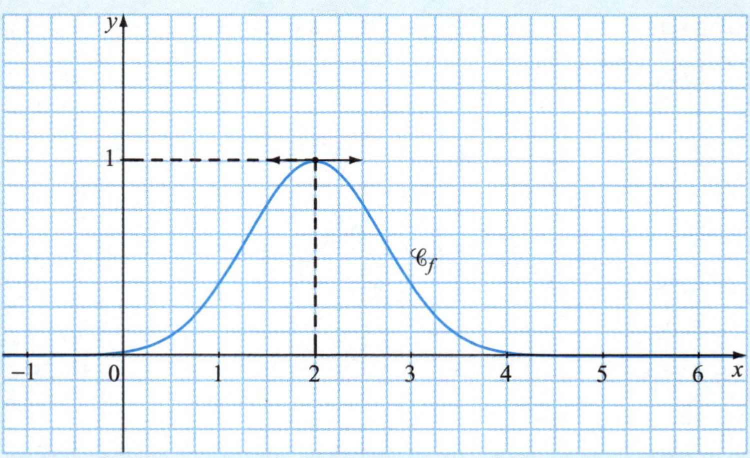

A-t-on :

a. $k = 2$ et $\mu = 1$?

b. $k = 1$ et $\mu = 0$?

c. $k = 0$ et $\mu = 2$?

d. $k = 1$ et $\mu = 2$?

Exploiter d'abord la valeur de $f'(2)$, et ensuite celle de $f(2)$. On n'a pas besoin de connaître la valeur de σ.

19 ÉTUDE DE FONCTIONS | ★★ | 40 min | ▶P. 118

Soit f la fonction définie sur $\mathbb{R}$ par $f(x) = \frac{1}{2}e^{2x} - e^{x+1} + c$, où c désigne un réel fixé.

On note $\mathscr{C}_f$ sa courbe représentative dans un repère orthogonal.

1. Sachant que $f(0) = \frac{1}{2}$, déterminer c.
2. Étudier le signe de $f'(x)$ lorsque x décrit $\mathbb{R}$.
3. Montrer que f a pour limite e en $-\infty$. Quelle conséquence pour $\mathscr{C}_f$?
4. Déterminer la limite en $+\infty$ de f.
5. Dresser le tableau de variation complet de f.
6. Comparer le minimum sur $\mathbb{R}$ de la fonction f à la valeur -1. Combien -1 a-t-il d'antécédents par f ?
7. Résoudre l'équation $\frac{1}{2}X^2 - eX = 0$. En déduire le nombre d'antécédents par f de e.
8. Déterminer, par la méthode de votre choix, le nombre de solutions de l'équation $f(x) = 0$.
9. Représenter $\mathscr{C}_f$ en faisant apparaître les éventuelles asymptotes et tangentes horizontales.

CONTRÔLE

20 FONCTION DENSITÉ D'UNE LOI NORMALE | ★★★ | 45 min | ▶ P. 120

Soit m un réel fixé.

On note f_m la fonction définie sur $\mathbb{R}$ par $f_m(x) = \exp\left(\dfrac{-(x-m)^2}{2}\right)$. On note $\mathcal{C}_m$ sa courbe représentative dans un repère orthogonal.

1. Déterminer le(s) antécédent(s) par f_m de 1.

2. Déterminer les limites de f_m aux bornes de son ensemble de définition.

3. Étudier le signe de $f_m'(x)$ lorsque x décrit $\mathbb{R}$.

4. Dresser le tableau de variation complet de f_m.

5. a. Montrer que, pour tout x réel :

$$f_m''(x) = [(x-m)^2 - 1] \times \exp\left(\frac{-(x-m)^2}{2}\right).$$

b. En déduire les réels pour lesquels la dérivée seconde s'annule (c'est-à-dire les solutions de l'équation $f_m''(x) = 0$).

c. Déterminer l'équation de la tangente à $\mathcal{C}_m$ au point d'abscisse $m-1$. Vérifier qu'elle passe par le point de coordonnées $(m-2\ ;\ 0)$.

d. Déterminer l'équation de la tangente à $\mathcal{C}_m$ au point d'abscisse $m+1$. Vérifier qu'elle passe par le point de coordonnées $(m+2\ ;\ 0)$.

6. On a tracé dans le repère ci-dessous la courbe $\mathcal{C}_3$.

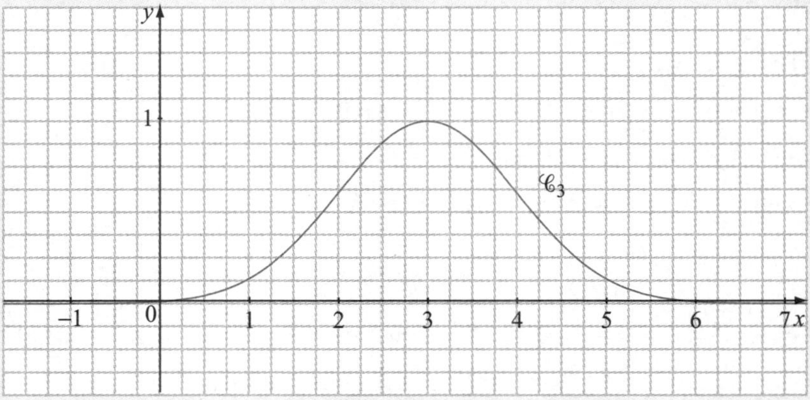

Tracer avec précision, et en utilisant les questions précédentes, les tangentes aux points d'abscisses 2 ; 3 et 4.

CORRIGÉS

1 a. $\dfrac{e^{11}+e^{16}}{e^8}-\dfrac{e}{(e^{-1})^2}=e^3(1+e^5)-e^3=e^3\times e^5=\mathbf{e^8}$.

b. $\dfrac{e^{(3x+1)^2}}{e^{6x}}-e=e^{9x^2+6x+1-6x}-e=e^{9x^2+1}-e^1=e^1\left(e^{9x^2}-1\right)=\mathbf{e\left(e^{9x^2}-1\right)}$.

c. $e^{\cos^2(x)}\ e^{\sin^2(x)}=e^{\cos^2(x)+\sin^2(x)}=e^1=\mathbf{e}$.

d. $\dfrac{(e^{\cos^2(x)})^2}{e}=e^{2\cos^2(x)-1}=\mathbf{e^{\cos(2x)}}$.

On utilise la formule de duplication vue en 1re S :
soit $a\in\mathbb{R}$, $\cos(2a)=2\cos^2(a)-1$.

2 a. $e^{x^2-3}=1\Leftrightarrow e^{x^2-3}=e^0\Leftrightarrow x^2-3=0\Leftrightarrow\left(\boldsymbol{x=\sqrt{3}\text{ ou }x=-\sqrt{3}}\right)$.

b. $e^{x(x-1)}>e^{3x+1}\Leftrightarrow x(x-1)>3x+1$ car exp est strictement croissante sur $\mathbb{R}$

$\Leftrightarrow x^2-4x-1>0.$

$\Delta=20=\left(2\sqrt{5}\right)^2$. Les racines du trinôme x^2-4x-1 sont :

$$x_1=\frac{4+2\sqrt{5}}{2}=2+\sqrt{5}\ \text{ et }\ x_2=\frac{4-2\sqrt{5}}{2}=2-\sqrt{5}.$$

Donc $e^{x(x-1)}>e^{3x+1}\Leftrightarrow\left(\boldsymbol{x<2-\sqrt{5}\text{ ou }x>2+\sqrt{5}}\right)$.

x^4-4x-1 est du signe de $a=1$ à l'extérieur des racines.

c. Posons $X=e^x$.

$e^{2x}+(1-e)e^x-e=0\Leftrightarrow X^2+(1-e)X-e=0$

$\Delta=(1-e)^2+4e=(1+e)^2$, donc $\sqrt{\Delta}=1+e$.

Les racines du trinôme $X^2+(1-e)X-e$ sont :

$$X_1=\frac{-(1-e)+(1+e)}{2}=e\ \text{ et }\ X_2=\frac{-(1-e)-(1+e)}{2}=-1.$$

D'où $e^{2x}+(1-e)e^x-e=0\Leftrightarrow(X=e\text{ ou }X=-1)\Leftrightarrow(e^x=e\text{ ou }e^x=-1)$

$\Leftrightarrow e^x=e^1$ (car e^x ne peut valoir -1)

$\Leftrightarrow\boldsymbol{x=1}$.

d. $e^x+e^{-x}\leqslant\dfrac{e^2+1}{e}\Leftrightarrow e^{2x}+1\leqslant\dfrac{e^2+1}{e}e^x$ (multiplication par $e^x>0$)

$\Leftrightarrow ee^{2x}+e\leqslant(e^2+1)e^x$ (multiplication par $e>0$)

$\Leftrightarrow ee^{2x}-(e^2+1)e^x+e\leqslant 0.$

Posons $X = e^x$, alors $e^x + e^{-x} \leqslant \dfrac{e^2+1}{e} \Leftrightarrow eX^2 - (e^2+1)X + e \leqslant 0.$

$\Delta = \left(-(e^2+1)\right)^2 - 4e^2 = e^4 + 2e^2 + 1 - 4e^2 = (e^2-1)^2$, donc $\sqrt{\Delta} = e^2 - 1$ (positif).

Les racines du trinôme $eX^2 - (e^2+1)X + e$ sont :

$$X_1 = \frac{e^2+1+e^2-1}{2e} = e \text{ et } X_2 = \frac{e^2+1-e^2+1}{2e} = e^{-1}.$$

D'où $e^x + e^{-x} \leqslant \dfrac{e^2+1}{e} \Leftrightarrow (X \leqslant e^{-1} \text{ ou } X \geqslant e) \Leftrightarrow (e^x \leqslant e^{-1} \text{ ou } e^x \geqslant e^1)$

$$\Leftrightarrow \boldsymbol{(x \leqslant -1 \text{ ou } x \geqslant 1)}.$$

3 **1. a.** $\lim\limits_{x\to-\infty} |x| = +\infty$ et $\lim\limits_{X\to+\infty} e^X = +\infty$, donc, par composition :

$$\boldsymbol{\lim_{x\to-\infty} e^x = +\infty.}$$

b. $\lim\limits_{x\to 0^-} \dfrac{1}{x} = -\infty$ et $\lim\limits_{X\to-\infty} \exp(X) = 0$, donc, par composition :

$$\boldsymbol{\lim_{x\to 0^-} \exp\frac{1}{x} = 0.}$$

c. $\lim\limits_{x\to+\infty} e^{2x} = +\infty$ et $\lim\limits_{x\to+\infty} -e^x = -\infty$: il s'agit d'une forme indéterminée.

Factorisons par e^{2x} : $e^{2x} - e^x + 1 = e^{2x}\left(1 - \dfrac{e^x}{e^{2x}} + \dfrac{1}{e^{2x}}\right) = e^{2x}\left(1 - e^{-x} + e^{-2x}\right)$.

$\lim\limits_{x\to+\infty} e^{2x} = +\infty$ et $\lim\limits_{x\to+\infty} (1 - e^{-x} + e^{-2x}) = 1$, donc, par produit :

$$\boldsymbol{\lim_{x\to+\infty} e^{2x} - e^x + 1 = +\infty.}$$

d. $\lim\limits_{x\to+\infty} \left(e^{2x}+3\right) = +\infty$ et $\lim\limits_{x\to+\infty} \left(e^{3x} + e^x + 1\right) = +\infty$: il s'agit d'une forme indéterminée.

Factorisons le numérateur par e^{2x} et le dénominateur par e^{3x} :

$$\frac{e^{2x}+3}{e^{3x}+e^x+1} = \frac{e^{2x}(1+3e^{-2x})}{e^{3x}(1+e^{-2x}+e^{-3x})} = \frac{1+3e^{-2x}}{e^x(1+e^{-2x}+e^{-3x})}.$$

$\lim\limits_{x\to+\infty} e^x = +\infty$ et $\lim\limits_{x\to+\infty} (1 + e^{-2x} + e^{-3x}) = 1$, donc, par produit :

$$\lim_{x\to+\infty} e^x\left(1 + e^{-2x} + e^{-3x}\right) = +\infty.$$

Ensuite, $\lim\limits_{x\to+\infty} (1 + 3e^{-2x}) = 1$ et $\lim\limits_{x\to+\infty} e^x(1 + e^{-2x} + e^{-3x}) = +\infty$, donc, par quotient :

$$\boldsymbol{\lim_{x\to+\infty} \frac{e^{2x}+3}{e^{3x}+e^x+1} = 0.}$$

2. $\lim\limits_{x\to+\infty}\dfrac{\mathrm{e}^x}{x}=+\infty$; $\lim\limits_{x\to-\infty}(x\mathrm{e}^x)=0$; $\lim\limits_{x\to0}\dfrac{\mathrm{e}^x-1}{x}=\exp'(0)=1$.

3. a. Pour tout $x>0$, $\dfrac{x}{\mathrm{e}^x}=\dfrac{1}{\frac{\mathrm{e}^x}{x}}$. Posons $X=\dfrac{\mathrm{e}^x}{x}$. Alors $\dfrac{x}{\mathrm{e}^x}=\dfrac{1}{X}$.

$\lim\limits_{x\to+\infty}\dfrac{\mathrm{e}^x}{x}=+\infty$ et $\lim\limits_{X\to+\infty}\dfrac{1}{X}=0$, donc, par composition, $\lim\limits_{x\to+\infty}\dfrac{x}{\mathrm{e}^x}=0$.

b. Pour tout $x\neq0$, $\dfrac{\mathrm{e}^{\frac{1}{x}}}{x}=\dfrac{1}{x}\times\mathrm{e}^{\frac{1}{x}}$.

Posons $X=\dfrac{1}{x}$. Alors $\dfrac{\mathrm{e}^{\frac{1}{x}}}{x}=X\mathrm{e}^X$.

$\lim\limits_{x\to0^-}\dfrac{1}{x}=-\infty$ et $\lim\limits_{X\to-\infty}X\mathrm{e}^X=0$, donc, par composition, $\lim\limits_{x\to0^-}\dfrac{\mathrm{e}^{\frac{1}{x}}}{x}=0$.

c. Pour tout $x>0$, $\dfrac{(\mathrm{e}^x)^2}{2x}=\dfrac{\mathrm{e}^{2x}}{2x}$. Posons $X=2x$.

$\lim\limits_{x\to+\infty}(2x)=+\infty$ et $\lim\limits_{X\to+\infty}\dfrac{\mathrm{e}^X}{X}=+\infty$, donc, par composition, $\lim\limits_{x\to+\infty}\dfrac{(\mathrm{e}^x)^2}{2x}=+\infty$.

d. Pour tout $x<0$, $x=\dfrac{1}{\frac{1}{x}}$ et $x(\mathrm{e}^{\frac{1}{x}}-1)=\dfrac{\mathrm{e}^{\frac{1}{x}}-1}{\frac{1}{x}}$.

Posons $X=\dfrac{1}{x}$. Alors $x\left(\mathrm{e}^{\frac{1}{x}}-1\right)=\dfrac{\mathrm{e}^X-1}{X}$.

$\lim\limits_{x\to-\infty}\dfrac{1}{x}=0$ et $\lim\limits_{X\to0}\dfrac{\mathrm{e}^X-1}{X}=1$, donc, par composition, $\lim\limits_{x\to-\infty}x\left(\mathrm{e}^{\frac{1}{x}}-1\right)=1$.

4 **1.** f est de la forme e^u avec $u:x\mapsto-x$.

Voir le savoir-faire 3.

Pour tout x réel, $f'(x)=u'(x)\times\mathrm{e}^{u(x)}=(-1)\times\mathrm{e}^{-x}=-\mathrm{e}^{-x}<0$.

Par conséquent, ***f* est strictement décroissante sur $\mathbb{R}$.**

2. g est de la forme e^u avec $u:x\mapsto\dfrac{1}{x^2+1}$.

Le dénominateur x^2+1 ne s'annule pas sur $\mathbb{R}$.

Pour tout x réel, $g'(x)=u'(x)\times\mathrm{e}^{u(x)}=\dfrac{-2x}{(x^2+1)^2}\times\exp\dfrac{1}{x^2+1}$.

$\dfrac{1}{(x^2+1)^2}\times\exp\dfrac{1}{x^2+1}$ est strictement positif sur $\mathbb{R}$, donc $g'(x)$ est du signe de $-2x$, c'est-à-dire strictement positif sur $]-\infty\,;0[$ et strictement négatif sur $]0\,;+\infty[$.

Donc g est strictement croissante sur $]-\infty\,;\,0]$ et strictement décroissante sur $[0\,;+\infty[$.

3. h est de la forme $(-3)\times\dfrac{1}{v}$ avec $v: x\mapsto e^x+2$.

Le dénominateur e^x+2 ne s'annule pas sur $\mathbb{R}$.

Pour tout x réel, $h'(x)=(-3)\times\dfrac{-v'(x)}{\left[v(x)\right]^2}=(-3)\times\dfrac{-e^x}{(e^x+2)^2}=\dfrac{3e^x}{(e^x+2)^2}>0.$

Donc h est strictement croissante sur $\mathbb{R}$.

4. k est de la forme u^3, avec $u: x\mapsto 5-2e^{\frac{x}{2}}$.

Pour tout x réel, $k'(x)=3\times u^2(x)\times u'(x)=3\times\left(5-2e^{\frac{x}{2}}\right)^2\times\left(-2\times\dfrac{1}{2}e^{\frac{x}{2}}\right)$

$$=-3\times\left(5-2e^{\frac{x}{2}}\right)^2\times e^{\frac{x}{2}}<0.$$

Donc k est strictement décroissante sur $\mathbb{R}$.

5 **1.** La fonction exponentielle est strictement croissante et continue sur $]-\infty\,;+\infty[$ et vérifie $\lim\limits_{x\to-\infty} e^x=0$ et $\lim\limits_{x\to+\infty} e^x=+\infty$.

Soit y un réel strictement positif. $y\in\,]0\,;+\infty[$, donc, d'après le théorème des valeurs intermédiaires, l'équation $e^x=y$ admet une unique solution notée $\ln(y)$.

2. • L'équation $e^x=e$ admet une unique solution qui est $\ln(e)$. Or 1 est solution de cette équation. Donc $\mathbf{ln(e)=1}$.

• L'équation $e^x=1$ admet une unique solution qui est $\ln(1)$. Or 0 est solution de cette équation. Donc $\mathbf{ln(1)=0}$.

• L'équation $e^x=e^3$ admet une unique solution qui est $\ln(e^3)$. Or 3 est solution de cette équation. Donc $\mathbf{ln(e^3)=3}$.

3. $\ln(5)$ est l'unique solution de l'équation $e^x=5$.

$e^{1,60}\approx 4,953$ et $e^{1,61}\approx 5,0028$, donc $\exp(1,60)<5<\exp(1,61)$.

La fonction exponentielle étant strictement croissante :

$$\mathbf{1,60<\ln(5)<1,61.}$$

6 **1.** T a pour équation $y=\exp(0)+\exp'(0)(x-0)$, soit :

$$y=e^0+e^0x=1+1\times x.$$

$$\boldsymbol{T: y=x+1.}$$

2. • f est dérivable sur $\mathbb{R}$ et, pour tout x réel, $f'(x)=e^x-1$.

La fonction exponentielle étant strictement croissante sur $\mathbb{R}$,

$f'(x) > 0 \Leftrightarrow e^x - 1 > 0 \Leftrightarrow e^x > 1 \Leftrightarrow e^x > e^0 \Leftrightarrow x > 0$ et :

$$f'(x) = 0 \Leftrightarrow e^x = 1 \Leftrightarrow x = 0.$$

Donc f est strictement décroissante sur $]-\infty\ ;\ 0]$ et strictement croissante sur $[0\ ;+\infty[$.

• $f(0) = e^0 - 0 - 1 = 0$. Le tableau de variation de f est donc :

$-\infty$	0	$+\infty$
↘	0	↗

Il en résulte que f est positive sur $\mathbb{R}$ et s'annule en 0.

3. La position relative de $\mathscr{C}$ et de T est donnée par le signe de la différence :

$$e^x - (x+1) = f(x).$$

Or $f(x) \geqslant 0$ sur $\mathbb{R}$ et $f(x) = 0 \Leftrightarrow x = 0$.

Donc la courbe $\mathscr{C}$ est au-dessus de la droite T. Elles ont un unique point commun, le point J (0 ; 1).

7 1. **Réponse c.** $T : y = \exp(-1) + \exp'(-1) \times (x+1)$ ou encore :

$$y = e^{-1}(x+2).$$

2. **Réponse c.**: $e^{x-1} + e^{x+1} = e^x\left(e^{-1} + e^1\right)$.

3. **Réponse a.**

Pour tout réel x, $f_1'(x) = \frac{1}{2}e^{\frac{x}{2}}$, donc $2 \times f_1'(x) = e^{\frac{x}{2}} = e^{\frac{x}{2}} - 6 + 6 = f_1(x) + 6$.

4. **Réponse b.** car $\lim\limits_{x \to +\infty} e^x = +\infty$ et $\lim\limits_{x \to +\infty} e^{-x} = 0$.

8 Soit $b \in \mathbb{R}$. Avec $a = -b$, la formule $\exp(a+b) = \exp(a) \times \exp(b)$ donne :

$$\exp(b + (-b)) = \exp(b) \times \exp(-b)$$
$$1 = \exp(b) \times \exp(-b).$$

Comme exp ne s'annule pas sur $\mathbb{R}$, on en déduit que $\exp(-b) = \dfrac{1}{\exp(b)}$.

Soit a et b deux réels :

$$\exp(a-b) = \exp(a + (-b)) = \exp(a) \times \exp(-b) = \exp(a) \times \frac{1}{\exp(b)} = \frac{\exp(a)}{\exp(b)}.$$

9 1. $\begin{cases} e^x e^y = \dfrac{1}{e} \\ (e^x)^y = e^{-6} \end{cases} \Leftrightarrow \begin{cases} e^{x+y} = e^{-1} \\ e^{xy} = e^{-6} \end{cases} \Leftrightarrow \begin{cases} x+y=-1 \\ x \times y = -6 \end{cases}$

$$\Leftrightarrow \begin{cases} y=-1-x \\ x^2+x-6=0 \end{cases} \Leftrightarrow \begin{cases} y=-1-x \\ x=2 \text{ ou } x=-3 \end{cases}.$$

Les solutions du système sont $(2\,;-3)$ et $(-3\,;2)$.

2. $\begin{cases} ye^x + e^x = 1 \\ ye^{2x} + e^{x+1} = e \end{cases} \Leftrightarrow \begin{cases} e^x(1+y) = 1 \\ ye^{2x} + e^{x+1} = e \end{cases} \Leftrightarrow \begin{cases} e^x = \dfrac{1}{1+y} \\ y\left(\dfrac{1}{1+y}\right)^2 + \dfrac{1}{1+y} \times e = e \end{cases}$

$\Leftrightarrow \begin{cases} e^x = \dfrac{1}{1+y} \\ y+(1+y)e = (1+y)^2 e \end{cases}$ (multiplication par $(1+y)^2 \neq 0$)

$\Leftrightarrow \begin{cases} e^x = \dfrac{1}{1+y} \\ ey^2+(e-1)y=0 \end{cases} \Leftrightarrow \begin{cases} e^x = \dfrac{1}{1+y} \\ y(ey+e-1)=0 \end{cases} \Leftrightarrow \begin{cases} e^x = \dfrac{1}{1+y} \\ y=0 \text{ ou } y=\dfrac{1-e}{e}=\dfrac{1}{e}-1 \end{cases}$

$\Leftrightarrow ((y=0 \text{ et } e^x=1) \text{ ou } (y=e^{-1}-1 \text{ et } e^x=e))$

$\Leftrightarrow ((y=0 \text{ et } x=0) \text{ ou } (y=e^{-1}-1 \text{ et } x=1)).$

Les solutions du système sont $(0\,;\,0)$ et $(1\,;\,e^{-1}-1)$.

10 f est de la forme e^u, avec $u : x \mapsto -x^2$.

1. u est définie et dérivable sur $\mathbb{R}$, donc **f est également définie et dérivable sur $\mathbb{R}$.**

2. Pour $x \in \mathbb{R}$, $f'(x) = u'(x) \times e^{u(x)} = (-2x) \times e^{-x^2}$.

e^{-x^2} étant strictement positif sur $\mathbb{R}$, $f'(x)$ est du signe de $-2x$, c'est-à-dire strictement positif sur $]-\infty\,;\,0[$ et strictement négatif sur $]0\,;+\infty[$.

Donc f est strictement croissante sur $]-\infty\,;\,0]$ et strictement décroissante sur $[0;+\infty[$.

3. $\lim\limits_{x\to-\infty}(-x^2) = -\infty$ et $\lim\limits_{X\to-\infty} e^X = 0$, donc $\lim\limits_{x\to-\infty} e^{-x^2} = 0$, soit :

$$\lim_{x\to-\infty} f(x) = 0.$$

$\lim\limits_{x \to +\infty} (-x^2) = -\infty$ et $\lim\limits_{X \to -\infty} e^X = 0$, donc $\lim\limits_{x \to +\infty} e^{-x^2} = 0$,soit :

$$\lim_{x \to +\infty} f(x) = 0.$$

4. La tangente à $\mathscr{C}_f$ au point d'abscisse 0 a pour équation :

$$y = f(0) + f'(0) \times (x - 0). \text{ Or } f(0) = 1 \text{ et } f'(0) = 0.$$

Finalement, *T* a pour équation $y = 1$.

5.

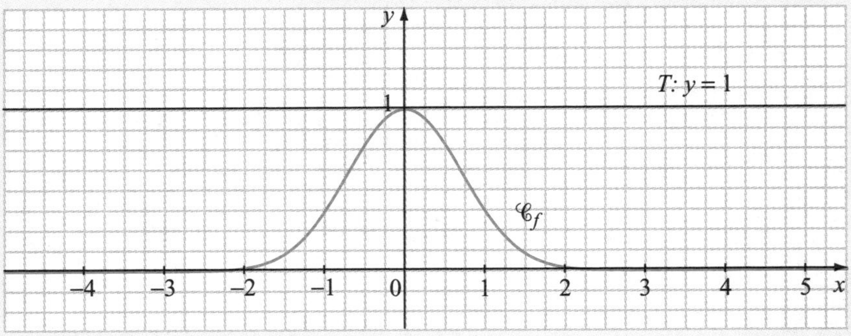

11 1. f est dérivable sur $\mathbb{R}$ et, pour tout $x \in \mathbb{R}$, $f'(x) = e^x - x - 2$.

f' est encore dérivable sur $\mathbb{R}$ et, pour tout $x \in \mathbb{R}$, $f''(x) = e^x - 1$.

$f''(x) > 0 \Leftrightarrow e^x > 1 \Leftrightarrow x > 0$ et $f''(0) = 0$.

Donc f' est strictement croissante sur [0 ;+ ∞[.

2. Pour tout $x \geqslant 0$, $f'(x) = e^x(1 - xe^{-x} - 2e^{-x})$;

$\lim\limits_{x \to +\infty} e^{-x} = 0$ et $\lim\limits_{x \to +\infty} xe^{-x} = 0$, donc $\lim\limits_{x \to +\infty} (1 - xe^{-x} - 2e^{-x}) = 1$; $\lim\limits_{x \to +\infty} e^x = +\infty$.

Donc : $\lim\limits_{x \to +\infty} f'(x) = +\infty$.

f' est continue et strictement croissante sur [0 ; + ∞[.

0 est compris entre $f'(0) = -1$ et $\lim\limits_{x \to +\infty} f'(x) = +\infty$.

Donc, d'après le théorème des valeurs intermédiaires, **l'équation $f'(x) = 0$ admet une unique solution dans [0 ;+ ∞[.**

Soit α cette solution, $f(1{,}146) < 0 < f(1{,}147)$, donc **$1{,}146 < \alpha < 1{,}147$.**

3. • Limite de f en + ∞ :

Pour tout $x \geqslant 0$, $f(x) = e^x\left(1 - \dfrac{x^2}{2}e^{-x} - 2xe^{-x} - 2e^{-x}\right)$

$\lim\limits_{x\to+\infty} e^{-x} = 0 \quad \lim\limits_{x\to+\infty} \dfrac{x^2}{2}, e^{-x} = 0$ et $\lim\limits_{x\to+\infty} 2xe^{-x} = 0$ donc :

$\lim\limits_{x\to+\infty}\left(1-\dfrac{x^2}{2}e^{-x} - 2x\,e^{-x} - 2e^{-x}\right) = 1.$

De plus, $\lim\limits_{x\to+\infty} e^{x} = +\infty$.

Donc $\lim\limits_{x\to+\infty} f(x) = +\infty$.

• Tableau de variation de f :

x	0		α		$+\infty$
Signe de $f'(x)$	-1	$-$	0	$+$	$+\infty$
Variations de f	-1	↘	$f(\alpha)$	↗	$+\infty$

4. $f(\alpha) = e^{\alpha} - \dfrac{\alpha^2}{2} - 2\alpha - 2$. Or $f'(\alpha) = 0$, d'où $e^{\alpha} = \alpha + 2$.

Donc $f(\alpha) = \alpha + 2 - \dfrac{\alpha^2}{2} - 2\alpha - 2 = -\alpha - \dfrac{\alpha^2}{2} = -\alpha\left(\dfrac{\alpha}{2}+1\right)$.

$1{,}146 < \alpha < 1{,}147$, donc $1{,}573 < \dfrac{\alpha}{2} + 1 < 1{,}5735$.

Conserver toutes les décimales lors des calculs.

Les termes étant tous positifs, on peut multiplier membre à membre les deux inégalités et on obtient :

$$1{,}802658 < \alpha \times \left(\frac{\alpha}{2}+1\right) < 1{,}8048045$$

$$-1{,}8048045 < -\alpha \times \left(\frac{\alpha}{2}+1\right) < -1{,}802658.$$

Donc, un encadrement au centième de $f(\alpha)$ est :

$$\mathbf{-1{,}81 < f(\alpha) < -1{,}80.}$$

5. T_2 a pour équation $y = f(2) + f'(2)(x-2)$.

Or $f(2) + f'(2)(x-2) = e^2 - 8 + (e^2 - 4)(x-2) = (e^2 - 4)x - e^2$. Donc :

$$T_2 : y = (e^2 - 4)x - e^2.$$

T_α a pour équation $y = f(\alpha) + f'(\alpha)(x-\alpha)$ avec $f'(\alpha) = 0$ et $f(\alpha) = -\alpha\left(\dfrac{\alpha}{2}+1\right)$.

Donc T_α : $y = -\alpha\left(\dfrac{\alpha}{2}+1\right)$ (tangente horizontale).

6.

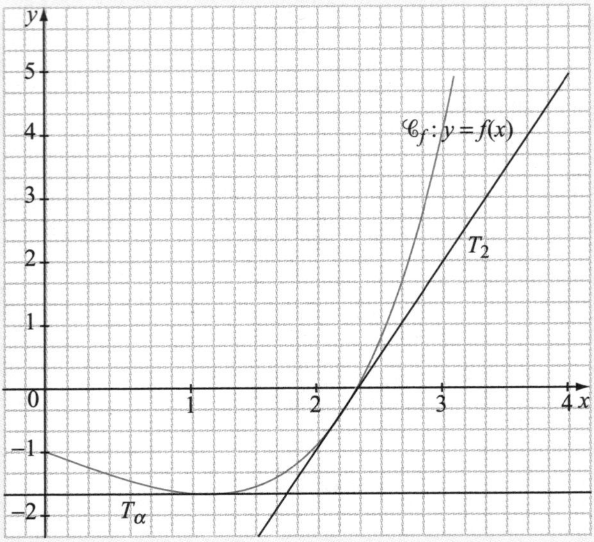

12 1. Soient s et t deux réels fixés.

$(e^x - s)\times(e^x - t) = 0 \Leftrightarrow (e^x = s \text{ ou } e^x = t)$.

L'équation $e^x = s$ admet une solution unique si $s > 0$ et aucune solution si $s \leqslant 0$.
De même pour l'équation $e^x = t$.
Donc l'équation $(e^x - s)\times(e^x - t) = 0$ admet :

$$\begin{cases} \textbf{deux solutions si } s>0 \textbf{ et } t>0\,; \\ \textbf{une solution si } (s>0 \textbf{ et } t\leqslant 0) \textbf{ ou si } (s\leqslant 0 \textbf{ et } t>0)\,; \\ \textbf{aucune solution si } s\leqslant 0 \text{ et } t\leqslant 0. \end{cases}$$

2.

```
VARIABLES
    s EST_DU_TYPE NOMBRE
    t EST_DU_TYPE NOMBRE
DEBUT_ALGORITHME
    LIRE s
    LIRE t
    SI (s>0 ET t>0) ALORS
        DEBUT_SI
        AFFICHER "l'équation (exp(x)-s)×(exp(x)-t)=0 admet deux solutions"
        FIN_SI
        SINON
            DEBUT_SINON
            SI (s<=0 ET t<=0) ALORS
                DEBUT_SI
                AFFICHER "l'équation (exp(x)-s)×(exp(x)-t)=0 n'admet aucune solution"
                FIN_SI
                SINON
                  DEBUT_SINON
                  AFFICHER "l'équation (exp(x)-s)×(exp(x)-t)=0 admet une solution unique"
                  FIN_SINON
            FIN_SINON
FIN_ALGORITHME
```

3. Notons $\Delta = b^2 - 4ac$.

Si $\Delta > 0$, l'équation $aX^2 + bX + c = 0$ admet deux solutions réelles :

$$\boldsymbol{X_1 = \frac{-b-\sqrt{\Delta}}{2a}} \textbf{ et } \boldsymbol{X_2 = \frac{-b+\sqrt{\Delta}}{2a}}.$$

Si $\Delta = 0$, l'équation $aX^2 + bX + c = 0$ admet une solution réelle $\boldsymbol{X_0 = \frac{-b}{2a}}$.

Si $\Delta < 0$, l'équation $aX^2 + bX + c = 0$ n'admet **aucune solution réelle**.

4.

```
VARIABLES
    a EST_DU_TYP E NOMBRE
    b EST_DU_TYPE NOMBRE
    c EST_DU_TYPE NOMBRE
    x0 EST_DU_TYPE NOMBRE
    x1 EST_DU_TYPE NOMBRE
    x2 EST_DU_TYPE NOMBRE
    DELTA EST_DU_TYPE NOMBRE
DEBUT_ALGORITHME
    LIRE a
    LIRE b
    LIRE c
    SI (a!=0) ALORS
        DEBUT_SI
        DELTA PREND_LA_VALEUR b*b-4*a*c
        SI (DELTA= =0) ALORS
            DEBUT_SI
            x0 PREND_LA_VALEUR –b/(2*a)
            SI (x0>0) ALORS
                DEBUT_SI
                AFFICHER "l"equation a.exp(2x)+b.exp(x)+c=0 admet une solution"
```

```
            FIN_SI
            SINON
                DEBUT_SINON
                AFFICHER "l"equation a.exp(2x)+b.exp(x)+c=0 n'admet aucune
                solution"
                FIN_SINON
        FIN_SI
        SINON
            DEBUT_SINON
            SI (DELTA>0) ALORS
                DEBUT_SI
                x1 PREND_LA_VALEUR (-b-sqrt(DELTA))/(2*a)
                x2 PREND_LA_VALEUR (-b+sqrt(DELTA))/(2*a)
                SI(X1>0ETx2>0) ALORS
                    DEBUT_SI
                    AFFICHER "l"equation a exp(2x)+b exp(x)+c=0 admet deux
                    solutions"
                    FIN_SI
                    SINON
                        DEBUT_SINON
                        SI (X1<=0 ET X2<=0) ALORS
```

```
                                DEBUT_SI
                                AFFICHER "l'equation a exp(2x)+b exp(x)+c=0 n'admet
                                aucune solution"
                                FIN_SI
                                SINON
                                    DEBUT_SINON
                                    AFFICHER "l'equation a exp(2x)+b exp(x)+c=0
                                    admet une solution"
                                    FIN_SINON
                        FIN_SINON
                FIN_SI
                SINON
                    DEBUT_SINON
                    AFFICHER "l'equation a exp(2x)+b exp(x)+c=0 n'admet aucune
                    solution"
                    FIN_SINON
        FIN_SINON
    FIN_SI
FIN_ALGORITHME
```

5. a. $e^{2x}+e^{x}+1=0$; $X^2+X+1=0$; $\Delta=-3<0$; **aucune solution.**

b. $e^{2x}+2e^{x}+1=0$; $(X+1)^2=0$; $X_0=-1$; **aucune solution.**

c. $e^{2x}-2e^{x}+1=0$; $(X-1)^2=0$; $X_0=1>0$; **une solution.**

d. $e^{2x}+4e^{x}+3=0$; $X^2+4X+3=0$; $X_1=-1$ et $X_2=-3$; **aucune solution.**

e. $e^{2x}+2e^{x}-3=0$; $X^2+2X-3=0$; $X_1=1>0$ et $X_2=-3$; **une solution.**

f. $e^{2x}-4e^{x}+3=0$; $X^2-4X+3=0$; $X_1=1>0$ et $X_2=3>0$; **deux solutions.**

g. $e^{2x}-3e^{x}=0$; $X^2-3X=0$; $X_1=0$ et $X_2=3>0$; **une solution.**

13 **1.** Pour tout $t\in[0\,;+\infty[$, $N'(t)=N_0\times(-\lambda)e^{-\lambda t}=-\lambda N(t)$.

N′(t) est donc proportionnel au nombre de noyaux radioactifs $N(t)$, et le coefficient de proportionnalité vaut $(-\lambda)$.

2. $N(t)=\frac{1}{2}N(0)\Leftrightarrow N_0e^{-\lambda t}=\frac{1}{2}N_0$

$$\Leftrightarrow e^{-\lambda t}=\frac{1}{2}\ (\text{car } N_0>0).$$

$$\Leftrightarrow 2=e^{\lambda t}\Leftrightarrow e^{\ln 2}=e^{\lambda t}\Leftrightarrow t=\frac{\ln 2}{\lambda}.$$

Donc $\boldsymbol{T=\frac{\ln 2}{\lambda}}$.

3. a. $\lambda=\frac{\ln 2}{5\,568}\approx \mathbf{1{,}245\times10^{-4}}$.

b. Soit t le nombre d'années écoulées depuis la mort de cet humain,

alors $N(t)=\frac{35}{100}\times N_0$,

c'est-à-dire $\exp(-1,245\times10^{-4}\times t)=0,35$,

soit $t=\dfrac{\ln\ 0,35}{-1,245\times10^{-4}}\approx 8432$ à 1 près.

Cet humain est mort environ 8432 ans avant la découverte, soit environ en 6426 avant JC.

14 1. a. Pour tout $x\geqslant 0$, $-1\leqslant\cos(x)\leqslant 1$.

En multipliant par $e^{-x}>0$, on obtient :

$$\boldsymbol{-e^{-x}\leqslant f(x)\leqslant e^{-x}.}$$

b. $\lim\limits_{x\to+\infty}(-x)=-\infty$, donc $\lim\limits_{x\to+\infty}e^{-x}=0$ et $\lim\limits_{x\to+\infty}(-e^{-x})=0$.

Donc, d'après le théorème des gendarmes :

$$\boldsymbol{\lim_{x\to+\infty}f(x)=0.}$$

2. $f(x)=e^{-x}\Leftrightarrow(\cos(x)=1 \text{ et } x\geqslant 0)$

$\Leftrightarrow$ **$x=2k\pi$, avec $k\in\mathbb{N}$.**

$f(x)=e^{-x}\Leftrightarrow(\cos(x)=-1 \text{ et } x\geqslant 0)$

$\Leftrightarrow$ **$x=(2k+1)\pi$, avec $k\in\mathbb{N}$.**

$f(x)=0\Leftrightarrow(\cos(x)=0 \text{ et } x\geqslant 0)$

$\Leftrightarrow$ **$x=\dfrac{\pi}{2}+k\pi$, avec $k\in\mathbb{N}$.**

3. a. • Les fonctions $x\mapsto -x$ et exp sont dérivables sur $\mathbb{R}$, donc la fonction $x\mapsto e^{-x}$ est dérivable sur $\mathbb{R}$. À fortiori, elle l'est sur $[0\ ;+\infty[$.
La fonction cos est dérivable sur $\mathbb{R}$, donc aussi sur $[0\ ;+\infty[$.
f est le produit de deux fonctions dérivables sur $[0\ ;+\infty[$, donc f est dérivable sur $[0\ ;+\infty[$.

• Pour tout $x\geqslant 0$,
$f'(x)=-e^{-x}\times\cos(x)+e^{-x}\times(-\sin(x))=-e^{-x}(\cos(x)+\sin(x))$.

Or, $-\sqrt{2}\ e^{-x}\times\sin\left(x+\dfrac{\pi}{4}\right)=-\sqrt{2}\,e^{-x}\times\left(\dfrac{\sqrt{2}}{2}\cos(x)+\dfrac{\sqrt{2}}{2}\sin(x)\right)$

$=-e^{-x}(\cos(x))+\sin(x))=f'(x)$.

Si $a\in\mathbb{R}$ et $b\in\mathbb{R}$: $\sin(a+b)=\sin(a)\cos(b)+\cos(a)\sin(b)$.

Pour tout $x\geqslant 0, f'(x)=-\sqrt{2}-e^{-x}\times\sin\left(x+\dfrac{\pi}{4}\right)$.

b. $f'(x)=0 \Leftrightarrow -\sqrt{2}\ \mathrm{e}^{-x}\times\sin\left(x+\dfrac{\pi}{4}\right)=0$ et $x\geqslant 0$

$$\Leftrightarrow \sin\left(x+\frac{\pi}{4}\right)=0 \text{ et } x\geqslant 0$$

$$\Leftrightarrow x+\frac{\pi}{4}=k\pi,\ \text{avec } k\in\mathbb{Z} \text{ et } x\geqslant 0$$

$$\Leftrightarrow \boldsymbol{x=-\frac{\pi}{4}+k\pi,\ \textbf{avec } k\in\mathbb{N}^*}$$

c. $f'(x)>0 \Leftrightarrow \sin\left(x+\dfrac{\pi}{4}\right)<0$ et $x\geqslant 0.$

$$\Leftrightarrow x\geqslant 0 \text{ et } x+\frac{\pi}{4}\in\left](2k+1)\pi\,;(2k+2)\pi\right[,\ \text{avec } k\in\mathbb{Z}$$

$$\Leftrightarrow x\in\left]-\frac{\pi}{4}+(2k+1)\pi;-\frac{\pi}{4}+(2k+2)\pi\right[,\ \text{avec } k\in\mathbb{N}.$$

D'où le tableau des variations de f sur $[0\ ;\ 4\pi]$:

x	0	$\frac{3\pi}{4}$	$\frac{7\pi}{4}$	$\frac{11\pi}{4}$	$\frac{15\pi}{4}$	4π
Variations de f	1 ↘	$-\frac{\sqrt{2}}{2}\times\mathrm{e}^{-\frac{3\pi}{4}}$ ↗	$\frac{\sqrt{2}}{2}\times\mathrm{e}^{-\frac{7\pi}{4}}$ ↘	$-\frac{\sqrt{2}}{2}\times\mathrm{e}^{-\frac{11\pi}{4}}$ ↗	$\frac{\sqrt{2}}{2}\times\mathrm{e}^{-\frac{15\pi}{4}}$ ↘	$\mathrm{e}^{-4\pi}$

d.

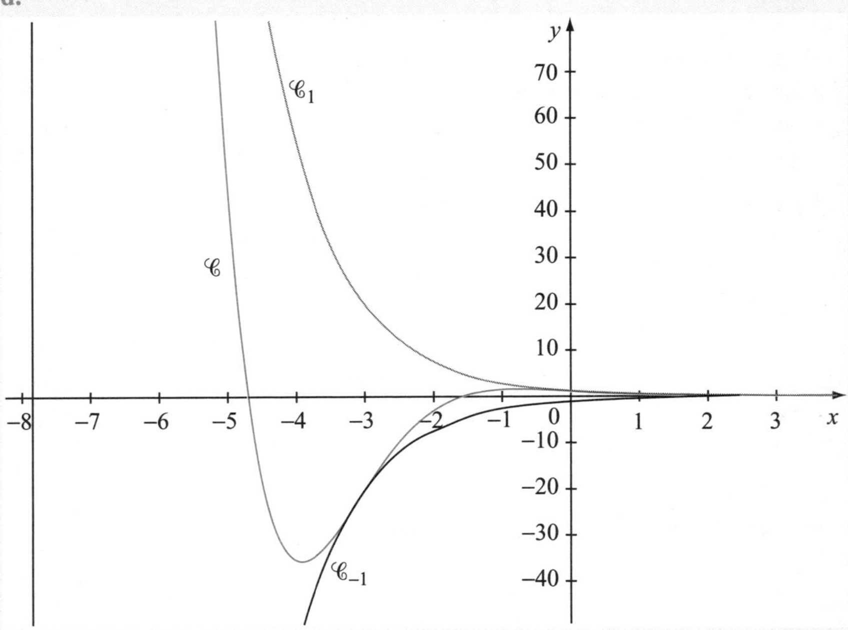

15 **1. a.** • Limites en $-\infty$

$\lim\limits_{x\to-\infty} e^{x} = 0$; $\lim\limits_{x\to-\infty} (-x) = +\infty$ et $\lim\limits_{X\to+\infty} e^{X} = +\infty$, donc $\lim\limits_{x\to-\infty} e^{-x} = +\infty$, donc :

$$\lim_{x\to-\infty} \mathbf{ch}(x) = +\infty \textbf{ et } \lim_{x\to-\infty} \mathbf{sh}(x) = -\infty.$$

• Limites en $+\infty$

$$\lim_{x\to+\infty} e^{x} = +\infty;$$

$\lim\limits_{x\to+\infty} (-x) = -\infty$ et $\lim\limits_{X\to-\infty} e^{X} = 0$, donc $\lim\limits_{x\to+\infty} e^{-x} = 0$, donc :

$$\lim_{x\to+\infty} \mathbf{ch}(x) = +\infty \textbf{ et } \lim_{x\to+\infty} \mathbf{sh}(x) = +\infty.$$

b. ch et sh sont dérivables sur $\mathbb{R}$.

Pour tout $x \in \mathbb{R}$, $\text{ch}'(x) = \dfrac{e^{x} - e^{-x}}{2} = \text{sh}(x)$.

Or $\text{sh}(x) > 0 \Leftrightarrow e^{x} > e^{-x} \Leftrightarrow x > -x \Leftrightarrow x > 0$ et $\text{sh}(x) = 0 \Leftrightarrow x = -x \Leftrightarrow x = 0$.

La fonction ch est strictement croissante sur $[0\,;+\infty[$ et strictement décroissante sur $]-\infty\,;0]$.

Pour tout $x \in \mathbb{R}$, $\text{sh}'(x) = \dfrac{e^{x} + e^{-x}}{2} = \text{ch}(x) > 0$.

La fonction sh est strictement croissante sur $\mathbb{R}$.

x	$-\infty$	0	$+\infty$
Variations de ch	$+\infty$ ↘	1	↗ $+\infty$

x	$-\infty$	$+\infty$
Variations de sh	$-\infty$ ↗	$+\infty$

c.

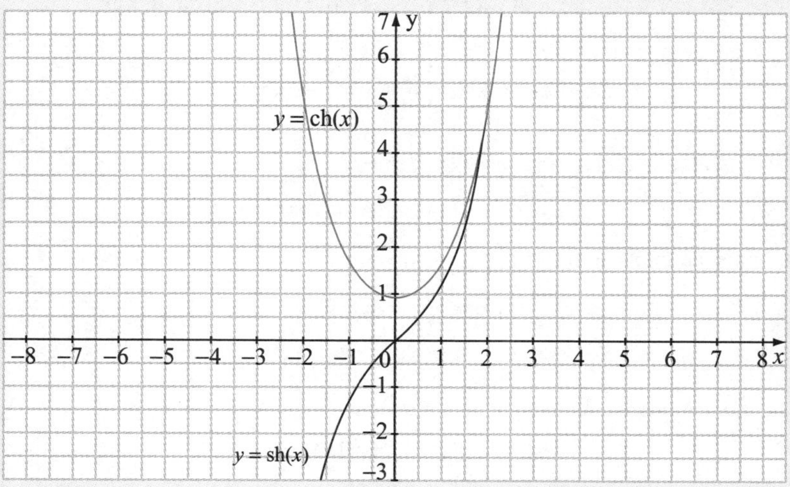

2. a. Soit $x \in \mathbb{R}$.

$$\mathrm{ch}^2(x) - \mathrm{sh}^2(x) = \frac{e^{2x}+2+e^{-2x}}{4} - \frac{e^{2x}-2+e^{-2x}}{4} = \frac{4}{4} \text{ soit :}$$

$$\mathbf{ch^2}\boldsymbol{x} - \mathbf{sh^2}\boldsymbol{x} = \mathbf{1.}$$

b. Soit $(x\,;y) \in \mathbb{R}^2$.

$$\mathrm{sh}(x)\mathrm{ch}(y) + \mathrm{ch}(x)\mathrm{sh}(y) = \frac{e^x - e^{-x}}{2} \times \frac{e^y + e^{-y}}{2} + \frac{e^x + e^{-x}}{2} \times \frac{e^y - e^{-y}}{2}$$

$$= \frac{e^{x+y} + e^{x-y} - e^{-(x-y)} - e^{-(x+y)}}{4} + \frac{e^{x+y} - e^{x-y} + e^{-(x-y)} - e^{-(x+y)}}{4}$$

$$= \frac{2(e^{x+y} - e^{-(x+y)})}{4} = \mathrm{sh}(x+y).$$

Pour tout x réel, avec $y = x$:

$$\mathbf{sh}(\mathbf{2}\boldsymbol{x}) = \mathbf{2sh}(\boldsymbol{x})\,\mathbf{ch}(\boldsymbol{x}).$$

c. Soit $(x\,;y) \in \mathbb{R}^2$:

$$\mathrm{ch}(x)\mathrm{ch}(y) + \mathrm{sh}(x)\mathrm{sh}(y) = \frac{e^x + e^{-x}}{2} \times \frac{e^y + e^{-y}}{2} + \frac{e^x - e^{-x}}{2} \times \frac{e^y - e^{-y}}{2}$$

$$= \frac{e^{x+y} + e^{x-y} + e^{-(x-y)} + e^{-(x+y)}}{4} + \frac{e^{x+y} - e^{x-y} - e^{-(x-y)} + e^{-(x+y)}}{4}$$

$$= \frac{2(e^{x+y} + e^{-(x-y)})}{4} = \mathrm{ch}(x+y).$$

Pour tout x réel, avec $y = x$, $\mathrm{ch}(2x) = \mathrm{ch}^2(x) + \mathrm{sh}^2(x)$,
soit, d'après **2. a.** :

$$\mathrm{ch}(2x) = \mathrm{ch}^2(x) + \mathrm{sh}^2(x) = \left(1 + \mathrm{sh}^2(x)\right) + \mathrm{sh}^2(x) = 1 + 2\mathrm{sh}^2(x)$$

$$\mathrm{ch}(2x) = \mathrm{ch}^2(x) + \mathrm{sh}^2(x) = \mathrm{ch}^2(x) + \left(\mathrm{ch}^2(x) - 1\right) = 2\mathrm{ch}^2(x) - 1.$$

On a bien, pour tout $x \in \mathbb{R}$:

$$\mathbf{ch}(\mathbf{2}\boldsymbol{x}) = \mathbf{2ch^2}(\boldsymbol{x}) - \mathbf{1} = \mathbf{1} + \mathbf{2sh^2}(\boldsymbol{x}).$$

16 **1.** Soit a un réel. Pour h proche de zéro :

$$\exp(a+h) \approx \exp(a) + h\exp'(a)$$

Mais puisque $\exp = \exp'$, $\exp'(a) = \exp(a)$,

$$\exp(a) + h\exp'(a) = \exp'(a) + h\exp(a)$$

$$= \exp(a) \times (1+h)$$

Donc, pour h proche de zéro :

$$\mathbf{exp}(\boldsymbol{a}+\boldsymbol{h}) \approx (\mathbf{1}+\boldsymbol{h})\,\mathbf{exp}(\boldsymbol{a})$$

2. a. • Le point M_3 a pour coordonnées $x_3 = x_2 + h = 0,6$ et y_3.
L'approximation affine pour $a = x_2$ nous donne une valeur approchée de $\exp(x_3)$ puisque :

$$\exp(x_3) = \exp(x_2 + h) \approx (1+h)\times\exp(x_2) \approx (1+h)\times y_2.$$

On pose donc :

$$y_3 = (1+h)\times y_2 = (1+0,2)\times 1,44 \text{ , d'où } y_3 = 1,728.$$

• Le point M_4 a pour coordonnées $x_4 = x_3 + h = 0,8$ et y_4.
L'approximation affine pour $a = x_3$ nous donne une valeur approchée de $\exp(x_4)$ puisque :

$$\exp(x_4) = \exp(x_3 + h) \approx (1+h)\times\exp(x_3) \approx (1+h)\times y_3.$$

On pose donc :

$$y_4 = (1+h)\times y_3 = (1+0,2)\times 1,728 \text{ d'où } y_4 = 2,0736.$$

b.

```
VARIABLES
    h EST_DU_TYPE NOMBRE
    x EST_DU_TYPE NOMBRE
    y EST_DU_TYPE NOMBRE
DEBUT_ALGORITHME
    LIRE h
    x PREND_LA_VALEUR 0
    y PREND_LA_VALEUR 1
        TANT_QUE (x<4) FAIRE
        DEBUT_TANT_QUE
        x PREND_LA_VALEUR x+h
        y PREND_LA_VALEUR y*(1+h)
        TRACER_POINT (x,y)
        FIN_TANT_QUE
FIN_ALGORITHME
```

$h = 0,1$

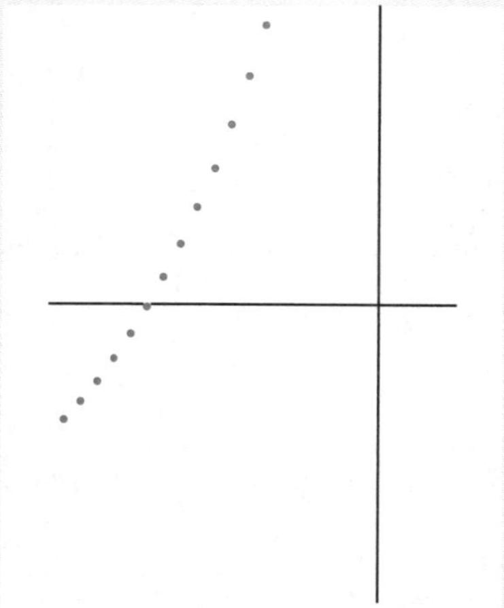

Xmin: 0 ; Xmax:5 ; Ymin:0 ; Ymax: 5

$h = 0,05$

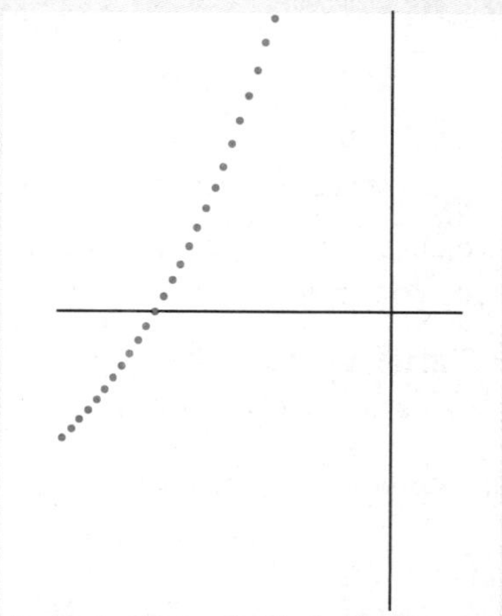

Xmin: 0 ; Xmax:5 ; Ymin:0 ; Ymax: 5

c. L'algorithme ci-dessous permet de visualiser, en bleu, les points obtenus par la méthode d'Euler, et en noir, les points de la courbe de la fonction exponentielle.

```
VARIABLES
    h EST_DU_TYPE NOMBRE
    x EST_DU_TYPE NOMBRE
    y EST_DU_TYPE NOMBRE
DEBUT_ALGORITHME
    LIRE h
    x PREND_LA_VALEUR 0
    y PREND_LA_VALEUR 1
    TANT_QUE (x<5) FAIRE
        DEBUT_TANT_QUE
        x PREND_LA_VALEUR x+h
        y PREND_LA_VALEUR y*(1+h)
        TRACER_POINT (x,y)
        TRACER_POINT (x,exp(x))
        FIN_TANT_QUE
FIN_ALGORITHME
```

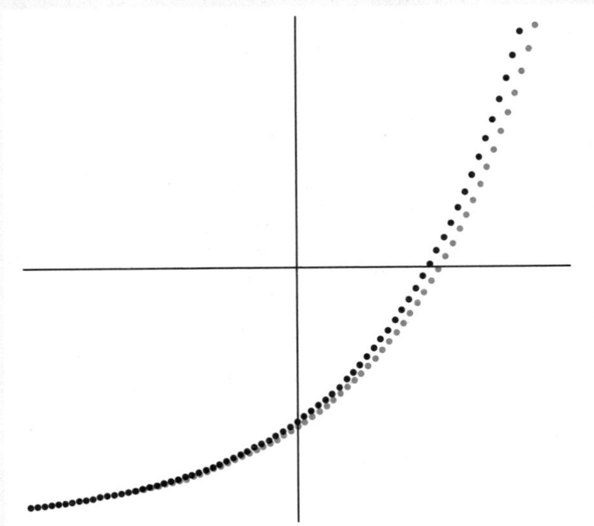

Xmin: 0 ; Xmax:5 ; Ymin:0 ; Ymax: 50 ; GradX: 2 ; GradY: 2

On voit que l'approximation est de bonne qualité, bien que les courbes s'éloignent lorsque x augmente.

17 Partie A

1. d est de la forme e^u, avec $u : x \mapsto \dfrac{x}{x+1}$.

u étant définie et dérivable sur $]-1\,;+\infty[$, d l'est aussi et, pour tout $x \in\,]-1\,;+\infty[$,

$$d'(x) = u'(x) \times e^{u(x)} = \frac{1\times(x+1) - x\times 1}{(x+1)^2}\exp\frac{x}{x+1}$$

$$\boldsymbol{d'(x) = \frac{1}{(x+1)^2}\exp\frac{x}{x+1} > 0}$$

donc d est strictement croissante sur $]-1\,;+\infty[$.

2. • Limite en -1^+

• $\lim\limits_{x\to -1^+} x = -1$ et $\lim\limits_{x\to -1^+} (x+1) = 0^+$, donc, par quotient :

$$\lim_{x\to -1^+} \frac{x}{x+1} = -\infty.$$

Puis $\lim\limits_{x\to -1^+} \frac{x}{x+1} = -\infty$ et $\lim\limits_{X\to -\infty} e^X = 0$, donc, par composition :

$$\mathbf{\lim_{x\to -1^+} \exp\frac{x}{x+1} = 0.}$$

• Limite en $+\infty$ de $\frac{x}{x+1}$

$\lim\limits_{x\to +\infty} x = +\infty$ et $\lim\limits_{x\to +\infty} (x+1) = +\infty$: il s'agit d'une forme indéterminée.

Factorisons numérateur et dénominateur par le terme de plus haut degré.

Au voisinage de $+\infty$ (on peut simplifier par $x > 0$) :

$$\frac{x}{x+1} = \frac{x}{x\left(1+\frac{1}{x}\right)} = \frac{1}{1+\frac{1}{x}}.$$

$\lim\limits_{x\to +\infty} 1+\frac{1}{x} = 1$, donc, par quotient, $\lim\limits_{x\to +\infty} \frac{1}{1+\frac{1}{x}} = 1$. C'est-à-dire :

$$\mathbf{\lim_{x\to +\infty} \frac{x}{x+1} = 1.}$$

Limite en $+\infty$ de $d(x)$:

$\lim\limits_{x\to +\infty} \frac{x}{x+1} = 1$ et $\lim\limits_{X\to 1} e^X = e$, donc, par composition, $\mathbf{\lim\limits_{x\to +\infty} \exp\frac{x}{x+1} = e.}$

3. Soit x un réel de l'intervalle $]1\,;+\infty[$.

$$\frac{x}{x+1} = \frac{x+1-1}{x+1} = 1 - \frac{1}{x+1} \text{ donc } d(x) = \exp\left(1-\frac{1}{x+1}\right) = \frac{e}{\exp\frac{1}{x+1}}.$$

On peut maintenant travailler par inégalités successives en partant de x et en respectant les priorités opératoires.

$$x > -1 \Rightarrow x+1 > 0 \Rightarrow \frac{1}{x+1} > 0$$

$$\Rightarrow \exp\frac{1}{x+1} > 1 \text{ car exp est strictement croissante sur } \mathbb{R}$$

$$\Rightarrow \frac{1}{\exp\frac{1}{x+1}} < 1 \Rightarrow \frac{e}{\exp\frac{1}{x+1}} < e \text{ car } e > 0.$$

Or, e et $\exp\frac{1}{x+1}$ étant tous deux strictement positifs, $\frac{e}{\exp\frac{1}{x+1}} > 0$.

Finalement, pour tout $x > 1, 0 < d(x) < e$.

Partie B

1. Il faut montrer que $f(x)-(x-\mathrm{e}+1)$ a pour limite 0 en $+\infty$:

$f(x)-(x-\mathrm{e}+1)=-\exp\dfrac{x}{x+1}+\mathrm{e}=\mathrm{e}-d(x)$.

$\lim\limits_{x\to+\infty} d(x)=\mathrm{e}$, donc, par soustraction, $\lim\limits_{x\to+\infty}(\mathrm{e}-d(x))=0$,

soit $\lim\limits_{x\to+\infty}(f(x)-(x-\mathrm{e}+1)=0$.

(D) est donc asymptote à la courbe $\mathscr{C}$ en $+\infty$.

2. a. • Soit $x\in]-1\,;+\infty[$, $f(x)=x+1-d(x)$, donc :

$$f'(x)=1+0-d'(x)=1-\frac{1}{(x+1)^2}\exp\frac{x}{x+1}\,;$$

$$f''(x)=0-\left[\frac{-2\times1\times(x+1)}{(x+1)^4}\times\exp\frac{x}{x+1}+\frac{1}{(x+1)^2}\times\frac{1}{(x+1)^2}\exp\frac{x}{x+1}\right];$$

$$=\exp\frac{x}{x+1}\times\frac{2x+2-1}{(x+1)^4}=\frac{2x+1}{(x+1)^4}\exp\frac{x}{x+1}.$$

• $(x+1)^4$ et $\exp\dfrac{x}{x+1}$ sont strictement positifs sur $\mathbb{R}$, donc $f''(x)$ est du signe de $(2x+1)$.

Or $2x+1=0\Leftrightarrow x=-\dfrac{1}{2}$ et $2x+1>0\Leftrightarrow x>-\dfrac{1}{2}$.

Alors, $2x+1<0\Leftrightarrow x<-\dfrac{1}{2}$.

Donc $f''(x)$ est strictement négatif sur $\left]-1\,;\frac{1}{2}\right[$, strictement positif sur $\left]\frac{1}{2}\,;+\infty\right[$ et s'annule en $-\frac{1}{2}$.

b.

x	-1		$-\frac{1}{2}$		$+\infty$
Signe de $f''(x)$		$-$	0	$+$	
Variations de f'	1 ↘		$1-\frac{4}{\mathrm{e}}$	↗	1

3. • f' est continue et strictement décroissante sur $\left]-1\,;-\frac{1}{2}\right]$

0 est compris entre $\lim\limits_{x\to 1} f\,(x)=1$ et $f\left(-\dfrac{1}{2}\right)\approx-0{,}47$.

Donc, d'après le théorème des valeurs intermédiaires, l'équation $f'(x)=0$ admet une unique solution α sur $\left]-1\,;-\frac{1}{2}\right]$.

• f' est continue et strictement croissante sur $\left[-\frac{1}{2}\,;+\infty\right[$.

0 est compris entre $f'\left(-\frac{1}{2}\right) \approx -0{,}47$ et $\lim\limits_{x\to\infty} f(x) = 1$.

Donc, d'après le théorème des valeurs intermédiaires, l'équation $f'(x) = 0$ admet une unique solution sur $\left[-\frac{1}{2}\,;+\infty\right[$.

De plus, $f'(0) = 1 - \frac{1}{1} \times \exp(0) = 0$.

0 est donc l'unique solution sur $\left[-\frac{1}{2}\,;+\infty\right[$ de l'équation $f'(x) = 0$.

• D'après la calculatrice, $f'(-0{,}71) < 0 < f'(-0{,}72)$, donc comme f est strictement décroissante sur $\left]-1\,;-\frac{1}{2}\right[$, $-0{,}72 < \alpha < -0{,}71$. **Une valeur approchée de α au centième près est $-0{,}72$.**

4. a. Il découle des questions **2.b.** et **3.** que :

$f'(x)$ est strictement positif sur $]-1\,;\alpha[$ et sur $]0\,;+\infty[$;
$f'(x)$ est strictement négatif sur $]\alpha\,;0[$;
$f'(x)$ s'annule en α et en 0.

b. Les limites de f aux bornes de son ensemble de définition s'obtiennent en remarquant que
$f : x \mapsto x + 1 - d(x)$, et en utilisant les résultats de la **partie A** :

$\lim\limits_{x\to-1} d(x) = 0$ et $\lim\limits_{x\to-1}(x+1) = 0$, donc, par soustraction :

$$\lim_{x\to-1} f(x) = 0.$$

$\lim\limits_{x\to+\infty} d(x) = \mathrm{e}$ et $\lim\limits_{x\to+\infty}(x+1) = +\infty$, donc, par soustraction :

$$\lim_{x\to+\infty} f(x) = +\infty.$$

c.

x	-1		α		0		$+\infty$
Signe de $f'(x)$		$+$	0	$-$	0	$+$	
Variations de f	0	↗	$f(\alpha)$	↘	0	↗	$+\infty$

Valeur approchée $f(\alpha)$:

α est défini par $f'(\alpha) = 0$, soit $\frac{1}{(\alpha+1)^2}\exp^{\frac{\alpha}{\alpha+1}} = 1$ d'où $\exp^{\frac{\alpha}{\alpha+1}} = (\alpha+1)^2$ et :

$f(\alpha) = \alpha + 1 - \mathrm{e}^{\frac{\alpha}{\alpha+1}} = (\alpha+1) - (\alpha+1)^2 = -\alpha(\alpha+1)$.

$$\alpha \approx -0{,}72, \text{ donc } \boldsymbol{f(\alpha) \approx 0{,}20}.$$

Partie C

1. a. $\dfrac{g(x)-g(-1)}{x-(-1)}=\dfrac{f(x)}{x+1}=\dfrac{x+1-\exp\dfrac{x}{x+1}}{x+1}=1-\dfrac{\exp\dfrac{x}{x+1}}{x+1}=1-\dfrac{x}{x}\dfrac{\exp\dfrac{x}{x+1}}{x+1}$

$$\boldsymbol{\frac{g(x)-g(-1)}{x-(-1)}=1-\frac{1}{x}\times\frac{x}{x+1}\exp\frac{x}{x+1}.}$$

b. Posons $X=\dfrac{x}{x+1}$. Alors $\dfrac{x}{x+1}\exp\dfrac{x}{x+1}=\mathrm{X}e^{X}$.

D'après la **partie A, 2.,** $\lim\limits_{x\to-1^+}\dfrac{x}{x+1}=-\infty$.

D'après le cours, $\lim\limits_{X\to-\infty}Xe^{X}=0$.

Donc, par composition, $\boldsymbol{\lim\limits_{x\to-1^+}\dfrac{x}{x+1}\exp\dfrac{x}{x+1}=0.}$

c. $\lim\limits_{x\to-1^+}-\dfrac{1}{x}=1$ et $\lim\limits_{x\to1^+}\dfrac{x}{x+1}\exp\dfrac{x}{x+1}=0$ donc, par produit,

$\lim\limits_{x\to-1^+}\dfrac{1}{x}\times\dfrac{x}{x+1}\exp\dfrac{x}{x+1}=0$.

Donc $\lim\limits_{x\to-1^+}\dfrac{g(x)-g(-1)}{x-(-1)}=1$.

g est donc dérivable en -1 et **$g'(-1)=1$.**

2. •

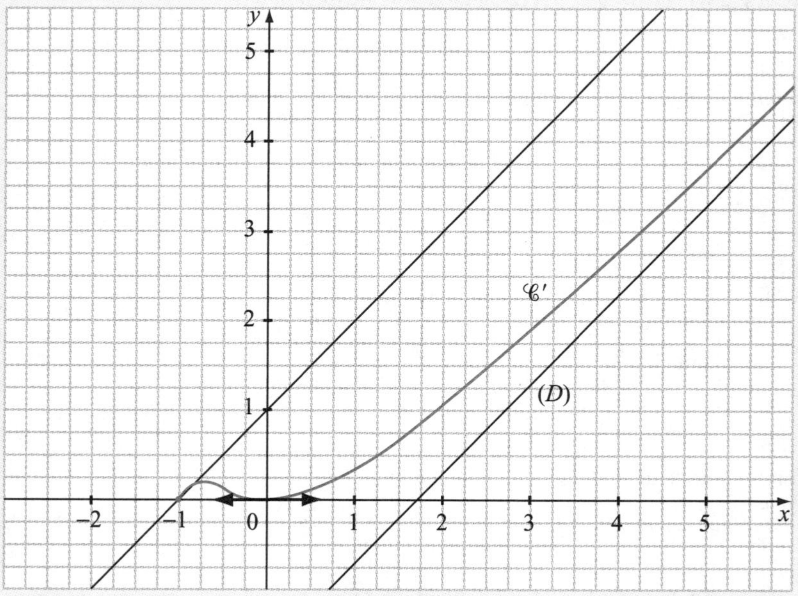

• La tangente à $(\mathscr{C}')$ au point d'abscisse -1 a pour équation :

$$y = g(-1) + g'(-1)(x - (-1))$$
$$y = 0 + 1(x+1)$$
$$y = x + 1.$$

• $f(0) = f'(0) = 0$, donc la tangente à $(\mathscr{C}')$ au point d'abscisse 0 a pour équation $y = 0$.

• $f'(\alpha) = 0$, donc la tangente à $(\mathscr{C}')$ au point d'abscisse α a pour équation $y = f(\alpha)$ (tangente horizontale).

18 1. Posons $X = \mathrm{e}^x$.

Alors $\mathrm{e}^{2x} - 3\mathrm{e}^x - 4 = 0 \Leftrightarrow X^2 - 3X - 4 = 0$

$$\Leftrightarrow X = -1 \text{ ou } X = 4$$
$$\Leftrightarrow \mathrm{e}^x = -1 \text{ ou } \mathrm{e}^x = 4$$
$$\Leftrightarrow \mathrm{e}^x = 4 \qquad (\text{car } \mathrm{e}^x > 0).$$

L'équation $\mathrm{e}^x = 4$ admet une unique solution puisque exp est strictement croissante sur $\mathbb{R}$. **Réponse b.**

2. La fonction exp est strictement positive sur $\mathbb{R}$, donc, pour tout $x \in \mathbb{R}$, $\mathrm{e}^{-x} > 0$. Donc $-\mathrm{e}^{-x}$ est strictement négatif sur $\mathbb{R}$. **Réponse b.**

3. $\lim\limits_{x \to +\infty} (2\mathrm{e}^x - 1) = +\infty$ et $\lim\limits_{x \to +\infty} (\mathrm{e}^x + 2) = +\infty$: il s'agit d'une forme indéterminée.

On factorise numérateur et dénominateur par e^x.

$$\frac{2\mathrm{e}^x - 1}{\mathrm{e}^x + 2} = \frac{\mathrm{e}^x(2 - \mathrm{e}^{-x})}{\mathrm{e}^x(1 + 2\mathrm{e}^{-x})} = \frac{2 - \mathrm{e}^{-x}}{1 + 2\mathrm{e}^{-x}}.$$

$\lim\limits_{x \to +\infty} (2 - \mathrm{e}^{-x}) = 2$ et $\lim\limits_{x \to +\infty} (1 + 2\mathrm{e}^{-x}) = 1$,

donc, par quotient, $\lim\limits_{x \to \infty} \dfrac{2\mathrm{e}^x - 1}{\mathrm{e}^x + 2} = 2$. **Réponse c.**

4. • Pour tout réel x, $f'(x) = k \times \dfrac{-(x-\mu)}{\sigma^2} \times \exp \dfrac{-(x-\mu)^2}{2\sigma^2}$.

Or, comme $k \neq 0$ et $\exp \dfrac{-(x-\mu)^2}{2\sigma^2} > 0$, $f'(2) = 0 \Rightarrow \dfrac{-(2-\mu)}{\sigma^2} = 0 \Rightarrow \mu = 2$.

• $f(2) = 1$, donc $k \exp \dfrac{-(2-2)^2}{2\sigma^2} = 1$, soit $k \exp(0) = 1$, soit $k = 1$.

Réponse d.

19 1. $f(0)=\frac{1}{2}\times 1-\mathrm{e}^1+c=\frac{1}{2}-\mathrm{e}+c.$

$f(0)=\frac{1}{2}$, donc $\frac{1}{2}-\mathrm{e}+c=\frac{1}{2}$, soit $\boldsymbol{c=\mathrm{e}}$.

2. f est dérivable sur $\mathbb{R}$ et, pour tout $x\in\mathbb{R}$,

$f'(x)=\frac{1}{2}\times 2\mathrm{e}^{2x}-1\times\mathrm{e}^{x+1}+0=\mathrm{e}^{2x}-\mathrm{e}^{x+1}.$

$\boldsymbol{f'(x)=0\Leftrightarrow \mathrm{e}^{2x}=\mathrm{e}^{x+1}\Leftrightarrow 2x=x+1\Leftrightarrow x=1;}$

$\boldsymbol{f'(x)>0\Leftrightarrow \mathrm{e}^{2x}>\mathrm{e}^{x+1}\Leftrightarrow 2x>x+1\Leftrightarrow x>1;}$

$\boldsymbol{f'(x)<0\Leftrightarrow x<1.}$

3. $\lim\limits_{x\to-\infty}\frac{1}{2}\mathrm{e}^{2x}=0$ et $\lim\limits_{x\to-\infty}\mathrm{e}^{x+1}=0$, donc, par somme, $\boldsymbol{\lim\limits_{x\to-\infty}f(x)=\mathrm{e}}$.

$\mathscr{C}_f$ admet donc une asymptote horizontale en $-\infty$ d'équation $y=\mathrm{e}$.

4. Établir, puis lever l'indétermination.

- $\lim\limits_{x\to+\infty}\mathrm{e}^{2x}=+\infty$ et $\lim\limits_{x\to+\infty}\left(-\mathrm{e}^{x+1}\right)=-\infty$, donc il s'agit d'une forme indéterminée.
- $f(x)=\frac{1}{2}\mathrm{e}^{2x}-\mathrm{e}^{x+1}+\mathrm{e}=\mathrm{e}^{2x}\times\left(\frac{1}{2}-\mathrm{e}^{1-x}+\mathrm{e}^{1-2x}\right).$

$\lim\limits_{x\to+\infty}\mathrm{e}^{2x}=+\infty$;

$\lim\limits_{x\to+\infty}\frac{1}{2}-\mathrm{e}^{1-x}+\mathrm{e}^{1-2x}=\frac{1}{2}$ donc, par produit, $\boldsymbol{\lim\limits_{x\to+\infty}f(x)=+\infty}$.

5.

x	$-\infty$		1		$+\infty$
Signe de $f'(x)$		$-$	0	$+$	
Variations de f	e	$\searrow$	$\mathrm{e}-\frac{\mathrm{e}^2}{2}$	$\nearrow$	$+\infty$

6. f admet un minimum en 1, qui vaut $f(1)=\mathrm{e}-\frac{\mathrm{e}^2}{2}\approx -0{,}98$, **donc le minimum de f sur $\mathbb{R}$ est strictement supérieur à -1.**

Par conséquent, **-1 n'admet pas d'antécédents par f.**

7. • $\frac{1}{2}X^2-\mathrm{e}X=0\Leftrightarrow X\left(\frac{1}{2}X-\mathrm{e}\right)=0\Leftrightarrow (X=0$ ou $X=2\mathrm{e})$.

- $f(x)=\mathrm{e} \Leftrightarrow \frac{1}{2}\mathrm{e}^{2x}-\mathrm{e}^{x+1}+\mathrm{e}=\mathrm{e} \Leftrightarrow \frac{1}{2}\mathrm{e}^{2x}-\mathrm{e}^{x+1}=0.$

Posons $X=\mathrm{e}^{x}$.

Alors $f(x)=\mathrm{e} \Leftrightarrow \frac{1}{2}X^2-\mathrm{e}X=0 \Leftrightarrow (X=0 \text{ ou } X=2\mathrm{e}) \Leftrightarrow (\mathrm{e}^x=0 \text{ ou } \mathrm{e}^x=2\mathrm{e})$.

Or, l'équation $\mathrm{e}^x=0$ n'admet aucune solution puisque, pour tout $x \in \mathbb{R}$, $\mathrm{e}^x>0$.

Et l'équation $\mathrm{e}^x=2\mathrm{e}$ admet une unique solution puisque $2\mathrm{e}>0$ et que la fonction exp est continue et strictement croissante sur $]-\infty\,;+\infty[$.

Donc e admet un unique antécédent par *f*.

8. ***1re méthode***

- *f* est continue et strictement décroissante sur $]-\infty\,;1]$.

$\lim\limits_{x\to-\infty} f(x)=\mathrm{e}>0$ et $f(1)=\mathrm{e}-\frac{\mathrm{e}^2}{2}<0$.

Donc, d'après le théorème des valeurs intermédiaires, l'équation $f(x)=0$ admet une unique solution sur $]-\infty\,;1]$.

- *f* est continue et strictement croissante sur $[1\,;+\infty[$.

$f(1)=\mathrm{e}-\frac{\mathrm{e}^2}{2}<0$ et $\lim\limits_{x\to+\infty} f(x)=+\infty$.

Donc l'équation $f(x)=0$ admet une unique solution sur $[1\,;+\infty[$.

Donc l'équation $f(x)=0$ admet deux solutions sur $]-\infty\,;+\infty[$.

2e méthode

$f(x)=0 \Leftrightarrow \frac{1}{2}\mathrm{e}^{2x}-\mathrm{e}^{x+1}+\mathrm{e}=0.$

Posons $X=\mathrm{e}^{x}$.

$f(x)=0 \Leftrightarrow \frac{1}{2}X^2-\mathrm{e}X+\mathrm{e}=0.$

$\Delta=(-\mathrm{e})^2-2\mathrm{e}=\mathrm{e}(\mathrm{e}-2)>0.$

Les solutions de l'équation $\frac{1}{2}X^2-\mathrm{e}X+\mathrm{e}=0$ sont :

$$X_1=\mathrm{e}-\sqrt{\mathrm{e}^2-2\mathrm{e}} \text{ et } X_2=\mathrm{e}+\sqrt{\mathrm{e}^2-2\mathrm{e}}.$$

$f(x)=0 \Leftrightarrow (X=\mathrm{e}-\sqrt{\mathrm{e}^2-2\mathrm{e}} \text{ ou } X=\mathrm{e}+\sqrt{\mathrm{e}^2-2\mathrm{e}})$

$\Leftrightarrow (\mathrm{e}^x=\mathrm{e}-\sqrt{\mathrm{e}^2-2\mathrm{e}} \text{ ou } \mathrm{e}^x=\mathrm{e}+\sqrt{\mathrm{e}^2-2\mathrm{e}})$.

$X_1\approx 1{,}3>0$ donc l'équation $\mathrm{e}^x=\mathrm{e}-\sqrt{\mathrm{e}^2-2\mathrm{e}}$ admet une solution.

$X_2>X_1>0$ donc l'équation $\mathrm{e}^x=\mathrm{e}+\sqrt{\mathrm{e}^2-2\mathrm{e}}$ admet une solution.

Finalement, l'équation $f(x)=0$ admet deux solutions.

(0 a deux antécédents par *f*)

9.

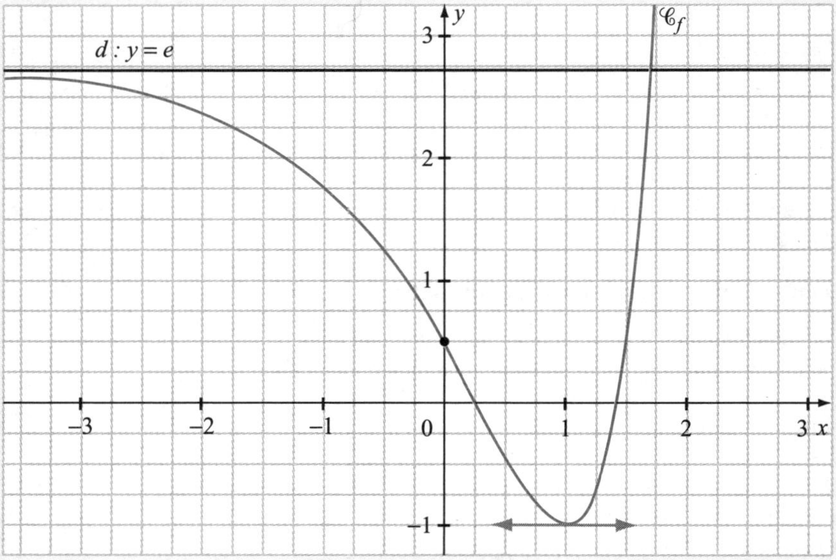

20 1. $f_m(x) = 1 \Leftrightarrow \exp\dfrac{-(x-m)^2}{2} = \exp(0)$

$$\Leftrightarrow \frac{-(x-m)^2}{2} = 0$$

$$\Leftrightarrow x = m.$$

1 admet un antécédent par f_m qui vaut m.

2. • $\lim\limits_{x\to+\infty} \dfrac{-(x-m)^2}{2} = -\infty$, donc $\boldsymbol{\lim\limits_{x\to+\infty} f_m(x) = 0}$.

• $\lim\limits_{x\to-\infty} \dfrac{-(x-m)^2}{2} = -\infty$, donc $\boldsymbol{\lim\limits_{x\to-\infty} f_m(x) = 0}$.

3. Pour tout x réel,

$$f_m'(x) = -(x-m)\times\exp\frac{-(x-m)^2}{2} = (m-x)\times\exp\frac{-(x-m)^2}{2}.$$

Comme $\exp\dfrac{-(x-m)^2}{2} > 0$ sur $\mathbb{R}$, $f_m'(x)$ est du signe de $m-x$. D'où :

$\boldsymbol{f_m'(x) > 0}$ **lorsque** $\boldsymbol{x \in]-\infty\,;m[}$ **;**

$\boldsymbol{f_m'(x) = 0}$ **pour** $\boldsymbol{x = m}$ **;**

$\boldsymbol{f_m'(x) < 0}$ **lorsque** $\boldsymbol{x \in]m\,;+\infty[}$.

4.

x	$-\infty$		m		$+\infty$
Signe de f_m		$+$	0	$-$	
Variations de f_m	0	↗	1	↘	0

5. a. Pour tout x réel,

$$f_m''(x) = (-1)\times \exp\frac{-(x-m)^2}{2} + (m-x)\times(m-x)\exp\frac{-(x-m)^2}{2}$$

$$= \left[(m-x)^2 - 1\right]\times \exp\frac{-(x-m)^2}{2}$$

$$\boldsymbol{f_m'(x) = \left[(x-m)^2 - 1\right] \times \exp\frac{-(x-m)^2}{2}.}$$

b. $f_m''(x) = 0 \Leftrightarrow \left[(x-m)^2 - 1\right]\times \exp\frac{-(x-m)^2}{2} = 0$

$$\Leftrightarrow \left[(x-m)^2 - 1^2\right] = 0 \text{ (car } \exp\frac{-(x-m)^2}{2} > 0)$$

$$\Leftrightarrow (x-m-1)\times(x-m+1) = 0$$

$$\Leftrightarrow (x-m-1=0 \text{ ou } x-m+1=0)$$

$$\boldsymbol{f_m''(x) = 0 \Leftrightarrow (x = m+1 \text{ ou } x = m-1).}$$

c. • L'équation de la tangente à $\mathscr{C}_m$ au point d'abscisse $m-1$ est :

$y = f_m(m-1) + f_m'(m-1)\times(x-m+1)$,

soit $y = e^{-\frac{1}{2}} + e^{-\frac{1}{2}}\,(x-m+1)$, soit :

$$\boldsymbol{y = e^{-\frac{1}{2}}(x-m+2).}$$

• Remplaçons x par $m-2$ dans l'équation de la tangente : on trouve bien $y = 0$.
Donc la tangente à $\mathscr{C}_m$ au point d'abscisse $m-1$ passe par le point $(m-2\,;0)$.

d. • L'équation de la tangente à $\mathscr{C}_m$ au point d'abscisse $m+1$ a pour équation :

$$y = f_m(m+1) + f_m'(m+1)\times(x-m-1)$$

$$y = e^{-\frac{1}{2}} + \left(-e^{-\frac{1}{2}}\right)(x-m-1)$$

$$\boldsymbol{y = e^{-\frac{1}{2}}(-x+m+2).}$$

• Remplaçons x par $m+2$ dans l'équation de la tangente : on trouve bien $y = 0$.
Donc la tangente à $\mathscr{C}_m$ au point d'abscisse $m+1$ passe par le point $(m+2\,;0)$.

6. • $f_m{}'(3)=0$, donc $\mathscr{C}_3$ admet une tangente horizontale au point d'abscisse 3.

• La tangente à $\mathscr{C}_3$ au point d'abscisse $m-1=2$ passe par les points $\left(2\ ;\ f_3(2)\right)$ et $(1\ ;0)$ puisque $m-2=1$.

• La tangente à $\mathscr{C}_3$ au point d'abscisse $m+1=4$ passe par les points $\left(4\ ;\ f_3(4)\right)$ et $(5\ ;0)$ puisque $m+2=5$.

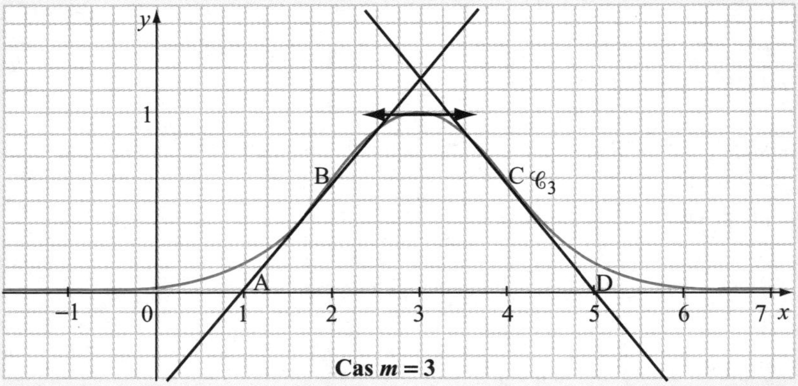

4 La fonction logarithme népérien

I DÉFINITION ET PREMIÈRES PROPRIÉTÉS

1. Définition

■ Soit $x > 0$. L'unique solution y de l'équation $e^y = x$ s'appelle **logarithme népérien de x** et on la note $\ln(x)$ ou $\ln x$.
La fonction logarithme népérien est définie sur $]0\,;+\infty[$.

On dit que les fonctions logarithme népérien et exponentielle sont réciproques l'une de l'autre.

■ **Propriétés**

- Pour tout $a > 0$, pour tout $b \in \mathbb{R}$, $\ln(a) = b \Leftrightarrow a = e^b$.
- Pour tout $x > 0$, $e^{\ln x} = x$.
- Pour tout $x \in \mathbb{R}$, $\ln(e^x) = x$.
- $\ln 1 = 0$.
- $\ln e = 1$.

2. Symétrie des courbes représentatives de ln et exp

Dans un repère orthonormé, les courbes représentatives des fonctions exponentielle et logarithme népérien sont symétriques par rapport à la droite d'équation $y = x$.

3. Propriétés algébriques

- Pour tous $a,\ b \in]0\,;+\infty[$, $\ln(ab) = \ln(a) + \ln(b)$.
- Pour tout $a > 0$, $\ln\left(\dfrac{1}{a}\right) = -\ln(a)$.
- Pour tous $a,\ b \in]0\,;+\infty[$, $\ln\left(\dfrac{a}{b}\right) = \ln(a) - \ln(b)$.
- Pour tout $a > 0$, pour tout $n \in \mathbb{N}$, $\ln(a^n) = n\ln(a)$.
- Pour tout $a > 0$, $\ln\sqrt{a} = \dfrac{1}{2}\ln(a)$.

II ÉTUDE DE LA FONCTION LOGARITHME NÉPÉRIEN

1. Limites aux bornes de l'ensemble de définition

$\lim\limits_{x \to +\infty} \ln x = +\infty$ et $\lim\limits_{x \to 0^+} \ln x = -\infty$.

2. Sens de variation de la fonction logarithme

- La fonction ln est continue et dérivable sur $]0\,;+\infty[$ et $\ln'(x) = \dfrac{1}{x}$.
- La fonction ln est strictement croissante sur $]0\,;+\infty[$.

3. Tangente au point d'abscisse 1

La tangente à $\mathscr{C}_{\ln}$ au point d'abscisse 1 a pour équation $y = x - 1$.

4. Courbe représentative de ln

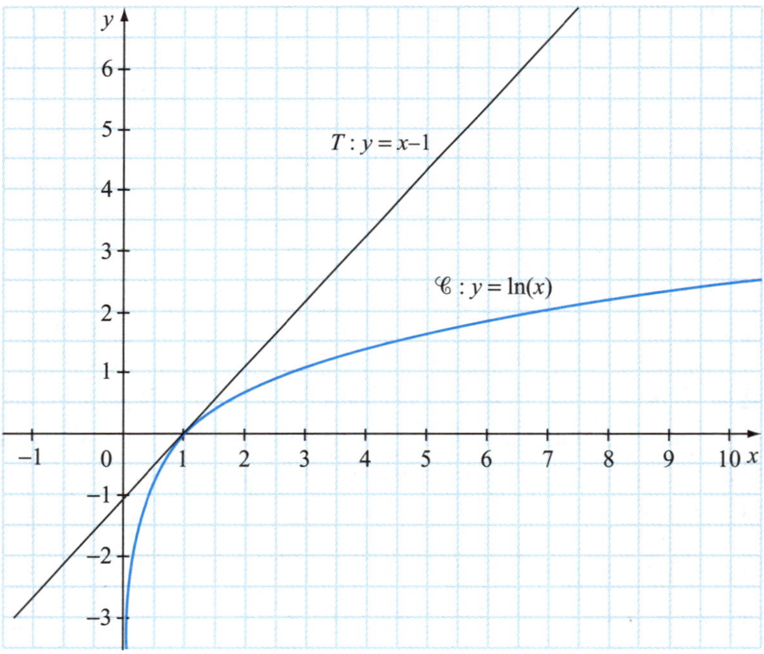

III AUTRES LIMITES À CONNAÎTRE

1. Croissances comparées

- $\lim\limits_{x \to +\infty} \dfrac{\ln x}{x} = 0$ et $\lim\limits_{x \to 0^+} x\ln(x) = 0^-$.
- Pour tout $n \in \mathbb{N}^*$, $\lim\limits_{x \to +\infty} \dfrac{\ln x}{x^n} = 0^+$ et $\lim\limits_{x \to 0^+} x^n \ln(x) = 0^-$.

2. Une limite en 0

$$\lim_{x \to 0} \frac{\ln(1+x)}{x} = 1$$

Cela est dû à la définition de la dérivabilité de ln en 1 :

$$\lim_{h \to 0} \frac{\ln(1+h) - \ln(1)}{h} = \ln'(1) = 1.$$

IV FONCTIONS DE LA FORME $x \to \ln(u(x))$

Théorème : Soit u une fonction dérivable sur un intervalle I telle que, **pour tout $x \in I$, $u(x) > 0$.**

Alors la fonction $\ln(u) : x \mapsto \ln(u(x))$ est définie et dérivable sur I et, pour tout $x \in I$:

$$(\ln(u))'(x) = \frac{u'(x)}{u(x)}$$

Si $u > 0$ sur I, alors $(\ln u)' = \frac{u'}{u}$.

SAVOIR-FAIRE

1. Résoudre une (in)équation de la forme $\ln(u(x)) = C$ (respectivement $\ln(u(x)) \leqslant C, \ldots$)

Pour que x soit solution de l'(in)équation, il faut que $u(x) > 0$.

EXEMPLE : Résoudre l'inéquation $\ln(2x+1) \leqslant 5$.

Soit x un réel :

$$\ln(2x+1) \leqslant 5 \Leftrightarrow (2x+1 > 0 \text{ et } 2x+1 \leqslant e^5) \Leftrightarrow \left(x > -\frac{1}{2} \text{ et } x \leqslant \frac{e^5 - 1}{2}\right).$$

Comme $-\frac{1}{2} < \frac{e^5 - 1}{2}$, **l'ensemble des solutions de l'inéquation $\ln(2x+1) \leqslant 5$ est l'intervalle $\left]-\frac{1}{2} ; \frac{e^5 - 1}{2}\right]$.**

2. Déterminer l'ensemble de définition d'une fonction de la forme $\ln u$

Déterminer l'ensemble de définition D_u de la fonction u, puis résoudre dans D_u l'inéquation $u(x) > 0$.

EXEMPLE : Déterminer l'ensemble de définition D_f de la fonction :

$$f : x \mapsto \ln(x^2 - 3x + 1).$$

Ici, f est de la forme $\ln u$, avec $u : x \mapsto x^2 - 3x + 1$.

- $D_u = \mathbb{R}$ car u est un polynôme.
- $u(x) > 0 \Leftrightarrow x^2 - 3x + 1 > 0$.

$\Delta = (-3)^2 - 4 \times 1 \times 1 = 5$, donc le trinôme $x^2 - 3x + 1$ admet deux racines réelles :

$$\frac{3-\sqrt{5}}{2} \text{ et } \frac{3+\sqrt{5}}{2}.$$

Le coefficient de x^2 est positif, donc $x^2 - 3x + 1$ est positif à l'extérieur des racines.

Donc $u(x) > 0 \Leftrightarrow \left(x < \frac{3-\sqrt{5}}{2} \text{ ou } x > \frac{3+\sqrt{5}}{2}\right)$, d'où :

$$\boldsymbol{D_f = \left]-\infty\ ;\ \frac{3-\sqrt{5}}{2}\right[\cup \left]\frac{3+\sqrt{5}}{2}\ ;\ +\infty\right[}$$

3. Dérivabilité et dérivée d'une fonction de la forme ln*u*

Vérifier que les hypothèses du théorème du IV s'appliquent puis appliquer la formule de dérivation $(\ln u)' = \frac{u'}{u}$.

EXEMPLE : Étudier la dérivabilité et déterminer la dérivée de la fonction f définie sur $]0\ ;+\infty[$ par :

$$f(x) = 2 \times \ln\left(x + 5 + \frac{1}{x}\right).$$

Ici, f est de la forme $2 \times \ln u$, avec $u : x \mapsto x + 5 + \frac{1}{x}$.

- u est dérivable sur $]0\ ;+\infty[$ et, pour tout $x > 0$, $u(x) > 0$ (comme somme de termes strictement positifs), donc **f est dérivable sur $]0\ ;+\infty[$.**
- $f = 2 \times \ln u$, donc $f' = 2 \times \frac{u'}{u}$. Donc, pour tout $x > 0$:

$$f'(x) = 2 \times \frac{u'(x)}{u(x)} = 2 \times \frac{1 - \frac{1}{x^2}}{x + 5 + \frac{1}{x}}$$

$$\boldsymbol{f'(x) = \frac{2(x^2 - 1)}{x^2 \times \left(x + 5 + \frac{1}{x}\right)}}.$$

Pour étudier des variations de f (non demandé ici), il faut remarquer que $f'(x)$ est du signe de $x^2 - 1$, puis dresser le tableau de signes de $x^2 - 1$.

EXERCICES D'APPLICATION

1 PROPRIÉTÉS ALGÉBRIQUES | ★ | 10 min | ▸ P. 139

Simplifier au maximum les expressions suivantes :

1. Si $x > 0$, $\ln(x\,\mathrm{e}^x) =$

2. Si $x \neq 0$, $\ln\left(\dfrac{\mathrm{e}^x}{x^2}\right) =$

3. $\ln\left(\tan\dfrac{\pi}{3}\right) - \ln\left(\sin\dfrac{\pi}{3}\right) =$

4. $\ln\left(\dfrac{180}{3} - 15\right) + \ln(15) =$

5. $\dfrac{1}{2}\ln(5x^2) - \ln(x) =$

6. $\log\left(\dfrac{16 \times 25^2}{49}\right) + 2\log 7 =$

Voir le cours, I.1.

2 (IN)ÉQUATIONS | ★ | 10 min | ▸ P. 139

Résoudre les équations et inéquations suivantes :

1. $\ln(x+1) \leqslant 7$;
2. $2\ln|2x+5| < \ln 9$;
3. $(\mathrm{e}^x - 2)(\mathrm{e}^x + 1) > 0$;
4. $\ln\left(x + \dfrac{3}{2}\right) > \ln x$;
5. $(x+1)^3 = \mathrm{e}^7$.

Voir le savoir-faire 1.

3 LIMITES | ★★ | 20 min | ▸ P. 140

1. Question de cours

Soit $n \in \mathbb{N}^*$.

Connaissant la valeur de $\lim\limits_{x \to +\infty} \dfrac{\ln x}{x}$, déterminer la limite en $+\infty$ de $\dfrac{\ln x}{x^n}$.

Remarquer que $\ln(x) = \dfrac{1}{n}\ln(x^n)$.

2. De même, calculer la valeur de $\lim\limits_{x \to +\infty} \dfrac{\ln x}{\sqrt{x}}$.

3. Déterminer la limite en 1 de $\dfrac{\ln x}{x-1}$.

4. Déterminer la limite en $+\infty$ de $\dfrac{\mathrm{e}^{x\ln 3} - 1}{\mathrm{e}^x}$.

4 SYSTÈMES D'ÉQUATIONS | ★ | 10 min | ▸P. 141

Résoudre les systèmes suivants :

1. $\begin{cases} e^{x+y} = 1 \\ e^x - e^y = \dfrac{3}{2} \end{cases}$ **2.** $\begin{cases} \ln\left(\dfrac{x}{y}\right) = 4 \\ \ln(x^2) + \ln(y) = 5 \end{cases}$

Pour le système 1., poser $X = e^x$ et $Y = e^y$.

5 ÉTUDE DES VARIATIONS | ★ | 10 min | ▸P. 141

Pour chacune des fonctions suivantes, montrer qu'elle est dérivable sur son ensemble de définition, calculer sa dérivée et en déduire ses variations.

1. $f(x) = x\ln(x)$, définie sur $]0\,;+\infty[$.

2. $f(x) = \ln(2x-5) - \ln(x)$, définie sur $\left]\dfrac{5}{2}\,;+\infty\right[$.

3. $f(x) = \ln(\sqrt{x^2+1})$, définie sur $\mathbb{R}$.

4. $f(x) = 2e^{2x} - 9x + 1$, définie sur $\mathbb{R}$.

Voir le savoir-faire 3.

6 ENSEMBLES DE DÉFINITION | ★ | 10 min | ▸P. 142

Déterminer l'ensemble de définition de chacune des fonctions suivantes :

1. $f_1 : x \mapsto \ln(x^2+1)$. **2.** $f_2 : x \mapsto \ln\left(\dfrac{3x+1}{x+2}\right)$.

3. $f_3 : x \mapsto \ln(3x+1) - \ln(x+2)$.

Voir le savoir-faire 2.

7 FONCTION $x \mapsto x\ln(x)$ | ★ | 20 min | ▸P. 143

Soit f la fonction définie par $x \mapsto x\ln x$. On note $\mathscr{C}_f$ sa courbe représentative dans un repère orthogonal.

1. Déterminer l'ensemble de définition de f.

2. Déterminer les limites de f aux bornes de son ensemble de définition.

Voir le cours, III. 1.

3. Étudier les variations de f, puis dresser son tableau de variations complet.

4. Déterminer l'équation réduite de la tangente T à $\mathscr{C}_f$ au point d'abscisse 1, puis celle de la tangente T' à $\mathscr{C}_f$ au point d'abscisse e.

EXERCICES D'ENTRAÎNEMENT

8 VRAI OU FAUX

★★ | 20 min | ▸ P. 144

Pour chacune des affirmations suivantes, dire si elle est vraie ou fausse en argumentant :

1. $\ln\left(\frac{5}{4}\right)+\ln\left(\frac{3}{10}\right)-\ln\sqrt{3}+\ln\left(\frac{8}{\sqrt{3}}\right)=0.$

2. On pose pour tout $n\in\mathbb{N}$, $u_n=\left(\frac{4}{5}\right)^n$. La suite $(\ln u_n)$ est arithmétique.

3. L'ensemble solution de l'inéquation $\ln(2-3x)<2$ est $\left]\frac{e^2-2}{3}\ ;+\infty\right[$.

4. La courbe d'équation $y=2+\frac{\ln x}{x}$ dans un repère $(O\,;\vec{i}\,;\vec{j})$ admet une asymptote au voisinage de $+\infty$.

5. L'équation $e^{3x\ln(2)}-\frac{\ln 3}{x\ln 2}=26$ admet une unique solution sur $]0\,;+\infty[$, qui vaut $\frac{\ln 3}{\ln 2}$.

9 FONCTION $x\mapsto x^x=e^{x\ln x}$

★ | 15 min | ▸ P. 145

Soit f la fonction définie sur $]0\,;+\infty[$ par $f(x)=e^{x\ln(x)}$. On note $\mathscr{C}_f$ la courbe représentative de f et $\mathscr{C}_{\text{exp}}$ la courbe représentative de la fonction exponentielle dans un repère orthogonal.

1. Étudier les variations de f.
2. Déterminer les limites de f aux bornes de son ensemble de définition.
3. Résoudre sur $]0\,;+\infty[$ l'inéquation $f(x)<e^x$.
4. Déterminer la limite en $+\infty$ de $\frac{e^{x\ln(x)}}{e^x}$.
5. Tracer $\mathscr{C}_f$ et $\mathscr{C}_{\text{exp}}$.

10 APPLICATIONS DES SUITES GÉOMÉTRIQUES

★ | 10 min | ▸ P. 146

1. On place un capital C_0 sur un compte à intérêts composés de 2,25 % par an. On note $C_1, C_2, \ldots, C_n$ le capital acquis au bout d'une, deux, …, n années. Au bout de combien d'années le capital aura-t-il doublé ?

> On rappelle que " intérêts composés " signifie que les intérêts d'une année s'ajoutent au capital et que, l'année suivante, ils rapportent aussi des intérêts.

2. Une substance radioactive, l'iridium 192, perd environ 9,6 millièmes de sa masse par jour. Déterminer la période de demi-vie de l'iridium 192.

11 ALGORITHME | ★★ | 40 min | ▸P. 147

▸P. 147

1. Écrire un algorithme donnant les solutions réelles de l'équation (E) $a\mathrm{e}^{2x}+b\mathrm{e}^{x}+c=0$, où a, b et c sont des réels, avec $a \neq 0$.
Pour cela, il suffit de reprendre l'algorithme de l'exercice **15** du chapitre « fonction exponentielle », et d'y intégrer l'expression des solutions de (E).

Les solutions de (E) sont :
- la solution éventuelle de l'équation $e^x = X_0$ si X_0 est l'unique racine du trinôme $aX^2 + bX + c$.
- les solutions éventuelles des équations $e^x = X_1$ et $e^x = X_2$ si X_1 et X_2 sont les racines du trinôme $aX^2 + bX + c$..

2. Tester l'algorithme sur les équations suivantes :
a. $2\mathrm{e}^{2x}+\mathrm{e}^{x}-3=0$;
b. $\mathrm{e}^{2x}-\mathrm{e}^{x}+2=0$;
c. $2\mathrm{e}^{2x}-11\mathrm{e}^{x}+12=0$;
d. $\mathrm{e}^{2x}+5\mathrm{e}^{x}=0$.

12 LOGARITHME DÉCIMAL ET pH D'UNE SOLUTION AQUEUSE | ★★ | 10 min | ▸P. 148

Pour tout $x>0$, on appelle logarithme décimal de x le réel $\dfrac{\ln x}{\ln 10}$ et on le note $\log x$.
1. Quelques propriétés de la fonction log.
a. Que vaut $\log(1)$ et $\log(10)$?
b. Pour tout $x \in \mathbb{R}$, on note $10^x = \mathrm{e}^{x\ln 10}$. Démontrer que $\log(10^x)=x$.
c. Pour tous $x, y>0$, exprimer $\log(x \times y)$ en fonction de $\log(x)$ et $\log(y)$.
2. Application : pH d'une solution aqueuse.
On rappelle que le pH d'une solution aqueuse est lié à sa concentration en H_3O^+ (exprimé en moles par litre) par la relation $[H_3O^+]=10^{-\mathrm{pH}}=\mathrm{e}^{-\mathrm{pH}\ln 10}$.
a. Exprimer pH en fonction de la concentration en H_3O^+.
b. $[H_3O^+]=7{,}94\times10^{-6}\ \mathrm{mol}\cdot\mathrm{L}^{-1}$. La solution est-elle acide ou basique ?
(On rappelle qu'une solution est acide si $\mathrm{pH}<7$, neutre si $\mathrm{pH}=7$ et basique si $\mathrm{pH}>7$).

13 PROLONGEMENT PAR CONTINUITÉ | ★★★ | 40 min | ▸P. 149

Soit f la fonction définie sur $]0\,;+\infty[$ par :

$$f(x)=\begin{cases}\dfrac{\ln x}{x-1} \text{ si } x\neq 1\\ 1 \text{ si } x=1\end{cases}.$$

1. Démontrer que f est continue en 1.

Voir au chapitre 2, la définition de la continuité.

2. Étude asymptotique

a. Calculer la limite de f en 0^+.

b. En écrivant $f(x) = \dfrac{x}{x-1} \times \dfrac{\ln x}{x}$ pour $x > 1$, déterminer la limite de f en $+\infty$.

3. Soit g la fonction définie sur $]0\,;+\infty[$ par $g(x) = 1 - \dfrac{1}{x} - \ln x$.

a. Étudier le signe de $g'(x)$ et dresser le tableau de variation de g.

b. En déduire le signe de $g(x)$ selon les valeurs de x.

4. Étude des variations de f

a. Calculer $f'(x)$ pour $x \neq 1$ et démontrer que $f'(x)$ est du même signe que $g(x)$.

b. En déduire le sens de variation de f sur $]0\,;1[$ et sur $]1\,;+\infty[$.

c. Dresser le tableau de variations complet de f sur $]0\,;+\infty[$.

14 FONCTION CONNUE PAR SA COURBE REPRÉSENTATIVE

★★ | 20 min | ▸ P. 150

On considère une fonction f définie sur $\mathbb{R}^+$, dont on a tracé dans un repère orthogonal $(\mathrm{O}; \vec{i}; \vec{j})$ la courbe représentative $\mathscr{C}$ et la tangente (T) en O.

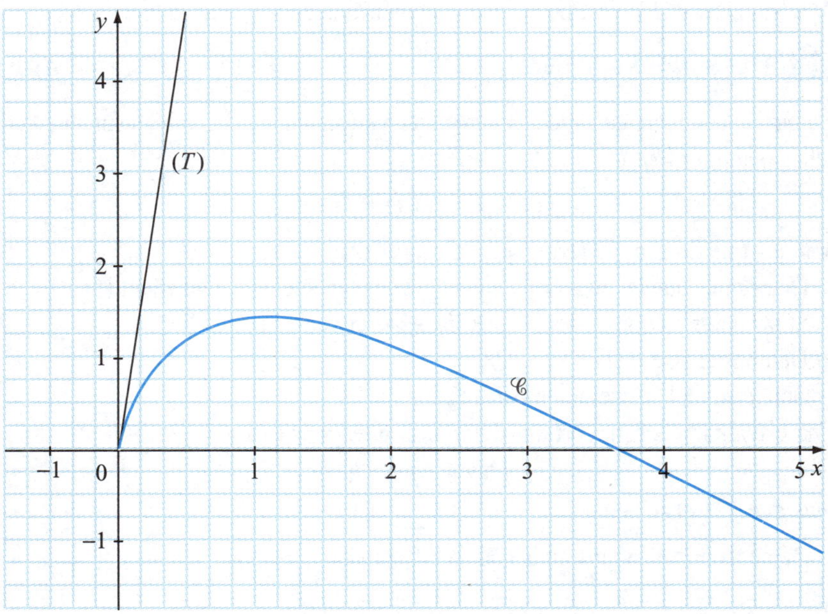

1. Lire sur le graphique ci-dessus les valeurs de $f(0)$ et $f'(0)$.

2. On cherche une expression pour $f(x)$ de la forme $f(x) = ax + b + \ln(10x+1)$ où a et b désignent deux nombres réels. À l'aide de la question **1.**, déterminer a et b.

3. On prend désormais comme expression de $f(x)$ celle trouvée au **2.c**.

a. Étudier les variations de f.

b. Déterminer $\lim\limits_{x \to +\infty} \dfrac{f(x)}{x}$.

Poser $X = 10x + 1$.

EXERCICES D'APPROFONDISSEMENT

15 SYMÉTRIE DES COURBES $\mathscr{C}_{exp}$ et $\mathscr{C}_{ln}$ | ★★ | 15 min | ▸ P. 151

Le plan est rapporté à un repère orthonormé $(\mathrm{O}\,;\vec{i}\,;\vec{j})$

On note $\mathscr{C}_{\ln}$ la courbe représentative de la fonction logarithme népérien, $\mathscr{C}_{\exp}$ celle de l'exponentielle et Δ la droite d'équation $y = x$.

1. Soit $\mathrm{M}(x\,;y)$ un point quelconque du plan et $\mathrm{M}'(x'\,;y')$ son symétrique par rapport à la droite Δ. Exprimer x' et y' en fonction de x et y.

Le produit des coefficients directeurs de deux droites perpendiculaires vaut – 1.

2. Démontrer que la courbe $\mathscr{C}_{\ln}$ est la symétrique de $\mathscr{C}_{\exp}$ par rapport à Δ.

16 RELATION FONCTIONELLE | ★★★ | 40 min | ▸ P. 151

Le but de cet exercice est de montrer que les fonctions f dérivables sur $]0\,;+\infty[$ telles que pour tout $(x, y) \in]0\,;+\infty[^2$:

$$f(x \times y) = f(x) + f(y) (*)$$

sont les fonctions de la forme $x \mapsto C\ln(x)$ où $C \in \mathbb{R}$.

1. Démontrer que les fonctions $x \mapsto C\ln(x)$ (avec $C \in \mathbb{R}$) vérifient (*).

2. Soit f une fonction dérivable sur $]0\,;+\infty[$ et vérifiant (*).

a. Démontrer que $f(1) = 0$.

b. Soit x un réel strictement positif fixé.

En dérivant (*) par rapport à y, démontrer que, pour tout $y > 0$:

$$x f'(x \times y) = f'(y)$$

puis que $f'(x) = \dfrac{C}{x}$.

c. Démontrer que, pour tout $x \in]0\,;+\infty[$, $f(x) = C\ln(x)$.

On pourra étudier la fonction $h : x \mapsto f(x) - C\ln(x)$.

3. Conclure.

17 FONCTION EXPONENTIELLE DE BASE $a>0$ | ★★ | 35 min | ▸ P. 152

Soit a un réel strictement positif.
Pour tout $x \in \mathbb{R}$, on pose $a^x = e^{x\ln(a)}$.
On appelle « fonction exponentielle de base a » la fonction f_a définie sur $\mathbb{R}$ par :

$$x \mapsto a^x = e^{x\ln(a)}.$$

1. Calculer $f_a(0)$ et $f_a(1)$.
2. Définir les fonctions f_1 et f_e.
3. ***Cas où a > 1***
a. Étudier les variations de f_a.
b. Déterminer les limites de f_a aux bornes de son ensemble de définition.
4. ***Cas où a < 1***
Reprendre les questions du **1**.
5. À l'aide de la calculatrice graphique, tracer sur un même repère les courbes des fonctions f_2 ; f_4 ; $f_{0,5}$; $f_{0,2}$.

18 SUITE DE L'EXERCICE 17 | ★★ | 30 min | ▸ P. 153

L'objectif de cet exercice est de déterminer tous les entiers naturels n tels que :

$$3^n + 4^n = 5^n.$$

1. Examiner les cas $n=0$, $n=1$, $n=2$.

2. Soit φ la fonction définie sur $\mathbb{R}$ par $\varphi(x) = \left(\frac{3}{5}\right)^x + \left(\frac{4}{5}\right)^x$.
a. Déterminer les limites de φ en $+\infty$ et en $-\infty$.
b. Étudier les variations de φ.
c. Déterminer le nombre de solutions de l'équation $\varphi(x) = 1$.
d. Conclure.

19 FONCTIONS PUISSANCES | ★★★ | 25 min | ▸ P. 154

Soit a un réel.
On appelle « fonction puissance d'exposant a » la fonction g_a définie sur $]0\,;+\infty[$ par :

$$x \mapsto x^a = e^{a\times\ln(x)}.$$

1. Calculer $g_a(1)$ et $g_a(e)$.
2. Définir la fonction g_0.
3. Déterminer les variations de g_a, puis les limites de g_a aux bornes de son ensemble de définition en distinguant les cas suivants :
a. $a>0$;
b. $a<0$.

suite définie par récurrence par :

$\lfloor$ pour ... $t\, n \in \mathbb{N}^*,\ u_{n+1} = u_n + \phi(n)$

ϕ désignant une fonction définie sur $]0\,;+\infty[$.

L'algorithme suivant permet d'en obtenir les N premiers termes :

```
Variables : a, k, N
Lire N
a prend la valeur u1
Pour k allant de 1 à N − 1 :
        Afficher « u(k) = a »
        a prend la valeur a + φ(k)
```

1. Définir, par récurrence, la suite (u_n) dont il est question dans l'algorithme suivant :

```
VARIABLES
    N EST_DU_TYPE NOMBRE
    k EST_DU_TYPE NOMBRE
    a EST_DU_TYPE NOMBRE
DEBUT_ALGORITHME
    LIRE N
    a PREND_LA_VALEUR 0
    POUR k ALLANT_DE 1 A N-1
        DEBUT_POUR
        AFFICHER "u("
        AFFICHER k
        AFFICHER ") = "
        AFFICHER a
        a PREND_LA_VALEUR a+pow(k,2)
        FIN_POUR
    AFFICHER "u("
    AFFICHER N
    AFFICHER ") = "
    AFFICHER a
FIN_ALGORITHME
```

2. Tester cet algorithme pour $N = 5$, puis $N = 50$.

Après l'affichage de « $u(k) = a$ », cocher « Ajouter un retour à la ligne ».

Partie B. Application aux séries harmoniques

Soit (u_n) la suite définie, pour tout $n \in \mathbb{N}^*$ par :

$$u_n = \sum_{k=1}^{n} \frac{1}{k} = 1 + \frac{1}{2} + \ldots + \frac{1}{n}.$$

1. Montrer que la suite (u_n) est définie par récurrence ainsi :

$$\begin{cases} u_1 = 1, \\ \text{pour tout } n \in \mathbb{N}^*, u_{n+1} = u_n + \dfrac{1}{n+1} \end{cases}$$

2. En déduire un algorithme permettant de calculer les premiers termes de la suite (u_n).

> S'inspirer de l'algorithme de la 1re partie.

3. On veut montrer que, pour tout $x > 0$, $\ln(1+x) < x$.

Pour cela, on étudie la différence $f(x) = \ln(1+x) - x$, où $x \in]0\,;+\infty[$.

a. Étudier les variations de f sur $]0\,;+\infty[$.

b. En déduire le signe de $f(x)$ sur $]0\,;+\infty[$.

c. Conclure.

4. En déduire que, pour tout $n \in \mathbb{N}^*$, $\ln(n+1) - \ln(n) < \frac{1}{n}$ (1).

5. Montrer alors que, pour tout $n \in \mathbb{N}^*$, $u_n > \ln(n+1)$.

> Ajouter membre à membre les inégalités (1) obtenues pour les valeurs de k, $1 \leqslant k \leqslant n$.

6. En déduire la limite de la suite (u_n).

CONTRÔLE

21 QCM | ★★ | 20 min | ▸ P. 156

Pour chacune des questions suivantes, une seule affirmation est vraie.

1. La fonction $x \mapsto \ln|x|$ est définie et dérivable sur :

a. $\mathbb{R}$; **b.** $]0\,;+\infty[$; **c.** $\mathbb{R}^*$; **d.** $]-\infty\,;0[$.

2. La fonction $x \mapsto \ln|x|$ a pour dérivée :

a. $x \mapsto -\dfrac{1}{x}$; **b.** $x \mapsto \dfrac{1}{|x|}$; **c.** $x \mapsto -\dfrac{1}{|x|}$; **d.** $x \mapsto \dfrac{1}{x}$.

3. Soit f la fonction définie sur $]0\,;+\infty[$ par :

$$f(x)=ax+b\ln(x).$$

On sait que $f(\mathrm{e})=0$ et $f'(1)=1$. Alors :

a. $f'(x)=\mathrm{e}+1-\dfrac{\mathrm{e}}{x}$;

b. $f(x)=x+\mathrm{e}\ln(x)$;

c. $f(x)=\dfrac{x}{1-\mathrm{e}}-\dfrac{\mathrm{e}}{1-\mathrm{e}}\ln(x)$;

d. $f'(x)=\dfrac{\mathrm{e}}{\mathrm{e}-1}-\dfrac{1}{\mathrm{e}-1}\times\dfrac{1}{x}$.

4. L'inéquation $\ln|x-1|\geqslant 1$ admet pour ensemble solution :

a. $[1+\mathrm{e}\,;+\infty[$;

b. $[2\,;+\infty[$;

c. $]-\infty\,;0]\cup[2\,;+\infty[$;

d. $]-\infty\,;1-\mathrm{e}]\cup[\mathrm{e}+1\,;+\infty[$.

22 | ★★ | 40 min | P. 157

Partie A. Étude de la fonction $x\mapsto\dfrac{\ln(x)}{x}$

Soit f la fonction définie sur $]0\,;+\infty[$ par $f(x)=\dfrac{\ln(x)}{x}$.

1. Étudier les variations de f.
2. Déterminer les limites de f aux bornes de son ensemble de définition.
3. Tracer la courbe représentative $(\mathscr{C})$ de f dans un repère orthogonal $(\mathrm{O}\,;\vec{i}\,;\vec{j})$.

Partie B. Démonstration de la propriété « pour tout entier naturel $n\geqslant 4$, $2^n\geqslant n^2$ »

1. À l'aide de la **partie A**, montrer que, pour tout $n\geqslant 4$, $\dfrac{\ln n}{n}\leqslant\dfrac{\ln 4}{4}$.
2. Comparer $\dfrac{\ln 4}{4}$ et $\dfrac{\ln 2}{2}$.
3. Terminer la démonstration.

Cette propriété est démontrée par une autre méthode dans le chapitre 5.

CONTRÔLE

23 QUESTION DE COURS | ★★ | 20 min | P. 158

Le but de cet exercice est de montrer que $\lim_{x \to +\infty} \frac{\ln x}{x} = 0$.

1. Étudier les variations de la fonction ϕ définie sur $[1\,;+\infty[$ par :

$$\phi(x) = \ln x - \sqrt{x}.$$

2. En déduire que pour tout $x \in [1\,;+\infty[$:

$$0 \leqslant \frac{\ln x}{x} \leqslant \frac{1}{\sqrt{x}}.$$

Quel est le signe de $\phi(x)$?

3. Conclure.

24 ÉTUDE D'UNE FONCTION | ★★ | 40 min | P. 159

Partie A

On considère la fonction f définie sur $\mathbb{R}$ par :

$$f(x) = \frac{2e^{2x} - e^{x}}{e^{2x} - e^{x} + 1}.$$

La représentation graphique de f dans le repère orthonormal ci-après est la courbe $\mathscr{C}_f$. On précise que la droite T est la tangente à $\mathscr{C}_f$ au point $I(0\,;1)$.

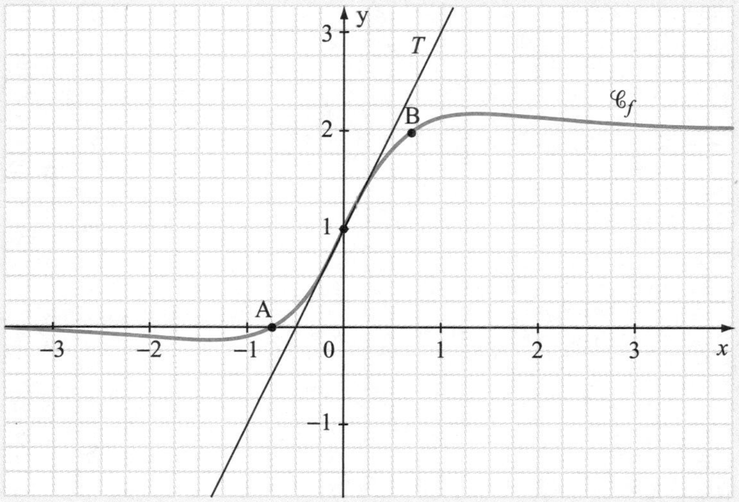

1. On se propose de démontrer certaines propriétés de la courbe $(\mathscr{C}_f)$.

a. Étudier la limite de f en $-\infty$ et préciser l'asymptote à $\mathscr{C}_f$ correspondante.

b. Étudier la limite de f en $+\infty$ et préciser l'asymptote à $\mathscr{C}_f$ correspondante.

Poser $X = e^x$.

c. Calculer l'abscisse du point A, point d'intersection de $\mathscr{C}_f$ avec l'axe des abscisses.

2. Grâce à une lecture graphique et sans aucun calcul, répondre aux questions suivantes :

a. Donner le signe de $f(x)$ suivant les valeurs de x.

b. Donner la valeur de $f'(0)$.

Partie B

On considère la fonction F définie sur $\mathbb{R}$ par :

$$F(x) = \ln(e^{2x} - e^x + 1).$$

1. a. Étudier la limite de F en $-\infty$.

b. Démontrer que, pour tout réel x :

$$F(x) = 2x + \ln(1 - e^{-x} + e^{-2x}).$$

c. Déterminer alors la limite de F en $+\infty$.

2. a. Montrer que f est la fonction dérivée de F.

b. Déduire alors de la **partie A** le tableau de variation de F.

CORRIGÉS

1 1. $x > 0$, donc $\ln(xe^x) = \mathbf{\ln x + x}$.

2. $x \neq 0$, donc $\ln\left(\frac{e^x}{x^2}\right) = \mathbf{x - 2\ln x}$.

3. $\ln\left(\tan\frac{\pi}{3}\right) - \ln\left(\sin\frac{\pi}{3}\right) = \ln\left(\frac{\tan\left(\frac{\pi}{3}\right)}{\sin\left(\frac{\pi}{3}\right)}\right) = \ln\left(\frac{1}{\cos\left(\frac{\pi}{3}\right)}\right) = \mathbf{-\ln\left(\cos\frac{\pi}{3}\right)}$.

4. Décomposer en produit de facteurs premiers le nombre $\frac{180}{3} - 15$.

$$\ln\left(\frac{180}{3} - 15\right) + \ln(15) = \ln\frac{45}{3} + \ln 15$$
$$= \ln(5\times 9) - \ln 3 + \ln(3\times 5) = \ln 5 + 2\ln 3 + \ln 3 + \ln 5$$
$$= \mathbf{3\ln 3 + 2\ln 5}.$$

5. $\frac{1}{2}\ln(5x^2) - \ln(x) = \frac{1}{2}\ln 5 + \ln x - \ln x = \mathbf{\frac{\ln 5}{2}}$.

6. $\ln\left(\frac{16\times 25^2}{49}\right) + 2\ln 7 = 4\ln 2 + 4\ln 5 - 2\ln 7 + 2\ln 7 = \mathbf{4(\ln 2 + \ln 5)}$.

2 1. $\ln(x+1) \leqslant 7 \Leftrightarrow (x > -1 \text{ et } x+1 \leqslant e^7) \Leftrightarrow -1 < x \leqslant e^7 - 1$.

Donc $\boldsymbol{S} = \mathbf{]-1\ ;\ e^7 - 1]}$.

2. $2\ln|2x+5| < \ln 9 \Leftrightarrow \left(x \neq -\frac{5}{2} \text{ et } \ln|2x+5| < \ln 3\right)$

$$\Leftrightarrow \left(x \neq -\frac{5}{2} \text{ et } |2x+5| < 3\right)$$
$$\Leftrightarrow \left(x \neq -\frac{5}{2} \text{ et } -3 < 2x+5 < 3\right) \Leftrightarrow \left(x \neq -\frac{5}{2} \text{ et } -4 < x < -1\right).$$

Donc $\boldsymbol{S} = \mathbf{\left]-4\ ;-\frac{5}{2}\right[\cup \left]-\frac{5}{2}\ ;-1\right[}$.

3. $(e^x - 2)(e^x + 1) > 0$

$$\Leftrightarrow \left((e^x - 2 > 0 \text{ et } e^x + 1 > 0) \text{ou } (e^x - 2 < 0 \text{ et } e^x + 1 < 0)\right)$$

$\Leftrightarrow e^x > 2 \Leftrightarrow x > \ln 2$ (car $e^x + 1$ est toujours strictement positif).

Donc $\boldsymbol{S} = \mathbf{]\ln 2\ ;+\infty[}$.

4. $\ln\left(x+\frac{3}{2}\right) > -\ln x \Leftrightarrow \left(x > -\frac{3}{2} \text{ et } x > 0 \text{ et } \ln\left(x+\frac{3}{2}\right) > \ln\frac{1}{x}\right)$

$$\Leftrightarrow \left(x > 0 \text{ et } x + \frac{3}{2} > \frac{1}{x}\right)$$

$\Leftrightarrow (x>0 \text{ et } 2x^2+3x-2>0) \Leftrightarrow \left(x>0 \text{ et } 2\left(x-\frac{1}{2}\right)(x+2)>0\right)$

$\Leftrightarrow \left(x>0 \text{ et } \left(x<-2 \text{ ou } x>\frac{1}{2}\right)\right) \Leftrightarrow x>\frac{1}{2}.$

Donc $\boldsymbol{S = \left]\frac{1}{2}\,;+\infty\right[}$.

5. $(x+1)^3 = e^7 \Leftrightarrow x+1>0 \text{ et } 3\ln(x+1)=7 \Leftrightarrow x>-1 \text{ et } x+1 = e^{\frac{7}{3}}$

$\Leftrightarrow x = e^{\frac{7}{3}}-1.$

Donc $\boldsymbol{S = \left\{e^{\frac{7}{3}}-1\right\}}$.

$(x+1)^3 = e^7 > 0$, donc $x+1>0$.

3 1. Pour tout $x>0$, $\dfrac{\ln x}{x^n} = \dfrac{1}{n}\dfrac{n\ln x}{x^n} = \dfrac{1}{n}\dfrac{\ln x^n}{x^n}$.

Or $\lim\limits_{x\to+\infty} x^n = +\infty$ et $\lim\limits_{X\to+\infty} \dfrac{\ln X}{X} = 0$, donc $\lim\limits_{x\to+\infty} \dfrac{\ln x^n}{x^n} = 0$, par composition.

D'où $\lim\limits_{x\to+\infty} \dfrac{1}{n}\dfrac{\ln x^n}{x^n} = \dfrac{0}{n} = 0$, c'est-à-dire $\boldsymbol{\lim\limits_{x\to+\infty} \dfrac{\ln x}{x^n} = 0}$.

2. Pour tout $x>0$, $\dfrac{\ln x}{\sqrt{x}} = \dfrac{2\ln\sqrt{x}}{\sqrt{x}}$.

$\lim\limits_{x\to+\infty} \sqrt{x} = +\infty$ et $\lim\limits_{X\to+\infty} \dfrac{\ln X}{X} = 0$, donc $\lim\limits_{x\to+\infty} \dfrac{\ln\sqrt{x}}{\sqrt{x}} = 0$.

D'où $\lim\limits_{x\to+\infty} \dfrac{2\ln\sqrt{x}}{\sqrt{x}} = 2\times 0 = 0$, c'est-à-dire $\boldsymbol{\lim\limits_{x\to+\infty} \dfrac{\ln x}{\sqrt{x}} = 0}$.

3. Pour tout $x>0$, $\dfrac{\ln x}{x-1} = \dfrac{\ln x - \ln 1}{x-1}$.

Or, ln étant dérivable en 1, $\lim\limits_{x\to 1} \dfrac{\ln x - \ln 1}{x-1} = \ln' 1 = \dfrac{1}{1}$, d'où $\boldsymbol{\lim\limits_{x\to 1} \dfrac{\ln x}{x-1} = 1}$.

4. $\lim\limits_{x\to+\infty} (e^{x\ln 3}-1) = +\infty$ et $\lim\limits_{x\to+\infty} e^x = +\infty$. Il s'agit d'une forme indéterminée.

$\dfrac{e^{x\ln 3}-1}{e^x} = e^{x\ln 3 - x} - e^{-x} = e^{x(\ln 3 - 1)} - e^{-x}$.

$3>e$, donc $\ln 3 > \ln e$, soit $\ln 3 > 1$. Donc $\ln(3)-1>0$ et $\lim\limits_{x\to+\infty} e^{x(\ln 3-1)} = +\infty$.

$\begin{cases} \lim\limits_{x\to+\infty} e^{x(\ln 3-1)} = +\infty \\ \lim\limits_{x\to+\infty} -e^{-x} = 0 \end{cases}$, donc, par somme, $\boldsymbol{\lim\limits_{x\to+\infty} \dfrac{e^{x\ln 3}-1}{e^x} = +\infty}$.

4 1. Notons $X = e^x$ et $Y = e^y$. Alors X et Y sont strictement positifs.

$$\begin{cases} e^{x+y} = 1 \\ e^x - e^y = \frac{3}{2} \end{cases} \Leftrightarrow \begin{cases} X \times Y = 1 \\ X - Y = \frac{3}{2} \end{cases} \Leftrightarrow \begin{cases} Y^2 + \frac{3}{2}Y - 1 = 0 \\ X = Y + \frac{3}{2} \end{cases} \Leftrightarrow \begin{cases} Y = -2 \text{ ou } Y = \frac{1}{2} \\ X = Y + \frac{3}{2} \end{cases}$$

$$\Leftrightarrow \left(Y = \frac{1}{2} \text{ et } X = 2\right) \Leftrightarrow \left(e^y = \frac{1}{2} \text{ et } e^x = 2\right) \Leftrightarrow \left(y = -\ln 2 \text{ et } x = \ln 2\right).$$

Donc $S = \{(\ln 2\ ;\ -\ln 2)\}$

2. $\begin{cases} \ln\left(\frac{x}{y}\right) = 4 \\ \ln(x^2) + \ln(y) = 5 \end{cases}$

$$\Leftrightarrow \left(y \neq 0 \text{ et } \frac{x}{y} > 0 \text{ et } x \neq 0 \text{ et } y > 0 \text{ et } \ln\frac{x}{y} = 4 \text{ et } \ln x^2 + \ln y = 5\right)$$

$$\Leftrightarrow \left(x > 0 \text{ et } y > 0 \text{ et } \ln x - \ln y = 4 \text{ et } 2\ln x + \ln y = 5\right)$$

$$\Leftrightarrow \begin{cases} \ln x = \ln y + 4 \\ 3\ln y = -3 \end{cases}, \text{ avec } x > 0 \text{ et } y > 0$$

$$\Leftrightarrow \begin{cases} \ln x = 3 \\ \ln y = -1 \end{cases}, \text{ avec } x > 0 \text{ et } y > 0 \Leftrightarrow \begin{cases} x = e^3 \\ y = \frac{1}{e} \end{cases}.$$

Donc $S = \left\{\left(e^3\ ;\ \frac{1}{e}\right)\right\}$.

On pouvait aussi poser $X = \ln x$ et $Y = \ln y$.

5 1. • f est dérivable sur $]0\ ;+\infty[$ comme produit de fonctions dérivables sur cet intervalle.

• Pour tout $x > 0$, $f'(x) = 1 \times \ln x + x \times \frac{1}{x} = \ln x + 1$.

• $f'(x) = 0 \Leftrightarrow \ln x = -1 \Leftrightarrow \ln x = \ln\left(\frac{1}{e}\right) \Leftrightarrow x = \frac{1}{e}$.

$f'(x) > 0 \Leftrightarrow \ln x > -1 \Leftrightarrow \ln x > \ln\left(\frac{1}{e}\right) \Leftrightarrow x > \frac{1}{e}$ car ln est strictement croissante sur $]0\ ;+\infty[$.

Donc $f'(x) < 0 \Leftrightarrow x < \frac{1}{e}$.

Donc, f est strictement décroissante sur $\left]0\ ;\frac{1}{e}\right]$ et strictement croissante sur $\left[\frac{1}{e}\ ;+\infty\right[$.

2. • f est de la forme $\ln u - \ln$, avec $u : x \to 2x - 5$.

u est dérivable sur $\left]\frac{5}{2}\ ;+\infty\right[$ et $u(x) > 0$ sur cet intervalle.

ln est dérivable sur $]0\,;+\infty[$, donc aussi sur $\left]\frac{5}{2}\,;+\infty\right[$.

Donc f est dérivable sur $\left]\frac{5}{2}\,;+\infty\right[$ (comme somme de fonctions dérivables).

• Pour tout $x > \frac{5}{2}$, $f'(x) = \frac{2}{2x-5} - \frac{1}{x} = \frac{5}{x(2x-5)} > 0$

$\left(\text{car } 2x-5 > 0 \text{ et } x > 0 \text{ sur } \left]\frac{5}{2}\,;+\infty\right[\right)$.

Donc f est strictement croissante sur $\left]\frac{5}{2}\,;+\infty\right[$.

3. • f est de la forme $\ln u$, avec $u : x \mapsto \sqrt{x^2+1}$.
Pour tout réel x, $x^2+1>0$ donc la fonction racine carrée étant dérivable sur $]0\,;+\infty[$, u est dérivable sur $\mathbb{R}$ et $u(x)=\sqrt{x^2+1}$ est strictement positif sur $\mathbb{R}$.
On en déduit que f est dérivable sur $\mathbb{R}$.

• Pour tout $x \in \mathbb{R}$, $f'(x) = \frac{u'(x)}{u(x)} = \frac{\frac{2x}{2\sqrt{x^2+1}}}{\sqrt{x^2+1}} = \frac{x}{x^2+1}$.

• $f'(x)$ est du signe de x, donc $f'(x) > 0$ sur $]0\,;+\infty[$ et $f'(x) < 0$ sur $]-\infty\,;0[$.

Donc f est strictement décroissante sur $]-\infty\,;0]$ et strictement croissante sur $[0\,;+\infty[$, avec $f(0) = \ln 1 = 0$.

4. f est définie et dérivable sur $\mathbb{R}$ et, pour tout $x \in \mathbb{R}$, $f'(x) = 4\,\mathrm{e}^{2x} - 9$.

$f'(x) > 0 \Leftrightarrow \mathrm{e}^{2x} > \frac{9}{4} \Leftrightarrow 2x > \ln 9 - \ln 4 \Leftrightarrow x > \ln 3 - \ln 2$;

$f'(x) < 0 \Leftrightarrow x < \ln 3 - \ln 2$.

Donc f est strictement décroissante sur $\left]-\infty\,;\ln\frac{3}{2}\right]$ et strictement croissante sur $\left[\ln\frac{3}{2}\,;+\infty\right[$, avec $f\left(\ln\frac{3}{2}\right) = 2\times\frac{9}{4} - 9\ln\frac{3}{2} + 1 \approx 1{,}85$.

6 1. f_1 est de la forme $\ln u$ avec $u : x \mapsto x^2+1$.

• $D_u = \mathbb{R}$.

• Pour tout réel x, $u(x) > 0 \Leftrightarrow x^2+1 > 0$, ce qui est toujours vrai, donc :

$$\boldsymbol{D_{f_1} = \mathbb{R}.}$$

2. f_2 est de la forme $\ln u$ avec $u : x \mapsto \frac{3x+1}{x+2}$.

• $D_u = \mathbb{R}\setminus\{-2\} =]-\infty\,;-2[\,\cup\,]-2\,;+\infty[$.

• Pour tout réel $x \neq -2$, $\quad u(x) > 0 \Leftrightarrow \frac{3x+1}{x+2} > 0$.

x	$-\infty$		-2		$-\frac{1}{3}$		$+\infty$
$3x+1$		$-$		$-$	0	$+$	
$x+2$		$-$	0	$+$		$+$	
Signe de $\frac{3x+1}{x+2}$		$+$	$\|\|$	$-$	0	$+$	

Donc $u(x)>0 \iff \left(x<-2 \text{ ou } x>-\frac{1}{3}\right)$.

Finalement, $\boldsymbol{D_f =]-\infty\,;-2[\cup \left]-\frac{1}{3}\,;+\infty\right[}$.

3. f_3 est de la forme $\ln u - \ln v$ avec $u : x \mapsto 3x+1$ et $v : x \mapsto x+2$.

• $D_u = \mathbb{R}$ et $D_v = \mathbb{R}$.

• $u(x)>0 \Leftrightarrow x>-\frac{1}{3}$ et $v(x)>0 \Leftrightarrow x>-2$.

Finalement, $\boldsymbol{D_{f_3} = \left]-\frac{1}{3}\,;+\infty\right[\cap]-2\,;+\infty[}$, **soit** $\boldsymbol{D_{f_3} = \left]-\frac{1}{3}\,;+\infty\right[}$

f_2 et f_3 sont égales sur $\left]-\frac{1}{3}\,;+\infty\right[$, mais n'ont pas le même ensemble de définition.

7 **1.** f est de la forme $u \times v$, où $u : x \mapsto x$ est définie sur $\mathbb{R}$ et $v : x \mapsto \ln x$ est définie sur $]0\,;+\infty[$.

f est donc définie sur l'intersection de D_u et D_v, soit $\boldsymbol{D_f =]0\,;+\infty[}$.

Voir le cours de 1re S sur le produit de fonctions.

2. • D'après le cours, $\lim\limits_{x\to 0} x\ln(x) = 0$.

• $\begin{cases} \lim\limits_{x\to+\infty} x = +\infty \\ \lim\limits_{x\to+\infty} \ln(x) = +\infty \end{cases}$ donc, par produit, $\boldsymbol{\lim\limits_{x\to+\infty} f(x) = +\infty}$.

3. Soit $x>0$, $f'(x) = 1\times\ln(x) + x\times\frac{1}{x} = \ln(x)+1$.

$f'(x)>0 \Leftrightarrow \ln(x)>-1 \Leftrightarrow \ln(x)>\ln\left(\frac{1}{e}\right) \Leftrightarrow x>\frac{1}{e}$ car la fonction ln est strictement croissante.

De même, $f'(x)=0 \Leftrightarrow \ln x = \ln\left(\frac{1}{e}\right) \Leftrightarrow x=\frac{1}{e}$, d'où :

$$f'(x)<0 \Leftrightarrow x<\frac{1}{e}.$$

	0	$\frac{1}{e}$	$+\infty$
Signe de $f'(x)$	‖ $-$	0	$+$
Variations de f	‖ $0 \searrow$	$-\frac{1}{e}$	$\nearrow +\infty$

4. • $T : y = f(1) + f(1)\,(x-1)$ avec $f(1) = 1 \times 0 = 0$ et $f(1) = 0 + 1 = 1$.

Donc $\boldsymbol{T : y = x - 1}$.

• $T' : y = f(\mathrm{e}) + f'(\mathrm{e})(x - \mathrm{e})$ avec $f(\mathrm{e}) = \mathrm{e} \times 1 = \mathrm{e}$ et $f'(\mathrm{e}) = 1 + 1 = 2$.

Donc $T' : y = \mathrm{e} + 2(x - \mathrm{e})$, soit $\boldsymbol{T' : y = 2x - \mathrm{e}}$.

8 **1. Vrai.**

$$\ln\frac{5}{4} + \ln\frac{3}{10} - \ln\sqrt{3} + \ln\frac{8}{\sqrt{3}}$$

$$= (\ln 5 - 2\ln 2) + (\ln 3 - \ln 2 - \ln 5) - \frac{1}{2}\ln 3 + \left(3\ln 2 - \frac{1}{2}\ln 3\right) = 0.$$

2. Vrai. Pour tout $n \in \mathbb{N}$, $\ln(u_n) = n\ln\left(\frac{4}{5}\right)$ et $\ln(u_{n+1}) - \ln(u_n) = \ln\left(\frac{4}{5}\right) \in \mathbb{R}$.

Donc la suite $(\ln u_n)$ est arithmétique.

3. Faux.

$$\ln(2-3x) < 2 \Leftrightarrow (2 - 3x > 0 \text{ et } 2 - 3x < \mathrm{e}^2) \Leftrightarrow \left(x < \frac{2}{3} \text{ et } x > \frac{2-\mathrm{e}^2}{3}\right)$$

$$\Leftrightarrow x \in \left]\frac{2-\mathrm{e}^2}{3} ; \frac{2}{3}\right[.$$

4. Vrai. $\lim\limits_{x \to +\infty} \frac{\ln x}{x} = 0$, donc la courbe d'équation $y = 2 + \frac{\ln x}{x}$ admet une asymptote horizontale en $+\infty$, d'équation $y = 2$.

5. Appliquer le théorème des valeurs intermédiaires.

Vrai. Soit f la fonction définie sur $\mathbb{R}$ par $f(x) = \mathrm{e}^{3x\ln(2)} - \frac{\ln 3}{x\ln 2}$.

• $\frac{\ln 3}{\ln 2} > 0$ et $f\left(\frac{\ln 3}{\ln 2}\right) = \mathrm{e}^{3\ln(3)} - 1 = 3^3 - 1 = 26$,

donc $\frac{\ln 3}{\ln 2}$ est solution de l'équation sur $]0\,;+\infty[$: $\mathrm{e}^{3x\ln(2)} - \frac{\ln 3}{x\ln 2} = 26$.

• f est dérivable sur $]0\,;+\infty[$ et, pour tout $x \in]0\,;+\infty[$,

$f'(x) = 3\ln 2\,\mathrm{e}^{3x\ln(2)} + \dfrac{\ln 3}{x^2 \ln 2} > 0$ car $\ln 2 > 0$ et $\ln 3 > 0$.

Donc f est strictement croissante sur $]0\,;+\infty[$.

- f est continue et strictement croissante sur $]0\,;+\infty[$.

26 est compris entre $\lim\limits_{x\to 0^+} f(x) = -\infty$ et $\lim\limits_{x\to +\infty} f(x) = +\infty$

D'après le théorème des valeurs intermédiaires, l'équation $f(x) = 26$ admet une unique solution sur $]0\,;+\infty[$.

9 1. f est dérivable sur $]0\,;+\infty[$ et, pour tout $x > 0$, $f'(x) = (\ln(x)+1)\times \mathrm{e}^{x\ln x}$.

$\ln(x)+1>0 \Leftrightarrow \ln x = -1 \Leftrightarrow \ln x = \ln\left(\dfrac{1}{\mathrm{e}}\right) \Leftrightarrow x = \dfrac{1}{\mathrm{e}}$.

$\ln(x)+1>0 \Leftrightarrow \ln x > -1 \Leftrightarrow \ln x > \ln\left(\dfrac{1}{\mathrm{e}}\right) \Leftrightarrow x > \dfrac{1}{\mathrm{e}}$.

Donc $\ln(x)+1<0 \Leftrightarrow x < \dfrac{1}{\mathrm{e}}$.

Donc f est strictement décroissante sur $\left]0\,;\dfrac{1}{\mathrm{e}}\right[$ et strictement croissante sur $\left]\dfrac{1}{\mathrm{e}}\,;+\infty\right[$.

2. • $\begin{cases} \lim\limits_{x\to 0} x\ln(x) = 0 \\ \lim\limits_{X\to 0} \mathrm{e}^X = 1 \end{cases}$, donc, par composition, $\lim\limits_{x\to 0} f(x) = 1$.

• $\begin{cases} \lim\limits_{x\to +\infty} x\ln(x) = +\infty \\ \lim\limits_{X\to +\infty} \mathrm{e}^X = +\infty \end{cases}$, donc, par composition, $\lim\limits_{x\to +\infty} f(x) = +\infty$.

3. Soit $x \in\ ]0\,;+\infty[$.

$f(x) < \mathrm{e}^x \Leftrightarrow \mathrm{e}^{x\ln(x)} < \mathrm{e}^x \Leftrightarrow x\ln(x) < x$ car exp est strictement croissante sur $\mathbb{R}$

$\Leftrightarrow x(\ln(x)\ -1) < 0$

$\Leftrightarrow \ln(x) - 1 < 0$ car $x > 0$

$\Leftrightarrow \ln(x) < 1$

$\Leftrightarrow x < \mathrm{e}$.

L'ensemble des solutions de l'inéquation $f(x) < \mathrm{e}^x$ est donc l'intervalle $]0\,;\mathrm{e}[$.

4. $\dfrac{\mathrm{e}^{x\ln(x)}}{\mathrm{e}^x} = \mathrm{e}^{x\ln x - x} = \mathrm{e}^{x(\ln x - 1)}$.

$\begin{cases} \lim\limits_{x\to +\infty} x = +\infty \\ \lim\limits_{x\to +\infty} (\ln x - 1) = +\infty \end{cases}$, donc, par produit, $\lim\limits_{x\to +\infty} x(\ln x - 1) = +\infty$

Donc $\lim\limits_{x\to +\infty} \dfrac{\mathrm{e}^{x\ln(x)}}{\mathrm{e}^x} = +\infty$.

5.

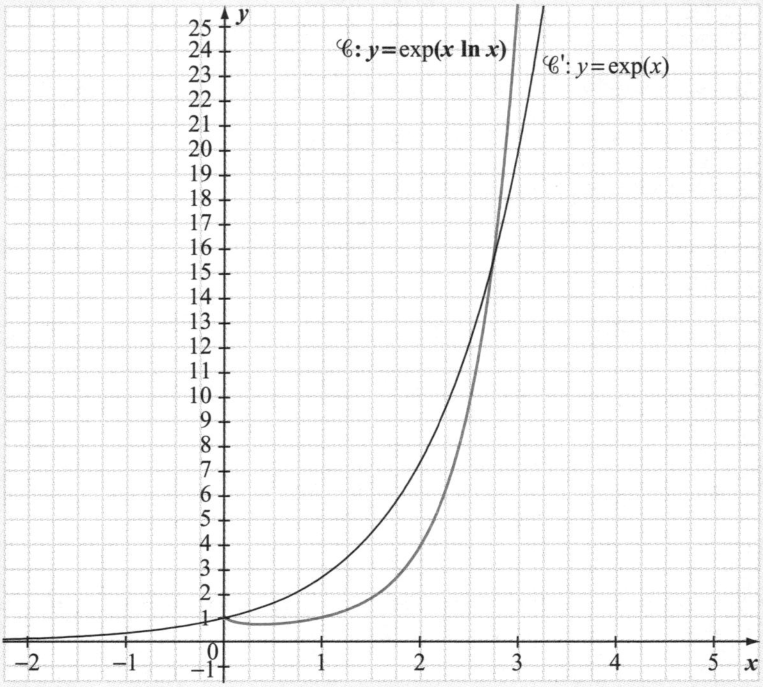

10 1. (C_n) est une suite géométrique de raison 1,0225 et de premier terme $C_0 > 0$.

D'où, pour tout $n \in \mathbb{N}$, $C_n = C_0 \times 1{,}0225^n$.

$C_n \geqslant 2C_0 \Leftrightarrow 1{,}0225^n \geqslant 2 \Leftrightarrow n \ln 1{,}0225 \geqslant \ln 2$

$\Leftrightarrow n \geqslant \dfrac{\ln 2}{\ln 1{,}0225}$ (car $\ln 1{,}0225 > 0$)

$\Leftrightarrow n \geqslant 32$.

Le capital aura doublé au bout de 32 années.

2. Soit u_n la masse de l'iridium 192 au bout du n-ième jour.

(u_n) est une suite géométrique de premier terme $u_0 > 0$ et de raison $1 - \dfrac{9{,}6}{1000} = 0{,}9904$.

D'où, pour tout $n \in \mathbb{N}$, $u_n = u_0 \times 0{,}9904^n$.

$u_n \leqslant \dfrac{1}{2} u_0 \Leftrightarrow 0{,}9904^n \leqslant \dfrac{1}{2} \Leftrightarrow n \ln 0{,}9904 \leqslant -\ln 2$

$\Leftrightarrow n \geqslant -\dfrac{\ln 2}{\ln 0{,}9904} (\text{car } \ln 0{,}9904 < 0)$

$\Leftrightarrow n \geqslant 72$.

La période de demi-vie de l'iridium 192 est de 72 ans.

11 1.

```
VARIABLES
   a EST_DU_TYPE NOMBRE
   b EST_DU_TYPE NOMBRE
   c EST_DU_TYPE NOMBRE
   X0 EST_DU_TYPE NOMBRE
   X1 EST_DU_TYPE NOMBRE
   X2 EST_DU_TYPE NOMBRE
   DELTA EST_DU_TYPE NOMBRE
DEBUT_ALGORITHME
   LIRE a
   LIRE b
   LIRE c
   SI (a!=0) ALORS
      DEBUT_SI
      DELTA PREND_LA_VALEUR b*b-4*a*c
      SI (DELTA= =0) ALORS
         DEBUT_SI
         X0 PREND_LA_VALEUR -b/(2*a)
         SI (X0>0) ALORS
            DEBUT_SI
            AFFICHER "l'équation a exp(2x)+b exp(x)+c=0 admet pour solution x = ln"
            AFFICHER X0
            FIN_SI
            SINON
               DEBUT_SINON
               AFFICHER "l'équation a exp(2x)+b exp(x)+c=0 n'admet aucune solution"
               FIN_SINON
      FIN_SI
      SINON
         DEBUT_SINON
         SI(DELTA>0)ALORS
            DEBUT_SI
            X1 PREND_LA_VALEUR (-b-sqrt(DELTA))/(2*a)
            X2 PREND_LA_VALEUR (-b+sqrt(DELTA))/(2*a)
            SI(X1>0ET X2>0)ALORS
DEBUT_SI
AFFICHER "l'équation a exp(2x)+b exp(x)+c=0 admet pour solutions x = ln"
AFFICHER X1
AFFICHER "et X = ln"
AFFICHER X2
FIN_SI
SINON
   DEBUT_SINON
   SI (X1 <=0 ET X2 <=0) ALORS
      DEBUT_SI
      AFFICHER "l"équation a exp(2x)+b exp(x)+c=0 n'admet aucune solution"
      FIN_SI
      SINON
         DEBUT_SINON
         AFFICHER "l'équation a exp(2x)+b exp(x)+c=0 admet pour solution x = ln"
         SI (X1>0) ALORS
            DEBUT_SI
            AFFICHER X1
            FIN_SI
            SINON
               DEBUT_SINON
               AFFICHER X2
               FIN_SINON
```

```
            FIN_SINON
          FIN_SINON
      FIN_SI
   SINON
        DEBUT_SINON
        AFFICHER "l'équation a exp(2x)+b exp(x)+c=0 n'admet aucune solution"
        FIN_SINON
      FIN_SINON
   FIN_SI
   FIN_ALGORITHME
```

2. a.

```
***Algorithme lancé***
l'équation a exp(2x)+b exp(x)+c=0 admet pour solution x = ln 1
***Algorithme terminé***
```

b.

```
***Algorithme lancé***
l'équation a exp(2x)+b exp(x)+c=0 n'admet aucune solution
***Algorithme terminé***
```

c.

```
***Algorithme lancé***
l'équation a exp(2x)+b exp(x)+c=0 admet pour solution x = ln 1.5 et x = ln 4
***Algorithme terminé***
```

d.

```
***Algorithme lancé***
l'équation a exp(2x)+b exp(x)+c=0 n'admet aucune solution
***Algorithme terminé***
```

12 **1. a.** $\log(1) = \dfrac{\ln 1}{\ln 10} = \dfrac{0}{\ln 10} = \mathbf{0}$ et $\log(10) = \dfrac{\ln 10}{\ln 10} = \mathbf{1}$.

b. Soit $x \in \mathbb{R}$, $\log(10^x) = \log(e^{x\ln 10}) = \dfrac{\ln(e^{x\ln 10})}{\ln 10}$.

Or, $\ln(e^{x\ln 10}) = x\ln 10$.

Voir le cours I. 1., propriétés.

Donc $\log(10^x) = \dfrac{x\ln 10}{\ln 10}$, soit $\mathbf{\log(10^x) = x}$.

c. Soient x et y deux réels positifs.

$\log(x \times y) = \dfrac{\ln(x \times y)}{\ln 10} = \dfrac{\ln(x) + \ln(y)}{\ln 10} = \dfrac{\ln x}{\ln 10} + \dfrac{\ln y}{\ln 10}$, d'où :

$$\mathbf{\log(x \times y) = \log(x) + \log(y)}.$$

2. a. $[H_3O^+] = 10^{-pH}$, d'où, puisque $[H_3O^+]$ est strictement positif :

$\log([H_3O^+]) = \log(10^{-pH}) = -pH$ et $\mathbf{pH = -\log([H_3O^+])}$.

b. Si $[H_3O^+] = 7{,}94 \times 10^{-6}\ \text{mol} \cdot \text{L}^{-1}$, alors :

$pH = -\log(7{,}94 \times 10^{-6}) = -[\log 7{,}94 + \log 10^{-6}] = 6 - \log 7{,}94$

$pH = 6 - \dfrac{\ln 7{,}94}{\ln 10} \approx 5{,}10.$

La solution est donc acide.

13 **1.** Pour tout $x \neq 1, f(x) = \dfrac{\ln x}{x-1} = \dfrac{\ln x - \ln 1}{x-1}$.

La fonction ln étant dérivable en 1, $\lim\limits_{x \to 1} \dfrac{\ln x - \ln 1}{x-1} = \ln' 1 = \dfrac{1}{1} = 1$.

Donc $\lim\limits_{x \to 1} f(x) = f(1)$, **donc f est continue en 1**.

2. a. $\lim\limits_{x \to 0^+} \ln x = -\infty$ et $\lim\limits_{x \to 0^+} (x-1) = -1$, donc $\mathbf{\lim\limits_{x \to 0^+} f(x) = +\infty}$, par quotient.

b. $\lim\limits_{x \to +\infty} \dfrac{x}{x-1} = \lim\limits_{x \to +\infty} \dfrac{x}{x} = \lim\limits_{x \to +\infty} 1 = 1$ et $\lim\limits_{x \to +\infty} \dfrac{\ln x}{x} = 0$, donc $\mathbf{\lim\limits_{x \to +\infty} f(x) = 0}$.

3. a. g est définie et dérivable sur $]0\,;+\infty[$ et, pour tout $x \in]0\,;+\infty[$:

$$g'(x) = \frac{1}{x^2} - \frac{1}{x} = \frac{1-x}{x^2}.$$

$g'(x) > 0$ sur $]0\,;1[$ et $g'(x) < 0$ sur $]1\,;+\infty[$

donc g est strictement croissante sur $]0\,;1[$ et strictement décroissante sur $]1\,;+\infty[$

x	0	1	$+\infty$
Variations de g	‖ ↗	0	↘

b. D'une part, g est strictement croissante sur $]0\,;1]$ et $g(1) = 0$, donc g est strictement négative sur $]0\,;1[$.
D'autre part, g est strictement décroissante sur $]0\,;+\infty[$ et $g(1) = 0$, donc g est strictement négative sur $]1\,;+\infty[$.
Finalement, $g(x) < 0$ si $x \in]0\,;+\infty[\setminus \{1\}$ et $g(1) = 0$.

4. a. Pour tout $x \neq 1$, $f'(x) = \dfrac{\frac{1}{x}(x-1) - \ln x}{(x-1)^2} = \dfrac{g(x)}{(x-1)^2}$

$(x-1)^2 > 0$, donc **$f'(x)$ est du même signe que $g(x)$**.

b. Alors f' est strictement négative sur $]0\,;1[$ et sur $]1\,;+\infty[$.
Donc **f est strictement décroissante sur $]0\,;1]$ et sur $]1\,;+\infty[$.**
Or f est continue en 1, donc **f est strictement décroissante sur $]0\,;+\infty[$.**

c.

x	0	1	$+\infty$
Variations de f	‖ $+\infty$	↘	0

14 **1.** $\boldsymbol{f(0)=0}$ et $f'(0)=\dfrac{\Delta y}{\Delta x}=\dfrac{3}{\frac{1}{3}}$ soit $\boldsymbol{f'(0)=9}$.

2. Supposons que $f(x)=ax+b+\ln(10x+1)$, a et b réels.

Alors pour tout $x\geqslant 0, f'(x)=a+\dfrac{10}{10x+1}$ et :

$$\begin{cases}f(0)=0\\ f'(0)=9\end{cases}\Leftrightarrow\begin{cases}b=0\\ a+10=9\end{cases}\Leftrightarrow\begin{cases}a=-1\\ b=0\end{cases}.$$

Donc $\boldsymbol{(a\,;b)=(-1\,;0)}$ et $\boldsymbol{f(x)=-x+\ln(10x+1)}$.

3. a. f est définie et dérivable $[0\,;+\infty[$ et, pour tout $x\geqslant 0$:

$$f'(x)=-1+\frac{10}{10x+1}=\frac{-10x+9}{10x+1}.$$

$-10x+9>0\Leftrightarrow x<\dfrac{9}{10}$ et $10x+1>0$ sur $[0\,;+\infty[$.

Donc $f'(x)>0$ si $x\in\left[0\,;\dfrac{9}{10}\right[$ et $f'(x)<0$ si $x\in\left]\dfrac{9}{10}\,;+\infty\right[$.

Donc f est strictement croissante sur $\left[0\,;\dfrac{9}{10}\right]$ et strictement décroissante sur $\left[\dfrac{9}{10}\,;+\infty\right[$.

b. $\dfrac{f(x)}{x}=-1+\dfrac{\ln(10x+1)}{x}=-1+\dfrac{10x+1}{x}\times\dfrac{\ln(10x+1)}{10x+1}$

$=-1+\left(10+\dfrac{1}{x}\right)\times\dfrac{\ln(10x+1)}{10x+1}.$

$\lim\limits_{x\to+\infty}(10x+1)=+\infty$ et $\lim\limits_{X\to+\infty}\dfrac{\ln X}{X}=0$, donc $\lim\limits_{x\to+\infty}\dfrac{\ln(10x+1)}{10x+1}=0.$

$\lim\limits_{x\to+\infty}\left(10+\dfrac{1}{x}\right)=10.$

Donc $\lim\limits_{x\to+\infty}\dfrac{f(x)}{x}=-1+10\times 0$ soit $\boldsymbol{\lim\limits_{x\to+\infty}\dfrac{f(x)}{x}=-1}$.

15 **1.** Δ est la médiatrice de [MM′].

• $(MM') \perp \Delta$. Or le coefficient directeur de Δ vaut 1, celui de (MM′) vaut $\frac{y'-y}{x'-x}$ ($x \neq x'$ car, Δ n'étant pas parallèle à (Ox), (MM′) n'est pas parallèle à l'axe des ordonnées). D'où :

$$1 \times \frac{y'-y}{x'-x} = -1, \text{ soit } x'+y' = x+y.$$

• Le milieu I de [MM′] appartient à Δ. Or $I\left(\frac{x+x'}{2}, \frac{y+y'}{2}\right)$, d'où :

$$\frac{x+x'}{2} = \frac{y+y'}{2}, \text{ soit } x'-y' = y-x.$$

$$\begin{cases} x'+y' = x+y \\ x'-y' = y-x \end{cases} \Leftrightarrow \begin{cases} y' = x \\ x' = y \end{cases} \text{ donc } \mathbf{M'(y\,;\,x)}.$$

2. $M(x\,;\,y) \in \mathscr{C}_{\ln} \Leftrightarrow y = \ln x \Leftrightarrow x = \exp y \Leftrightarrow M'(y\,;\,x) \Leftrightarrow \mathscr{C}_{\exp}$.

Donc le symétrique de $\mathscr{C}_{\ln}$ par rapport à Δ est $\mathscr{C}_{\exp}$.

16 **1.** Soit $C \in \mathbb{R}$. La fonction $x \to C\ln(x)$ vérifie, pour tout x et y strictement positifs :

$$\boldsymbol{C\ln(x \times y) = C(\ln(x)+\ln(y)) = C\ln(x) + C\ln(y).}$$

2. a. $f(1\times 0) = f(1)+f(0)$ soit $f(0) = f(1)+f(0)$, d'où $\boldsymbol{f(1)=0}$.
b. Soit $x > 0$. Alors $x \times y > 0$ et la fonction $y \mapsto f(x\times y)$ est dérivable sur $]0\,;+\infty[$ et sa dérivée est : $y \mapsto x \times f'(x\times y)$.
En dérivant (*) par rapport à y :

$$x \times f'(x \times y) = f'(y).$$

Avec $y = 1$, cela donne :

$$x \times f'(x) = f'(1).$$

En posant $C = f'(1)$, **pour tout $x > 0$, $f'(x) = \frac{C}{x}$.**

c. Soit h la fonction définie sur $]0\,;+\infty[$ par $h(x) = f(x) - C\ln(x)$.

h est dérivable sur $]0\,;+\infty[$ et, pour tout $x > 0$, $h'(x) = f'(x) - \frac{C}{x} = \frac{C}{x} - \frac{C}{x} = 0$.
Donc h est constante et vaut $h(1) = f(1) - C\ln 1 = 0 - 0 = 0$.
Donc, pour tout $x > 0$:

$$\boldsymbol{f(x) = C\ln(x).}$$

3. D'après **1.**, les fonctions $x \mapsto C\ln(x)$, où $C \in \mathbb{R}$, sont dérivables sur $]0\ ;+\infty[$ et vérifient (*).
D'après **2.**, les fonctions dérivables sur $]0\ ;+\infty[$ et vérifiant (*) sont de la forme :

$$x \mapsto C\ln(x), \text{ où } C \in \mathbb{R}.$$

Donc les fonctions f dérivables sur $]0\ ;+\infty[$ telles que pour tout $(x,y) \in]0\ ;+\infty[^2$, $f(x \times y) = f(x) + f(y)(*)$ sont les fonctions de la forme :

$$\boldsymbol{x \mapsto C\ln(x) \text{ où } C \in \mathbb{R}.}$$

17 **1.** $f_a(0) = a^0 = e^{0\ln a} = e^0 = \mathbf{1}$ et $f_a(1) = a^1 = e^{1\ln a} = e^{\ln a} = \boldsymbol{a}$.

2. • Pour tout x réel, $f_1(x) = e^{x\ln(1)} = e^0 = 1$ donc **f_1 est la fonction constante égale à 1.**

• Pour tout x réel, $f_e(x) = e^{x\ln(e)} = e^x$, donc **$f_e$ est la fonction exponentielle.**

3. Soit a un réel strictement supérieur à 1.

a. Pour tout réel x, $f_a'(x) = (\ln a) \times e^{x\ln a} > 0$ car $\ln a > 0$.

Donc f_a est strictement croissante sur $\mathbb{R}$.

b. $\ln(a) > 0$, donc $\lim\limits_{x \to +\infty} x\ln a = +\infty$ et $\lim\limits_{x \to -\infty} x\ln a = -\infty$.

• $\begin{cases} \lim\limits_{x \to +\infty} x\ln a = +\infty \\ \lim\limits_{X \to +\infty} e^X = +\infty \end{cases}$, donc, par composition, $\boldsymbol{\lim\limits_{x \to +\infty} f_a(x) = +\infty}$.

• $\begin{cases} \lim\limits_{X \to -\infty} x\ln a = -\infty \\ \lim\limits_{X \to -\infty} e^x = 0 \end{cases}$, donc, par composition, $\boldsymbol{\lim\limits_{x \to -\infty} f_a(x) = 0}$.

4. Soit a un réel strictement inférieur à 1.

a. Pour tout réel x, $f_a'(x) = (\ln a) \times e^{x\ln a} < 0$ car $\ln a < 0$.

Donc f_a est strictement décroissante sur $\mathbb{R}$.

b. $\ln(a) < 0$, donc $\lim\limits_{x \to +\infty} x\ln a = -\infty$ et $\lim\limits_{x \to -\infty} x\ln a = +\infty$.

• $\begin{cases} \lim\limits_{x \to +\infty} x\ln a = -\infty \\ \lim\limits_{X \to -\infty} e^X = 0 \end{cases}$, donc, par composition, $\lim\limits_{x \to +\infty} f_a(x) = 0$.

• $\begin{cases} \lim\limits_{x \to -\infty} x\ln a = +\infty \\ \lim\limits_{X \to +\infty} e^X = +\infty \end{cases}$, donc, par composition, $\lim\limits_{x \to -\infty} f_a(x) = +\infty$.

5.

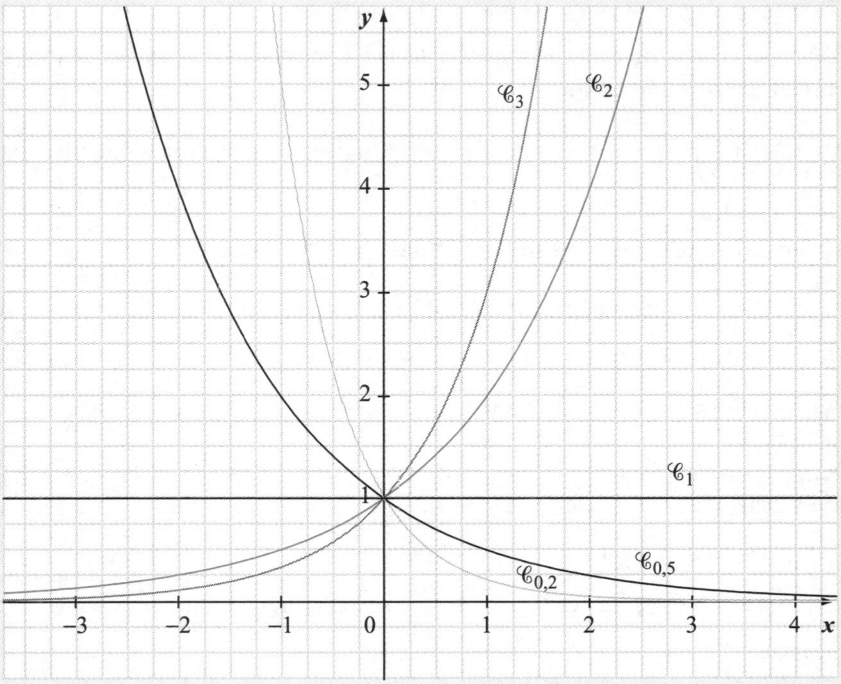

18 **1.** $3^0+4^0=1+1=2$ et $5^0=1$, donc $3^0+4^0\neq 5^0$.

$3^1+4^1=7\neq 5^1$.

$3^2+4^2=25=5^2$. **L'égalité est vraie pour $n=2$.**

2. a. $\varphi(x)=\mathrm{e}^{x\ln\left(\frac{3}{5}\right)}+\mathrm{e}^{x\ln\left(\frac{4}{5}\right)}$.

• $\ln\frac{3}{5}<0$, donc $\lim\limits_{x\to+\infty} x\ln\frac{3}{5}=-\infty$ et $\lim\limits_{x\to+\infty}\mathrm{e}^{x\ln\left(\frac{3}{5}\right)}=0$,

$\ln\frac{4}{5}<0$, donc $\lim\limits_{x\to+\infty} x\ln\frac{4}{5}=-\infty$ et $\lim\limits_{x\to+\infty}\mathrm{e}^{x\ln\left(\frac{4}{5}\right)}=0$,

donc $\mathbf{\lim\limits_{x\to+\infty}\varphi(x)=0}$.

• $\ln\frac{3}{5}<0$, donc $\lim\limits_{x\to-\infty} x\ln\frac{3}{5}=+\infty$ et $\lim\limits_{x\to-\infty}\mathrm{e}^{x\ln\left(\frac{3}{5}\right)}=+\infty$,

$\ln\frac{4}{5}<0$, donc $\lim\limits_{x\to-\infty} x\ln\frac{4}{5}=+\infty$ et $\lim\limits_{x\to-\infty}\mathrm{e}^{x\ln\left(\frac{4}{5}\right)}=+\infty$,

donc $\mathbf{\lim\limits_{x\to-\infty}\varphi(x)=+\infty}$.

b. φ est dérivable sur $\mathbb{R}$ et, pour tout $x\in\mathbb{R}$:

$\varphi'(x)=\ln\left(\frac{3}{5}\right)\times\mathrm{e}^{x\ln\left(\frac{3}{5}\right)}+\ln\left(\frac{4}{5}\right)\times\mathrm{e}^{x\ln\left(\frac{4}{5}\right)}<0$ car c'est une somme de deux termes négatifs.

Donc φ est strictement décroissante sur $\mathbb{R}$.

c. φ est strictement décroissante sur $]-\infty\,;+\infty[$;

1 est compris entre $\lim\limits_{x\to-\infty}\varphi(x)=+\infty$ et $\lim\limits_{x\to+\infty}\varphi(x)=0$.

D'après le corollaire du théorème des valeurs intermédiaires, **l'équation $\varphi(x)=1$ admet une solution unique**.

d. $\varphi(2)=\left(\dfrac{3}{5}\right)^2+\left(\dfrac{4}{5}\right)^2=\dfrac{3^2+4^2}{5^2}=\dfrac{5^5}{5^5}=1$. L'unique solution dans R de l'équation $\varphi(x)=1$ est 2.

A fortiori, le seul entier naturel n vérifiant $3^n+4^n=5^n$ est 2.

19 **1.** Soit a un réel. $g_a(1)=\mathrm{e}^{a\times\ln(1)}=\mathrm{e}^0=\mathbf{1}$ et $g_a(\mathrm{e})=\mathrm{e}^{a\times\ln(\mathrm{e})}=\mathbf{e^a}$.

2. $g_0 : x\mapsto x^0=\mathrm{e}^{0\times\ln(x)}=\mathrm{e}^0=1$.

g_0 est la fonction constante égale à 1.

3.a. $\boldsymbol{a>0}$

- g_a est dérivable sur $]0\,;+\infty[$ et, pour tout $x>0$, $g_a'(x)=\dfrac{a}{x}\mathrm{e}^{a.\ln x}>0$, **donc g_a est strictement croissante sur $]0\,;+\infty[$.**
- $\lim\limits_{x\to0^+}a\ln x=-\infty$; $\lim\limits_{X\to-\infty}\mathrm{e}^X=0$, donc, par composition, $\lim\limits_{x\to0^+}g_a(x)=0$.
- $\lim\limits_{x\to+\infty}a\ln x=+\infty$; $\lim\limits_{X\to+\infty}\mathrm{e}^X=+\infty$, donc, par composition, $\lim\limits_{x\to+\infty}g_a(x)=+\infty$.

b. $\boldsymbol{a<0}$

- g_a est dérivable sur $]0\,;+\infty[$ et, pour tout $x>0$, $g_a'(x)=\dfrac{a}{x}\mathrm{e}^{a\ln x}<0$, donc g_a est strictement décroissante sur $]0\,;+\infty[$.
- $\begin{cases}\lim\limits_{x\to0^+}a\ln x=+\infty\\ \lim\limits_{x\to+\infty}\mathrm{e}^x=+\infty\end{cases}$, donc, par composition, $\boldsymbol{\lim\limits_{x\to0^+}g_a(x)=+\infty}$.
- $\begin{cases}\lim\limits_{x\to+\infty}a\ln x=-\infty\\ \lim\limits_{x\to-\infty}\mathrm{e}^x=0\end{cases}$, donc, par composition, $\boldsymbol{\lim\limits_{x\to+\infty}g_a(x)=0}$.

20 **Partie A**

1. (u_n) est la suite définie par :

$$\begin{cases}\boldsymbol{u_1=0}\\ \textbf{pour tout } \boldsymbol{n\in\mathbb{N}^*, u_{n+1}=u_n+n^2}\end{cases}$$

2. Pour $N=5$:

```
***Algorithme lancé***
u(1) = 0
u(2) = 1
u(3) = 5
u(4) = 14
u(5) = 30
***Algorithme terminé***
```

Pour $N = 50$:

```
u(44) = 27434
u(45) = 29370
u(46) = 31395
u(47) = 33511
u(48) = 35720
u(49) = 38024
u(50) = 40425
***Algorithme terminé***
```

Partie B

1. $u_1 = \sum_{k=1}^{1} \frac{1}{k} = \frac{1}{1} = 1$ puis, pour tout $n \in \mathbb{N}^*$:

$$u_{n+1} - u_n = 1 + \frac{1}{2} + \ldots + \frac{1}{n} + \frac{1}{n+1} - \left(1 + \frac{1}{2} + \ldots + \frac{1}{n}\right) = \frac{1}{n+1}.$$

Donc (u_n) est définie par : $\begin{cases} \boldsymbol{u_1 = 1} \\ \textbf{pour tout } \boldsymbol{n \in \mathbb{N}^*, u_{n+1} = u_n + \frac{1}{n+1}} \end{cases}$

2.

```
VARIABLE
  N EST_DU_TYPE NOMBRE
  a EST_DU_TYPE NOMBRE
  k EST_DU_TYPE NORMBRE
DEBUT_ALGORITHME
  LIRE N
  a PREND_LA_VALEUR 1
  POUR k ALLANT_DE 1 A n-1
    DEBUT_POUR
    AFFICHER "u("
    AFFICHER k
    AFFICHER ")="
    AFFICHER a
    a PREND_LA_VALEUR a+1/(k+1)
    FIN_POUR
  AFFICHER "u("
  AFFICHER N
  AFFICHER ")="
  AFFICHER a
FIN_ALGORITHME
```

3.a. • La fonction $x \mapsto \ln(1+x)$ est de la forme $\ln u$ avec $u : x \mapsto 1+x$.
$u(x) > 0 \Leftrightarrow x > -1$, donc la fonction $x \mapsto \ln(1+x)$ est dérivable sur $]-1\,;+\infty[$ et donc aussi sur $]0\,;+\infty[$. Par suite, f est également définie sur $]0\,;+\infty[$.

• Pour tout $x > 0$, $f'(x) = \frac{1}{1+x} - 1 = \frac{-x}{1+x}$.

Le numérateur $-x$ est strictement négatif sur $]0\,;+\infty[$ et le dénominateur $1+x$ est strictement positif sur $]0\,;+\infty[$, donc $f'(x) < 0$ sur $]0\,;+\infty[$.
Donc ***f* est strictement décroissante sur** $]0\,;+\infty[$.

b. $\lim\limits_{x \to 0} \ln(1+x) = 0$, donc $\lim\limits_{x \to 0} f(x) = 0$.

Comme f est strictement décroissante sur $]0\,;+\infty[$, f est strictement négative sur $]0\,;+\infty[$.

c. Pour tout $x > 0$, $f(x) < 0$, c'est-à-dire $\ln(1+x) - x < 0$, soit encore :

$$\mathbf{\ln(1+x) < x.}$$

4. Soit $n \in \mathbb{N}^*$. Remarquons que $\ln(n+1) - \ln(n) = \ln\left(\dfrac{n+1}{n}\right) = \ln\left(1+\dfrac{1}{n}\right)$.

$\dfrac{1}{n} > 0$ donc la résultat du **5.** s'applique à $\dfrac{1}{n}$ et donne $\ln\left(1+\dfrac{1}{n}\right) < \dfrac{1}{n}$, soit :

$$\mathbf{\ln(n+1) - \ln(n) < \frac{1}{n}.}$$

5. Soit $n \in \mathbb{N}^*$.
avec $k = 1$, $1 > \ln 2 - \ln 1$;
avec $k = 2$, $\dfrac{1}{2} > \ln 3 - \ln 2$;
avec $k = 3$, $\dfrac{1}{3} > \ln 4 - \ln 3$;
…
avec $k = n-1$, $\dfrac{1}{n-1} > \ln n - \ln(n-1)$;
avec $k = n$, $n > \ln(n+1) - \ln n$.

Ajoutons membre à membre ces inégalités :

$$1 + \frac{1}{2} + \ldots + \frac{1}{n-1} + \frac{1}{n} > \ln 2 - \ln 1 + \ln 3 - \ln 2 + \ln 4 - \ln 3 + \ldots$$
$$+ \ln n - \ln(n-1) + \ln(n+1) - \ln n$$

c'est-à-dire $u_n > \ln(n+1) - \ln 1$.

Donc, **pour tout $n \in \mathbb{N}^*, u_n > \ln(n+1)$.**

6. • Pour tout $n \in \mathbb{N}^*, u_n > \ln(n+1)$.

• $\lim\limits_{x \to +\infty} \ln(n+1) = +\infty$.

Donc, d'après le théorème de comparaison, $\lim\limits_{n \to +\infty} u_n = +\infty$.

Voir le chapitre 1, limites de suites.

21 **1.** $\ln|x|$ est défini pour tout x vérifiant $|x| > 0$, c'est-à-dire $x \in \mathbb{R}^*$.

• $x \to |x|$ est dérivable sur $\mathbb{R}^*$, à valeurs dans $]0\,;+\infty[$, et ln est dérivable sur $]0\,;+\infty[$.

Donc $x \to \ln|x|$ est dérivable sur $\mathbb{R}^*$.
Réponse c.

2. Sur $]0\,;+\infty[$, $\ln|x| = \ln x$, donc sa dérivée est $x \mapsto \dfrac{1}{x}$.

Sur $]-\infty\,;0[$, $\ln|x| = \ln(-x)$, donc sa dérivée est $x \mapsto \dfrac{-1}{-x}$, soit $x \mapsto \dfrac{1}{x}$.

La fonction $x \mapsto \ln|x|$ a pour dérivée $x \mapsto \dfrac{1}{x}$.

Réponse d.

3.

$$\begin{cases} f(\mathrm{e}) = 0 \\ f'(1) = 1 \end{cases} \Leftrightarrow \begin{cases} a\mathrm{e} + b = 0 \\ a + \dfrac{b}{1} = 1 \end{cases} \Leftrightarrow \begin{cases} a = \dfrac{-1}{\mathrm{e}-1} \\ b = 1 - a \end{cases} \Leftrightarrow \begin{cases} a = \dfrac{-1}{\mathrm{e}-1} \\ b = \dfrac{\mathrm{e}}{\mathrm{e}-1} \end{cases}.$$

Alors $f(x) = \dfrac{-x}{\mathrm{e}-1} + \dfrac{\mathrm{e}}{\mathrm{e}-1}\ln x = \dfrac{x}{1-\mathrm{e}} - \dfrac{\mathrm{e}}{1-\mathrm{e}}\ln(x)$;

$$f'(x) = \frac{-1}{\mathrm{e}-1} + \frac{\mathrm{e}}{\mathrm{e}-1} \times \frac{1}{x}.$$

Réponse c.

4. $\ln|x| \geqslant 1 \Leftrightarrow \big(|x-1| \neq 0 \text{ et } |x-1| \geqslant \mathrm{e}\big)$

$\Leftrightarrow \big(x \neq 1 \text{ et } (x-1 \leqslant -\mathrm{e} \text{ ou } x-1 \geqslant \mathrm{e})\big)$

$\Leftrightarrow \big(x \neq 1 \text{ et } (x \leqslant 1-\mathrm{e} \text{ ou } x \geqslant 1+\mathrm{e})\big)$

$\Leftrightarrow x \in]-\infty\,;1-\mathrm{e}] \cup [\mathrm{e}+1\,;+\infty[$.

Réponse d.

22 **Partie A**

1. f est définie et dérivable sur $]0\,;+\infty[$ et, pour tout $x \in \mathbb{R}$, $f'(x) = \dfrac{1-\ln x}{x^2}$.
Pour tout $x > 0$:

$$f'(x) > 0 \Leftrightarrow 1 > \ln x \Leftrightarrow \ln \mathrm{e} > \ln x \Leftrightarrow \mathrm{e} > x \text{ et } f'(x) < 0 \Leftrightarrow \mathrm{e} < x.$$

Donc f est strictement croissante sur $]0\,;\mathrm{e}]$ et strictement décroissante sur $[\mathrm{e}\,;+\infty[$.

2. $\lim\limits_{x\to+\infty} f(x) = \mathbf{\lim\limits_{x\to+\infty} \dfrac{\ln(x)}{x} = 0.}$

$\lim\limits_{x\to 0^+} \ln x = -\infty$ et $\lim\limits_{x\to 0^+} x = 0_+$ donc, par quotient, $\mathbf{\lim\limits_{x\to 0^+} f(x) = -\infty}$.

x	0		e		$+\infty$
f	‖ $-\infty$	↗	$\dfrac{1}{\mathrm{e}}$	↘	0

3.

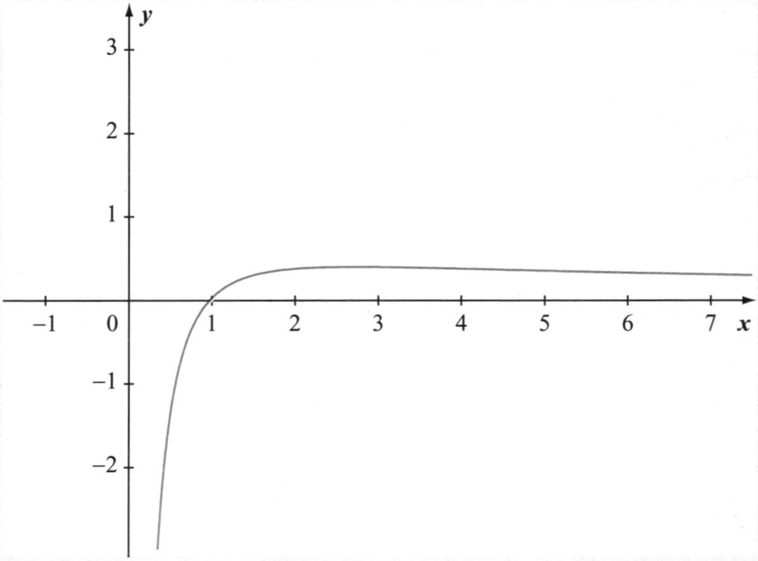

Partie B

1. f est strictement décroissante sur $[\mathrm{e}\,;+\infty[$.

Pour tout entier $n \geqslant 4$, $f(n) \leqslant f(4)$, soit $\boldsymbol{\dfrac{\ln n}{n} \leqslant \dfrac{\ln 4}{4}}$.

2. $\boldsymbol{\dfrac{\ln 4}{4} = \dfrac{2 \times \ln 2}{2 \times 2} = \dfrac{\ln 2}{2}}$.

3. Donc, pour tout entier $n \geqslant 4, \dfrac{\ln n}{n} \leqslant \dfrac{\ln 2}{2}$.

Comme 2 et n sont strictement positifs, $2 \times \ln n \leqslant n \times \ln 2$.
Puis, en appliquant la fonction exponentielle strictement croissante :
$\exp(2 \times \ln n) \leqslant \exp(n \times \ln 2)$, d'où $\boldsymbol{n^2 \leqslant 2^n}$.

23 **1.** ϕ est dérivable sur $[1\,;+\infty[$ et, pour tout $x \geqslant 1, \phi'(x) = \dfrac{1}{x} - \dfrac{1}{2\sqrt{x}} = \dfrac{2-\sqrt{x}}{2x}$.
$2x > 0$ sur $[1\,;+\infty[$, donc :

$$\phi'(x) > 0 \Leftrightarrow (2 > \sqrt{x} \text{ et } x \geqslant 1) \Leftrightarrow 1 \leqslant x < 4$$

$$\phi'(x) < 0 \Leftrightarrow (2 < \sqrt{x} \text{ et } x \geqslant 1) \Leftrightarrow x > 4.$$

Donc ϕ est strictement croissante sur $[1\,;4]$ et strictement décroissante sur $[4\,;+\infty[$.

x	1	4	$+\infty$
Variations de ϕ	-1 ↗	$\ln(4)-2$	↘

$\ln(4) - 2 \approx -0{,}6$.

2. Pour tout $x \geqslant 1$, $\ln x - \sqrt{x} \leqslant \ln(4) - 2 < 0$ soit $\ln x \leqslant \sqrt{x}$.

Comme $x > 0$, il en résulte que $\dfrac{\ln x}{x} \leqslant \dfrac{\sqrt{x}}{x}$.

De plus, $x \geqslant 1$ donc $\ln x \geqslant 0$ et $\dfrac{\ln x}{x} \geqslant 0$. Finalement, pour tout $x \geqslant 1$:

$$\mathbf{0 \leqslant \frac{\ln x}{x} \leqslant \frac{1}{\sqrt{x}}.}$$

3. $0 \leqslant \dfrac{\ln x}{x} \leqslant \dfrac{1}{\sqrt{x}}$ pour tout $x \geqslant 1$ et $\lim\limits_{x \to +\infty} \dfrac{1}{\sqrt{x}} = 0$.

Donc, d'après le théorème des gendarmes :

$$\mathbf{\lim_{x \to +\infty} \frac{\ln x}{x} = 0.}$$

24 **Partie A**

1. a. $\lim\limits_{x \to -\infty} \mathrm{e}^x = 0$ et $\lim\limits_{x \to -\infty} \mathrm{e}^{2x} = 0$, donc $\mathbf{\lim\limits_{x \to -\infty} f(x) = \dfrac{0}{1} = 0.}$

$\mathscr{C}_f$ admet une asymptote horizontale en $-\infty$, d'équation $y = 0$.

b. Posons $X = \mathrm{e}^x$. Alors $f(x) = \dfrac{2X^2 - X}{X^2 - X + 1}$.

$$\begin{cases} \lim\limits_{x \to +\infty} \mathrm{e}^x = +\infty \\ \lim\limits_{x \to +\infty} \dfrac{2X^2 - X}{X^2 - X + 1} = \lim\limits_{x \to +\infty} \dfrac{2X^2}{X^2} = \lim\limits_{x \to +\infty} 2 = 2 \end{cases},$$

donc, par composition, $\lim\limits_{x \to +\infty} f(x) = 2$.

$\mathscr{C}_f$ admet une asymptote horizontale en $+\infty$, d'équation $y = 2$.

c. A est sur l'axe des abscisses, donc $y_A = 0$.
$A \in \mathscr{C}_f$, donc $y_A = f(x_A)$.

Donc $f(x_A) = 0$.

Or $f(x) = 0 \Leftrightarrow \dfrac{2\mathrm{e}^{2x} - \mathrm{e}^x}{\mathrm{e}^{2x} - \mathrm{e}^x + 1} = 0 \Leftrightarrow 2\mathrm{e}^{2x} - \mathrm{e}^x = 0$.

$\mathrm{e}^{2x} - \mathrm{e}^x + 1$ ne s'annule pas sur $\mathbb{R}$, puisque le trinôme $X^2 - X + 1$ n'a pas de racine réelle $(\Delta < 0)$.

Donc $f(x) = 0 \Leftrightarrow 2\mathrm{e}^{2x} = \mathrm{e}^x \Leftrightarrow 2\mathrm{e}^x = 1$ (division par $\mathrm{e}^x \neq 0$)

$$\Leftrightarrow \mathrm{e}^x = \frac{1}{2} \Leftrightarrow x = \ln\frac{1}{2} \Leftrightarrow x = -\ln 2.$$

Donc $\mathbf{x_A = -\ln 2.}$

2. a. $f(x) < 0$ lorsque $x < x_A$, c'est-à-dire pour $\boldsymbol{x \in]-\infty\ ; -\ln 2[}$

$f(x) = 0$ pour $\boldsymbol{x = x_A = -\ln 2}$

$f(x) > 0$ lorsque $x > x_A$, c'est-à-dire pour $\boldsymbol{x \in]-\ln 2\ ; +\infty[}$.

b. La pente de la tangente T au point d'abscisse 0 vaut 2 $\left(\dfrac{\Delta y}{\Delta x} = \dfrac{2}{1}\right)$.

Donc $f'(0) = 2$.

Partie B

1. a. $\lim\limits_{x \to -\infty} e^x = 0$ et $\lim\limits_{x \to -\infty} e^{2x} = 0$, donc $\lim\limits_{x \to -\infty} (e^{2x} - e^x + 1) = 1$.

Donc, par composition, $\boldsymbol{\lim\limits_{x \to -\infty} \ln(e^{2x} - e^x + 1) = 0}$.

b. Soit $x \in \mathbb{R}$, $F(x) = \ln(e^{2x} - e^x + 1) = \ln\left[e^{2x}\left(1 - e^{-x} + e^{-2x}\right)\right]$.

Or, pour tout x réel, $1 - e^{-x} + e^{-2x} = \dfrac{e^{2x} - e^x + 1}{e^{2x}} > 0$.

Donc $F(x) = \ln\left(e^{2x}\right) + \ln\left(1 - e^{-x} + e^{-2x}\right)$, soit $\boldsymbol{F(x) = 2x + \ln\left(1 - e^{-x} + e^{-2x}\right)}$.

c. $\lim\limits_{x \to +\infty} e^{-x} = 0$ et $\lim\limits_{x \to +\infty} e^{-2x} = 0$, donc $\lim\limits_{x \to +\infty} \ln\left(1 - e^{-x} + e^{-2x}\right) = \ln 1 = 0$.

$\begin{cases} \lim\limits_{x \to +\infty} (2x) = +\infty \\ \lim\limits_{x \to +\infty} \ln(1 - e^{-x} + e^{-2x}) = 0 \end{cases}$, donc, par différence, $\lim\limits_{x \to +\infty} F(x) = +\infty$.

2. a. • F est de la forme $\ln u$, avec $u : x \mapsto e^{2x} - e^x + 1$.
u est dérivable sur $\mathbb{R}$ et, pour tout x réel, $u(x) > 0$ (le trinôme $X^2 - X + 1$ n'admet aucune racine réelle). Donc F est dérivable sur $\mathbb{R}$.

• Pour tout x réel, $F'(x) = \dfrac{u'(x)}{u(x)} = \dfrac{2e^{2x} - e^x}{e^{2x} - e^x + 1}$.

Donc f est la fonction dérivée de F.

b. $F' = f$, d'où le tableau de variation :

x	$-\infty$		$-\ln 2$		$+\infty$
Signe de $F' = f$		$-$	0	$+$	
Variations de F	0	↘	$\ln\left(\dfrac{3}{4}\right)$	↗	$+\infty$

$$F(-\ln 2) = \ln\left(e^{-2\ln 2} - e^{-\ln 2} + 1\right) = \ln\left(\frac{1}{4} - \frac{1}{2} + 1\right) = \ln\left(\frac{3}{4}\right).$$

5 Suites et raisonnement par récurrence

I LE RAISONNEMENT PAR RÉCURRENCE

■ Le **principe de récurrence** est de montrer qu'une propriété est vraie pour tout entier naturel (parfois seulement à partir d'un certain rang).
On le considère comme un axiome (universellement admis).
Si une propriété P_n relative à un entier naturel n vérifie les deux conditions suivantes :

- P_0 est vraie ;
- le fait que P_m soit vraie implique que P_{m+1} est vraie ;

alors la propriété P_n est vraie pour tout $n \in \mathbb{N}$.

Principe de récurrence à partir du rang 3 : si P_3 est vraie et si (P_m vraie $\Rightarrow P_{m+1}$ vraie), alors P_n est vraie pour tout entier $n \geqslant 3$.

■ **Conséquence :** Comportement à l'infini de la suite (q^n).
Soit q un réel.
Si $q > 1$, alors $\lim\limits_{n \to +\infty} q^n = +\infty$.
Si $q = 1$, alors $\lim\limits_{n \to +\infty} q^n = 1$.
Si $-1 < q < 1$, alors $\lim\limits_{n \to +\infty} q^n = 0$.
Si $q \leqslant -1$, la suite (q^n) n'admet pas de limite.

Si q est négatif, la suite (q^n) n'est pas monotone, mais elle est encadrée par deux suites monotones : $(|q|^n)$ et $(-|q|^n)$.

II COMPORTEMENT GLOBAL D'UNE SUITE

1. Suites majorées, minorées et bornées

■ Une suite $(u_n)_{n \in I}$ est **majorée** s'il existe un réel M tel que pour tout $n \in I$, $u_n \leqslant M$.
■ Une suite $(u_n)_{n \in I}$ est **minorée** s'il existe un réel m tel que pour tout $n \in I$, $u_n \geqslant m$.
■ Une suite $(u_n)_{n \in I}$ est **bornée** si elle est minorée et majorée.

2. Suites monotones

- On dit qu'une suite $(u_n)_{n \in I}$ est **croissante** si pour tout $n \in I$, $u_{n+1} \geqslant u_n$.
- On dit qu'une suite $(u_n)_{n \in I}$ est **décroissante** si pour tout $n \in I$, $u_{n+1} \leqslant u_n$.
- On dit qu'une suite $(u_n)_{n \in I}$ est **constante** si pour tout $n \in I$, $u_{n+1} = u_n$.

III COMPORTEMENT ASYMPTOTIQUE D'UNE SUITE MONOTONE

- **Théorème 1 :** Toute suite croissante non majorée diverge vers $+\infty$.

Toute suite décroissante non minorée diverge vers $-\infty$.

Demonstration : (u_n) diverge vers $+\infty$ si, pour tout $M \in \mathbb{R}$, $u_n \in]M\ ; +\infty[$ à partir d'un certain rang. Soit M un réel.

(u_n) n'est pas majorée par M, donc il existe n_0 tel que $u_{n_0} > M$.

Alors, comme (u_n) est croissante, pour tout $n \geqslant n_0$, $u_n \geqslant u_{n_0} > M$ et $u_n \in]M\ ; +\infty[$. Donc (u_n) diverge vers $+\infty$.

- **Théorème 2 (admis)**

Toute suite croissante et majorée converge.

Toute suite décroissante et minorée converge.

> Ce théorème ne permet pas de trouver la limite d'une suite convergente, mais on peut parfois utiliser le résultat suivant.

- **Théorème 3**

Soit (u_n) une suite définie par la relation de récurrence $u_{n+1} = f(u_n)$.

Si la suite (u_n) converge vers un réel l et si la fonction f est continue en l, alors l est solution de l'équation $f(x) = x$.

SAVOIR-FAIRE

1. Représenter graphiquement les premiers termes d'une suite définie par $u_{n+1} = f(u_n)$

EXEMPLE 1: Soit (u_n) la suite définie par $u_0 = 0$ et pour tout $n \in \mathbb{N}$:

$$u_{n+1} = \sqrt{u_n + 6}.$$

On note f la fonction définie sur $[-6\ ; +\infty[$ par $f(x) = \sqrt{x+6}$, et $\mathscr{C}_f$ sa courbe représentative dans un repère orthogonal. À partir de $\mathscr{C}_f$ et de la droite d'équation $y = x$, représenter sur l'axe des abscisses les premiers termes de la suite (u_n).

Placer u_0 sur l'axe des abscisses.

La courbe $\mathscr{C}_f$ permet de placer son image u_1 sur l'axe des ordonnées.

Pour placer u_1 sur l'axe des abscisses, on trace le point d'intersection I_1 de Δ avec la droite d'équation $y = u_1$.
La parallèle à l'axe (Oy) passant par I_1 coupe l'axe des abscisses en u_1.

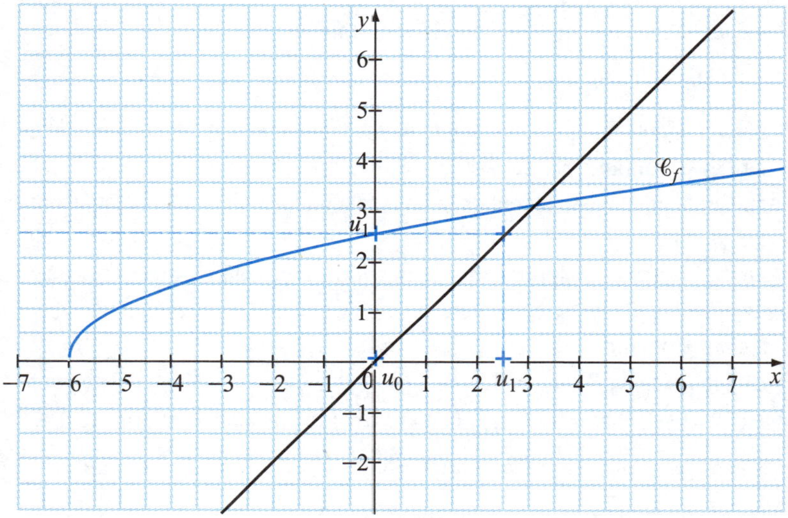

On réitère ce procédé à partir de u_1. La courbe $\mathscr{C}_f$ donne u_2 sur l'axe des ordonnées, puis la droite permet de placer u_2 sur l'axe des abscisses et ainsi de suite…

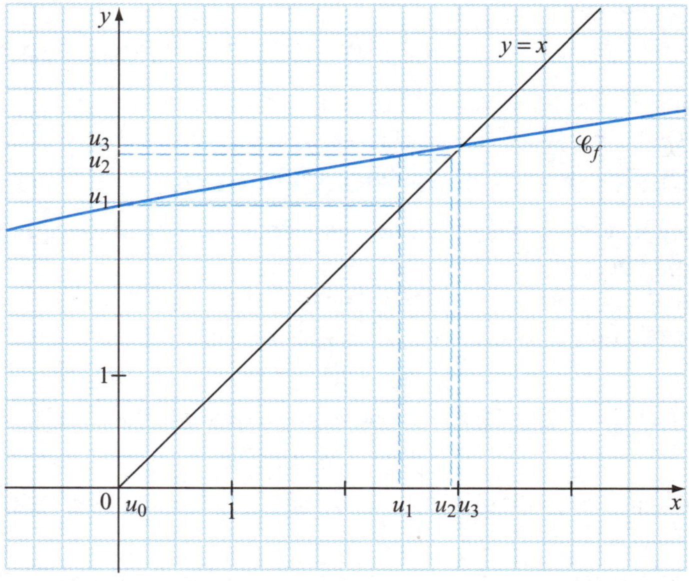

2. Rédiger une récurrence

EXEMPLE 2 : Soit (u_n) la suite définie par $u_0 = \frac{1}{2}$ et $u_{n+1} = \sqrt{u_n}$ pour tout $n \in \mathbb{N}$.

Démontrer par récurrence que pour tout $n \in \mathbb{N}$, $0 < u_n < 1$.

Il faut démontrer l'inégalité pour $n \in \mathbb{N}$, donc à partir du rang 0.

1re étape : Montrons que la propriété est vraie au rang 0.

$u_0 = \frac{1}{2}$, donc $0 < u_0 < 1$.

2e étape : Montrons que si la propriété est vraie à un certain rang *m*, alors elle le sera aussi au rang suivant $(m+1)$.

Supposons qu'il existe un entier naturel *m* tel que $0 < u_m < 1$, et montrons que $0 < u_{m+1} < 1$.

$0 < u_m < 1$, donc, en appliquant la fonction racine carrée qui est strictement croissante sur $[0\,;+\infty[$, on obtient $\sqrt{0} < \sqrt{u_m} < \sqrt{1}$, c'est-à-dire $0 < u_{m+1} < 1$.

3e étape : Conclure.

Pour tout $n \in \mathbb{N}$, $0 < u_n < 1$.

SUITE DE L'EXEMPLE 1 : Soit (u_n) la suite définie par $u_0 = 0$ et pour tout $n \in \mathbb{N}$, $u_{n+1} = \sqrt{u_n + 6}$. Démontrer que pour tout $n \in \mathbb{N}$, $0 \leqslant u_n \leqslant u_{n+1} \leqslant 3$.

1e étape : $u_1 = \sqrt{0+6} = \sqrt{6} \leqslant 3$, donc $0 \leqslant u_0 \leqslant u_1 \leqslant 3$.

2e étape : Supposons qu'il existe un entier naturel *m* tel que $0 \leqslant u_m \leqslant u_{m+1} \leqslant 3$, et montrons que $0 \leqslant u_{m+1} \leqslant u_{m+2} \leqslant 3$.

$0 \leqslant u_m \leqslant u_{m+1} \leqslant 3$, donc $6 \leqslant u_m + 6 \leqslant u_{m+1} + 6 \leqslant 9$ (on ajoute 6 à chaque membre), donc, en appliquant la fonction racine carrée strictement croissante sur $[0\,;+\infty]$:

$$\sqrt{6} \leqslant \sqrt{u_m + 6} \leqslant \sqrt{u_{m+1} + 6} \leqslant \sqrt{9}, \text{ c'est-à-dire } \sqrt{6} \leqslant u_{m+1} \leqslant u_{m+2} \leqslant 3.$$

Comme $0 \leqslant \sqrt{6}$, a fortiori $0 \leqslant u_{m+1} \leqslant u_{m+2} \leqslant 3$.

3e étape : **Donc, pour tout $n \in \mathbb{N}$, $0 \leqslant u_n \leqslant u_{n+1} \leqslant 3$.**

3. Étudier le sens de variation d'une suite

a. Étude des variations d'une suite dont on connaît l'expression en fonction de *n*.

Si, pour tout *n*, $u_n = f(n)$, les variations de (u_n) découlent de celles de *f*.

EXEMPLE : Étudier les variations de la suite (u_n) définie pour tout $n \in \mathbb{N}^*$ par :

$$u_n = \ln(2n-1).$$

Pour tout $n \geqslant 1$, $2n - 1 \geqslant 1 > 0$, donc $u_n = f(n)$ avec *f* définie sur $[1\,;+\infty[$ par :

$$f(x) = \ln(2x-1).$$

Pour tout $x \geqslant 1$, $f'(x) = \frac{2}{2x-1} > 0$, donc *f* est strictement croissante sur $[1\,;+\infty[$.

Ainsi, pourtout $n \geqslant 1$, $n < n+1 \quad f(n) < f(n+1)$, soit $u_n < u_{n+1}$.

Par conséquent, la suite (u_n) est strictement croissante.

b. Étude des variations d'une suite définie par récurrence

- On peut étudier le signe de $u_{n+1} - u_n$.

EXEMPLE : Étudier les variations de la suite (u_n) définie par $u_0 = -5$ et pour tout $n \in \mathbb{N}$, $u_{n+1} = u_n + 2n - 7$.

Soit $n \in \mathbb{N}$, $u_{n+1} - u_n = 2n - 7$.

Or $2n - 7 \geqslant 0 \Leftrightarrow n \geqslant \frac{7}{2} \Leftrightarrow n \geqslant 4$ (car n est entier).

La suite (u_n) est strictement croissante à partir du rang $n = 4$.

- Si chaque terme de la suite (u_n) est strictement positif, on peut comparer $\frac{u_{n+1}}{u_n}$ et 1.

EXEMPLE : Étudier les variations de la suite (u_n) définie pour tout $n \in \mathbb{N}^*$ par $u_n = n! = 1 \times 2 \times \ldots \times n$. Pour tout $n \geqslant 1$, $u_n > 0$.

$\frac{u_{n+1}}{u_n} = \frac{1 \times 2 \times \ldots \times n \times (n+1)}{1 \times 2 \times \ldots \times n} = n + 1 > 1$, donc $u_{n+1} > u_n$ (multiplication par $u_n > 0$).

La suite (u_n) est strictement croissante.

4. Déterminer la limite d'une suite convergente définie par $u_{n+1} = f(u_n)$

SUITE DE L'EXEMPLE 1 : On considère la suite (u_n) définie par : $u_0 = 0$ et, pour tout $n \in \mathbb{N}$, $u_{n+1} = \sqrt{u_n + 6}$ Déterminer que (u_n) converge et déterminer sa limite.

On a montré, au savoir-faire n°1, que pour tout $n \in \mathbb{N}$, $0 \leqslant u_n \leqslant u_{n+1} \leqslant 3$.

On peut donc affirmer que la suite (u_n) est croissante et majorée par 3.

Donc la suite (u_n) converge.

On vérifie que toutes les hypothèses du théorème 3 (du paragraphe III) sont vérifiées :

- La suite (u_n) vérifie, pour tout $n \in \mathbb{N}$, $u_{n+1} = f(u_n)$, avec $f : x \mapsto \sqrt{x+6}$.
- La suite (u_n) est convergente vers un réel noté l.
- Reste à vérifier que f est continue en l.

Pour tout $n \in \mathbb{N}$, $0 \leqslant u_n \leqslant 3$. Donc $l \in [0, 3]$.

La fonction racine carrée étant continue sur $\mathbb{R}+$, f est continue sur $[0, 3]$.

En particulier, f est continue en l.

Donc, d'après le théorème 3, l est solution de l'équation $f(l) = l$.

On résout l'équation $f(l) = l$. sur [0 ; 3].

$f(l) = l \Leftrightarrow \sqrt{l+6} = l \Leftrightarrow l + 6 = l^2 \Leftrightarrow l^2 - l - 6 = 0$, équation du 2nd degré de discriminant $\Delta = 25$, donc :

$l = \frac{1+5}{2} = 3$ ou $l = \frac{1-5}{2} = -2$.

Comme $l \in [0 ; 3]$, nécessairement $l = 3$.

On conclut que (u_n) a pour limite 3.

EXERCICES D'APPLICATION

1 RAISONNEMENT PAR RÉCURRENCE | ★★ | 30 min | ▸P. 176

Démontrer, par récurrence, les propriétés suivantes :

1. Pour tout $n \in \mathbb{N}^*$, $1^2 + 2^2 + \ldots + n^2 = \dfrac{n(n+1)(2n+1)}{6}$.

2. Pour tout $n \in \mathbb{N}^*$, $1^3 + 2^3 + \ldots + n^3 = \left[\dfrac{n(n+1)}{2}\right]^2 = (1+2+\ldots+n)^2$.

3. Pour tout $a \in \mathbb{R}^+$, pour tout $n \in \mathbb{N}^*$, $(1+a)^n \geqslant 1+na$.

4. Pour tout $n \in \mathbb{N}$, 5 est un diviseur de $6^n - 1$.

- Voir le savoir-faire 2.
- Pour la question 4., utiliser le fait que « 5 diviseur de $6^n - 1$ » équivaut à « $6^n - 1$ multiple de 5 » ce qui équivaut à « il existe $k \in \mathbb{Z}$ tel que $6^n - 1 = 5k$ ».

2 SUITES CROISSANTES, DÉCROISSANTES | ★ | 15 min | ▸P. 178

Étudier le sens de variation des suites suivantes :

1. $u_n = (n+1)^2 + \sin(n)$ pour tout $n \in \mathbb{N}$.

2. $u_n = \ln\left(\dfrac{3}{n+1}\right) + 5$.

3. (u_n) est une suite arithmétique de raison r ($r \in \mathbb{N}$) et de premier terme u_0.

4. (u_n) est une suite géométrique de raison $q \in]0\,;1[$ et de premier terme $u_0 > 0$.

Voir le savoir-faire 3.

3 LIMITES DE SUITES GÉOMÉTRIQUES | ★ | 30 min | ▸P. 178

1. Pour chacune des suites géométriques définies ci-dessous, dire si elle converge, si elle admet une limite et donner sa limite.

a. la suite (u_n) a pour premier terme $u_0 = 3$ et pour raison $q = -\dfrac{1}{3}$;

b. la suite (v_n) a pour premier terme $v_1 = -2$ et pour raison $q = 5$;

c. la suite (w_n) a pour premier terme $w_0 = 1$ et pour raison $q = -3$;

d. la suite (z_n) a pour premier terme $z_1 = 10^9$ et pour raison $q = 0{,}9$.

Voir le cours, III.

2. Déterminer la limite de chacune des sommes définies ci-dessous :

a. pour tout $n \geqslant 2$, $S_n = 1+3+9+\ldots+3^n$;

b. pour tout $n \geqslant 2$, $T_n = 1+\dfrac{1}{5}+\dfrac{1}{25}+\ldots+\dfrac{1}{5^n}$;

c. pour tout $n \geqslant 4$, $R_n = 2+4+8+16+\ldots+2^{n+1}$;

d. pour tout $n \in \mathbb{N}$, $Q_n = 1-1+1-1+\ldots+(-1)^n$.

Ce sont des sommes de termes de suites géométriques.

4 SUITE CROISSANTE, MAJORÉE

★★ | 15 min | ▸P. 179

Soit (u_n) la suite définie pour tout $n \in \mathbb{N}^*$ par :

$$u_n = 1+\frac{1}{(3+1)^1}+\frac{1}{\left(3+\frac{1}{2}\right)^2}+\ldots+\frac{1}{\left(3+\frac{1}{n}\right)^n}$$

et (v_n) la suite définie pour tout $n \in \mathbb{N}^*$ par :

$$v_n = 1+\frac{1}{3}+\frac{1}{3^2}+\ldots+\frac{1}{3^n}.$$

1. Montrer que, pour tout $n \in \mathbb{N}^*$, $u_n \leqslant v_n$.

2. Montrer que la suite (v_n) est majorée.

Reconnaître la somme des termes d'une suite particulière.

3. Démontrer que la suite (u_n) est croissante. Étudier alors la convergence de la suite (u_n).

4. Donner un encadrement de la limite de (u_n).

Voir le chapitre 1.

5

★ | 5 min | ▸P. 179

Soit (u_n) la suite définie pour tout $n \in \mathbb{N}^*$ par $u_n = \dfrac{1}{2}\times\dfrac{3}{4}\times\ldots\times\dfrac{2n-1}{2n}$.

1. Étudier la monotonie de la suite (u_n).

2. Pourquoi peut-on affirmer que la suite (u_n) converge ?

Voir le paragraphe III, théorème 2.

6 ALGORITHME : APPROXIMATION DE $\sqrt{2}$ | ★★ | 20 min | ▸P. 179 |

La suite dite de Héron, notée (u_n) et définie par $u_0 = \frac{3}{2}$ et $u_{n+1} = \frac{1}{2}\left(u_n + \frac{2}{u_n}\right)$ pour tout $n \in \mathbb{N}^*$ converge vers $\sqrt{2}$.

Ce résultat est démontré à l'exercice 18.

1. Ecrire un algorithme donnant les N premiers termes de la suite (u_n).
2. Grâce à l'algorithme, déterminer une valeur approchée des 4 premiers termes de la suite. Quelle approximation de $\sqrt{2}$ peut-on en déduire ?
3. Même question avec $N = 10$. Peut-on espérer obtenir une meilleure approximation avec ce logiciel ?

7 | ★★ | 15 min | ▸P. 180 |

On considère les suites (x_n) et (y_n) définies par :

$$\begin{cases} x_0 = 10 \\ y_0 = 15 \end{cases} \text{ et, pour tout } n \in \mathbb{N}, \begin{cases} x_{n+1} = x_n + 4y_n \\ y_{n+1} = y_n + 9x_n \end{cases}$$

1. Calculer x_1 et y_1.
2. Montrer par récurrence que, pour tout $n \in \mathbb{N}$, il existe un entier w_n tel que :

$$[x_n = 10 \times w_n \text{ et } y_n = 15 \times w_n.]$$

Voir le savoir-faire 2.

3. Définir la suite (w_n) et exprimer pour tout $n \in \mathbb{N}$, w_n en fonction de n.
4. En déduire les valeurs de x_5 et de y_5 sans calculer les termes qui les précèdent.

EXERCICES D'ENTRAÎNEMENT

8 VRAI OU FAUX | ★★ | 15 min | ▸P. 181 |

1. La suite définie par $u_0 \in \mathbb{R}$ et pour tout $n \in \mathbb{N}$, $u_{n+1} = u_n^2 + 1$ est convergente.

Raisonner par l'absurde et utiliser le savoir-faire 4.

2. Soit (u_n) la suite définie, pour tout $n \in \mathbb{N}^*$, par $u_n = 3 \times 2 + 3 \times 2^2 + \ldots + 3 \times 2^n$.
Alors, pour tout $n \in \mathbb{N}^*$, $u_n = 6 \times (2^n - 1)$.

3. Soit (u_n) la suite définie par, $u_0 \in \mathbb{R}$ et pour tout $n \in \mathbb{N}$, $u_{n+1} = q \times u_n$ avec $0 < q < 1$. Alors la suite (u_n) est décroissante et converge vers 0.

4. On suppose que (u_n) est croissante, que $\lim\limits_{n\to+\infty} v_n = 0$ et que pour tout $n \in \mathbb{N}$, $u_n \leqslant v_n$. Alors la suite (u_n) converge.

9 FACTORIELLE D'UN ENTIER NATUREL | ★★ | 20 min | ▸P. 181

Pour tout $n \geqslant 1$, on note n ! et on lit « factorielle n » l'entier :

$$[n\,! = n\times(n-1)\times\ldots\times 2\times 1.]$$

Par convention, on pose 0 ! = 1.

1. Calculer 1 !, 2 !, 3 !, 4 !.

2. Soit $n \in \mathbb{N}^*$, exprimer $(n+1)$! en fonction de n !.

3. Déterminer le sens de variation de chacune des suites :

a. la suite (u_n) définie, pour tout $n \in \mathbb{N}$, par $u_n = n!$;

b. la suite (v_n) définie, pour tout $n \in \mathbb{N}$, par $v_n = \dfrac{n!}{2^n}$;

c. la suite (w_n) définie, pour tout $n \in \mathbb{N}$, par $w_n = 1 + \dfrac{1}{1!} + \dfrac{1}{2!} + \ldots + \dfrac{1}{n!}$;

d. la suite (z_n) définie, pour tout $n \in \mathbb{N}^*$, par $z_n = \dfrac{1}{n\times n!}$.

Voir le savoir-faire 3.

10 DÉMONSTRATION DE LA LIMITE DE q^n, AVEC $q > 1$ | ★★ | 20 min | ▸P. 182

Soit q un réel strictement supérieur à 1.

L'objectif de cet exercice est de démontrer que $\lim\limits_{n\to+\infty}(q^n) = +\infty$.

Considérons la suite (u_n) définie, pour tout $n \in \mathbb{N}$, par $u_n = q^n$.

1. Déterminer le sens de variation de la suite (u_n).

2. Quelle relation de récurrence vérifie la suite (u_n) ?

3. Soit A un réel positif. Nous allons démontrer, en raisonnant par l'absurde, la proposition suivante, notée (P) « il existe un entier n tel que $q^n > A$ ».

a. Supposons que (P) n'ait pas lieu. Énoncer la propriété contraire à la propriété (P).

b. Montrer qu'alors la suite (u_n) est bornée. En déduire qu'elle converge vers un réel l.

c. Soit f la fonction définie sur $\mathbb{R}$ par $f(x) = q\times x$.

Montrer que l est solution de l'équation $f(x) = x$.

Voir le théorème III.3 et le savoir-faire 4.

d. Résoudre cette équation, puis faire apparaître la contradiction.

e. Conclure.

4. Démontrer que la suite (u_n) diverge vers $+\infty$.

Voir la définition d'une limite infinie dans le cours du chapitre 1, I.2.

11 SOMME DE TERMES CONSÉCUTIFS D'UNE SUITE GÉOMÉTRIQUE | ★★ | 20 min | ▶ P. 183

1. Déterminer la limite de la suite (u_n) définie, pour tout $n \in \mathbb{N}^*$, par :

$$u_n = 9 \times 10^{-1} + 9 \times 10^{-2} + \ldots + 9 \times 10^{-n}$$

et justifier l'égalité $1 = 0,99999\ldots\ldots$

On reconnaîtra la somme des *n* premiers termes d'une suite particulière.

2. Déterminer la limite de la suite (u_n) définie par $u_n = 5,77\ldots7$ (*n* chiffres 7) pour tout $n \in \mathbb{N}^*$.

De manière analogue à la question précédente, on écrira u_n comme une somme...

3. Déterminer la limite de la suite (u_n) définie par $u_n = 3,4545\ldots45$ (*n* séquences de 45) pour tout $n \in \mathbb{N}^*$.

12 SUITE ARITHMÉTICO-GÉOMÉTRIQUE | ★★ | 10 min | ▶ P. 183

Soit (u_n) la suite définie par $u_0 = 2$ et pour tout $n \in \mathbb{N}$:

$$u_{n+1} = \frac{1}{5} u_n + 12.$$

On pose pour tout $n \in \mathbb{N}$, $v_n = u_n - 15$.

1. Démontrer que la suite (v_n) est géométrique. Exprimer v_n en fonction de *n*.

2. Exprimer u_n en fonction de *n*. En déduire la limite de la suite (u_n).

Voir le cours, I.

13 SUITES | ★★★ | 20 min | ▶ P. 184

Soit la suite (u_n) définie par $u_0 = 1$; $u_1 = 2$ et pour tout $n \in \mathbb{N}$:

$$u_{n+2} = u_{n+1} - \frac{1}{4} u_n.$$

1. Calculer u_2, u_3, u_4.

2. Soit la suite (v_n) définie par $v_n = 2^n u_n$.

a. Calculer $v_{n+2} - v_{n+1}$ en fonction de $v_{n+1} - v_n$. Établir que la suite $(v_{n+1} - v_n)$ est constante et donner sa valeur.

b. Exprimer v_n, puis u_n, en fonction de *n*.

3. Montrer que l'expression $\frac{n}{2^n}$ tend vers zéro lorsque *n* tend vers $+\infty$. La suite (u_n) est-elle convergente ?

On sera amené à établir que $\frac{n}{2^n} = e^{\ln n - n \ln 2} = \exp\left[n\left(\frac{\ln n}{n} - \ln 2\right)\right]$ et à utiliser les connaissances sur les limites vues aux chapitres 2, 3 et 4.

14 SUITES RÉCURRENTES ET POINTS FIXES | ★★★ | 60 min | ▸ P. 184

On veut étudier la limite de la suite (u_n) définie par $u_0 \in \mathbb{R}^+$ et $u_{n+1} = {u_n}^2$ suivant les valeurs de u_0.

On définit la fonction f sur $\mathbb{R}^+$ par $f(x) = x^2$ et on note $\mathscr{C}_f$ sa courbe représentative dans un repère orthonormé $(O; \vec{i}; \vec{j})$.

1. Résoudre dans $\mathbb{R}$ l'équation $f(x) = x$.

2. Que peut-on dire de la suite (u_n) Lorsque $u_0 = 0$? Lorsque $u_0 = 1$?

3. Dans cette question, on suppose que $u_0 \in]0\,;1[$.

a. Tracer $\mathscr{C}_f$ et la droite (D) d'équation $y = x$ dans le repère $(O; \vec{i}; \vec{j})$ (unité graphique : 4 cm). Placer sur l'axe des abscisses les points d'abscisses u_0, u_1, u_2, u_3, u_4 et u_5 (on prendra pour la figure $u_0 = 0{,}9$). Que peut-on conjecturer pour la suite (u_n) (majoration, convergence,….) ?

Voir le savoir-faire 1.

b. Démontrer que la suite (u_n) est bornée.

Conjecturer un encadrement de u_n et le démontrer.

c. Étudier le sens de variation de (u_n).

Voir le savoir-faire 3.

d. Qu'en déduit-on pour (u_n) ?

15 ALGORITHME : CAPITAL À INTÉRÊTS COMPOSÉS. | ★★ | 25 min | ▸ P. 186

1. On considère un capital initial C_0 placé à un taux annuel de 4 %. On note C_n le capital au bout de n années.

a. Que donne l'algorithme suivant ?

```
VARIABLES
  C EST_DU_TYPE NOMBRE
  n EST_DU_TYPE NOMBRE
  C0 EST_DU_TYPE NOMBRE
DEBUT_ALGORITHME
  LIRE C0
  C PREND_LA_VALEUR C0
  TANT_QUE (C<2*C0)FAIRE
    DEBUT_TANT_QUE
    C PREND_LA_VALEUR C*1.04
    n PREND_LA_VALEUR n+1
    FIN_TANT_QUE
  AFFICHER "n="
  AFFICHER n
FIN_ALGORITHME
```

b. Le tester sur différentes valeurs de C_0. Que remarque-t-on ?

c. Pour expliquer ce résultat, démontrer que (C_n) est une suite géométrique où l'on exprimera C_n en fonction de n. Résoudre ensuite l'inéquation $C_n \geqslant 2C_0$ pour retrouver la valeur de n du **b**.

> On utilisera la fonction ln pour résoudre l'inéquation comportant une puissance n.

2. On considère maintenant un capital initial C_0 placé à un taux annuel de t %. On note C_n le capital au bout de n années, et C_f le capital minimal que l'on veut atteindre. Écrire un algorithme associant, à la donnée de C_0, t et C_f, le nombre d'années au bout duquel ce capital C_f sera atteint ou dépassé.

EXERCICES D'APPROFONDISSEMENT

16 APPROXIMATION DU NOMBRE D'OR | ★★ | 30 min | ▸ P. 186

Soit (u_n) la suite définie par $u_1 = 1$ et pour tout $n \in \mathbb{N}^*$:

$$u_{n+1} = \sqrt{u_n + 1}.$$

> Attention, ne pas confondre u_{n+1} et $u_n + 1$.

1. Calculer u_2, u_3 et u_4. En donner des valeurs approchées à 10^{-3} près.

2. Étudier les variations de la fonction f définie sur $[-1 ; +\infty[$ par :

$$f(x) = \sqrt{x+1}.$$

3. Démontrer par récurrence que, pour tout entier $n \geqslant 1$, $1 \leqslant u_n \leqslant 2$.

> Voir le savoir-faire 1.

4. Démontrer par récurrence que, pour tout entier $n \geqslant 1$, $u_n \leqslant u_{n+1}$.

5. En déduire que la suite (u_n) converge vers un réel ϕ que l'on déterminera. Ce nombre ϕ est appelé « nombre d'or ».

> Voir le savoir-faire 4.

17 SUITE DE POLYNÔMES | ★★★ | 40 min | ▸ P. 187

Pour tout $n \in \mathbb{N}$, on définit sur $\mathbb{R}$ la fonction P_n par $P_n(x) = -1 + \sum_{k=1}^{n} x^k$ (c'est-à-dire $P_n(x) = -1 + x + x^2 + \ldots + x^n$).

1. Démontrer que pour tout $n \in \mathbb{N}^*$, il existe un unique nombre réel strictement positif noté x_n tel que $P_n(x_n) = 0$.

Appliquer le théorème des valeurs intermédiaires.

2. Déterminer le signe de $P_{n+1}(x_n)$ puis démontrer que la suite (x_n) est décroissante.

Le théorème des valeurs intermédiaires sera utile pour conclure.

3. En déduire que (x_n) est convergente, et on note l sa limite.

4. Démontrer que pour tout entier $n > 2,\ 0 < x_n < x_2 < 1$.

En déduire que $\lim\limits_{n\to+\infty} (x_n)^{n+1} = 0$.

5. a. Démontrer que, pour tout $n \in \mathbb{N}$, pour tout $x \in \mathbb{R} \setminus \{1\}$:

$$P_n(x) = -2 + \frac{1-x^{n+1}}{1-x}.$$

Faire apparaitre la somme des premiers termes d'une suite particulière.

b. En déduire que $l = \frac{1}{2}$.

18 ENCADREMENT DE $\sqrt{2}$ (SUITE DE HÉRON) | ★★★ | 40 min | ▸ P. 188

On considère la suite (u_n) définie par $u_0 = \frac{3}{2}$ et, pour tout $n \in \mathbb{N}^*$, par :

$$u_{n+1} = \frac{1}{2}\left(u_n + \frac{2}{u_n}\right).$$

1. Démontrer par récurrence que pour tout $n \in \mathbb{N},\ u_n > 0$.

2. a. Démontrer que pour tout $n \in \mathbb{N},\ u_{n+1} - \sqrt{2} = \frac{1}{2} \times \frac{(u_n - \sqrt{2})^2}{u_n}$.

b. En déduire que pour tout $n \in \mathbb{N},\ u_n > \sqrt{2}$.

Faire une récurrence.

c. En déduire que pour tout $n \in \mathbb{N},\ u_{n+1} - \sqrt{2} \leqslant \frac{1}{2} \times \frac{(u_n - \sqrt{2})^2}{\sqrt{2}}$.

d. Démontrer par récurrence que pour tout $n \in \mathbb{N}^*,\ u_n - \sqrt{2} \leqslant \frac{(u_0 - \sqrt{2})^{2^n}}{2\sqrt{2}}$.

e. Qu'en déduit-on pour la suite (u_n) ?

19 SUITES ARITHMÉTICO-GÉOMÉTRIQUES : CAS GÉNÉRAL | ★★★ | 15 min | ▸ P. 190

Soit a, b deux nombres réels tels que $a \neq 1$.

1. Démontrer que l'équation $ax + b = x$ admet une unique solution L.

2. Soit (u_n) la suite définie par $u_0 \in \mathbb{R}$ et $u_{n+1} = au_n + b$ pour tout $n \in \mathbb{N}$.

On pose pour tout $n \in \mathbb{N},\ v_n = u_n - L$.

a. Démontrer que la suite (v_n) est géométrique. Exprimer v_n en fonction de n, u_0, a et b.
b. Exprimer u_n en fonction de n, u_0, a et b. Étudier la convergence de la suite (u_n).

CONTRÔLE

20 QCM | ★★ | 20 min | ▸P. 190

Dans chacune des questions suivantes, une ou plusieurs affirmations sont vraies. Justifier lesquelles.

1. Une suite décroissante et positive :

a. tend vers 0 ; **b.** converge ;
c. peut ne pas être majorée ; **d.** est majorée.

2. Soit (u_n) la suite définie pour tout $n \in \mathbb{N}$ par $u_n = \dfrac{3n+4}{n+1}$.
La suite (u_n) est :

a. croissante ; **b.** décroissante ;
c. minorée ; **d.** majorée.

3. Soit (u_n) et (v_n) deux suites telles que $\lim\limits_{n\to+\infty} u_n = +\infty$ et $\lim\limits_{n\to+\infty} v_n = -\infty$.
Alors $u_n - v_n$ a pour limite :

a. 0 ; **b.** $+\infty$;
c. $-\infty$; **d.** on ne peut pas conclure.

4. Soit (u_n) la suite définie pour tout $n \in \mathbb{N}^*$ par $u_n = \dfrac{1}{n^2} + \dfrac{1}{n^2+1} + \ldots + \dfrac{1}{n^2+n}$.

a. (u_n) converge vers 0 ; **b.** (u_n) converge vers un réel non nul ;
c. $\lim\limits_{n\to+\infty} u_n = +\infty$; **d.** (u_n) est bornée.

Majorer $\dfrac{1}{n^2+k}$ par $\dfrac{1}{n^2}$.

5. Soit (u_n) une suite vérifiant pour tout $n \in \mathbb{N}$, $u_n \geqslant 2n$. Alors :

a. (u_n) est croissante ; **b.** (u_n) est majorée ;
c. (u_n) n'est pas majorée ; **d.** diverge vers $+\infty$.

21 SUITE ET FONCTION | ★★★ | 40 min | ▸P. 191

On considère la suite définie par $u_0 \in [0, 2]$ et $u_{n+1} = \sqrt{2u_n - u_n^{\ 2}}$.

On considère la fonction définie sur $[0 ; 2]$ par $f(x) = \sqrt{2x - x^2}$. On note $\mathscr{C}$ sa courbe représentative dans un repère orthonormé $(\mathrm{O} ; \vec{i} ; \vec{j})$ (unité graphique : 4 cm).

On note (d) la droite d'équation $y = x$.

1. Étudier les variations de f.

2. Dans cette question, on suppose que $u_0 \in [0 ; 1]$.

a. Tracer $\mathscr{C}$, (d), puis placer sur l'axe $(O ; \vec{i})$ les points A_0, A_1, A_2 d'abscisses respectivement u_0, u_1, u_2 (on prendra $u_0 = 0{,}1$ pour la figure).

b. Démontrer par récurrence que pour tout $n \in \mathbb{N}$, $u_n \in [0 ; 1]$.

c. Étudier les variations de la suite (u_n).

Commencer par comparer $u_{n+1}{}^2$ et $u_n{}^2$.

d. En déduire la convergence de (u_n) et déterminer sa limite.

3. Dans cette question, on suppose que $u_0 \in [1 ; 2]$.

a. Démontrer que $u_1 \in [0 ; 1]$.

b. En déduire la convergence de la suite (u_n).

On pourra considérer la suite définie par $v_n = u_{n+1}$ pour tout $n \in \mathbb{N}$.

CONTRÔLE

22 QUESTION DE COURS | ★★ | 15 min | ▸P. 193

Démontrer qu'une suite croissante non majorée diverge vers $+\infty$.

23 SUITE ET FONCTION | ★★★ | 35 min | ▸P. 193

Soit f la fonction définie sur $[1 ; +\infty[$ par $f(x) = \dfrac{x^2}{2x-1}$.

1. Démontrer que pour tout $x > 1$, $f(x) > 1$ (on étudiera les variations de f).

Soit (u_n) la suite définie par $u_0 = 2$ et $u_{n+1} = f(u_n)$, pour tout $n \in \mathbb{N}$.

2. Démontrer par récurrence que pour tout $n \in \mathbb{N}$, $u_n > 1$.

3. On considère les suites (v_n) et (w_n) définies, pour tout $n \in \mathbb{N}$, par :

$$v_n = \frac{u_n - 1}{u_n} \text{ et } w_n = \ln(v_n).$$

a. Expliquer pourquoi les suites (v_n) et (w_n) sont bien définies.

b. Démontrer que la suite (w_n) est géométrique.

c. Exprimer, pour tout entier n, w_n puis v_n en fonction de n.

d. En déduire l'expression de u_n en fonction de n. Quelle est la limite de la suite (u_n) ?

CORRIGÉS

1 **1.** • $1^2 = 1$ et $\dfrac{1\times 2\times 3}{6} = 1$, donc P_1 est vraie.

• Supposons qu'il existe un entier $m \geqslant 1$ tel que :

$$1^2 + 2^2 + \ldots + m^2 = \frac{m(m+1)(2m+1)}{6}$$

et montrons que :

$$1^2 + 2^2 + \ldots + m^2 + (m+1)^2 = \frac{(m+1)(m+2)(2m+3)}{6}.$$

Pour obtenir la fraction $\dfrac{(m+1)(m+2)(2m+3)}{6}$, on a remplacé m par $(m+1)$.

$1^2 + 2^2 + \ldots + m^2 = \dfrac{m(m+1)(2m+1)}{6}$ donc :

$$1^2 + 2^2 + \ldots + m^2 + (m+1)^2 = \frac{m(m+1)(2m+1)}{6} + (m+1)^2$$

$$= \frac{m(2m^2 + m + 2m + 1) + 6(m^2 + 2m + 1)}{6} = \frac{2m^3 + 9m^2 + 13m + 6}{6}.$$

Or $(m+1)(m+2)(2m+3) = (m^2 + 3m + 2)(2m+3) = 2m^3 + 9m^2 + 13m + 6$.

Donc $1^2 + 2^2 + \ldots + m^2 + (m+1)^2 = \dfrac{(m+1)(m+2)(2m+3)}{6}$.

• **Donc, pour tout $n \in \mathbb{N}^*$, $1^2 + 2^2 + \ldots + n^2 = \dfrac{n(n+1)(2n+1)}{6}$.**

2. • $1^3 = 1$ et $\dfrac{1\times 2^2}{2} = 1 = 1^2$, donc $1^3 = \left(\dfrac{1\times 2}{2}\right)^2 = 1^2$.

• Supposons qu'il existe un entier $m \geqslant 1$ tel que

$$1^3 + 2^3 + \ldots + m^3 = \left[\frac{m(m+1)}{2}\right]^2 = (1 + 2 + \ldots + m)^2$$

et montrons que :

$$1^3 + 2^3 + \ldots + m^3 + (m+1)^3 = \left[\frac{(m+1)(m+2)}{2}\right]^2 = \left(1 + 2 + \ldots + m + (m+1)\right)^2.$$

$$1^3 + 2^3 + \ldots + m^3 + (m+1)^3 = \left[\frac{m(m+1)}{2}\right]^2 + (m+1)^3$$

$$= \frac{m^2(m^2 + 2m + 1) + 4(m^3 + 3m^2 + 3m + 1)}{4}$$

$$= \frac{m^4 + 6m^3 + 13m^2 + 12m + 4}{4}.$$

Or $\left[\frac{(m+1)(m+2)}{2}\right]^2 = \frac{(m^2+3m+2)^2}{4} = \frac{m^4+6m^3+13m^2+12m+4}{4}$.

Donc $1^3+2^3+\ldots+m^3+(m+1)^3 = \left[\frac{(m+1)(m+2)}{2}\right]^2$

$\left((1+2+\ldots+m)+(m+1)\right)^2$

$= (1+2+\ldots+m)^2 + 2\times(1+2+\ldots+m)\times(m+1)+(m+1)^2$.

Or, par hypothèse de récurrence, $(1+2+\ldots+m)^2 = 1^3+2^3+\ldots+m^3$,

et on sait par ailleurs que $1+2+\ldots+m = \frac{m(m+1)}{2}$ (somme des premiers termes de la suite arithmétique de 1er terme 1 et de raison 1) donc :

$\left((1+2+\ldots+m)+(m+1)\right)^2 = 1^3+2^3+\ldots+m^3+2\times\frac{m(m+1)}{2}\times(m+1)+(m+1)^2$

$= 1^3+2^3+\ldots+m^3+m(m+1)^2+(m+1)^2 = 1^3+2^3+\ldots+m^3+(m+1)^2(m+1)$

$= 1^3+2^3+\ldots+m^3+(m+1)^3$.

• **Donc, pour tout $n \in \mathbb{N}^*$, $1^3+2^3+\ldots+n^3 = \frac{n(n+1)^2}{2} = (1+2+\ldots+n)^2$.**

3. Soit a un réel positif ou nul.

• $(1+a)^1 = 1+a = 1+1a$, donc $(1+a)^1 \geqslant 1+1a$.

• Supposons qu'il existe un entier $m \geqslant 1$ tel que $(1+a)^m \geqslant 1+ma$,
et montrons que :

$(1+a)^{m+1} \geqslant 1+(m+1)a$.

$(1+a)^m \geqslant 1+ma$, donc $(1+a)^{m+1} = (1+a)^m \times (1+a) \geqslant (1+ma)(1+a)$
en multipliant des deux côtés par $1+a>0$.

Or $(1+ma)(1+a) = 1+(m+1)a+ma^2 \geqslant 1+(m+1)a$ (car $ma^2 \geqslant 0$).

Donc $(1+a)^{m+1} \geqslant 1+(m+1)a$.

• **Donc, pour tout $n \in \mathbb{N}^*$, $(1+a)^n \geqslant 1+na$.**

4. • $6^0-1 = 1-1 = 0 = 5\times 0$, donc 5 est un diviseur de 6^0-1.

• Supposons qu'il existe un entier $m \geqslant 0$ tel que 5 est un diviseur de 6^m-1, et montrons que 5 est un diviseur de $6^{m+1}-1$.

5 est un diviseur de 6^m-1, donc il existe un entier k tel que $6^m-1 = 5\times k$.

Alors $6^{m+1}-1 = 6\times 6^m-6+6-1 = 6(6^m-1)+5 = 6\times 5k+5 = 5(6k+1)$.

Posons $k' = 6k+1$. Alors $6^{m+1}-1 = 5k'$ où k' est un entier. Cela signifie que 5 est un diviseur de $6^{m+1}-1$.

• **Donc, pour tout $n \in \mathbb{N}$, 5 est un diviseur de 6^n-1.**

2 1. Pour tout $n \in \mathbb{N}$, $u_{n+1} - u_n = (n+2)^2 + \sin(n+1) - (n+1)^2 - \sin(n)$;
$u_{n+1} - u_n = 2n+3+\sin(n+1) - \sin(n) \geqslant 2n+3-1-1 \geqslant 2n+1 \geqslant 1 > 0$,
donc **(u_n) est strictement croissante.**

2. Pour tout $n \in \mathbb{N}$, $u_n = f(n)$ avec $f(x) = \ln\left(\dfrac{3}{x+1}\right) + 5$ pour $x \in [0\ ;+\infty[$

La fonction $x \mapsto \dfrac{3}{x+1}$ est dérivable et strictement positive sur $[0\ ;+\infty[$, donc f est dérivable sur $[0\ ;+\infty[$ et $f'(x) = \dfrac{\left(\dfrac{3}{x+1}\right)'}{\left(\dfrac{3}{x+1}\right)} = -\dfrac{3}{(x+1)^2} \times \dfrac{x+1}{3} = -\dfrac{1}{x+1}$.

Donc $f' < 0$ sur $[0\ ;+\infty[$ et f est strictement décroissante sur $[0\ ;+\infty[$.
Par conséquent, **la suite (u_n) est strictement décroissante.**

3. $u_{n+1} - u_n = (u_n + r) - u_n = r \geqslant 0$ car $r \in \mathbb{N}$. **La suite (u_n) est strictement croissante.**

4. Pour tout $n \in \mathbb{N}^*$, $u_n = u_0\, q^n > 0$ car $u_0 > 0$ et $q > 0$.

De plus, $\dfrac{u_{n+1}}{u_n} = q < 1$. Donc $u_{n+1} < u_n$. **La suite (u_n) est strictement décroissante.**

3 1. a. La suite (u_n) est une suite géométrique de raison q telle que $-1 < q < 1$, **donc elle converge et sa limite vaut 0.**

b. La suite (v_n) a une raison $q > 1$, donc **elle diverge.**

$\lim\limits_{n\to+\infty} q^n = +\infty$, donc $\lim\limits_{n\to+\infty} u_n = \lim\limits_{n\to+\infty} -2 \times q^n = -\infty$.

c. La suite (w_n) a une raison $q < -1$, donc **elle diverge et n'admet pas de limite.**

En effet, la suite (w_n) prend successivement des valeurs positives puis négatives de plus en plus grandes en valeur absolue.

d. La suite (z_n) a une raison q telle que $-1 < q < 1$, donc **elle converge et sa limite vaut 0** (même si le premier terme est très grand).

2. a. S_n est la somme des termes d'une suite géométrique de premier terme 1 et de raison $3 \neq 1$, donc $S_n = \dfrac{1-3^{n+1}}{1-3} = -\dfrac{1-3^{n+1}}{2} = \dfrac{3^{n+1}-1}{2}$.

$3 > 1$, donc $\lim\limits_{n\to+\infty} 3^n = +\infty$, donc $\boldsymbol{\lim\limits_{n\to+\infty} S_n = +\infty}$.

b. T_n est la somme des termes d'une suite géométrique de premier terme 1 et de raison $\dfrac{1}{5} \neq 1$, donc $T_n = \dfrac{1-\left(\dfrac{1}{5}\right)^{n+1}}{1-\dfrac{1}{5}} = \left[1-\left(\dfrac{1}{5}\right)^{n+1}\right] \div \dfrac{4}{5} = \dfrac{5}{4}\left[1-\left(\dfrac{1}{5}\right)^{n+1}\right]$.

Or $-1 < \dfrac{1}{5} < 1$, donc $\lim\limits_{n\to+\infty} \left(\dfrac{1}{5}\right)^n = 0$, donc $\boldsymbol{\lim\limits_{n\to+\infty} T_n = \dfrac{5}{4}}$.

c. R_n est la somme des termes d'une suite géométrique de premier terme 2 et de raison $2 \neq 1$, donc $R_n = 2 \times \dfrac{1-2^{n+1}}{1-2} = -2 \times (1-2^{n+1}) = 2^{n+2} - 2$.

Or $2 > 1$, donc $\lim\limits_{n\to+\infty} 2^n = +\infty$, donc $\boldsymbol{\lim\limits_{x\to+\infty} R_n = +\infty}$.

d. Q_n est la somme des termes d'une suite géométrique de premier terme 1 et de raison $-1 \neq 1$, donc $Q_n = \dfrac{1-(-1)^{n+1}}{1-(-1)} = \dfrac{1-(-1)^{n+1}}{2}$.
Or $\left(-1\right)^{n+1}$ n'a pas de limite quand n tend vers $+\infty$, **donc (Q_n) n'a pas de limite.**

4 **1.** Soit $n \in \mathbb{N}^*$. Pour tout $1 \leqslant k \leqslant n$, $3+\dfrac{1}{k} \geqslant 3\ (>1)$, donc $\left(3+\dfrac{1}{k}\right)^k \geqslant 3^k > 0$ et $\dfrac{1}{\left(3+\dfrac{1}{k}\right)^k} \leqslant \dfrac{1}{3^k}$. **Donc $u_n \leqslant v_n$.**

2. (v_n) est la somme des termes d'une suite géométrique de raison $\dfrac{1}{3}$ et de premier terme 1, donc pour tout $n \in \mathbb{N}^*$,

$$v_n = \frac{1-\left(\frac{1}{3}\right)^{n+1}}{1-\frac{1}{3}} = \left[1-\left(\frac{1}{3}\right)^{n+1}\right] \div \frac{2}{3} = \frac{3}{2} \times \left[1-\left(\frac{1}{3}\right)^{n+1}\right] \leqslant \frac{3}{2}.$$

Donc (v_n) est majorée par $\dfrac{3}{2}$.

3. Pour tout $n \in \mathbb{N}^*$, $u_{n+1} - u_n = \dfrac{1}{\left(3+\dfrac{1}{n+1}\right)^{n+1}} > 0$, donc (u_n) est strictement croissante.

D'après le **1.** et le **2.**, la suite (u_n) est strictement majorée par $\dfrac{3}{2}$.
La suite (u_n) est croissante et majorée, **donc la suite (u_n) converge.**

4. Pour tout $n \in \mathbb{N}^*$, $1+\dfrac{1}{(3+1)^1} \leqslant u_n \leqslant \dfrac{3}{2}$, donc la limite L de (u_n) vérifie :

$$\mathbf{\frac{5}{4} \leqslant L \leqslant \frac{3}{2}}.$$

5 **1.** Soit $n \in \mathbb{N}^*$, $u_n > 0$ et $\dfrac{u_{n+1}}{u_n} = \dfrac{2n+1}{2n+2} < 1$, **donc la suite (u_n) est strictement décroissante.**
2. (u_n) est décroissante et minorée (par 0), **donc elle converge.**

6 **1.**

```
VARIABLES
    u EST_DU_TYPE NOMBRE
    N EST_DU_TYPE NOMBRE
    k EST_DU_TYPE NOMBRE
DEBUT_ALGORITHME
    LIRE N
    u PREND_LA_VALEUR 3/2
    AFFICHER "u(0) = 1,5"
    POUR k ALLANT_DE 1 A N-1
        DEBUT_POUR
        u PREND_LA_VALEUR 1/2*(u+2/u)
        AFFICHER "u("
```

```
        AFFICHER k
        AFFICHER ")="
        AFFICHER u
        FIN_POUR
FIN_ALGORITHME
```

On souhaite obtenir les N premiers termes d'une suite commençant au rang 0, donc il y a $N-1$ termes à calculer. C'est pourquoi la boucle va de $k=1$ à $N-1$.

2. On peut en déduire que $\sqrt{2} \approx 1,4142136$.

```
***Algorithme lancé***
u(0) = 1,5
u(1) = 1.4166667
u(2) = 1.4142157
u(3) = 1.4142136
***Algorithme terminé***
```

3. Les 10 premiers termes de la suite sont :

```
u(0)=1,5
u(1)=1.4166667
u(2)=1.4142157
u(3)=1.4142136
u(4)=1.4142136
u(5)=1.4142136
u(6)=1.4142136
u(7)=1.4142136
u(8)=1.4142136
u(9)=1.4142136
```

On constate que comme le logiciel donne les résultats à 10^{-7} près, on obtient à partir du rang 3 toujours le même résultat. **On n'arrivera donc pas à une meilleure précision.**

7 **1.** $x_1 = x_0 + 4y_0 = \mathbf{70}$ et $y_1 = y_0 + 9x_0 = \mathbf{105}$.

2. Pour tout $n \in \mathbb{N}$, soit $P(n)$ la propriété « il existe un entier w_n tel que $x_n = 10w_n$ et $y_n = 15w_n$ »

- En posant $w_0 = 1$, $x_0 = 10 \times w_0$ et $y_0 = 15 \times w_0$. Donc P(0) est vraie.
- Supposons qu'il existe un entier $m \geqslant 0$ tel qu'il existe un entier w_m tel que $x_m = 10w_m$ et $y_m = 15w_m$, et montrons qu'il existe un entier w_{m+1} tel que :

$$x_{m+1} = 10w_{m+1} \text{ et } y_{m+1} = 15w_{m+1}.$$

$$x_{m+1} = x_m + 4y_m = 10w_m + 4 \times 15w_m = 70w_m = 10 \times 7w_m \ ;$$

$$y_{m+1} = y_m + 9x_m = 15w_m + 9 \times 10w_m = 105w_m = 15 \times 7w_m.$$

En posant $w_{m+1} = 7w_m$, w_{m+1} est entier et $x_{m+1} = 10w_{m+1}$ et $y_{m+1} = 15w_{m+1}$.

- **Donc, il existe une suite (w_n) telle que, pour tout $n \in \mathbb{N}$:**

$$\boldsymbol{x_n = 10 \times w_n \text{ et } y_n = 15 \times w_n}.$$

3. La suite (w_n) vérifie $w_0 = 1$ et pour tout $n \in \mathbb{N}$, $w_{n+1} = 7w_n$. **C'est une suite géométrique de premier terme 1 et de raison 7. (w_n) est donc définie pour tout $n \in \mathbb{N}$ par $w_n = 7^n$.**

4. $x_5 = 10 \times 7^5 =$ **168 070** et $y_5 = 15 \times 7^5 =$ **252 105.**

8 1. **Faux.** (u_n) est une suite pour laquelle n il existe une fonction f telle que $u_{n+1} = f(u_n)$, avec $f(x) = x^2 + 1$, f étant une fonction continue sur $\mathbb{R}$. Donc si (u_n) converge, alors sa limite L appartient à $\mathbb{R}$ et vérifie $L = L^2 + 1$ soit $L^2 - L + 1 = 0$. Or, pour ce trinôme du second degré $\Delta = -3 < 0$: cette équation n'admet aucune solution dans $\mathbb{R}$. **Donc (u_n) ne converge pas.**

2. **Vrai.** Pour tout $n \in \mathbb{N}^*$, $u_n = 6 \times (1 + 2 + \ldots + 2^{n-1}) = 6 \times \dfrac{1-2^n}{1-2}$.

En effet $1 + 2 + \ldots + 2^{n-1}$ est la somme des n premiers termes d'une suite géométrique de premier terme $v_0 = 1$ et de raison $q = 2 \neq 1$.

Donc $u_n = 6 \times \dfrac{1-2^n}{-1} = 6(2^n - 1)$.

3. **Faux.** Si $u_0 < 0$, alors la suite (u_n) est croissante (et converge vers 0).
Ceci se démontre par récurrence sur $n \in \mathbb{N}$ en appelant $p(n)$ la propriété « $u_{n+1} > u_n$ ». S'agissant d'un vrai ou faux, il suffit ici d'exhiber un contre-exemple : si $u_0 = -1$ et $q = 0{,}5$, alors $u_1 = -0{,}5 > u_0$.

4. **Vrai.** La suite (v_n) étant convergente, elle est majorée. Soit M un majorant de (v_n). Alors, comme pour tout $n \in \mathbb{N}$, $u_n \leqslant v_n$, M est également un majorant de la suite (u_n). La suite (u_n) est croissante et majorée, donc elle converge (d'après le théorème III. 2.).

9 1. $1! = \mathbf{1}$; $2! = 2 \times 1 = \mathbf{2}$; $3! = 3 \times 2 \times 1 = \mathbf{6}$; $4! = 4 \times 3 \times 2 \times 1 = \mathbf{24}$.

2. $(n+1)! = (n+1) \times n \times (n-1) \times \ldots \times 2 \times 1$ soit $\mathbf{(n+1)! = (n+1) \times n!}$.

3. a. Les termes de la suite (u_n) étant positifs :

$$\frac{u_{n+1}}{u_n} = \frac{(n+1)!}{n!} = \frac{(n+1) \times n!}{n!} = n + 1 > 1 \text{ pour } n \in \mathbb{N}^*,$$

donc (u_n) est strictement croissante à partir du rang 1 (et pas avant car $u_1 = 1 = u_1$).

b. Les termes de la suite (v_n) étant positifs :

$$\frac{v_{n+1}}{v_n} = \frac{(n+1)!}{2^{n+1}} \div \frac{n!}{2^n} = \frac{(n+1)!}{2^{n+1}} \times \frac{2^n}{n!} = \frac{(n+1) \times n! \times 2^n}{2^n \times 2 \times n!} = \frac{n+1}{2}.$$

Pour $n \geqslant 2$, $n + 1 > 2$, donc $\dfrac{n+1}{2} > 1$, **donc (v_n) est strictement croissante à partir du rang 2.**

$v_0 = 1$, $v_1 = \dfrac{1}{2}$, $v_2 = \dfrac{2}{4} = \dfrac{1}{2}$, donc (v_n) n'est pas strictement croissante avant le rang 2.

c. $w_{n+1} - w_n = \left(1 + \frac{1}{1!} + \frac{1}{2!} + \ldots + \frac{1}{n!} + \frac{1}{(n+1)!}\right) - \left(1 + \frac{1}{1!} + \frac{1}{2!} + \ldots + \frac{1}{n!}\right)$

$= \frac{1}{(n+1)!} > 0,$

quel que soit $n \in \mathbb{N}$, **donc la suite (w_n) est strictement croissante sur $\mathbb{N}$.**

d. Les termes de la suite (z_n) étant positifs :

$$\frac{z_{n+1}}{z_n} = \frac{1}{(n+1)\times(n+1)!} \div \frac{1}{n \times n!} = \frac{1}{(n+1)\times(n+1)\times n!} \times n \times n! = \frac{n}{(n+1)^2}.$$

Or, pour $n \in \mathbb{N}^*$, $n \leqslant n^2$, donc $\frac{z_{n+1}}{z_n} \leqslant \left(\frac{n}{n+1}\right)^2$, et comme $0 < n < n+1$, on en déduit que $0 < \frac{n}{n+1}$, donc $\frac{z_{n+1}}{z_n} < 1^2$, soit $\frac{z_{n+1}}{z_n} < 1$. **Ainsi, (z_n) est une suite strictement décroissante sur $\mathbb{N}^*$.**

10 1. $q > 1$, donc $u_n = q^n$ est strictement positif quel que soit $n \in \mathbb{N}$.

Alors $\frac{u_{n+1}}{u_n} = \frac{q^{n+1}}{q^n} = \frac{q \times q^n}{q^n} = q > 1$, **donc la suite (u_n) est strictement croissante sur $\mathbb{N}$.**

2. $u_{n+1} = q^{n+1} = q \times q^n$, donc la relation de récurrence vérifiée par la suite (u_n) est $\boldsymbol{u_{n+1} = q \times u_n}$.

3. a. La propriété contraire à la propriété (P) est « aucun entier n n'est tel que $q^n > A$ », autrement dit « **pour tout entier n, $q^n \leqslant A$** »

b. D'après **a.**, la suite (u_n) est majorée par A. Une suite strictement croissante majorée converge, donc **(u_n) converge vers un réel l.**

c. D'après le **2.**, $u_{n+1} = f(u_n)$, où f est une fonction continue, donc, comme (u_n) converge vers l, $f(l) = l$, autrement dit, **l est solution de l'équation $f(x) = x$.**

d. $f(x) = x \Leftrightarrow qx = x \Leftrightarrow qx - x = 0 \Leftrightarrow (q-1)x = 0 \Leftrightarrow q = 1$ ou $x = 0$.
Or $q > 1$, donc cela signifierait que $l = 0$. Or, $u_0 = q^0 = 1$ et la suite est strictement croissante, donc, pour tout $n \in \mathbb{N}$, $u_n \geqslant u_0 = 1$ et la suite (u_n) ne peut pas converger vers 0, **ce qui est contradictoire**.

En effet, si (u_n) convergeait vers 0, tous les termes de la suite à partir d'un certain rang seraient très proches de 0. Or ici, ils sont tous au moins à une distance supérieure à 1 de $l = 0$ car ils vérifient tous $u_n \geqslant 1$.

e. Si on prend le contraire de la proposition (P), on aboutit à une contradiction. On en conclut que **la proposition (P) est vraie, quel que soit le réel A.**

4. Quel que soit le réel A, aussi grand que l'on veut, il existe au moins un terme de la suite qui est plus grand que A. Puis, comme la suite est strictement croissante, tous les termes suivants sont supérieurs à A. **On en déduit que la suite (u_n) diverge vers $+\infty$.**

11 **1.** Pour tout $n \in \mathbb{N}^*$, $u_n = v_1 + \ldots + v_n$, où (v_n) désigne la suite géométrique de premier terme $v_1 = 9\times 10$ et de raison $10^{-1} \neq 1$.

Alors $u_n = v_1 \times \dfrac{1-q^n}{1-q} = 9\times 10^{-1} \times \dfrac{1-(10^{-1})^n}{1-(10^{-1})} = 9\times 10^{-1}\times \dfrac{1-(10^{-1})^n}{9\times 10^{-1}} = 1-10^{-n}$

$= 1-\left(\dfrac{1}{10}\right)^n$.

Donc $\lim\limits_{n\to+\infty} u_n = \lim\limits_{n\to+\infty} 1-\left(\dfrac{1}{10}\right)^n = 1$ car $-1 < \dfrac{1}{10} < 1$.

Or $u_n = 0{,}99999\ldots 9$ (n décimales), donc la limite en $+\infty$ de u_n peut s'écrire $0{,}9999\ldots$

Par unicité de la limite **$0{,}99999\ldots = 1$.**

2. Pour tout $n \in \mathbb{N}^*$, $u_n = 5 + 7\times 10^{-1} + \ldots + 7\times 10^{-n} = 5 + v_1 + \ldots + v_n$, où (v_n) désigne la suite géométrique de premier terme $v_1 = 7\times 10^{-1}$ et de raison $10^{-1} \neq 1$.

Alors $u_n = 5 + v_1 \times \dfrac{1-q^n}{1-q} = 5 + 7\times 10^{-1}\times \dfrac{1-(10^{-1})^n}{1-(10^{-1})} = 5 + 7\times 10^{-1}\times \dfrac{1-(10^{-1})^n}{9\times 10^{-1}}$.

$u_n = 5 + \dfrac{7}{9}\left(1-10^{-n}\right) = 5 + \dfrac{7}{9} - \dfrac{7}{9}10^{-n} = \dfrac{52}{9} - \dfrac{7}{9}10^{-n}$.

Donc $\boldsymbol{\lim\limits_{n\to+\infty} u_n = \lim\limits_{n\to+\infty} \dfrac{52}{9} - \dfrac{7}{9}10^{-n} = \dfrac{52}{9}}$.

3. Pour tout $n \in \mathbb{N}^*$, $u_n = 3 + 45\times 10^{-2} + \ldots + 45\times 10^{-2n} = 3 + v_1 + \ldots + v_n$, où (v_n) désigne la suite géométrique de premier terme $v_1 = 45\times 10^{-2}$ et de raison $10^{-2} \neq 1$.

Alors $u_n = 3 + v_1 \times \dfrac{1-q^n}{1-q} = 3 + 45\times 10^{-2}\times \dfrac{1-(10^{-2})^n}{1-(10^{-2})} = 3 + 45\times 10^{-2}\times \dfrac{1-(10^{-2})^n}{99\times 10^{-2}}$

$u_n = 3 + \dfrac{45}{99} - \dfrac{45}{99}10^{-2n} = 3 + \dfrac{5}{11} - \dfrac{5}{11}10^{-2n} = \dfrac{38}{11} - \dfrac{5}{11}10^{-2n}$.

Donc $\boldsymbol{\lim\limits_{n\to+\infty} u_n = \lim\limits_{n\to+\infty} \dfrac{38}{11} - \dfrac{5}{11}\left(\dfrac{1}{100}\right)^n = \dfrac{38}{11}}$.

12 **1.** Pour tout $n \in \mathbb{N}$, $v_{n+1} = u_{n+1} - 15 = \dfrac{1}{5}u_n + 12 - 15$

$= \dfrac{1}{5}u_n - 3 = \dfrac{1}{5}\left(u_n - 15\right) = \dfrac{1}{5}v_n$.

Donc la suite (v_n) est géométrique de raison $\dfrac{1}{5}$.

Alors, pour tout $n \in \mathbb{N}$, $v_n = v_0\left(\dfrac{1}{5}\right)^n$ avec $v_0 = u_0 - 15 = 2 - 15 = -13$.

Donc, pour tout $n \in \mathbb{N}$, $v_n = \dfrac{-13}{5^n}$.

2. Pour tout $n \in \mathbb{N}$, $u_n = v_n + 15 = \dfrac{-13}{5^n} + 15 = 15 - \dfrac{13}{5^n}$.

Or, $5 > 1$, donc $\mathbf{\lim\limits_{n \to +\infty} 5^n = +\infty}$, donc $\mathbf{\lim\limits_{n \to +\infty} u_n = 15}$.

13 **1.** $u_2 = u_1 - \dfrac{1}{4}\, u_0 = 2 - \dfrac{1}{4} \times 1 = \dfrac{7}{4}$;

$u_3 = u_2 - \dfrac{1}{4}\, u_1 = \dfrac{7}{4} - \dfrac{1}{4} \times 2 = \dfrac{5}{4}$;

$u_4 = u_3 - \dfrac{1}{4}\, u_2 = \dfrac{5}{4} - \dfrac{1}{4} \times \dfrac{7}{4} = \dfrac{13}{16}$.

2. a. Pour tout $n \in \mathbb{N}$, $v_{n+2} - v_{n+1} = 2^{n+2} u_{n+2} - 2^{n+1} u_{n+1}$

$$= 2^{n+2}\left(u_{n+1} - \frac{1}{4} u_n\right) - 2^{n+1} u_{n+1}$$

$$v_{n+2} - v_{n+1} = 2^{n+2} u_{n+1} - 2^n u_n - 2^{n+1} u_{n+1} = 2^{n+1} u_{n+1}(2-1) - 2^n u_n$$
$$= 2^{n+1} u_{n+1} - 2^n u_n = v_{n+1} - v_n.$$

Pour tout $n \in \mathbb{N}$, $v_{(n+1)+1} - v_{(n+1)} = v_{n+1} - v_n$, autrement dit, la suite $(v_{n+1} - v_n)$ est constante, donc égale à $v_1 - v_0 = 2\, u_1 - u_0 = 2 \times 2 - 1 = 3$.

Pour tout $n \in \mathbb{N}$, $v_{n+1} - v_n = 3$.

b. La suite (v_n) est donc arithmétique de raison 3.
Pour tout $n \in \mathbb{N}, v_n = v_0 + 3n = 1 + 3n$.

$u_n = \dfrac{1}{2^n} v_n$, **donc, pour tout $n \in \mathbb{N}$, $u_n = \dfrac{1+3n}{2^n}$.**

3. $\dfrac{n}{2^n} = \dfrac{e^{\ln n}}{e^{n \ln 2}} = e^{\ln n - n \ln 2}$ mais il s'agit d'une forme indéterminée.

Factorisons davantage : $\dfrac{n}{2^n} = \exp\left[n\left(\dfrac{\ln n}{n} - \ln 2\right)\right]$.

$\lim\limits_{n \to +\infty}\left(\dfrac{\ln n}{n} - \ln 2\right) = -\ln 2 < 0$ et $\lim\limits_{n \to +\infty} n = +\infty$, donc $\lim\limits_{n \to +\infty} n\, \dfrac{\ln n}{n} - \ln 2 = -\infty$.

$\lim\limits_{n \to +\infty} n\left(\dfrac{\ln n}{n} - \ln 2\right) = -\infty$ et $\lim\limits_{X \to -\infty} \exp(X) = 0$ donc, par composition,

$\lim\limits_{n \to +\infty} \exp\left[n\left(\dfrac{\ln n}{n} - \ln 2\right)\right]$, c'est-à-dire $\lim\limits_{n \to +\infty} \dfrac{n}{2^n} = 0$.

Pour tout $n \in \mathbb{N}$, $u_n = \dfrac{1+3n}{2^n} = \dfrac{1}{2^n} + 3 \times \dfrac{n}{2^n}$, avec $\lim\limits_{n \to +\infty} \dfrac{1}{2^n} = 0$ et $\lim\limits_{n \to +\infty} \dfrac{n}{2^n} = 0$,
donc $\lim\limits_{n \to +\infty} u_n = 0$. **La suite (u_n) converge vers 0.**

14 **1.** $f(x) = x \Leftrightarrow x^2 = x \Leftrightarrow x(x-1) = 0 \Leftrightarrow (x = 0$ ou $x = 1)$.

Donc les solutions dans $\mathbb{R}$ de l'équation $f(x) = x$ sont 0 et 1.

$u_0 \in \mathbb{R}^+$ et $u_{n+1} = u_n^{\,2} \geqslant 0$ pour tout $n \in \mathbb{N}$ donc $u_n \in \mathbb{R}^+$ pour tout $n \in \mathbb{N}$: on pourrait se restreindre à résoudre l'équation $f(x) = x$ sur $\mathbb{R}^+$. Ici, on n'a pas de solution négative, donc une telle restriction est inutile.

2. Si $u_0 = 0$, comme pour tout $n \in \mathbb{N}$, $u_n = 0 \Rightarrow u_{n+1} = 0^2 = 0$, on obtient par récurrence que pour tout $n \in \mathbb{N}$, $u_n = 0$.

Lorsque $u_0 = 0$, la suite (u_n) est identiquement nulle.

Si $u_0 = 1$, comme pour tout $n \in \mathbb{N}$, $u_n = 1 \Rightarrow u_{n+1} = 1^2 = 1$, on obtient par récurrence que pour tout $n \in \mathbb{N}$, $u_n = 1$.

Lorsque $u_0 = 1$, la suite (u_n) est constante et tous ses termes sont égaux à 1.

3. a.

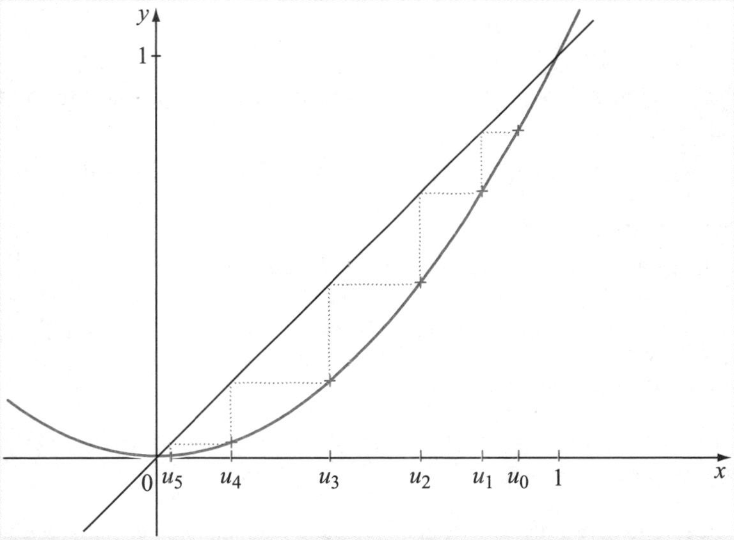

Les termes de la suite semblent compris entre 0 et 1 et la suite (u_n) semble décroissante et converger vers 0.

b. Montrons par récurrence que, pour tout $n \in \mathbb{N}$, $u_n \in]0\,;\,1[$.

- Par hypothèse, $u_0 \in]0\,;\,1[$.
- Supposons qu'il existe un entier $m \geqslant 0$ tel que $u_m \in]0\,;\,1[$, et montrons que $u_{m+1} \in]0\,;\,1[$.

Comme $f : x \mapsto x^2$ est strictement croissante sur $[0\,;\,1]$, si $0 < u_m < 1$,

alors $0^2 < u_m^{\,2} < 1^2$. Donc $u_{m+1} = u_m^{\,2} \in]0\,;\,1[$.

- Pour tout $n \in \mathbb{N}$, $0 < u_n < 1$. **La suite (u_n) est bornée.**

c. Pour tout $n \in \mathbb{N}$, $u_{n+1} - u_n = u_n^{\,2} - u_n = u_n(u_n - 1) < 0$ car $u_n > 0$ et $u_n - 1 < 0$ d'après **b.**

Donc la suite (u_n) est strictement décroissante.

d. (u_n) est décroissante et minorée (par 0) donc elle converge.

À ce stade, on ne peut dire si elle converge vers 0 ou vers un réel de $]0\,;\,1[$.

De plus, comme la fonction f telle que $u_{n+1} = f(u_n)$ est continue sur $\mathbb{R}$, et que (u_n) converge vers un réel l, on peut dire que l est solution de $f(x) = x$. D'après le **1.**, l est donc égal à 0 ou 1. (u_n) est décroissante, donc tous les termes de la suite sont strictement inférieurs à u_0, qui est un réel de $]0 ; 1[$. (u_n) ne peut donc converger vers 1, **donc (u_n) converge vers 0.**

15 1. a. **L'algorithme affiche le nombre n d'années nécessaires pour doubler le capital initial C_0.**

b. **On obtient toujours la même valeur de n, quel que soit le capital initial.**

c. D'une année à la suivante, le montant présent sur le compte est augmenté de 4 %, donc si C_n est le capital au bout de n années, alors :

$$C_{n+1} = C_n + C_n \times \frac{4}{100} = C_n \left(1 + \frac{4}{100}\right) = C_n \times 1,04.$$

Donc (C_n) est une suite géométrique de raison 1,04 et de premier terme C_0.
D'où $C_n = C_0 \times 1,04^n$.

Alors $C_n \geqslant 2C_0 \Leftrightarrow C_0 \times 1,04^n \geqslant 2C_0 \Leftrightarrow 1,04^n \geqslant 2$ (on a divisé par $C_0 > 0$)

$\Leftrightarrow e^{n\ln(1,04)} \geqslant 2 > 0$

$\Leftrightarrow n \times \ln(1,04) \geqslant \ln(2)$ (car l_n est strictement croissante sur $]0 ; +\infty[$)

$\Leftrightarrow n \geqslant \dfrac{\ln(2)}{\ln(1,04)}$ (car $1,04 > 1$, donc $\ln(1,04) > 0$) $\Leftrightarrow n \geqslant 17,7$, donc $n \geqslant 18$.

Le capital est doublé en 18 ans.

Il faut être vigilant lorsqu'on divise par ln(1,04) : est-ce bien un nombre positif ? Sinon, le sens de l'inégalité change.

2. On peut reprendre l'algorithme proposé par l'énoncé, mais il faut ajouter deux ligne “lire t” et “lire Cf” après “lire C0” pour fixer le but à atteindre ; il faut ensuite changer la condition du “tant que” en (C < Cf).
Puis remplacer C * 1,04 par C * (1 + t /100).

16 1. $u_2 = \sqrt{u_1 + 1} = \sqrt{2} \approx \mathbf{1,414}$; $u_3 = \sqrt{u_2 + 1} = \sqrt{\sqrt{2} + 1} \approx \mathbf{1,554}$;

$u_4 = \sqrt{\sqrt{\sqrt{2} + 1} + 1} \approx \mathbf{1,598.}$

2. f est dérivable sur $]-1 ; +\infty[$ et $f'(x) = \dfrac{1}{2\sqrt{x+1}}$. f' est strictement positive sur $[-1 ; +\infty[$, donc f est strictement croissante sur $[-1 ; +\infty[$.

f est dérivable sur $]-1 ; +\infty[$ et non pas sur $[-1 ; +\infty[$ car la fonction $x \mapsto \sqrt{x}$ est dérivable sur $]0 ; +\infty[$ et $x + 1 > 0 \Leftrightarrow x > -1$.

3. • $u_1 = 1$, donc $1 \leqslant u_1 \leqslant 2$.
• Supposons qu'il existe un entier $m \geqslant 1$ tel que $1 \leqslant u_m \leqslant 2$ et montrons que $1 \leqslant u_{m+1} \leqslant 2$.

$1 \leqslant u_m \leqslant 2 \Rightarrow 2 \leqslant u_m + 1 \leqslant 3 \Rightarrow \sqrt{2} \leqslant \sqrt{u_m + 1} \leqslant \sqrt{3}$ car la fonction racine carrée est croissante sur $[0 ; +\infty[$.

Or $\sqrt{2} \geqslant 1$ et $\sqrt{3} \leqslant 2$, donc $1 \leqslant u_{m+1} \leqslant 2$.

• **Donc, pour tout $n \geqslant 1$, $1 \leqslant u_n \leqslant 2$.**

4. • $u_1 = 1$ et $u_2 = \sqrt{2}$ donc $u_1 \leqslant u_2$.

• Supposons qu'il existe un entier $m \geqslant 1$ tel que $u_m \leqslant u_{m+1}$ et montrons que $u_{m+1} \leqslant u_{m+2}$.

D'après cette hypothèse et le **3.**

$$1 \leqslant u_m \leqslant u_{m+1} \Rightarrow u_m + 1 \leqslant 0 \leqslant 2 \leqslant u_{m+1} + 1 \Rightarrow \sqrt{u_m + 1} \leqslant \sqrt{u_{m+1} + 1},$$

c'est-à-dire $u_{m+1} \leqslant u_{m+2}$.

• **Donc, pour tout $n \geqslant 1$, $u_n \leqslant u_{n+1}$.**

5. On en déduit que la suite (u_n) est croissante, majorée par 2, donc elle converge vers un réel Φ. Comme $u_{n+1} = f(u_n)$ avec f, la fonction définie au **2.**, qui est continue sur l'intervalle $[1 ; 2]$, Φ est donc solution de l'équation $f(x) = x$.

Or $f(x) = x \Leftrightarrow x = \sqrt{x+1} \Leftrightarrow x \geqslant 0$ et $x^2 = x + 1 \Leftrightarrow x \geqslant 0$ et $x^2 - x - 1 = 0$.

Pour ce trinôme du second degré, $\Delta = 5 > 0$ donc cette équation a deux solutions $x_1 = \dfrac{1-\sqrt{5}}{2}$ et $x_2 = \dfrac{1+\sqrt{5}}{2}$.

La seule qui est positive est x_2, donc :

$$\boldsymbol{\Phi = \frac{1+\sqrt{5}}{2}}.$$

17 1. Soit $n \in \mathbb{N}^*$. P_n est dérivable sur $\mathbb{R}$ (polynôme), donc aussi sur $[0 ; +\infty[$, et pour tout $x \in [0 ; +\infty[$, $P_n'(x) = 1 + 2x + \ldots + nx^{n-1} > 0$.

P_n est donc strictement croissante sur $[0 ; +\infty[$.

De plus $P_n(0) = -1$ et $\lim\limits_{x \to +\infty} P_n(x) = +\infty$.

P_n, étant continue sur $[0 ; +\infty[$, d'après le théorème des valeurs intermédiaires, **il existe un unique nombre réel strictement positif noté x_n tel que $P_n(x_n) = 0$.**

2. Soit $n \in \mathbb{N}^*$. Pour tout $x \in \mathbb{R}$, $P_{n+1}(x) = P_n(x) + x^{n+1}$.

En particulier, $P_{n+1}(x_n) = P_n(x_n) + {x_n}^{n+1} = 0 + {x_n}^{n+1} = {x_n}^{n+1} > 0$.

Donc $P_{n+1}(0) = -1$ et $P_{n+1}(x_n) > 0$.

Donc, d'après le théorème des valeurs intermédiaires appliqué à la fonction P_{n+1} sur $[0 ; x_n]$, il existe un unique nombre réel appartenant à l'intervalle $[0 ; x_n]$ solution de $P_{n+1}(x) = 0$. Cette unique solution étant x_{n+1}, $x_{n+1} < x_n$.

La suite (x_n) est donc (strictement) décroissante.

3. La suite (x_n) est décroissante et minorée par 0, **donc la suite (x_n) converge**.

4. La suite (x_n) étant strictement décroissante, pour tout $n > 2$, $x_n < x_2$.

Montrons que $x_2 < 1$: P_2 est définie par $P_2(x) = -1 + x + x^2$.

$P_2(1) = 1 > 0$, donc d'après **1.**, $x_2 < 1$.

On pouvait aussi conclure que $x_2 < 1$ en cherchant les racines du polynôme du second degré P_2 : l'une est négative, donc ce n'est pas x_2, l'autre est $\frac{-1+\sqrt{5}}{2} \approx 0{,}62 < 1$.

De plus, pour tout $n \in \mathbb{N}^*$, $x_n > 0$ (d'après **1.**)
Donc, **pour tout $n > 2, 0 < x_n < x_2 < 1$.**

Pour tout $n > 2$, $0 < x_n < x_2$, donc $x_n^{n+1} < x_2^{n+1}$ par croissance sur $[0\,;+\infty[$ de $x \mapsto x^n$, avec $\lim\limits_{n\to+\infty}(x_2^n) = 0$ (car $-1 < x_2 < 1$).
Donc, d'après le théorème des gendarmes, $\boldsymbol{\lim\limits_{n\to+\infty}(x_n)^{n+1} = 0}$.

5. a. Soit $n \in \mathbb{N}$ et $x \in \mathbb{R}\setminus\{1\}$, $P_n(x) = -1 + x + \ldots + x^n = -2 + 1 + x + \ldots + x^n$.

$x \neq 1$, donc $1 + x + \ldots + x^n = \frac{1-x^{n+1}}{1-x}$ et $\boldsymbol{P_n(x) = -2 + \frac{1-x^{n+1}}{1-x}}$.

b. En particulier, pour tout $n \in \mathbb{N}$, comme $x_n \neq 1$, $P_n(x_n) = 0 = -2 + \frac{1-x_n^{\,n+1}}{1-x_n}$, ce qui équivaut à $2(1-x_n) = 1 - x_n^{\,n+1}$. On obtient par passage à la limite quand n tend vers $+\infty$, $2(1-l) = 1-0$, d'où $l - 1 = -\frac{1}{2}$ et $\boldsymbol{l = \frac{1}{2}}$.

18 **1.** • $u_0 = 1{,}5 > 0$, donc la propriété est vraie au rang 0.

• Supposons qu'il existe un entier naturel m tel que $u_m > 0$ et montrons qu'alors $u_{m+1} > 0$.

$u_m > 0$, donc $\frac{2}{u_m} > 0$, donc $u_m + \frac{2}{u_m} > 0$.

Or, $\frac{1}{2} > 0$, donc $u_{m+1} > 0$. La propriété est vraie au rang $m+1$.

• **Donc, pour tout $n \in \mathbb{N}$, $u_n > 0$.**

2. a. Soit $n \in \mathbb{N}$. Alors $u_{n+1} - \sqrt{2} = \frac{1}{2}\left(u_n + \frac{2}{u_n}\right) - \sqrt{2} = \frac{1}{2}\,\frac{u_n^{\,2} + 2 - 2\sqrt{2}\,u_n}{u_n}$

$$\boldsymbol{u_{n+1} - \sqrt{2} = \frac{1}{2} \times \frac{(u_n - \sqrt{2})^2}{u_n}}.$$

b. • $u_0 = 1{,}5 > \sqrt{2}$, donc la propriété est vraie au rang 0.

• Supposons qu'il existe un entier $m \in \mathbb{N}$ tel que $u_m > \sqrt{2}$ et montrons qu'alors $u_{m+1} > \sqrt{2}$. D'après **a.**, $u_{m+1} - \sqrt{2} = \frac{1}{2} \times \frac{(u_m - \sqrt{2})^2}{u_m}$, où u_m et $(u_m - \sqrt{2})^2$ sont strictement positifs.

Alors $\frac{1}{2} \times \frac{(u_m - \sqrt{2})^2}{u_m} > 0$ et $u_{m+1} - \sqrt{2} > 0$, donc $u_{m+1} > \sqrt{2}$.

• **Donc, pour tout $n \in \mathbb{N}$, $u_n > \sqrt{2}$.**

c. Pour tout $n \in \mathbb{N}$, $u_n > \sqrt{2} > 0$, donc $\frac{1}{u_n} < \frac{1}{\sqrt{2}}$ et en multipliant par $\frac{1}{2}\left(u_n - \sqrt{2}\right)^2 > 0$

$\frac{(u_n - \sqrt{2})^2}{u_n} < \frac{1}{2}\,\frac{(u_n - \sqrt{2})^2}{\sqrt{2}}\,\frac{1}{2}$, d'où, $\boldsymbol{u_{n+1} - \sqrt{2} \leqslant \frac{1}{2} \times \frac{(u_n - \sqrt{2})^2}{\sqrt{2}}}$.

d. Le **c.** peut s'écrire aussi : pour tout $n \in \mathbb{N}$, $u_{n+1} - \sqrt{2} \leqslant \dfrac{(u_n - \sqrt{2})^2}{2\sqrt{2}}$.

• Ainsi, $u_1 - \sqrt{2} \leqslant \dfrac{(u_0 - \sqrt{2})^2}{2\sqrt{2}}$ soit $u_1 - \sqrt{2} \leqslant \dfrac{(u_0 - \sqrt{2})^{2^1}}{2\sqrt{2}}$, donc la propriété est vraie au rang 1.

• Supposons qu'il existe $m \in \mathbb{N}^*$ tel que $u_m - \sqrt{2} \leqslant \dfrac{\left(u_0 - \sqrt{2}\right)^{2^m}}{2\sqrt{2}}$, et montrons qu'alors :

$$u_{m+1} - \sqrt{2} \leqslant \frac{\left(u_0 - \sqrt{2}\right)^{2^{m+1}}}{2\sqrt{2}}.$$

D'après le **b.**, et l'hypothése de récurrence :

$0 < u_m - \sqrt{2} \leqslant \dfrac{\left(u_0 - \sqrt{2}\right)^{2^m}}{2\sqrt{2}}$, d'où $(u_m - \sqrt{2})^2 \leqslant \left[\dfrac{\left(u_0 - \sqrt{2}\right)^{2^m}}{2\sqrt{2}}\right]^2$ par croissance de la fonction careé sur $[0 : +\infty[$.

$$\text{Or, } \left[\frac{\left(u_0 - \sqrt{2}\right)^{2^m}}{2\sqrt{2}}\right]^2 = \frac{(u_0 - \sqrt{2})^{(2^m)\times 2}}{4 \times 2} = \frac{(u_0 - \sqrt{2})^{2^{m+1}}}{8},$$

donc $(u_m - \sqrt{2})^2 \leqslant \dfrac{(u_0 - \sqrt{2})^{2^{m+1}}}{8}$.

D'où, d'après le **c.** $u_{m+1} - \sqrt{2} \leqslant \dfrac{(u_m - \sqrt{2})^2}{2\sqrt{2}} \leqslant \dfrac{1}{2\sqrt{2}} \times \dfrac{(u_0 - \sqrt{2})^{2^{m+1}}}{8}$ car $\dfrac{1}{2\sqrt{2}} > 0$.

Or, $\dfrac{1}{8} \leqslant 1$ et $\dfrac{\left(u_0 - \sqrt{2}\right)^{2^{m+1}}}{2\sqrt{2}} > 0$, donc $\dfrac{1}{8} \times \dfrac{\left(u_0 - \sqrt{2}\right)^{2^{m+1}}}{2\sqrt{2}} \leqslant \dfrac{\left(u_0 - \sqrt{2}\right)^{2^{m+1}}}{2\sqrt{2}}$:

$u_{m+1} - \sqrt{2} \leqslant \dfrac{1}{2\sqrt{2}} \times (u_0 - \sqrt{2})^{2^{m+1}}$, et donc l'inégalité est vraie au rang $m+1$.

• **Donc, pour tout $n \in \mathbb{N}^*$, $u_n - \sqrt{2} \leqslant \dfrac{(u_0 - \sqrt{2})^{2^n}}{2\sqrt{2}}$.**

e. On a prouvé que, pour tout $n \in \mathbb{N}^*$, $\sqrt{2} < u_n \leqslant \sqrt{2} + \dfrac{(u_0 - \sqrt{2})^{2^n}}{2\sqrt{2}}$.

$2 > 1$, donc $\lim\limits_{n \to +\infty} 2^n = +\infty$.

Comme $-1 < u_0 - \sqrt{2} < 1$, $\lim\limits_{N \to +\infty} (u_0 - \sqrt{2})^N = 0$.

Anisi, $\lim\limits_{n \to +\infty} (u_0 - \sqrt{2})^{2^n} = 0$.

Par conséquent, $\lim\limits_{n \to +\infty} \sqrt{2} + \dfrac{(u_0 - \sqrt{2})^{2^n}}{2\sqrt{2}} = \sqrt{2}$.

Et d'après le théorème des gendarmes, $\lim\limits_{n \to +\infty} u_n = \sqrt{2}$.

Donc la suite (u_n) converge vers $\sqrt{2}$.

19 1. $ax+b=x \Leftrightarrow (a-1)x=-b \Leftrightarrow x=-\dfrac{b}{a-1}$ car $a-1\neq 0$.

L'équation $ax+b=x$ admet une unique solution $L=\dfrac{b}{1-a}$.

2. a. Pour tout $n\in\mathbb{N}$, $v_{n+1}=u_{n+1}-L=au_n+b-L=a(v_n+L)+b-L$.

D'où $v_{n+1}=av_n+(a-1)L+b=av_n+(a-1)\dfrac{b}{1-a}+b=av_n-b+b=av_n$.

La suite (v_n) est géométrique de raison a.
On en déduit que, pour tout $n\in\mathbb{N}$, $v_n=v_0a^n=(u_0-L)a^n$, ou encore :

$$\boldsymbol{v_n=\left(u_0-\frac{b}{1-a}\right)\times a^n.}$$

b. Pour tout $n\in\mathbb{N}$:

$$u_n=v_n+L=\left(u_0-\frac{b}{1-a}\right)\times a^n+L=\left(u_0-\frac{b}{1-a}\right)\times a^n+\frac{b}{1-a}.$$

Si $-1<a<1$, alors $\lim\limits_{n\to+\infty} a^n=0$ et $\lim\limits_{n\to+\infty} u_n=\boldsymbol{\dfrac{b}{1-a}}$.

Si $a>1$, alors $\lim\limits_{n\to+\infty} a^n=+\infty$, donc $\lim\limits_{n\to+\infty} u_n=\begin{cases}+\infty \text{ si } u_0>\dfrac{b}{1-a}\\ -\infty \text{ si } u_0<\dfrac{b}{1-a}\end{cases}$.

Si $a\leqslant -1$, alors **la suite (u_n) n'admet pas de limite.**

20 1. **Réponses b. et d.**

Une telle suite est décroissante et minorée (par 0) donc elle converge, mais sa limite peut être un nombre positif non nul. Le fait qu'elle soit décroissante implique qu'elle est majorée par son premier terme.

2. **Réponses b., c. et d.**

Pour tout $n\in\mathbb{N}$, $u_n>0$ et $\dfrac{u_{n+1}}{u_n}=\dfrac{3n+7}{n+2}\times\dfrac{n+1}{3n+4}=\dfrac{3n^2+10n+7}{3n^2+10n+8}<1$, donc (u_n) est décroissante.

Pour tout $n\in\mathbb{N}$, $u_n>0$, donc (u_n) est minorée.

$u_n=\dfrac{3n+4}{n+1}=\dfrac{3(n+1)+1}{n+1}=3+\dfrac{1}{n+1}\leqslant 4$ car $n+1\geqslant 1$ pour tout entier naturel n,

donc $\dfrac{1}{n+1}\leqslant 1$. Donc (u_n) est minorée

3. **Réponse b.** car $\lim\limits_{n\to+\infty}(-v_n)=+\infty$.

4. **Réponses a. et d.**

Pour tout $n\in\mathbb{N}$ et pour tout $0\leqslant k\leqslant n$, $0\leqslant\dfrac{1}{n^2+k}\leqslant\dfrac{1}{n^2}$,

donc $0\leqslant u_n\leqslant(n+1)\times\dfrac{1}{n^2}$.

Attention, la somme formant u_n comporte $n + 1$ termes.

Or $\lim\limits_{n\to+\infty} \frac{n+1}{n^2} = \lim\limits_{n\to+\infty} \frac{n}{n^2} = \lim\limits_{n\to+\infty} \frac{1}{n} = 0$,

donc d'après le théorème des gendarmes, $\lim\limits_{n\to+\infty} u_n = 0$.

De plus, pour tout $n \in \mathbb{N}^*$, $n \leqslant n^2$ et $1 \leqslant n^2$,

donc $n+1 \leqslant 2n^2 \Leftrightarrow \frac{n+1}{n^2} \leqslant 2$ car $n^2 > 0$.

On en déduit que $0 \leqslant u_n \leqslant 2$.

Toute suite convergente est bornée.

5. **Réponses c. et d**.

Soit A un réel. Posons $n_0 = \mathrm{E}\left(\frac{A}{2}\right)+1$. Alors $n_0 > \frac{A}{2}$ et pour tout, $n \geqslant n_0$, $u_n \geqslant 2n \geqslant 2n_0 > A$.

Donc (u_n) tend vers $+\infty$ et n'est pas majorée.

Autre méthode : $\lim\limits_{n\to+\infty} 2n = +\infty$, donc $\lim\limits_{n\to+\infty} u_n = +\infty$, d'ou **d.** puis **c.**

(u_n) n'est pas forcément croissante, car on pourrait bâtir comme contre-exemple la suite définie aux rangs pairs par $u_{2n} = 4n+1$ et aux rangs impairs par $u_{2n+1} = 2(2n+1)^2$. $u_{2n} \geqslant 2\times(2n)$ et $u_{2n+1} \geqslant 2\times(2n+1)$, mais $u_{2(n+1)} \leqslant u_{2n+1}$. Cette suite n'est pas monotone.

21 **1.** $2x - x^2 = 0 \Leftrightarrow (x = 0$ ou $x = 2)$ et $2x - x^2 > 0 \Leftrightarrow x \in]0 ; 2[$ du signe contraire de $a = -1$ entre les racines.

f est donc définie sur $[0 ; 2]$ et dérivable sur $]0 ; 2[$.

Pour tout $x \in]0 ; 2[$, $f'(x) = \frac{2-2x}{2\sqrt{2x-x^2}} = \frac{1-x}{\sqrt{2x-x^2}}$.

D'où $f'(x)$ est du signe de $1 - x$, donc strictement positif sur $]0 ; 1[$ et strictement négatif sur $]1 ; 2[$.

Donc f est strictement croissante sur $[0 ; 1]$ et strictement décroissante sur $[1 ; 2]$.

x	0		1		2
$f'(x)$		+	0	−	
$f(x)$	0	↗	1	↘	0

2. a.

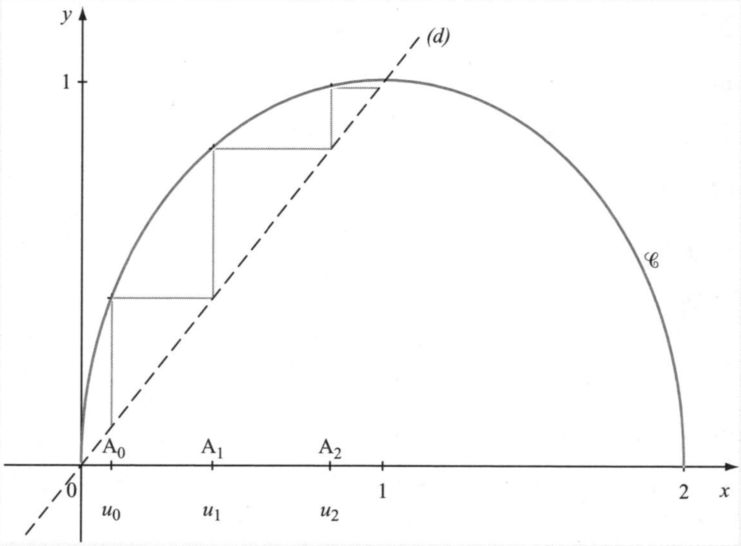

b. • $u_0 \in [0\ ;\ 1]$ par hypothèse.

• Supposons qu'il existe $m \in \mathbb{N}$ tel que $u_m \in [0\ ;\ 1]$ et montrons que $u_{m+1} \in [0\ ;\ 1]$.

D'après le tableau de variation de f, si $x \in [0\ ;\ 1]$, alors $f(x) \in [0\ ;\ 1]$, donc comme $u_m \in [0\ ;\ 1]$, alors $f(u_m) = u_{m+1} \in [0\ ;\ 1]$.

• **Donc, pour tout $n \in \mathbb{N}$, $u_n \in [0\ ;\ 1]$.**

c. Soit $n \in \mathbb{N}$.

$u_{n+1}{}^2 - u_n{}^2 = (2u_n - u_n{}^2) - u_n{}^2 = 2u_n - 2u_n{}^2 = 2u_n(1-u_n) \geqslant 0$
car $u_n \geqslant 0$ et $1 - u_n \geqslant 0$.
Donc $u_{n+1}{}^2 \geqslant u_n{}^2$. Mais u_n et u_{n+1} appartiennent à $[0\ ;\ 1]$, donc u_n et u_{n+1} sont rangés dans le même ordre que leurs carrés, d'où $u_{n+1} \geqslant u_n$.
Donc la suite (u_n) est croissante.

d. (u_n) est croissante et majorée par 1, donc elle converge.
Soit L sa limite.
Comme pour tout $n \in \mathbb{N}$, $u_n \in [0\ ;\ 1]$, $L \in [0\ ;\ 1]$.

L vérifie l'équation $L = \sqrt{2L - L^2}$, car la fonction f est continue sur $[0\ ;\ 1]$.

L étant positif, $L = \sqrt{2L - L^2} \Leftrightarrow L^2 = 2L - L^2$

$$\Leftrightarrow 2L(L-1) = 0$$

$$\Leftrightarrow (L = 0 \text{ ou } L = 1).$$

Si $u_0 = 0$ alors, comme $f(0) = 0$, la suite (u_n) est constante et égale à 0. Donc **$L = 0$.**

Si $u_0 \in]0\ ;\ 1]$ alors, comme (u_n) est croissante, $u_n \geqslant u_0$ pour tout $n \in \mathbb{N}$, donc $L \geqslant u_0 > 0$, donc : **$L = 1$.**

3. a. D'après le tableau de variation de f, $f\left([1\ ;\ 2]\right) \subset [0\ ;\ 1]$
donc $u_1 = f(u_0) \in [0\ ;\ 1]$.

b. Soit (v_n) la suite définie pour tout $n \in \mathbb{N}$ par $v_n = u_{n+1}$.
(v_n) vérifie toutes les propriétés de la question **3**.

Or, $\lim\limits_{n\to+\infty} n+1 = +\infty$ et $\lim\limits_{n\to+\infty} u = L$, donc $\lim\limits_{n\to+\infty} u_{n+1} = L$.

Donc $\lim\limits_{n\to+\infty} v_n = L$:

(v_n) converge vers 0 si $u_1 = 0$, c'est-à-dire si $u_0 = 2$;
(v_n) converge vers 1 si $u_1 \in]0\ ;\ 1]$, c'est-à-dire si $u_0 \in [1\ ;\ 2[$.

22 Soit (u_n) une suite croissante non majorée. Montrons que, pour tout $A \in \mathbb{R}$, il existe un rang N_0 tel que, pour tout $n \geqslant N_0$, $u_n \in]A\ ;\ +\infty[$.

Soit A un réel. La suite (u_n) n'étant pas majorée (donc pas majorée par A), il existe donc un entier $n(A)$ tel que $u_{n(A)} > A$.

Alors, comme la suite (u_n) est croissante, pour tout $n \geqslant n(A), u_n \geqslant u_{n(A)} > A$, donc $u_n \in]A\ ;\ +\infty[$.
En posant $N_0 = n(A)$ pour tout $n \geqslant N_0$, $u_n \in]A\ ;\ +\infty[$.
Donc la suite (u_n) diverge vers $+\infty$.

23 **1.** f est définie et dérivable sur $[1\ ;\ +\infty[$ et, pour tout $x \geqslant 1$:

$$f'(x) = \frac{2x(2x-1) - x^2 \times 2}{(2x-1)^2} = \frac{2x^2 - 2x}{(2x-1)^2} = \frac{2x(x-1)}{(2x-1)^2}$$

donc $f'(x)$ est du signe de $2x(x-1)$, polynôme du second degré dont les racines sont 0 et 1.
D'où $f'(x) > 0 \Leftrightarrow (x < 0 \text{ ou } x > 1) \Leftrightarrow x > 1$ car Df = $[1\ ;+\infty[$.
Donc f est strictement croissante sur $[1\ ;\ +\infty[$.
De plus, $f(1) = 1$ donc, pour tout $x > 1$, $f(x) > f(1)$ soit **$f(x) > 1$.**

2. • $u_0 = 2 > 1$ donc la propriété est vraie au rang 0.
• Supposons qu'il existe un nombre $m \in \mathbb{N}$ tel que $u_m > 1$ et montrons que $u_{m+1} > 1$.
Or, d'après **1.**, si $u_m > 1$, alors $f(u_m) > 1$. Donc $u_{m+1} = f(u_m) > 1$, la propriété est vraie au rang $m+1$.

• **Donc, pour tout $n \in \mathbb{N}$, $u_n > 1$.**

3. On considère les suites (v_n) et (w_n) définies par $v_n = \dfrac{u_n - 1}{u_n}$ et $w_n = \ln(v_n)$ pour tout $n \in \mathbb{N}$.

a. Soit $n \in \mathbb{N}$, $u_n \neq 0$ d'après **2.**, donc $\dfrac{u_n - 1}{u_n}$ existe.
De plus, $u_n > 1$ donc $u_n - 1 > 0$ et $v_n > 0$.
Donc $w_n = \ln(v_n)$ existe.
Donc les suites (v_n) et (w_n) sont bien définies sur $\mathbb{N}$.

b. Soit $n \in \mathbb{N}$, $w_{n+1} = \ln(v_{n+1}) = \ln \dfrac{u_{n+1} - 1}{u_{n+1}}$.

Or $u_{n+1} = f(u_n) = \dfrac{u_n{}^2}{2u_n - 1}$, donc $u_{n+1} - 1 = \dfrac{u_n{}^2 - 2u_n + 1}{2u_n - 1}$ et ainsi :

$$\frac{u_{n+1} - 1}{u_{n+1}} = \frac{u_n{}^2 - 2u_n + 1}{2u_n - 1} \div \frac{u_n{}^2}{2u_n - 1} = \frac{u_n{}^2 - 2u_n + 1}{2u_n - 1} \times \frac{2u_n - 1}{u_n{}^2}$$

$$= \frac{u_n{}^2 - 2u_n + 1}{u_n{}^2} = \frac{(u_n - 1)^2}{u_n{}^2}.$$

Donc $w_{n+1} = \ln \dfrac{(u_n - 1)^2}{u_n{}^2} = \ln \left(\dfrac{u_n - 1}{u_n} \right)^2 = 2 \ln \left(\dfrac{u_n - 1}{u_n} \right) = 2 \ln(v_n) = 2w_n$.

La suite (w_n) est donc géométrique de raison 2.

c. $w_0 = \ln(v_0) = \ln \dfrac{u_0 - 1}{u_0} = \ln \dfrac{1}{2} = - \ln 2$.

Donc, pour tout $n \in \mathbb{N}$, $w_n = - \ln 2 \times 2^n$.

Ensuite, pour tout $n \in \mathbb{N}$, $w_n = \ln(v_n)$,

donc $v_n = \exp(w_n) = \exp\left[\ln\left(\dfrac{1}{2} \right) \times 2^n \right] = \left(\dfrac{1}{2} \right)^{2^n}$.

Pour tout $n \in \mathbb{N}$, $v_n = \left(\dfrac{1}{2} \right)^{2^n}$.

d. Pour tout $n \in \mathbb{N}$, $v_n = \dfrac{u_n - 1}{u_n} = 1 - \dfrac{1}{u_n} \Leftrightarrow \dfrac{1}{u_n} = 1 - v_n$,

Or, $v_n = \left(\dfrac{1}{2} \right)^{2^n} \neq 1$ pour tout $n \in \mathbb{N}$, d'où $u_n = \dfrac{1}{1 - v_n} = \dfrac{1}{1 - \left(\dfrac{1}{2} \right)^{2^n}}$.

$\lim\limits_{n \to +\infty} 2^n = +\infty$ et, comme $-1 < \dfrac{1}{2} < 1$, $\lim\limits_{N \to +\infty} \left(\dfrac{1}{2} \right)^N = 0$. Donc $\lim\limits_{n \to +\infty} \left(\dfrac{1}{2} \right)^{2^n} = 0$.

Alors $\lim\limits_{n \to +\infty} u_n = \lim\limits_{n \to +\infty} \dfrac{1}{1 - \left(\dfrac{1}{2} \right)^{2^n}} = 1$.

Donc la suite (u_n) converge vers 1.

6 Intégration

Dans tout ce chapitre, le plan est muni d'un repère orthogonal $(O\,;\vec{i}\,;\vec{j})$ et I désigne un intervalle de $\mathbb{R}$.

I INTÉGRALE D'UNE FONCTION CONTINUE

On appelle unité d'aire l'aire du rectangle de dimensions $\|\vec{i}\|$ et $\|\vec{j}\|$ (cette aire vaut $\|\vec{i}\|\times\|\vec{j}\|$).

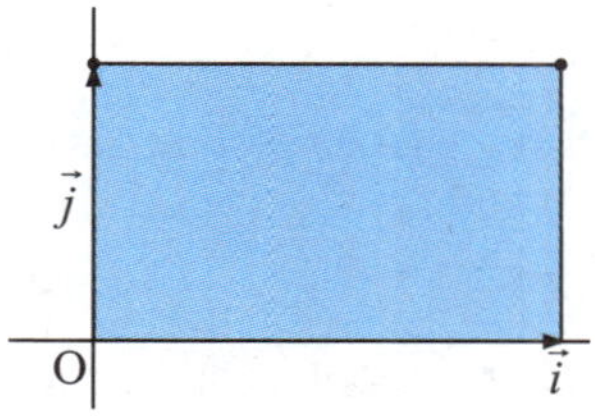

1. Cas des fonctions continues et positives

Définition

Soit f une fonction continue et positive sur un intervalle $[a\,;b]$ $(a \leqslant b)$.

On appelle **intégrale de a à b de f** l'aire exprimée, en unités d'aire, de l'ensemble $D=\{(x\,;y)\in\mathbb{R}^2 / a\leqslant x\leqslant b,\ 0\leqslant y\leqslant f(x)\}$.

On la note $\int_a^b f(x)\,\mathrm{d}x$.

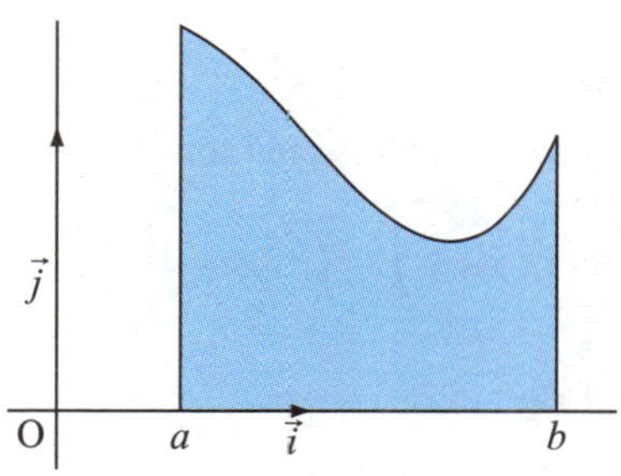

- Le « dx » ne signifie rien.
- La variable x est « muette ». On notera indifféremment $\int_a^b f(x)\,\mathrm{d}x$, $\int_a^b f(t)\,\mathrm{d}t$...

COURS

2. Cas des fonctions continues de signes quelconques

Définitions : soit une fonction continue sur un intervalle $[a\,;b]$ $(a \leqslant b)$.

- Si f est négative sur $[a\,;b]$, alors $\int_a^b f(x)\,\mathrm{d}x$ est l'opposé de l'aire de $D=\{(x\,;y)\in\mathbb{R}^2 / a\leqslant x\leqslant b, f(x)\leqslant y\leqslant 0\}$.
- Si f est de signe quelconque :

$$\int_a^b f(x)\,\mathrm{d}x = \text{Aire(A)} - \text{Aire(B)} + \text{Aire(C)}$$

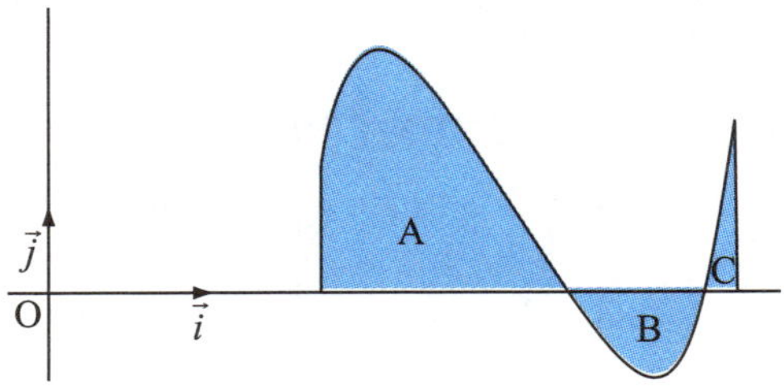

On admet que les définitions se prolongent au cas de la fonction partie entière.

3. Inversion des bornes

Définition : soit f une fonction continue sur I. Soient a, b appartenant à I tels que $a \leqslant b$. On pose $\int_b^a f(x)\mathrm{d}x = -\int_a^b f(x)\mathrm{d}x$.

4. Valeur moyenne d'une fonction continue

Définition : soit f une fonction continue sur $[a\,;b]$, on appelle valeur moyenne de f sur $[a\,;b]$ le réel $\dfrac{1}{b-a}\int_a^b f(x)\mathrm{d}x$.

II PROPRIÉTÉS DE L'INTÉGRALE

I désigne un intervalle de $\mathbb{R}$.

Relations de Chasles

Soit f une fonction continue sur I, alors pour tous a, b, c appartenant à I :

$$\int_a^b f(x)\mathrm{d}x + \int_b^c f(x)\mathrm{d}x = \int_a^c f(x)\mathrm{d}x.$$

Linéarité de l'intégrale

Soient f, g deux fonctions continues sur I et $a, b \in I$; alors pour tous réels k_1, k_2 :

$$\int_a^b [k_1 f(x) + k_2 g(x)]\mathrm{d}x = k_1\int_a^b f(x)\mathrm{d}x + k_2\int_a^b g(x)\mathrm{d}x.$$

Positivité et croissance de l'intégrale

Soient f et g deux fonctions continues sur $[a\ ;\ b]$ (avec $a \leqslant b$) :

- si pour tout $x \in [a\ ;\ b]$, $f(x) \geqslant 0$, alors $\int_a^b f(x)\mathrm{d}x \geqslant 0$;
- si pour tout $x \in [a\ ;\ b]$, $f(x) \geqslant g(x)$, alors $\int_a^b f(x)\mathrm{d}x \geqslant \int_a^b g(x)\mathrm{d}x$.

Inégalités de la moyenne

Soit f une fonction continue sur $[a\ ;\ b]$ (avec $a \leqslant b$) telle que pour tout $x \in [a\ ;\ b]$, $m \leqslant f(x) \leqslant M$, alors :

$$m(b-a) \leqslant \int_a^b f(x)\mathrm{d}x \leqslant M(b-a).$$

III PRIMITIVES D'UNE FONCTION

Dans ce paragraphe, I est un intervalle de $\mathbb{R}$.

1. Généralités

Définition : soit f une fonction définie sur I. On appelle **primitive** de f sur I, toute fonction F définie et dérivable sur I tel que $F' = f$.

Toute fonction continue sur un intervalle I admet des primitives sur I.

Théorèmes : soit f une fonction continue sur I et F une primitive de f sur I, alors les primitives de f sur I sont les fonctions de la forme : $x \mapsto F(x) + c$ où c est un réel quelconque.

En particulier, pour tous $a \in I$ et $b \in \mathbb{R}$, il existe une unique primitive F de f tel que $F(a) = b$.

Soit f une fonction continue sur I et soit $a \in \mathbb{R}$, alors la fonction F définie sur I par $F(x) = \int_a^x f(t)\mathrm{d}t$ est **la** primitive de f qui s'annule en a.

EXEMPLE : La fonction $x \mapsto \dfrac{1}{x}$ est continue sur $]0\ ;+\infty[$, alors elle admet des primitives sur $]0\ ;+\infty[$; ce sont les fonctions de la forme $x \mapsto \ln(x) + c$ où c est un réel quelconque.

2. Tableau des primitives

C désigne un réel.

Fonction	Primitives	Ensemble de définition
$x \mapsto a (a \in \mathbb{R})$	$x \mapsto ax + C$	$\mathbb{R}$
$x \mapsto x^n (n \in \mathbb{N})$	$x \mapsto \dfrac{x^{n+1}}{n+1} + C$	$\mathbb{R}$

Fonction	Primitives	Ensemble de définition
$x \mapsto x^a \ (a \in \mathbb{R}, a \neq -1)$	$x \mapsto \dfrac{x^{a+1}}{a+1} + C$	$]0\,;+\infty[$
$x \mapsto \dfrac{1}{x}$	$x \mapsto \ln(x) + C$	$]0\,;+\infty[$
$x \mapsto e^x$	$x \mapsto e^x + C$	$\mathbb{R}$
$x \mapsto \sin(x)$	$x \mapsto -\cos(x) + C$	$\mathbb{R}$
$x \mapsto \cos(x)$	$x \mapsto \sin(x) + C$	$\mathbb{R}$

3. Opérations, composition

Soit u et v deux fonctions définies et dérivables sur un intervalle I.

Fonction	Une primitive	Ensemble de définition
$ku' \ (k \in \mathbb{R})$	ku	I
$u' + v'$	$u + v$	I
$\dfrac{u'}{\sqrt{u}}$	$2\sqrt{u}$	$\{x \in I, u(x) > 0\}$
$u' \times \sin u$	$-\cos u$	I
$u' \times \cos u$	$\sin u$	I
$u'e^u$	e^u	I
$\dfrac{u'}{u}$	$\ln \lvert u \rvert$, c'est-à-dire $\ln(u)$ si u est strictement positive sur I, et $\ln(-u)$ si u est strictement négative sur I	$\{x \in I, u(x) \neq 0\}$
$u'u^n \ (n \in \mathbb{N}^*)$	$\dfrac{u^{n+1}}{n+1}$	I
$\dfrac{u'}{u^n} \ (n \in \mathbb{N}, n \geqslant 2)$	$\dfrac{-1}{(n-1)u^{n-1}}$	$\{x \in I, u(x) \neq 0\}$

Toutes les fonctions continues admettent des primitives, mais certaines fonctions n'admettent pas de primitive explicite, par exemple la fonction $x \mapsto \exp(-x^2)$.

4. Lien entre primitive et intégrale

■ Propriété

Soit f une fonction continue sur I, alors pour tous $a,\ b \in I$:

$$\int_a^b f(t)\mathrm{d}t = F(b) - F(a),$$

où F est une primitive quelconque de f sur I.

■ Notation

On pose $F(b) - F(a) = [F(x)]_a^b$.

SAVOIR-FAIRE

1. Déterminer les primitives d'une fonction composée

EXEMPLE : Déterminer les primitives sur $\mathbb{R}$ de la fonction $f : x \mapsto x\,\mathrm{e}^{3x\dagger-5}$.

- Reconnaître dans f l'une des formes suivantes :

$$\frac{u'}{\sqrt{u'}},\ u'\cos u,\ u'\sin u,\ u'\,\mathrm{e}^u,\ \frac{u'}{u},\ u'\times u^n,\ \frac{u'}{u^n}\ (n \geqslant 2).$$

f est de la forme $u'\mathrm{e}^u$ avec $u : x \mapsto 3x^2 - 5$ (ici $u'(x) = x$ correspond à la dérivée de $3x^2 - 5$ **au coefficient près**).

- Calculer la dérivée de la primitive correspondante :

$$\sqrt{u},\ \sin u,\ \cos u,\ \mathrm{e}^u,\ \ln|u|,\ u^{n+1},\ \frac{1}{u^{n-1}}(n \geqslant 2).$$

La dérivée de e^{3x^2-5} est $6x\,\mathrm{e}^{3x^2-5} = 6 \times f(x)$.

- En déduire le réel k tel que $k\sqrt{u}$, $k\sin u$, $k\cos u$, $k\mathrm{e}^u$, $k\ln|\mathrm{u}|$, ku^{n+1}, $k\dfrac{1}{u^{n-1}}(n \geqslant 2)$ soit une primitive de f.

La dérivée de $\dfrac{1}{6} \times \mathrm{e}^{3x^2-5}$ est donc $\dfrac{1}{6} \times 6x\,\mathrm{e}^{3x^2-5} = f(x)$. La fonction F définie par $F(x) = \dfrac{1}{6} \times \mathrm{e}^{3x^2-5}$ est donc une primitive de f sur $\mathbb{R}$.

- Conclure en n'oubliant pas que f admet une infinité de primitives.

Les primitives de f sur $\mathbb{R}$ sont les fonctions de la forme :

$$\boldsymbol{x \mapsto \frac{1}{6} \times \mathrm{e}^{3x^2-5} + C,\ C \in \mathbb{R}.}$$

2. Déterminer les primitives d'une fraction rationnelle, le degré du dénominateur étant supérieur au degré du numérateur

Il s'agit de distinguer dans $f = \frac{P}{Q}$ la forme $\frac{u'}{u}$ ou la forme $\frac{u'}{u^n} (n \geqslant 2)$.

- Si degré(Q) = degré$(P) + 1$, il se peut que f soit de la forme $\frac{u'}{u^n}$ au multiple près.

On dérive $\ln |Q|$ et on en déduit une primitive de f de la forme $k \times \ln |Q|$, k désignant une constante réelle.

- Si degré(Q) > degré$(P) + 1$, il se peut que f soit de la forme $\frac{u'}{u^n}$ au multiple près.

On regarde si Q s'écrit u^n, on dérive $\frac{1}{u^{n-1}}$ puis on en déduit une primitive de f de la forme $\frac{k}{u^{n-1}}$, k désignant une constante réelle.

EXEMPLES : **a.** Déterminer les primitives de la fonction f définie sur $\mathbb{R}$ par :

$$f(x) = \frac{4x-2}{3(x^2-x+1)^3}.$$

Ici, $f = \frac{P}{Q}$ avec degré(Q) > degré$(P) + 1$.

Le dénominateur est un multiple de $(x^2 - x + 1)^3 = u^3$.

Dérivons $\frac{1}{u^2}$. La dérivée de $\frac{1}{(x^2-x+1)^2}$ est :

$$\frac{-2 \times (2x-1) \times (x^2-x+1)}{(x^2-x+1)^4} = \frac{-(4x-2)}{(x^2-x+1)^3} = -3f(x).$$

La dérivée de $\frac{-1}{3(x^2-x+1)^2}$ vaut donc $\frac{-1}{3}(-3f(x)) = f(x)$.

Les primitives de f sur $\mathbb{R}$ sont les fonctions de la forme :

$$x \mapsto \frac{-1}{3(x^2-x+1)^2} + C,\ C \in \mathbb{R}.$$

b. Soit f la fonction définie sur $]-1\,;1[$ par $f(x) = \frac{x}{x^2-1}$.

Déterminer la primitive de f qui s'annule en 0.

Ici, $f = \frac{P}{Q}$ avec degré(Q) = degré$(P) + 1$, f est donc peut-être égale à un multiple de $\frac{u'}{u}$.

Dérivons $\ln|u|$: déterminons le signe de x^2-1. Les racines sont 1 et – 1, d'où le tableau de signes :

x	$-\infty$		-1		1		$+\infty$
x^2-1		$+$	0	$-$	0	$+$	

Donc $\ln\left|x^2-1\right| = \ln\left(1-x^2\right)$ sur $]-1\,;1[$ et sa dérivée est :

$$\frac{-2x}{1-x^2} = 2\times\frac{-x}{-(x^2-1)}2\times f(x).$$

La dérivée de $\dfrac{\ln(1-x^2)}{2}$ vaut donc $\dfrac{1}{2}\times 2f(x) = f(x)$.

Les primitives de f sur $\mathbb{R}$ sont les fonctions de la forme :

$x \mapsto \dfrac{\ln(1-x^2)}{2} + C,\ C\in\mathbb{R}.$

On cherche la primitive qui s'annule en 0 :

$$\frac{\ln(1-0^2)}{2} + C = 0 \Leftrightarrow C = 0.$$

Donc la primitive cherchée est $\boldsymbol{x \mapsto \dfrac{\ln(1-x^2)}{2}}$**.**

3. Calculer une intégrale $\int_a^b f(x)\,\mathrm{d}x$

EXEMPLE : Calculer $\int_0^\pi (x^2-\cos(2x))\,\mathrm{d}x$.

1re étape : déterminer une primitive de f sur $[a\,;\,b]$.

Une primitive de $f : x\mapsto x^2-\cos(2x)$ est $F : x\mapsto \dfrac{x^3}{3}-\dfrac{\sin(2x)}{2}$.

2e étape : appliquer la propriété du **III-4**.

$$\int_0^\pi (x^2-\cos(2x))\,\mathrm{d}x = \left[\frac{x^3}{3}-\frac{\sin(2x)}{2}\right]_0^\pi = \frac{\pi^3}{3}-\frac{\sin(2\pi)}{2}-\frac{0^3}{3}-\frac{\sin(0)}{2}$$

$$\boldsymbol{\int_0^\pi (x^2-\cos(2x))\,\mathrm{d}x = \frac{\pi^2}{3}.}$$

4. Calculer l'aire « sous la courbe »

EXEMPLE : Soit f la fonction définie sur $D_f=[0\,;\,2\pi]$ par $f(x)=\cos(x)$ et C_f sa courbe représentative dans un repère orthonormal. Calculer l'aire A comprise entre C_f et l'axe des abscisses.

L'aire comprise entre la courbe et l'axe des abscisses est égale à l'intégrale de f lorsque f est positive et à l'opposé de l'intégrale de f lorsque f est négative. Il faut donc découper D_f en intervalles sur lesquels f est de signe constant.

1re étape : étudier le signe de f.

f est positive sur $\left[0\,;\frac{\pi}{2}\right]$, négative sur $\left[\frac{\pi}{2}\,;\frac{3\pi}{2}\right]$ et positive sur $\left[\frac{3\pi}{2}\,;2\pi\right]$.

2e étape : calculer les intégrales sur ces différents intervalles.

$$A=\int_0^{\frac{\pi}{2}}\cos(x)\,\mathrm{d}x-\int_{\frac{\pi}{2}}^{\frac{3\pi}{2}}\cos(x)\,\mathrm{d}x+\int_{\frac{3\pi}{2}}^{2\pi}\cos(x)\,\mathrm{d}x$$

$$=\left[\sin(x)\right]_0^{\frac{\pi}{2}}-\left[\sin(x)\right]_{\frac{\pi}{2}}^{\frac{3\pi}{2}}+\left[\sin(x)\right]_{\frac{3\pi}{2}}^{2\pi}$$

$$A=(1-0)-(-1\;-\;1)+(0-(-1)).$$

$A=4$ (unités d'aire).

5. Étudier les variations d'une fonction définie par une intégrale

Appliquer le 3e théorème du **III-1**.

EXEMPLE : Étudier les variations de la fonction f définie sur $[-\pi\,;\pi]$ par :

$$f(x)=\int_0^x \sin^3(t)\,\mathrm{d}t.$$

Pour tout $x\in[0\,;2\pi]$, $f'(x)=\sin^3(x)=(\sin(x))^3$.

$\sin^3(x)$ étant du même signe que $\sin(x)$, $f'(x)$ est positive sur $[0\,;\pi]$ et négative sur $[\pi\,;2\pi]$.

La fonction f est donc croissante sur $[0\,;\pi]$ et décroissante sur $[\pi\,;2\pi]$.

EXERCICES D'APPLICATION

1 PRIMITIVES DE FONCTIONS POLYNÔMES

★ | 5 min | ▸ P. 215

Calculer les primitives des fonctions f définies (et continues) sur l'intervalle I par :

1. $f(x)=3,\ I=\mathbb{R}$;

2. $f(x)=-2x+1,\ I=\mathbb{R}$;

3. $f(x)=-x^2+3x+1,\ I=\mathbb{R}$;

4. $f(x)=12x^5-2x^3+\frac{3}{2}x^2+1,\ I=\mathbb{R}$.

Voir le cours, III.

2 PRIMITIVES

★★ | 20 min | ▸ P. 215

Déterminer les primitives des fonctions suivantes :

1. $f(x)=\frac{2}{x},\ I=]0\,;+\infty[$;

2. $f(x)=\frac{1}{x},\ I=]-\infty\,;0[$;

3. $f(x)=\frac{1}{3x+2},I=\left]-\frac{2}{3}\,;+\infty\right[$;

4. $f(x)=\frac{x}{x^2+1},\ I=\mathbb{R}$;

5. $f(x)=\mathrm{e}^{3x+1},\ I=\mathbb{R}$;

6. $f(x)=x\mathrm{e}^{x^2},\ I=\mathbb{R}$;

7. $f(x)=\frac{3}{\sqrt{x}},\ I=]0\,;+\infty[$;

8. $f(x)=\frac{-6x-3}{\sqrt{x^2+x+1}},\ I=\mathbb{R}$;

9. $f(x)=\frac{1}{5-x},\ I=]-\infty\,;5[$;

10. $f(x)=\frac{\mathrm{e}^{\frac{1}{x}}}{x^2}$ sur $\mathbb{R}^*$.

Voir les savoir-faire 1 et 2.

3

★ | 10 min | ▸ P. 215

Calculer les intégrales suivantes :

1. $J_1=\int_0^{\pi}\cos(x)\,\mathrm{d}x$;

2. $J_2=\int_0^{\pi}\sin(x)\,\mathrm{d}x$;

3. $J_3=\int_0^{\frac{\pi}{4}}\sin(2x)\,\mathrm{d}x$;

4. $J_4=\int_0^{\frac{\pi}{3}}\cos(3x)\,\mathrm{d}x$.

Voir le savoir-faire 3.

4 CALCULS D'INTÉGRALES

★ | 40 min | ▸ P. 216

Calculer les intégrales suivantes.

1. $I_1=\int_{-1}^{2}3\mathrm{d}x$;

2. $I_2=\int_0^{5}(-5x+1)\mathrm{d}x$;

3. $I_3=\int_0^{2}(2x+1)^2\,\mathrm{d}x$;

4. $I_4 = \int_0^2 \frac{1}{(2x+1)^2}\mathrm{d}x$;

5. $I_5 = \int_{-2}^{5} \mathrm{E}(x)\mathrm{d}x$
(E désigne la fonction partie entière) ;

6. $I_6 = \int_0^1 \frac{1}{x^2+6x+9}\mathrm{d}x$;

7. $I_7 = \int_0^{\frac{\pi}{4}} \frac{\sin(x)}{\cos(x)}\mathrm{d}x$;

8. $I_8 = \int_0^1 \frac{2x+1}{x^2+x+1}\mathrm{d}x$;

9. $I_9 = \int_{\mathrm{e}}^{\mathrm{e}^2} \frac{\ln(x)}{x}\mathrm{d}x$;

10. $I_{10} = \int_{\mathrm{e}}^{\mathrm{e}^2} \frac{1}{x\ln(x)}\mathrm{d}x$;

11. $I_{11} = \int_0^1 \mathrm{e}^{2x+1}\mathrm{d}x$;

12. $I_{12} = \int_0^{\ln(3)} \frac{\mathrm{e}^x}{(\mathrm{e}^x+1)^2}\mathrm{d}x$.

Voir les savoir-faire 1, 2 et 3.

5 FONCTION DÉFINIE PAR UNE INTÉGRALE | ★★ | 15 min | ▸P. 217

Soit f la fonction définie sur $]0\,;+\infty[$ par $f(x) = \int_1^x \ln t\mathrm{d}t$.

1. Calculer $f(1)$.

2. Étudier le signe de f sur $]1\,;+\infty[$, puis sur $]0\,;1[$.

Voir cours II : propriétés des intégrales.

3. Calculer $f'(x)$ pour tout $x > 0$.

Voir le cours, III.1.

4. Dresser le tableau de variations de f sur $]0\,;+\infty[$ (On n'étudiera pas les limites en 0 et $+\infty$). Vérifier les réponses obtenues au **2**.

Voir le savoir-faire 5.

5. Dériver la fonction G définie pour tout $x > 0$ par $G(x) = x\ln x - x$.

6. En déduire :

a. la valeur de $f(\mathrm{e})$;

b. la limite de f en 0 ;

c. la limite de f en $+\infty$.

6 VALEUR MOYENNE | ★ | 10 min | ▸P. 217

1. Déterminer la valeur moyenne de la fonction $x \mapsto x^2$ sur $[0\,;5]$.

2. Déterminer la valeur moyenne de la fonction $x \mapsto \sin(x)$ sur $[0\,;\pi]$.

3. Déterminer la valeur moyenne de la fonction $x \mapsto \sin(x)$ sur $[0\,;2\pi]$.

4. Déterminer la valeur moyenne de la fonction $x \mapsto \mathrm{e}^x$ sur $[0\,;1]$.

Voir la définition du cours, I.4.

7 APPLICATION EN MÉCANIQUE | ★ | 10 min | ▸P. 218

On lâche une bille dans un puits à sec de 15 mètres à l'instant initial 0.
On note t_0 l'instant où la bille atteint le fond du puits.
On néglige les frottements de l'air. On choisit un repère $(\mathrm{O}\,;\vec{j})$ où O est le fond du puits et $\vec{j}$ est dirigé vers le haut.
D'après le principe fondamental de la dynamique, le vecteur accélération $\vec{a}$ vaut, pour tout $t \in [0\,;t_0]$, $\vec{a}(t) = -g\vec{j}$ où g est l'unité de l'accélération de la pesanteur (on choisira $g = 9{,}81\ \mathrm{m.s^{-2}}$) ;
c'est-à-dire $a(t) = -g$.

1. Calculer pour tout $t \in [0\,;t_0]$, la vitesse $v(t)$ et la trajectoire $y(t)$.

2. Calculer t_0 à 10^{-2} près.

8 ALGORITHME, CALCUL D'AIRE | ★★ | 20 min | ▸P. 218

On note $\mathscr{C}_{\ln}$ la courbe de la fonction ln dans un repère orthonormé.
Le but de cet exercice est d'écrire un algorithme donnant l'aire $\mathscr{A}(a\,;b)$ comprise entre $\mathscr{C}_{\ln}$, l'axe des abscisses et les droites d'équation $x = a$ et $x = b$, a et b étant deux réels strictement positifs tels que $a < b$.

1. Vérifier que la fonction $F_1 : x \mapsto x(\ln x - 1)$ est une primitive de la fonction ln sur $]0\,;+\infty[$.

2. Exprimer $\mathscr{A}$ en fonction de a et de b.

Voir le savoir-faire 4. On distinguera les cas $a < b < 1$; $1 < a < b$ et $a < 1 < b$.

3. a. Déterminer les expressions de $\mathscr{A}(a\,;b)$ en utilisant la fonction numérique F_1.
b. Écrire un algorithme associant, aux réels strictement positifs a et b, $a < b$, une valeur approchée de l'aire $\mathscr{A}$, exprimée en unités d'aire.

EXERCICES D'ENTRAÎNEMENT

9 FONCTION DÉFINIE PAR UNE INTÉGRALE | ★★ | 35 min | ▸P. 219

On considère une fonction f dérivable sur l'intervalle $]-\infty\,;+\infty[$. On note $(\mathscr{C})$ sa courbe représentative dans un repère orthogonal. On donne le tableau de ses variations :

x	$-\infty$		0		2		$+\infty$
$f'(x)$		$+$		$+$	0	$-$	
$f(x)$	$-\infty$	↗	0	↗	$1+\mathrm{e}^{-2}$	↘	1

Soit g la fonction définie sur $]-\infty;+\infty[$ par $g(x)=\int_0^x f(t)\,\mathrm{d}t$.

Partie A

1. Que représente g pour la fonction f ?

2. a. Interpréter graphiquement $g(2)$.

b. Montrer que $0 \leqslant g(2) \leqslant 2{,}5$.

Utiliser l'encadrement de f obtenu dans le tableau de variations.

3. a. Soit x un réel supérieur à 2. Montrer que $\int_0^x f(t)\mathrm{d}t \geqslant \int_2^x f(t)\mathrm{d}t$, puis que $\int_0^x f(t)\mathrm{d}t \geqslant x-2$. En déduire que $g(x) \geqslant x-2$.

b. Déterminer la limite de la fonction g en $+\infty$.

4. Étudier le sens de variation de la fonction g sur l'intervalle $]-\infty;+\infty[$. (la limite de g en $-\infty$ sera étudiée dans la **partie B**).

Partie B

On admet que pour tout réel t, $f(t)=(t-1)\mathrm{e}^{-t}+1$.

1. a. Calculer la dérivée de la fonction $h : t \mapsto t\mathrm{e}^{-t}$.

b. En déduire une primitive F de f.

2. Vérifier que, pour tout réel x, $g(x)=x(1-\mathrm{e}^{-x})$.

3. Déterminer la limite de la fonction g en $-\infty$.

10 FRACTIONS RATIONNELLES | ★★ | 20 min | ▸P. 220

Soit f la fonction définie sur $\mathbb{R}\setminus\{-2\}$ par $f(x)=\dfrac{2x^3+7x^2+5x+3}{(x^2+1)(x+2)^2}$.

1. Déterminer les réels a, b, c, d tels que pour tout $x \neq -2$:

$$f(x)=\frac{a}{x+2}+\frac{b}{(x+2)^2}+\frac{cx+d}{x^2+1}.$$

2. En déduire une primitive de f sur $]-2\,;+\infty[$, puis sur $]-\infty\,;-2[$.

Voir le savoir-faire 2.

11 | ★★ | 30 min | ▸P. 221

1. Résoudre dans $[0\,;2\pi]$ l'équation $\cos x=\sin x$, puis étudier le signe de $\cos(x)-\sin(x)$ sur $\left[0\,;\dfrac{\pi}{4}\right[$.

2. Soit $a\in\left]0\,;\dfrac{\pi}{4}\right[$. On pose :

$$I(a)=\int_0^a \frac{\cos x}{\cos x-\sin x}\mathrm{d}x \text{ et } J(a)=\int_0^a \frac{\sin x}{\cos x-\sin x}\mathrm{d}x.$$

a. Calculer $I(a)-J(a)$ puis $I(a)+J(a)$.

Voir le savoir-faire 3.

b. En déduire $I(a)$ et $J(a)$.
c. Déterminer la limite quand a tend vers $\frac{\pi}{4}$ de $I(a)$ et $J(a)$.

12 CALCUL D'UNE AIRE | ★★ | 20 min | ▸ P. 222

Soit f la fonction numérique de variable réelle définie sur $[0 ; \pi]$ par :

$$f(x)=-1+\frac{1}{2}\sin^2(x).$$

On désigne par $\mathscr{C}$ la courbe représentative de f dans un plan P rapporté à un repère orthonormé $(\mathrm{O}; \vec{i}; \vec{j})$ (unité graphique : 3 cm).
1. Étudier les variations de f. Construire la courbe $\mathscr{C}$ dans le plan P.
2. a. Exprimer $f(x)$ à l'aide de $\cos(2x)$.

Voir formules de duplication vues en 1re S.

b. Calculer, en cm², l'aire de la partie du plan P limitée par la courbe $\mathscr{C}$, les deux axes de coordonnées et la droite d'équation $x=\pi$.

Voir le savoir-faire 4.

13 ALGORITHME : ENCADREMENT D'UNE INTÉGRALE | ★★ | 30 min | ▸ P. 223

La fonction $f : t \mapsto \mathrm{e}^{-t^2}$ n'a pas de primitive explicite. Or la connaissance de $F(x)=\int_0^x \mathrm{e}^{-t^2}\,\mathrm{d}t$ est très utile en probabilités. On va donc, dans cet exercice, écrire un algorithme associant au réel x un encadrement de $F(x)$.
Le principe de l'encadrement est la méthode des rectangles.
Prenons $x=2$. Nous cherchons à obtenir un encadrement de $F(2)$.

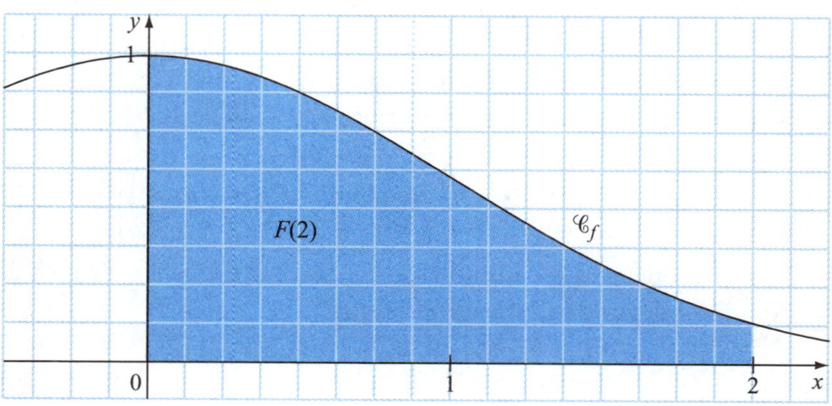

Dans le graphique ci-dessous, les rectangles ont pour base $[a\ ;\ a+h]$ et pour hauteur $f(a)$. L'aire totale ainsi obtenue donne une approximation par excès de $F(2)$.

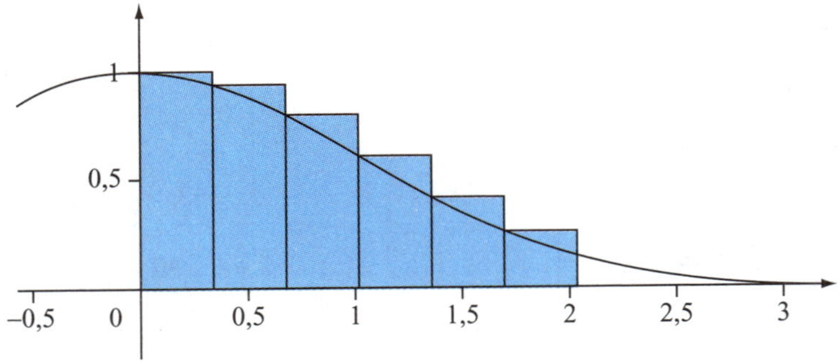

Dans le graphique ci-dessous, les rectangles ont pour base $[a\ ;\ a+h]$ et pour hauteur $f(a+h)$. L'aire totale ainsi obtenue donne une approximation par défaut de $F(2)$.

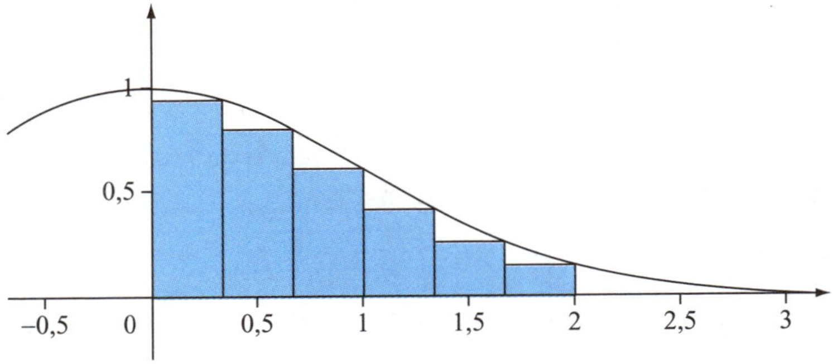

Plus le nombre de rectangles augmente et meilleure est l'approximation.
Soit x un réel positif et n un entier, $n \geqslant 1$. On veut obtenir n rectangles identiques dont les bases recouvrent l'intervalle $[0\ ;\ x]$.

1. Exprimer, en fonction de n et de x, la largeur h de chaque rectangle.

2. On cherche, dans cette question, à approximer $F(x)$ par excès.

a. Exprimer, en fonction de n et de x, l'aire des trois premiers rectangles (on suppose $n \geqslant 3$), et celle du dernier rectangle.

b. En déduire que la somme des aires des rectangles est égale à :

$$\frac{x}{n} \times \left[f(0) + f\left(\frac{x}{n}\right) + f\left(2 \times \frac{x}{n}\right) + \ldots + f\left((n-1) \times \frac{x}{n}\right) \right]$$

c. Écrire un algorithme qui, aux valeurs de x et de n, associe la valeur approchée par excès obtenue par la méthode des rectangles.

Entrer l'expression de *f* dans la fonction numérique F_1 et utiliser la fonction « pour *k* allant de … à … ».

3. Exprimer en fonction de x et de n la somme des aires des rectangles (approximation de $F(x)$ par défaut).
4. Écrire un algorithme qui, aux valeurs de x et de n, associe l'encadrement de $F(x)$ donné par la méthode des rectangles.
5. Pour $x = 2$, tester cet algorithme pour des valeurs de n de plus en plus grandes, puis en déduire une valeur approchée à 10^{-2} près de $\int_0^2 e^{-t^2}\,dt$.

14 AVEC UN LOGICIEL DE CALCUL FORMEL | ★★ | 25 min | ▸ P. 224

On considère la fonction B définie sur $]0\,;+\infty[$ par $B(x)=10\times\dfrac{1+\ln x}{x}$.

Sur un logiciel de calcul formel, on entre les commandes suivantes, et le logiciel renvoie les réponses notées en-dessous :

(Commande) B(x) : = 10*((1+ln(x))/x)
(Réponse 1) $x \to 10^*\left(\dfrac{1+\ln x}{x}\right)$
(Commande) dériver(B(x),x)
(Réponse 2) $\dfrac{10}{x^2}+\dfrac{10*(1+\ln(x))*(-1)}{x^2}$
(Commande) résoudre(B(x) = 0,x)
(Réponse 3) [exp(−1)]
(Commande) résoudre(B(x) > 0,x)
(Réponse 4) $[x > \exp(-1)]$
(Commande) maximum(B(x), [exp(−1) ;10])
(Réponse 5) 10
(Commande) intégrer(B(x),x)
(Réponse 6) 5*ln(x)*(ln(x) + 2)

1.a. Traduire sur le graphique ci-dessous, illustrant la courbe représentative de la fonction B, les réponses 3, 4 et 5 renvoyées par le logiciel de calcul formel.

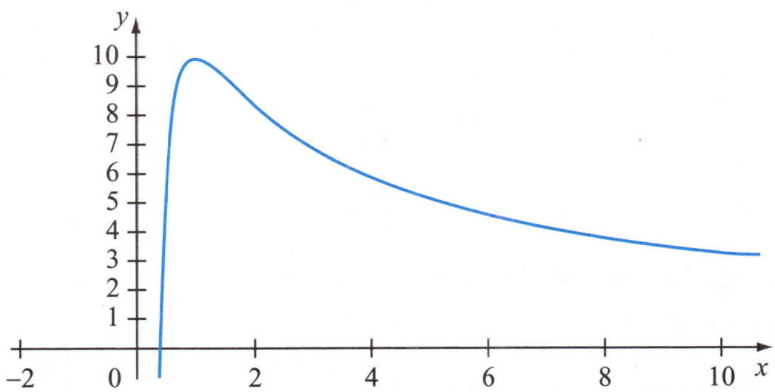

b. Justifier la réponse 3 renvoyée par le logiciel de calcul formel.
2. Retrouver par le calcul le maximum de la fonction B.

3. a. Vérifier que la réponse 6 donnée par le logiciel est bien une primitive de la fonction B.

b. Calculer $\int_1^4 B(x)\mathrm{d}x$ en fonction de ln(2) puis en donner une valeur approchée à 10^{-3} près.

c. Interpréter graphiquement ce résultat et l'illustrer sur le graphique.

15 CALCUL DE VOLUMES | ★★ | 45 min | ▸ P. 226

Le calcul intégral permet de calculer le volume d'un solide.

On se place dans un repère orthonormé de l'espace et on admet le résultat suivant :

Soit un solide limité par les plans d'équations $z = a$ et $z = b(a < b)$.

Pour tout $t \in [a ; b]$, on note $S(t)$ l'aire de la section du solide par le plan d'équation $z = t$.

Si la fonction S est continue sur $[a ; b]$, alors le volume du solide est donné par :

$$V = \int_a^b S(t)\mathrm{d}t.$$

Voir le chapitre 8.

1. On considère le cylindre de révolution d'axe (O*z*) de rayon $R = 3$ et de hauteur $h = 10$.

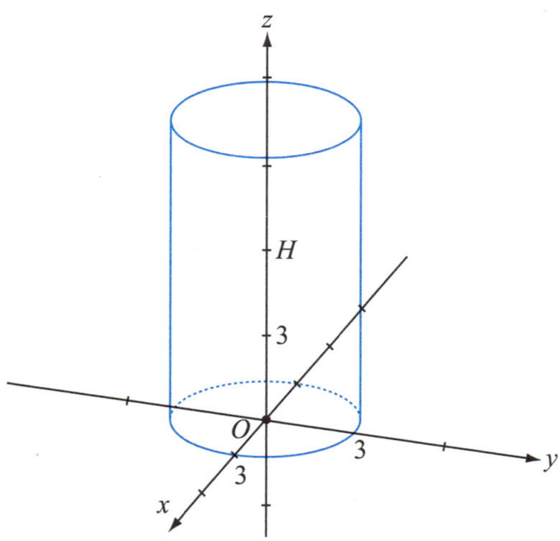

a. Déterminer l'aire $S(t)$ de l'intersection du cylindre avec le plan perpendiculaire à (O*z*) passant par $H(0,0,t)$, pour $t \in [0 ;10]$.

Quelle est la nature de cette intersection ?

b. Calculer le volume V_1 du cylindre, exprimé en unités de volume.

2. On considère le cône de révolution d'axe (Oz) de hauteur $h = 8$, de sommet O et dont la base a pour rayon $R = 3$.

a. Dessiner l'intersection du cône avec le plan (yOz).

b. Soit $\mathrm{H}(0\ ;\ 0;\ t)$ avec $t \in [0\ ;\ 8]$. Représenter H sur le dessin précédent.

c. Déterminer l'aire $S(t)$ de l'intersection du cône avec le plan perpendiculaire à (Oz) passant par H.

> Quelle est la nature de cette intersection ? Il faut ensuite exprimer son rayon en fonction de t, en raisonnant dans le plan (yOz) (s'aider du dessin !).

d. Calculer le volume V_2 du cône, exprimé en unités de volume.

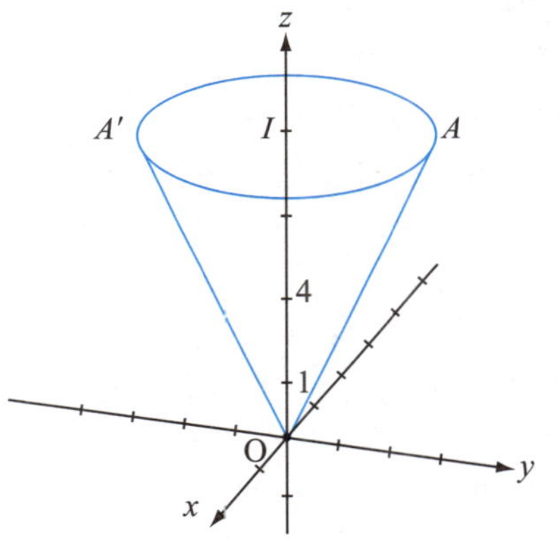

3. On considère la sphère de centre O et de rayon $R = 5$.

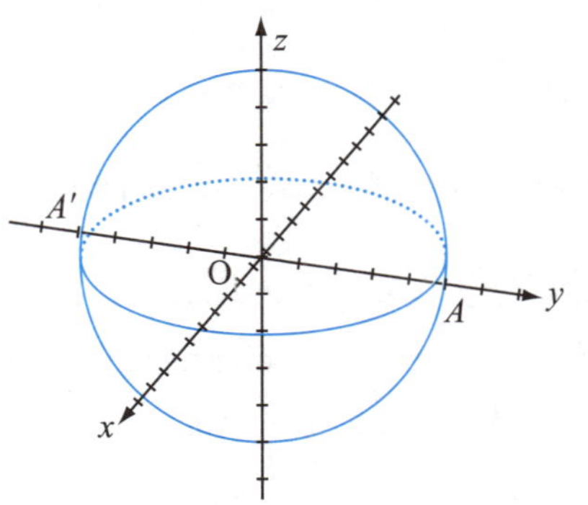

a. Déterminer l'aire $S(t)$ de l'intersection du cône avec le plan perpendiculaire à (Oz) passant par $\mathrm{H}(0,0,t)$, $t \in [-5\ ;\ 5]$.

> Quelle est la nature de cette intersection ? Il faut ensuite exprimer son rayon en fonction de t, en raisonnant dans le plan (yOz), et à l'aide du théorème de Pythagore (s'aider d'un dessin !)

b. Calculer le volume V_3 de la sphère, exprimé en unités de volume.

EXERCICES D'APPROFONDISSEMENT

16 INTÉGRATION PAR PARTIES | ★★ | 35 min | ▸P. 227

1. Soient u et v deux fonctions dérivables sur un même intervalle I, continues et telles que leurs dérivées soient continues sur cet intervalle.
a. Rappeler la dérivée du produit de fonctions $u \times v$.
b. Démontrer que, pour tous réels a et b de l'intervalle I :

$$\int_a^b u'(x)\times v(x)\,\mathrm{d}x = \left[u(x)\times v(x)\right]_a^b - \int_a^b u(x)\times v'(x)\,\mathrm{d}x.$$

Cette méthode s'appelle l'intégration par parties.
2. Application.
Calculer, à l'aide d'intégration(s) par parties :
a. $I = \int_1^{\mathrm{e}} x\ln(x)\mathrm{d}x$. On posera ici $u'(x) = x$ et $v(x) = \ln(x)$.

Commencer par choisir une primitive u de la fonction $u' : x \mapsto x$ et calculer v'.

b. $I = \int_1^2 x\mathrm{e}^x\mathrm{d}x$. On posera ici $u'(x) = \mathrm{e}^x$ et $v(x) = x$.

Que se passe-t-il si l'on pose $u(x) = \mathrm{e}^x$ et $v'(x) = x$?

c. $I = \int_0^{\pi} x^2 \sin(x)\,\mathrm{d}x$.

On pourra faire deux intégrations par parties successives.

d. Soit $x > 0$. $F(x) = \int_1^x \ln(t)\mathrm{d}t$. On posera ici $u'(t) = 1$ et $v(t) = \ln(t)$.

17 PARITÉ ET PÉRIODICITÉ | ★★ | 10 min | ▸P. 228

1. Soit f une fonction continue sur $\mathbb{R}$ et soit a un réel positif. On suppose de plus que f est paire. Exprimer $\int_{-a}^{a} f(x)\mathrm{d}x$ en fonction de $\int_0^a f(x)\mathrm{d}x$.

La courbe représentative, dans un repère orthogonal, d'une fonction paire est symétrique par rapport à l'axe des ordonnées (pour tout x, $f(-x) = f(x)$).

2. Soit f une fonction continue sur $\mathbb{R}$ et soit a un réel positif. On suppose de plus que f est impaire. Calculer $\int_{-a}^{a} f(x)\mathrm{d}x$.

La courbe représentative, dans un repère orthogonal, d'une fonction impaire est symétrique par rapport à l'origine O du repère (pour tout x, $f(-x) = -f(x)$).

3. Soit f une fonction définie et continue sur $\mathbb{R}$ telle que f soit périodique de période T ($T > 0$). Démontrer que pour tout réel a, $\int_a^{a+T} f(x)\mathrm{d}x = \int_0^T f(x)\mathrm{d}x$.

Soit F une primitive de f sur $\mathbb{R}$.
Montrer que la fonction H définie sur $\mathbb{R}$ par $H(x) = F(x+T) - F(x)$ est constante.

CONTRÔLE

18 VRAI OU FAUX ? | ★★ | 15 min | ▸P. 229

1. Si f est une fonction continue sur un intervalle I et $a \in \mathrm{I}$ alors pour tout $x \in \mathrm{I}$, $f(x) = \int_a^x f(t)\mathrm{d}t + f(a)$.
2. Si f est une fonction continue sur $[a ; b]$ telle que $\int_a^b f(x)\,\mathrm{d}x = 0$, alors f est nulle sur $[a ; b]$.
3. Soit u une fonction continue et dérivable sur $[a ; b]$ telle que u' soit continue sur cet ensemble, alors $\int_a^b \mathrm{e}^{u(x)} \times u'(x)\mathrm{d}x = \int_{u(a)}^{u(b)} \mathrm{e}^t \mathrm{d}t$.
4. La suite (S_n) définie, pour tout $n \in \mathbb{N}$, par $S_n = \int_0^1 x^n \mathrm{e}^{-x}\mathrm{d}x$ est croissante.

19 SOMMES DE TERMES | ★★★ | 45 min | ▸P. 229

1. a. Montrer que tout réel x différent de (-1) vérifie l'égalité :

$$1 - x + x^2 - x^3 + ... + (-1)^{n-1} x^{n-1} = \frac{1}{1+x} - \frac{(-x)^n}{1+x}.$$

Reconnaître dans le premier membre de l'égalité une somme de termes consécutifs d'une suite géométrique.

b. En déduire l'égalité $\int_0^1 \frac{(-x)^n}{1+x}\mathrm{d}x = \ln 2 - \left[1 - \frac{1}{2} + \frac{1}{3} - ... + \frac{(-1)^{n-1}}{n}\right]$.

2. a. Montrer, pour tout entier naturel n différent de zéro et pour tout x élément de $[0 ; 1]$, la double inégalité $-x^n \leqslant \frac{(-x)^n}{1+x} \leqslant x^n$.

Distinguer les cas n pair et n impair.

b. En déduire les inégalités, $-\frac{1}{n+1} \leqslant \int_0^1 \frac{(-x)^n}{1+x}\mathrm{d}x \leqslant \frac{1}{n+1}$; et la limite, quand n tend vers $+\infty$ de la suite : $U_n = 1 - \frac{1}{2} + \frac{1}{3} - ... + \frac{(-1)^{n-1}}{n}$.

CONTRÔLE

20 PROBLÈME | ★★ | 45 min | ▶ P. 231

Partie A

1. On considère la fonction f définie sur l'intervalle $[0\,;+\infty[$ par :

$$f(x)=\ln\left(1+\mathrm{e}^{-2x}\right).$$

a. Déterminer la limite de f en $+\infty$.

b. Étudier le sens de variation de f.

2. Pour tout $x\in[0\,;+\infty[$, on pose $F(x)=\int_0^x \ln(1+\mathrm{e}^{-2t})\mathrm{d}t$. On ne cherchera pas à calculer $F(x)$.

a. Soit x_0 un réel strictement positif. Donner une interprétation géométrique de $F(x_0)$.

b. Étudier le sens de variation de F sur l'intervalle $[0\,;+\infty[$.

3. Soit a un réel strictement positif.

a. Montrer que, pour tout t appartenant à l'intervalle $[1\,;1+a]$, $\dfrac{1}{1+a}\leqslant\dfrac{1}{t}\leqslant 1$.

b. En intégrant entre 1 et $1+a$ les membres de l'inégalité ci-dessus, établir que :

$$\frac{a}{1+a}\leqslant\ln\left(1+a\right)\leqslant a.$$

4. Soit x un réel strictement positif. Déduire de la question **3.** que :

$$\int_0^x\frac{\mathrm{e}^{-2t}}{1+\mathrm{e}^{-2t}}\mathrm{d}t\leqslant F(x)\leqslant\int_0^x \mathrm{e}^{-2t}\mathrm{d}t.$$

5. **a.** Calculer les deux intégrales de l'inégalité ci-dessus en fonction de x.

b. On admet que la limite de $F(x)$, lorsque x tend vers $+\infty$ existe et est un nombre réel noté λ. Établir que $\dfrac{1}{2}\ln 2\leqslant\lambda\leqslant\dfrac{1}{2}$.

Partie B

1. Pour tout entier naturel n, on pose $u_n=\int_n^{n+1}\ln(1+\mathrm{e}^{-2t})\mathrm{d}t$.

a. Montrer que, pour tout entier naturel n, $0\leqslant u_n\leqslant\ln\left(1+\mathrm{e}^{-2n}\right)$.

On pourra utiliser le sens de variations de la fonction f.

b. Déterminer la limite de la suite (u_n).

2. Pour tout entier naturel n, on pose $S_n=u_0+u_1+\ldots+u_n$.

a. Exprimer S_n en fonction de F et n.

b. La suite (S_n) est-elle convergente ? Dans l'affirmative, donner sa limite.

CORRIGÉS

1 1. $\boldsymbol{F(x)=3x+c,\ c\in\mathbb{R}}$; 2. $\boldsymbol{F(x)=-x^2+x+c,\ c\in\mathbb{R}}$;

3. $\boldsymbol{F(x)=-\frac{x^3}{3}+\frac{3x^2}{2}+x+c,\ c\in\mathbb{R}}$;

4. $\boldsymbol{F(x)=2x^6-\frac{x^4}{2}+\frac{x^3}{2}+x+c,\ c\in\mathbb{R}}$.

On dérivera toujours la primitive trouvée pour vérifier qu'elle correspond bien à l'énoncé.

2 1. $F(x)=2\ln|x|+c=\mathbf{2\ln x+c},\ c\in\mathbb{R}$ car $x>0$ sur I.

2. $F(x)=\ln|x|+c=\mathbf{\ln(-x)+c},\ c\in\mathbb{R}$ car $x<0$ sur I.

3. $F(x)=\frac{1}{3}\ln|3x+2|+c=\boldsymbol{\frac{1}{3}\ln(3x+2)+c},\ c\in\mathbb{R}$ (car $3x+2>0$ sur I).

4. $F(x)=\boldsymbol{\frac{1}{2}\ln(x^2+1)+c},\ c\in\mathbb{R}$ (car $x^2+1>0$ sur $\mathbb{R}$).

5. $F(x)=\boldsymbol{\frac{1}{3}e^{3x+1}+c},\ c\in\mathbb{R}$. 6. $F(x)=\boldsymbol{\frac{1}{2}e^{x^2}+c},\ c\in\mathbb{R}$.

7. $F(x)=\boldsymbol{6\sqrt{x}+c},\ c\in\mathbb{R}$.

8. On recherche une primitive du type $\sqrt{u}$ avec $u(x)=x^2+x+1$.

$u(x)>0$ sur $\mathbb{R}$ car $\Delta=-3$.

$\left(\sqrt{u(x)}\right)'=\frac{2x+1}{2\sqrt{x^2+x+1}}$, donc on déduit que :

$$\boldsymbol{F(x)=-3\sqrt{x^2+x+1}+c},\ c\in\mathbb{R}.$$

9. Sur $]-\infty;5[$, $5-x>0$, donc on cherche une primitive du type $\ln(5-x)$.
$(\ln(5-x))'=-\frac{1}{5-x}$, donc $\boldsymbol{F(x)=-\ln(5-x)+c},\ c\in\mathbb{R}$.

10. Sur $\mathbb{R}^*$ $\left(e^{\frac{1}{x}}\right)'=-\frac{1}{x^2}e^{\frac{1}{x}}$, donc $\boldsymbol{F(x)=-e^{\frac{1}{x}}+c},\ c\in\mathbb{R}$.

3 1. $J_1=[\sin(x)]_0^{\pi}=\sin\pi-\sin 0=0-0=\mathbf{0}$;

2. $J_2=[-\cos(x)]_0^{\pi}=1-(-1)=\mathbf{2}$;

3. $J_3=\left[-\frac{\cos(2x)}{2}\right]_0^{\frac{\pi}{4}}=0-\left(-\frac{1}{2}\right)=\boldsymbol{\frac{1}{2}}$;

4. $J_4=\left[\frac{\sin(3x)}{3}\right]_0^{\frac{\pi}{3}}=0-0=\mathbf{0}$.

4 1. $I_1 = [3x]_{-1}^{2} = 6-(-3) = \mathbf{9}$;

2. $I_2 = \left[-\frac{5}{2}x^2 + x\right]_0^5 = -\frac{125}{2} + 5 - 0 = \mathbf{-\frac{115}{2}}$;

3. $I_3 = \frac{1}{2}\left[\frac{(2x+1)^3}{3}\right]_0^2 = \frac{5^3}{6} - \frac{1}{6} = \mathbf{\frac{62}{3}}$;

4. $I_4 = \frac{1}{-6}\left[\frac{1}{(2x+1)^3}\right]_0^2 = -\frac{1}{6\times125} + \frac{1}{6} = \frac{124}{750} = \mathbf{\frac{62}{375}}$.

5. Il suffit de tracer la courbe représentative de $E(x)$ sur $[-2 ; 5]$. On obtient 7 rectangles, dont un rectangle plat, et on voit que $\int_{-2}^{5} E(x)\mathrm{d}x = -2-1+1+2+3+4 = \mathbf{7}$.

6. Pour I_6, si on pose $u(x) = x^2 + 6x + 9$, alors $u'(x) = 2x + 6$, mais on ne retrouve pas une expression de ce type dans I_6. Il faut donc chercher à mettre u sous la forme d'un carré d'une expression du premier degré.
En effet, $x^2 + 6x + 9 = (x+3)^2$, d'où :

$$I_6 = \int_0^1 \frac{1}{x^2+6x+9}\mathrm{d}x = \int_0^1 \frac{1}{(x+3)^2}\,\mathrm{d}x = \left[\frac{-1}{x+3}\right]_0^1 = -\frac{1}{4} + \frac{1}{3} = \mathbf{\frac{1}{12}}.$$

7. $I_7 = \int_0^{\frac{\pi}{4}} \frac{\sin(x)}{\cos(x)}\mathrm{d}x = \left[-\ln|\cos(x)|\right]_0^{\frac{\pi}{4}} = -\ln\frac{\sqrt{2}}{2} + \ln(1)$.

$$I_7 = -(\ln(\sqrt{2}) - \ln 2) = -\left(\frac{\ln 2}{2} - \ln 2\right) = \mathbf{\frac{\ln 2}{2}}.$$

8. $I_8 = \int_0^1 \frac{2x+1}{x^2+x+1}\mathrm{d}x = \left[\ln|x^2+x+1|\right]_0^1$.

x^2+x+1 est toujours positif car $\Delta = -3$, donc :

$$I_8 = [\ln(x^2+x+1)]_0^1 = \ln(3) - \ln(1) = \mathbf{\ln 3}.$$

9. $I_9 = \frac{1}{2}\int_{\mathrm{e}}^{\mathrm{e}^2} 2\ln x \times \frac{1}{x}\mathrm{d}x = \frac{1}{2}[(\ln x)^2]_{\mathrm{e}}^{\mathrm{e}^2} = \frac{2^2-1^2}{2} = \mathbf{\frac{3}{2}}$.

Il fallait remarquer que si on pose $u(x) = \ln(x)$, alors $u'(x) = \frac{1}{x}$ et donc $\frac{\ln(x)}{x}$ est du type $u'u$.

10. $I_{10} = \int_{\mathrm{e}}^{\mathrm{e}^2} \frac{1}{x\ln(x)}\mathrm{d}x = \left[\ln(|\ln x|)\right]_{\mathrm{e}}^{\mathrm{e}^2} = \ln 2 - \ln 1 = \mathbf{\ln 2}$.

Ici, $\frac{1}{x\ln(x)}$ est du type $\frac{u'}{u}$.

11. $I_{11} = \int_0^1 \mathrm{e}^{2x+1}\mathrm{d}x = \frac{1}{2}[\mathrm{e}^{2x+1}]_0^1 = \mathbf{\frac{e^3 - e}{2}}$.

12. $I_{12} = \int_0^{\ln(3)} \frac{e^x}{(e^x+1)^2}\,dx = -\left[\frac{1}{e^x+1}\right]_0^{\ln 3} = -\frac{1}{4}+\frac{1}{2} = \mathbf{\frac{1}{4}}.$

Ici, $\frac{e^x}{(e^x+1)^2}$ est du type $\frac{u'}{u^2}$.

5 1. $f(1) = \int_1^1 \ln t \; dt = \mathbf{0}.$

2. Sur $]1\,;+\infty[$, $x>1$, donc pour tout $t \in]1\,;x[$, $\ln(t)>0$ sur $]1;+\infty[$ et l'intégrale d'une fonction positive sur un intervalle est positive, donc :

$$\int_0^x f(t)\,dt \geqslant \int_2^x f(t)\,dt.$$

Sur $]0\,;1[$, $x<1$, donc pour tout $t \in]x\,;1[$, $\ln(t)<0$ et l'intégrale d'une fonction négative sur un intervalle est négative, donc $\int_x^1 \ln\; t\; dt < 0$.
De plus, $f(x) = -\int_x^1 \ln t\,dt$, donc $\boldsymbol{f(x)>0}$ **sur** $\mathbf{]0\,;1[}$.

3. Pour tout $x>0$, $\boldsymbol{f'(x) = \ln(x)}$ d'après le cours **III.1.**

4.

x	0		1		$+\infty$
$f'(x)$		$-$	0	$+$	
$f(x)$		↘	0	↗	

0 étant le minimum de $f(x)$, et f étant strictement décroissante sur $]0\,;1[$, et strictement croissante sur $]1\,;+\infty[$, on retrouve bien le résultat du **2.**

5. Pour tout $x>0$, $G'(x) = 1\times\ln(x) + x\times\frac{1}{x} - 1 = \mathbf{\ln(x)}.$

6. On en déduit que G est une primitive de $\ln(x)$. Or $f(x) = \int_1^x \ln t\,dt$ est la primitive de $\ln(x)$ qui s'annule en 1 d'après le cours **III.1.** Donc il existe un réel c tel que $G(x) = f(x)+c$.

$G(1) = -1$ donc $c=-1 \Leftrightarrow f(x) = G(x)+1$ pour tout $x>0$. D'où :

a. $f(\mathrm{e}) = \mathrm{e}\ln(\mathrm{e}) - \mathrm{e} + 1 = \mathrm{e}\times 1 - \mathrm{e} + 1 = \mathbf{1}.$

b. $\lim_{x\to 0^+} x\ln(x) = 0$, donc $\boldsymbol{\lim_{x\to 0^+} f(x) = 1}.$

c. $f(x) = x(\ln(x)-1)$; or $\lim_{x\to+\infty} \ln(x)-1 = +\infty$, donc $\boldsymbol{\lim_{x\to+\infty} f(x) = +\infty}.$

6 1. $\frac{1}{5}\int_0^5 x^2\,dx = \frac{1}{5}\left[\frac{x^3}{3}\right]_0^5 = \mathbf{\frac{25}{3}}.$

2. $\frac{1}{\pi}\int_0^{\pi} \sin(x)\,dx = \frac{1}{\pi}[-\cos(x)]_0^{\pi} = \mathbf{\frac{2}{\pi}}.$

3. $\frac{1}{2\pi}\int_0^{2\pi} \sin(x)\,dx = \frac{1}{2\pi}[-\cos(x)]_0^{2\pi} = \mathbf{0}.$

4. $\int_0^1 e^x\,dx = [e^x]_0^1 = \mathbf{e-1}.$

7 1. $v'(t)=a(t)=-9{,}81$, donc $v(t)=-9{,}81\,t+c=-9{,}81\,t$ car $v(0)=\mathbf{0}$.

$y'(t)=v(t)$, donc $y(t)=-9{,}81\,\dfrac{t^2}{2}+c'$ avec $y(0)=15$ d'où $c'=15$ et :

$$\boldsymbol{y(t)=-4{,}905\,t^2+15}.$$

> O étant le fonds du puits, $y(0)=15$ car, au départ, la bille est en haut du puits et que $\vec{j}$ pointe vers le haut.

2. $y(t_0)=0$, donc $-4{,}905\,t_0^2+15=0$ soit $t_0=\sqrt{\dfrac{15}{4{,}905}}\approx$ **1,75 (secondes).**

8 1. Pour tout $x>0$, $F_1'(x)=1\times(\ln(x)-1)+x\times\dfrac{1}{x}=\ln(x)-1+1=\boldsymbol{\ln(x)}$.

2. L'aire $\mathscr{A}(a\,;\,b)$ comprise entre $\mathscr{C}_{\ln}$, l'axe des abscisses et les droites d'équation $x=a$ et $x=b$, a et b étant deux réels strictement positifs tels que $a<b$ est égale à $\int_a^b \ln(x)\mathrm{d}x$, là où la fonction ln est positive, ce qui est le cas sur $]1\,;+\infty[$, donc si $1<a<b$:

$$\boldsymbol{\mathscr{A}(a\,;\,b)=\int_a^b \ln(x)\mathrm{d}x}.$$

Là où la fonction ln est négative, c'est-à-dire sur $]0\,;1[$, donc si $a<b<1$:

$$\boldsymbol{\mathscr{A}(a\,;\,b)=-\int_a^b \ln(x)\mathrm{d}x}.$$

Enfin, il faut découper la zone en intervalles sur lesquels la fonction est de signe constant si la fonction ln change de signe, donc si $a<1<b$:

$$\boldsymbol{\mathscr{A}(a\,;\,b)=-\int_a^1 \ln(x)\mathrm{d}x+\int_1^b \ln(x)\mathrm{d}x}.$$

3. a. F_1 est une primitive de la fonction ln, donc :

- si $1<a<b$: $\boldsymbol{\mathscr{A}(a\,;\,b)=\int_a^b \ln(x)\mathrm{d}x=F_1(b)-F_1(a)}$;

> C'est la propriété du cours, III.4.

- si $a<b<1$, $\boldsymbol{\mathscr{A}(a\,;\,b)=-\int_a^b \ln(x)\mathrm{d}x=F_1(a)-F_1(b)}$;
- si $a<1<b$:

$$\mathscr{A}(a\,;\,b)=-\int_a^1 \ln(x)\mathrm{d}x+\int_1^b \ln(x)\mathrm{d}x=-(F_1(1)-F_1(a))+F_1(\mathrm{b})-F_1(1)$$
$$=F_1(b)+F_1(a)-2F_1(1)=\boldsymbol{F_1(b)+F_1(a)+2}.$$

b. D'où l'algorithme suivant, écrit sur Algobox :

```
VARIABLES
  a EST_DU_TYPE NOMBRE
  b EST_DU_TYPE NOMBRE
  c EST_DU_TYPE NOMBRE
DEBUT_ALGORITHME
LIRE a
LIRE b
```

```
    SI (a<1 ET b<1) ALORS
       DEBUT_SI
       c PREND_LA_VALEUR a*(log(a)-1)-b*(log(b)–1)
       AFFICHER "A="
       AFFICHER c
       FIN_SI
    SI (a<1 ET b>1) ALORS
       DEBUT_SI
       c PREND_LA_VALEUR b*(log(b)-1)+a*(log(a)–1)+2
       AFFICHER "A="
       AFFICHER c
       FIN_SI
    SI (a>1 ET b>1) ALORS
       DEBUT_SI
       c PREND_LA_VALEUR b*(log(b)-1)-a*(log(a)–1)
       AFFICHER "A="
       AFFICHER c
       FIN_SI
    FIN_ALGORITHME
```

9 **Partie A**

1. ***g* est la primitive de *f* qui s'annule en 0.**

2. a. *f* est positive sur $[0\,;\,2]$, donc $\boldsymbol{g(2)=\int_0^2 f(t)\,\mathrm{d}t}$ **est égale à l'aire comprise entre les droites d'équation $\boldsymbol{x=0}$, $\boldsymbol{x=2}$, l'axe des abscisses et la courbe représentant *f*.**

b. Sur $[0\,;2]$, *f* est positive, donc $\boldsymbol{0\leqslant g(2)}$.

De plus, le maximum de *f* sur cet intervalle est égal à $1+\mathrm{e}^{-2}$,

donc pour tout $t\in[0\,;2]$, $f(t)\leqslant 1+\mathrm{e}^{-2}$,

d'où $\int_0^2 f(t)\,\mathrm{d}t\leqslant\int_0^2(1+\mathrm{e}^{-2})\,\mathrm{d}t$ par croissance de l'intégrale,

soit $g(2)\leqslant 2\times(1+\mathrm{e}^{-2})$.

Or, $1+\mathrm{e}^{-2}\approx 1{,}135<1{,}25$, d'où $\boldsymbol{g(2)\leqslant 2{,}5}$.

3. a. Si $x>2$, alors $\int_0^x f(t)\,\mathrm{d}t=\int_0^2 f(t)\,\mathrm{d}t+\int_2^x f(t)\,\mathrm{d}t=g(2)+\int_2^x f(t)\,\mathrm{d}t$,

donc d'après le **2. b,** $\int_0^x f(t)\,\mathrm{d}t\geqslant\int_2^x f(t)\,\mathrm{d}t$.

Or, si $t>2$, d'après le tableau de variation, $f(t)\geqslant 1$,

donc $\int_2^x f(t)\,\mathrm{d}t\geqslant\int_2^x 1\,\mathrm{d}t$, soit $\int_2^x f(t)\,\mathrm{d}t\geqslant[t]_2^x$,

soit donc $\boldsymbol{\int_0^x f(t)\,\mathrm{d}t\geqslant x-2}$.

Ainsi $\boldsymbol{g(x)\geqslant x-2}$.

b. D'après le **a.,** $\lim_{x\to+\infty} g(x)\geqslant\lim_{x\to+\infty}(x-2)$, mais $x-2$ tend vers $+\infty$ quand x tend vers $+\infty$, donc par comparaison, $\boldsymbol{\lim_{x\to+\infty} g(x)=+\infty}$.

4. $g(x)=\int_0^x f(t)\,\mathrm{d}t$, donc $g'(x)=f(x)$. D'après le tableau de variation de *f*, on déduit son signe, et donc les variations de *g* sur $\mathbb{R}$:

x	$-\infty$	0	$+\infty$
$g'(x)=f(x)$	$-$	0	$+$
$g(x)$	$\searrow$	0	$\nearrow +\infty$

Partie B

1. a. Pour tout $t \in \mathbb{R}$, $h'(t) = 1 \times e^{-t} + t \times (-e^{-t}) = \mathbf{(1-t)e^{-t}}$.

b. On en déduit qu'une primitive de f est définie sur $\mathbb{R}$ par :

$$\boldsymbol{F(t) = -h(t) + t = -t\ e^{-t} + t.}$$

2. Comme g est aussi une primitive de f, il existe $c \in \mathbb{R}$ tel que $g(x) = F(x) + c$.

Or, g est la primitive de f qui s'annule en 0, et $F(0) = 0$, donc :

$$\boldsymbol{g(x) = -xe^{-x} + x = x(1 - e^{-x}).}$$

3. $\lim\limits_{x \to -\infty} e^{-x} = \lim\limits_{x \to +\infty} e^{X} = +\infty$, donc on en déduit que $\lim\limits_{x \to -\infty} (1 - e^{-x}) = -\infty$ et donc :

$$\boldsymbol{\lim_{x \to -\infty} g(x) = +\infty.}$$

10 1. Pour tout $x \neq -2$:

$$\frac{a}{x+2} + \frac{b}{(x+2)^2} + \frac{cx+d}{x^2+1} = \frac{a(x+2)(x^2+1) + b(x^2+1) + (cx+d)(x+2)^2}{(x+2)^2(x^2+1)}$$

$$= \frac{(a+c)x^3 + (2a+b+4c+d)x^2 + (a+4c+4d)x + 2a+b+4d}{(x+2)^2(x^2+1)}.$$

D'où $f(x) = \dfrac{a}{x+2} + \dfrac{b}{(x+2)^2} + \dfrac{cx+d}{x^2+1}$

$$\Leftrightarrow \frac{2x^3 + 7x^2 + 5x + 3}{(x^2+1)(x+2)^2}$$

$$= \frac{(a+c)x^3 + (2a+b+4c+d)x^2 + (a+4c+4d)x + 2a+b+4d}{(x+2)^2(x^2+1)}$$

$$\Leftrightarrow \begin{cases} 2 = a + c \\ 2a + b + 4c + d = 7 \\ a + 4c + 4d = 5 \\ 2a + b + 4d = 3 \end{cases} \Leftrightarrow \begin{cases} 2 = a + c \\ a + 4c + 4d = 5 \\ 2a + b + 4d = 3 \\ 2a + b + 4c + d = 7 \end{cases}$$

$$\Leftrightarrow \begin{cases} c = 2 - a \\ 4d = 3a - 3 \\ b = -5a + 6 \\ 2a - 5a + 6 + 8 - 4a + \dfrac{3a}{4} - \dfrac{3}{4} = 7 \end{cases} \Leftrightarrow \begin{cases} c = 2 - a \\ d = \dfrac{3a}{4} - \dfrac{3}{4} \\ b = -5a + 6 \\ a = 1 \end{cases} \Leftrightarrow \begin{cases} c = 1 \\ d = 0 \\ b = 1 \\ a = 1 \end{cases}.$$

Donc, pour tout $x \neq -2$, $\boldsymbol{f(x) = \dfrac{1}{x+2} + \dfrac{1}{(x+2)^2} + \dfrac{x}{x^2+1}}$.

2. Les primitives de $\frac{1}{x+2}$ sont $\ln(|x+2|)+c,\ c\in\mathbb{R}$; celles de $\frac{1}{(x+2)^2}$ sont $-\frac{1}{x+2}+c', c'\in\mathbb{R}$; celles de $\frac{x}{x^2+1}$ sont $\frac{1}{2}\times\ln(|x^2+1|)+c'',\ \ c''\in\mathbb{R}$ (mais x^2-1 est toujours positif). Par conséquent :

une primitive de f sur $]-2\,;+\infty[$ est :

$$x\mapsto \ln(x+2)-\frac{1}{x+2}+\frac{1}{2}\ln(x^2+1)\ +c, c\in\mathbb{R};$$

une primitive de f sur $]-\infty\,;-2[$ est :

$$x\mapsto \ln(-x-2)-\frac{1}{x+2}+\frac{1}{2}\ln(x^2+1)\ +c, c\in\mathbb{R}.$$

11 **1.** • $\cos x=\sin x \Leftrightarrow \cos(x)=\cos\left(\frac{\pi}{2}-x\right)\Leftrightarrow (x=\frac{\pi}{2}-x+2k\pi,$ $k\in\mathbb{Z}$ ou $x=-\left(\frac{\pi}{2}-x\right)+2k\pi,\ k\in\mathbb{Z})$

$$\Leftrightarrow\ x=\frac{\pi}{4}+k\pi, k\in\mathbb{Z} \text{ ou } 0=-\frac{\pi}{2}+2k\pi, k\in\mathbb{Z} \text{ (impossible)}$$

Les solutions dans $[0\,;\,2\pi]$ de l'équation $\cos x=\sin x$ sont donc :

$$\frac{\pi}{4}\ \text{ et }\ \frac{\pi}{4}+\pi=\frac{5\pi}{4}.$$

• La fonction $x\mapsto\cos(x)-\sin(x)$ est continue sur $[0\,;\,2\pi]$. Elle est donc de signe constant sur chacun des intervalles sur lesquels elle ne s'annule pas.

Ainsi, sur $\left[0\,;\frac{\pi}{4}\right[$, $\cos(x)-\sin(x)$ est du signe de $\cos(0)-\sin(0)=1$.

Donc $\cos x-\sin x$ est strictement positif sur $\left[0\,;\frac{\pi}{4}\right[$ et $\cos x>\sin(x)$ sur $\left[0\,;\frac{\pi}{4}\right[$.

2. a. $I(a)-J(a)=\int_0^a\frac{\cos x-\sin x}{\cos x-\sin x}\mathrm{d}x=\int_0^a 1\,\mathrm{d}x=[x]_0^a=a.$

$$I(a)+J(a)=\int_0^a\frac{\cos x}{\cos x-\sin x}\mathrm{d}x+\int_0^a\frac{\sin x}{\cos x-\sin x}\mathrm{d}x=\int_0^a\frac{\cos x+\sin x}{\cos x-\sin x}\mathrm{d}x,$$

$$=-\int_0^a\frac{u'(x)}{u(x)}\mathrm{d}x, \text{où } u(x)=\cos x-\sin x, \text{ d'où :}$$

$I(a)+J(a)=-\left[\ln|\cos x-\sin x|\right]_0^a=-[\ln(\cos x-\sin x)]_0^a$

(car $\cos x-\sin x$ est strictement positif sur $\left[0\,;\frac{\pi}{4}\right[$).

Donc $I(a)+J(a)=-\ln(\cos a-\sin a)+\ln(1)$;

$$\boldsymbol{I(a)+J(a)=-\ln(\cos a-\sin a)}.$$

b. $\begin{cases}I(a)+J(a)=-\ln(\cos a-\sin a)\\ I(a)-J(a)=a\end{cases}\Leftrightarrow\begin{cases}a+2J(a)=-\ln(\cos a-\sin a)\\ I(a)=a+J(a)\end{cases}$

$$\Leftrightarrow \begin{cases} J(a) = \dfrac{-\ln(\cos a - \sin a) - a}{2} \\ I(a) = \dfrac{-\ln(\cos a - \sin a) + a}{2} \end{cases}.$$

c. $\lim_{a \to \frac{\pi}{4}} (\cos a - \sin a) = 0^+$, donc $\lim_{a \to \frac{\pi}{4}} -\ln(\cos a - \sin a) = +\infty$.

Donc $I(a)$ et $J(a)$ tendent vers $+\infty$ quand a tend vers $\frac{\pi}{4}$.

12 **1.** f est dérivable sur $[0 ; \pi]$ et pour tout x réel :

$$f'(x) = \frac{1}{2} \times 2\cos(x) \times \sin(x) = \cos(x)\sin(x).$$

$\sin(x) > 0$ sur $[0 ; \pi]$; $\cos(x) > 0$ sur $\left]0 ; \frac{\pi}{2}\right[$ et $\cos(x) < 0$ sur $\left]\frac{\pi}{2} ; \pi\right[$.

Donc $f'(x)$ est strictement positif sur $\left]0 ; \frac{\pi}{2}\right[$ et strictement négatif sur $\left]\frac{\pi}{2} ; \pi\right[$.

Donc f est strictement croissante sur $\left]0 ; \frac{\pi}{2}\right[$ et strictement décroissante sur $\left]\frac{\pi}{2} ; \pi\right[$.

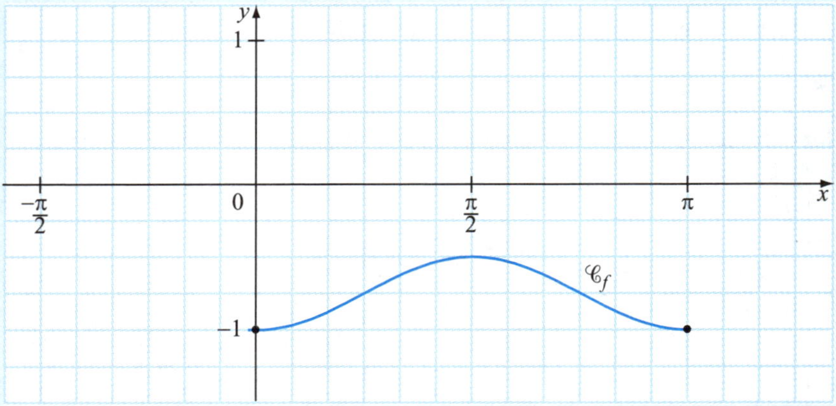

2. a. Pour tout réel a, $\cos(2a) = 1 - 2\sin^2 a$, d'où $\sin^2(a) = \dfrac{1 - \cos(2a)}{2}$.

Donc pour tout $x \in [0 ; \pi]$, $f(x) = -1 + \dfrac{1}{2} \times \dfrac{1 - \cos(2x)}{2} = \dfrac{-4}{4} + \dfrac{1 - \cos(2x)}{4}$

$$\boldsymbol{f(x) = \frac{-3 - \cos(2x)}{4}}.$$

b. $f(x) = -1 + \frac{1}{2}\sin^2(x)$ avec $\frac{1}{2}\sin^2(x) \leqslant \frac{1}{2}$, donc $f(x) \leqslant -\frac{1}{2}$, donc f est négative sur $[0 ; \pi]$.

L'aire cherchée est donc égale à :

$$-\int_0^\pi f(x)\mathrm{d}x = -\int_0^\pi \frac{-3-\cos(2x)}{4}\mathrm{d}x = -\left[-\frac{3x}{4}-\frac{\sin(2x)}{8}\right]_0^\pi = +\frac{3\pi}{4}(\text{cm}^2).$$

13 **1.** L'intervalle $[0\,;x]$ a pour étendue $x-0=x$, donc en découpant cette étendue en n morceaux de même longueur, on obtient la largeur h des rectangles :

$$h=\frac{x}{n}.$$

2. a. L'aire du premier rectangle est $h\times f(0)=\frac{x}{n}\times \mathrm{e}^{-0^2}=\frac{x}{n}$.

Le 2e rectangle va de l'abscisse h à l'abscisse $h+h=2h$ et sa hauteur est $f(h)$, donc l'aire est $h\times f(h)=\frac{x}{n}\times f\left(\frac{x}{n}\right)$.

Le 3e rectangle va de l'abscisse $2h$ à l'abscisse $3h$, et sa hauteur est $f(2h)$, donc l'aire est $\frac{x}{n}\times f\left(\frac{2x}{n}\right)$.

Le dernier rectangle va de l'abscisse $(n-1)h$ à l'abscisse $nh=x$ et sa hauteur est $f((n-1)h)$, donc l'aire est $\frac{x}{n}\times f\left[(n-1)\times\frac{x}{n}\right]$.

b. La somme des aires des rectangles est donc :

$$S=\frac{x}{n}+\frac{x}{n}\times f\left(\frac{x}{n}\right)+\frac{x}{n}\times f\left(\frac{2x}{n}\right)+\ldots+\frac{x}{n}\times f\left[(n-1)\times\frac{x}{n}\right]$$

$$S=\frac{x}{n}\times\left(f(0)+f\left(\frac{x}{n}\right)+f\left(2\times\frac{x}{n}\right)+\ldots+f\left[(n-1)\times\frac{x}{n}\right]\right).$$

c. Pour k allant de 1 à n, il faut calculer l'aire des rectangles, puis les ajouter au fur et à mesure. La somme finale appelée S sera un majorant de l'aire sous la courbe. Cela donne, sous Algobox :

```
VARIABLES
  x EST_DU_TYPE NOMBRE
  n EST_DU_TYPE NOMBRE
  S EST_DU_TYPE NOMBRE
  k EST_DU_TYPE NOMBRE
DEBUT_ALGORITHME
  LIRE x
  LIRE n
  S PREND_LA_VALEUR 0
  POUR k ALLANT_DE 1 A n
    DEBUT_POUR
    S PREND_LA_VALEUR S+x/n*F1((k-1)*x/n)
    FIN_POUR
  AFFICHER "un majorant de l'aire cherchée est"
  AFFICHER S
FIN_ALGORITHME

Fonction numérique utilisée :
F1(x)=exp(-x*x)
```

- Il vaut mieux initialiser la valeur de S à 0, sinon on prend le risque qu'à chaque fois que l'algorithme sera lancé, il reprenne la valeur de S calculée précédemment.
- x^2 doit être écrit $x * x$.

3. La largeur des rectangles est toujours $h=\frac{x}{n}$, mais leur hauteur est maintenant $f\left(\frac{x}{n}\right)$ pour le premier rectangle, $f\left(2\times\frac{x}{n}\right)$ pour le 2ᵉ, $f\left(3\times\frac{x}{n}\right)$ pour le 3ᵉ, …, $f\left(n\times\frac{x}{n}\right)=f(x)$ pour le dernier. Ce qui donne une somme des aires égale à :

$$\frac{x}{n}\times\left(f\left(\frac{x}{n}\right)+f\left(2\times\frac{x}{n}\right)+f\left(3\times\frac{x}{n}\right)+\ldots+f\left(n\times\frac{x}{n}\right)\right).$$

4.

```
VARIABLES
  x EST_DU_TYPE NOMBRE
  n EST_DU_TYPE NOMBRE
  k EST_DU_TYPE NOMBRE
  S1 EST_DU_TYPE NOMBRE
  S2 EST_DU_TYPE NOMBRE
DEBUT_ALGORITHME
  LIRE x
  LIRE n
  S1 PREND_LA_VALEUR 0
  S2 PREND_LA_VALEUR 0
  POUR k ALLANT_DE 1 A n
    DEBUT_POUR
    S1 PREND_LA_VALEUR S1+x/n*F1((k-1)*x/n)
    S2 PREND_LA_VALEUR S2+x/n*F1(k*x/n)
    FIN_POUR
  AFFICHER "un majorant de l'aire cherchée est"
  AFFICHER S1
  AFFICHER "un minorant de l'aire cherchée est"
  AFFICHER S2

FIN_ALGORITHME

Fonction numérique utilisée :
F1(x)=exp(-x*x)
```

5. Pour $n=200$, on obtient S1 $\approx 0{,}886$ et S2 $\approx 0{,}877$, et l'amplitude de cet encadrement est S1−S2 $\approx 0{,}009<10^{-2}$. **Une valeur approchée à 10^{-2} près de $\int_0^2 e^{-t^2}dt$ est donc 0,88.**

14 **1. a.** Il s'agit de mettre en valeur la valeur de x pour laquelle $B(x)=0$, c'est-à-dire le point d'intersection de la courbe avec l'axe des abscisses, puis l'intervalle $]e^{-1}\,;+\infty[$ sur l'axe des abscisses (en pointillés sur le dessin). Et enfin, le maximum de B qu'on fera apparaître sous la forme d'une tangente horizontale.

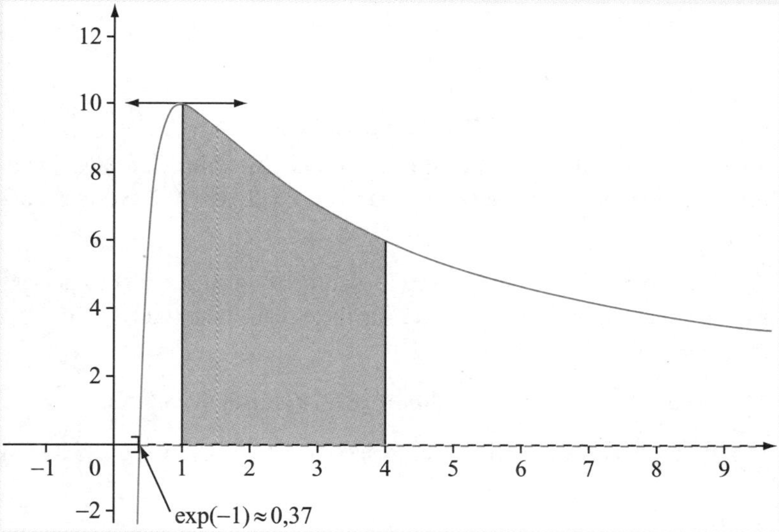

b. $B(x)=0 \Leftrightarrow 10\times\dfrac{1+\ln x}{x}=0$

$\Leftrightarrow 1+\ln(x)=0$ car $x>0$

$\Leftrightarrow \ln(x)=-1.$

$\boldsymbol{B(x)=0 \Leftrightarrow x=\mathrm{e}^{-1}}$**.**

2. Pour tout $x\in\,]0\,;+\infty[$, $B'(x)=10\times\dfrac{\frac{1}{x}\times x-(1+\ln x))\times 1}{x^2}=10\times\dfrac{\ln(x)}{x^2}.$

Il s'agit de la même réponse que celle donnée par le logiciel, mais qui n'avait pas été simplifiée.

$$B'(x)=0 \Leftrightarrow \ln(x)=0 \Leftrightarrow x=1.$$

De plus, B' est du signe de ln(x), donc négatif si $x<1$ et positif si $x>1$, donc B est croissante sur $]0\,;1]$, décroissante sur $[1\,;+\infty[$, et elle atteint un maximum pour $x=1$.
Ce maximum vaut $B(1)=10\times\dfrac{1+\ln(1)}{1}$.

$$\boldsymbol{B(1)=10.}$$

3. a. Dérivons la fonction F donnée par le logiciel :

$$F(x)=5\ln(x)(\ln(x)+2).$$

$$F'(x)=5\left(\frac{1}{x}(\ln(x)+2)+\ln(x)\frac{1}{x}\right)=5\times\frac{2\ln(x)+2}{x}=B(x).$$

Donc $\boldsymbol{F}$ est bien une primitive de $\boldsymbol{B}$.

b. $\int_1^4 B(x)\mathrm{d}x = [F(x)]_1^4 = F(4) - F(1) = 5\ln(4)(\ln(4)+2) - 0$

$= 5\ln(4)(\ln(4)+2) - 0$

$B(x)\mathrm{d}x = 20\ln(2)\times(\ln(2)+1) \approx$ **23,472 unités d'aire**.

c. Cette intégrale est l'aire en unités d'aire du domaine colorié en bleu sur le graphique, compris entre les droites d'équations $x = 1$, $x = 4$, l'axes des abscisses, et la courbe.

15 **1. a.** L'intersection du cylindre avec le plan perpendiculaire à (Oz) passant par H est un disque de rayon R = 3 centré sur l'axe (Oz). **Pour tout $t \in [0\,;10]$, $S(t) = \pi \times 3^2 = 9\pi$.**

b. $V_1 = \int_0^{10} S(t)\mathrm{d}t = \int_0^{10} 9\pi \mathrm{d}t$, donc $V_1 =$ **$90\pi \approx 282,74$ unités de volume.**

2. a. et **b.** Dans le plan (yOz), la section du cône est le triangle OAA′, où A(0 ; 3 ; 8) et A′(0 ; –3 ; 8).

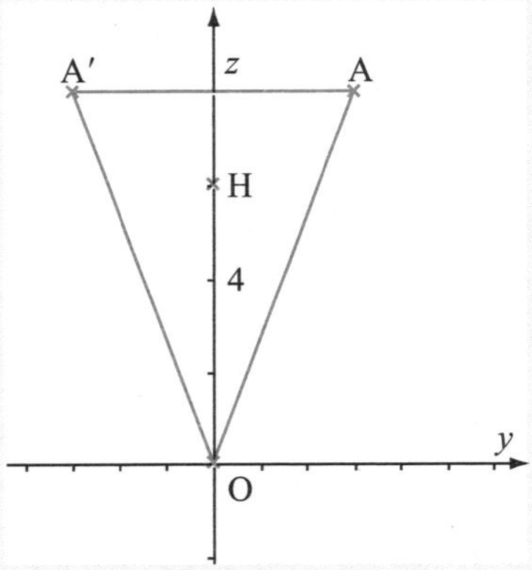

c. Le plan d'équation $z = t$ est un plan parallèle à la base du cône, donc l'intersection du cône avec ce plan est un disque de centre H.
Notons I le milieu de [AA′] et H′ le point d'intersection de (OA) avec la parallèle à (IA) passant par H.

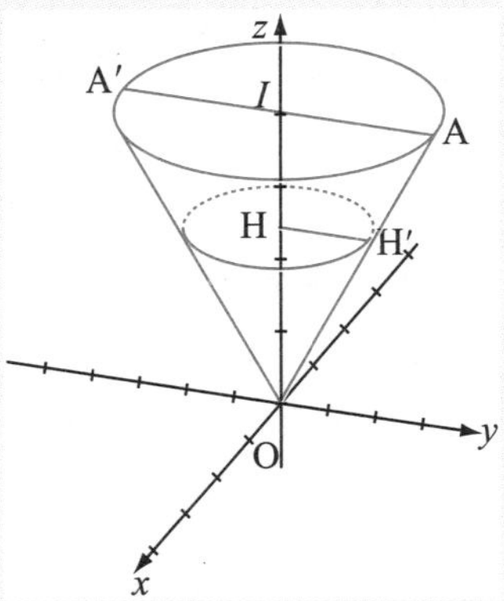

Considérons les triangles OIA et OHH′. Les droites (IA) et (HH′) étant parallèles, le théorème de Thalès permet d'affirmer que $\dfrac{HH'}{IA}=\dfrac{OH}{OI}$.

On en déduit que $HH'=\dfrac{OH\times IA}{OI}=\dfrac{t\times 3}{8}$.

D'où, **pour tout $t\in[0\,;8]$, $S(t)=\pi\times HH'^2=\pi\times\dfrac{9t^2}{64}$**.

d. $V_2=\int_0^8 \pi\times\dfrac{9t^2}{64}\mathrm{d}t=\dfrac{9\pi}{64}\times\int_0^8 t^2\mathrm{d}t=\dfrac{9\pi}{64}\times\left[\dfrac{t^3}{3}\right]_0^8=\dfrac{9\pi}{64}\times\left(\dfrac{8^3}{3}-0\right)=24\pi.$

$V_2\approx 75,40$ unités de volume.

3. a. La section de la sphère avec le plan (yOz) est le cercle de centre O et de rayon 5. La parallèle à l'axe (Oy) passant par H coupe le cercle en deux points : notons H' celui dont l'ordonnée y est positive.

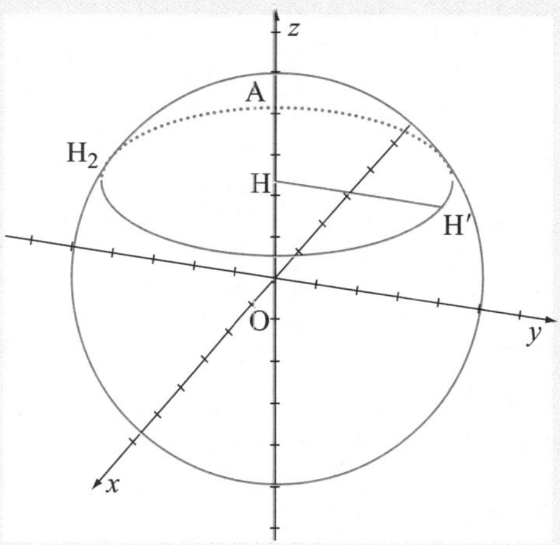

La section de la sphère avec le plan perpendiculaire à (Oz) passant par H est un cercle de rayon HH′.

Le théorème de Pythagore appliqué au triangle rectangle OHH′ permet d'affirmer que $HH'=\sqrt{5^2-t^2}$ (OH′ = 5 car c'est un rayon de la sphère et $OH=t$).

D'où, pour tout $t\in[-5\,;\,5]$, $S(t)=\pi\times HH'^2=\pi(25-t^2)$.

b. $V_3=\int_{-5}^{5}\pi(25-t^2)\mathrm{d}t=\int_{-5}^{5}25\pi\mathrm{d}t-\int_{-5}^{5}\pi t^2\mathrm{d}t=250\pi-\pi\int_{-5}^{5}t^2\mathrm{d}t$

$$=250\pi-\pi\times\left[\frac{t^3}{3}\right]_{-5}^{5}=250\pi-\frac{250}{3}\pi.$$

$$\mathbf{V_3=500\frac{\pi}{3}\approx 523,60\ \text{unités de volume}}.$$

16 **1. a. La dérivée du produit $u\times v$ est $u'\times v+u\times v'$.**

b. On sait que si F est une primitive de la fonction continue f :

$$\int_a^b f(t)\mathrm{d}t=\left[F(t)\right]_a^b=F(b)-F(a).$$

Or, $u \times v$ est une primitive de la fonction $u' \times v + u \times v'$. D'où :

$$[u(x) \times v(x)]_a^b = \int_a^b (u'(x) \times v(x) + u(x) \times v'(x))\,dx$$
$$= \int_a^b u'(x) \times v(x)dx + \int_a^b u(x) \times v'(x)dx.$$

D'où : $\boldsymbol{\int_a^b u'(x) \times v(x)dx = [u(x) \times v(x)]_a^b - \int_a^b u(x) \times v'(x)dx}$.

2. a. On peut poser $u(x) = \dfrac{x^2}{2}$ (qui est bien une primitive de la fonction $x \mapsto x$), et :

$$v'(x) = \frac{1}{x}.$$

$$I = \int_1^e x\ln(x)dx = \left[\frac{x^2}{2} \times \ln(x)\right]_1^e - \int_1^e \frac{x^2}{2} \times \frac{1}{x}\,dx = \frac{e^2}{2} - \left[\frac{x^2}{4}\right]_1^e = \boldsymbol{\frac{e^2+1}{4}}.$$

b. $I = \int_1^2 xe^x dx = [xe^x]_1^2 - \int_1^2 e^x dx = 2e^2 - e - e^2 + e = \mathbf{e^2}$.

Si l'on pose $u'(x) = x$ et $v(x) = e^x$, on peut poser $u(x) = \dfrac{x^2}{2}$ (qui est bien une primitive de la fonction $x \mapsto x$), et on a $v'(x) = e^x$.

L'intégration par parties donne alors $I = \left[\dfrac{x^2}{2}e^x\right]_1^2 - \int_1^2 \dfrac{x^2}{2}e^x dx$. Ce résultat n'est pas exploitable car nous ne connaissons pas de primitive de $\dfrac{x^2}{2}e^x$.

c. Posons $u'(x) = \sin(x)$ et $v(x) = x^2$. Alors on peut poser $u(x) = -\cos(x)$ (qui est bien une primitive de la fonction sinus), et $v'(x) = 2x$.

$$I = \int_0^\pi x^2\sin(x)\,dx = [-x^2\cos(x)]_0^\pi - \int_0^\pi -\cos(x)2x\,dx = \pi^2 + \int_0^\pi \cos(x)2x\,dx.$$

On pose ensuite deux nouvelles fonctions u et v : $u'(x) = \cos(x)$ et $v(x) = 2x$; alors $u(x) = \sin(x)$ et $v'(x) = 2$.

$$I = \pi^2 + \left([2x\sin(x)]_0^\pi - \int_0^\pi \sin(x) \times 2\,dx\right) = \pi^2 + 0 - 2[-\cos(x)]_0^\pi = \boldsymbol{\pi^2 - 4}.$$

d. $F(x) = [t\ln(t)]_1^x - \int_1^x t\dfrac{1}{t}dt$, d'où :

$$\boldsymbol{F(x) = x\ln(x) - x + 1}.$$

17 **1.** $\int_{-a}^a f(x)dx = \int_{-a}^0 f(x)dx + \int_0^a f(x)dx$. Or, f étant une fonction paire, $\mathscr{C}_f$ est symétrique par rapport à l'axe des ordonnées, donc $\int_{-a}^0 f(x)dx = \int_0^a f(x)dx$ et :

$$\boldsymbol{\int_{-a}^a f(x)dx = 2\int_0^a f(x)dx}.$$

2. f étant une fonction impaire, $\mathscr{C}_f$ est symétrique par rapport au point O, donc :

$$\int_{-a}^0 f(x)dx = -\int_0^a f(x)dx \text{ et } \boldsymbol{\int_{-a}^a f(x)dx = 0}.$$

3. f est périodique de période T, donc pour tout $x \in \mathbb{R}$, $f(x+T) = f(x)$.

On définit la fonction H sur $\mathbb{R}$ par $H(x) = F(x+T) - F(x)$, où F est une primitive de f sur $\mathbb{R}$.
H est dérivable sur $\mathbb{R}$ et $H'(x) = F'(x+T) - F'(x) = f(x+T) - f(x) = 0$.
Donc H est constante sur $\mathbb{R}$.
Donc, pour tout $a \in \mathbb{R}$, $H(a) = H(0)$ c'est-à-dire :

$$\int_a^{a+T} f(x)\mathrm{d}x = \int_0^T f(x)\mathrm{d}x.$$

18 1. **Faux.** f étant continue sur I avec a et $x \in \mathrm{I}$, $\int_x^a f(t)\mathrm{d}t = F(x) - F(a)$, (où F est une primitive de f sur I), soit :

$$F(x) = \int_x^a f(t)\mathrm{d}t + F(a).$$

2. **Faux** si f n'est pas de signe constant.

Par exemple $\int_{-1}^1 x\,\mathrm{d}x = \left[\frac{x^2}{2}\right]_{-1}^1 = 1 - 1 = 0.$

3. **Vrai.** $\int_a^b \mathrm{e}^{u(x)} \times u'(x)\,\mathrm{d}x = \left[\mathrm{e}^{u(x)}\right]_a^b = \mathrm{e}^{u(b)} - \mathrm{e}^{u(a)}$,

et $\int_{u(a)}^{u(b)} \mathrm{e}^t \mathrm{d}t = \left[\mathrm{e}^x\right]_{u(a)}^{u(b)} = \mathrm{e}^{u(b)} - \mathrm{e}^{u(a)}$,

donc $\int_a^b \mathrm{e}^{u(x)} \times u'(x)\,\mathrm{d}x = \int_{u(a)}^{u(b)} \mathrm{e}^t \mathrm{d}t$.

4. **Faux.** Soit $n \in \mathbb{N}$,

$S_{n+1} - S_n = \int_0^1 x^{n+1}\mathrm{e}^{-x}\mathrm{d}x - \int_0^1 x^n \mathrm{e}^{-x}\mathrm{d}x = \int_0^1 (x^{n+1}\mathrm{e}^{-x} - x^n\mathrm{e}^{-x})\mathrm{d}x$

$S_{n+1} - S_n = \int_0^1 (x^{n+1} - x^n)\mathrm{e}^{-x}\mathrm{d}x = \int_0^1 x^n\mathrm{e}^{-x}(x-1)\mathrm{d}x.$

Or pour tout $x \in [0\,;1[$, $x^n\mathrm{e}^{-x} \geqslant 0$ et $(x-1) \leqslant 0$, donc la fonction $x \mapsto x^n\mathrm{e}^{-x}(x-1)$ est négative ou nulle sur $[0\,;\,1]$.

D'où $\int_0^1 x^n\mathrm{e}^{-x}(x-1)\mathrm{d}x \leqslant 0$ et $S_{\mathrm{n}+1} \leqslant S_{\mathrm{n}}$.

Donc la suite (S_n) est décroissante.

19 1. a. Soit $x \neq -1$,

$1 - x + x^2 - x^3 + \ldots + (-1)^{n-1} x^{n-1} = 1 + (-x) + (-x)^2 + (-x)^3 + \ldots + (-x)^{n-1}$.

Il s'agit de la somme des termes de la suite géométrique de raison $-x$ et de premier terme 1, donc elle est égale à $\frac{1-(-x)^n}{1-(-x)} = \frac{1-(-x)^n}{1+x}$ d'où :

$$1 - x + x^2 - x^3 + \ldots + (-1)^n x^{n-1} = \frac{1}{1+x} - \frac{(-x)^n}{1+x}.$$

b. $\frac{(-x)^n}{1+x} = \frac{1}{1+x} - (1 - x + x^2 - x^3 + \ldots + (-1)^{n-1}x^{n-1})$ donc :

$$\int_0^1 \frac{(-x)^n}{1+x}\mathrm{d}x = \int_0^1 \frac{1}{1+x} - (1 - x + x^2 + x^3 + \ldots + (-1)^{n-1}x^{n-1})\mathrm{d}x$$

$$= \left[\ln\,(1+x)\right]_0^1 - \left[x - \frac{x^2}{2} + \frac{x^3}{3} - \frac{x^4}{4} + \ldots + (-1)^{n-1}\frac{x^n}{n}\right]_0^1$$

$$\boldsymbol{\int_0^1 \frac{(-x)^n}{1+x}\mathrm{d}x = \ln 2 - \left(1 - \frac{1}{2} + \frac{1}{3} - \frac{1}{4} + \ldots + \frac{(-1)^{n-1}}{n}\right).}$$

2. a. Soit $x \in [0\ ;\ 1]$ et $n \in \mathbb{N}^*$.

Si n est pair, alors $(-x)^n = x^n$.

Or, $1 \leqslant 1+x \Rightarrow 1 \geqslant \dfrac{1}{1+x} \Rightarrow x^n \geqslant \dfrac{x^n}{1+x}$ (car $x^n \geqslant 0$) d'où :

$0 \leqslant \dfrac{x^n}{1+x} \leqslant x^n$, et donc $-x^n \leqslant \dfrac{(-x)^n}{1+x} \leqslant x^n$.

Si n est impair, alors $(-x)^n = -x^n$.

Or, $1 \leqslant 1+x \Rightarrow 1 \geqslant \dfrac{1}{1+x} \Rightarrow x^n \geqslant \dfrac{x^n}{1+x}$ (car $x^n \geqslant 0$) $\Rightarrow -x^n \leqslant \dfrac{-x^n}{1+x}$, d'où :

$-x^n \leqslant \dfrac{-x^n}{1+x} \leqslant 0 \leqslant x^n$, soit $-x^n \leqslant \dfrac{(-x)^n}{1+x} \leqslant x^n$.

Finalement, pour tout $x \in [0\,;1]$ et $n \in \mathbb{N}^*$:

$$\boldsymbol{-x^n \leqslant \frac{(-x)^n}{1+x} \leqslant x^n.}$$

b. On en déduit (croissance de l'intégrale) que :

$$\int_0^1 -x^n\mathrm{d}x \leqslant \int_0^1 \frac{(-x)^n}{1+x}\mathrm{d}x \leqslant \int_0^1 x^n\mathrm{d}x$$

$$\left[-\frac{x^{n+1}}{n+1}\right]_0^1 \leqslant \int_0^1 \frac{(-x)^n}{1+x}\,\mathrm{d}x \leqslant \left[\frac{x^{n+1}}{n+1}\right]_0^1$$

$$\boldsymbol{-\frac{1}{n+1} \leqslant \int_0^1 \frac{(-x)^n}{1+x}\mathrm{d}x \leqslant \frac{1}{n+1}.}$$

De plus, $\displaystyle\int_0^1 \frac{(-x)^n}{1+x}\mathrm{d}x = \ln 2 - \left(1 - \frac{1}{2} + \frac{1}{3} - \frac{1}{4} + \ldots + \frac{(-1)^{n-1}}{n}\right) = \ln 2 - U_n$ d'où :

$$U_n = \ln 2 - \int_0^1 \frac{(-x)^n}{1+x}\mathrm{d}x.$$

Or $\displaystyle -\frac{1}{n+1} \leqslant \int_0^1 \frac{(-x)^n}{1+x}\mathrm{d}x \leqslant \frac{1}{n+1}$ avec $\displaystyle\lim_{n\to+\infty} -\frac{1}{n+1} = \lim_{n\to+\infty} \frac{1}{n+1} = 0$.

Donc d'après le théorème des gendarmes, $\displaystyle\lim_{n\to+\infty}\int_0^1 \frac{(-x)^n}{1+x}\mathrm{d}x = 0$.

D'où $\boldsymbol{\lim_{n\to+\infty} U_n = \ln 2 - 0 = \ln 2}$.

20 **Partie A**

1. a. $\lim\limits_{x \to +\infty} -2x = -\infty$, donc $\lim\limits_{x \to +\infty} 1+\mathrm{e}^{-2x} = 1$, d'où $\mathbf{\lim\limits_{x \to +\infty} \ln(1+e^{-2x}) = 0}$.

b. Pour tout $x \in [0\,;+\infty[$, $f'(x) = \dfrac{-2\mathrm{e}^{-2x}}{1+\mathrm{e}^{-2x}}$. Or $\mathrm{e}^{-2x} > 0$ quel que soit x, donc $1+\mathrm{e}^{-2x} > 0$ et $-2\mathrm{e}^{-2x} < 0$. Ainsi $f'(x)$ est strictement négative, et ***f* est strictement décroissante sur [0 ; +∞[**.

2. a. Pour tout $x \in]0\,;+\infty[$, $\mathrm{e}^{-2x} > 0$, donc $1+\mathrm{e}^{-2x} > 1$ et $\ln\left(1+\mathrm{e}^{-2x}\right) > 0$.

Donc $F(x_0) = \int_0^{x_0} \ln(1+\mathrm{e}^{-2x})\,\mathrm{d}x$ est l'aire du domaine compris entre les droites d'équation $x = 0$, $x = x_0$, l'axe des abscisses, et la courbe représentant la fonction *f*.

b. La fonction f étant positive sur $[0\,;x_0]$, quel que soit le réel strictement positif x_0, l'intégrale de 0 à x_0 correspond à un domaine de plus en plus grand lorsque x_0 augmente, donc l'aire considérée augmente. Autrement dit, ***F* est strictement croissante sur [0 ; +∞[**.

3. a. La fonction inverse étant strictement décroissante sur $[1\,;1+a]$, l'ordre des images de nombres de cet intervalle par cette fonction est inversé.
$1 \leqslant t \leqslant 1+a$, d'où :

$$\mathbf{\frac{1}{1+a} \leqslant \frac{1}{t} \leqslant 1.}$$

b. Par croissance de l'intégrale,

$$\int_1^{1+a} \frac{1}{1+a}\mathrm{d}t \leqslant \int_1^{1+a} \frac{1}{t}\mathrm{d}t \leqslant \int_1^{1+a} 1\mathrm{d}t \iff \frac{1}{1+a}(1+a-1) \leqslant [\ln(t)]_1^{1+a} \leqslant 1+a-1$$

$$\iff \mathbf{\frac{a}{1+a} \leqslant \ln(1+a) \leqslant a.}$$

4. Posons $a = \mathrm{e}^{-2t}$, alors l'inégalité obtenue ci-dessus donne :

$$\frac{\mathrm{e}^{-2t}}{1+\mathrm{e}^{-2t}} \leqslant \ln(1+\mathrm{e}^{-2t}) \leqslant \mathrm{e}^{-2t}$$

puis en l'intégrant entre 0 et x :

$$\mathbf{\int_0^x \frac{e^{-2t}}{1+e^{-2t}}dt \leqslant F(x) \leqslant \int_0^x e^{-2t}dt.}$$

5. a. $\displaystyle\int_0^x \frac{\mathrm{e}^{-2t}}{1+\mathrm{e}^{-2t}}\mathrm{d}t = -\frac{1}{2}\int_0^x \frac{-2\mathrm{e}^{-2t}}{1+\mathrm{e}^{-2t}}\mathrm{d}t$: on reconnaît sous l'intégrale une fonction du type $\dfrac{u'}{u}$ où $u(t) = 1+\mathrm{e}^{-2t}$ est strictement positive.

Donc $\displaystyle\int_0^x \frac{\mathrm{e}^{-2t}}{1+\mathrm{e}^{-2t}}\,\mathrm{d}t = -\frac{1}{2}\left[\ln(1+\mathrm{e}^{-2t})\right]_0^x = -\frac{1}{2}\ln(1+\mathrm{e}^{-2x}) + \frac{1}{2}\ln(1+\mathrm{e}^{0})$.

$$\mathbf{\int_0^x \frac{e^{-2t}}{1+e^{-2t}}dt = \frac{1}{2}\ln(2) - \frac{1}{2}\ln(1+e^{-2x}).}$$

$\int_0^x e^{-2t}dt = -\frac{1}{2}\int_0^x -2e^{-2t}dt = -\frac{1}{2}[e^{-2t}]_0^x$ d'où :

$$\int_0^x e^{-2t}dt = -\frac{1}{2}(e^{-2x}-1) = \frac{1}{2}(1-e^{-2x}).$$

b. $\lim_{x\to+\infty}(-2x) = -\infty$ donc $\lim_{x\to+\infty}(e^{-2x}) = 0$, d'où :

$$\lim_{x\to+\infty}\left(\frac{1}{2}\ln(2) - \frac{1}{2}\ln(1+e^{-2x})\right) = \frac{1}{2}\ln(2) - \frac{1}{2}\ln(1) = \frac{1}{2}\ln(2)$$

et $\lim_{x\to+\infty}\frac{1}{2}(1-e^{-2x}) = \frac{1}{2}$.

Les trois membres de l'inégalité du **4.** ont une limite, et d'après le théorème des gendarmes, on en déduit que :

$$\lim_{x\to+\infty}\int_0^x \frac{e^{-2t}}{1+e^{-2t}}dt \leqslant \lim_{x\to+\infty}F(x) \leqslant \lim_{x\to+\infty}\int_0^x e^{-2t}dt$$

$$\lim_{x\to+\infty}\left(\frac{1}{2}\ln(2) - \frac{1}{2}\ln(1+e^{-2x})\right) \leqslant \lambda \leqslant \lim_{x\to+\infty} -\frac{1}{2}(1-e^{-2x}) \Leftrightarrow \frac{1}{2}\ln(2) \leqslant \lambda \leqslant \frac{1}{2}.$$

Partie B

1. a. On a démontré au **1.b.** de la **partie A** que f était strictement décroissante sur $]0\,;+\infty[$, donc pour tout entier naturel n, et pout tout $t\in[n\,;n+1]$, $f(n)\geqslant f(t)\geqslant f(n+1)$. De plus, $\lim_{x\to+\infty} f(x) = 0$, d'où on déduit que f est positive sur $]0\,;+\infty[$, ce qui donne $f(n)\geqslant f(t)\geqslant 0$.

Puis en intégrant de n à $n+1$ les termes de cette inégalité :

$$\int_n^{n+1}\ln(1+e^{-2n})\,dt \geqslant \int_n^{n+1}\ln(1+e^{-2t})\,dt \geqslant 0$$

$$\ln(1+e^{-2n})\times 1 \geqslant u_n \geqslant 0.$$

b. D'après les calculs de limite du **5.b.**, $\lim_{n\to+\infty}\ln(1+e^{-2n}) = \ln(1) = 0$.

D'après le théorème des gendarmes, $\lim_{x\to+\infty} u_n = 0$.

2. a. $S_n = u_0 + u_1 + \ldots + u_n$

$S_n = \int_0^1 \ln(1+e^{-2t})\,dt + \int_1^2 \ln(1+e^{-2t})dt + \ldots + \int_n^{n+1}\ln(1+e^{-2t})\,dt$, donc d'après la relation de Chasles pour les intégrales :

$$S_n = \int_0^{n+1}\ln(1+e^{-2t})\,dt = F(n+1).$$

b. D'après la **partie A**, la limite de F quand x tend vers $+\infty$ existe et vaut λ. **Donc la suite (S_n) est convergente et sa limite vaut λ.**

7 Nombres complexes

Dans tout ce chapitre, le plan est muni d'un repère orthonormé direct $(\mathrm{O}\,;\vec{u}\,;\vec{v})$.

I ENSEMBLE DES NOMBRES COMPLEXES

1. Généralités

■ Théorème

Il existe un ensemble noté $\mathbb{C}$ contenant $\mathbb{R}$ tel que :

- $\mathbb{C}$ est muni d'une addition et d'une multiplication qui prolongent celles de $\mathbb{R}$ et qui vérifient les mêmes propriétés.
- Il existe un élément dans $\mathbb{C}$ noté i vérifiant $\mathrm{i}^2 = -1$.
- Tout élément de $\mathbb{C}$ s'écrit de manière unique $a + \mathrm{i}b$ où $(a\,;b) \in \mathbb{R}^2$.

■ Définitions

Les éléments de $\mathbb{C}$ s'appellent nombres complexes et $\mathbb{C}$ s'appelle ensemble des nombres complexes.

■ Vocabulaire

Tout élément z s'écrit de manière unique sous la forme $a + \mathrm{i}b$, où a, b sont des réels :

- cette écriture s'appelle **forme algébrique** de z.
- a s'appelle **partie réelle** de z et se note $\mathrm{Re}(z)$.
- b s'appelle **partie imaginaire** de z et se note $\mathrm{Im}(z)$.
- On dit que z est **imaginaire pur** si et seulement si $\mathrm{Re}(z) = 0$.

$z \in \mathbb{R} \Leftrightarrow \mathrm{Im}(z) = 0$.
Pour tout nombre complexe z, Re(z) et Im(z) sont **des réels**.

■ Propriété

Deux nombres complexes sont égaux si et seulement si ils ont la même partie réelle et même partie imaginaire.

En particulier, un nombre complexe est nul si et seulement si ses parties réelle et imaginaire sont nulles.

2. Interprétation géométrique

À tout nombre complexe $z = a + ib$, où $(a\,;\,b) \in \mathbb{R}^2$, est associé le point M (respectivement le vecteur $\overrightarrow{OM}$ de coordonnées $(a\,;\,b)$) et réciproquement.
On dit que M (respectivement $\overrightarrow{OM}$) est **l'image** de z (respectivement le vecteur image de z) et z l'**affixe** de M (resp. $\overrightarrow{OM}$). On le note z_M (resp. $z_{\overrightarrow{OM}}$).
Le plan est alors appelé **plan complexe**.

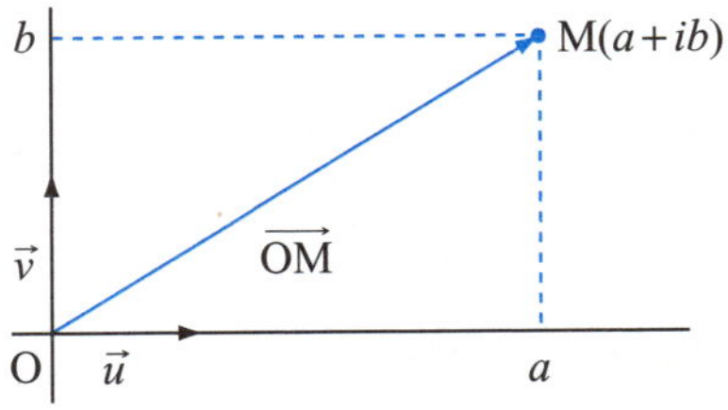

■ **Propriétés :**

Soient A et B deux points du plan :

- $z_{\overrightarrow{AB}} = z_B - z_A$;
- Si I est le milieu de $[AB]$: $z_I = \dfrac{z_A + z_B}{2}$.

II CONJUGUÉ D'UN NOMBRE COMPLEXE

■ **Définition :** soit un nombre complexe $z = a + \mathrm{i}b$ (a et b sont réels).
On appelle **conjugué** de z le nombre complexe $\overline{z} = a - \mathrm{i}b$.

■ **Interprétation géométrique :**

Soit z un nombre complexe et M le point du plan d'affixe z. Alors le point M′ d'affixe $\overline{z}$ est le symétrique de M par rapport à l'axe des abscisses.

■ **Propriétés**

- z est réel si et seulement si $z = \overline{z}$.
- z est imaginaire pur si et seulement si $z = -\overline{z}$.
- pour tout nombre complexe z, $\overline{\overline{z}} = z$.

Pour tous nombres complexes z, z' et pour tout entier naturel n :

- $\overline{z + z'} = \overline{z} + \overline{z'}, \overline{-z} = -\overline{z}, \overline{z \times z'} = \overline{z} \times \overline{z'}, \overline{z^n} = \overline{z}^{\,n}$;
- si $z \neq 0$, $\overline{\left(\dfrac{1}{z}\right)} = \dfrac{1}{\overline{z}}$ et $\overline{\left(\dfrac{z'}{z}\right)} = \dfrac{\overline{z'}}{\overline{z}}$.

III MODULE ET ARGUMENT

1. Module d'un nombre complexe

■ **Définition :** soit $z = a + \mathrm{i}b$ un nombre complexe (a et b réels). On appelle **module** de z et on note $|z|$ le réel $|z| = \sqrt{a^2 + b^2}$.

■ **Interprétation géométrique :** Soit z un nombre complexe et M le point du plan d'affixe z. Alors la distance OM est égale à $|z|$.

$|0| = 0$, et si z est réel $(z = a)$, alors le module de z est égal à la valeur absolue de a.

■ **Propriétés du module**

- $|z|^2 = z \times \bar{z} = a^2 + b^2$.
- $|z| = 0 \Leftrightarrow z = 0$.
- $|z \times z'| = |z| \times |z'|$ et $|z^n| = |z|^n$.
- si $z \neq 0$, $\left|\frac{1}{z}\right| = \frac{1}{|z|}$ et $\left|\frac{z'}{z}\right| = \frac{|z'|}{|z|}$.

2. Argument d'un nombre complexe non nul

Soit z un nombre complexe **non nul** et M le point d'affixe z.
Définition : on appelle **argument** de z toute mesure de l'angle orienté $(\vec{u}\,;\overrightarrow{OM})$.

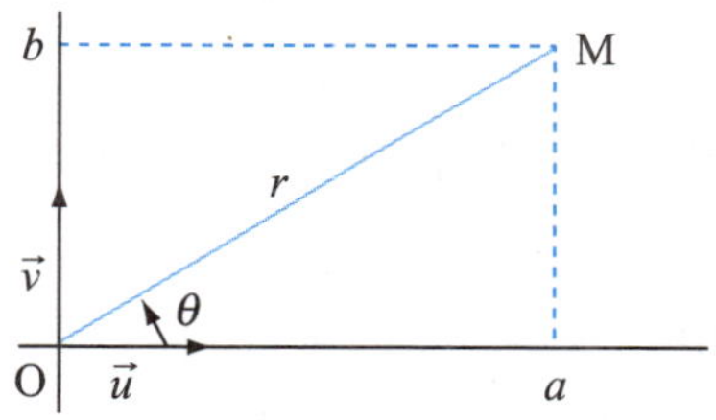

Soit θ une mesure de l'angle orienté $(\vec{u}\,;\overrightarrow{OM})$. Alors $\arg(z) = \theta + 2k\pi \ (k \in \mathbb{Z})$.

- L'angle orienté $(\vec{u}\,;\overrightarrow{OM})$ n'est défini que si M est distinct de O, c'est pourquoi 0 n'a pas d'argument.
- z est réel équivaut à $z=0$ ou $\arg(z)=0+k\pi \ (k \in \mathbb{Z})$.
  z est imaginaire pur équivaut à $z=0$ ou $\arg(z)=\frac{\pi}{2}+k\pi \ (k \in \mathbb{Z})$.

■ **Propriétés de l'argument**

Pour tous nombres complexes non nuls z, z' et tout entier naturel n :

- $\arg(z \times z') = \arg(z) + \arg(z') + 2k\pi \ (k \in \mathbb{Z})$,

  et $\arg(z^n) = n \times \arg(z) + 2k\pi \ (k \in \mathbb{Z})$.
- $\arg\frac{1}{z} = -\arg(z) + 2k\pi (k \in \mathbb{Z})$;

  $\arg\frac{z'}{z} = \arg(z') - \arg(z) + 2k\pi \ (k \in \mathbb{Z})$.

- Module et argument du conjugué de $z \in \mathbb{C}^*$:

$$|\bar{z}| = |z| \text{ et } \arg(\bar{z}) = -\arg(z) + 2k\pi \ (k \in \mathbb{Z}).$$

- Module et argument de l'opposé de $z \in \mathbb{C}^*$:

$$|-z| = |z| \text{ et } \arg(-z) = \pi + \arg(z) + 2k\pi \ (k \in \mathbb{Z}).$$

IV FORME TRIGONOMÉTRIQUE ET ÉCRITURE EXPONENTIELLE D'UN NOMBRE COMPLEXE NON NUL

1. Forme trigonométrique

Propriété : soit z un nombre complexe **non nul**.

- Si $|z| = r$ et $\arg(z) = \theta + 2k\pi \ (k \in \mathbb{Z})$, alors :

$$z = r\cos\theta + \mathrm{i} \times r\sin\theta = r(\cos\theta + \mathrm{i}\sin\theta).$$

- Si $z = a + \mathrm{i}b$, avec $a, b \in \mathbb{R}$, alors $|z| = \sqrt{a^2 + b^2}$ et :

$\arg(z) = \theta + 2k\pi (k \in \mathbb{Z})$, où θ est donné par $\cos\theta = \dfrac{a}{\sqrt{a^2 + b^2}}$ et $\sin\theta = \dfrac{b}{\sqrt{a^2 + b^2}}$.

Définition : pour $z \neq 0$, l'écriture $z = r(\cos\theta + \mathrm{i}\sin\theta)$ s'appelle **forme trigonométrique** de z.

2. Notation exponentielle

■ Pour tout réel θ, on pose $\mathrm{e}^{\mathrm{i}\theta} = \cos\theta + \mathrm{i}\sin\theta$.

On adopte cette notation car la fonction $f : \theta \to \cos(\theta) + \mathrm{i}\sin(\theta)$ vérifie l'égalité $f' = \mathrm{i}f$.

Définition : tout nombre complexe z non nul de module r et d'argument θ s'écrit $z = r\mathrm{e}^{\mathrm{i}\theta}$: c'est l'**écriture exponentielle** de z.

■ **Règles de calcul :** Pour tous réels θ, θ' , pour tout entier naturel n :

- $\mathrm{e}^{\mathrm{i}(\theta+\theta')} = \mathrm{e}^{\mathrm{i}\theta} \times \mathrm{e}^{\mathrm{i}\theta'}$ et $\left(\mathrm{e}^{\mathrm{i}\theta}\right)^n = \mathrm{e}^{\mathrm{i}n\theta}$.
- $\overline{\left(\mathrm{e}^{\mathrm{i}\theta}\right)} = \mathrm{e}^{-\mathrm{i}\theta} = \dfrac{1}{\mathrm{e}^{\mathrm{i}\theta}}$.
- $\mathrm{e}^{\mathrm{i}(\theta-\theta')} = \dfrac{\mathrm{e}^{\mathrm{i}\theta}}{\mathrm{e}^{\mathrm{i}\theta'}}$.

- Il s'agit des mêmes propriétés que pour les fonctions puissances et exponentielles.
- Pour effectuer des additions et des soustractions de nombres complexes, on utilise en général leur forme algébrique. Pour effectuer des multiplications et des quotients de nombres complexes non nuls, on utilise la notation exponentielle.

V ÉQUATIONS DU SECOND DEGRÉ

■ **Théorème :** l'équation $az^2 + bz + c = 0$ (où a, b et c sont réels tels que $a \neq 0$) admet pour solutions dans $\mathbb{C}$, ($\Delta = b^2 - 4ac$ est le discriminant de l'équation) :

- si $\Delta = 0$, une solution (dite double): $-\dfrac{b}{2a}$;
- si $\Delta > 0$, deux solutions réelles distinctes: $\dfrac{-b-\sqrt{\Delta}}{2a}$ et $\dfrac{-b+\sqrt{\Delta}}{2a}$;
- si $\Delta < 0$, deux solutions complexes conjuguées: $\dfrac{-b-\mathrm{i}\sqrt{|\Delta|}}{2a}$ et $\dfrac{-b+\mathrm{i}\sqrt{|\Delta|}}{2a}$.

VI DISTANCES ET ANGLES ORIENTÉS

Soit A et B deux points distincts du plan, alors :

- $\mathrm{AB} = |z_B - z_A|$ et $(\vec{u}\,;\overrightarrow{\mathrm{AB}}) = \arg(z_B - z_A)$.
- Si C et D sont deux autres points distincts du plan, alors :

$$(\overrightarrow{\mathrm{AB}}\,;\overrightarrow{\mathrm{CD}}) = \arg\frac{z_D - z_C}{z_B - z_A}.$$

Les points A, B, C étant deux à deux distincts,

- A, B et C sont alignés si, et seulement si, $\arg\dfrac{z_C - z_A}{z_B - z_A} = 0 + k\pi$ $(k \in \mathbb{Z})$.
- $(\mathrm{AB}) \perp (\mathrm{AC})$ si, et seulement si, $\arg\dfrac{z_C - z_A}{z_B - z_A} = \dfrac{\pi}{2} + k\pi$ $(k \in \mathbb{Z})$.

SAVOIR-FAIRE

1. Opérations sur les nombres complexes écrits sous forme algébrique

- On effectue le produit de deux nombres complexes comme dans $\mathbb{R}$, en remplaçant i^2 par sa valeur -1.

EXEMPLE :

$$(3+2\mathrm{i})\left(5-\frac{\mathrm{i}}{2}\right) = 15+10\mathrm{i}-\frac{3\mathrm{i}}{2}-\mathrm{i}^2 = 15+\frac{17}{2}\mathrm{i}+1 = 16+\frac{17}{2}\mathrm{i}.$$

- Pour calculer l'inverse d'un nombre complexe z' ou le quotient de deux nombres complexes z et z', on multiplie numérateur et dénominateur par le conjugué $\overline{z'}$ du dénominateur, et on applique l'égalité $z'\overline{z'} = |z'|^2 = a^2 + b^2$:

si $z' = a' + \mathrm{i}b' \neq 0$ alors $\dfrac{1}{z'} = \dfrac{\overline{z'}}{z'\overline{z'}} = \dfrac{a - \mathrm{i}b}{a^2 + b^2}$.

et $\dfrac{z}{z'} = \dfrac{z \times \overline{z'}}{z' \times \overline{z'}} = \dfrac{(a+\mathrm{i}b)(a'-\mathrm{i}b')}{a^2+b^2}$.

EXEMPLE : $\dfrac{1}{2-5\text{i}} = \dfrac{2+5\text{i}}{2^2+(-5)^2} = \dfrac{2+5\text{i}}{29}$

$$\mathbf{\frac{1}{2-5i} = \frac{2}{29} + \frac{5}{29}i.}$$

Il faut toujours donner la réponse avec un dénominateur réel.

2. Résolution d'équation liant z et $\overline{z}$

On applique la propriété du cours **I.1.** : deux nombres complexes sont égaux si et seulement si ils ont même partie réelle et même partie imaginaire.

EXEMPLE : Résoudre dans $\mathbb{C}$ l'équation $\text{i}z - 3 = 2\overline{z}$.
Posons $z = a + \text{i}b$ avec a, b réels. Alors :
$\text{i}z - 3 = 2\overline{z} \Leftrightarrow \text{i}(a+\text{i}b) - 3 = 2(a - \text{i}b)$

$\Leftrightarrow -b - 3 + ia = 2a - 2\text{i}b \Leftrightarrow \begin{cases} -b-3 = 2a \text{ (même partie réelle)} \\ a = -2b \text{ (même partie imaginaire)} \end{cases}$

$\Leftrightarrow \ldots \Leftrightarrow \begin{cases} b = 1 \\ a = -2 \end{cases} \Leftrightarrow z = -2 + \text{i}.$

Donc l'équation $\text{i}z - 3 = 2\overline{z}$ admet une unique solution : $z = -2 + \text{i}$.

3. Passer de la forme algébrique à la forme trigonométrique

EXEMPLE : Soit $z = \sqrt{3} - \text{i}$.

- On calcule d'abord le module de z : $|z| = \sqrt{\left(\sqrt{3}\right)^2 + 1^2} = 2$.
- On calcule ensuite cosθ et sinθ, θ désignant un argument de z :

$$\cos\theta = \frac{a}{\sqrt{a^2+b^2}} = \frac{\sqrt{3}}{2} \text{ et } \sin\theta = \frac{b}{\sqrt{a^2+b^2}} = -\frac{1}{2}.$$

- On reconnaît une valeur remarquable de θ, et on en déduit $\arg(z)$:

$$\theta = -\frac{\pi}{6}, \text{ donc } \arg(z) = -\frac{\pi}{6} + 2k\pi \ (k \in \mathbb{Z}).$$

- On conclut : $\mathbf{z = 2\left(\cos\left(-\frac{\pi}{6}\right) + i\sin\left(-\frac{\pi}{6}\right)\right)}$.

4. Nature d'un triangle, d'un quadrilatère

EXEMPLE : On considère dans le repère orthonormal $(\text{O}\,;\vec{u}\,;\vec{v})$ les points A et B d'affixes $z_\text{A} = 2 + i$ et $z_\text{B} = 4 + \text{i}$. Soit M un point du plan d'affixe z.
A quelle condition le triangle ABM est-il équilatéral ?
Pour déterminer z, il nous faut connaître la valeur (par exemple) du nombre complexe $\dfrac{z - z_\text{A}}{z_\text{B} - z_\text{A}}$.

Et pour connaître la valeur de $\frac{z-z_A}{z_B-z_A}$, il faut connaître son module et son argument.

Or $\arg\left(\frac{z-z_A}{z_B-z_A}\right)=(\overrightarrow{AB};\overrightarrow{AM})$ et $\left|\frac{z-z_A}{z_B-z_A}\right|=\frac{AM}{AB}$ d'après le III. du cours.

D'où le raisonnement par étapes :

- ***1re étape***. Interprétation des hypothèses en termes d'angles et de rapports de longueur

ABM est équilatéral $\Leftrightarrow (\overrightarrow{AB};\overrightarrow{AM})=\pm\frac{\pi}{3}+2k\pi\,(k\in\mathbb{Z})$ et $AB=AM$

$\Leftrightarrow (\overrightarrow{AB};\overrightarrow{AM})=\pm\frac{\pi}{3}+2k\pi\,(k\in\mathbb{Z})$ et $\frac{AB}{AM}=1.$

2e étape. Interprétation des hypothèses en termes de modules et d'arguments

ABM est équilatéral $\Leftrightarrow \arg\left(\frac{z-z_A}{z_B-z_A}\right)=\pm\frac{\pi}{3}+2k\pi\,(k\in\mathbb{Z})$ et $\left|\frac{z-z_A}{z_B-z_A}\right|=1.$

3e étape. Écriture exponentielle du quotient $\frac{z-z_A}{z_B-z_A}$.

ABM est équilatéral $\Leftrightarrow \frac{z-z_A}{z_B-z_A}=1\times e^{\frac{i\pi}{3}}$ ou $\frac{z-z_A}{z_B-z_A}=1\times e^{\frac{-i\pi}{3}}$

$\Leftrightarrow \frac{z-2-i}{2}=e^{\frac{i\pi}{3}}$ ou $\frac{z-2-i}{2}=e^{\frac{-i\pi}{3}}$

$\Leftrightarrow z=2+i+2e^{\frac{i\pi}{3}}$ ou $z=2+i+2e^{\frac{-i\pi}{3}}$.

$e^{\frac{i\pi}{3}}=\cos\left(\frac{\pi}{3}\right)+i\sin\left(\frac{\pi}{3}\right)=\frac{1}{2}+i\frac{\sqrt{3}}{2}$ et $e^{\frac{-i\pi}{3}}=\left(\overline{e^{\frac{i\pi}{3}}}\right)=\frac{1}{2}-i\frac{\sqrt{3}}{2}$, donc :

ABM est équilatéral $\Leftrightarrow z=3+i\left(1+\sqrt{3}\right)$ ou $z=3+i\left(1-\sqrt{3}\right)$.

5. Ensembles de points

On se place dans le repère orthonormal $(O;\vec{u};\vec{v})$ et on appelle A et B les points d'affixes a et b. Soit θ un réel.

- **L'ensemble des points M(z) tels que $\arg(z)=\theta+2k\pi\ (k\in\mathbb{Z})$ est la demi-droite $[OP)$ privée du point O, où P désigne le point d'affixe $e^{i\theta}$.**

En effet, $\arg(z)=\theta+2k\pi\,(k\in\mathbb{Z}) \Leftrightarrow (\vec{u};\overrightarrow{OM})=\theta+2k\pi\,(k\in\mathbb{Z})$.

- **L'ensemble des points M(z) tels que $\arg(z-a)=\theta+2k\pi\,(k\in\mathbb{Z})$ est la demi-droite [AP) privée du point A, où P désigne le point d'affixe $a+e^{i\theta}$.**

COURS

En effet, $\arg(z-a)=\theta+2k\pi\,(k\in\mathbb{Z}) \Leftrightarrow (\vec{u}\,;\overrightarrow{OM})=\theta+2k\pi\,(k\in\mathbb{Z})$.

- **L'ensemble des points M(z) tels que $\arg\left(\dfrac{z-a}{b}\right)=\dfrac{\pi}{2}+k\pi\,(k\in\mathbb{Z})$ est la droite passant par A et de vecteur normal $\overrightarrow{OB}$, privée du point A.**

En effet, $\arg\left(\dfrac{z-a}{b}\right)=\dfrac{\pi}{2}+k\pi\,(k\in\mathbb{Z})$

$\Leftrightarrow (\overrightarrow{OB}\,;\overrightarrow{AM})=\dfrac{\pi}{2}+k\pi\,(k\in\mathbb{Z}) \Leftrightarrow \overrightarrow{AM}\perp\overrightarrow{OB}$.

- **L'ensemble des points M(z) tels que $\arg\left(\dfrac{z-a}{z-b}\right)=\dfrac{\pi}{2}+k\pi\ (k\in\mathbb{Z})$ est le cercle de diamètre $[AB]$ privé des points A et B.**

En effet, $\arg\left(\dfrac{z-a}{z-b}\right)=\dfrac{\pi}{2}+k\pi\ (k\in\mathbb{Z})$

$\Leftrightarrow (\overrightarrow{BM}\,;\overrightarrow{AM})=\dfrac{\pi}{2}+k\pi\,(k\in\mathbb{Z}) \Leftrightarrow$ AMB rectangle en M.

- **Soit $k>0$. L'ensemble des points M(z) tels que $|z-a|=k$ est le cercle de centre A et de rayon k.**

En effet, $|z-a|=k \Leftrightarrow \text{AM}=k$.

- **L'ensemble des points M(z) tels que $|z-a|=|z-b|$ est la médiatrice du segment [AB].**

En effet, $|z-a|=|z-b| \Leftrightarrow \text{AM}=\text{BM} \Leftrightarrow$ M est équidistant de A et de B.

Dans tous les exercices, le plan est rapporté à un repère orthonormé direct $(O ; \vec{u} ; \vec{v})$

EXERCICES D'APPLICATION

1 FORME ALGÉBRIQUE ET OPÉRATIONS | ★ | 10 min | ▸P. 251

1. Soient $z_1 = 1 - 5i$ et $z_2 = 2 + 3i$.

Ecrire sous forme algébrique les nombres complexes suivants :

a. $z_1 + z_2$; **b.** $z_1 \times z_2$; **c.** $\dfrac{z_1}{z_2}$; **d.** $z_1^{\,3}$.

Voir le savoir-faire 1.

2. Résoudre dans $\mathbb{C}$ l'équation $(3+2i)z + 5i - 3 = 7 - i$.

2 PLAN COMPLEXE | ★★ | 15 min | ▸P. 251

1. Placer dans le repère les points A, B, C, D et E d'affixes

$z_A = 3 + \dfrac{3}{2}i$, $z_B = 2 - i$, $z_C = 4$, $z_D = -2i$ et $z_E = -\dfrac{\sqrt{2}}{2} + i\dfrac{\sqrt{2}}{2}$.

2. Calculer l'affixe du milieu I de [BD].

3. Déterminer les affixes des points P et Q définis par :

$$\overrightarrow{AP} = 2\overrightarrow{AB} + \overrightarrow{AC} \text{ et } 3\overrightarrow{BQ} = \overrightarrow{BC}.$$

Voir le cours I.2. pour les formules nécessaires aux questions 2. et 3.

3 PUISSANCES DE i | ★★ | 5 min | ▸P. 252

1. Calculer i^2, i^3, i^4.

2. En déduire pour tout $n \in \mathbb{N}$, i^n.

Distinguer les cas $n = 4p$, $n = 4p+1$, $n = 4p+2$, $n = 4p+3$ avec $p \in \mathbb{N}$.

3. Que vaut i^{2012}, i^{2013} ?

4 AVEC LES CONJUGUÉS | ★★ | 20 min | ▸P. 252

1. Montrer sans développer que $(3+i)(2i-10)(3-i)(5+i)$ est un réel.

Utiliser $z\bar{z}$.

2. Calculer $\overline{z + \dfrac{2}{z}} - \dfrac{\overline{2+z}}{\bar{z}}$

Voir propriété du II.

3. Déterminer les nombres complexes dont le carré est égal au conjugué.

Voir le savoir-faire 2.

5 ALGORITHME : PUISSANCES DE i | ★ | 15 min | ▸ P. 252 |

Cet exercice fait suite à l'exercice 2

1. Écrire un algorithme associant, à un entier positif n, le reste r de la division euclidienne de n par l'entier positif p, c'est-à-dire le reste entier obtenu lorsqu'on pose la division du nombre n par p.

On cherche le plus grand nombre de fois où p rentre dans n ; utiliser la boucle « Tant que ».

2. Écrire alors un algorithme, associant à l'entier naturel n, la valeur de i^n.

6 CALCULS DE MODULES ET ARGUMENTS | ★★ | 30 min | ▸ P. 253 |

Soit θ un réel.

Déterminer le module et un argument des nombres complexes suivants :

a. $z_1 = 1 + i$; **b.** $z_2 = 2 - 2i\sqrt{3}$; **c.** $z_3 = -\frac{\sqrt{3}}{2} + \frac{3}{2}i$;

d. $z_4 = \cos\theta - i\sin\theta$; **e.** $z_5 = -\cos\theta + i\sin\theta$; **f.** $z_6 = -3e^{i\theta}$.

- Voir le savoir-faire 3.
- Pour les d., e. et f., il faut utiliser les formules de trigonométrie pour retrouver une expression du type $\cos\theta' + i\sin\theta'$.

7 SECOND DEGRÉ | ★★ | 20 min | ▸ P. 254 |

1. Résoudre dans $\mathbb{C}$ l'équation $z^2 + 2z + 3 = 0$.

Voir le cours, V.

2. a. Résoudre dans $\mathbb{C}$ l'équation $z^2 = -z - 1$ (on notera j la solution dont la partie imaginaire est positive).

b. Sans remplacer j par son écriture algébrique, montrer que $j^3 = 1$, puis que :

$$j^2 = \frac{1}{j} = \bar{j}.$$

c. On note A le point d'affixe j et B d'affixe j^2. Quelle est la nature du triangle OAB ?

Voir le savoir-faire 4.

8 INTERPRÉTATION GRAPHIQUE DU MODULE ET DE L'ARGUMENT

★★ | 20 min | ▸P. 254

Dans le plan complexe de repère orthonormal $(O ; \vec{u} ; \vec{v})$, on considère les points A, B, C et D d'affixes respectives $2+3i\sqrt{3}$; $-\frac{\sqrt{3}}{3}i$; $-4-3i\sqrt{3}$; $-2+\frac{\sqrt{3}}{3}i$.

1. Démontrer que le quadrilatère ABCD est un parallélogramme.

2. Démontrer que $\frac{z_D - z_B}{z_C - z_A}$ est un imaginaire pur. En déduire la nature du parallélogramme ABCD.

Voir le savoir-faire 4.

EXERCICES D'ENTRAÎNEMENT

9 SYSTÈMES D'ÉQUATIONS ET ÉQUATIONS DU SECOND DEGRÉ

★★ | 30 min | ▸P. 255

1. Résoudre dans $\mathbb{C}$ le système d'équations :

$$\begin{cases} iz_1 - 3z_2 = -2+7i \\ (1+2i)z_1 - iz_2 = -3+2i \end{cases}$$

2. Résoudre dans $\mathbb{C}$ les équations suivantes, se ramenant à des équations du second degré :

a. $z^4 + 6z^2 + 25 = 0$ (on vérifiera que $(1+2i)^2 = -3+4i$).

Poser $Z = z^2$.

b. $4z^4 - 5z^3 + 9z^2 - 5z + 4 = 0$.

Poser $Z = z + \frac{1}{z}$.

10 QCM

★★ | 20 min | ▸P. 256

Les assertions suivantes sont-elles vraies ou fausses ? Justifier votre réponse.

1. Diviser par i revient à multiplier par –i.

2. Pour tout $\theta \in [0 ; 2\pi[$, $\frac{e^{i\theta}+1}{e^{i\theta}-1}$ est réel.

3. On note $a = \sqrt{2+\sqrt{2}} + i\sqrt{2-\sqrt{2}}$

a. $a^2 = 4 + 2i\sqrt{2}$

b. $\cos\frac{\pi}{8} = \frac{\sqrt{2+\sqrt{2}}}{2}$

Partir de l'écriture exponentielle de a^2.

4. Pour tout $z \in \mathbb{C}$, $z + \bar{z} = 2\operatorname{Re}(z)$ et $z - \bar{z} = 2\operatorname{Im}(z)$.

11

| ★★ | 45 min | ▸p. 256

Déterminer l'ensemble des points M d'affixe z tel que :

1. $\arg(z) = \frac{\pi}{4} + 2k\pi,\ k \in \mathbb{Z}$.

2. $\arg(z - 1 + 2i) = \frac{\pi}{6} + 2k\pi,\ k \in \mathbb{Z}$.

3. $\arg\left(\frac{z - 5 + i}{z - 3 + 2i}\right) = \frac{\pi}{2} + k\pi,\ k \in \mathbb{Z}$.

4. $\arg(z) = \arg(\bar{z}) + 2k\pi,\ k \in \mathbb{Z}$.

5. $\arg(z) = \arg(-z) + 2k\pi,\ k \in \mathbb{Z}$.

6. $|z - 2i| = 5$.

7. $|z - 2i| = |z - 1 - i|$.

8. $z + \bar{z} = |z|^2$.

Voir le savoir-faire 5.

12

| ★★ | 20 min | ▸p. 257

Soit $a = \frac{\sqrt{2+\sqrt{3}}}{2} + i\frac{\sqrt{2-\sqrt{3}}}{2}$.

1. Déterminer a^2.

2. Déterminer le module et un argument de a^2.

3. En déduire les valeurs exactes de $\cos\frac{\pi}{12}$ et $\sin\frac{\pi}{12}$, puis celles de $\cos\frac{11\pi}{12}$ et $\sin\frac{11\pi}{12}$.

Utiliser les formules des angles associés vues en 1re S.

13

| ★★ | 15 min | ▸p. 258

Soient quatre points A, B, C, D d'affixes $z_A = -2 + 2i$, $z_B = -2 - 2i$, $z_C = -2i$, et $z_D = 4 + i$.

On construit les triangles isocèles ABM, BCN, CDP, DAQ tels que :

$$(\overrightarrow{MB} ; \overrightarrow{MA}) = (\overrightarrow{NC} ; \overrightarrow{NB}) = (\overrightarrow{PD} ; \overrightarrow{PC}) = (\overrightarrow{QA} ; \overrightarrow{QD}) = \frac{\pi}{2} + 2k\pi,\ k \in \mathbb{Z}.$$

On note I le milieu de $[BD]$, J celui de $[AC]$, K celui de $[MQ]$, L celui de $[NP]$.

1. Faire une figure.
2. Déterminer les affixes des points M, N, P et Q, puis de I, J, K et L et en déduire la nature du quadrilatère IJKL.

Voir savoir faire n°4.

14 ENSEMBLES DE POINTS | ★★ | 30 min | ▸P. 259

Déterminer l'ensemble des points M d'affixe z tels que :

a. $|z| = z$; **b.** $|z| = z + \bar{z}$; **c.** $\left|\bar{z} + \frac{1}{3}\mathrm{i}\right| = 3$;

d. $\arg(-z) = \frac{\pi}{4} + 2k\pi,\ k \in \mathbb{Z}$; **e.** $\arg\left(\bar{z} + \mathrm{i}\right) = \frac{\pi}{2} + 2k\pi,\ k \in \mathbb{Z}$.

Voir le savoir-faire 5 : il faut essayer de se ramener à une des formes $|z - a| = k$ ou $|z - a| = |z - b|$ ou $\arg(z) = \theta + 2k\pi\ (k \in \mathbb{Z})$ ou :

$$\arg\left(\frac{a-b}{c-d}\right) = \theta + 2k\pi\ (k \in \mathbb{Z}).$$

- Pour les **a**. et **b**., comme cela ne semble pas possible d'obtenir des modules des deux côtés de l'égalité, on essaiera plutôt dans ce cas de poser $z = x + y\mathrm{i}$ avec x et y réels.
- Pour le **c**., on utilisera les propriétés des modules pour obtenir une des formes remarquables.
- Pour le **d**., on utilisera les propriétés des arguments.

15 | ★★ | 20 min | ▸P. 260

Soient A et B les points du plan complexe d'affixe $z_A = -1 + 3\mathrm{i}$ et $z_B = 2 + 3\mathrm{i}$.
1. Déterminer les affixes de C et de D pour que le quadrilatère ABCD soit un carré et que C ne soit pas sur l'axe des abscisses.

Voir le savoir-faire 4 ; on peut poser les inconnues z_C et z_D et écrire, puis résoudre trois équations traduisant les conditions pour que ABCD soit un carré ($\overrightarrow{AB} = \overrightarrow{DC}$; AB = AD et (AB) et (AD) sont perpendiculaires). Cependant, il est plus facile de faire le dessin, conjecturer les affixes de C et D et de vérifier qu'alors les trois conditions sont vérifiées.

2. Notons D′ l'intersection de (AB) et (OD).
a. Déterminer l'affixe $z_{D'}$ de D′.
b. Soit h l'application de plan dans lui même qui, à tout point M d'affixe z, associe le point M′ d'affixe $\frac{z}{2}$. Vérifier que $h(\mathrm{O}) = \mathrm{O}$ et que $h(\mathrm{D}) = \mathrm{D}'$.
c. Déterminer les affixes des points A′, B′, C′ images respectivement de A, B, C par h.
d. Quelle est la nature du quadrilatère A′B′C′D′ ?

Voir le savoir-faire 4.

Démontrer qu'il est inscrit dans le triangle OAB.

16 | ★★★ | 50 min | ▸ P. 261

1. Soit P le plan complexe rapporté à un repère direct $(O ; \vec{u} ; \vec{v})$ (unité graphique : 4 cm). On considère les points M d'affixe $-\frac{\sqrt{2}}{4}$, B d'affixe $\frac{\sqrt{2}}{4}-\frac{i}{2}$ et D d' affixe $\frac{\sqrt{2}}{4}+\frac{i}{2}$.

a. Calculer les affixes des vecteurs $\overrightarrow{MB}$, $\overrightarrow{MD}$ et $\overrightarrow{BD}$. En déduire les longueurs MB, MD et BD.

b. Soit M′ le symétrique de M par rapport à O. Vérifier que M′ est le milieu du segment $[BD]$.

c. En considérant les vecteurs $\overrightarrow{OB}$ et $\overrightarrow{OD}$, donner une interprétation géométrique de l'argument de $\frac{\sqrt{2}+2i}{\sqrt{2}-2i}$.

Calculer une valeur approchée au degré près de la mesure en degrés de l'angle géométrique $\widehat{BOD}$.

Écrire $\frac{\sqrt{2}+2i}{\sqrt{2}-2i}$ sous forme algébrique, puis utiliser la correspondance avec la forme trigonométrique.

2. La molécule de méthane est souvent représentée sous la forme d'un tétraèdre régulier ABCD, l'atome de carbone étant placé au centre O (c'est-à-dire en l'unique point tel que $\overrightarrow{OA}+\overrightarrow{OB}+\overrightarrow{OC}+\overrightarrow{OD}=\vec{0}$), les atomes d'hydrogène occupant les sommets. Comme unité de longueur, on prendra la longueur commune des arêtes.

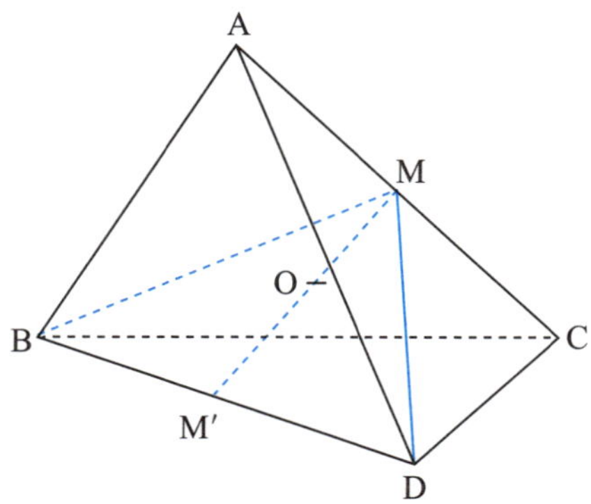

On note M le milieu du segment [AC], M′ le milieu du segment [BD].

a. Montrer que $MB = MD = \frac{\sqrt{3}}{2}$

b. Exprimer $\overrightarrow{OA} + \overrightarrow{OC}$ et $\overrightarrow{OB} + \overrightarrow{OD}$ à l'aide de $\overrightarrow{OM}$ et de $\overrightarrow{OM'}$. En déduire que O est le milieu du segment [MM′].

c. Utiliser la question **1**. pour retrouver la mesure en degrés de l'angle géométrique $\widehat{BOD}$ entre les deux liaisons carbone hydrogène O–B et O–D.

17

★★★ | 60 min | ▸P. 262

Le plan est muni d'un repère orthonormal direct $(O; \vec{u}\,; \vec{v})$ (unité graphique : 2 cm). On appelle A le point d'affixe $-2i$. A tout point M du plan d'affixe z, on associe le point M′ d'affixe $z' = -2\bar{z} + 2i$.

1. On considère le point B d'affixe $b = 3 - 2i$. Déterminer la forme algébrique des affixes a' et b' des points A′ et B′ associés respectivement aux points A et B. Placer ces points sur un dessin.

2. Montrer que si M appartient à la droite (Δ) d'équation $y = -2$, alors M′ appartient aussi à (Δ).

3. Démontrer que pour tout point M d'affixe z, $|z' + 2i| = 2|z + 2i|$; interpréter géométriquement cette égalité.

4. Pour tout point M distinct de A, on appelle θ un argument de $z + 2i$.

a. Justifier que θ est une mesure de l'angle $\left(\vec{u}\,; \overrightarrow{AM}\right)$.

b. Démontrer que $(z + 2i)(z' + 2i)$ est un réel négatif ou nul.

> Poser $z = x + yi$ avec x et y réels, puis retrouver des carrés de réels afin de déterminer le signe de l'expression obtenue.

c. En déduire un argument de $z' + 2i$ en fonction de θ.

d. Que peut-on en déduire pour les demi-droites [AM) et [AM′) ?

> Voir le savoir-faire 5.

5. En utilisant les résultats précédents, proposer une construction géométrique du point M′ associé au point M.

EXERCICES D'APPROFONDISSEMENT

18 RELATIONS ENTRE RACINES ET COEFFICIENTS D'UN POLYNÔME DU SECOND DEGRÉ

★★★★ | 60 min | ▸P. 263

Soient a, b, c trois complexes avec $a \neq 0$.

On note z_1 et z_2 les racines (éventuellement confondues) du polynôme P défini sur $\mathbb{C}$ par :

$$P(z) = az^2 + bz + c.$$

1. Donner l'expression factorisée de P.

2. a. En développant la relation trouvée à la question précédente, démontrer que :

$$z_1 + z_2 = -\frac{b}{a} \qquad \text{et} \qquad z_1 \times z_2 = \frac{c}{a}.$$

b. Applications

• Démontrer que $1+\mathrm{i}$ est solution de l'équation $z^2-(4+3\mathrm{i})z+1+5\mathrm{i}=0$ et trouver l'autre à l'aide d'une des deux égalités précédentes.

• Résoudre, de même, dans $\mathbb{C}$ l'équation (E) $z^2-(1-6\mathrm{i})z+7+\mathrm{i}=0$ (on remarquera que i est solution).

3. Soit S et P deux nombres réels.

a. Démontrer que le couple $(z_1\ ;\ z_2)$ est solution de $\begin{cases} z_1+z_2=S \\ z_1\times z_2=P \end{cases}$ si et seulement si z_1 et z_2 sont les solutions de l'équation $z^2-Sz+P=0$.

b. Applications : résoudre dans $\mathbb{C}$ les systèmes suivants :

$$\begin{cases} z_1\times z_2=-\dfrac{8}{21} \\ z_1+z_2=-\dfrac{2}{21} \end{cases} \qquad \text{et} \qquad \begin{cases} \dfrac{1}{z_1}+\dfrac{1}{z_2}=-\dfrac{1}{5} \\ z_1\times z_2=10 \end{cases}$$

19 RACINES *N*-IÈMES DE L'UNITÉ

★★★★ | 40 min | ▸ P. 264

1. Résoudre dans $\mathbb{C}$ l'équation (E_3) $z^3=1$. (on pourra rechercher le module et les arguments des solutions de (E_3) en utilisant l'écriture exponentielle).

2. a. Cas général : pour tout entier naturel non nul n, résoudre l'équation (E_n) :

$$z^n=1.$$

b. On note $\mathrm{A}_1, \mathrm{A}_2, ..., \mathrm{A}_n$ les points du plan d'affixe respectivement $1, \mathrm{e}^{\frac{2\mathrm{i}\pi}{n}}, \mathrm{e}^{\frac{4\mathrm{i}\pi}{n}} ...., \mathrm{e}^{\frac{2\mathrm{i}(n-1)\pi}{n}}$; démontrer que le polygone $\mathrm{A}_1\mathrm{A}_2....\mathrm{A}_n$ est régulier.

3. Déterminer les solutions de (E_4) et (E_5).

20 LINÉARISATION

★★★ | 45 min | ▸ P. 265

1. Développer, pour tous $a, b \in \mathbb{C}, (a+b)^4$.

2. Démontrer que, pour tout $\theta \in \mathbb{R}$, $\cos(\theta)=\dfrac{\mathrm{e}^{\mathrm{i}\theta}+\mathrm{e}^{-\mathrm{i}\theta}}{2}$ et $\sin(\theta)=\dfrac{\mathrm{e}^{\mathrm{i}\theta}-\mathrm{e}^{-\mathrm{i}\theta}}{2\mathrm{i}}$.

3. a. Soit θ un réel. À l'aide des deux questions précédentes, exprimer $\cos^4(\theta)$ en fonction de $\cos(4\theta)$ et $\cos(2\theta)$.

b. Déterminer une fonction dérivable sur $\mathbb{R}$ dont la dérivée est $x \to \cos^4(x)$.

4. De manière analogue à la question **3.**, déterminer une fonction dérivable sur $\mathbb{R}$ dont la dérivée est $x \to \sin^4(x)$.

CONTRÔLE

21 QCM

★★ | 15 min | ▸P. 266

1. L'équation $z^2 - z + (1+i) = 0$ admet dans $\mathbb{C}$:

a. deux racines réelles ; b. deux racines complexes ; c. une racine réelle.

2. Un argument de $-\sin\theta + i\cos\theta$ est :

a. $-\theta$; b. $\frac{\pi}{2}+\theta$; c. $\frac{\pi}{2}-\theta$.

3. On note A le point d'affixe 1 et B d'affixe – 2i. L'ensemble des points M d'affixe $z \neq -2i$ tels que $\frac{z-1}{z+2i}$ est :

a. une droite ; b. une droite privée d'un point ;

c. un cercle ; d. un cercle privé d'un point.

4. L'ensemble des points M d'affixe z tels que $z = 1 + 2i + 5^{i\theta}$ où θ décrit $\mathbb{R}$ est :

a. une droite passant par les points d'affixe $1+2i$ et $5^{i\theta}$;

b. un cercle de centre $A(1+2i)$; c. un cercle de centre $A(-1-2i)$.

5. Si $\theta \in [0\ ;\ 2\pi[\setminus \left\{\frac{\pi}{2}\right\}$, alors $\frac{1-ie^{i\theta}}{e^{i\theta}-i}$ est égal à :

a. $\frac{\cos\theta}{1-\sin\theta}$; b. $\frac{\sin\theta}{1-\sin\theta}$; c. $\frac{i\sin\theta}{1-\sin\theta}$.

22

★★★ | 40 min | ▸P. 267

On pose $a = e^{\frac{2\pi}{5}}$.

Partie A. Valeur exacte de $\cos\frac{2\pi}{5}$

1. Démontrer que $\frac{1}{2}\left(a+\frac{1}{a}\right) = \cos\frac{2\pi}{5}$.

2. Démontrer que $a^5 - 1 = 0$ et que $a^4 = \frac{1}{a} = \bar{a}$.

3. Démontrer que $a^4 + a^3 + a^2 + a + 1 = 0\ (1)$.

4. On pose $Z = a + \frac{1}{a}$, démontrer que $Z^2 + Z - 1 = 0\ (2)$.

5. Démontrer alors que la valeur exacte de $\cos\frac{2\pi}{5}$ est $\frac{-1+\sqrt{5}}{4}$, puis déterminer celle de $\sin\frac{2\pi}{5}$.

Partie B. Construction d'un pentagone régulier

On considère les points A, B, C, D, E d'affixe respectivement $1, a, a^2, a^3, a^4$.
Soit H le point d'intersection de la droite (BE) avec l'axe des abscisses.

1. Démontrer que l'affixe de H est $\cos\frac{2\pi}{5}$.

2. On considère le cercle de centre Ω d'affixe $-\frac{1}{2}$ passant par le point J d'affixe i. Ce cercle coupe l'axe des abscisses en deux points M et N (M sera le point d'abscisse positive).

a. Démontrer que l'affixe de M vaut $a + a^4$ et en déduire que H est le milieu de [OM]

b. Démontrer que l'affixe de N vaut $a^2 + a^3$ et en déduire que le milieu de [CD] est le milieu de [ON].

3. En déduire une construction du pentagone régulier dont on connaît le centre O et le sommet A.

CONTRÔLE

23 QUESTION DE COURS | ★ | 15 min | ▸P. 269

1. On rappelle que pour tout $z \neq 0$, $\arg(z) = (\vec{u}\,;\overrightarrow{OM})$, où M est le point du plan complexe d'affixe z.

Démontrer que pour tous points A, B, C, D (d'affixes respectivement z_A, z_B, z_C, z_D) tels que $A \neq B$ et $C \neq D$:

$$(\overrightarrow{AB}\,;\overrightarrow{CD}) = \arg\left(\frac{z_D - z_C}{z_B - z_A}\right) + 2k\pi,\ k \in \mathbb{Z}.$$

2. Application : Déterminer la position relative des droites (AB) et (CD) telles que $z_A = 1 + 4i$; $z_B = 2 + 7i$; $z_C = -3 + 3i$; $z_D = 6$.

24 FONCTIONS HOMOGRAPHIQUES : IMAGE DE DROITES, CERCLES, LIEUX GÉOMÉTRIQUES | ★★★ | 40 min | ▸P. 270

Soit f l'application de $\mathbb{C} \setminus \{1\}$ dans $\mathbb{C}$ qui, à tout $z \neq 1$, associe :

$$f(z) = \frac{z + 2i}{z - 1}.$$

On note A, M et M′ les points d'affixe respectives 1, z et $f(z)$.

1. Déterminer l'ensemble des points M tels que $f(z)$ soit réel.

2. Déterminer l'ensemble des points M tels que $f(z)$ soit imaginaire pur.

3. a. Résoudre dans $\mathbb{C} \setminus \{1\}$ l'équation $f(z) = 0$.

b. Déterminer l'ensemble des points M tels que $\arg(f(z)) = \frac{\pi}{2} + k\pi,\ k \in \mathbb{Z}$.

4. Déterminer l'ensemble des points M tels que $|f(z)| = 1$.

5. a. Démontrer que $|f(z) - 1| \times |z - 1| = \sqrt{5}$.

b. Déterminer l'image par f du cercle ($\mathscr{C}$) de centre A et de rayon R ($R > 0$).

CORRIGÉS

1 **1. a.** $z_1 + z_2 = 1 - 5i + 2 + 3i$

$$\mathbf{z_1 + z_2 = 3 - 2i}.$$

b. $z_1 \times z_2 = (1-5i)(2+3i) = 2 + 3i - 10i - 15i^2 = 2 - 7i - 15 \times (-1)$

$$\mathbf{z_1 \times z_2 = 17 - 7i}$$

c. $\dfrac{z_1}{z_2} = (1-5i) \times \dfrac{1}{2+3i} = (1-5i) \times \dfrac{(2-3i)}{2^2+3^2} = \dfrac{(1-5i)(2-3i)}{2^2+3^2} = \dfrac{-13-13i}{13}$

$$\mathbf{\frac{z_1}{z_2} = -1 - i}.$$

d. $z_1^3 = (1-5i)^2(1-5i) = (1^2 - 10i + 25i^2)(1-5i) = (-24-10i)(1-5i)$

$= -24 + 120i - 10i + 50i^2$

$$\mathbf{z_1^3 = -74 + 110i}.$$

2. $(3+2i)z + 5i - 3 = 7 - i \Leftrightarrow (3+2i)z = 10 - 6i \Leftrightarrow z = \dfrac{10-6i}{3+2i} = \dfrac{(10-6i)(3-2i)}{3^2+2^2}$.

$$\mathbf{(3+2i)z + 5i - 3 = 7 - i \Leftrightarrow z = \frac{18-38i}{13}}.$$

Une telle équation est une équation du premier degré, donc il s'agit d'isoler z comme on le ferait dans $\mathbb{R}$, mais il faut éliminer i du dénominateur avant de conclure.

2 **1.** Pour placer A, B, C et D, il suffit de savoir que la partie réelle est l'abscisse du point, et que la partie imaginaire est son ordonnée.
Pour placer E précisément, on remarque que :

$$z_E = \frac{-\sqrt{2}}{2} + i\frac{\sqrt{2}}{2} = \cos\left(\frac{3\pi}{4}\right) + i\sin\left(\frac{3\pi}{4}\right) = e^{i\frac{3\pi}{4}}.$$

Le module de z_E est égal à 1, donc E est sur le cercle de centre O et de rayon 1, et l'argument de z_E est égal à $\dfrac{3\pi}{4}$:

$(\vec{u}\,; \overrightarrow{OE}) = \dfrac{3\pi}{4} + 2k\pi$, $k \in \mathbb{Z}$, ce qui permet de placer E.

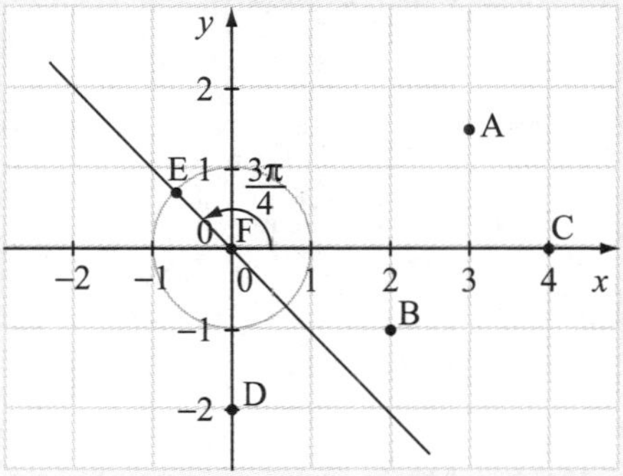

2. $z_I = \dfrac{z_B + z_D}{2} = \dfrac{2-i-2i}{2} = \dfrac{2-3i}{2}$, donc :

$$\mathbf{z_I = 1 - \frac{3}{2}i.}$$

3. $\overrightarrow{AP} = 2\overrightarrow{AB} + \overrightarrow{AC} \Leftrightarrow z_P - z_A = 2(z_B - z_A) + z_C - z_A = 2z_B + z_C - 3z_A$

$$\Leftrightarrow z_P = 2z_B + z_C - 2z_A = 4 - 2i + 4 - 6 - 3i$$

$$\Leftrightarrow \mathbf{z_P = 2 - 5i}$$

$$3\overrightarrow{BQ} = \overrightarrow{BC} \Leftrightarrow 3(z_Q - z_B) = z_C - z_B$$

$$\Leftrightarrow 3z_Q = z_C - z_B + 3z_B = z_C + 2z_B$$

$$\Leftrightarrow z_Q = \frac{4+4-2i}{3} \Leftrightarrow \mathbf{z_Q = \frac{8-2i}{3}}.$$

3 1. $i^2 = \mathbf{-1}$, $i^3 = i^2 \times i = \mathbf{-i}$, $i^4 = i^2 \times i^2 = \mathbf{1}$.

2. Si $n = 4p$, alors $i^n = (i^4)^p = 1^p = \mathbf{1}$.

Si $n = 4p+1$, alors $i^n = i^{4p} \times i = \mathbf{i}$.

Si $n = 4p+2$, alors $i^n = i^{4p} \times i^2 = \mathbf{-1}$.

Si $n = 4p+3$, alors $i^n = \mathbf{-i}$.

3. $2012 = 4 \times 503$, donc $\mathbf{i^{2012} = 1}$.

$2013 = 4 \times 503 + 1$, donc $\mathbf{i^{2013} = i}$.

4 1. $(3+i)(2i-10)(3-i)(5+i) = (3+i)(-2)(5-i)\overline{(3+i)}\,\overline{(5-i)}$

$$= \mathbf{-2|3+i|^2\,|5-i|^2} \in \mathbb{R}.$$

2. $\overline{z + \dfrac{2}{z} - \dfrac{2+z}{z}} = \overline{z} + \dfrac{2}{\overline{z}} - \dfrac{2}{\overline{z}} - \dfrac{\overline{z}}{\overline{z}} = \mathbf{\overline{z} - 1}.$

3. On pose $z = a + ib$, où $a, b \in \mathbb{R}$.

$$z^2 = \overline{z} \Leftrightarrow (a^2 - b^2) + 2aib = a - ib \Leftrightarrow \begin{cases} a^2 - b^2 = a \\ 2ab = -b \end{cases} \Leftrightarrow \begin{cases} a^2 - b^2 = a \\ b(2a+1) = 0 \end{cases} \Leftrightarrow \begin{cases} a^2 = a \\ b = 0 \end{cases}$$

$$\text{ou} \begin{cases} b^2 = \dfrac{3}{4} \\ a = -\dfrac{1}{2} \end{cases} \quad z^2 = \overline{z} \Leftrightarrow \begin{cases} a = 0 \\ b = 0 \end{cases} \text{ou} \begin{cases} a = 1 \\ b = 0 \end{cases} \text{ou} \begin{cases} a = -\dfrac{1}{2} \\ b = \dfrac{\sqrt{3}}{2} \end{cases} \text{ou} \begin{cases} a = -\dfrac{1}{2} \\ b = -\dfrac{\sqrt{3}}{2} \end{cases}.$$

Les nombres complexes dont le carré est égal au conjugué sont :

$$\mathbf{0\ ;\ 1\ ;\ -\frac{1}{2} + i\frac{\sqrt{3}}{2}\ \text{et}\ -\frac{1}{2} - i\frac{\sqrt{3}}{2}}.$$

5 1. Il faut tester si $p \times k \leqslant n$ pour $k = 0, 1, 2$, etc… et arrêter la boucle dès que $p \times k > n$. Soit K la plus grande valeur telle que $p \times k \leqslant n$, r est alors égal à $n - p \times k$.

Ce qui donne :
- Nombres à déclarer : n, p, r, k.
- Valeurs à donner au début de l'algorithme : n et p.
- Initialiser k à 0.
- Boucle : Tant que $p \times k \leqslant n$, affecter la valeur $k+1$ à k (la boucle s'arrête lorsque $p \times k > n$).
- Le reste est alors : $r = n - p \times (k-1)$.

Il faut revenir au rang $k-1$, car, au dernier rang k, $p \times k$ dépasse n.

2. Dans le cas de i^n, on doit chercher si $n = 4k$ ou $4k+1$ ou $4k+2$ ou $4k+3$, donc on fait en fait la division euclidienne de n par 4. Comme $p = 4$, on peut remplacer p par 4 dans la boucle et dans r, et ne pas demander la valeur de p au début.
On complète l'algorithme précédent avec un test sur r :
- Si $r = 0$, alors on affiche le résultat : « i^n vaut 1 »
- Si $r = 1$, alors on affiche le résultat : « i^n vaut i »
- Si $r = 2$, alors on affiche le résultat : « i^n vaut -1 »
- Si $r = 3$, alors on affiche le résultat : « i^n vaut $-\mathrm{i}$ »

6 **a.** z_1 $1+\mathrm{i}$ a pour module $\sqrt{1^2+1^2} = \boldsymbol{\sqrt{2}}$,

donc $1+\mathrm{i} = \sqrt{2}\left(\dfrac{1}{\sqrt{2}} + \dfrac{\mathrm{i}}{\sqrt{2}}\right) = \sqrt{2}\left(\dfrac{\sqrt{2}}{2} + \mathrm{i}\dfrac{\sqrt{2}}{2}\right)$

d'où $\begin{cases} \cos\theta_1 = \dfrac{\sqrt{2}}{2} \\ \sin\theta_1 = \dfrac{\sqrt{2}}{2} \end{cases}$, donc $\boldsymbol{\theta_1 = \dfrac{\pi}{4}}$ est un argument de z_1.

D'où l'écriture exponentielle $\boldsymbol{z_1 = \sqrt{2}\,\mathrm{e}^{\frac{\mathrm{i}\pi}{4}}}$.

b. z_2 $2-2\mathrm{i}\sqrt{3}$ a pour module $\sqrt{4+12} = 4$, donc $2-2\mathrm{i}\sqrt{3} = 4\left(\dfrac{1}{2} - \mathrm{i}\dfrac{\sqrt{3}}{2}\right)$

d'où $\begin{cases} \cos\theta_2 = \dfrac{1}{2} \\ \sin\theta_2 = -\dfrac{\sqrt{3}}{2} \end{cases}$, soit $\boldsymbol{\theta_2 = -\dfrac{\pi}{3}}$ est un argument de z_2.

Ainsi $\boldsymbol{z_2 = 4\mathrm{e}^{-\frac{\mathrm{i}\pi}{3}}}$.

c. z_3 $-\dfrac{3\sqrt{3}}{2} + \dfrac{3}{2}\mathrm{i}$ a pour module $\sqrt{\dfrac{27}{4} + \dfrac{9}{4}} = \mathbf{3}$, donc $\dfrac{-3\sqrt{3}}{2} + \dfrac{3}{2}\mathrm{i} = 3\left(-\dfrac{\sqrt{3}}{2} + \dfrac{\mathrm{i}}{2}\right)$

d'où $\begin{cases} \cos\theta_3 = -\dfrac{\sqrt{3}}{2} \\ \sin\theta_3 = \dfrac{1}{2} \end{cases}$, soit $\boldsymbol{\theta_3 = \dfrac{5\pi}{6}}$ est un argument de z_3 et $\boldsymbol{z_3 = 3\mathrm{e}^{\frac{5\mathrm{i}\pi}{6}}}$.

d. Le module de z_4 est $\sqrt{(\cos\theta)^2+(-\sin\theta)^2}=\sqrt{(\cos^2\theta+\sin^2\theta}=\mathbf{1.}$
$z_4=\cos\theta-\mathrm{i}\sin\theta=\cos(-\theta)+\mathrm{i}\sin(-\theta)=\mathbf{e^{-i\theta}}$ et un **argument de z_4 est $\theta_4=-\theta$.**

e. Le module de z_5 est 1 et $z_5=-\cos\theta+\mathrm{i}\sin\theta=\cos(\pi-\theta)+\mathrm{i}\sin(\pi-\theta)$

$$\mathbf{z_5=e^{i(\pi-\theta)}}\text{ et }\boldsymbol{\theta_5=\pi-\theta}.$$

f. $|z_6|=|-3|\times|e^{i\theta}|=3\times1=\mathbf{3}$ et $z_6=-3e=(-1)\times3e^{i\theta}=e^{i\pi}\times3e^{i\theta}=\mathbf{3e^{i(\pi+\theta)}}$.
Un argument de z_6 est $\boldsymbol{\pi+\theta}$.

7 **1.** $z^2+2z+3=0$
$\Delta=-8$, donc les solutions de l'équation sont :

$$\mathbf{\frac{-2+i\sqrt{8}}{2}=-1+i\sqrt{2}}\text{ et }\mathbf{\frac{2-i\sqrt{8}}{2}=-1-i\sqrt{2}}.$$

2. a. $z^2=-z-1\Leftrightarrow z^2+z+1=0$
$\Delta=-3$, donc les solutions de l'équation sont :

$$\mathbf{\frac{-1+i\sqrt{3}}{2}=j}\text{ et }\mathbf{\frac{-1-i\sqrt{3}}{2}=\bar{j}}.$$

b. j est solution de l'équation $z^2=-z-1$, ce qui signifie que $j^2=-j-1$.
D'où $j^3=-j^2-j=-(-j-1)-j$, soit $\mathbf{j^3=1}$.

D'autre part, $j^2=\frac{j^3}{j}=\frac{1}{j}=\frac{\bar{j}}{j\bar{j}}=\frac{\bar{j}}{|j|^2}=\frac{\bar{j}}{1}$, soit $\mathbf{j^2=\bar{j}}$.

c. Soit A le point d'affixe j et B d'affixe j^2.

$$OA=|j|=\sqrt{\left(\frac{1}{2}\right)^2+\left(\frac{\sqrt{3}}{2}\right)^2}=1\text{ et }OB=|j^2|=|\bar{j}|=1\,;$$

$$AB=|j-j^2|=|j-\bar{j}|=|i\sqrt{3}|=\sqrt{3}.$$

Donc OAB est isocèle en O.

8 **1.** ABCD est un parallélogramme $\Leftrightarrow\overrightarrow{AB}=\overrightarrow{DC}\Leftrightarrow z_B-z_A=z_C-z_D$.

$$z_B-z_A=\left(-\frac{\sqrt{3}}{3}i\right)-\left(2+3i\sqrt{3}\right)=-2+i\left(-3\sqrt{3}-\frac{\sqrt{3}}{3}\right);$$

$$z_C-z_D=\left(-4-3i\sqrt{3}\right)-\left(-2+\frac{\sqrt{3}}{3}i\right)=-2+i\left(-\frac{\sqrt{3}}{3}-3\sqrt{3}\right).$$

Ainsi, ABCD est bien un parallélogramme.

2. $$\frac{z_D-z_B}{z_C-z_A}=\frac{-2+\frac{\sqrt{3}}{3}i-\left(-\frac{\sqrt{3}}{3}i\right)}{-4-3i\sqrt{3}-\left(2+3i\sqrt{3}\right)}=\frac{-2+2i\frac{\sqrt{3}}{3}}{-6-6i\sqrt{3}}=\frac{-1+i\frac{\sqrt{3}}{3}}{-3-3i\sqrt{3}}$$

$$=\frac{\left(-1+\mathrm{i}\frac{\sqrt{3}}{3}\right)\left(-3+3\mathrm{i}\sqrt{3}\right)}{\left(-3-3\mathrm{i}\sqrt{3}\right)\left(-3+3\mathrm{i}\sqrt{3}\right)}=\frac{3-3\mathrm{i}\sqrt{3}-\mathrm{i}\sqrt{3}+\mathrm{i}^2\sqrt{3^2}}{9-9\mathrm{i}\sqrt{3}+9\mathrm{i}\sqrt{3}+9\sqrt{3^2}}=\frac{-4\sqrt{3}}{9+27}=-\frac{4\sqrt{3}}{36}\mathrm{i}=\frac{-\sqrt{3}}{9}\mathrm{i},$$

qui est un imaginaire pur. Donc $\arg\left(\dfrac{z_D-z_B}{z_C-z_A}\right)=-\dfrac{\pi}{2}+2k\pi,\ k\in\mathbb{Z}$, c'est-à-dire que les segments [AC] et [BD] sont perpendiculaires : **le parallélogramme ABCD est donc un losange**.

9 **1.** $\begin{cases}\mathrm{i}z_1-3z_2=-2+7\mathrm{i}\\(1+2\mathrm{i})z_1-\mathrm{i}z_2=-3+2\mathrm{i}\end{cases}\Leftrightarrow\begin{cases}z_1=\dfrac{1}{\mathrm{i}}(-2+7\mathrm{i}+3z_2)\\(1+2\mathrm{i})z_1-\mathrm{i}z_2=-3+2\mathrm{i}\end{cases}$

$$\Leftrightarrow\begin{cases}z_1=2\mathrm{i}+7-3\mathrm{i}z_2\\(1+2\mathrm{i})(2\mathrm{i}+7-3\mathrm{i}z_2)-\mathrm{i}z_2=-3+2\mathrm{i}\end{cases}\Leftrightarrow\begin{cases}z_1=2\mathrm{i}+7-3\mathrm{i}z_2\\16\mathrm{i}+3-3\mathrm{i}z_2+6z_2-\mathrm{i}z_2=-3+2\mathrm{i}\end{cases}$$

$$\Leftrightarrow\begin{cases}z_1=2\mathrm{i}+7-3\mathrm{i}z_2\\(-4\mathrm{i}+6)z_2=-6-14\mathrm{i}\end{cases}\Leftrightarrow\begin{cases}z_1=2\mathrm{i}+7-3\mathrm{i}z_2\\(-2\mathrm{i}+3)z_2=-3-7\mathrm{i}\end{cases}$$

$$\Leftrightarrow\begin{cases}z_1=2\mathrm{i}+7-3\mathrm{i}z_2\\z_2=\dfrac{-3-7\mathrm{i}}{3-2\mathrm{i}}=\dfrac{(-3-7\mathrm{i})(3+2\mathrm{i})}{(3-2\mathrm{i})(3+2\mathrm{i})}=\dfrac{5-27\mathrm{i}}{13}\end{cases}\Leftrightarrow\begin{cases}z_1=\dfrac{10+11\mathrm{i}}{13}\\z_2=\dfrac{5-27\mathrm{i}}{13}\end{cases}$$

Donc $\mathbf{S=\left\{\dfrac{10+11i}{13};\dfrac{5-27i}{13}\right\}}$

2. a. Posons $Z=z^2$, l'équation devient $Z^2+6Z+25=0$. Notons Z_1 et Z_2 ses solutions.

$\Delta=-64=-8^2$, d'où $Z_1=\dfrac{-6+8\mathrm{i}}{2}=-3+4\mathrm{i}$ et $Z_2=\dfrac{-6-8\mathrm{i}}{2}=-3-4\mathrm{i}$.

Donc $z^4+6z^2+25=0\Leftrightarrow z^2=-3+4\mathrm{i}$ ou $z^2=-3-4\mathrm{i}$.

Or $(1+2\mathrm{i})^2=1-4+4\mathrm{i}=-3+4\mathrm{i}=Z_1$ donc les solutions de $z^2=-3+4\mathrm{i}$ sont $1+2\mathrm{i}$ et $-(1+2\mathrm{i})$.

$-3-4\mathrm{i}=\overline{-3+4\mathrm{i}}=\overline{(1+2\mathrm{i})^2}=\overline{(1+2\mathrm{i})}^2=(1-2\mathrm{i})^2=Z_2$ donc les solutions de $z^2=-3-4\mathrm{i}$ sont $1-2\mathrm{i}$ et $-(1-2\mathrm{i})$.

Les solutions de l'équation $z^4+6z^2+25=0$ sont donc $1+2i$, $-1-2i$, $1-2i$ et $-1+2i$.

b. $4z^4-5z^3+9z^2-5z+4=0\Leftrightarrow 4z^2-5z+9-\dfrac{5}{z}+\dfrac{4}{z^2}=0$ (car $z\neq 0$)

$\Leftrightarrow 4\left(z^2+\dfrac{1}{z^2}\right)-5\left(z+\dfrac{1}{z}\right)+9=0$ avec $Z^2=z^2+2+\dfrac{1}{z^2}$

$\Leftrightarrow 4(Z^2-2)-5Z+9=0\Leftrightarrow 4Z^2-5Z+1=0$ (E).

$\Delta=9$, donc les solutions de (E) sont $\dfrac{5+3}{8}=1$ et $\dfrac{5-3}{8}=\dfrac{1}{4}$.

Donc $4z^4-5z^3+9z^2-5z+4=0\Leftrightarrow\left(z+\dfrac{1}{z}=1\text{ ou }z+\dfrac{1}{z}=\dfrac{1}{4}\right)$.

$$\Leftrightarrow z^2+1=z \text{ ou } z^2+1=\frac{z}{4} \Leftrightarrow z^2-z+1=0 \text{ ou } z^2-\frac{z}{4}+1=0$$

$$\Leftrightarrow z=\frac{1+\mathrm{i}\sqrt{3}}{2} \text{ ou } z=\frac{1-\mathrm{i}\sqrt{3}}{2} \text{ ou } z=\frac{\frac{1}{4}+\mathrm{i}\sqrt{\frac{63}{16}}}{2} \text{ ou } z=\frac{\frac{1}{4}-\mathrm{i}\sqrt{\frac{63}{16}}}{2}$$

$$\Leftrightarrow z=\frac{1+\mathrm{i}\sqrt{3}}{2} \text{ ou } z=\frac{1-\mathrm{i}\sqrt{3}}{2} \text{ ou } z=\frac{1+\mathrm{i}\sqrt{63}}{8} \text{ ou } z=\frac{1-\mathrm{i}\sqrt{63}}{8}$$

$$\mathbf{S}=\left\{\frac{\mathbf{1+i\sqrt{3}}}{\mathbf{2}};\frac{\mathbf{1-i\sqrt{3}}}{\mathbf{2}};\frac{\mathbf{1+i\sqrt{63}}}{\mathbf{8}};\frac{\mathbf{1-i\sqrt{63}}}{\mathbf{8}}\right\}.$$

10 1. $\frac{1}{\mathrm{i}}=\frac{1}{\mathrm{i}}\times\frac{\bar{\mathrm{i}}}{\bar{\mathrm{i}}}=\frac{\bar{\mathrm{i}}}{1}=-\mathrm{i}$, **donc l'assertion est vraie.**

2. $\frac{e^{\mathrm{i}\theta}+1}{e^{\mathrm{i}\theta}-1}=\frac{e^{\mathrm{i}\theta}+1}{e^{\mathrm{i}\theta}-1}\times\frac{e^{-\mathrm{i}\theta}-1}{e^{-\mathrm{i}\theta}-1}=\frac{e^{\mathrm{i}\theta-\mathrm{i}\theta}-e^{\mathrm{i}\theta}+e^{-\mathrm{i}\theta}-1}{\left|e^{\mathrm{i}\theta}-1\right|^2}$

$$=\frac{1-(\cos\theta+\mathrm{i}\sin\theta)+(\cos(-\theta)+\mathrm{i}\sin(-\theta))-1}{(\cos\theta-1)^2+\sin^2\theta}=\frac{-2\mathrm{i}\sin(\theta)}{(\cos\theta-1)^2+\sin^2\theta},$$

qui est imaginaire pur, donc **l'assertion est fausse**.

3. a. $a^2=\left(\sqrt{2+\sqrt{2}}+\mathrm{i}\sqrt{2-\sqrt{2}}\right)^2=2+\sqrt{2}+2\mathrm{i}\sqrt{(2-\sqrt{2})(2+\sqrt{2})}-(2-\sqrt{2})$

$=2\sqrt{2}+2\mathrm{i}\sqrt{2}$. **Donc l'assertion est fausse.**

b. D'après la question précédente, $a^2=2\sqrt{2}+2\mathrm{i}\sqrt{2}=4\left(\frac{\sqrt{2}}{2}+\mathrm{i}\frac{\sqrt{2}}{2}\right)=4e^{\frac{\mathrm{i}\pi}{4}}$, donc :

- $|a^2|=4$, d'où $|a|=2$
- $\arg(a^2)=\frac{\pi}{4}+2k\pi,\ k\in\mathbb{Z}$, soit $2\arg(a)=\frac{\pi}{4}+2k\pi,\ k\in\mathbb{Z}$,

donc $\arg(a)=\frac{\pi}{8}+k\pi,\ k\in\mathbb{Z}$, c'est-à-dire :

$$\arg(a)=\frac{\pi}{8}+2k\pi,\ k\in\mathbb{Z} \text{ ou } \arg(a)=\frac{\pi}{8}+\pi+2k\pi,\ k\in\mathbb{Z}.$$

Mais $\mathrm{Re}(a)>0$, donc $\arg(a)=\frac{\pi}{8}+2k\pi,\ k\in\mathbb{Z}$ et $\cos\frac{\pi}{8}=\frac{\mathrm{Re}(a)}{|a|}=\frac{\sqrt{2+\sqrt{2}}}{2}$.

Donc l'assertion est vraie.

4. $z-\bar{z}=\mathrm{Re}(z)+\mathrm{i}\,\mathrm{Im}(z)-(\mathrm{Re}(z)-\mathrm{i}\,\mathrm{Im}(z))=2\mathrm{i}\,\mathrm{Im}(z)$.

Donc l'assertion est fausse.

11 1. $\arg(z)=\frac{\pi}{4}+2k\pi,\ k\in\mathbb{Z}\Leftrightarrow(\vec{u};\overrightarrow{\mathrm{OM}})=\frac{\pi}{4}+2k\pi,\ k\in\mathbb{Z}$

L'ensemble cherché est la demi-droite d'origine O passant par le point d'affixe $e^{\frac{\mathrm{i}\pi}{4}}$.

2. $\arg(z-1+2\mathrm{i})=\frac{\pi}{6}+2k\pi,\ k\in\mathbb{Z}\Leftrightarrow(\vec{u};\overrightarrow{\mathrm{AM}})=\frac{\pi}{6}+2k\pi, k\in\mathbb{Z}$, avec A le point d'affixe 1 – 2i.

De plus, $z_A + e^{\frac{i\pi}{6}} = 1 - 2i + \frac{\sqrt{3}}{2} + \frac{i}{2} = \frac{2+\sqrt{3}}{2} - \frac{3i}{2}$.

L'ensemble cherché est la demi-droite $]AB)$ où $A(1-2i)$ et $B\left(\frac{2+\sqrt{3}}{2} - \frac{3i}{2}\right)$.

3. $\arg\frac{z-5+i}{z-3+2i} = \frac{\pi}{2} + k\pi,\ k \in \mathbb{Z}$.

Posons $A(3-2i)$ et $B(5-i)$. Alors $\arg\frac{z-5+i}{z-3+2i} = (\overrightarrow{AM}\ ;\overrightarrow{BM})$.

$$\arg\frac{z-5+i}{z-3+2i} = \frac{\pi}{2} + k\pi,\ k \in \mathbb{Z} \Leftrightarrow (\overrightarrow{AM}\ ;\overrightarrow{BM}) = \frac{\pi}{2} + k\pi,\ k \in \mathbb{Z}.$$

L'ensemble cherché est le cercle de diamètre [AB] privé des points A et B.

4. $\arg(z) = \arg(\bar{z}) + 2k\pi,\ k \in \mathbb{Z}$: il faut que $z \neq 0$ pour pouvoir considérer son argument.

Alors $z = re^{i\theta}$, où $r > 0$ et $\theta \in \mathbb{R}$, donc $\bar{z} = re^{-i\theta}$ et :

$$\arg(z) = \arg(\bar{z}) + 2k\pi,\ k \in \mathbb{Z} \Leftrightarrow \theta = -\theta + 2k\pi,\ k \in \mathbb{Z} \Leftrightarrow 2\theta = 2k\pi, k \in \mathbb{Z}$$
$$\Leftrightarrow \theta = 0 + k\pi,\ k \in \mathbb{Z}.$$

L'ensemble cherché est l'axe des abscisses privé de O.

5. $\arg(z) = \arg(-z) + 2k\pi,\ k \in \mathbb{Z}$.

Il faut que $z \neq 0$, donc on écrit $z = re^{i\theta}$ où $r > 0$ et $\theta \in \mathbb{R}$.

Donc $-z = -re^{i\theta} = e^{i\pi} \times re^{i\theta} = re^{i(\theta+\pi)}$ (car $-1 = e^{i\pi}$).

$$\arg(z) = \arg(-z) + 2k\pi,\ k \in \mathbb{Z} \Leftrightarrow \theta = \theta + \pi + 2k\pi,\ k \in \mathbb{Z}$$
$$\Leftrightarrow \pi = 0 + 2k\pi,\ k \in \mathbb{Z},\ \text{ce qui est absurde.}$$

Donc l'ensemble cherché est vide !

6. $|z-2i| = 5$. Soit Ω le point d'affixe 2i, $|z-2i| = 5 \Leftrightarrow \Omega M = 5$.

L'ensemble cherché est le cercle de centre | et de rayon 5.

7. $|z-2i| = |z-1-i|$.

Soit A le point d'affixe 2i et B le point d'affixe 1 + i,

$$|z-2i| = |z-1-i| \Leftrightarrow AM = BM.$$

L'ensemble cherché est la médiatrice du segment [AB].

8. $z + \bar{z} = |z|^2$.

Posons $z = x + iy$ où $x,\ y \in \mathbb{R}$,

$$z + \bar{z} = |z|^2 \Leftrightarrow 2x = x^2 + y^2 \Leftrightarrow x^2 - 2x + y^2 = 0$$
$$\Leftrightarrow x^2 - 2x + 1 - 1 + y^2 = 0 \Leftrightarrow (x-1)^2 + y^2 = 1.$$

L'ensemble cherché est le cercle de centre $\Omega(1)$ et de rayon 1.

12 Soit $a = \frac{\sqrt{2+\sqrt{3}}}{2} + i\frac{\sqrt{2-\sqrt{3}}}{2}$.

1. $a^2 = \frac{2+\sqrt{3}}{4} - \frac{2-\sqrt{3}}{4} + 2i\frac{\sqrt{(2+\sqrt{3})(2-\sqrt{3})}}{4} = \mathbf{\frac{\sqrt{3}}{2} + i\frac{\sqrt{1}}{2} = \frac{\sqrt{3}}{2} + \frac{i}{2}}$.

2. On reconnaît que $a^2 = \dfrac{\sqrt{3}}{2} + \dfrac{i}{2} = e^{\frac{i\pi}{6}}$. **Donc** $\boldsymbol{|a^2| = 1}$ **et** $\boldsymbol{\arg(a^2) = \dfrac{\pi}{6}}$.

3. • $|a^2| = 1$, donc $|a| = 1$.

$\arg(a^2) = \dfrac{\pi}{6} + 2k\pi,\ k \in \mathbb{Z}$, c'est-à-dire $2\arg(a) = \dfrac{\pi}{6} + 2k\pi,\ k \in \mathbb{Z}$.

Donc $\arg(a) = \dfrac{\pi}{12} + k\pi,\ k \in \mathbb{Z}$, c'est-à-dire :

$$\arg(a) = \frac{\pi}{12} + 2k\pi,\ k \in \mathbb{Z} \text{ ou } \arg(a) = \frac{\pi}{12} + \pi + 2k\pi,\ k \in \mathbb{Z}.$$

Mais $\mathrm{Re}(a) > 0$, donc $\arg(a) = \dfrac{\pi}{12} + 2k\pi,\ k \in \mathbb{Z}$.

Donc $\cos\dfrac{\pi}{12} = \dfrac{\mathrm{Re}(a)}{|a|} = \dfrac{\sqrt{2+\sqrt{3}}}{2}$ et $\sin\dfrac{\pi}{12} = \dfrac{\mathrm{Im}(a)}{|a|} = \dfrac{\sqrt{2-\sqrt{3}}}{2}$.

• $\cos\dfrac{11\pi}{12} = \cos\left(\pi - \dfrac{\pi}{12}\right) = -\cos\left(\dfrac{\pi}{12}\right)$ et $\sin\dfrac{11\pi}{12} = \sin\left(\pi - \dfrac{\pi}{12}\right) = \sin\dfrac{\pi}{12}$, d'où :

$$\boldsymbol{\cos\frac{\pi}{12} = \frac{\sqrt{2+\sqrt{3}}}{2}\ ;\ \sin\frac{\pi}{12} = \frac{\sqrt{2-\sqrt{3}}}{2}\ ;}$$

$$\boldsymbol{\cos\frac{11\pi}{12} = -\frac{\sqrt{2+\sqrt{3}}}{2}\ ;\ \sin\frac{11\pi}{12} = \frac{\sqrt{2-\sqrt{3}}}{2}}.$$

13 **1.** Les triangles cités doivent donc être rectangles isocèles indirects en M, N, P et Q.

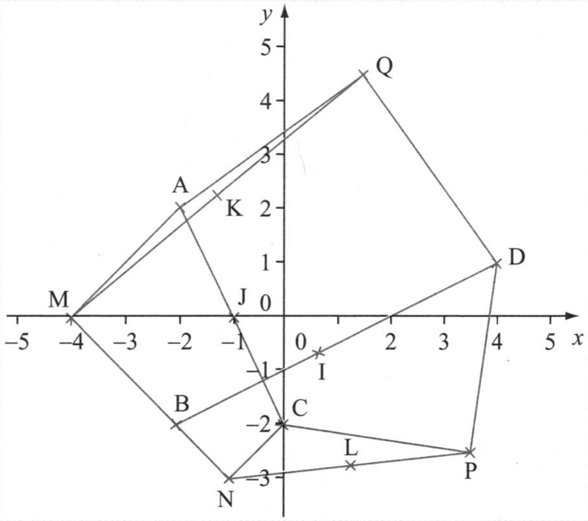

2. • Affixes des points M, N, P et Q

$\dfrac{-2+2\text{i}-z_M}{-2-2\text{i}-z_M}$ a pour module 1 (car MA = MB) et pour argument

$\dfrac{\pi}{2}+2k\pi,\ k\in\mathbb{Z}$, d'où $\dfrac{-2+2\text{i}-z_M}{-2-2\text{i}-z_M}=\text{i}$, d'où :

$-2+2\text{i}-z_M=-2\text{i}+2-\text{i}z_M \Leftrightarrow (-1+\text{i})z_M=-4\text{i}+4 \Leftrightarrow \boldsymbol{z_M=-4}$.

de même, $\dfrac{-2-2\text{i}-z_N}{-2\text{i}-z_N}=\text{i} \Leftrightarrow z_N(1-\text{i})=-1-2\text{i} \Leftrightarrow \boldsymbol{z_N=-1-3\text{i}}$;

de même, $\dfrac{-2\text{i}-z_P}{4+\text{i}-z_P}=\text{i}$, d'où $z_P(1-\text{i})=1-6\text{i}$, d'où $\boldsymbol{z_P=\dfrac{7}{2}-\dfrac{5}{2}\text{i}}$;

de même, $\dfrac{4+\text{i}-z_Q}{-2+2\text{i}-z_Q}=\text{i}$, d'où $z_Q(1-\text{i})=6+3\text{i}$, d'où $\boldsymbol{z_Q=\dfrac{3}{2}+\dfrac{9}{2}\text{i}}$.

• Coordonnées de I, J, K et L

$z_I=\dfrac{z_B+z_D}{2}=1-\dfrac{\text{i}}{2}$; $z_J=\dfrac{z_A+z_C}{2}=-1$; $z_K=\dfrac{z_M+z_Q}{2}=-\dfrac{5}{4}+\dfrac{9}{4}\text{i}$;

$z_L=\dfrac{z_N+z_P}{2}=\dfrac{5}{4}-\dfrac{11}{4}\text{i}$

• $\overrightarrow{IK}(z_K-z_I)$, d'où $\overrightarrow{IK}\left(-\dfrac{9}{4}+\dfrac{11}{4}\text{i}\right)$ et $\overrightarrow{LJ}(z_J-z_L)$, d'où $\overrightarrow{LJ}\left(-\dfrac{9}{4}+\dfrac{11}{4}\text{i}\right)$.

$\overrightarrow{IK}=\overrightarrow{LJ}$, donc IKJL est un parallélogramme.

14 **a.** $|z|=z$ avec $z=x+\text{i}y \Leftrightarrow x^2+y^2=x+\text{i}y$

$\Leftrightarrow \begin{cases}\sqrt{x^2+y^2}=x\\ 0=y\end{cases} \Leftrightarrow \begin{cases}\sqrt{x^2}=x\\ y=0\end{cases} \Leftrightarrow x$ est un réel positif et $y=0$, donc $\mathbf{S}=\mathbb{R}^+$.

b. $|z|=z+\bar{z}$ avec $z=x+\text{i}y \Leftrightarrow \sqrt{x^2+y^2}=2$

$x \Leftrightarrow x\geqslant 0$ et $x^2+y^2=4x^2 \Leftrightarrow x\geqslant 0$ et $3x^2-y^2=0$

$\Leftrightarrow x\geqslant 0$ et $(\sqrt{3}x-y)(\sqrt{3}x+y)=0 \Leftrightarrow x\geqslant 0$ et $y=\sqrt{3}x$ ou $y=-\sqrt{3}x$.

Il s'agit donc des deux demi-droites d'abscisses positives et d'équations $\boldsymbol{y=\sqrt{3}x}$ et $\boldsymbol{y=-\sqrt{3}x}$.

c. $\left|\bar{z}+\dfrac{1}{3}\text{i}\right|=3 \Leftrightarrow \left|\overline{z-\dfrac{1}{3}\text{i}}\right|=3$ (car $\bar{z}+\bar{z'}=\overline{z+z'}$) $\Leftrightarrow \left|z-\dfrac{1}{3}\text{i}\right|=3$ (car $|z|=|\bar{z}|$).

Posons C le point d'affixe $z_C=\dfrac{1}{3}\text{i}$, alors $\left|\bar{z}+\dfrac{1}{3}\text{i}\right|=3 \Leftrightarrow \text{CM}=3$.

L'ensemble cherché est le cercle de centre C et de rayon 3.

d. $\arg(-z)=\dfrac{\pi}{4}+2k\pi,\ k\in\mathbb{Z} \Leftrightarrow \pi+\arg(z)=\dfrac{\pi}{4}+2k\pi,\ k\in\mathbb{Z} \Leftrightarrow \arg(z)$

$=-\dfrac{3\pi}{4}+2k\pi,\ k\in\mathbb{Z}$.

L'ensemble cherché est la demi-droite [OD) privée du point O et où D désigne le point d'affixe $e^{-\frac{3i\pi}{4}}$.

e. $\arg\left(\overline{z}+i\right)=\frac{\pi}{2}+2k\pi,\ k\in\mathbb{Z}\Leftrightarrow -\arg\left(z-i\right)=\frac{\pi}{2}+2k\pi,\ k\in\mathbb{Z}$ (car $\overline{z}+i=\overline{z-i}$ et $\arg\left(\overline{z}\right)=-\arg(z)$) $\Leftrightarrow \arg\left(z-i\right)=-\frac{\pi}{2}+2k\pi,\ k\in\mathbb{Z}$. **L'ensemble cherché est la demi-droite [AF), privée du point A, où A est le point d'affixe i, où F désigne le point d'affixe $e^{-\frac{i\pi}{2}}=-i$, c'est-à-dire une partie de l'axe des ordonnées $(O\ ;\ \vec{v})$.**

15 1. En posant $D\left(-1+6i\right)$ et $C\left(2+6i\right)$, $\overrightarrow{AB}\,(3)$ et $\overrightarrow{DC}\,(3)$, donc $\overrightarrow{AB}=\overrightarrow{DC}$, donc ABCD est un parallélogramme.

De plus, $\frac{AB}{AD}=\frac{|3i|}{3}=1$ et $(\overrightarrow{AB}\ ;\ \overrightarrow{AD})=\arg\left(\frac{3i}{3}\right)=\frac{\pi}{2}+k\pi, k\in\mathbb{Z}$.

Donc ABCD est un carré.

2. Notons D′ l'intersection de (AB) et (OD).

a. $D'\in\left(OD\right)$, donc il existe un réel k tel que $\overrightarrow{OD'}=k\overrightarrow{OD}$, donc :

$$z_{D'}=kz_D=-k+6ki.$$

Comme $D'\in\left(AB\right)$, $\mathrm{Im}\left(z_{D'}\right)=3$, soit $6k=3$ et $k=\frac{1}{2}$. Donc $\mathbf{D'}\left(-\frac{1}{2}+3i\right)$.

b. $h\left(O\right)=\frac{0}{2}=0$, donc $\boldsymbol{h\left(O\right)=O}$.

$h\left(D\right)=\frac{-1+6i}{2}=-\frac{1}{2}+3i=z_{D'}$, donc $\boldsymbol{h\left(D\right)=D'}$.

c. $\mathbf{A'}\left(-\frac{1}{2}+\frac{3}{2}i\right), \mathbf{B'}\left(1+\frac{3}{2}i\right)$ **et** $\mathbf{C'}\left(1+3i\right)$.

d. • Nature de ABCD : $\overrightarrow{A'B'}\begin{pmatrix}\frac{3}{2}\end{pmatrix}$ et $\overrightarrow{D'C'}\begin{pmatrix}\frac{3}{2}\end{pmatrix}$. De plus, $\frac{A'D'}{A'B'}=\frac{\left|\frac{3}{2}i\right|}{\left|\frac{3}{2}\right|}=1$,

et $(\overrightarrow{A'B'}\ ;\overrightarrow{A'D'})=\arg\left(\frac{\frac{3}{2}i}{\frac{3}{2}}\right)=\arg\left(i\right)=\frac{\pi}{2}+2k\pi$, $(k\in\mathbb{Z})$.

Donc A′B′C′D′ est un carré.

• $z_{\overrightarrow{AC'}}=2$ et $z_{\overrightarrow{AB}}=3$, donc $\overrightarrow{AC'}=\frac{2}{3}\overrightarrow{AB}$, donc $C'\in\left[AB\right]$.

De même, on montre que $\overrightarrow{AD'}=\frac{1}{6}\overrightarrow{AB},\ \overrightarrow{OA'}=\frac{1}{2}\overrightarrow{OA},\ \overrightarrow{OB'}=\frac{1}{2}\overrightarrow{OB}$.

$$D'\in\left[AB\right],\ A'\in\left[OA\right],\ B'\in\left[OB\right].$$

Le carré A′B′C′D′ est donc inscrit dans le triangle OAB.

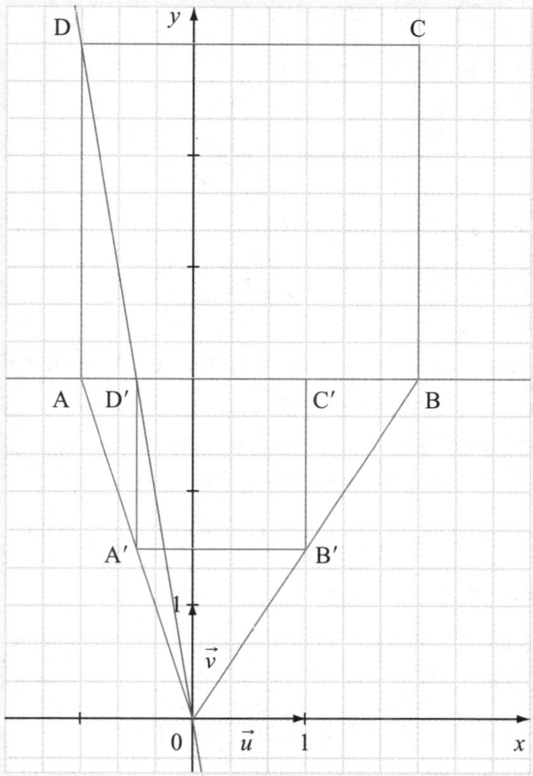

16 1. a. $\overrightarrow{\mathbf{MB}}\left(\frac{\sqrt{2}}{2}-\frac{\mathrm{i}}{2}\right)$; $\overrightarrow{\mathbf{MD}}\left(\frac{\sqrt{2}}{2}+\frac{\mathrm{i}}{2}\right)$; $\overrightarrow{\mathbf{BD}}(\mathbf{i})$

D'où $\mathbf{MB}=\mathbf{MD}=\sqrt{\frac{2}{4}+\frac{1}{4}}=\frac{\sqrt{3}}{2}$ **et** $\mathbf{BD}=\mathbf{1}$.

b. M′ a pour affixe $-z_{\mathrm{M}}=\frac{\sqrt{2}}{4}$ et $\frac{z_{\mathrm{B}}+z_{\mathrm{D}}}{2}=\frac{\sqrt{2}}{4}=z_{\mathrm{M'}}$

M′ est donc bien le milieu de [BD].

c. $\arg\left(\frac{\sqrt{2}+2\mathrm{i}}{\sqrt{2}-\mathrm{i}}\right)=\arg\left(\frac{\left(\frac{\sqrt{2}}{4}+\frac{\mathrm{i}}{2}\right)\times 4}{\left(\frac{\sqrt{2}}{4}-\frac{\mathrm{i}}{2}\right)\times 4}\right)=(\overrightarrow{\mathrm{OB}};\overrightarrow{\mathrm{OD}})+2k\pi,\ k\in\mathbb{Z}.$

$$\frac{\sqrt{2}+2\mathrm{i}}{\sqrt{2}-2\mathrm{i}}=\frac{\left(\sqrt{2}+2\mathrm{i}\right)^2}{2+4}=\frac{2+4\mathrm{i}\sqrt{2}-4}{6}=\frac{-1+\mathrm{i}2\sqrt{2}}{3}=-\frac{1}{3}+\mathrm{i}\frac{2\sqrt{2}}{3}=\cos\theta+\mathrm{i}\sin\theta.$$

D'où $\cos\left(\widehat{\mathrm{BOD}}\right)=-\frac{1}{3}$ soit $\widehat{\mathrm{BOD}}=\cos^{-1}\left(-\frac{1}{3}\right)$ d'où :

$\widehat{\mathbf{BOD}}\approx$ **109 degrés à 1 degré près**.

2. a. Le triangle ABC est équilatéral, donc la médiane (MB) est aussi la hauteur de ABC. Donc MBA est rectangle en M et $MB^2 + MA^2 = AB^2$, soit $MB^2 + \left(\frac{1}{2}\right)^2 = 1^2$, donc :

$$\mathbf{MB} = \sqrt{\frac{\mathbf{3}}{\mathbf{4}}} = \frac{\sqrt{\mathbf{3}}}{\mathbf{2}}.$$

De même dans le triangle équilatéral ACD :

$$\mathbf{MD} = \frac{\sqrt{\mathbf{3}}}{\mathbf{2}}.$$

b. $\overrightarrow{OA} + \overrightarrow{OC} = \overrightarrow{OM} + \overrightarrow{MA} + \overrightarrow{OM} + \overrightarrow{MC} = \mathbf{2\overrightarrow{OM}},$ car M est le milieu de [AC] ;
$\overrightarrow{OB} + \overrightarrow{OD} = \overrightarrow{OM'} + \overrightarrow{M'B} + \overrightarrow{OM'} + \overrightarrow{M'D} = \mathbf{2\overrightarrow{OM'}},$ car M′ est le milieu de [BD].
Or $\overrightarrow{OA} + \overrightarrow{OB} + \overrightarrow{OC} + \overrightarrow{OD} = \vec{0}$, c'est-à-dire $2\overrightarrow{OM} + 2\overrightarrow{OM'} = \vec{0}$,
d'où $\overrightarrow{OM} + \overrightarrow{OM'} = \vec{0}$. **Donc O est le milieu du segment [MM′].**

c. MBD est un triangle de longueurs $MD = MB = \frac{\sqrt{3}}{2}$ et $BD = 1$: il est donc isométrique avec le triangle de la question **1.**, avec M′ milieu de [BD] et O milieu de [MM′]. **Donc $\widehat{BOD} \approx 109°$ à 1° près.**

17 **1.** $a' = -2\bar{a} + 2i = -2(2i) + 2i$ et $b' = -2\bar{b} + 2i = -2(3+2i) + 2i$ soit :

$$\boldsymbol{a' = -2i \text{ et } b' = -6 - 2i}.$$

2. On pose $z = x + iy$, où $x, y \in \mathbb{R}$. Si $M(z) \in \Delta$, alors $y = -2$
et $z' = -2(x+2i) + 2i = -2x - 2i$, d'où $\text{Im}(z') = -2$ et $\mathbf{M' \in \Delta}$.
3. $|z' + 2i| = |-2\bar{z} + 4i| = |-2(\bar{z} - 2i)| = 2|\bar{z} - 2i| = 2\left|\overline{z - 2i}\right| = 2|z + 2i|$. Pour tout M, AM′ = 2AM, donc **M′ appartient au cercle de centre A et de rayon 2AM.**
4. a. $z + 2i = z - z_A = z_{\overrightarrow{AM}}$.
Or $(\vec{u}\,;\overrightarrow{AM}) = \arg(z_{\overrightarrow{AM}}) + 2k\pi = \arg(z+2i) + 2k\pi = \theta + 2k\pi$, $k \in \mathbb{Z}$.

θ est donc une mesure de l'angle $(\vec{u}\,;\overrightarrow{AM})$.

b. Posons $z = x + iy$, où $x, y \in \mathbb{R}$.
$(z+2i)(z'+2i) = (z+2i)(-2\bar{z}+4i) = -2|z|^2 + 4iz - 4i\bar{z} - 8$
$= -2(x^2+y^2) - 8 + 4i(2iy) = -2(x^2+y^2) - 8 - 8y.$

On ne peut pas déterminer le signe de cette expression car *y* peut être positif ou négatif.

$(z+2i)(z'+2i) = -2x^2 - 2(y^2+4y+4) = -2x^2 - 2(y+2)^2 \leqslant 0.$

Donc, **pour tout *z*, $(z+2i)(z'+2i)$ est un réel négatif ou nul.**

c. Les égalités suivantes sont valables modulo 2π, c'est-à-dire à $2k\pi$ près, $k \in \mathbb{Z}$:
$\arg\left((z+2\text{i})(z'+2\text{i})\right) = \pi$ (d'après **b.**)

Or $\arg\left((z+2\text{i})(z'+2\text{i})\right) = \arg(z+2\text{i}) + \arg(z'+2\text{i}) = \theta + \arg(z'+2\text{i})$.

Donc $\arg(z'+2\text{i}) = \pi - \theta + 2k\pi$, $k \in \mathbb{Z}$.

d. $(\vec{u}\,;\overrightarrow{\text{AM}}) = \theta + 2k\pi$, $k \in \mathbb{Z}$ et $(\vec{u}\,;\overrightarrow{\text{AM}'}) = \pi - \theta + 2k'\pi$, $k' \in \mathbb{Z}$.
De plus, A est sur l'axe des ordonnées.
Les demi-droites [AM) et [AM′) sont donc symétriques par rapport à l'axe (Oy).

On pourra s'aider d'un dessin pour déterminer la position relative des demi-droites.

5. Après avoir construit le symétrique de M par rapport à l'axe (Oy) (notons-le M″), il faut tracer la droite (AM″) et construire au compas le symétrique de A par rapport à M″ : c'est le point M′.

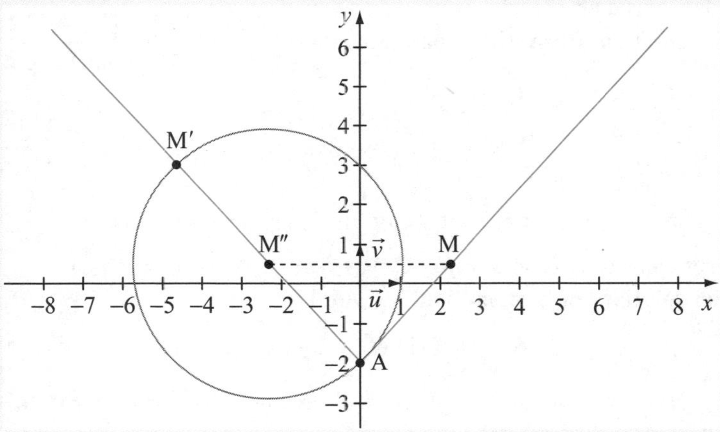

18 **1.** $\mathbf{P(z) = a(z - z_1)(z - z_2)}$.

2. a. $\text{P}(z) = a(z - z_1)(z - z_2) = az^2 + (-az_1 - az_2)z + az_1z_2$.

Par identification des termes de même degré, $-a(z_1 + z_2) = b$, d'où :

$$z_1 + z_2 = -\frac{b}{a} \text{ et } az_1z_2 = c, \text{ d'où } z_1 \times z_2 = \frac{c}{a}.$$

b. • $(1+\text{i})^2 - (4+3\text{i})(1+\text{i}) + 1 + 5\text{i} = 2\text{i} - 1 - 7\text{i} + 1 + 5\text{i} = 0$, donc $z_1 = 1 + \text{i}$ est **solution de l'équation $z^2 - (4+3\text{i})z + 1 + 5\text{i} = 0$.**

Alors $z_2 = -\dfrac{b}{a} - z_1 = 4 + 3\text{i} - (1+\text{i}) = $ **$3 + 2\text{i}$ est également solution de l'équation $z^2 - (4+3\text{i})z + 1 + 5\text{i} = 0$.**

• $\text{i}^2 - (1-6\text{i})\text{i} + 7 + \text{i} = -1 - \text{i} - 6 + 7 + \text{i} = 0$, donc **$z_1 = \text{i}$ est solution de (E).**

Alors $z_2 = -\dfrac{b}{a} - z_1 = 1 - 6\text{i} - \text{i} = $ **$1 - 7\text{i}$ est l'autre solution de (E).**

3. a. $\begin{cases} z_1 + z_2 = S \\ z_1 \times z_2 = P \end{cases} \Leftrightarrow \begin{cases} z_2 = S - z_1 \\ z_1 \times (S - z_1) = P \end{cases} \Leftrightarrow \begin{cases} z_2 = S - z_1 \\ {z_1}^2 - Sz_1 + P = 0 \end{cases}$

$\Leftrightarrow z_1$ est solution de l'équation $z^2 - Sz + P = 0$ et $z_1 + z_2 = \dfrac{-(-S)}{1} = S$

$\Leftrightarrow$ **z_1 et z_2 sont solutions de l'équation $z^2 - Sz + P = 0$.**

b. • $\begin{cases} z_1 \times z_2 = -\dfrac{8}{21} \\ z_1 + z_2 = -\dfrac{2}{21} \end{cases} \Leftrightarrow z_1$ et z_2 sont solutions de $z^2 + \dfrac{2}{21}z - \dfrac{8}{21} = 0$

$\Leftrightarrow$ **z_1 et z_2 sont solutions de (E) : $21z^2 + 2z - 8 = 0$.**

Or les solutions de (E) sont $\dfrac{12}{21}$ et $-\dfrac{14}{21}$ (on les obtient en calculant $\Delta = 676 = 26^2$, puis les racines du trinôme).

Donc les solutions du système sont les couples $\left(\dfrac{12}{21} ; -\dfrac{14}{21}\right)$ et $\left(-\dfrac{14}{21} ; \dfrac{12}{21}\right)$.

• $\begin{cases} \dfrac{1}{z_1} + \dfrac{1}{z_2} = -\dfrac{1}{5} \\ z_1 \times z_2 = 10 \end{cases} \Leftrightarrow \begin{cases} \dfrac{z_1 + z_2}{z_1 z_2} = -\dfrac{1}{5} \\ z_1 z_2 = 10 \end{cases} \Leftrightarrow \begin{cases} z_1 + z_2 = -2 \\ z_1 z_2 = 10 \end{cases}$

$\Leftrightarrow z_1$ et z_2 sont solutions de (F) $z^2 + 2z + 10 = 0$.

Or les solutions de (F) sont $-1 + 6\text{i}$ et $-1 - 6\text{i}$ (car $\Delta = -36 = (6\text{i})^2$)

Donc les solutions du système sont les couples :

$(-1 + 6\text{i} ; -1 - 6\text{i})$ et $(-1 - 6\text{i} ; -1 + 6\text{i})$.

19 **1.** Soit z une solution de (E_3), z s'écrivant sous forme trigonométrique $z = \rho e^{\text{i}\theta}$, avec $\rho > 0$ et $\theta \in \mathbb{R}$.

De l'égalité $z^3 = \rho^3 e^{\text{i}3\theta} = 1$, on déduit que ($\rho^3 = 1$ et $3\theta = 0 + 2k\pi$, $k \in \mathbb{Z}$), d'où ($\rho = 1$ et $\theta = 0 + \dfrac{2k\pi}{3}$, $k \in \mathbb{Z}$).

Les solutions de (E_3) sont donc 1, $e^{\frac{\text{i}2\pi}{3}}$ et $e^{\frac{\text{i}4\pi}{3}}$.

2. a. Soit z une solution de (E_n), z s'écrivant sous forme trigonométrique $z = \rho e^{\text{i}\theta}$, avec $\rho > 0$ et $\theta \in \mathbb{R}$.

De l'égalité $z^n = \rho^n e^{\text{i}n\theta} = 1$, on déduit que $\rho^n = 1$ et $n\theta = 0 + 2k\pi$, $k \in \mathbb{Z}$, d'où $\rho = 1$ et $\theta = 0 + \dfrac{2k\pi}{n}$, $k \in \mathbb{Z}$.

Les solutions de (E_n) sont donc les $e^{\frac{\text{i}2k\pi}{n}}$, k variant de 0 à $n - 1$.

b. Dans ce qui suit, k désigne un entier compris entre 1 et n (on posera $A_{n+1} = A_1$). Démontrons que tous les triangles OA_kA_{k+1} sont isocèles en O, de même angle principal.

$$OA_k = \left|e^{\frac{i2k\pi}{n}}\right| = 1,\ OA_{k+1} = \left|e^{\frac{i2(k+1)\pi}{n}}\right| = 1\,;$$

$$\text{et } (\overrightarrow{OA_k}\,;\overrightarrow{OA_{k+1}}) = \arg\left(\frac{e^{\frac{i2(k+1)\pi}{n}}}{e^{\frac{i2k\pi}{n}}}\right) = \arg\left(e^{\frac{i2\pi}{n}}\right) = \frac{2\pi}{n}[2\pi].$$

Les points A_n sont disposés régulièrement sur le cercle de centre O et de rayon 1. **Le polygone $A_1A_2\ldots A_n$ est donc régulier.**

On aurait également obtenu ce résultat en démontrant que, pour tout k, $(\overrightarrow{OA_k}\,;\overrightarrow{OA_{k+1}}) = \frac{2\pi}{n}$ et $A_kA_{k+1} = \left|e^{\frac{i2\pi}{n}} - 1\right|$ (valeur indépendante de k). Le polygone $A_1 A_2\ldots A_n$ a alors tous ses côtés de même longueur et tous ses angles au centre de même mesure.

3. **Les solutions de (E_4) sont $e^{\frac{i0\pi}{4}}, e^{\frac{i2\pi}{4}}, e^{\frac{i4\pi}{4}}$ et $e^{\frac{i6\pi}{4}}$ soit 1, i, –1 et –i.**

Les solutions de (E_5) sont $e^{\frac{i0\pi}{5}}$, $e^{\frac{i2\pi}{5}}$, $e^{\frac{i4\pi}{5}}$, $e^{\frac{i6\pi}{5}}$ et $e^{\frac{i8\pi}{5}}$.

20 **1.** $(a+b)^4 = (a+b)^2 \times (a+b)^2$

$$= (a^2 + 2ab + b^2)(a^2 + 2ab + b^2)$$

$$\boldsymbol{(a+b)^4 = a^4 + 4a^3b + 6a^2b^2 + 4ab^3 + b^4}.$$

2. Soit $\theta \in \mathbb{R}$, $\dfrac{e^{i\theta} + e^{-i\theta}}{2} = \dfrac{e^{i\theta} + \overline{e^{i\theta}}}{2} = \dfrac{2\,\mathrm{Re}(e^{i\theta})}{2} = \mathrm{Re}(e^{i\theta}) = \mathbf{cos(\theta)}$;

$$\frac{e^{i\theta} - e^{-i\theta}}{2i} = \frac{e^{i\theta} - \overline{e^{i\theta}}}{2i} = \frac{2i\,\mathrm{Im}(e^{i\theta})}{2i} = \mathrm{Im}(e^{i\theta}) = \mathbf{sin(\theta)}.$$

3. a. $\cos^4(\theta) = \left(\dfrac{e^{i\theta} + e^{-i\theta}}{2}\right)^4$

$$= \frac{1}{16}\left(e^{i4\theta} + 4e^{i3\theta}e^{-i\theta} + 6e^{i2\theta}e^{-2i\theta} + 4e^{i\theta}e^{-i3\theta} + e^{-i4\theta}\right)$$

$$= \frac{1}{16}\left(e^{i4\theta} + e^{-i4\theta} + 4e^{i2\theta} + 4e^{-2i\theta} + 6e^0\right)$$

$$= \frac{1}{16}\left(2\cos(4\theta) + 8\cos(2\theta) + 6\right)$$

$$\boldsymbol{\cos^4(\theta) = \frac{\cos(4\theta)}{8} + \frac{\cos(2\theta)}{2} + \frac{3}{8}}.$$

b. Pour tout x réel, $\cos^4(x)=\dfrac{\cos(4x)}{8}+\dfrac{\cos(2x)}{2}+\dfrac{3}{8}$,

$\sin(4x)'=4\cos(4x)$ et $(\sin(2x))'=2\cos(2x)$, **donc une primitive de $\cos^4$ est donc la fonction : $x\mapsto \dfrac{\sin(4x)}{32}+\dfrac{\sin(2x)}{4}+\dfrac{3x}{8}$.**

4. $\sin^4(\theta)=\left(\dfrac{e^{i\theta}-e^{-i\theta}}{2i}\right)^4=\dfrac{1}{16}\left(e^{i4\theta}-4e^{i3\theta}e^{-i\theta}+6e^{i2\theta}e^{-2i\theta}-4e^{i\theta}e^{-i3\theta}+e^{-i4\theta}\right)$

$=\dfrac{1}{16}\left(e^{i4\theta}+e^{-i4\theta}-4e^{i2\theta}-4e^{-2i\theta}+6\right)=\dfrac{1}{16}\left(2\cos(4\theta)-8\cos(2\theta)+6\right)$

$$\sin^4(\theta)=\frac{\cos(4\theta)}{8}-\frac{\cos(2\theta)}{2}+\frac{3}{8}.$$

Pour tout x réel, $\sin^4(x)=\dfrac{\cos(4x)}{8}-\dfrac{\cos(2x)}{2}+\dfrac{3}{8}$.

Une primitive de $\sin^4$ est donc la fonction : $x\to\dfrac{\sin(4x)}{32}-\dfrac{\sin(2x)}{4}+\dfrac{3x}{8}$.

21 **1.** i est une racine évidente de l'équation $z^2-z+(1+i)=(z-i)(z+i-1)$.
L'autre racine est donc $1-i$ car $P=i\times(1-i)=i+1$.
Réponse b.

On ne peut calculer Δ que si le polynôme a des coefficients réels.

2. $\cos\left(\theta+\dfrac{\pi}{2}\right)=-\sin\theta$ et $\sin\left(\theta+\dfrac{\pi}{2}\right)=\cos\theta$.

Réponse b.

3. $\dfrac{z-1}{z+2i}\in\mathbb{R}\Leftrightarrow\arg\left(\dfrac{z-1}{z+2i}\right)=0+k\pi,\ k\in\mathbb{Z}\Leftrightarrow(\overrightarrow{BM};\overrightarrow{AM};)=0+k\pi,\ k\in\mathbb{Z}$

$\Leftrightarrow M\in(AB)$, mais $z_M\neq-2i=z_B$, donc M ne peut être confondu avec B.

Réponse b.

4. $z=1+2i+5e^{i\theta},\theta\in\mathbb{R}\Leftrightarrow z-(1+2i)=5e^{i\theta},\theta\in\mathbb{R}\Leftrightarrow|z-(1+2i)|=5\Leftrightarrow AM=5$.

$\Leftrightarrow M(z)$ appartient au cercle de centre $A(1+2i)$ et de rayon 5.

Réponse b.

5. $\dfrac{1-ie^{i\theta}}{e^{i\theta}-i}=\dfrac{1+\sin\theta-i\cos\theta}{\cos\theta+i(\sin\theta-1)}$

$$=\frac{(1+\sin\theta-i\cos\theta)(\cos\theta+i(1-\sin\theta))}{\cos^2\theta+\sin^2\theta-2\sin\theta+1}$$

$$=\frac{\cos\theta+\cos\theta\times\sin\theta+i-i\sin^2\theta-i\cos^2\theta+\cos\theta-\cos\theta\sin\theta}{\cos^2\theta+\sin^2\theta-2\sin\theta+1}$$

$\cos^2\theta+\sin^2\theta=1$, d'où :

$$\frac{1-\mathrm{i}\,\mathrm{e}^{\mathrm{i}\theta}}{\mathrm{e}^{\mathrm{i}\theta}-\mathrm{i}}=\frac{2\cos\theta+\mathrm{i}\left(1-\sin^2\theta-\cos^2\theta\right)}{2\left(1-\sin\theta\right)}=\frac{\cos\theta}{1-\sin\theta}.$$

Réponse a.

On peut aussi tester les réponses proposées avec $\theta=0$: on voit alors que seule la réponse a. ne donne pas 0.

22 On pose $a=\mathrm{e}^{\frac{2\mathrm{i}\pi}{5}}$.

Partie A

1. $\frac{1}{2}\left(a+\frac{1}{a}\right)=\frac{1}{2}\left(\mathrm{e}^{\frac{2\mathrm{i}\pi}{5}}+\mathrm{e}^{-\frac{2\mathrm{i}\pi}{5}}\right)=\frac{1}{2}\left(\cos\frac{2\pi}{5}+\mathrm{i}\sin\frac{2\pi}{5}+\cos\left(-\frac{2\pi}{5}\right)+\mathrm{i}\sin\left(-\frac{2\pi}{5}\right)\right)$

$$=\frac{1}{2}\times 2\cos\frac{2\pi}{5}=\boldsymbol{\cos\frac{2\pi}{5}}.$$

2. $a^5-1=\mathrm{e}^{2\mathrm{i}\pi}-1=0$ et $\frac{8\pi}{5}=\frac{-2\pi}{5}+2\pi$, donc :

$$a^4=\frac{1}{a}=\mathrm{e}^{-\frac{2\mathrm{i}\pi}{5}}=\cos\left(-\frac{2\pi}{5}\right)+\mathrm{i}\sin\left(-\frac{2\pi}{5}\right)=\cos\frac{2\pi}{5}-\mathrm{i}\sin\frac{2\pi}{5}=\boldsymbol{\overline{a}}$$

3. $a^4+a^3+a^2+a+1=\frac{a^5-1}{a-1}=\frac{0}{a-1}=\mathbf{0}.$

4. $Z^2+Z-1=\left(a+\frac{1}{a}\right)^2+a+\frac{1}{a}-1=a^2+2a\times\frac{1}{a}+\frac{1}{a^2}+a+\frac{1}{a}-1$

$$=\frac{a^4+2a^2+1+a^3+a-a^2}{a^2}$$

$$=\frac{a^4+a^3+a^2+a+1}{a^2}=\frac{0}{a^2}=\mathbf{0}\ (\text{car } a\neq 0).$$

5. $\cos\frac{2\pi}{5}=\frac{1}{2}Z$ et $Z^2+Z-1=\mathbf{0}$.

$\Delta=5$, les solutions Z_1 et Z_2 de l'équation $Z^2+Z-1=0$ sont donc $Z_1=\frac{-1+\sqrt{5}}{2}$ et $Z_2=\frac{-1-\sqrt{5}}{2}$.

Or, comme $0<\frac{2\pi}{5}<\frac{\pi}{2}$, $\cos\frac{2\pi}{5}>0$. Z_2 étant négatif et Z_1 positif,

nécessairement $\cos\frac{2\pi}{5}=\frac{1}{2}Z_1$, soit $\boldsymbol{\cos\frac{2\pi}{5}=\frac{-1+\sqrt{5}}{4}}$;

$\sin\frac{2\pi}{5}=\sqrt{1-\cos^2\frac{2\pi}{5}}=\sqrt{1-\frac{6-2\sqrt{5}}{16}}=\sqrt{\frac{10+2\sqrt{5}}{16}}$, soit $\boldsymbol{\sin\frac{2\pi}{5}=\frac{\sqrt{10+2\sqrt{5}}}{4}}$.

Partie B.

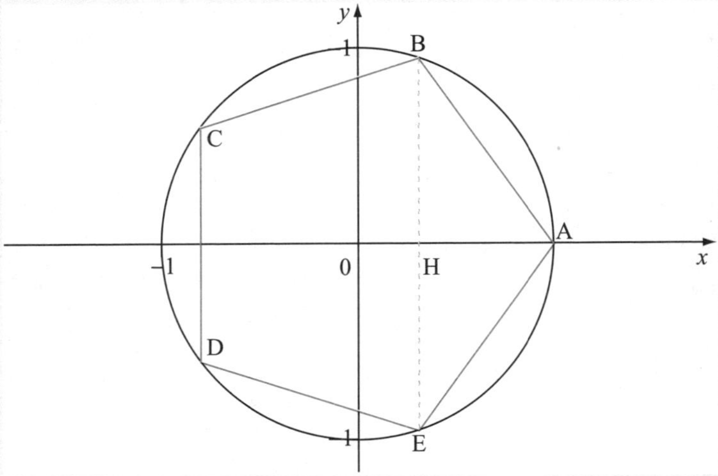

1. $a^4 = \bar{a}$, donc $\mathrm{Re}(a^4) = \mathrm{Re}(a)$, donc (BE) est parallèle à l'axe (Oy).

(BE) a pour équation $y = \mathrm{Re}(a^4) = \mathrm{Re}(a) = \cos\frac{2\pi}{5}$.

Donc H a pour affixe $z_H = \cos\frac{2\pi}{5}$.

2. a. $\Omega M = \sqrt{\frac{1}{4}+1} = \frac{\sqrt{5}}{2}$. Comme Ω et M appartiennent à l'axe des abscisses :

$$z_M = z_\Omega + \frac{\sqrt{5}}{2} = \frac{-1+\sqrt{5}}{2} = 2\cos\frac{2\pi}{5} = a+\bar{a} = a+a^4 \; ; \; z_H = \frac{z_M}{2} = \frac{z_O + z_M}{2},$$

donc H est le milieu de [OM].

b. De même, $\Omega N = \frac{\sqrt{5}}{2}$. Comme Ω et N appartiennent à l'axe des abscisses :

$$z_N = z_\Omega - \frac{\sqrt{5}}{2} = \frac{-1-\sqrt{5}}{2}.$$

Montrons que $a^2 + a^3 = z_N$:

$$a^2 + a^3 = e^{\frac{4i\pi}{5}} + e^{\frac{6i\pi}{5}} = e^{\frac{4i\pi}{5}} + e^{-\frac{4i\pi}{5}}$$

$$= 2\cos\left(\frac{4\pi}{5}\right) = 2\left(2\cos^2\frac{2\pi}{5} - 1\right) \left(\cos(2a) = 2\cos^2 a - 1\right)$$

$= 4\frac{6-2\sqrt{5}}{16} - 2 = \frac{3-\sqrt{5}}{2} - \frac{4}{2} = \frac{-1-\sqrt{5}}{2}$. Donc l'affixe de N vaut $a^2 + a^3$.

Le mileu de [ON] a donc pour affixe $\frac{a^2 + a^3}{2}$, de même que celui de [CD].

3. Construisons le cercle trigonométrique et plaçons les points A(1), J(i) et $\Omega\left(-\frac{1}{2}\right)$.

$OA = |a| = 1 = OB = OC = OE$, donc les points sont sur le cercle $\mathscr{C}$ de centre O et de rayon 1.

Traçons le cercle de centre Ω passant par J. On obtient les points M et N, intersections de $\mathscr{C}_{\Omega J}$ avec la droite (OA) et tels que $z_M > 0$.

Construisons au compas la médiatrice d_1 de [OM] et celle d_2 de [ON].

B et E sont les points d'intersection de d_1 avec C, avec $\text{Im}(z_B) > 0$.

C et D sont les points d'intersection de d_2 avec C, avec $\text{Im}(z_C) > 0$.

Il ne reste plus qu'à relier les points A, B, C, D et E pour obtenir le pentagone ABCDE.

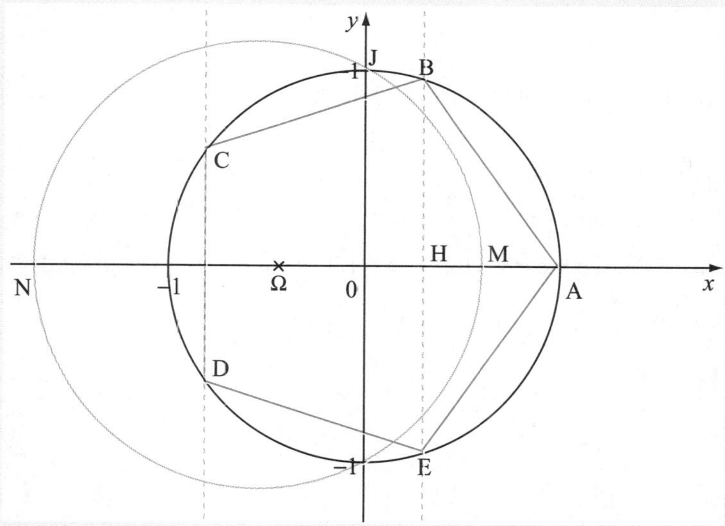

23 1. Soit M et N les points du plan vérifiant respectivement :

$$\overrightarrow{OM} = \overrightarrow{AB} \text{ et } \overrightarrow{ON} = \overrightarrow{CD}.$$

Alors $z_M = z_B - z_A$ et $z_N = z_D - z_C$,

et $(\vec{u}\,;\overrightarrow{AB}) = \arg(z_B - z_A)$; $(\vec{u}\,;\overrightarrow{CD}) = \arg(z_D - z_C)$.

$(\overrightarrow{AB}\,;\overrightarrow{CD}) = (\vec{u}\,;\overrightarrow{CD}) - (\vec{u}\,;\overrightarrow{AB}) = \arg(z_D - z_C) - \arg(z_B - z_A)$.

Donc $(\overrightarrow{AB}\,;\overrightarrow{CD}) = \arg\frac{z_D - z_C}{z_B - z_A} + 2k\pi,\ k \in \mathbb{Z}$.

2. $(\overrightarrow{AB}\,;\overrightarrow{CD}) = \arg\left(\frac{9-3i}{1+3i}\right) = \arg\left(\frac{(9-3i)(1-3i)}{1^2+3^2}\right) = \arg\left(\frac{9-3i-27i-9}{10}\right)$

$= \arg(-3i) = -\frac{\pi}{2}[2\pi]$.

Les droites (AB) et (CD) sont donc orthogonales.

24 1. On pose $z = x + \mathrm{i}y$ où $x, y \in \mathbb{R}$.

$$f(z) = \frac{z+2\mathrm{i}}{z-1} = \frac{(z+2\mathrm{i})(\bar{z}-1)}{|z-1|^2} = \frac{x^2+y^2+2y-x+\mathrm{i}(2x-y-2)}{(x-1)^2+y^2}.$$

$$f(z) \in \mathbb{R} \Leftrightarrow \begin{cases} 2x-y-2=0 \\ (x\,;y) \neq (1\,;0) \end{cases}.$$

L'ensemble cherché est donc la droite d'équation $y = 2x - 2$ privé du point A.

2. $f(z)$ est imaginaire pur équivaut à $\begin{cases} x^2+y^2+2y-x=0 \\ (x\,;y) \neq (1\,;0) \end{cases}$

c'est-à-dire $\begin{cases} \left(x-\dfrac{1}{2}\right)^2 + (y+1)^2 = \dfrac{5}{4} \\ (x\,;y) \neq (1\,;0) \end{cases}$

L'ensemble cherché est donc le cercle de centre $\Omega\left(\dfrac{1}{2}\,;-1\right)$ et de rayon $\dfrac{\sqrt{5}}{2}$ privé de A.

3. a. $f(z) = 0 \Leftrightarrow z = -2\mathrm{i}$.

b. Soit $B(-2\mathrm{i})$, $\arg(f(z)) = \dfrac{\pi}{2} + k\pi,\ k \in \mathbb{Z} \Leftrightarrow (\overrightarrow{AM}\,;\overrightarrow{BM}) = \dfrac{\pi}{2} + k\pi,\ k \in \mathbb{Z}$.

Finalement, l'ensemble cherché est le cercle de diamètre [AB] privé de A et B.

4. $$|f(z)| = 1 \Leftrightarrow \left|\frac{z+2\mathrm{i}}{z-1}\right|^2 = 1 \Leftrightarrow |z+2\mathrm{i}|^2 = |z-1|^2$$

$$\Leftrightarrow \begin{cases} x^2+(y+2)^2 = (x-1)^2+y^2 \\ (x\,;y) \neq (1\,;0) \end{cases}$$

$$\Leftrightarrow \begin{cases} 4y+4 = -2x+1 \\ (x\,;y) \neq (1\,;0) \end{cases}$$

L'ensemble cherché est donc la droite d'équation $y = -\dfrac{x}{2} - \dfrac{3}{4}$.

Autre méthode possible :

$|f(z)| = 1 \Leftrightarrow \left|\dfrac{z+z\mathrm{i}}{z-1}\right| = 1 \Leftrightarrow \mathrm{BM} = \mathrm{AM}$.

La droite cherchée est la médiatrice de [AB].

5. a. $|f(z)-1| \times |z-1| = \left|\dfrac{z+2\mathrm{i}}{z-1} - 1\right| \times |z-1| = |1+2\mathrm{i}| = \sqrt{5}$.

b. $M(z) \in \mathscr{C} \Leftrightarrow |z-1| = R \Leftrightarrow |f(z)-1| = \dfrac{\sqrt{5}}{R}$ $\left(\text{car } |f(z)-1| = \dfrac{\sqrt{5}}{|z-1|}\right)$.

L'image de $\mathscr{C}$ par f est donc le cercle de centre A et de rayon $\dfrac{\sqrt{5}}{R}$.

8 Géométrie dans l'espace

I DROITES ET PLANS DE L'ESPACE

1. Règles fondamentales de géométrie dans l'espace

■ **Règle 1** : par trois points non alignés passe un plan et un seul.

■ **Règle 2** : si A et B sont deux points distincts d'un plan (P), alors la droite (AB) est incluse dans le plan (P).

■ **Règle 3** : tous les résultats de géométrie plane s'appliquent dans chaque plan de l'espace.

2. Positions relatives de droites et de plans

■ **Propriété 1 :** position relative de deux plans.
Deux plans distincts sont soit sécants **en une droite**, soit parallèles (parallèles disjoints ou confondus).

■ **Propriété 2 :** position relative d'un plan et d'une droite.

Une droite et un plan sont
- soit sécants **en un point** ;
- soit strictement parallèles (sans point commun).
- soit contenus l'une dans l'autre.

■ **Propriété 3 :** position relative de deux droites.

Deux droites distinctes sont
- soit coplanaires et strictement parallèles
- soit coplanaires et sécantes en un point.
- soit non coplanaires

EXEMPLE : Soit ABCD un tétraèdre. Les droites (AB) et (CD) sont ni sécantes, ni parallèles : elles sont non coplanaires.

Un plan peut donc être défini par deux droites sécantes ou encore par deux droites parallèles disjointes.

3. Orthogonalité

■ **Définition :** Deux droites de l'espace sont dites **orthogonales** si leurs parallèles passant par un même point sont perpendiculaires.

COURS

> En effet, ces parallèles sont sécantes donc coplanaires. Dans le plan qui les contient, s'appliquent les résultats de la géométrie plane, et donc la notion de droites perpendiculaires.

■ **Définition :** Une droite est **orthogonale** à un plan si elle est orthogonale à toutes les droites de ce plan.

• **Théorème :** Si une droite est orthogonale à deux droites sécantes d'un plan, alors elle est orthogonale à ce plan.

• **Conséquence :** Si une droite est orthogonale à deux droites sécantes d'un plan, alors elle est orthogonale à toutes les droites de ce plan.

II GÉOMÉTRIE VECTORIELLE

1. Caractérisation d'un plan par un point et deux vecteurs non colinéaires

■ Un point A de l'espace et deux vecteurs $\vec{u}$ et $\vec{v}$ **non colinéaires** définissent un plan (P).

■ Le plan (P) est l'ensemble des points M de l'espace pour lesquels il existe des réels α et β tels que $\overrightarrow{AM} = \alpha\vec{u} + \beta\vec{v}$.

2. Vecteurs coplanaires

■ Soient $\vec{u}$, $\vec{v}$ et $\vec{w}$ trois vecteurs de l'espace. Soit O un point quelconque de l'espace et A, B, C les points définis par $\vec{u} = \overrightarrow{OA}$, $\vec{v} = \overrightarrow{OB}$ et $\vec{w} = \overrightarrow{OC}$.
On dit que $\vec{u}$, $\vec{v}$ et $\vec{w}$ sont **coplanaires** si, et seulement si, les points O, A, B et C le sont.

> • Deux vecteurs de l'espace sont toujours coplanaires.
> • Trois vecteurs de l'espace sont coplanaires si, et seulement si, l'un d'entre eux peut s'écrire comme combinaison linéaire des deux autres.

3. Décomposition d'un vecteur en fonction de trois vecteurs non coplanaires

■ Soient $\vec{u}$, $\vec{v}$ et $\vec{w}$ trois vecteurs non coplanaires.
Alors tout vecteur de l'espace s'écrit, de manière unique, comme combinaison linéaire de $\vec{u}$, $\vec{v}$ et $\vec{w}$.
Autrement dit, pour tout vecteur $\overrightarrow{AB}$, il existe un unique triplet de réels $(\alpha\ ;\ \beta\ ;\ \gamma)$ tel que $\overrightarrow{AB} = \alpha\vec{u} + \beta\vec{v} + \gamma\vec{w}$.

4. Repérage dans l'espace

■ **Définition** : Un repère de l'espace est la donnée d'un point O, origine du repère, et un triplet $(\vec{i}\ ;\ \vec{j}\ ;\ \vec{k})$ de vecteurs non coplanaires.

■ **Théorème :** Pour tout point M plan, il existe un unique triplet de réels $(x\ ;\ y\ ;\ z)$ tel que $\overrightarrow{OM} = x\vec{i} + y\vec{j} + z\vec{k}$. Alors le point M, ainsi que le vecteur $\overrightarrow{OM}$, ont pour coordonnées le triplet $(x\ ;\ y\ ;\ z)$.

- Le vecteur $\overrightarrow{AB}$ a pour coordonnées $\begin{pmatrix} x_B - x_A \\ y_B - y_A \\ z_B - z_A \end{pmatrix}$.
- Les opérations sur les vecteurs de l'espace sont analogues à celles de géométrie plane.

■ **Condition de colinéarité**

Soient $\vec{u}\begin{pmatrix} x \\ y \\ z \end{pmatrix}$ et $\vec{v}\begin{pmatrix} x' \\ y' \\ z' \end{pmatrix}$ deux vecteurs non nuls. $\vec{u}$ et $\vec{v}$ sont colinéaires si, et seulement si, il existe un réel k tel que $\vec{v} = k\vec{u}$ c'est-à-dire tel que $\begin{cases} x' = kx \\ y' = ky \\ z' = kz \end{cases}$.

5. Représentation paramétrique d'une droite

■ **Propriété-définition (représentation paramétrique d'une droite)**

Soit (d) la droite passant par $A(x_A\ ;\ y_A\ ;\ z_A)$ et de vecteur directeur $\vec{u}(a\ ;\ b\ ;\ c)$. Soit M un point de l'espace.

Alors $M \in (d) \Leftrightarrow \overrightarrow{AM}$ et $\vec{u}$ sont colinéaires

$\Leftrightarrow$ il existe un réel t tel que $\begin{cases} x = x_A + ta \\ y = y_A + tb \\ z = z_A + tc \end{cases}$.

$\begin{cases} x = x_A + ta \\ y = y_A + tb \\ z = z_A + tc \end{cases}$, $t \in \mathbb{R}$ **est un système d'équations paramétriques de (*d*).**

III PRODUIT SCALAIRE DANS L'ESPACE

1. Vecteurs orthogonaux et repère orthonormé

■ **Définition :** Soient $\vec{u}$ et $\vec{v}$ deux vecteurs de l'espace.

Soient $\overrightarrow{AB}$ et $\overrightarrow{AC}$ des représentants respectivement de $\vec{u}$ et de $\vec{v}$.

Les vecteurs $\vec{u}$ et $\vec{v}$ sont dits **orthogonaux** si les droites (AB) et (AC) sont perpendiculaires.

Le repère de l'espace $(O\ ;\ \vec{i}\ ;\ \vec{j}\ ;\ \vec{k})$ est dit **orthonormé** si :

$$\begin{cases} \|\vec{i}\| = \|\vec{j}\| = \|\vec{k}\| \\ \vec{i} \perp \vec{j} \text{ et } \vec{i} \perp \vec{k} \text{ et } \vec{j} \perp \vec{k} \end{cases}$$

2. Les différentes expressions du produit scalaire

■ **À l'aide de projections orthogonales**

Soient $\vec{u}$ et $\vec{v}$ deux vecteurs tels que $\vec{u} \neq \vec{0}$ et $\vec{v'}$ **le projeté orthogonal de $\vec{v}$ sur $\vec{u}$**, alors :

$$\vec{u} \cdot \vec{v} = \vec{u} \cdot \vec{v'}$$

■ **Avec des angles**

Soient $\vec{u}$ et $\vec{v}$ deux vecteurs non nuls. Alors :

$$\vec{u} \cdot \vec{v} = \|\vec{u}\| \times \|\vec{v}\| \times \cos\,(\vec{u}\,;\vec{v}).$$

■ **Dans un repère orthonormal**

Dans l'espace muni du repère orthonormal $(\mathrm{O}\,;\vec{i}\,;\vec{j}\,;\vec{k})$, le produit scalaire des vecteurs $\vec{u}\begin{pmatrix} x \\ y \\ z \end{pmatrix}$ et $\vec{v}\begin{pmatrix} x' \\ y' \\ z' \end{pmatrix}$ est :

$$\vec{u} \cdot \vec{v} = xx' + yy' + zz'$$

3. Propriétés

■ **Règles de calcul**

Soient $\vec{u}$, $\vec{v}$ et $\vec{w}$ trois vecteurs.

- $\vec{0} \cdot \vec{u} = \vec{u} \cdot \vec{0} = 0$;
- $\vec{u} \cdot \vec{v} = \vec{v} \cdot \vec{u}$ (commutativité) ;
- $\vec{u} \cdot (\vec{v} + \vec{w}) = \vec{u} \cdot \vec{v} + \vec{u} \cdot \vec{w}$ (associativité) ;
- si $k \in \mathbb{R}$, alors $\vec{u} \cdot (k\,\vec{v}) = (k\,\vec{u}) \cdot \vec{v} = k \times (\vec{u} \cdot \vec{v})$.

■ **Vecteurs orthogonaux**

- On convient que le vecteur nul est orthogonal à tout vecteur du plan.
- Soients $\vec{u}$ et $\vec{v}$ deux vecteurs,

$\vec{u}$ et $\vec{v}$ sont orthogonaux si, et seulement si, $\vec{u} \cdot \vec{v} = 0$.

■ **Norme et produit scalaire**

■ **Définition :** Pour tout vecteur $\vec{u}$ de l'espace :

$$\vec{u} \cdot \vec{u} = \|\vec{u}\|^2.$$

■ Dans l'espace muni du repère orthonormal $(\mathrm{O}\,;\vec{i}\,;\vec{j}\,;\vec{k})$:

- la norme du vecteur $\vec{u}\begin{pmatrix} x \\ y \\ z \end{pmatrix}$ est :

$$\|\vec{u}\| = \sqrt{x^2 + y^2 + z^2}.$$

- la distance entre deux points A et B est :

$$AB = \|\overrightarrow{AB}\| = \sqrt{(x_B - x_A)^2 + (y_B - y_A)^2 + (z_B - z_A)^2}.$$

4. Vecteur normal à un plan

■ **Définition :** (P) un plan de l'espace défini par le point A et deux vecteurs non colinéaires $\vec{u}$ et $\vec{v}$. Soit $\vec{n}$ un vecteur non nul. On dit que le vecteur $\vec{n}$ est **normal** au plan (P) si $\vec{n}$ est orthogonal à $\vec{u}$ et à $\vec{v}$.

Si $\vec{n}$ est un vecteur normal à (P), alors $\vec{n}$ est orthogonal à tout vecteur du plan (P).

■ **Propriété :** Deux vecteurs normaux à un plan sont colinéaires.

■ Soit A un point de l'espace plan et $\vec{n}$ un vecteur non nul.

- L'ensemble des points M de l'espace tels que $\overrightarrow{AM} \cdot \vec{n} = 0$ est le plan passant par A et de vecteur normal $\vec{n}$.
- Dans un repère orthonormal, le plan d'équation cartésienne $ax + by + cz + d = 0$, avec $(a\,;b\,;c) \neq (0\,;0\,;0)$ a pour vecteur normal le vecteur $\vec{n}\begin{pmatrix} a \\ b \\ c \end{pmatrix}$.

SAVOIR-FAIRE

1. Orthogonalité d'une droite et d'un plan

EXEMPLE : On considère un cube ABCDEFGH. Démontrer que les droites (AC) et (GC) sont perpendiculaires.

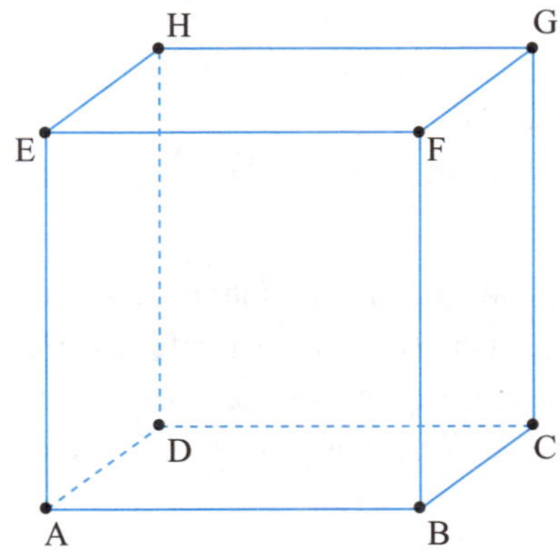

Il faut prouver que l'une des deux droites est orthogonale à un plan contenant l'autre, puis on en déduit qu'elle est orthogonale à toutes les droites de ce plan.

Voir le paragraphe I. 3. du cours.

DCGH et BCGF sont des faces carrées du cube, donc (GC) est perpendiculaire aux arêtes (DC) et (BC), qui sont deux droites sécantes du plan (ABC). Donc (GC) est orthogonale au plan (ABC), et donc à toutes les droites de ce plan. En particulier, (GC) est orthogonale à (AC), et comme elles sont sécantes en C, **les droites (GC) et (AC) sont coplanaires et perpendiculaires**.

2. Position relative de deux plans définis par leurs équations cartésiennes

EXEMPLE : On définit les plans :

$$(P)2x-3y+6z=3,\ (Q)-\frac{x}{3}+\frac{y}{2}-z=1 \text{ et } (R)4x-2y+z=10.$$

Déterminer :

- l'intersection des plans (P) et (Q) ;
- l'intersection des plans (P) et (R).

Regarder si les vecteurs normaux aux deux plans sont colinéaires entre eux.

- **1er cas**. Si les vecteurs normaux sont colinéaires, alors les plans sont parallèles. Regarder alors si leurs équations sont équivalentes. Si oui, les plans sont confondus et $(P)\cap(Q)=(P)$. Si non, les plans sont disjoints et $(P)\cap(Q)=\varnothing$.

$\overrightarrow{n_P}\begin{pmatrix}2\\-3\\6\end{pmatrix}$ et $\overrightarrow{n_Q}\begin{pmatrix}-1/3\\1/2\\-1\end{pmatrix}$ sont colinéaires ($\overrightarrow{n_P}=-6\overrightarrow{n_Q}$), donc (P) et (Q) sont parallèles.

De plus, $-\frac{x}{3}+\frac{y}{2}-z=1 \Leftrightarrow 2x-3y+6z=-6.$

Les plans $(P)2x-3y+6z=3$ et $(Q)\ 2x-3y+6z=-1$ sont disjoints : $(P)\cap(Q)=\varnothing$.

- **2e cas**. Si les vecteurs normaux ne sont pas colinéaires, alors les plans sont sécants. Leur intersection est alors une droite, dont on va déterminer un système d'équations paramétriques. Pour cela, on exprime les variables en fonction de z (ou de x ou de y), puis on pose $t=z$ ou $t=\lambda z$ avec $\lambda \neq 0$.

$\overrightarrow{n_P}\begin{pmatrix}2\\-3\\6\end{pmatrix}$ et $\overrightarrow{n_R}\begin{pmatrix}4\\-2\\1\end{pmatrix}$ ne sont pas colinéaires car on ne peut trouver de coefficient de proportionnalité k entre eux. Les plans (P) et (R) sont donc sécants.

$\begin{cases} 2x-3y+6z=3 \\ 4x-2y+z=10 \end{cases} \Leftrightarrow \begin{cases} 2x=3+3y-6z \\ 4x-2y+z=10 \end{cases}$

$\Leftrightarrow \begin{cases} 2x=3-6z+3y \\ 2(3-6z+3y)-2y+z=10 \end{cases} \Leftrightarrow \begin{cases} x=\dfrac{3}{2}-3z+\dfrac{3}{2}y \\ 4y=4+11z \end{cases}$

$\Leftrightarrow \begin{cases} x=\dfrac{3}{2}-3z+\dfrac{3}{2}\left(1+\dfrac{11}{4}z\right) \\ y=1+\dfrac{11}{4}z \end{cases} \Leftrightarrow \begin{cases} x=\dfrac{9}{8}z+3 \\ y=\dfrac{11}{4}z+1 \end{cases}.$

Posons $t=\dfrac{z}{8}$.

L'intersection de (*P*) et de (*R*) est la droite (*d*) : $\begin{cases} \boldsymbol{x=9t+3} \\ \boldsymbol{y=22t+1,\ t\in\mathbb{R}.} \\ \boldsymbol{z=8t} \end{cases}$

Le système d'équations paramétriques obtenu nous donne un vecteur directeur $\vec{u}$ et un point A de (*d*). On peut vérifier que A appartient aux deux plans et que $\vec{u}$ est orthogonal à leurs deux vecteurs normaux.

Ici A(3 ; 1 ; 0) appartient à (P) et à (R) puisque $2\times3-3\times1+6\times0=3$ et que $4\times3-2\times1+0=10$. De plus, $\vec{u}\begin{pmatrix}9\\22\\8\end{pmatrix}$ vérifie $\vec{u}\cdot\vec{n_P}=2\times9-3\times22+6\times8=0$ et $\vec{u}\cdot\vec{n_R}=4\times9-2\times22+1\times8=0$.

3. Déterminer une équation cartésienne ou une représentation paramétrique d'un plan

- **1er cas.** On connaît un point A du plan (*P*) et un vecteur normal $\vec{n}$ au plan.

EXEMPLES : Déterminer une équation cartésienne du plan (*P*) passant par $A(1\ ;-2\ ;3)$ et de vecteur normal $\vec{n}(4\ ;5\ ;-6)$.
Soit $M(x\ ;y\ ;z)$ un point de l'espace.

$$M\in(P)\Leftrightarrow \overrightarrow{AM}\perp\vec{n}\Leftrightarrow \overrightarrow{AM}\cdot\vec{n}=0$$
$$\Leftrightarrow (x-1)\times4+(y+2)\times5+(z-3)\times(-6)=0$$
$$\Leftrightarrow 4x+5y-6z+24=0.$$

Une équation cartésienne de (*P*) est $\boldsymbol{4x+5y-6z+24=0}$.

- **2e cas.** On connaît un point A du plan (*P*) et deux vecteurs $\vec{v}$ et $\vec{w}$ de ce plan.

Voir propriété II-1.

EXEMPLES : Déterminer une représentation paramétrique du plan (P) caractérisé par le point $A(5\ ;-1\ ;0)$ et les vecteurs $\vec{v}(1\ ;3\ ;-2)$ et $\vec{w}(4\ ;7\ ;-1)$.
Soit $M(x\ ;y\ ;z)$ un point de l'espace.

$M \in (P) \Leftrightarrow$ il existe deux réels α et β tels que $\overrightarrow{AM} = \alpha\ \vec{v} + \beta\ \vec{w}$

$\Leftrightarrow$ il existe deux réels α et β tels que $\begin{cases} x-5=\alpha\times 1+\beta\times 4 \\ y+1=3\alpha+7\beta \\ z=-2\alpha-\beta \end{cases}$

Une représentation paramétrique de (*P*) est :

$$\begin{cases} \boldsymbol{x=\alpha+4\beta+5} \\ \boldsymbol{y=3\alpha+7\beta-1}, \\ \boldsymbol{z=-2\alpha-\beta} \end{cases} \alpha \in \mathbb{R} \text{ et } \beta \in \mathbb{R}.$$

4. Intersection d'une droite (*d*) et d'un plan (*P*) dans un repère orthogonal

Soit $\vec{u}$ un vecteur directeur de (d) et $\vec{n}$ un vecteur normal à (P). Regarder si $\vec{u}$ et $\vec{n}$ sont orthogonaux. Si oui, (d) et (P) sont parallèles. Si non, (d) et (P) sont sécants.

Voir propriété 2 du I-2.

EXEMPLES : Déterminer l'intersection de la droite (d) $\begin{cases} x=1+3t \\ y=-3t \\ z=5 \end{cases}, t \in \mathbb{R}$ avec le plan (P) $2x-y+3z+10=0$.

Ici, $\vec{u}\begin{pmatrix} 3 \\ -3 \\ 0 \end{pmatrix}$ dirige (d) et $\vec{n}\begin{pmatrix} 2 \\ -1 \\ 3 \end{pmatrix}$ est normal à (P).

$\vec{u}\cdot\vec{n} = 3\times 2-3\times(-1)+0\times 3 = 9 \neq 0$, donc (d) et (P) sont sécants et leur intersection est un point.

$M(x\ ;y\ ;z) \in (d)\cap(P)$

$\Leftrightarrow$ il existe un réel t tel que $\begin{cases} x=1+3t \\ y=-3t \\ z=5 \end{cases}$ et $2x-y+3z+10=0$

$\Leftrightarrow$ il existe un réel t tel que $\begin{cases} x=1+3t \\ y=-3t \\ z=5 \end{cases}$ et $2(1+3t)-(-3t)+3\times 5+10=0$

$$\Leftrightarrow \text{ il existe un réel } t \text{ tel que } \begin{cases} x = 1 + 3t \\ y = -3t \\ z = 5 \end{cases} \text{ et } t = -\frac{27}{9} = -3$$

$\Leftrightarrow$ M$(-8\ ;\ 9\ ;\ 5)$.

Donc (*d*) et (*P*) sont sécants en $\mathbf{M(-8\ ;\ 9\ ;\ 5)}$.

5. Position relative de deux droites

Soit (d) la droite passant par A et de vecteur directeur $\vec{u}$, et (d') la droite passant par A′ et de vecteur directeur $\vec{u}'$.

■ **1er cas**. $\vec{u}$ et $\vec{u}'$ sont colinéaires. Alors $(d)//(d')$.

- Si $A \in (d')$, alors (d') et (d') sont confondues et $(d) \cap (d') = (d)$.
- Si $A \in (d')$, alors (d') et (d') sont disjointes et $(d) \cap (d') = \varnothing$.

■ **2e cas**. $\vec{u}$ et $\vec{u}'$ ne sont pas colinéaires. Alors (d) et (d') sont soit sécantes soit non coplanaires. Pour le savoir, on résout le système.

EXEMPLE : $(d) : \begin{cases} x = 5 + 3t \\ y = 2 + t \\ z = 1 - 4t \end{cases},\ t \in \mathbb{R}$ et $(d') : \begin{cases} x = 2t' - 11 \\ y = 10 - 2t' \\ z = 4 + t' \end{cases},\ t' \in \mathbb{R}$

$\vec{u}\begin{pmatrix} 3 \\ 1 \\ -4 \end{pmatrix}$ et $\vec{u}'\begin{pmatrix} 2 \\ -2 \\ 1 \end{pmatrix}$ ne sont pas colinéaires car on ne peut trouver de réel k tel que $\vec{u}' = k\vec{u}$.

Soit M$(x\ ;\ y\ ;\ z)$ un point de l'espace.

$$M \in (d) \cap (d') \Leftrightarrow \begin{cases} x = 5 + 3t = 2t' - 11 \\ y = 2 + t = 10 - 2t' \\ z = 1 - 4t = 4 + t' \end{cases}, \text{ où } t \text{ et } t' \text{ sont des réels ;}$$

$$\Leftrightarrow \begin{cases} x = 5 + 3t \\ y = 2 + t \\ z = 1 - 4t \end{cases} \text{ et } \begin{cases} 5 + 3t = 2t' - 11 \\ 2 + t = 10 + 2t' \\ 1 - 4t = 4 + t' \end{cases}, \text{ où } t \text{ et } t' \text{ sont des réels ;}$$

$$\Leftrightarrow \begin{cases} x = 5 + 3t \\ y = 2 + t \\ z = 1 + 4t \end{cases} \text{ et } \begin{cases} 5 + 3(8 - 2\,t') = 2t' - 11 \\ t = 8 - 2t' \\ 1 - 4(8 - 2t') = 4 + t' \end{cases}, \text{ où } t \text{ et } t' \text{ sont des réels ;}$$

$$\Leftrightarrow \begin{cases} x = 5 + 3t \\ y = 2 + t \\ z = 1 - 4t \end{cases} \text{ et } \begin{cases} 40 = 8t' \\ t = 8 - 2t' \\ 7t' = 35 \end{cases}, \text{ où } t \text{ et } t' \text{ sont des réels ;}$$

$$\Leftrightarrow \begin{cases} x = 5 + 3t \\ y = 2 + t \\ z = 1 - 4t \end{cases} \text{ et } \begin{cases} t' = 5 \\ t = 8 - 2 \times 5 = -2 \\ t' = 5 \end{cases}, \text{ où } t \text{ et } t' \text{ sont des réels ;}$$

$$\Leftrightarrow \begin{cases} x = 5 + 3 \times (-2) = -1 \\ y = 2 - 2 = 0 \\ z = 1 - 4 \times (-2) = 9 \end{cases}.$$

Donc (d) et (d') sont sécantes au point M $(-1\ ;\ 0\ ;\ 9)$ et $(d) \cap (d') = \{\mathrm{M}\}$.

EXERCICES D'APPLICATION

1 SECTION DE CUBE, TÉTRAÈDRE ET ORTHOGONALITÉ

★★ | 30 min | ▸ P. 291

1. On considère le cube ci-contre :

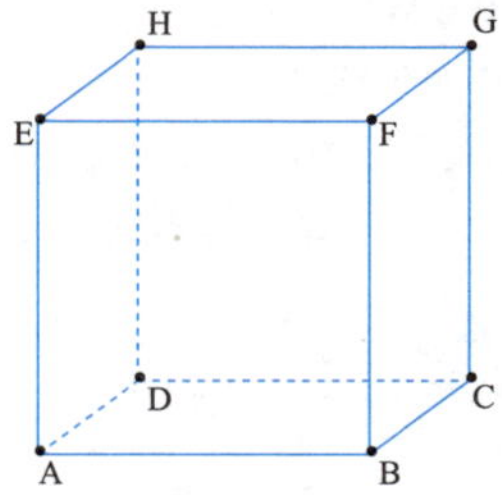

a. Soit M le point défini par :

$$\overrightarrow{EM} = \frac{3}{4}\overrightarrow{EA}.$$

Tracer la section du cube par le plan (MFD).

> Les droites d'intersection d'un plan avec deux plans (faces) parallèles sont parallèles entre elles.

b. Démontrer que la droite (AF) est orthogonale au plan (BEH).

> Chercher deux droites sécantes du plan (BEH) qui soient orthogonales à (AF) (voir le savoir-faire 1). En déduire que (AF) ⊥ (CE).

c. Soit N le milieu du segment [AB] et P le centre du carré BCGF. Tracer la section du cube par le plan (ENP).

> Construire le point d'intersection de (EN) avec la droite (FB).

2. On considère le tétraèdre ABCD représenté ci-contre :

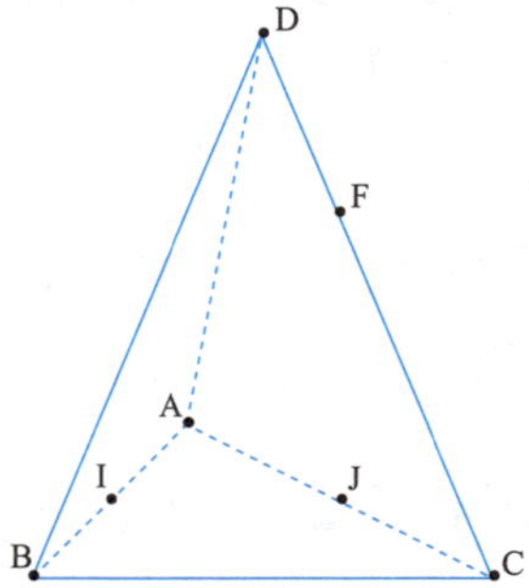

I est le milieu de [AB], J est le milieu de [AC], et F vérifie $\overrightarrow{CF} = -2\ \overrightarrow{DF}$.

On veut tracer la section du tétraèdre par le plan (IJF).

On note (d) la droite d'intersection des plans (IJF) et (BCD).

a. Démontrer que (d) est parallèle à (IJ).

> Commencer par démontrer que (IJ) est parallèle au plan (BCF), puis consulter le paragraphe du cours « position relative de deux droites » et procéder par élimination.

b. Terminer le dessin de la section du tétraèdre par (IJF). Quelle est la nature du quadrilatère ainsi obtenu ?

2 ÉQUATIONS CARTÉSIENNES DE PLAN | ★ | 25 min | ▸P. 292

L'espace est rapporté à un repère orthonormé $(O ; \vec{i} ; \vec{j} ; \vec{k})$.

1. Déterminer une équation cartésienne du plan :

a. (xOy) ;

b. (yOz) ;

c. (xOz).

2. Déterminer une équation cartésienne du plan médiateur du segment [AB] où $A(-3 ; 2 ; 8)$ et $B(1 ; 5 ; -2)$.

Le plan médiateur d'un segment [AB] est constitué des points de l'espace équidistants de A et de B.

3. On considère le plan (P) caractérisé par le point $A(3 ; -1 ; 2)$ et les vecteurs $\vec{u}(2 ; 1 ; -1)$ et $\vec{v}(-3 ; -1 ; 3)$.

a. Vérifier que $\vec{u}$ et $\vec{v}$ ne sont pas colinéaires.

b. Soit $M(x ; y ; z)$ un point de l'espace. À quelle condition M appartient-il à (P) ?

c. Soit le vecteur $\vec{w}(4 ; -6 ; 2)$. Après avoir montré que $\vec{w}$ est un vecteur normal au plan (P), déterminer une équation cartésienne de (P).

Voir le savoir-faire 3.

3 SYSTÈMES D'ÉQUATIONS PARAMÉTRIQUES DES DROITES | ★ | 15 min | ▸P. 293

1. Déterminer un système d'équations paramétriques de la droite :

$$(D_1)\begin{cases} x = 0 \\ y = 0 \end{cases}.$$

Voir le savoir-faire 2.

2. Donner un système d'équations paramétriques de la droite (d) passant par $A(1 ; 2 ; -3)$ et de vecteur directeur $\vec{u}\begin{pmatrix} 4 \\ 2 \\ -1 \end{pmatrix}$.

Voir le cours, II. 5.

3. Donner un système d'équations paramétriques de la droite (d') passant par les points $A(0 ; 5 ; -7)$ et $B(6 ; -2 ; 1)$.

4 COLINÉARITÉ, ALIGNEMENT | ★ | 30 min | ▸ P. 294

L'espace est rapporté à un repère orthonormé $(O ; \vec{i} ; \vec{j} ; \vec{k})$. On considère le plan caractérisé par le point $A(4 ; 2 ; -1)$ et les vecteurs $\vec{u}(3 ; 1 ; 5)$ et $\vec{v}(-2 ; -1 ; 0)$.

1. Vérifier que les vecteurs $\vec{u}$ et $\vec{v}$ sont pas colinéaires.
2. Les points $P(5 ; 2 ; 4)$ et $Q(0 ; -1 ; 10)$ appartiennent-ils au plan (P) ?

Exprimer $\overrightarrow{AP}$ en fonction de $\vec{u}$ et $\vec{v}$.

3. Le point $S\left(7 ; -2 ; \frac{10}{3}\right)$ appartient-il à la droite (PR) où $R\left(2 ; \frac{3}{5} ; 3\right)$?
4. Déterminer un système d'équations paramétrique de la droite (PR).

Voir le cours, II. 5.

5. Calculer les distances PQ et PR.
6. En déduire une valeur approchée à 10^{-1} près de la mesure en degrés de l'angle $\widehat{QPR}$.

5 REPÈRE QUELCONQUE | ★★ | 30 min | ▸ P. 295

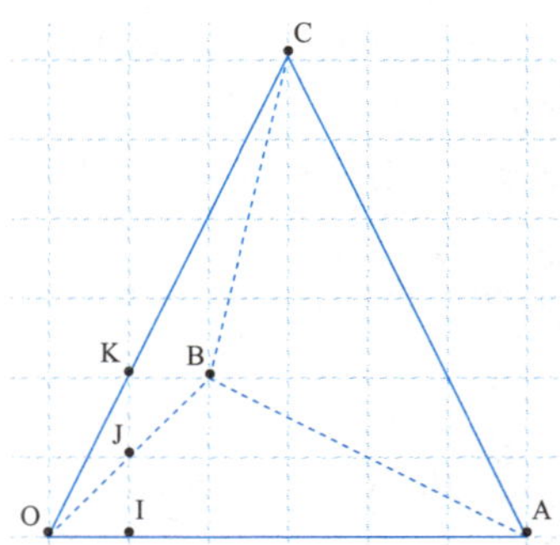

On considère le tétraèdre ci-dessous. L'espace est rapporté au repère $(O ; I ; J ; K)$.

1. Donner les coordonnées des points A, B et C dans ce repère.
2. Soit H le centre de gravité du triangle OAC : H vérifie la relation $\overrightarrow{HO} + \overrightarrow{HA} + \overrightarrow{HC} = \vec{0}$.
Exprimer $\overrightarrow{OH}$ en fonction de $\overrightarrow{OA}$ et $\overrightarrow{OC}$.
En déduire les coordonnées du point H.
3. On note M le milieu de [AC]. Vérifier que O, H et M sont alignés.
4. Soit G le centre de gravité du tétraèdre : G vérifie la relation $\overrightarrow{GO} + \overrightarrow{GA} + \overrightarrow{GB} + \overrightarrow{GC} = \vec{0}$.
Exprimer $\overrightarrow{OG}$ en fonction de $\overrightarrow{OA}$, $\overrightarrow{OB}$ et $\overrightarrow{OC}$.
En déduire les coordonnées du point G.
5. Vérifier que G appartient à la droite (BH).

Comme le repère n'est pas orthonormé, on ne peut calculer ni produits scalaires ni normes ou distances.

6 INTERSECTION DE DEUX PLANS | ★★ | 20 min | ▸P. 296

Caractériser l'ensemble des points $M(x\ ;\ y\ ;\ z)$ tels que :

1. $\begin{cases} 2x - y + z = 3 \\ x + 2y - z = 1 \end{cases}$;

2. $\begin{cases} x - 3y + 7z = 1 \\ -7x + 21y - 49z = -7 \end{cases}$;

3. $\begin{cases} -x + 3y + z = 3 \\ 2x - 6y - 2z = 1 \end{cases}$;

Voir le savoir-faire 2.

7 INTERSECTION D'UNE DROITE ET D'UN PLAN | ★★ | 25 min | ▸P. 297

Déterminer l'intersection :

1. de la droite (d) définie par $\begin{cases} x = -1 + 3t \\ y = 2 - 5t \\ z = t \end{cases}$, $t \in \mathbb{R}$ avec le plan (P) d'équation cartésienne $3x - 2y + 5z - 1 = 0$;

2. de la droite (d) définie par $\begin{cases} x = 2 + 6t \\ y = 3 - t \\ z = 12 \end{cases}$, $t \in \mathbb{R}$ avec le plan (P) d'équation cartésienne $x + 6y + 3z - 7 = 0$;

3. de la droite (d) passant par $A(1\ ;\ 2\ ;\ 3)$ et de vecteur directeur $\vec{u}\begin{pmatrix} 3 \\ 2 \\ 1 \end{pmatrix}$ avec le plan (P) caractérisé par la point $O(0\ ;\ 0\ ;\ 0)$ et les vecteurs $\vec{v}\begin{pmatrix} 1 \\ 0 \\ -1 \end{pmatrix}$ et $\vec{w}\begin{pmatrix} 0 \\ 3 \\ 0 \end{pmatrix}$.

Voir le savoir-faire 4, et pour le **3.** le cours, II. 5

8 POSITIONS RELATIVES DE DROITES | ★★ | 20 min | ▸P. 299

L'espace est rapporté à un repère orthonormé $(O\ ;\vec{i}\ ;\vec{j}\ ;\vec{k})$.
Déterminer les positions relatives des droites suivantes :

1. $(D_1)\begin{cases} x = -3 + 2t \\ y = 5 - t \\ z = 7 + 4t \end{cases}$, $t \in \mathbb{R}$ et $(D_2)\begin{cases} x = -5 - t \\ y = 6 + \dfrac{1}{2}t \\ z = 2 - 2t \end{cases}$, $t \in \mathbb{R}$.

2. (D_1) et $(D_3)\begin{cases}x=4+t\\y=-6-3t,\ t\in\mathbb{R}.\\z=21+2t\end{cases}$

3. (D_1) et $(D_4)\begin{cases}x=-1+3t\\y=2 \quad ,\ t\in\mathbb{R}.\\z=7-5t\end{cases}$

4. (D_1) et $(\mathrm{D}_5)\begin{cases}x=3-3t\\y=2+\frac{3}{2}t \text{ où } t\in\mathbb{R}.\\z=19-6t\end{cases}$

Voir le savoir-faire 5.

EXERCICES D'ENTRAÎNEMENT

9 VRAI OU FAUX ? | ★★ | 20 min | ▸ P. 301

Dire si les assertions suivantes sont vraies ou fausses :

1. Deux droites de l'espace sans point commun sont parallèles.

2. Deux droites parallèles à un même plan sont parallèles entre elles.

3. Trois droites concourantes sont coplanaires.

4. Deux droites de l'espace orthogonales à une même troisième sont parallèles entre elles.

5. La droite (AB) où $\mathrm{A}(-1\ ;6\ ;-1)$ et $\mathrm{B}(2\ ;3\ ;5)$ admet pour système d'équations paramétriques :

$$\begin{cases}x=1-t\\y=4+t \quad ,\ t\in\mathbb{R}.\\z=3-2t\end{cases}$$

6. La droite d'intersection des plans d'équations $2x+4y-z-2=0$ et $y-z+3=0$ admet pour système d'équations paramétriques :

$$\begin{cases}x=-\frac{1}{2}+3t\\y=-2+2t\ ,\ t\in\mathbb{R}.\\z=1+2t\end{cases}$$

10 SYSTÈME LINÉAIRE DE TROIS ÉQUATIONS À TROIS INCONNUES | ★★ | 30 min | ▸P. 301

L'espace est rapporté à un repère orthonormé $(O\,;\vec{i}\,;\vec{j}\,;\vec{k})$.

1. Résoudre les systèmes suivants en vous aidant de leur interprétation géométrique :

a. $\begin{cases} \dfrac{x}{2} - y + z = 0 \\ -3x + 6y - z = 1\,; \\ x - 2y + \dfrac{z}{3} = 5 \end{cases}$ **b.** $\begin{cases} x - 2y + z = 5 \\ x + y + z = 1\,; \\ x - 3y = 5 \end{cases}$

Les plans, dont les équations cartésiennes composent le système, sont-ils parallèles ?

2. Soient les points, $A(1\,;3\,;-1)$, $B(3\,;6\,;-2)$ $C(0\,;4\,;0)$.

a. Vérifier que les points A, B, C ne sont pas alignés.

b. Déterminer, en résolvant un système, quatre réels a, b, c, d tels que $(a,\ b,\ c) \neq (0,\ 0,\ 0)$ et $ax + by + cz + d = 0$, soit une équation cartésienne du plan (ABC).

11 PRODUIT SCALAIRE ET RELATION DE CHASLES | ★★★ | 15 min | ▸P. 303

1. Soit A, B, C et D quatre points distincts de l'espace. Démontrer que les droites (AB) et (CD) sont orthogonales si, et seulement si : $AC^2 + BD^2 = AD^2 + BC^2$.

On pourra, par exemple, exprimer $AC^2 - AD^2$, ainsi que $BC^2 - BD^2$ sous forme de produits scalaires.

2. On considère un tétraèdre ABCD tel que (AB) est orthogonale à (CD), et (BC) orthogonale à (AD). Montrer que (BD) est orthogonale à (AC).

12 DÉMONSTRATION DU THÉORÈME DU TOIT | ★★ | 15 min | ▸P. 303

L'objectif de cet exercice est de démontrer le théorème du toit « Si deux plans sécants (P_1) et (P_2) contiennent respectivement des droites (d_1) et (d_2) parallèles entre elles, alors la droite d'intersection Δ de (P_1) et (P_2) est parallèle à (d_1) et à (d_2) ».

Pour cela, on munit l'espace d'un repère orthonormé $(O\,;\vec{i}\,;\vec{j}\,;\vec{k})$.

On considère deux plans sécants (P_1) et (P_2), de vecteurs normaux respectivement $\overrightarrow{n_1}$ et $\overrightarrow{n_2}$ et contenant tous deux le point I. On suppose qu'il existe deux droites (d_1) et (d_2) incluses respectivement dans (P_1) et (P_2) et telles que (d_1) et (d_2) soient parallèles.

Soit (Q) le plan caractérisé par le point I et les vecteurs $\overrightarrow{n_1}$ et $\overrightarrow{n_2}$.

1. Justifier la non colinéarité de $\overrightarrow{n_1}$ et $\overrightarrow{n_2}$.
2. Soit Δ la droite d'intersection de (P_1) et (P_2), et soit $\vec{u}$ un vecteur directeur de Δ. Démontrer que $\vec{u}$ est normal au plan (Q).

Bien relire la définition d'un vecteur normal et sa conséquence.

3. Soit $\vec{v}$ un vecteur directeur de (d_1). Démontrer que $\vec{v}$ est également normal au plan (Q).
4. Conclure.

13 DÉMONSTRATION D'UNE PROPRIÉTÉ DU COURS | ★★ | 15 min | ▸ P. 303

L'objet de cet exercice est de démontrer que si une droite est orthogonale à deux droites sécantes d'un plan, alors elle est orthogonale à toutes les droites de ce plan.

Soit Δ une droite de vecteur directeur $\vec{u}$, et soit (P) un plan. On suppose qu'il existe deux droites sécantes (d_1) et (d_2) incluses dans le plan (P) et orthogonales à Δ.

Démontrer que toute droite (d) du plan (P) est orthogonale à Δ.

Soient $\vec{v_1}$, $\vec{v_2}$ et $\vec{w}$ des vecteurs directeurs respectivement de (d_1), (d_2) et (d). Justifier que $\vec{w}$ peut s'écrire comme combinaison linéaire de $\vec{v_1}$ et $\vec{v_2}$, et utiliser le produit scalaire.

14 PERPENDICULAIRE COMMUNE À DEUX DROITES NON COPLANAIRES | ★★ | 20 min | ▸ P. 304

L'espace est muni d'un repère orthonormal $(\mathrm{O} ; \vec{i} ; \vec{j} ; \vec{k})$.

Soient $\mathrm{A}(1 ; 0 ; -1)$ $\mathrm{B}(-1 ; 2 ; 3)$ deux points de l'espace et $\vec{u}(3 ; 2 ; 0)$, $\vec{v}(0 ; 1 ; 3)$ deux vecteurs de l'espace.

On appelle D_1 la droite passant par A et de vecteur directeur $\vec{u}$ et D_2 la droite passant par B et de vecteur directeur $\vec{v}$.

1. Vérifier que D_1 et D_2 ne sont pas coplanaires.

Voir le savoir-faire 5.

2. On note H et H′ les pieds de la perpendiculaire commune Δ de D_1 et D_2.

a. Déterminer les coordonnées de H et de H′.

b. Donner un système d'équations paramétriques de Δ et calculer HH′ (HH′ s'appelle la distance entre les droites D_1 et D_2).

15 GÉOMÉTRIE NON REPÉRÉE | ★★ | 20 min | ▸ P. 305

▸ P. 305

Soit ABCDA′B′C′D′ un cube de côté 1.
On note I, J, K, L, M, N les centres respectivement des faces ABCD, CDD′C′, BCB′C′, A′B′C′D′, ADD′A′, ABB′A′.

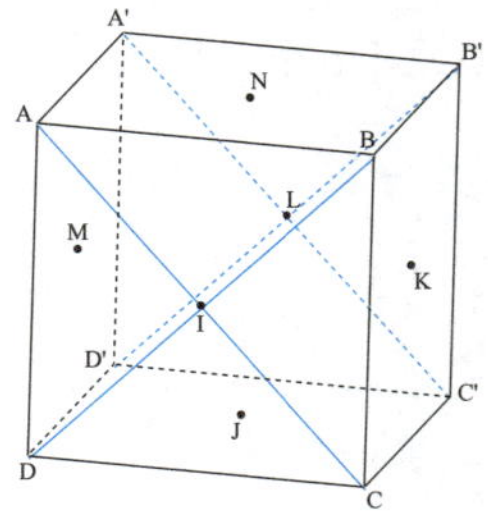

1. Démontrer que toutes les faces de l'octaèdre IJKLMN sont des triangles équilatéraux, dont on calculera le côté.

2. On veut montrer que les droites (IL), (KM), (NJ) sont concourantes au centre O du cube.

a. Démontrer que IJLN, JKNM, IKLM sont des carrés.

b. En déduire que les droites (IL), (KM), (NJ) sont concourantes au centre O de cube.

3. Calculer le volume de l'octaèdre IJKLMN.

L'octaèdre est composé de deux pyramides IKLMJ et IKLMN.

EXERCICES D'APPROFONDISSEMENT

16 DISTANCE D'UN POINT À UNE DROITE | ★★★ | 30 min | ▸ P. 306

L'espace est muni d'un repère orthonormal $(O\,;\vec{i}\,;\vec{j}\,;\vec{k})$.

Partie A.

Soit (P) le plan d'équation $2x+3y+5z-1=0$.

1. Vérifier que $M(-1\,;1\,;0)\in(P)$, puis donner un vecteur normal à (P) que l'on notera $\vec{n}$.

2. Soit $A(1\,;-4\,;5)$. On veut déterminer la distance du point A au plan (P), c'est-à-dire la distance AH, où H est le projeté orthogonal de A sur (P).

a. Exprimer $\overrightarrow{AM}.\vec{n}$ en fonction de la distance AH. En déduire $|\overrightarrow{AM}.\vec{n}|$.

Utiliser la relation de Chasles.

b. En déduire la distance de A au plan (P).

Partie B.

Cas général. Soit (P) le plan d'équation $ax+by+cz+d=0$ $(a,\ b,\ c,\ d\in\mathbb{R})$.

$M(x\,;\,y\,;\,z)$ désigne un point de (P), et $\vec{n}$ le vecteur de coordonnées $\begin{pmatrix}a\\b\\c\end{pmatrix}$.

Soit $A(x_A\,;\,y_A\,;\,z_A)$ un point de l'espace et H son projeté orthogonal sur le plan (P).

1. Exprimer $\left|\overrightarrow{AM}.\vec{n}\right|$ en fonction de AH, a, b et c
2. Montrer que $\left|\overrightarrow{AM}.\vec{n}\right| = \left|ax_A + by_A + cz_A + d\right|$.
3. Exprimer alors la distance de A à (P) en fonction de x, y, z, a, b, c et d.

17 PROBLÈME

★★ | 1 hr | ▶P. 306

L'espace est muni du repère orthonormal direct $(O ; \vec{i} ; \vec{j} ; \vec{k})$
Les parties A *et* B *peuvent être traitées de façon indépendante.*

Partie A.

Soit (P) le plan d'équation $x + y - z - 4 = 0$, et (P') le plan d'équation $6x + 3y - 2z - 6 = 0$.

1. Étudier la position relative des plans (P) et (P').
2. Établir un système d'équations paramétriques de la droite d'intersection de (P) et de (P').
3. Vérifier, pour tout point $M(x ; y ; z)$, l'équivalence :

$$M(x ; y ; z) \in (P) \cap (P') \Leftrightarrow \text{il existe un réel } t \text{ tel que } \begin{cases} x = 5t + 3 \\ y = -8t - 2 \\ z = 3t + 3 \end{cases}.$$

Partie B.

On considère les points $A(1 ; 0 ; 0)$, $B(0 ; 2 ; 0)$ et $C(0 ; 0 ; -3)$.
Soit (Q) le plan d'équation $x + y + z - 4 = 0$.

1. Soit $M(x ; y ; z)$ un point de l'espace. Établir que $M \in (AB)$ si, et seulement s'il existe un réel t tel que $\begin{cases} x = 1 - t \\ y = 2t \\ z = 0 \end{cases}$.
2. Après avoir montré que la droite (AB) et le plan (Q) sont sécants, déterminer les coordonnées de leur point d'intersection I.
3. Montrer que la droite (BC) coupe le plan (Q) au point $J(0 ; 2{,}8 ; 1{,}2)$.
4. Vérifier que $\overrightarrow{IJ}$ est colinéaire au vecteur $\vec{v}(5 ; -8 ; 3)$.
5. Démontrer que les points A, B et C forment un plan.
6. Caractériser l'intersection des plans (ABC) et (Q).

CONTRÔLE

18

★★ | 20 min | ▶P. 308

Pour chaque question, dire quelles propositions sont correctes.

1. Le plan d'équation cartésienne $-3x + 2y - 7z + 1 = 0$ admet pour vecteur normal

a. $\vec{0}$; b. $\vec{n}(3 ; 2 ; -7)$; c. $\vec{u}(6 ; -4 ; 14)$.

2. Les plans d'équations respectivement $-3x+2y-7z+1=0$ et $4x-y-2z+11=0$ sont :

a. parallèles ; b. perpendiculaires ; c. sécants.

3. L'intersection des plans d'équations $-9x+18y+6z-27=0$ et $3x-6y-2z+9=0$ est :

a. l'ensemble vide ; b. une droite ; c. un plan.

4. Les droites $(D_1)\begin{cases}x=5+3t\\y=2+t\\z=1-4t\end{cases}$ $(t\in\mathbb{R})$ et $(D_2)\begin{cases}x=-11+2t\\y=10-2t\\z=4+t\end{cases}$ $(t\in\mathbb{R})$ sont :

a. parallèles ; b. sécantes ; c. orthogonales ; d. non coplanaires.

5. Le plan d'équation cartésienne $x-y+z-3=0$ et la droite $(\mathrm{D})\begin{cases}x=1-t\\y=2+3t,\ t\in\mathbb{R}\\z=-1+3t\end{cases}$ sont :

a. parallèles ; b. orthogonaux ; c. ni parallèles ni orthogonaux.

CONTRÔLE

19 | ★★ | 40 min | ▸ P. 309

Dans l'espace rapporté à un repère orthonormé $(O ; \vec{i} ; \vec{j} ; \vec{k})$, on donne les plans π_1 ayant pour équation cartésienne $x-z=0$ et π_2 caractérisé par le point $A(3 ; 2 ; 1)$ et les vecteurs $\vec{u}(-1 ; 0 ; 1)$ et $\vec{v}(2 ; -1{,}0)$.

1. Déterminer une représentation paramétrique de π_2.
2. Déterminer un vecteur $\overrightarrow{n_2}(a ; b ; c)$ normal à π_2.
3. En déduire que π_2 admet pour équation cartésienne $x+2y+z-8=0$.
4. Déterminer les coordonnées des points d'intersection (notés respectivement M, N et P) du plan π_2 avec les axes du repère (Ox), (Oy) et (Oz).
5. Les plans π_1 et π_2 sont-ils sécants ? Si oui, sont-ils perpendiculaires ?
6. Établir un système d'équations paramétriques de la droite Δ, droite d'intersection des plans π_1 et π_2. Vérifier que Δ passe par le point $C(4 ; 0 ; 4)$ et admet pour vecteur directeur $\vec{t}(-1 ; 1 ; -1)$.
7. Déterminer l'abscisse du point L du plan π_1 de coordonnées $(x ; 2 ; 2)$, puis établir une équation de la sphère (S) de centre $A(3 ; 2 ; 1)$ et passant par L.

CORRIGÉS

1 **1. a.** Il s'agit de trouver, lorsqu'elles existent, les droites d'intersection entre le plan (MFD) et les plans contenant les faces du cube.
[MF] et [MD] sont deux segments communs aux faces du cube et au plan.
Puis l'intersection du plan avec la face DCGH est un segment parallèle à (MF) car les faces DCGH et ABFE sont parallèles. On obtient ainsi le segment [DI] où I est le point d'intersection du plan (MFD) et de l'arête [GC].
Enfin [IF] est l'intersection du plan avec la face BCGF car ces deux points sont communs à (MFD) et à la face BCGF.

(IF) // (MD) car ces deux droites du plan (MFD) sont contenues dans deux plans parallèles. MFID est dont un parallélogramme.

La section du cube avec le plan (MFD) est donc le quadrilatère MFID.

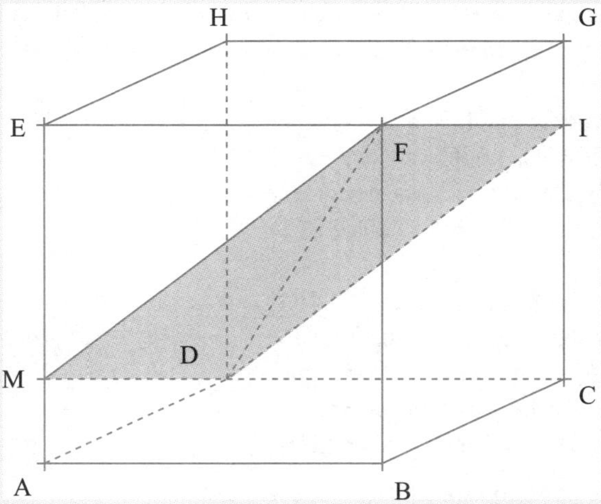

b. Les diagonales d'un carré étant perpendiculaires, (AF) et (BE) sont perpendiculaires.
La droite (HE) est orthogonale à la face ABFE, donc (HE) est orthogonale à toutes les droites de ce plan, et à (AF) en particulier.
Ainsi, (AF) est orthogonale à deux droites sécantes de (BHE), **donc (AF) est orthogonale au plan (BHE).** Elle est donc orthogonale à toutes les droites de (BHE), donc en particulier, **(AF) est orthogonale à (CE).**

c. [EN] est un segment commun à (ENP) et à la face ABFE.
(EN) et (FB) sont deux droites sécantes du plan (ABF). Appelons N′ leur point d'intersection. N′ est donc un point commun à (ENP) et à (FB).
N′ est donc aussi un point commun aux plans (ENP) et (FBC) : on en déduit que la droite (N′P) est commune aux plans (ENP) et (FBC), ce qui nous permet de tracer le segment [QR], intersection de (ENP) avec la face BCGF, Q étant sur [BC] et R sur [FG].
[NQ] est alors l'intersection de (ENP) avec la face ABCD et [RE] avec la face EFGH.
La section cherchée est ENQR.

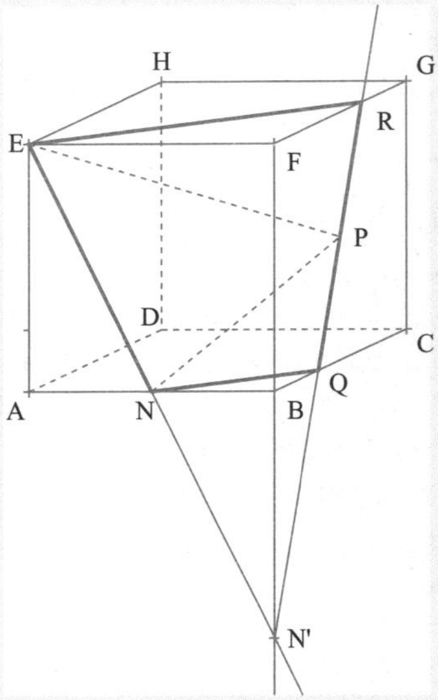

2. a. D'après le théorème des milieux dans le plan (ABC), la droite (IJ) est parallèle à (BC), et donc au plan (BCF) (ou (BCD)). Toute droite de (BCF) est donc soit parallèle, soit non coplanaire avec (IJ). En particulier, (d) est la droite commune à (BCF) et (IJF), donc c'est une droite de (BCF) coplanaire (dans (IJF)) avec (IJ), **donc (d) est parallèle à (IJ)**.
b. (d) est une droite parallèle à (IJ) passant par F puisque F est un point commun à (BCD) et (IJF). On obtient ainsi le segment [FG], intersection de (IJF) avec la face BCD du tétraèdre.
G et I étant deux points de la face ABD, [IG] est un autre segment d'intersection. De même pour [JF] dans la face ACD. Le quadrilatère IJFG obtenu est donc un trapèze puisqu'il a deux côtés [IJ] et [GF] parallèles.

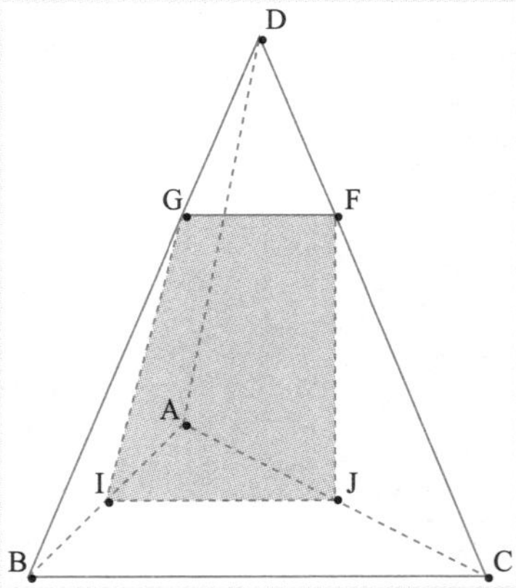

2 1. a. **Une équation du plan (xOy) est $z=0$.**
b. **Une équation du plan (yOz) est $x=0$.**
c. **Une équation du plan (xOz) est $y=0$.**
2. $M(x\ ;\ y\ ;\ z)$ appartient au plan médiateur de [AB] si et seulement si MA = MB.

$$\begin{aligned}MA = MB &\Leftrightarrow AM^2 = BM^2\\ &\Leftrightarrow (x+3)^2+(y-2)^2+(z-8)^2=(x-1)^2+(y-5)^2+(z+2)^2\\ &\Leftrightarrow 8x+6y-20z=-47.\end{aligned}$$

Le plan médiateur de [AB] a pour équation $8x+6y-20z=-47$.

3. a. Si $\vec{u}$ et $\vec{v}$ étaient colinéaires, alors il existerait $k \in \mathbb{R}$ tel que $\vec{v} = k \cdot \vec{u}$, ce qui donnerait $\begin{cases} -3 = k \times 2 \\ -1 = k \times 1 \\ 3 = k \times (-1) \end{cases} \Leftrightarrow \begin{cases} k = -\dfrac{3}{2} \\ k = -1 \\ k = -3 \end{cases}$, ce qui est impossible.

Donc $\vec{u}$ et $\vec{v}$ ne sont pas colinéaires.

b. $\vec{u}$ et $\vec{v}$ n'étant pas colinéaires, ils définissent un repère du plan (*P*). Donc $M \in (P)$ si et seulement si il existe deux réels α et β tels que :

$$\overrightarrow{AM} = \alpha\vec{u} + \beta\vec{u} \Leftrightarrow \begin{cases} x - x_A = 2\alpha - 3\beta \\ y - y_A = \alpha - \beta \\ z - z_A = -\alpha + 3\beta \end{cases} \Leftrightarrow \begin{cases} \boldsymbol{x = 3 + 2\alpha - 3\beta} \\ \boldsymbol{y = -1 + \alpha - \beta} \\ \boldsymbol{z = 2 - \alpha + 3\beta} \end{cases}.$$

c. $\vec{w}$ est normal au plan (*P*) s'il est orthogonal à deux vecteurs non colinéaires de (*P*).

$\vec{w} \cdot \vec{u} = 4 \times 2 + (-6) \times 1 + 2 \times (-1) = 0$ et $\vec{w} \cdot \vec{v} = 4 \times (-3) + (-6) \times (-1) + 2 \times 3 = 0$,

donc $\vec{w}$ est un vecteur normal à (*P*).

A étant un point de (*P*), $M \in (P)$ si et seulement si $\overrightarrow{AM} \cdot \vec{w} = 0$ ce qui est équivalent à :

$(x-3) \times 4 + (y+1) \times (-6) + (z-2) \times 2 = 0 \Leftrightarrow 4x - 12 - 6y - 6 + 2z - 4 = 0$

$\Leftrightarrow 4x - 6y + 2z = 22.$

L'équation cartésienne de (*P*) est donc $4x - 6y + 2z = 22$.

3 **1.** $\begin{cases} x = 0 \\ y = 0 \end{cases} \Leftrightarrow \begin{cases} x = 0 \\ y = 0 \\ z = t \end{cases}$, donc $\begin{cases} \boldsymbol{x = 0} \\ \boldsymbol{y = 0} \\ \boldsymbol{z = t} \end{cases}$, **$t \in \mathbb{R}$, est le système d'équations paramétriques de (D_1).**

De plus, $\begin{pmatrix} x \\ y \\ z \end{pmatrix} = \begin{pmatrix} 0 \\ 0 \\ 0 \end{pmatrix} + t \begin{pmatrix} 0 \\ 0 \\ 1 \end{pmatrix}$, $t \in \mathbb{R}$, donc (D_1) est la droite passant par l'origine et de vecteur directeur $\vec{k}$.

2. Les points de la droite (*d*) sont les points M tels que $\overrightarrow{AM}$ et $\vec{u}$ sont colinéaires, donc ce sont les points tels que $\begin{cases} x - x_A = k \times 4 \\ y - y_A = k \times 2 \\ z - z_A = k \times (-1) \end{cases}$ où $k \in \mathbb{R}$. Donc $\begin{cases} \boldsymbol{x = 4k + 1} \\ \boldsymbol{y = 2k + 2} \\ \boldsymbol{z = -k - 3} \end{cases}$, **$k \in \mathbb{R}$ est un système d'équations paramétriques de (*d*).**

3. Le principe est le même qu'à la question précédente, avec $\overrightarrow{AB} \begin{pmatrix} x_B - x_A \\ y_B - y_A \\ z_B - z_A \end{pmatrix}$ pour vecteur directeur.

On obtient $\begin{cases} x - x_A = k \times 6 \\ y - y_A = k \times (-7), \\ z - z_A = k \times 8 \end{cases}$ $k \in \mathbb{R}$. Donc $\begin{cases} \boldsymbol{x = 6k + 1} \\ \boldsymbol{y = -7k + 2,} \\ \boldsymbol{z = 8k - 3} \end{cases}$ **$k \in \mathbb{R}$ est un système d'équations paramétriques de (d).**

4 1. Vérifions s'il existe un réel $k \in \mathbb{R}$ tel que $\vec{u} = k\vec{v}$. On aurait alors $\begin{cases} 3 = k \times (-2) \\ 1 = k \times (-1) \\ 5 = k \times 0 \end{cases}$. La dernière équation n'a pas de solution, donc on ne peut pas trouver de réel k, **donc $\vec{u}$ et $\vec{v}$ ne sont pas colinéaires.**

2. $\vec{u}$ et $\vec{v}$ forment donc un repère de (P), donc $\mathrm{P} \in (P)$ si et seulement si $\overrightarrow{\mathrm{AP}}$ peut s'écrire comme combinaison linéaire de $\vec{u}$ et $\vec{v}$, c'est-à-dire s'il existe α et β réels tels que $\overrightarrow{\mathrm{AP}} = \alpha\vec{u} + \beta\vec{v}$, ce qui équivaut à :

$$\begin{cases} 5-4 = \alpha \times 3 + \beta \times (-2) \\ 2-2 = \alpha \times 1 + \beta \times (-1) \\ 4-(-1) = \alpha \times 5 + \beta \times 0 \end{cases} \Leftrightarrow \begin{cases} 1 = 3\alpha - 2\beta \\ 0 = \alpha - \beta \\ 5 = 5\alpha \end{cases} \Leftrightarrow \begin{cases} 1 = 3\alpha - 2\alpha \\ \alpha = \beta \\ \alpha = 1 \end{cases} \Leftrightarrow \alpha = \beta = 1.$$

Ainsi, $\overrightarrow{\mathrm{AP}} = \vec{u} + \vec{v}$, **donc P est bien un point du plan (P).**

- $\mathrm{Q} \in (P) \Leftrightarrow$ il existe des réels α' et β' tels que $\begin{cases} 0-4 = \alpha' \times 3 + \beta' \times (-2) \\ -1-2 = \alpha' \times 1 + \beta' \times (-1) \\ 10-(-1) = \alpha' \times 5 + \beta' \times 0 \end{cases}$

$$\Leftrightarrow \begin{cases} -4 = 3\alpha' - 2\beta' \\ -3 = \alpha' - \beta' \\ 11 = 5\alpha' \end{cases} \Leftrightarrow \begin{cases} -4 = 3 \times \dfrac{11}{5} - 2\beta' \\ -3 = \dfrac{11}{5} - \beta' \\ \dfrac{11}{5} = \alpha' \end{cases} \Leftrightarrow \begin{cases} \beta' = \left(\dfrac{33}{5} + 4\right) \times \dfrac{1}{2} = \dfrac{53}{10} \\ \beta' = \dfrac{11}{5} + 3 = \dfrac{26}{5} \\ \beta' = \dfrac{11}{5} \end{cases}$$, ce qui

est impossible, donc **$\mathrm{Q} \notin (P)$.**

3. $\mathrm{S} \in (\mathrm{PR}) \Leftrightarrow \overrightarrow{\mathrm{PS}}$ et $\overrightarrow{\mathrm{PR}}$ sont colinéaires

$\Leftrightarrow$ il existe un réel k tel que $\overrightarrow{\mathrm{PS}} = k\,\overrightarrow{\mathrm{PR}}$.

Or $\overrightarrow{\mathrm{PS}}\begin{pmatrix} 7-5 \\ -2-2 \\ \dfrac{10}{3} - 4 \end{pmatrix}$, donc $\overrightarrow{\mathrm{PS}}\begin{pmatrix} 2 \\ -4 \\ \dfrac{-2}{3} \end{pmatrix}$ et $\overrightarrow{\mathrm{PR}}\begin{pmatrix} 2-5 \\ \dfrac{3}{5} - 2 \\ 3-4 \end{pmatrix}$, donc $\overrightarrow{\mathrm{PR}}\begin{pmatrix} -3 \\ \dfrac{-7}{5} \\ -4 \end{pmatrix}$.

Vérifions s'il existe un tel réel k tel que $\begin{cases} 2 = k \times (-3) \\ -4 = k \times \left(-\dfrac{7}{5}\right) \\ -\dfrac{2}{3} = k \times (-1) \end{cases}$ soit $\begin{cases} k = -\dfrac{2}{3} \\ k = \dfrac{20}{7} \\ k = \dfrac{2}{3} \end{cases}$.

Les vecteurs $\overrightarrow{PS}$ et $\overrightarrow{PR}$ ne sont pas colinéaires, et donc $\mathbf{S \notin (PR)}$.

4. $M(x\ ;\ y\ ;\ z) \in (PR) \Leftrightarrow \overrightarrow{PM}\begin{pmatrix} x-5 \\ y-2 \\ z-4 \end{pmatrix}$ est colinéaire au vecteur $\overrightarrow{PR}$,

$\begin{cases} x-5 = k \times (-3) \\ y-2 = k \times (-\dfrac{7}{5}) \\ z-4 = k \times (-1) \end{cases}$ avec $k \in \mathbb{R}$, **donc un système d'équations paramétriques**

de la droite (PR) est $\begin{cases} \boldsymbol{x = 5 - 3k} \\ \boldsymbol{y = 2 - \dfrac{7}{5}\ k,\ k \in \mathbb{R}}. \\ \boldsymbol{z = 4 - k} \end{cases}$

5. $PQ = \sqrt{(x_Q - x_P)^2 + (y_Q - y_P)^2 + (z_Q - z_P)^2}$

$= \sqrt{(0-5)^2 + (-1-2)^2 + (10-4)^2} = \sqrt{25+9+36}$

soit $\mathbf{PQ = \sqrt{70}}$.

Autre méthode

$PR = \|\overrightarrow{PQ}\|$, donc en réutilisant les coordonnées du vecteur calculées au **4** :

$PR = \sqrt{(-3)^2 + -\dfrac{7}{5}^2 + (-1)^2} = \sqrt{\dfrac{299}{25}}$ soit $\mathbf{PR = \dfrac{\sqrt{299}}{5}}$.

6. $\overrightarrow{PQ} \cdot \overrightarrow{PR} = \|\overrightarrow{PQ}\| \times \|\overrightarrow{PR}\| \times \cos\ (\overrightarrow{PQ}\ ; \overrightarrow{PR})$.

$\overrightarrow{PQ} \cdot \overrightarrow{PR} = (-5)\times(-3) + (-3)\times\left(\dfrac{-7}{5}\right) + 6\times(-1) = 15 + \dfrac{21}{5} - 6 = \dfrac{66}{5} = 13{,}2$,
donc :

$$13{,}2 = \sqrt{70} \times \frac{\sqrt{299}}{5} \times \cos(\overrightarrow{PQ}\ ;\ \overrightarrow{PR}),\text{ d'où } \cos(\overrightarrow{PQ}\ ;\ \overrightarrow{PR}) \approx 0{,}456 \text{ et :}$$

$$\mathbf{\widehat{QPR} \approx \cos^{-1}(0{,}456) \approx 62{,}9°}.$$

5 1. Par définition $I(1\ ;\ 0\ ;\ 0)$, et $\overrightarrow{OA} = 6\ \ \overrightarrow{OI}$, , donc $\mathbf{A(6\ ;\ 0\ ;\ 0)}$.
De même $J(0\ ;\ 1\ ;\ 0)$ et $\overrightarrow{OB} = 2\ \overrightarrow{OJ}$, donc $\mathbf{B(0\ ;\ 2\ ;\ 0)}$;
et $K(0\ ;\ 0\ ;\ 1)$, $\overrightarrow{OC} = 3\ \overrightarrow{OK}$, donc $\mathbf{C(0\ ;\ 0\ ;\ 3)}$.

2. $\overrightarrow{HQ}+\overrightarrow{HA}+\overrightarrow{HC}=\vec{0} \Leftrightarrow \overrightarrow{HO}+\overrightarrow{HO}+\overrightarrow{OA}+\overrightarrow{HO}+\overrightarrow{OC}=\vec{0}$

$\Leftrightarrow 3\ \overrightarrow{HO}+\overrightarrow{OA}+\overrightarrow{OC}=\vec{0} \Leftrightarrow \overrightarrow{OA}+\overrightarrow{OC}=3\ \overrightarrow{OH} \Leftrightarrow \overrightarrow{OH}=\frac{1}{3}(\overrightarrow{OA}+\overrightarrow{OC})$.

D'où les coordonnées de H $\left(\frac{1}{3}\times 6\ ;\ \frac{1}{3}\times 0\ ;\ \frac{1}{3}\times 3\right)$, c'est-à-dire $\mathbf{H(2\ ;\ 0\ ;\ 1)}$.

3. M est le milieu de [AC], donc les coordonnées de M sont

$\left(\frac{x_A+x_C}{2}\ ;\ \frac{y_A+y_C}{2}\ ;\ \frac{z_A+z_C}{2}\right)$, c'est-à-dire $M\left(3\ ;\ 0\ ;\ \frac{3}{2}\right)$, et donc

$\overrightarrow{OM}\begin{pmatrix}3\\0\\\frac{3}{2}\end{pmatrix}$ et $\overrightarrow{OH}\begin{pmatrix}2\\0\\1\end{pmatrix}$. Ces deux vecteurs sont colinéaires, et $\overrightarrow{OM}=\frac{3}{2}\overrightarrow{OH}$, **donc les points O, M et H sont alignés**.

4. $\overrightarrow{GO}+\overrightarrow{GA}+\overrightarrow{GB}+\overrightarrow{GC}=\vec{0} \Leftrightarrow \overrightarrow{GO}+\overrightarrow{GO}+\overrightarrow{OA}+\overrightarrow{GO}+\overrightarrow{OB}+\overrightarrow{GO}+\overrightarrow{OC}=\vec{0}$

$\Leftrightarrow \overrightarrow{OG}=\frac{1}{4}(\overrightarrow{OA}+\overrightarrow{OB}+\overrightarrow{OC})$, donc $\mathbf{G\left(\frac{3}{2}\ ;\ \frac{1}{2}\ ;\ \frac{3}{4}\right)}$.

5. $\overrightarrow{BG}\begin{pmatrix}\frac{3}{2}-0\\\frac{1}{2}-2\\\frac{3}{4}-0\end{pmatrix}$ ce qui donne $\overrightarrow{BG}\begin{pmatrix}\frac{3}{2}\\-\frac{3}{2}\\\frac{3}{4}\end{pmatrix}$ et $\overrightarrow{BH}\begin{pmatrix}2-0\\0-2\\1-0\end{pmatrix}$ soit $\overrightarrow{BH}\begin{pmatrix}2\\-2\\1\end{pmatrix}$.

$\overrightarrow{BG}=\frac{3}{4}\overrightarrow{BH}$, donc $\mathbf{G\in(BH)}$.

6 L'intersection de deux plans peut être une droite, un plan, ou l'ensemble vide.

1. Des vecteurs normaux à ces deux plans sont $\vec{u}\begin{pmatrix}2\\-1\\1\end{pmatrix}$ et $\vec{v}\begin{pmatrix}1\\2\\-1\end{pmatrix}$. Ces deux vecteurs ne sont pas colinéaires, donc on cherche une droite d'intersection.

$$\begin{cases}2x-y+z=3\\x+2y-z=1\end{cases} \Leftrightarrow \begin{cases}2x-y=3-z\\x+2y=1+z\end{cases} \Leftrightarrow \begin{cases}2(-2y+1+z)-y=3-z\\x=-2y+1+z\end{cases} \Leftrightarrow \begin{cases}y=\dfrac{3z-1}{5}\\x=\dfrac{7-z}{5}\end{cases}.$$

Posons $t = \frac{z}{5}$. $M(x\,;\,y\,;\,z)$ vérifie $\begin{cases} 2x - y + z = 3 \\ x + 2y - z = 1 \end{cases}$ si, et seulement

si, $\begin{cases} x = -t + 7/5 \\ y = 3t - 1/5 \\ z = 5t \end{cases}$, $t \in \mathbb{R}$. **Donc l'ensemble cherché est la droite passant par**

A $\begin{pmatrix} \mathbf{7/5} \\ \mathbf{-1/5} \\ \mathbf{0} \end{pmatrix}$ **et de vecteur directeur** $\vec{w}\begin{pmatrix} \mathbf{-1} \\ \mathbf{3} \\ \mathbf{5} \end{pmatrix}$.

2. Des vecteurs normaux à ces deux plans sont $\vec{u}\begin{pmatrix} 1 \\ -3 \\ 7 \end{pmatrix}$ et $\vec{v}\begin{pmatrix} -7 \\ 21 \\ -49 \end{pmatrix}$

$\vec{v} = -7\vec{u}$ donc les plans sont parallèles.

$\begin{cases} x - 3y + 7z = 1 \\ -7x + 21y - 49z = -7 \end{cases} \Leftrightarrow \begin{cases} x - 3y + 7z = 1 \\ x - 3y + 7z = 1 \end{cases}$ (on divise la seconde équation par (–7))

$$\Leftrightarrow x - 3y + 7z = 1.$$

Les deux plans sont confondus.
L'ensemble cherché est le plan d'équation $x - 3y + 7z = 1$.

3. Des vecteurs normaux à ces deux plans sont $\vec{u}\begin{pmatrix} -1 \\ 3 \\ 1 \end{pmatrix}$ et $\vec{v}\begin{pmatrix} 2 \\ -6 \\ -2 \end{pmatrix}$ $\vec{v} = -2\vec{u}$, donc les plans sont parallèles.

$\begin{cases} -x + 3y + z = 3 \\ 2x - 6y + 2z = 1 \end{cases} \Leftrightarrow \begin{cases} -x + 3y + z = 3 \\ -x + 3y + z = -\dfrac{1}{2} \end{cases}$ (on divise la seconde équation par (– 2))

$3 \neq -\frac{1}{2}$ donc le système n'admet pas de solution.
Les plans correspondants à ces équations sont strictement parallèles.
L'ensemble cherché est l'ensemble vide.

7 L'intersection d'une droite et d'un plan peut être un point, une droite, ou l'ensemble vide.

1. $\vec{u}\begin{pmatrix} 3 \\ -5 \\ 1 \end{pmatrix}$ est un vecteur directeur de (d) et $\vec{n}\begin{pmatrix} 3 \\ -2 \\ 5 \end{pmatrix}$ est un vecteur normal à (P).

$\vec{u} \cdot \vec{n} = 3 \times 3 - 5 \times (-2) + 1 \times 5 = 24 \neq 0$, donc $\vec{u}$ et $\vec{n}$ ne sont pas orthogonaux : (d)

et (P) sont donc sécants et leur intersection est un point.

$\mathrm{M}(x\ ;\ y\ ;\ z) \in (d) \cap (P) \Leftrightarrow$ il existe un réel t tel que $\begin{cases} x = -1+3t \\ y = 2-5t \\ z = t \end{cases}$ et $3x-2y+5z-1=0$.

Remplaçons x, y et z dans l'équation du plan pour trouver t :

$$3(-1+3t)-2(2-5t)+5t-1=0 \Leftrightarrow -3+9t-4+10t+5t-1=0$$

$$\Leftrightarrow 24t = 8 \Leftrightarrow t = \frac{1}{3}.$$

Donc $\mathrm{M}(x\ ;y\ ;z) \in (d) \cap (P) \Leftrightarrow \begin{cases} x = -1+3\times\frac{1}{3} = 0 \\ y = 2-5\times\frac{1}{3} = \frac{1}{3} \\ z = \frac{1}{3} \end{cases}$.

Le point d'intersection est $\mathbf{M}\left(\mathbf{0}\ ;\ \frac{\mathbf{1}}{\mathbf{3}}\ ;\ \frac{\mathbf{1}}{\mathbf{3}}\right)$.

2. $\vec{u}\begin{pmatrix} 6 \\ -1 \\ 0 \end{pmatrix}$ est un vecteur directeur de (d) et $\vec{n}\begin{pmatrix} 1 \\ 6 \\ 3 \end{pmatrix}$ est un vecteur normal à (P).

$\vec{u}\cdot\vec{n} = 6\times1-1\times6+0\times3=0$, donc $\vec{u}$ et $\vec{n}$ sont orthogonaux : (d) est donc parallèle à (P).

$\mathrm{M}(x\ ;\ y\ ;\ z) \in (d) \cap (P) \Leftrightarrow$ il existe un réel t tel que $\begin{cases} x = 2+6t \\ y = 3-t \\ z = 12 \end{cases}$ et $x+6y+3z-7=0$.

Remplaçons x, y et z dans l'équation du plan :
$2+6t+6(3-t)+3\times12=0 \Leftrightarrow 2+6t+18-6t+24=0 \Leftrightarrow 44=0$, ce qui est impossible. Il n'y a donc pas de solution. Donc (d) est strictement parallèle à (P), **l'intersection est vide.**

3. $\mathrm{M}(x\ ;\ y\ ;\ z)$ est un point de la droite (d) s'il vérifie le système d'équations paramétriques de celle-ci, $\begin{cases} x = 1+t\times3 \\ y = 2+t\times2 \\ z = 3+t\times1 \end{cases}$ avec $t \in \mathbb{R}$.

De plus, M est dans le plan (P) s'il existe α et β réels tels que $\overrightarrow{\mathrm{OM}} = \alpha\vec{v}+\beta\vec{w}$,

c'est-à-dire $\begin{cases} x = \alpha\times1+\beta\times0 \\ y = \alpha\times0+\beta\times3 \\ z = \alpha\times(-1)+\beta\times0 \end{cases}$, ce qui équivaut à $\begin{cases} x = \alpha \\ y = 3\beta \\ z = -\alpha \end{cases}$.

t, α et β doivent donc vérifier le système :

$$\begin{cases}\alpha = 1+3t \\ 3\beta = 2+2t \\ -\alpha = 3+t\end{cases} \Leftrightarrow \begin{cases}\alpha = 1+3t \\ 3\beta = 2+2t \\ -1-3t = 3+t\end{cases} \Leftrightarrow \begin{cases}\alpha = 1+3t \\ 3\beta = 2+2t \\ -4 = 4t\end{cases} \Leftrightarrow \begin{cases}\alpha = 1+3\times(-1) = -2 \\ 3\beta = 2+2\times(-1) = 0. \\ t = -1\end{cases}$$

Il y a une unique solution, donc l'intersection entre la droite et le plan est un point, de coordonnées $\begin{cases}x = \alpha = -2 \\ y = 3\beta = 0 \\ z = -\alpha = 2\end{cases}$, donc **M(–2 ; 0 ; 2)**.

8 **1.** $\vec{u}\begin{pmatrix}2\\-1\\4\end{pmatrix}$ est un vecteur directeur de (D_1) et $\vec{v}\begin{pmatrix}-1\\ \frac{1}{2}\\-2\end{pmatrix}$ est un vecteur directeur de (D_2).

$\vec{u} = -2\vec{v}$, donc $\vec{u}$ et $\vec{v}$ sont colinéaires et **(D_1) et (D_2) sont parallèles.**

Le point $A\begin{pmatrix}-3\\5\\7\end{pmatrix}$ appartient à (D_1). $A \in (D_2)$ si et seulement si il existe un réel t tel que $\begin{cases}-3 = -5-t \\ 5 = 6+\frac{1}{2}t \\ 7 = 2-2t\end{cases}$, c'est-à-dire tel que $\begin{cases}t = -2 \\ 5 = 6+\frac{1}{2}\times(-2) = 5 \\ 7 = 2-2\times(-2) = 6\end{cases}$, ce qui est impossible, donc $A \notin (D_2)$, **donc les droites (D_1) et (D_2) sont parallèles disjointes**.

2. $\vec{w}\begin{pmatrix}1\\-3\\2\end{pmatrix}$ est un vecteur directeur de (D_3). $\vec{u}$ et $\vec{w}$ ne sont pas colinéaires, donc (D_1) et (D_3) ne sont pas parallèles. Sont-elles sécantes ?

$$M(x\,;\,y\,;\,z) \in (D_1)\cap(D_3) \Leftrightarrow \begin{cases}x = -3+2t = 4+t' \\ y = 5-t = -6-3t' \\ z = 7+4t = 21+2t'\end{cases}, \text{ où } t \text{ et } t' \text{ sont des réels.}$$

$$\Leftrightarrow \begin{cases}x = -3+2t \\ y = 5-t \\ z = 7+4t\end{cases} \text{ et } \begin{cases}-3+2t = 4+t' \\ 5-t = -6-3t' \\ 7+4t = 21+2t'\end{cases}, \text{ où } t \text{ et } t' \text{ sont des réels.}$$

$$\Leftrightarrow \begin{cases}x = -3+2t \\ y = 5-t \\ z = 7+4t\end{cases} \text{ et } \begin{cases}t' = 2t-7 \\ 5-t = -6-3(2t-7),\ t, t' \in \mathbb{R}. \\ 7+4t = 21+2(2t-7)\end{cases}$$

$$\Leftrightarrow \begin{cases} x = -3+2t \\ y = 5-t \\ z = 7+4t \end{cases} \text{ et } \begin{cases} t' = 2t-7 \\ 5t = 10 \\ 7 = 7 \end{cases}, t, t' \in \mathbb{R}.$$

$$\Leftrightarrow \begin{cases} x = -3+2t \\ y = 5-t \\ z = 7+4t \end{cases} \text{ et } \begin{cases} t = 2 \\ t' = -3 \end{cases} \Leftrightarrow \text{M a pour coordonnées } (1\ ;\ 3\ ;\ 15).$$

(D_1) et (D_3) sont donc sécantes au point M $(1\ ;\ 3\ ;\ 15)$.

Elles sont donc aussi coplanaires.

3. $\vec{\omega}\begin{pmatrix} 3 \\ 0 \\ -5 \end{pmatrix}$ est un vecteur directeur de (D_4).

$\vec{u}$ et $\vec{\omega}$ ne sont pas colinéaires, donc (D_1) et (D_4) ne sont pas parallèles. Sont-elles sécantes ?

$$\text{M}(x\ ;\ y\ ;\ z) \in (D_1) \cap (D_4) \Leftrightarrow \begin{cases} x = -3+2t = -1+3t' \\ y = 5-t = 2 \\ z = 7+4t = 7-5t' \end{cases}, \text{ où } t \text{ et } t' \text{ sont des réels.}$$

$$\Leftrightarrow \begin{cases} x = -3+2t \\ y = 5-t \\ z = 7+4t \end{cases} \text{ et } \begin{cases} -3+2t = -1+3t' \\ 5-t = 2 \\ 7+4t = 7-5t' \end{cases}, \text{ où } t \text{ et } t' \text{ sont des réels.}$$

$$\Leftrightarrow \begin{cases} x = -3+2t \\ y = 5-t \\ z = 7+4t \end{cases} \text{ et } \begin{cases} t' = \dfrac{4}{3} \\ t = 3 \\ t' = -\dfrac{12}{5} \end{cases}$$

, ce qui est impossible. (D_1) et (D_4) ne sont ni parallèles, ni sécantes, **donc (D_1) et (D_4) ne sont pas coplanaires**.

4. $\vec{v}\begin{pmatrix} -3 \\ \dfrac{3}{2} \\ -6 \end{pmatrix}$ est un vecteur directeur de (D_5) et $\vec{v} = -\dfrac{3}{2}\vec{u}$, donc (D_1) et (D_5) sont parallèles.

Le point A$\begin{pmatrix} -3 \\ 5 \\ 7 \end{pmatrix}$ appartient à (D_1).

$A \in (D_5) \Leftrightarrow$ il existe un réel t tel que $\begin{cases} -3 = 3 - 3t \\ 5 = 2 + \frac{3}{2}t \\ 7 = 19 - 6t \end{cases} \Leftrightarrow$ il existe un réel t tel que $t = 2$.

Les droites (D_1) et (D_5) sont parallèles et ont un point commun.
Donc les droites (D_1) et (D_5) sont confondues.

9 1. **Faux.** La droite (d_1) $\begin{cases} x = 1 \\ z = 0 \end{cases}$ et l'axe $(\mathrm{O} ; k)$ n'ont pas de point commun et ne sont pas parallèles.

Cette droite est la parallèle à l'axe $(\mathrm{O} ; \vec{j})$ passant par le point $(1 ; 0 ; 0)$.

2. **Faux.** Les droites (d_1) $\begin{cases} z = 1 \\ x = 0 \end{cases}$ et (d_2) $\begin{cases} z = 1 \\ y = 0 \end{cases}$ sont toutes deux parallèles au plan d'équation $z = 0$ (qui est le plan $(x\mathrm{O}y)$) et sont orthogonales entre elles.

3. **Faux.** Les axes $(\mathrm{O} ; \vec{i})$, $(\mathrm{O} ; \vec{j})$, et $(\mathrm{O} ; \vec{k})$ se coupent en O, mais ne sont pas coplanaires.

4. **Faux.** Les axes $(\mathrm{O} ; \vec{i})$, $(\mathrm{O} ; \vec{j})$, sont tous deux orthogonaux à l'axe $(\mathrm{O} ; \vec{k})$ et ne sont pas parallèles entre eux.

5. **Vrai.** Appelons (D) la droite définie par le système d'équations paramétriques ;
$\begin{cases} -1 = 1 - t \\ 6 = 4 + t \\ -1 = 3 - 2t \end{cases}$ ce qui équivaut à $t = 2$, donc $\mathrm{A} \in (D)$ et $\begin{cases} 2 = 1 - t \\ 3 = 4 + t \\ 5 = 3 - 2t \end{cases} \Leftrightarrow t = 1$,
donc $\mathrm{B} \in (D)$. Donc **(AB) = (D)**.

6. **Faux.** Le point $\mathrm{A}\left(-\frac{1}{2} ; -2 ; 1\right)$ vérifie le système d'équations paramétriques.
Mais $2x_{\mathrm{A}} + 4y_{\mathrm{A}} - z_{\mathrm{A}} - 2 = -12 \neq 0$, c'est-à-dire que la droite donnée n'est pas incluse dans le plan d'équation $2x + 4y - z - 2 = 0$.

10 1. a. Considérons les plans (P) $\frac{x}{2} - y + z = 0$, $(Q) -3x + 6y - z = 1$ et (R) $x - 2y + \frac{z}{3} = 5$. Les plans (Q) et (R) sont parallèles car leurs vecteurs normaux $\overrightarrow{n_{\mathrm{Q}}}\begin{pmatrix} -3 \\ 6 \\ -1 \end{pmatrix}$ et $\overrightarrow{n_{\mathrm{R}}}\begin{pmatrix} 1 \\ -2 \\ \frac{1}{3} \end{pmatrix}$ sont colinéaires.

De plus, $x - 2y + \frac{z}{3} = 5 \Leftrightarrow -3x + 6y - z = -15$, donc (Q) et (R) sont disjoints.
À fortiori, il n'existe pas de point commun aux trois plans (P), (Q) et (R).

Le système $\begin{cases} \dfrac{x}{2} - y + z = 0 \\ -3x + 6y - z = 1 \\ x - 2y + \dfrac{z}{3} = 5 \end{cases}$ **n'admet donc pas de solution**.

b. Considérons les plans $(P)\ x - 2y + z = 5$, $(Q)\ x + y + z = 1$ et $(R)\ x - 3y = 5$.

Des vecteurs normaux à ces trois plans sont $\vec{u}\begin{pmatrix}1\\-2\\1\end{pmatrix}$, $\vec{v}\begin{pmatrix}1\\1\\1\end{pmatrix}$ et $\vec{w}\begin{pmatrix}1\\-3\\0\end{pmatrix}$. Ces vecteurs pris deux par deux ne sont pas colinéaires, donc les plans (*P*), (*Q*) et (*R*) sont deux à deux sécants et on doit résoudre le système :

$$\begin{cases} x - 2y + z = 5 \\ x + y + z = 1 \\ x - 3y = 5 \end{cases} \Leftrightarrow \begin{cases} -3y = 4 \\ -2y + 3y + z = 0 \\ x - 3y = 5 \end{cases} \Leftrightarrow \begin{cases} y = -\dfrac{4}{3} \\ z = -y = \dfrac{4}{3} \\ x = 5 + 3y = 1 \end{cases}.$$

La solution du système est le triplet $\left(\mathbf{1}\ ;\ -\dfrac{\mathbf{4}}{\mathbf{3}}\ ;\ \dfrac{\mathbf{4}}{\mathbf{3}}\right)$.

Interprétation géométrique

Les plans (*P*), (*Q*) et (*R*) se coupent en un point $\mathrm{I}\left(1\ ;\ -\dfrac{4}{3}\ ;\ \dfrac{4}{3}\right)$.

2. a. $\overrightarrow{\mathrm{AB}}\begin{pmatrix}3-1\\6-3\\-2+1\end{pmatrix}$, donc $\overrightarrow{\mathrm{AB}}\begin{pmatrix}2\\3\\-1\end{pmatrix}$ et $\overrightarrow{\mathrm{AC}}\begin{pmatrix}-1\\1\\1\end{pmatrix}$: ces deux vecteurs ne sont pas colinéaires, **donc A, B et C ne sont pas alignés.**

b. $\overrightarrow{\mathrm{AB}}$ et $\overrightarrow{\mathrm{AC}}$ forment donc un repère du plan (ABC).

$\mathrm{M}(x\ ;\ y\ ;\ z) \in$ (ABC) si, et seulement si, $\overrightarrow{\mathrm{AM}}$ peut s'écrire comme combinaison linéaire de $\overrightarrow{\mathrm{AB}}$ et $\overrightarrow{\mathrm{AC}}$ si, et seulement si, il existe des réels α et β tels que :

$$\begin{cases} x - 1 = \alpha \times 2 + \beta \times (-1) \\ y - 3 = \alpha \times 3 + \beta \times 1 \\ z - (-1) = \alpha \times (-1) + \beta \times 1 \end{cases} \Leftrightarrow \begin{cases} x = 1 + 2\alpha - \beta \\ y = 3 + 3\alpha + \beta \\ z = -1 - \alpha + \beta \end{cases} \Leftrightarrow \begin{cases} \beta = 1 + 2\alpha - x \\ y = 3 + 3\alpha + 1 + 2\alpha - x \\ z = -1 - \alpha + 1 + 2\alpha - x \end{cases}$$

$$\Leftrightarrow \begin{cases} \beta = 1 + 2\alpha - x \\ y + x - 4 = 5\alpha \\ z = \alpha - x \end{cases} \Leftrightarrow \begin{cases} \beta = 1 + 2\alpha - x \\ \alpha = \dfrac{x + y - 4}{5} \\ z = \dfrac{x + y - 4}{5} - x \end{cases}$$

La dernière équation remise en forme nous donne l'équation cartésienne du plan (ABC) : $\mathbf{4x - y + 5z + 4 = 0}$.

11 1. $AC^2 + BD^2 = AD^2 + BC^2 \Leftrightarrow AC^2 - AD^2 = BC^2 - BD^2$

$$\Leftrightarrow \|\overrightarrow{AC}\|^2 - \|\overrightarrow{AD}\|^2 = \|\overrightarrow{BC}\|^2 - \|\overrightarrow{BD}\|^2$$
$$\Leftrightarrow (\overrightarrow{AC} - \overrightarrow{AD})\cdot(\overrightarrow{AC} + \overrightarrow{AD}) = (\overrightarrow{BC} - \overrightarrow{BD})\cdot(\overrightarrow{BC} + \overrightarrow{BD})$$
$$\Leftrightarrow \mathrm{DC}\cdot(\overrightarrow{AC} + \overrightarrow{AD}) = \overrightarrow{DC}\cdot(\overrightarrow{BC} + \overrightarrow{BD})$$
$$\Leftrightarrow \mathrm{DC}\cdot(\overrightarrow{AC} + \overrightarrow{AD} + \overrightarrow{CB} + \overrightarrow{DB}) = 0$$
$$\Leftrightarrow \overrightarrow{DC}\cdot(2\,\overrightarrow{AB}) = 0$$
$$\Leftrightarrow \overrightarrow{DC}\cdot\overrightarrow{AB} = 0$$
$$\Leftrightarrow (AB) \perp (CD).$$

Donc les droites (AB) et (CD) sont orthogonales si et seulement si $AC^2 + BD^2 = AD^2 + BC^2$.

2. $\begin{cases}(AB) \perp (CD)\\(BC) \perp (AD)\end{cases} \Leftrightarrow \begin{cases}AC^2 + BD^2 = AD^2 + BC^2\\BA^2 + CD^2 = BD^2 + CA^2\end{cases}$

$$\Leftrightarrow AC^2 + BD^2 = AD^2 + BC^2 = AB^2 + CD^2$$

Alors $AB^2 + CD^2 = BC^2 + AD^2$, donc, d'après **1.**, $(BD) \perp (AC)$.
Donc , si (AB) est orthogale à (CD) et (BC) est orthogonale à (AD), alors (BD) est orthogonale à (AC).

12 1. Si $\overrightarrow{n_1}$ et $\overrightarrow{n_2}$ étaient colinéaires, alors $\overrightarrow{n_2}$ serait aussi un vecteur normal à (P_1) et donc (P_1) et (P_2) seraient parallèles. Comme de plus, ils ont le point I en commun, ils seraient confondus et non pas sécants. **Donc $\overrightarrow{n_1}$ et $\overrightarrow{n_2}$ ne peuvent pas être colinéaires.**
2. Δ est contenue dans (P_1), donc $\vec{u}$ est un vecteur du plan (P_1) et $\overrightarrow{n_1}$ est donc orthogonal à $\vec{u}$. De même, Δ est contenue dans (P_2), donc $\vec{u}$ est un vecteur du plan (P_2) et $\overrightarrow{n_2}$ est donc orthogonal à $\vec{u}$. **Ainsi, $\vec{u}$ est un vecteur normal au plan (Q).**
3. $\vec{v}$ est un vecteur directeur de (d_1) qui est incluse dans (P_1), donc $\vec{v}$ et $\overrightarrow{n_1}$ sont orthogonaux. De plus, (d_2) est parallèle à (d_1), donc $\vec{v}$ est aussi un vecteur directeur de (d_2) qui est incluse dans (P_2), donc $\vec{v}$ et $\overrightarrow{n_2}$ sont orthogonaux. **Ainsi, $\vec{v}$ est un vecteur normal au plan (Q).**
4. Donc $\vec{u}$ et $\vec{v}$ sont colinéaires, donc $\vec{v}$ est également un vecteur directeur de Δ, donc **Δ est parallèle à (d_1) et (d_2).**

13 Soit (d) une droite du plan (P). Soient $\vec{v_1}, \vec{v_2}$ et $\vec{w}$, des vecteurs directeurs respectivement de (d_1), (d_2) et (d).
(d_1) est orthogonale à Δ, donc $\vec{u}\cdot\vec{v_1} = 0$; (d_2) est orthogonale à Δ, donc $\vec{u}\cdot\vec{v_2} = 0$.
(d_1) et (d_2) sont sécantes, donc $\vec{v_1}$ et $\vec{v_2}$ ne sont pas colinéaires et ils forment un repère du plan (P).
(d) étant incluse dans (P), son vecteur directeur est aussi inclus dans (P), donc il peut s'écrire comme combinaison linéaire des deux vecteurs d'un repère de (P).

Ainsi, il existe deux réels α et β tels que $\vec{w} = \alpha\vec{v_1} + \beta\vec{v_2}$.

D'où $\vec{u}\cdot\vec{w} = \vec{u}(\alpha\vec{v_1} + \beta\vec{v_2}) = \alpha\vec{u}\cdot\vec{v_1} + \beta\vec{u}\cdot\vec{v_2} = \alpha\times 0 + \beta\times 0 = 0$. $\vec{u}$ et $\vec{w}$ sont donc orthogonaux, c'est-à-dire que **Δ est orthogonale à toute droite de (*P*).**

14 **1.** $\vec{u}$ et $\vec{v}$ ne sont pas colinéaires, donc les droites D_1 et D_2 ne sont pas parallèles. Montrons que D_1 et D_2 ne sont pas sécantes. Si $M(x\,;\,y\,;\,z)$ est le point d'intersection de D_1 et D_2, alors il existe deux réels r et s tels que $\overrightarrow{AM} = r\vec{u}$ et $\overrightarrow{BM} = s\vec{v}$, c'est-à-dire :

$$\begin{cases} x-1=3r \\ y=2r \\ z+1=0 \end{cases} \text{ et } \begin{cases} x+1=0 \\ y-2=s \\ z-3=3s \end{cases} \Leftrightarrow \begin{cases} x=3r+1 \\ y=2r \\ z=-1 \end{cases} \text{ et } \begin{cases} x=-1 \\ y=s+2 \\ z=3s+3 \end{cases},$$

$$\text{donc } \begin{cases} 3r+1=-1 \\ 2r=s+2 \\ -1=3s+3 \end{cases}, \text{ soit } \begin{cases} r=-\dfrac{2}{3} \\ -\dfrac{4}{3}=-\dfrac{4}{3}+2 \\ s=-\dfrac{4}{3} \end{cases}, \text{ ce qui est impossible.}$$

D_1 et D_2 ne sont ni sécantes ni parallèles, **donc D_1 et D_2 ne sont pas coplanaires.**

2. a. $H \in D_1$ et $H' \in D_2$, donc il existe deux réels r et s tels que $H(1+3r\,;\,2r\,;-1)$ et $H'(-1\,;2+s\,;3+3s)$. Alors :

$$\begin{cases} (HH') \perp D_1 \\ (HH') \perp D_2 \end{cases} \Leftrightarrow \begin{cases} \overrightarrow{HH'}\cdot\vec{u} = \vec{0} \\ \overrightarrow{HH'}\cdot\vec{v} = 0 \end{cases}, \text{ avec } \overrightarrow{HH'}\begin{pmatrix} -2-3r \\ 2+s-2r \\ 4+3s \end{pmatrix}.$$

$$\text{Donc } \begin{cases} (HH') \perp D_1 \\ (HH') \perp D_2 \end{cases} \Leftrightarrow \begin{cases} 3(-2-3r)+2(2+s-2r)=0 \\ 2+s-2r+3(4+3s)=0 \end{cases} \Leftrightarrow \begin{cases} -13r+2s=2 \\ -2r+10s=-14 \end{cases}$$

$$\Leftrightarrow \begin{cases} r=-\dfrac{8}{21} \\ s=-\dfrac{31}{21} \end{cases}. \textbf{ Donc } \mathbf{H}\left(-\frac{1}{7}\,;-\frac{16}{21}\,;-1\right) \textbf{ et } \mathbf{H'}\left(-1\,;\frac{11}{21}\,;-\frac{10}{7}\right).$$

b. $\overrightarrow{HH'}\begin{pmatrix} \dfrac{-6}{7} \\ \dfrac{9}{7} \\ \dfrac{-3}{7} \end{pmatrix}$. Le vecteur $\dfrac{7}{3}\overrightarrow{HH'}\begin{pmatrix} -2 \\ 3 \\ -1 \end{pmatrix}$ est encore un vecteur directeur de Δ.

Δ est définie par le point H et par son vecteur directeur $\frac{7}{3}\overrightarrow{HH'}$, **donc un système d'équations paramétriques de Δ est** $\begin{cases} x = -\frac{1}{7} - 2t \\ y = -\frac{16}{21} + 3t, \quad t \in \mathbb{R}. \\ z = -1 - t \end{cases}$

$$HH' = \sqrt{\left(-\frac{6}{7}\right)^2 + \left(\frac{9}{7}\right)^2 + \left(-\frac{3}{7}\right)^2} = \sqrt{\frac{126}{49}} = \frac{3\sqrt{14}}{7}.$$

Donc la distance entre les droites D_1 et D_2 vaut $\frac{3\sqrt{14}}{7}$.

15 1. Soit H le milieu de [CD], alors $(IH) \perp (CDD')$ et en particulier $(IH) \perp (HJ)$.

Donc, d'après le théorème de Pythagore dans IHJ rectangle en H, $IJ^2 = IH^2 + JH^2$.

Or $IH = \frac{1}{2} AD = \frac{1}{2}$ et $JH = \frac{1}{2} DD' = \frac{1}{2}$.

Donc $IJ^2 = IC^2 + JC^2 = \frac{1}{4} + \frac{1}{4} = \frac{1}{2}$, donc $IJ = \frac{1}{\sqrt{2}} = \frac{\sqrt{2}}{2}$.

On démontre de même que chacun des segments formés de deux points parmi I, J, K, L, M, N a pour longueur $\frac{\sqrt{2}}{2}$. **Donc chacune des faces de l'octaèdre IJKLMN est un triangle équilatéral de côté $\frac{\sqrt{2}}{2}$.**

2. a. $IJ = JL = LN = NI$, donc IJLN est un losange.

De plus, $IJ^2 + JL^2 = \frac{1}{2} + \frac{1}{2} = 1 = 1^2 = IL^2$. D'après la réciproque du théorème de Pythagore, on en déduit que IJL est rectangle en J.

IJLN est un losange avec un angle droit, **donc IJLN est un carré**.

De même, **JKNM et IKLM sont des carrés**.

b. Soit O le centre du cube. I et L étant les centres de deux faces opposées du cube, O est également le milieu du segment [IL]. Comme IJLN est un carré, O est également le milieu de l'autre diagonale [JN]. Puis comme JKNM est un carré, le milieu O de sa diagonale [JN] est également le milieu de son autre diagonale [KM].

À fortiori, O appartient aux droites (IL), (JN) et (KM).

Les trois droites (IL), (KM) et (NJ) sont concourantes en O.

3. L'octaèdre est composé des deux pyramides régulières IKLMJ et IKLMN.

$$V_{IKLMJ} = \frac{1}{3}\text{base} \times \text{hauteur} = \frac{1}{3} \times \text{Aire}(IKLM) \times OJ$$
$$= \frac{1}{3} \times IK^2 \times OJ = \frac{1}{3} \times \frac{1}{2} \times \frac{1}{2} = \frac{1}{12},$$

donc le volume de l'octaèdre est $2 \times \frac{1}{2} = \frac{1}{6}$.

16 **Partie A**

1. $2\times(-1)+3\times1+5\times0-1=0$, donc $\mathbf{M\in(P)}$.

- D'après le cours, $\vec{n}\,(2\ ;\ 3\ ;\ 5)$ **est normal à (*P*).**

2. a. $\overrightarrow{AM}\cdot\vec{n}=(\overrightarrow{AH}+\overrightarrow{HM})\cdot\vec{n}=\overrightarrow{AH}\cdot\vec{n}+\overrightarrow{HM}\cdot\vec{n}=\overrightarrow{AH}\cdot\vec{n}+0$ car M et H sont 2 points de (*P*), $\overrightarrow{HM}$ est orthogonal au vecteur $\vec{n}$ normal au plan.
$\overrightarrow{AH}$ et $\vec{n}$ étant colinéaires, $\overrightarrow{AH}\cdot\vec{n}=\pm\ \mathrm{AH}\times\|\vec{n}\|$.

Donc $|\overrightarrow{AM}\cdot\vec{n}|=|\overrightarrow{AH}\cdot\vec{n}|=\mathrm{AH}\times\|\vec{n}\|=\mathrm{AH}\times\sqrt{2^2+3^2+5^2}$ soit :

$$\mathbf{|\overrightarrow{AM}\cdot\vec{n}|=\sqrt{38}\times AH.}$$

b. La distance de A au plan (*P*) est égale à AH.

Or $\mathrm{AH}=\dfrac{|\overrightarrow{AM}\cdot\vec{n}|}{\sqrt{38}}$ d'après **2.**, et $\overrightarrow{AM}\begin{pmatrix}-1-1\\1+4\\0-5\end{pmatrix}$.

$\overrightarrow{AM}\cdot\vec{n}=-2\times2+5\times3-5\times5=-14$, donc $|\overrightarrow{AM}\cdot\vec{n}|=14$. Donc :

$$\mathbf{AH=\frac{14}{\sqrt{38}}\approx2{,}27.}$$

Toujours vérifier que le résultat obtenu est positif.

Partie B

1. $\overrightarrow{AM}\cdot\vec{n}=(\overrightarrow{AH}+\overrightarrow{HM})\cdot\vec{n}=\overrightarrow{AH}\cdot\vec{n}+\overrightarrow{HM}\cdot\vec{n}=\overrightarrow{AH}\cdot\vec{n}+\vec{0}=\overrightarrow{AM}\cdot\vec{n}$.

$\overrightarrow{AH}$ et $\vec{n}$ étant colinéaires, $\overrightarrow{AH}\cdot\vec{n}=\pm\mathrm{AH}\times\|\vec{n}\|$.

Donc $|\overrightarrow{AM}\cdot\vec{n}|=|\overrightarrow{AH}\cdot\vec{n}|=\mathrm{AH}\times\|\vec{n}|$, soit $\mathbf{|\overrightarrow{AM}\cdot\vec{n}|=AH\sqrt{a^2+b^2+c^2}}$.

2. $\overrightarrow{AM}\cdot\vec{n}=a(x-x_A)+b(y-y_A)+c(z-z_A)=ax+by+cz-(ax_A+by_A+cz_A)$.

$\mathrm{M}\in(\mathrm{P})$, donc $ax+by+cz+d=0$, soit $ax+by+cz=-d$.

D'où $\overrightarrow{AM}\cdot\vec{n}=-d-(ax_A+by_A+cz_A)=-(ax_A+by_A+cz_A+d)$.

$$\mathbf{|\overrightarrow{AM}\cdot\vec{n}|=|ax_A+by_A+cz_A+d|.}$$

3. Donc la distance de $\mathrm{M}(x\ ;\ y\ ;\ z)$ au plan (*P*) vaut $\dfrac{|\overrightarrow{AM}\cdot\vec{n}|}{\sqrt{a^2+b^2+c^2}}$, soit :

$$\mathbf{\frac{|ax_A+by_A+cz_A+d|}{\sqrt{a^2+b^2+c^2}}}.$$

17 **Partie A**

1. (*P*) admet pour vecteur normal le vecteur $\vec{n}\,(1\ ;1\ ;1)$, et (*P′*) admet pour vecteur normal le vecteur $\vec{n'}\,(6\ ;3\ ;-2)$.
$\vec{n}$ et $\vec{n'}$ ne sont pas colinéaires, donc **les plans (*P*) et (*P′*) sont sécants**.

2. Soit $M(x\ ;\ y\ ;\ z)$ un point de l'espace.

$$M \in (P)\cap(P') \Leftrightarrow \begin{cases} x+y+z-4=0 \\ 6x+3y-2y-6=0 \end{cases} \Leftrightarrow \begin{cases} x=4-z-y \\ 24-6z-6y+3y=2z+6 \end{cases}$$

$$\Leftrightarrow \begin{cases} x=\frac{5}{3}z-2 \\ y=-\frac{8}{3}z+6 \end{cases} \quad \text{d'où } \mathbf{M \in (P)\cap(P') \Leftrightarrow \begin{cases} x=\frac{5}{3}t-2 \\ y=-\frac{8}{3}t+6,\ t\in\mathbb{R}, \\ z=t \end{cases}}$$

en posant $t = z$.

3. $\vec{u'} = 3\vec{u}$, donc les vecteurs $\vec{u}\left(\frac{5}{3}\ ;\ -\frac{8}{3}\ ;\ 1\right)$ et $\vec{u'}\,(5\ ;\ -8\ ;\ 3)$ sont colinéaires.

$\vec{u'}$ est donc également un vecteur directeur de la droite d'intersection de (P) et (P').

Vérifions que le point $Q(3\ ;\ -2\ ;\ 3)$ appartient bien à cette droite.

$3+(-2)+3-4=0$, donc $Q\in(P)$, et $6\times3+3\times(-2)-2\times3-6=0$, donc $Q\in(P')$.

$(P)\cap(P')$ est la droite passant par Q et de vecteur directeur $\vec{u'}$, dont un système d'équations paramétriques est $\begin{cases} x=5t+3 \\ y=-8t-2. \\ z=3t+3 \end{cases}$

Partie B

1. Soit $M(x\ ;\ y\ ;\ z)$ un point de l'espace.

$M\in(AB) \Leftrightarrow \overrightarrow{AM}(x-1\ ;\ y\ ;\ z)$ et $\overrightarrow{AB}(-1\ ;\ 2\ ;\ 0)$ sont colinéaires

$\Leftrightarrow$ il existe un réel t tel que $\overrightarrow{AM} = t\,\overrightarrow{AB}$

$\Leftrightarrow$ il existe un réel t tel que $\begin{cases} x-1=-t \\ y=2t \\ z=0 \end{cases}$

$M\in(AB) \Leftrightarrow$ il existe un réel t tel que $\begin{cases} x=1-t \\ y=2t \\ z=0 \end{cases}$.

2. $\overrightarrow{AB}(-1\ ;\ 2\ ;\ 0)$ est un vecteur directeur de la droite (AB).

$\vec{n}\,(1\ ;\ 1\ ;\ 1)$ est un vecteur normal au plan (Q).

La droite (AB) est parallèle au plan (Q) si, et seulement si, $\overrightarrow{AB}$ et $\vec{n}$ sont orthogonaux. Dans le cas contraire, (AB) et (Q) sont sécants.

$\overrightarrow{AB}\cdot\vec{n} = -1\times1+2\times1+0\times1 = 1 \neq 0$,

donc $\overrightarrow{AB}$ et $\vec{n}$ ne sont pas orthogonaux, **donc (AB) et (Q) sont sécants.**

Soit I leur point d'intersection.

D'après **B-1.**, comme $I \in (AB)$, il existe un réel t tel que $\begin{cases} x_I = 1 - t \\ y_I = 2t \\ z_I = 0 \end{cases}$.

Comme $I \in (Q)$, : $x_I + y_I + z_I - 4 = 0$, soit $(1 - t) + 2t + 0 - 4 = 0$.

D'où $t = 3$ et $I(-2 ; 6 ; 0)$.

3. $\overrightarrow{BC}(0 ; -2 ; -3)$, donc $\overrightarrow{BC} \cdot \vec{n} = 0 - 2 - 3 \neq 0$, donc (BC) et ($Q$) sont sécants en un point J. $J \in (BC)$, donc il existe un réel t tel que $\overrightarrow{BJ} = t\,\overrightarrow{BC}$,

soit $\begin{cases} x_J = 0 \\ y_J - 2 = -2t \\ z_J = -3t \end{cases}$, d'où $\begin{cases} x_J = 0 \\ y_J = 2 - 2t \\ z_J = -3t \end{cases}$.

$J \in (Q)$ donc $x_J + y_J + z_J - 4 = 0$, soit $2 - 2t - 3t - 4 = 0$, d'où $t = -\frac{2}{5}$.

Donc $J\left(0 ; \frac{14}{5} ; \frac{6}{5}\right)$, ou encore $J(0 ; 2{,}8 ; 1{,}2)$.

4. Soit k un réel :

$$\overrightarrow{IJ} = k\vec{v} \Leftrightarrow \begin{pmatrix} 2 \\ -3{,}2 \\ 1{,}2 \end{pmatrix} = k\begin{pmatrix} 5 \\ -8 \\ 3 \end{pmatrix} \Leftrightarrow \begin{cases} 2 = 5k \\ -3{,}2 = -8k \\ 1{,}2 = 3k \end{cases} \Leftrightarrow k = 0{,}4.$$

$\overrightarrow{IJ} = 0{,}4\,\vec{v}$, **donc $\overrightarrow{IJ}$ et $\vec{v}$ sont colinéaires.**

5. $\overrightarrow{AB}(-1 ; 2 ; 0)$ et $\overrightarrow{BC}(0 ; -2 ; -3)$ ne sont pas colinéaires, **donc les points A, B et C forment un plan.**

6. Le point I appartient à la droite (AB), donc aussi au plan (ABC). I appartient donc au plan (ABC) et au plan (Q). Ces deux plans sont donc sécants, non confondus car (AB) n'est pas incluse dans (Q), et leur intersection est une droite.
J appartient à la droite (BC) incluse dans le plan (ABC) et aussi au plan (Q).
Comme J est distinct de I, **l'intersection des plans (ABC) et *(Q)* est la droite (IJ).**

18 1. **Réponse c.** $\vec{n}\begin{pmatrix} -3 \\ 2 \\ -7 \end{pmatrix}$ est un vecteur directeur de la droite, donc $\vec{u} = -2\vec{n}$ également.

2. **Réponses b.** et **c.**

$\vec{n}\begin{pmatrix} -3 \\ 2 \\ -7 \end{pmatrix}$ et $\vec{n}'\begin{pmatrix} 4 \\ -1 \\ -2 \end{pmatrix}$ sont des vecteurs normaux respectivement

des plans d'équation $-3x+2y-7z+1=0$ et $4x-y-2z+11=0$;
$\vec{n}\cdot\vec{n'}=-3\times4+2\times(-1)-7\times(-2)=0$, donc les deux plans sont orthogonaux.

3. **Réponse c.** $-9x+18y+6z-27=0 \Leftrightarrow 3x-6y-2z+9=0$ (on a divisé par (–3)), donc les deux plans sont confondus.

4. **Réponses c. et b. :** $\vec{u}\begin{pmatrix}3\\1\\-4\end{pmatrix}$ et $\vec{u'}\begin{pmatrix}2\\-2\\1\end{pmatrix}$ sont orthogonaux ($\vec{u}\cdot\vec{u'}=0$). Donc (D_1) et (D_2) sont orthogonales.

De plus, $\begin{cases}5+3t=-11+2t'\\2+t=10-2t'\\1-4t=4+t'\end{cases} \Leftrightarrow \begin{cases}5-3\times2=-11-3\times10+2t'-(-6t')\\2+t=10-2t'\\1+4\times2=4+4\times10+4(-2t')\end{cases}$

$\Leftrightarrow \begin{cases}5=t'\\t=-2\\5=t'\end{cases}$, donc (D_1) et (D_2) sont sécantes en M(–1 ; 0 ; 9).

5. **Réponse c.** $\vec{n}\begin{pmatrix}1\\-1\\1\end{pmatrix}$ est un vecteur normal au plan et $\vec{u}\begin{pmatrix}-1\\3\\3\end{pmatrix}$ est un vecteur directeur de la droite.
$\vec{u}$ et $\vec{n}$ ne sont pas colinéaires, donc le plan et la droite ne sont pas orthogonaux.
$\vec{u}$ et $\vec{n}$ ne sont pas orthogonaux ($\vec{u}\cdot\vec{n}=-1$) donc le plan et la droite ne sont pas parallèles.

19 1. Soit $M(x\ ;\ y\ ;\ z)$ un point de l'espace.
$M\in\pi_2 \Leftrightarrow$ il existe deux réels α et β tels que $\overrightarrow{AM}=\alpha\vec{u}+\beta\vec{v}$.

$\Leftrightarrow$ il existe deux réels α et β tels que $\begin{cases}x-3=\alpha\times(-1)+\beta\times2\\y-2=0\alpha-1\beta\\z-1=\alpha+0\beta\end{cases}$

Donc π_2 admet pour représentation paramétrique $\begin{cases}x=-\alpha+2\beta+3\\y=-\beta+2\\z=\alpha+1\end{cases}$, $\alpha\in\mathbb{R}$, $\beta\in\mathbb{R}$.

2. Soit $\vec{n_2}(a\ ;\ b\ ;\ c)$ un vecteur normal à π_2.
Alors $\vec{n_2}\cdot\vec{u}=0$ et $\vec{n_2}\cdot\vec{v}=0$.
D'où $-a+c=0$ et $2a-b=0 \Leftrightarrow a=c$ et $b=2a$.
Posons $a=1$, alors $c=1$ et $b=2$.
$\vec{n_2}(1\ ;\ 2\ ;\ 1)$ est un vecteur normal à π_2.

Tous les vecteurs normaux à π_2 sont colinéaires à $\vec{n_2}$, donc tous les vecteurs égaux à $k\vec{n_2}$, où $k\in\mathbb{R}^*$, peuvent être choisis ; ce qui revient à dire que l'on peut choisir la valeur de a.

3. π_2 admet donc une équation cartésienne de la forme $x+2y+z+d=0$, $d\in\mathbb{R}$.
$A\in\pi_2$, donc $3+2\times2+1+d=0$, donc $d=-8$.

Finalement, π_2 a pour équation $x+2y+z-8=0$.

4. $M\in(Ox)$, donc $y_M=z_M=0$, d'où $x_M-8=0$ et **$M(8\ ;0\ ;0)$.**

$N\in(Oy)$, donc $x_M=z_M=0$, d'où $2y_M-8=0$ et **$N(0\ ;4\ ;0)$.**

De même, on trouve **$P(0\ ;0\ ;8)$**.

5. $\overrightarrow{n_1}(1\ ;0\ ;-1)$ est normal à π_1.
$\overrightarrow{n_1}$ et $\overrightarrow{n_2}$ ne sont pas colinéaires donc les plans π_1 et π_2 sont sécants.
$\overrightarrow{n_1}.\overrightarrow{n_2}=1\times1+0\times2+(-1)\times1=0$, donc $\overrightarrow{n_1}\perp\overrightarrow{n_2}$. **Les plans π_1 et π_2 sont orthogonaux.**

6. Les points de Δ doivent vérifier les équations des deux plans, donc le système :

$$\begin{cases}x-z=0\\x+2y+z-8=0\end{cases}$$

Posons $x=t$, $t\in\mathbb{R}$; on obtient le système

$\begin{cases}x=t\\z=t\\t+2y+t-8=0\end{cases}$, $t\in\mathbb{R}$ équivalent à $\begin{cases}x=t\\y=4-t,\\z=t\end{cases}$ $t\in\mathbb{R}$ qui est un système d'équations paramétriques de Δ.

Si $t=4$, on obtient un point de Δ de coordonnées $(4\ ;0\ ;4)$, c'est le point C. Donc **$C\in\Delta$.**
D'après le système, un vecteur directeur $\vec{u}$ de Δ a pour coordonnées $(1\ ;-1\ ;1)$ (ce sont les coefficients devant le paramètre t) et $-\vec{u}$ est également un vecteur directeur de Δ.
Donc Δ passe par C(4 ; 0,4) et admet pour vecteur directeur $-\vec{u}(-1\ ;1\ ;-1)$.

7. $L\in\pi_1$ si et seulement si ses coordonnées vérifient l'équation de π_1, c'est-à-dire $x-2=0$. **Donc $L(2\ ;2\ ;2)$.**

(S) a pour rayon $AL=\sqrt{(3-2)^2+(2-2)^2+(1-2)^2}=\sqrt{2}$ et pour centre A.
Soit $M(x\ ;y\ ;z)$ un point de l'espace,

$M\in(S)\Leftrightarrow AM=\sqrt{2}\Leftrightarrow AM^2=2\Leftrightarrow(x-3)^2+(y-2)^2+(z-1)^2=2$.

Une équation cartésienne de (S) est donc $x^2-6x+y^2-4y+z^2-2z+12=0$.

9 Probabilités conditionnelles

I PROBABILITÉS SUR UN ENSEMBLE FINI : RAPPELS

1. Notations et premières propriétés

On note $\Omega = \{e_1 ; e_2 ; \ldots ; e_n\}$ l'ensemble des **événements élémentaires** (ou **univers**) d'une expérience aléatoire.

■ On définit une **probabilité** sur Ω en associant à chaque événement élémentaire e_i un nombre $p(e_i)$, appelé **probabilité de** e_i, tel que :

- pour tout i, $0 \leqslant p(e_i) \leqslant 1$;
- $p(e_1) + p(e_2) + \ldots + p(e_n) = 1$ (la somme des probabilités des événements élémentaires vaut 1).

■ Un **événement** A est un sous-ensemble (ou partie) de Ω.

■ La **probabilité d'un événement** est la somme des probabilités des événements élémentaires qui le constituent.

■ L'**événement contraire** de A, noté $\overline{\mathrm{A}}$, est l'ensemble de tous les événements élémentaires qui ne sont pas dans A.

A et B désignent deux événements.

■ L'événement « **A et B** », noté $\mathrm{A} \cap \mathrm{B}$ (se lit A inter B) est constitué des événements élémentaires qui sont à la fois dans A et dans B.

■ A et B sont **incompatibles** si $\mathrm{A} \cap \mathrm{B} = \varnothing$.

■ L'événement « **A ou B** », noté $\mathrm{A} \cup \mathrm{B}$ (se lit A union B) est constitué des événements élémentaires qui sont dans l'un au moins des événements A, B.

■ **Propriétés**

$p(\varnothing) = 0$ et $p(\Omega) = 1$;

$p(\mathrm{A}) + p(\overline{\mathrm{A}}) = 1$ (ou $p(\mathrm{A}) = 1 - p(\overline{\mathrm{A}})$, ou $p(\overline{\mathrm{A}}) = 1 - p(\mathrm{A})$) ;

$p(\mathrm{A} \cup \mathrm{B}) = p(\mathrm{A}) + p(\mathrm{B}) - p(\mathrm{A} \cap \mathrm{B})$.

Au chapitre 10, on étendra la notion de probabilité à des données continues avec les lois de probabilité à densité.

2. Cas particulier : l'équiprobabilité

■ **Définition :** lorsque tous les événements élémentaires ont la même probabilité, on dit que l'on est dans une situation d'**équiprobabilité**.

■ **Propriétés :** lorsqu'on est dans une situation d'équiprobabilité : pour tout événement A :

$$p(\mathrm{A}) = \frac{\mathrm{card(A)}}{\mathrm{card}(\Omega)} = \frac{\text{nombre de cas favorables}}{\text{nombre de cas possibles}}.$$

Cette formule ne s'applique qu'en situation d'équiprobabilité ! On cherchera les indices qui permettent de s'en assurer : boules indiscernables au toucher, personnes désignées au hasard…

3. Variables aléatoires discrètes

Soit Ω un univers muni d'une probabilité p et $x_1, x_2, \ldots, x_n$ des nombres réels.

■ Définir une variable aléatoire X sur Ω, c'est associer à chaque élément de Ω un des nombres x_i. La variable X prenant les valeurs $x_1, x_2, \ldots, x_n$ est appelée **variable aléatoire**.

Les réels $p_i = p(X = x_i)$ constituent la **loi de probabilité** de X.

■ L'**espérance** de cette variable aléatoire est le nombre noté $E(X)$ égal à :

$$E(X) = \sum_{i=1}^{n} x_i\, p(X = x_i) = x_1 p_1 + x_2 p_2 + \ldots + x_n p_n.$$

■ La **variance** de cette variable aléatoire est le nombre noté $V(X)$ défini par :

$$\begin{aligned} V(X) &= \sum_{i=1}^{n} (x_i - E(X))^2\, p(X = x_i) \\ &= (x_1 - E(X))^2 \times p_1 + (x_2 - E(X))^2 \times p_2 + \ldots + (x_n - E(X))^2 \times p_n. \end{aligned}$$

■ L'**écart-type** d'une variable aléatoire X est donné par :

$$\sigma(X) = \sqrt{V(X)}.$$

■ **Propriétés**

• Soit a et b deux réels, X et Y deux variables aléatoires définies sur le même univers :

$$E(aX + b) = aE(X) + b$$
$$E(X + Y) = E(X) + E(Y)\,;$$
$$V(aX + b) = a^2 V(X).$$

- La variance est également donnée par :

$$V(X) = E(X^2) - E(X^2) = \sum_{i=1}^{n} p_i x_i^2 - E(X)^2.$$

4. Loi de Bernoulli – Loi binomiale

■ **Définition**

On appelle épreuve **de Bernoulli** une expérience aléatoire qui ne comporte que deux issues possibles, l'une notée S (succès) de probabilité p, l'autre E ou $\overline{S}$ (échec) de probabilité $q = 1 - p$.

Si X vaut 1 en cas de succès et 0 en cas d'échec, on dit que X suit une loi de Bernoulli de paramètre p.

■ **Propriété**

Si X suit une loi de Bernoulli de paramètre p :

$$E(X) = p \text{ et } V(X) = p(1 - p).$$

Cette loi se rencontre dans de nombreuses situations concrètes : pile ou face, faire ou ne pas faire 6 avec un dé, etc.

■ **Définition**

Répéter n fois et de manière indépendante la même épreuve de Bernoulli de paramètre p constitue une **épreuve de Bernoulli**. Si X désigne le **nombre de succès** au cours des n expériences, la loi de probabilité de la variable aléatoire X est appelée **loi binomiale** de paramètres n et p. On la note $B(n\ ;\ p)$.

■ **Propriété**

Si X suit une **loi binomiale** $B(n\ ;\ p)$, pour tout entier k avec $0 \leqslant k \leqslant n$:

$$p(X = k) = \binom{n}{k} p^k (1 - p)^{n-k}$$

où $\binom{n}{k}$ désigne le nombre de chemins menant à k succès au cours des n répétitions. De plus :

$$E(X) = np \text{ et } V(X) = np(1 - p).$$

Les coefficients $\binom{n}{k}$, appelés coefficients binomiaux, se calculent à la machine ou à l'aide du triangle de Pascal.

II PROBABILITES CONDITIONNELLES

1. Arbres pondérés

■ Définition

Soit A et B deux événements avec $p(\mathrm{A}) \neq 0$, on appelle **probabilité conditionnelle de B sachant A** le nombre $p_{\mathrm{A}}(\mathrm{B}) = \dfrac{p(\mathrm{A} \cap \mathrm{B})}{p(\mathrm{A})}$.

Cette égalité s'écrit également : $p(A \cap B) = p_A(B) \times p(A)$.

Ainsi, en pondérant la branche reliant A à B par la probabilité de B sachant A, on trouve la probabilité de $A \cap B$ en multipliant les probabilités le long des branches.

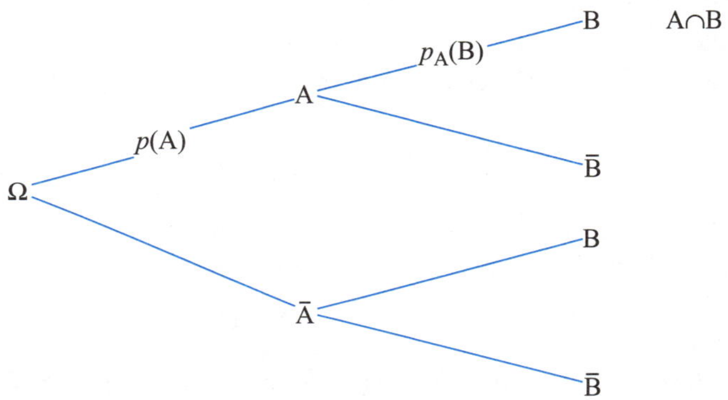

■ Généralisation

Si $\Omega = \mathrm{A}_1 \cup \mathrm{A}_2 \cup \ldots \cup \mathrm{A}_n$, où les A_i sont deux à deux disjoints :

$$p(\mathrm{B}) = p(\mathrm{A}_1 \cap \mathrm{B}) + p(\mathrm{A}_2 \cap \mathrm{B}) + \ldots + p(\mathrm{A}_n \cap \mathrm{B}).$$

Ainsi lorsque $p(\mathrm{A}_i) \neq 0$ pour tout i :

$$p(\mathrm{B}) = p(\mathrm{A}_1) \times p_{\mathrm{A}_1}(\mathrm{B}) + p(\mathrm{A}_2) \times p_{\mathrm{A}_2}(\mathrm{B}) + \ldots + p(\mathrm{A}_n) \times p_{\mathrm{A}_n}(\mathrm{B}).$$

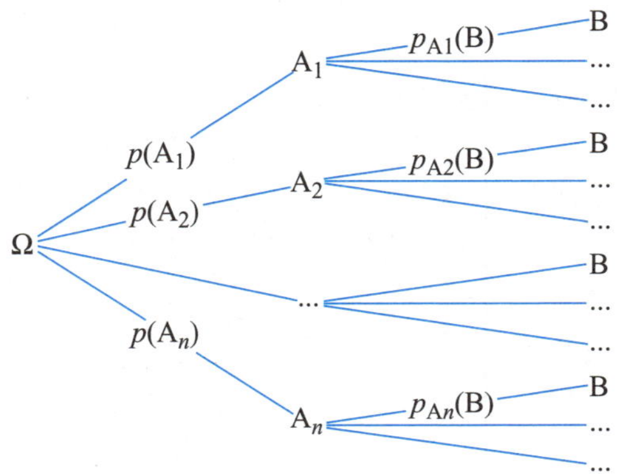

Propriété (règle des nœuds)

La somme des probabilités rencontrées sur les branches partant d'un même événement est égale à 1.

Ceci généralise la propriété $p(\text{A})+p(\overline{\text{A}})=1$.
Sur l'arbre 1, par exemple, on a également $p_{\text{A}}(\text{B})+p_{\text{A}}(\overline{\text{B}})=1$.
Voir le savoir-faire **1. 3**. pour l'utilisation de cette règle.

2. Indépendance

Définition

Deux événements A et B sont indépendants lorsque $p(\text{A}\cap\text{B})=p(\text{A})\times p(\text{B})$.

Si $p(\text{A})\neq 0$, A et B sont indépendants si, et seulement si, $p_{\text{A}}(\text{B})=p(\text{B})$.

Conséquence

Lors de n expériences successives indépendantes :

$$p(\text{E}_1\cap\text{E}_2\cap\ldots\cap\text{E}_n)=p(\text{E}_1)\times p(\text{E}_2)\times\ldots\times p(\text{E}_n).$$

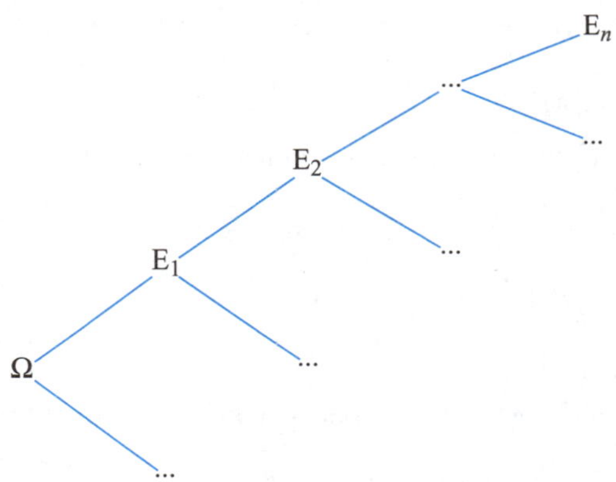

Ceci généralise un résultat vu en première pour la répétition d'expériences identiques indépendantes (par exemple pour une épreuve de Bernoulli).

SAVOIR-FAIRE

EXEMPLE : On s'intéresse à la situation suivante :
Dans un club de sport, on choisit un adhérent au hasard. On veut représenter les différentes éventualités par un arbre pondéré sachant que : 40 % des adhérents sont blonds ; parmi les adhérents blonds, 20 % ont les yeux marron et parmi les autres, 50 % ont les yeux marron.

1. Construire un arbre pondéré rendant compte de l'expérience

a. On note B l'événement « l'adhérent choisi est blond » et M l'événement « l'adhérent choisi a les yeux marron ».

On commence par représenter un arbre non pondéré où on classe les individus par la couleur de leurs cheveux, puis par la couleur de leurs yeux :

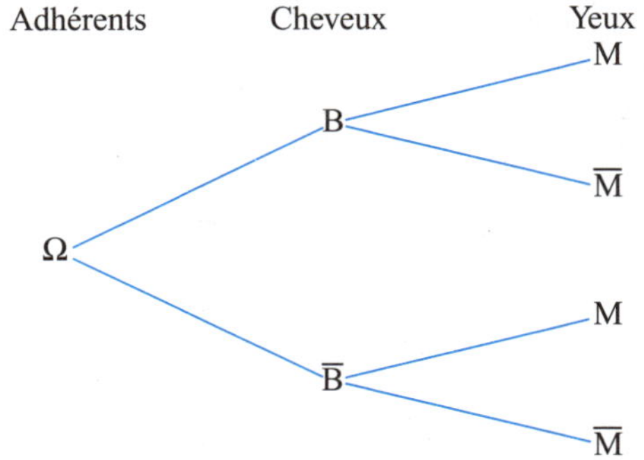

b. On calcule les probabilités menant à B et $\overline{B}$.

Comme le choix de l'adhérent se fait au hasard, il y a équiprobabilité de ce choix, donc $p(B) = \frac{40}{100} = 0,4$ et $p\left(\overline{B}\right) = 1 - p(B) = 0,6$.

c. On calcule $p_B(M)$.

Sachant que l'adhérent est blond, il aura les yeux marron avec probabilité :

$$p_B(M) = \frac{20}{100} = 0,2.$$

On en déduit $p_{\overline{B}}(M) = 1 - 0,2 = 0,8$.

d. On calcule $p_{\overline{B}}(M)$:

Sachant que l'adhérent n'est pas blond, il aura les yeux marron avec probabilité $p_{\overline{B}}(M) = \frac{50}{100} = 0,5$. On en déduit $p_{\overline{B}}(\overline{M}) = 1 - 0,5 = 0,5$.

e. On complète l'arbre.

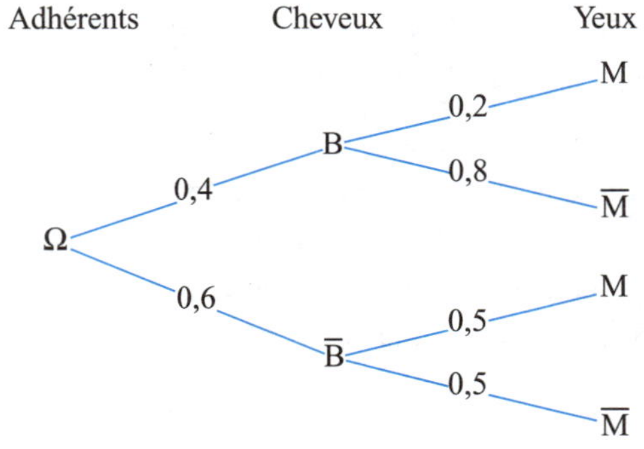

2. Exploiter la lecture d'un arbre pondéré pour calculer une probabilité

■ **Question 1 :** Quelle est la probabilité que l'adhérent choisi ait les cheveux blonds et les yeux marron ?

a. On traduit le problème à l'aide des événements B et M : on cherche $p(\mathrm{B} \cap \mathrm{M})$.

b. On construit l'arbre pondéré du savoir-faire **1.**, puis on localise la branche qui mène à $(\mathrm{B} \cap \mathrm{M})$: c'est la première.

c. On multiplie les probabilités rencontrées le long de cette branche :

$$p(\mathrm{B} \cap \mathrm{M}) = p(\mathrm{B}) \times p_{\mathrm{B}}(\mathrm{M}) = 0,4 \times 0,2 = 0,08.$$

Attention à ne pas confondre $p(\mathrm{B} \cap \mathrm{M})$ et $p_{\mathrm{B}}(\mathrm{M})$.

■ **Question 2** : Quelle est la probabilité qu'il ait les yeux marron ?

a. On traduit le problème à l'aide des événements B et M : on cherche $p(\mathrm{M})$.

b. On localise les branches qui finissent par M :

- la première qui correspond à $\mathrm{B} \cap \mathrm{M}$;
- la troisième qui correspond à $\overline{\mathrm{B}} \cap \mathrm{M}$.

c. On multiplie les probabilités rencontrées le long des branches :

$$p(\mathrm{M}) = p(\mathrm{B}) \times p_{\overline{\mathrm{B}}}(\mathrm{M}) + p\left(\overline{\mathrm{B}}\right) \times p_{\overline{\mathrm{B}}}(\mathrm{M}) = 0,4 \times 0,2 + 0,6 \times 0,5 = 0,38.$$

3. Établir la dépendance ou l'indépendance de deux événements

Dans ce club, peut-on considérer qu'avoir les cheveux blonds et avoir les yeux marron sont des événements indépendants ?

a. On calcule $p(\mathrm{B}) = 0,4$, puis $p(\mathrm{B} \cap \mathrm{M}) = 0,08$ et $p(\mathrm{M}) = 0,38$ comme au savoir-faire **2.**

b. Il ne s'agit pas de se fier à son intuition, mais de comparer $p(\mathrm{B}) \times p(\mathrm{M})$ à $p(\mathrm{B} \cap \mathrm{M})$.

$p(\mathrm{B}) \times p(\mathrm{M}) = 0,4 \times 0,38 = 0,152$ et $p(\mathrm{B} \cap \mathrm{M}) = 0,08$.

Donc $p(\mathrm{B}) \times p(\mathrm{M}) \neq p(\mathrm{B} \cap \mathrm{M})$: les événements B et M ne sont pas indépendants.

Comme $p(\mathrm{B}) \neq 0$, on peut aussi comparer $p_{\mathrm{B}}(\mathrm{M}) = 0,2$ et $p(\mathrm{M}) = 0,38$: $p_{\mathrm{B}}(\mathrm{M}) \neq p(\mathrm{M})$, donc B et M ne sont pas indépendants.

EXERCICES D'APPLICATION

1 DO YOU SPEAK ENGLISH ? | ★ | 10 min | ▸P. 330

Une société comprend 65 % de cadres, et parmi ceux-ci, 70 % parlent anglais. Chez les autres employés, seuls 40 % parlent anglais. On interroge un employé de la société au hasard. On note C l'événement « la personne interrogée est un cadre » et A l'événement « la personne interrogée parle anglais ».

1. Déterminer $p(\mathrm{C})$ et $p_C(\mathrm{A})$.

2. Construire un arbre pondéré rendant compte de l'énoncé. On pourra utiliser $\overline{\mathrm{C}}$ et $\overline{\mathrm{A}}$ les événements contraires de C et A.

Pour la construction de l'arbre pondéré, voir le savoir-faire 1.

3. En déduire la probabilité que cet employé soit un cadre parlant anglais.

Pour l'utilisation de l'arbre pondéré, voir le savoir-faire 2.

4. Quelle est la probabilité qu'on interroge un employé parlant anglais ?

Il faut comptabiliser toutes les branches débouchant sur A.

2 GROUPES ET RHÉSUS. | ★ | 10 min | ▸P. 331

Voici la répartition des principaux groupes sanguins des habitants de la France :

	Groupe O	Groupe A	Groupe B	Groupe AB
Rhésus +	35,0 %	38,1 %	6,2 %	2,8 %
Rhésus –	9,0 %	7,2 %	1,2 %	0,5 %

On choisit une personne au hasard dans la population française.
On note R^+ l'événement « la personne a le rhésus + », O l'événement « la personne est du groupe O » etc. On a représenté un arbre illustrant cette expérience aléatoire.

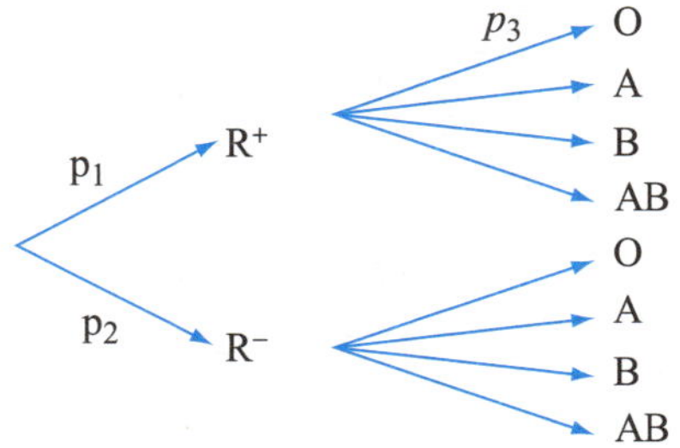

1. Déterminer p_1, p_2.
2. Donner une interprétation en langage courant de p_3, puis calculer p_3.
3. Quelle est la probabilité qu'une personne appartenant au groupe O soit de rhésus positif ?

Deux méthodes sont possibles : exploiter l'arbre ou ne considérer que les personnes de groupe O parmi les *N* habitants de la France.

4. Les événements être R^+ et O sont-ils indépendants ?

Pour l'indépendance de deux événements, voir le savoir-faire 3.

3 BLACK OR WHITE ? | ★ | 15 min | ▸ P. 331

Dans une urne U_1, il y a quatre boules noires et six boules blanches.
Dans une urne U_2, il y a trois boules noires et sept boules blanches.
Les boules sont indiscernables au toucher.
On choisit une urne au hasard, puis on tire au hasard une boule dans cette urne.
On note A l'événement « on choisit U_1 » et N l'événement « la boule tirée est noire ».
1. Représenter l'épreuve par un arbre non pondéré que vous compléterez au fur et à mesure.
2. Calculer $p(A)$.
3. Donner une interprétation en langage courant, puis calculer $p_A(N)$ et $p_{\overline{A}}(N)$ et compléter l'arbre.
4. Donner une interprétation en langage courant, puis calculer $p(N \cap A)$, $p(N \cap \overline{A})$ et $p(N)$.
5. En déduire la probabilité d'avoir choisi l'urne U_1 sachant qu'on a tiré une boule noire.

Voir les savoir-faire 1 et 2.

4 T'AS DE BEAUX YEUX... | ★ | 15 min | ▸ P. 333

Le pot de fin d'année des professeurs rassemble 45 hommes et 55 femmes. 40 % des femmes ont les yeux bleus. Au total, 50 professeurs ont les yeux bleus.
1. Représenter la situation à l'aide d'un tableau à double entrée complété à l'aide des données.

On pourra s'inspirer de l'exercice 2.

2. Une personne est désignée au hasard. On note F « la personne désignée est une femme » et B « la personne désignée a les yeux bleus ».
a. Calculer la probabilité des événements « cette personne est une femme » ;

« cette personne est une femme aux yeux bleus » ; « cette personne est un homme aux yeux bleus ».
b. Quelle est la probabilité que cette personne ait les yeux bleus sachant que c'est une femme ?

Deux méthodes sont possibles : utiliser la formule de définition des probabilités conditionnelles ou ne considérer que la colonne des femmes.

c. Sachant que cette personne a les yeux bleus, quelle est la probabilité que cette personne soit une femme ?
3. Construire deux arbres pondérés pouvant correspondre à cette expérience aléatoire.

On peut commencer par distinguer les individus suivant leur sexe… ou suivant la couleur de leurs yeux.

5 FIABILITÉ D'UN TEST | ★ | 15 min | ▸P. 335

Une maladie contagieuse est en train de causer la disparition d'une espèce animale. 50 % des animaux sont déjà malades. Un laboratoire de recherche a mis au point un test de dépistage de cette maladie : si un animal est malade, le test est positif dans 99 % des cas ; si un animal n'est pas malade, le test est positif dans 0,1 % des cas. On examine un animal de cette espèce pris au hasard.
On note M l'événement « l'animal est malade », $\overline{M}$ son événement contraire et T l'événement « le test est positif ».
1. Déterminer $P(M)$, $P_M(T)$ et $P_{\overline{M}}(T)$.

Il faut simplement traduire les données de l'énoncé.

2. En déduire $P(T)$.

Commencez par construire un arbre pondéré (savoir-faire **1**) en utilisant les résultats trouvés à la question **1.**

3. Le laboratoire estime qu'un test est fiable si sa valeur prédictive positive, c'est-à-dire la probabilité qu'un animal soit malade sachant que le test est positif, est supérieure à 0,999. Ce test est-il fiable ?

6 CALIBRAGE | ★ | 20 min | ▸P. 336

Dans un supermarché, trois producteurs « a », « b » et « c » fournissent respectivement 25 %, 35 % et 40 % des pommes vendues.
Certaines de ces pommes sont hors calibre, dans les proportions suivantes :
5 % pour le producteur « a », 4 % pour le producteur « b » et 1 % pour le producteur « c ».

On prend une pomme au hasard et on définit les événements suivants :
A : « La pomme vient du producteur « a » » ; B : « La pomme vient du producteur « b » » ; C : « La pomme vient du producteur « c » » ; D : « La pomme est hors calibre ».
Les résultats seront donnés à 10^{-4} près.

1. Traduire les données de l'énoncé en utilisant les notations des probabilités et tracer un arbre pondéré illustrant la situation.

Pour la construction de l'arbre pondéré, voir le savoir-faire 1.

2. Calculer $p(\mathrm{D})$.

Pour l'utilisation de l'arbre pondéré, voir le savoir-faire 2.

3. Quelle est la probabilité qu'une pomme vienne du producteur « a » sachant qu'elle est hors calibre ?

4. Calculer la probabilité qu'une pomme vienne du producteur « c » sachant qu'elle n'est pas hors calibre.

7 UN DÉ, DEUX URNES | ★★ | 10 min | ▸ P. 337

Une urne U contient trois boules noires et une blanche, une urne V deux boules noires et deux blanches. Toutes ces boules sont indiscernables au toucher. On lance un dé régulier à six faces et si on obtient 1, on tire une boule au hasard dans U, sinon on tire une boule au hasard dans V.
Quelle est la probabilité de tirer une boule blanche ?

On pourra introduire les événements A : « l'urne choisie est U » et B : « la boule choisie est blanche » et construire un arbre pondéré.

8 LOI BINOMIALE | ★ | 20 min | ▸ P. 338

On lance deux dés bien équilibrés. On gagne si la somme des points obtenus est égale à 7.

1. Démontrer à l'aide d'un tableau à double entrée que la probabilité de gagner est $\frac{1}{6}$.

2. On lance 5 fois de suite deux dés bien équilibrés. On suppose que les jets sont indépendants.

a. Justifier que le nombre de succès suit une loi binomiale dont on précisera les paramètres.

b. En déduire la probabilité de gagner exactement deux fois.

EXERCICES D'ENTRAÎNEMENT

9 NAISSANCES INDÉPENDANTES ? | ★★★ | 45 min | ▸ P. 339

Dans une famille donnée, on suppose qu'à chaque naissance, la probabilité d'avoir une fille est la même que celle d'avoir un garçon. On note A l'événement « la famille a au plus une fille » et B l'événement « la famille a des enfants des deux sexes ».

Les événements A et B sont-ils indépendants :

a. dans une famille de deux enfants ?

> Construire un arbre pondéré pour envisager toutes les éventualités.

b. dans une famille de trois enfants ?

10 DÉ TRUQUÉ | ★★ | 30 min | ▸ P. 341

On dispose d'un dé à 6 faces. On désigne par p_k (k entier compris entre 1 et 6) la probabilité d'obtenir, lors d'un lancer, la face numérotée k.

Ce dé est pipé de sorte que :

- les faces ne sont pas équiprobables ;
- les nombres $p_1, p_2, p_3, p_4, p_5, p_6$ dans cet ordre sont six termes consécutifs d'une suite arithmétique ;
- les nombres p_1, p_2, p_4 dans cet ordre sont trois termes consécutifs d'une suite géométrique.

1. Démontrer que $p_k = \dfrac{k}{21}$ pour tout entier k compris entre 1 et 6.

> Pour diminuer le nombre d'inconnues, on essayera d'abord d'exprimer les p_i uniquement à l'aide de p_1 et de la raison r de la suite arithmétique, puis on trouvera un lien entre r et la raison q de la suite géométrique.

2. On lance ce dé une fois et on considère les événements suivants :

A « le nombre obtenu est pair » ;

B « le nombre obtenu est supérieur ou égal à 3 » ;

C « le nombre obtenu est 3 ou 4 ».

a. Calculer la probabilité de chacun de ces événements.

> Il suffit de décomposer ces événements à l'aide des événements élémentaires.

b. Calculer la probabilité que le nombre obtenu soit supérieur ou égal à 3 sachant qu'il est pair.

> Exploiter la formule du cours, II.

c. Les événements A et B sont-ils indépendants ? Les événements A et C sont-ils indépendants ?

Pour l'indépendance de deux événements, voir le savoir-faire 3.

d. Reprendre la question **c.** en supposant cette fois le dé bien équilibré.

11 ENCORE DES NAISSANCES | ★★ | 30 min | ▸ p. 342

Dans une maternité, on observe n naissances, n entier strictement positif. On admet que dans cette maternité la probabilité qu'un nouveau né soit une fille est de 0,49. Les naissances sont supposées indépendantes.

1. Combien de naissances faut-il attendre pour que la probabilité qu'il naisse au moins une fille soit supérieure à 0,95 ?

2. Combien de naissances faut-il attendre pour que la probabilité qu'il naisse au moins deux filles soit supérieure à 0,95 ?

12 LES PETITS CHEVAUX | ★★★ | 35 min | ▸ p. 344

Au jeu des Petits Chevaux, on utilise un dé classique bien équilibré. Pour pouvoir entrer en jeu, on doit obtenir un 6. Si on n'obtient pas 6, on doit passer son tour.

Partie A. Algorithmique

Écrire un algorithme en langage courant qui donne le nombre de lancers de dé qu'il aura fallu attendre avant de pouvoir entrer en jeu.

On peut simuler un dé classique avec la formule $E(6 \times a + 1)$ où E désigne la fonction partie entière et a un nombre aléatoire pris au hasard dans l'intervalle $[0 ; 1]$ (on parlera de loi uniforme sur $[0 ; 1]$ au chapitre suivant).

Partie B.

Calculer la probabilité de pouvoir entrer en jeu :

1. au premier tour de dé ;

2. au deuxième tour de dé ;

Pour entrer en jeu au deuxième tour, il ne faut pas être entré en jeu au premier tour…

3. au n-ième tour de dé, n désignant un entier supérieur ou égal à 2.

On peut dresser un arbre pondéré pour visualiser la situation.

13 ALLO ? | ★★ | 25 min | ▸ P. 346

Au cours d'une enquête téléphonique, la probabilité que le correspondant ne décroche pas au premier appel est de 0,4 et s'il décroche, la probabilité qu'il réponde au questionnaire est de 0,3.

1. On note D_1 « la personne décroche au premier appel » et R « la personne répond au questionnaire lors du premier appel ».
Calculer la probabilité de l'événement R_1.

On pourra construire un arbre pondéré.

2. Lorsqu'une personne ne décroche pas au premier appel, on la contacte une seconde fois.
La probabilité qu'elle ne réponde pas la seconde fois est 0,3 et la probabilité qu'elle réponde au questionnaire sachant qu'elle décroche est 0,2. Si une personne ne décroche pas non plus au second appel, on ne la contacte plus.
On note : D_2 « la personne décroche au second appel », R_2 « la personne répond au questionnaire lors du second appel » et R « la personne répond au questionnaire ». Montrer que la probabilité de l'événement R est 0,236.

Compléter l'arbre précédent.

3. Sachant qu'une personne a répondu au questionnaire, calculer la probabilité qu'elle l'ait fait lors du premier appel. (Arrondir au millième.)

On utilise la formule du cours…

4. Un enquêteur a une liste de 25 personnes à contacter. Les sondages auprès des personnes d'une même liste sont indépendants. Quelle est la probabilité pour que 25 % des personnes répondent au questionnaire ? (Arrondir au millième)

Répétitions indépendantes d'une même expérience…

14 SERVICE APRÈS-VENTE BONJOUR ! | ★★ | 20 min | ▸ P. 347

Un fabriquant de téléviseurs teste ses produits avant de les livrer chez ses clients. Si le test est positif, il livre le téléviseur au client. Sinon, il essaye de le réparer. Le test est positif pour 70 % des téléviseurs sortis de la chaine de fabrication, et 65 % des téléviseurs qu'il tente de réparer finissent par fonctionner et être livrés au client. Les autres sont détruits.
On note T l'événement « le test est positif » et C l'événement « le téléviseur est livré au client ». On choisit un téléviseur au hasard sortant de la chaîne de fabrication.

1. Déterminer les probabilités des événements T et C.

2. La fabrication d'un téléviseur coûte 1000 € au fabricant. Les réparations lui coûtent 50 € de plus. On note a le prix de vente d'un téléviseur, et X la variable aléatoire égale au gain algébrique réalisé par le fabricant pour un téléviseur sortant de la chaine de fabrication.

a. Déterminer la loi de probabilité de X en fonction de a.

Le gain algébrique est égal au prix de vente moins les coûts pour le fabricant.

b. Exprimer l'espérance de X en fonction de a.

Pour la formule de l'espérance, voir cours, I. 3.

c. À partir de quel prix de vente (arrondi à l'euro) l'entreprise peut-elle espérer réaliser des bénéfices ?

On veut un gain strictement positif.

EXERCICES D'APPROFONDISSEMENT

15 SUITE RÉCURRENTE | ★★★ | 40 min | ▸ P. 349

Deux amis, Antoine et Bruno, n'ont qu'une seule manette à leur console de jeu. Ils se mettent d'accord sur le principe suivant : ils tirent à pile ou face (avec une pièce bien équilibrée) celui qui jouera la première partie, puis à chaque partie, si le joueur gagne, il peut jouer la partie suivante, sinon, il passe la manette à son voisin. On sait que lorsqu'Antoine joue une partie, il la gagne une fois sur deux, tandis que lorsque Bruno joue une partie, il la gagne une fois sur trois.
Pour tout entier $n \geqslant 1$, on note A_n l'événement « c'est Antoine qui joue la n-ième partie » et a_n la probabilité de l'événement A_n.

1. Déterminer a_1.

C'est la pièce qui décide...

2. Démontrer que pour tout $n \geqslant 1$, $a_{n+1} = -\dfrac{1}{6}a_n + \dfrac{2}{3}$.

On pourra construire un arbre pondéré partiel représentant les résultats de la n-ième partie puis de la $(n+1)$-ième partie.

3. Soit $u_n = a_n - \dfrac{4}{7}$ pour $n \in \mathbb{N}$, $n \geqslant 1$. Déterminer la nature de la suite (u_n).
En déduire l'expression de a_n en fonction de n.

On commence par essayer d'exprimer u_{n+1} en fonction de u_n.

4. Déterminer la limite de la suite (a_n) quand n tend vers $+\infty$.

5. Calculer la probabilité que la n-ième partie soit gagnée.

16 DÉPISTAGE SYSTÉMATIQUE | ★★★ | 40 min | ▸ P. 350

Une maladie atteint une fraction x (comprise entre 0 et 1) d'une population. On veut tester systématiquement tous les individus de cette population pour savoir s'ils sont porteurs de la maladie.

Un laboratoire pharmacologique produit un test de dépistage dont les caractéristiques sont les suivants :

- la probabilité qu'un individu atteint ait un test positif est $0{,}99$;
- la probabilité qu'un individu non atteint ait un test négatif est $0{,}99$.

On teste un individu au hasard dans la population. On note A l'événement « l'individu est atteint » et T l'événement « le test est positif ».

On va étudier la valeur prédictive positive du test $p_{\mathrm{T}}(\mathrm{A})$ c'est-à-dire la probabilité qu'un individu dont le test est positif soit effectivement atteint.

1. Construire un arbre pondéré de cette expérience aléatoire.

2. Calculer la probabilité de l'événement T.

3. a. Établir que la valeur prédictive positive $p_{\mathrm{T}}(\mathrm{A})$ du test est donnée par la fonction $f(x)=\dfrac{99x}{98x+1}$.

> Sans autre information dans l'énoncé, on utilise la formule du cours, II.

b. Étudier les variations de la fonction f sur $[0\ ;\ 1]$.

c. Reproduire et compléter le tableau. Arrondir à 10^{-4} près.

x	0,001	0,01	0,1	0,5	0,9
$p_{\mathrm{T}}(\mathrm{A})$					
$p_{\mathrm{T}}(\overline{\mathrm{A}})$					

d. En déduire l'inconvénient majeur de ce test s'il s'agit d'une maladie rare.

> Que devient x dans le cas d'une maladie rare ?

e. Que devient l'efficacité de ce test si on ne l'applique qu'à une population présentant des symptômes de la maladie ?

4. a. Démontrer que la probabilité $p_{\overline{\mathrm{T}}}\left(\overline{\mathrm{A}}\right)$ qu'un individu ayant un test négatif ne soit pas atteint est donnée par la formule $f(1-x)$.

b. Quel est le sens de variation de $x \mapsto f(1-x)$ sur $[0\ ;\ 1]$?

c. En déduire que si $x<0{,}1$, $p_{\overline{\mathrm{T}}}\left(\overline{\mathrm{A}}\right)>0{,}998$.

d. Que peut-on en déduire pour un individu dont le test est négatif dans le cas d'une maladie rare ?

CONTRÔLE

17 CONTRÔLE... DE QUALITÉ

★★ | 20 min | ▶ P. 353

Pour fabriquer un appareil on utilise successivement et dans cet ordre deux machines M_1 et M_2. La machine M_1 peut provoquer deux défauts d_1 et d_2.
Un relevé statistique permet d'estimer que :

- 4 % des appareils présentent le défaut d_1, et lui seul ;
- 2 % des appareils présentent le défaut d_2, et lui seul ;
- 1 % des appareils présentent à la fois les défauts d_1 et d_2.

1. On prélève au hasard un appareil à la sortie de M_1.
On note A l'événement « l'appareil présente le défaut d_1 » ; B l'événement « l'appareil présente le défaut d_2 ».

a. Calculer les probabilités des événements A et B notées respectivement $p(A)$ et $p(B)$.
Les événements A et B sont-ils indépendants ?

Voir le savoir-faire 3.

b. Quelle est la probabilité pour que l'appareil présente le défaut d_1 sachant qu'il présente le défaut d_2 ?

c. Soit D l'événement « l'appareil présente au moins un défaut ».
Montrer que la probabilité de l'événement D est égale à 0,07.

d. Quelle est la probabilité pour que l'appareil ne présente aucun défaut ?

2. À la sortie de la machine M_1, les appareils en cours de fabrication passent par la machine M_2 qui peut provoquer un défaut d_3 dans les conditions suivantes :

- 60 % des appareils ayant au moins un défaut en sortant de M_1 présentent le défaut d_3 ;
- 3 % des appareils sans défaut à la sortie de M_1 présentent le défaut d_3.

On prélève au hasard un appareil après les passages successifs dans les machines M_1 et M_2.
On ne s'intéresse ici qu'aux événements C « l'appareil présente le défaut d_3 » et D « l'appareil présente au moins un défaut en sortant de M_1 »

a. Traduire les informations précédentes à l'aide d'un arbre pondéré.

On a déjà étudié D à la question **1.**

b. Quelle est la probabilité que l'on fabrique un appareil sans aucun défaut ?

18 EXERCICE 2

★★ | 30 min | ▸ P. 354

Dans une fête foraine, un ticket enfant permet d'effectuer autant de tirs successifs qu'il est nécessaire pour crever un ballon. À chacun de ses tirs, on considère qu'un enfant a la probabilité 0,2 de crever le ballon. Le tireur s'arrête quand le ballon est crevé.

Partie A. Algorithmique

Écrire en langage courant un algorithme qui simule 100 parties et comptabilise le nombre moyen de tirs nécessaires pour crever le ballon.

On pourra utiliser la propriété (voir le chapitre suivant sur la loi uniforme) : pour un nombre aléatoire compris entre 0 et 1, la probabilité qu'il soit dans un intervalle $[a\ ;\ b] \subset [0\ ;\ 1]$ est égale à $b-a$.

Créer deux compteurs : le premier comptera le nombre de coups nécessaires pour crever le ballon dans une partie, et le second comptabilisera le nombre total de tirs pour les 100 parties.

Partie B.

1. a. Quelle est la probabilité qu'au bout de deux tirs le ballon soit intact ?

b. Quelle est la probabilité que deux tirs suffisent pour crever le ballon ?

c. Quelle est la probabilité p_n que n tirs suffisent pour crever le ballon ?

Mieux vaut envisager l'événement contraire.

d. Pour quelles valeurs de n a-t-on $p_n > 0{,}99$?

2. Un deuxième stand de tir propose la règle suivante :

Dans un premier temps, le joueur lance un dé tétraédrique régulier dont les faces sont numérotées de 1 à 4 (la face obtenue avec un tel dé est la face cachée) ; soit k le numéro de la face obtenue. Le joueur a alors le droit à k tirs maximum pour crever le ballon.

Démontrer que, si le dé est bien équilibré, la probabilité de crever le ballon est égale à $0{,}4096$.

19 ROC

★ | 10 min | ▸ P. 357

Soit A et B deux événements associés à une même expérience aléatoire.

1. Justifier l'égalité $p(\mathrm{A} \cap \overline{\mathrm{B}}) = p(\mathrm{A}) - p(\mathrm{A} \cap \mathrm{B})$.

2. En déduire que, si A et B sont indépendants, il en est de même de A et de $\overline{\mathrm{B}}$.

Penser à utiliser les résultats de la question 1.

CONTRÔLE

20 PANIER ? | ★★ | 25 min | ▸ P. 358

Roselyne débute au basket-ball. Elle effectue des lancers francs successifs. Lorsqu'elle réussit le panier à un lancer, la probabilité qu'elle réussisse le panier au lancer suivant est égale à $\frac{1}{3}$. Lorsqu'elle manque le panier à un lancer, la probabilité qu'elle manque le panier au lancer suivant est égale à $\frac{4}{5}$.
On suppose qu'au premier lancer, elle a autant de chances de marquer le panier que de le manquer.
Pour tout entier n strictement positif, on considère les événements suivants :
A_n « Roselyne marque le panier au n-ième lancer »
B_n « Roselyne manque le panier au n-ième lancer ».
On pose $p_n = p(A_n)$.

1. Déterminer p_1 et montrer que $p_2 = \frac{4}{15}$.

On pourra dresser un arbre pondéré pour p_2.

2. Montrer que pour tout entier naturel $n \geqslant 1$, $p_{n+1} = \frac{2}{15} p_n + \frac{1}{5}$.

On pourra dresser un arbre pondéré représentant les n-ième et $(n+1)$-ième lancers.

3. Pour $n \geqslant 1$, on pose $u_n = p_n - \frac{3}{13}$.

Montrer que la suite $(u_n)_{n \geqslant 1}$ est une suite géométrique dont on donnera le premier terme u_1 et la raison q.

On cherchera une relation entre u_{n+1} et u_n.

4. Écrire u_n, puis p_n, en fonction de n pour tout $n \geqslant 1$.

Attention aux formules : la suite (u_n) démarre au rang 1.

5. Déterminer $\lim\limits_{n \to +\infty} p_n$.

21 IL NEIGE ? | ★★ | 10 min | ▸ P. 361

En hiver, Monsieur Prudent sort de chez lui chaussé de bottes 8 fois sur 10. Il les met systématiquement lorsqu'il neige, et une fois sur trois lorsqu'il ne neige pas.
Quelle est la probabilité qu'il ne neige pas sachant qu'on vient de croiser Monsieur Prudent avec ses bottes ?

On commencera par déterminer la probabilité p qu'il neige en résolvant une équation d'inconnue p.

CORRIGÉS

1 **1.** Le choix de l'employé s'effectue au hasard, il y a donc équiprobabilité de ces choix. La probabilité d'interroger un cadre est alors égale à la proportion des cadres parlant anglais :

$$\boldsymbol{p(\mathrm{C}) = \frac{65}{100} = 0{,}65}.$$

Sachant que l'employé interrogé est un cadre, il parle anglais s'il fait partie des 70 % de cadres parlant anglais, donc :

$$\boldsymbol{p_{\mathrm{C}}(\mathrm{A}) = \frac{70}{100} = 0{,}7}.$$

2. $p\left(\overline{\mathrm{C}}\right) = 1 - p(\mathrm{C}) = 0{,}35$ et $p_{\mathrm{C}}\left(\overline{\mathrm{A}}\right) = 1 - p_{\mathrm{C}}(\mathrm{A}) = 0{,}3$.

40 % des non-cadres parlent anglais, donc :

$$p_{\overline{\mathrm{C}}}(\mathrm{A}) = \frac{40}{100} = 0{,}4 \text{ et } p_{\overline{\mathrm{C}}}\left(\overline{\mathrm{A}}\right) = 1 - 0{,}4 = 0{,}6.$$

On en déduit l'arbre pondéré :

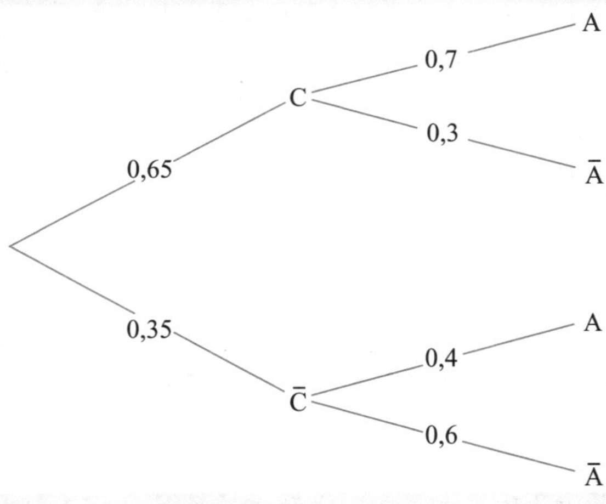

3. On détermine $p(\mathrm{C} \cap \mathrm{A})$ en multipliant le long de la branche :

$$p(\mathrm{C} \cap \mathrm{A}) = p(\mathrm{C}) \times p_{\mathrm{C}}(\mathrm{A}) = 0{,}5 \times 0{,}7.$$

$$\boldsymbol{p(\mathrm{C} \cap \mathrm{A}) = 0{,}455.}$$

0,7 est la probabilité de A sachant C, pas la probabilité de $\mathrm{A} \cap \mathrm{C}$.

4. On additionne les probabilités des branches qui conduisent à l'événement A :
$p(\mathrm{A}) = p(\mathrm{A} \cap \mathrm{C}) + p(\mathrm{A} \cap \overline{\mathrm{C}}) = 0{,}455 + 0{,}35 \times 0{,}4$, d'où :

$$\boldsymbol{p(\mathrm{A}) = 0{,}595}.$$

2 Les choix des individus sont équiprobables.

1. $p_1 = p(\mathrm{R}^+) = p(\mathrm{O} \cap \mathrm{R}^+) + p(\mathrm{A} \cap \mathrm{R}^+) + p(\mathrm{B} \cap \mathrm{R}^+) + p(\mathrm{AB} \cap \mathrm{R}^+)$.

$$= \frac{35}{100} + \frac{38,1}{100} + \frac{6,2}{100} + \frac{2,8}{100} = \frac{82,1}{100} \text{ soit } \boldsymbol{p_1 = 0,821}.$$

$$p_2 = p(\mathrm{R}^-) = p\left(\overline{\mathrm{R}^+}\right) = 1 - p(\mathrm{R}^+) \text{ soit } \boldsymbol{p_2 = 0,179}.$$

On aurait pu calculer p_2 directement par la méthode employée pour p_1.

2. $p_3 = p_{\mathrm{R}^+}(\mathrm{O})$ est la probabilité que la personne interrogée soit du groupe O sachant qu'elle a le Rhésus +.

$$p(\mathrm{R}^+) = 0,821 \neq 0 \text{ donc } p_3 = p_{\mathrm{R}^+}(\mathrm{O}) = \frac{p(\mathrm{O} \cap \mathrm{R}^+)}{p(\mathrm{R}^+)} = \frac{0,35}{0,821}$$

soit $\boldsymbol{p_3 \approx 0,426}$ **à** $\boldsymbol{10^{-3}}$ **près.**

3. On cherche $p_{\mathrm{O}}(\mathrm{R}^+)$.

- Pour utiliser la formule p. 312, on commence par calculer $p(\mathrm{O})$ à l'aide de l'arbre :

$$p(\mathrm{O}) = p(\mathrm{R}^+ \cap \mathrm{O}) + p(\mathrm{R}^- \cap \mathrm{O}) = \frac{35}{100} + \frac{9}{100} = \frac{44}{100} = 0,44 \neq 0, \text{ donc :}$$

$$p_{\mathrm{O}}(\mathrm{R}^+) = \frac{p(\mathrm{R}^+ \cap \mathrm{O})}{p(\mathrm{O})} = \frac{0,35}{0,44} \text{ soit } \boldsymbol{p_{\mathrm{O}}(\mathrm{R}^+) \approx 0,795 \text{ à } 10^{-3} \text{ près}}.$$

- On peut considérer qu'on interroge au hasard un des $\frac{35+9}{100} \times N = \frac{44}{100} \times N$ Français de groupe O : il y a $\frac{35}{100} \times N$ Français de rhésus positif parmi eux, donc

$$p_{\mathrm{O}}(\mathrm{R}^+) = \frac{\frac{35}{100} \times N}{\frac{44}{100} \times N} = \frac{35}{44}, \text{ soit } \boldsymbol{p_{\mathrm{O}}(\mathrm{R}^+) \approx 0,795 \text{ à } 10^{-3} \text{ près.}}$$

On doit passer par les effectifs pour utiliser la formule $\dfrac{\text{nombre de cas favorables}}{\text{nombre de cas possibles}}$ de façon rigoureuse.

4. D'après **2.** et **3.**, $p_{\mathrm{R}^+}(\mathrm{O}) \neq p(\mathrm{O})$, donc les événements O et R^+ ne sont pas indépendants.

On pouvait aussi comparer $p(\mathrm{R}^+)$ et $p_{\mathrm{O}}(\mathrm{R}^+)$, ou encore $p(\mathrm{O} \cap \mathrm{R}^+)$ et $p(\mathrm{O}) \times p(\mathrm{R}^+)$. Voir le cours, II. 2.

3 **1.** Il y a deux éventualités pour le choix de l'urne, correspondant aux événements A, pour l'urne U_1, et $\overline{A}$ pour l'urne U_2. Il y a deux éventualités pour le choix de la boule, correspondant aux événements N, pour une boule noire, et $\overline{N}$ pour une boule blanche. On en déduit l'arbre suivant :

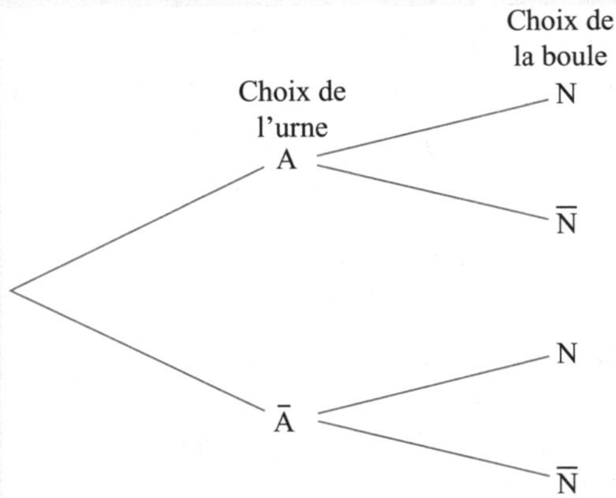

2. Le choix de l'urne, parmi les deux urnes possibles, se fait de façon équiprobable, **donc $p(A)$, la probabilité que l'urne choisie soit U_1, est égale à $\frac{1}{2}$.**

3. $p_A(N)$ est la probabilité que la boule choisie soit noire sachant que l'urne choisie est l'urne U_1. Dans l'urne U_1, il y a 4 boules noires parmi les 10 boules présentes. Le tirage de la boule se fait de façon équiprobable, donc :

$$\boldsymbol{p_A(N) = \frac{4}{10} = \frac{2}{5}}.$$

$p_{\overline{A}}(N)$ est la probabilité que la boule choisie soit noire sachant que l'urne choisie est l'urne U_2. Dans l'urne U_2, il y a 3 boules noires parmi les 10 boules présentes. Le tirage de la boule se fait de façon équiprobable, donc :

$$\boldsymbol{p_{\overline{A}}(N) = \frac{3}{10}}.$$

On peut alors compléter l'arbre pondéré :

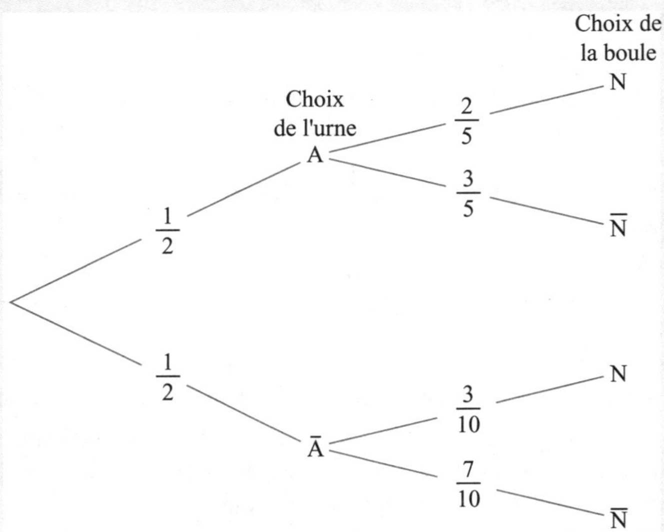

La règle des nœuds a permis de déterminer les probabilités $p(\overline{A})$, $p_A(\overline{N})$ et $p_{\overline{A}}(\overline{N})$.

4. $p(A \cap N)$ est la probabilité d'avoir choisi l'urne U_1 puis tiré une boule noire dans cette urne. Donc $p(A \cap N) = p(A) \times p_A(N) = \frac{1}{2} \times \frac{2}{5}$, soit $\mathbf{p(A \cap N) = \frac{1}{5}}$.

$p(\overline{A} \cap N)$ est la probabilité d'avoir choisi l'urne U_2 puis tiré une boule noire dans cette urne. Donc $p(\overline{A} \cap N) = p(A) \times p_{\overline{A}}(N) = \frac{1}{2} \times \frac{3}{10}$, soit $\mathbf{p(\overline{A} \cap N) = \frac{3}{20}}$.

D'ou $p(N) = p(A \cap N) + p(\overline{A} \cap N) = \frac{1}{5} + \frac{3}{20}$, soit $\mathbf{p(N) = \frac{7}{20}}$.

5. On cherche $p_N(A)$.

$p(N) \neq 0$, donc $p_N(A) = \frac{p(A \cap N)}{p(N)} = \frac{\frac{1}{5}}{\frac{7}{20}} = \frac{1}{5} \times \frac{20}{7}$, soit $\mathbf{p_N(A) = \frac{4}{7}}$.

On trouve un résultat plus grand que $\frac{1}{2}$, ce qui est vraisemblable puisqu'on a une proportion plus importante de boules noires dans l'urne U_1.

4

1.

Sexe \ Yeux	Bleus	Non bleus	Total
Hommes	28 ②	17	45
Femmes	22 ①	33	55
Total	50	50	100

① $\frac{40}{100} \times 55 = 22$ femmes ont les yeux bleus, donc $55 - 22 = 33$ femmes n'ont pas les yeux bleus.

② $50 - 22 = 28$ hommes ont les yeux bleus, donc $45 - 28 = 17$ hommes n'ont pas les yeux bleus.

2. a. Le choix du professeur se fait au hasard donc les tirages sont équiprobables.

- La probabilité que la personne soit une femme est :

$$\mathbf{p(F) = \frac{55}{100} = 0{,}55}.$$

- La probabilité que la personne soit une femme aux yeux bleus est :

$$\mathbf{p(F \cap B) = \frac{22}{100} = 0{,}22}.$$

- La probabilité que la personne soit un homme aux yeux bleus est :

$$\boldsymbol{p(\overline{F} \cap B) = \frac{28}{100} = 0{,}28}.$$

b. La probabilité que la personne ait les yeux bleus sachant que c'est une femme est $p_F(B)$.
Comme $p(F) \neq 0$:

$$p_F(B) = \frac{p(F \cap B)}{p(F)} = \frac{0{,}22}{0{,}55} = \boldsymbol{0{,}4}.$$

Autre méthode
On interroge au hasard une des 55 femmes, donc :

$$p_F(B) = \frac{22}{55} = \boldsymbol{0{,}4}.$$

c. Sachant que la personne a les yeux bleus, la probabilité que ce soit une femme est $p_B(F)$.
Comme $p(B) \neq 0$:

$$p_B(F) = \frac{p(F \cap B)}{p(B)} = \frac{0{,}22}{0{,}55} = \boldsymbol{0{,}44}.$$

Autre méthode
On interroge au hasard l'une des 50 personnes aux yeux bleus, donc :

$$p_B(F) = \frac{22}{55} = \boldsymbol{0{,}44}.$$

3. • Si on commence par distinguer les professeurs suivant la couleur de leurs yeux, puis suivant leur sexe, on obtient l'arbre :

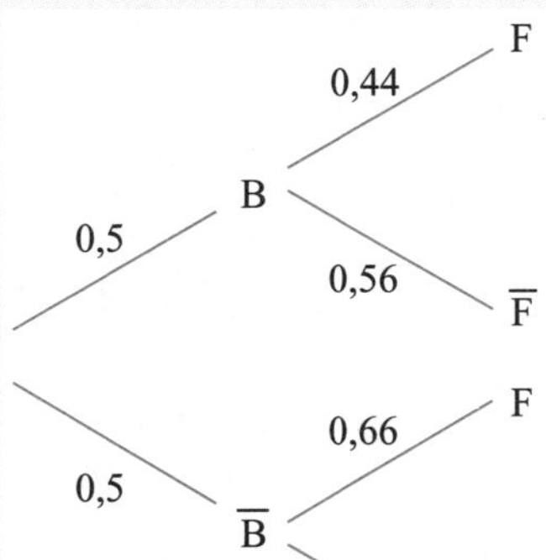

$p_{\overline{B}}(F)$ s'obtient comme au 2.c.

• Si on commence par distinguer les professeurs suivant leur sexe, puis suivant la couleur de leurs yeux, on obtient l'arbre :

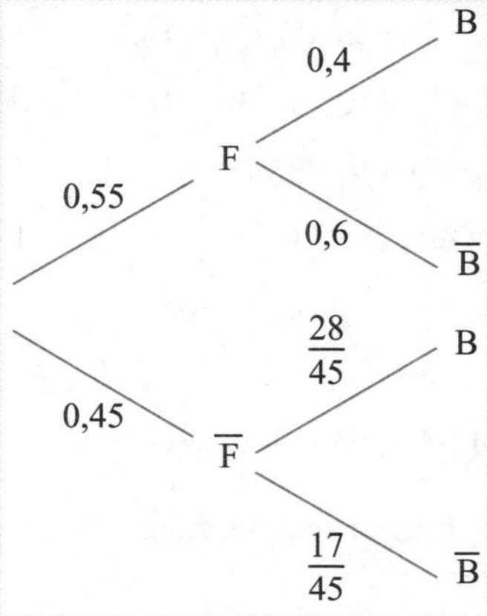

$p_{\overline{F}}(B)$ s'obtient comme au 2.b.

5 **1.** Le choix de l'animal est fait de façon équiprobable, donc :

$$p(M) = \frac{50}{100} = \mathbf{0,5}$$

$$p_M(T) = \frac{99}{100} = \mathbf{0,99}$$

$$p_{\overline{M}}(T) = \frac{0,1}{100} = \mathbf{0,001}.$$

2. De la question **1.**, on déduit à l'aide de la règle des nœuds que :

$$p_M\left(\overline{T}\right) = 1 - p_M(T) = 0,01 \text{ et } p_{\overline{M}}(\overline{T}) = 1 - p_{\overline{M}}(T) = 0,999.$$

On peut alors dresser un arbre pondéré :

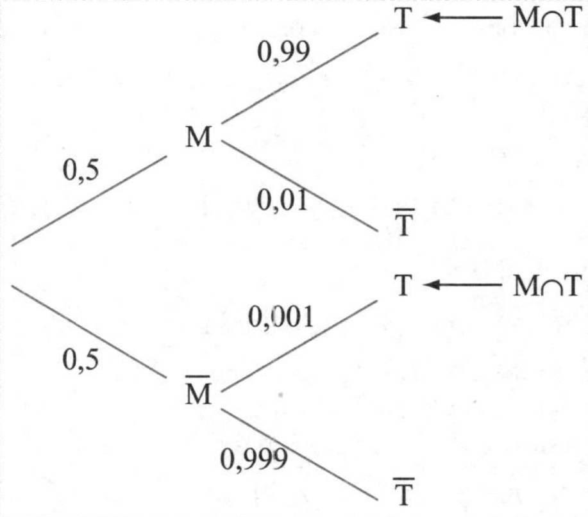

Seules les branches amenant à T sont utiles pour cette question, mais il vaut mieux compléter l'arbre dans sa totalité. On ne sait jamais...

On en déduit :

$$p(\mathrm{T}) = p(\mathrm{M} \cap \mathrm{T}) + p\left(\overline{\mathrm{M}} \cap \mathrm{T}\right)$$
$$p(\mathrm{T}) = p(\mathrm{M}) \times p_{\mathrm{M}}(\mathrm{T}) + p(\overline{\mathrm{M}}) \times p_{\overline{\mathrm{M}}}(\mathrm{T})$$
$$p(\mathrm{T}) = 0,5 \times 0,99 + 0,5 \times 0,001$$
$$\mathbf{p(T) = 0,4955}.$$

3. On cherche $p_{\mathrm{T}}(\mathrm{M})$. Comme $p(\mathrm{T}) \neq 0$:

$$p_{\mathrm{T}}(\mathrm{M}) = \frac{p(\mathrm{M} \cap \mathrm{T})}{p(\mathrm{T})} = \frac{p_{\mathrm{M}}(\mathrm{T}) \times p(\mathrm{M})}{p(\mathrm{T})} = \frac{0,99 \times 0,5}{0,4955} = 0,998\ 991 \text{ (à } 10^{-6} \text{ près).}$$

$p_{\mathrm{T}}(\mathrm{M}) < 0,999$, donc **le test n'est pas fiable**.

6 **1.** Les pommes sont choisies au hasard donc les tirages sont équiprobables. On en déduit l'arbre pondéré :

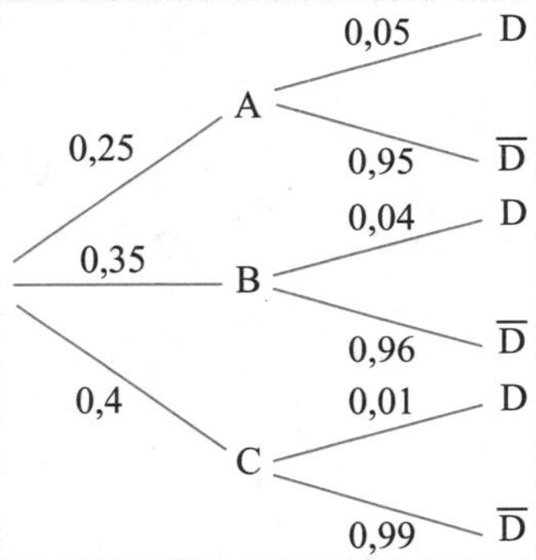

Les calculs n'ont pas été détaillés ici. En cas de difficultés, voir les méthodes à l'exercice **1**. par exemple.

2. En multipliant les probabilités sur les branches débouchant sur D :

$$p(\mathrm{D}) = p(\mathrm{A} \cap \mathrm{D}) + p(\mathrm{B} \cap \mathrm{D}) + p(\mathrm{C} \cap \mathrm{D})$$
$$p(\mathrm{D}) = p(\mathrm{A}) \times p_{\mathrm{A}}(\mathrm{D}) + p(\mathrm{B}) \times p_{\mathrm{B}}(\mathrm{D}) + p(\mathrm{C}) \times p_{\mathrm{C}}(\mathrm{D})$$
$$p(\mathrm{D}) = 0,25 \times 0,05 + 0,35 \times 0,04 + 0,4 \times 0,01$$
$$\mathbf{p(D) = 0,0305}.$$

3. La probabilité qu'une pomme vienne du producteur « a » sachant qu'elle est hors calibre est $p_{\mathrm{D}}(\mathrm{A})$. Comme $p(\mathrm{D}) \neq 0$:

$$p_{\mathrm{D}}(\mathrm{A}) = \frac{p(\mathrm{A} \cap \mathrm{D})}{p(\mathrm{D})} = \frac{p(\mathrm{A}) \times p_{\mathrm{A}}(\mathrm{D})}{p(\mathrm{D})}$$

$$p_{\mathrm{D}}(\mathrm{A}) = \frac{0,25 \times 0,05}{0,0305} = \frac{0,0125}{0,0305} \simeq \mathbf{0,4098} \text{ (à } 10^{-4} \text{ près).}$$

4. La probabilité qu'une pomme vienne du producteur « c » sachant qu'elle n'est pas hors calibre est $p_{\overline{D}}(C)$. Comme $p(\overline{D}) \neq 0$:

$$p_{\overline{D}}(C) = \frac{p(C \cap \overline{D})}{p(\overline{D})} = \frac{p(C) \times p_C(\overline{D})}{1 - p(D)} = \frac{0,99 \times 0,4}{0,9695} \approx \mathbf{0,4085\ (à\ 10^{-4}\ près)}.$$

7 On note A l'événement « l'urne choisie est U » et B l'événement « la boule choisie est blanche ».
Le dé est régulier, donc les résultats des lancers sont équiprobables, donc :

$$p(A) = \frac{1}{6} \text{ et } p(\overline{A}) = 1 - \frac{1}{6} = \frac{5}{6}.$$

Les boules sont indiscernables au toucher, donc les tirages dans chaque urne sont équiprobables.

Alors $p_A(B) = \frac{1}{4}$, donc $p_A(\overline{B}) = 1 - p_A(B) = \frac{3}{4}$;

$p_{\overline{A}}(B) = \frac{2}{4} = \frac{1}{2}$, donc $p_{\overline{A}}(\overline{B}) = \frac{1}{2}$.

D'où l'arbre pondéré :

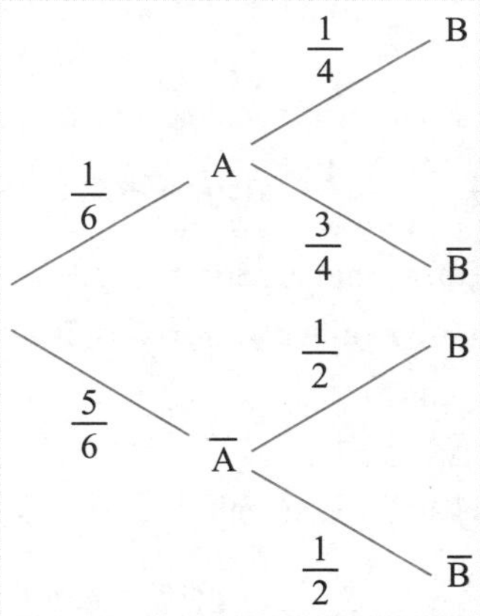

On en déduit :

$$p(B) = p(B \cap A) + p(\overline{A} \cap B)$$

$$p(B) = p(A) \times p_A(B) + p(\overline{A}) \times p_{\overline{A}}(B)$$

$$p(B) = \frac{1}{6} \times \frac{1}{4} + \frac{5}{6} \times \frac{1}{2}$$

$$\mathbf{p(B) = \frac{11}{24}}.$$

En cas de difficulté pour l'utilisation de l'arbre pondéré, voir le savoir-faire 2.

8 1. Les dés sont bien équilibrés, donc les couples formés des résultats des dés sont équiprobables. Calculons les sommes correspondantes :

1er dé \ 2e dé	1	2	3	4	5	6
1	2	3	4	5	6	7
2	3	4	5	6	7	8
3	4	5	6	7	8	9
4	5	6	7	8	9	10
5	6	7	8	9	10	11
6	7	8	9	10	11	12

On distingue bien les deux dés (on peut penser à deux dés de couleurs différentes) pour travailler dans un univers (les 36 couples) où les événements élémentaires sont équiprobables (loi équirépartie). On pourra alors utiliser la formule $\frac{\text{nombre de cas favorables}}{\text{nombre de cas possibles}}$ pour calculer la probabilité la probabilité d'un événement. Voir le cours, I. 2.

Il y a donc 6 couples correspondant à la somme 7 donc la probabilité de gagner est :

$$\boldsymbol{p = \frac{6}{36} = \frac{1}{6} \approx 0{,}107 \text{ à } 10^{-3} \text{ près.}}$$

2. a. On répète successivement cinq expériences indépendantes suivant une loi de Bernoulli de paramètre $\frac{1}{6}$. **Le nombre de succès suit alors une loi binomiale de paramètres $n = 5$ et $p = \frac{1}{6}$.**

b. On en déduit que la probabilité d'obtenir deux succès sur les 5 lancers est :

$$\binom{5}{2} p^2(1-p)^3 = 10 \times \left(\frac{1}{6}\right)^2 \times \left(\frac{5}{6}\right)^3 = \frac{1\,250}{7\,776} = \frac{625}{3\,888} \approx \mathbf{0{,}161 \text{ (à } 10^{-3} \text{ près).}}$$

Pour la définition et l'utilisation de la loi binomiale : voir le cours, I. 4.

$\binom{5}{2} = 10$ peut être obtenu :

- en construisant l'arbre correspondant au schéma de Bernoulli et en comptant le nombre de branches contenant 2 succès ;
- à l'aide du triangle de Pascal (voir cours de première) ;
- directement à la calculatrice : 5 [nCr] 2.

9 Chaque naissance a deux issues possibles équiprobables F « avoir une fille » et G « avoir un garçon ».

a. On modélise la situation par un arbre pondéré :

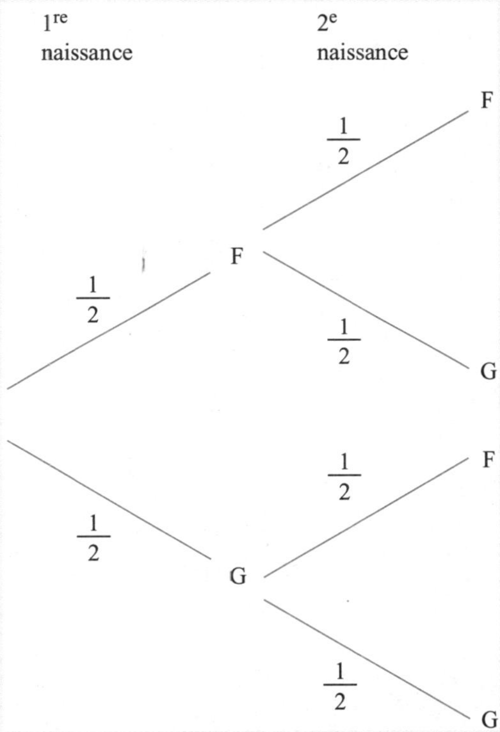

Ainsi A = {(F;G);(G;F);(G;G)}, donc :

$p(\text{A}) = \frac{1}{2}\times\frac{1}{2}+\frac{1}{2}\times\frac{1}{2}+\frac{1}{2}\times\frac{1}{2}$ soit $\boldsymbol{p(\text{A}) = \frac{3}{4}}$.

B = {(F ; G) ; (G ; F)} donc $p(\text{B}) = \frac{1}{2}\times\frac{1}{2}+\frac{1}{2}\times\frac{1}{2}$ soit $\boldsymbol{p(\text{B}) = \frac{1}{2}}$.

$\text{A}\cap\text{B}$ = {(F ; G) ; (G ; F)} donc $\boldsymbol{p(\text{A}\cap\text{B}) = \frac{1}{2}}$.

Or, $p(\text{A})\times p(\text{B}) = \frac{3}{4}\times\frac{1}{2} = \frac{3}{8}$.

$p(\text{A})\times p(\text{B}) \neq p(\text{A}\cap\text{B})$, donc **A et B ne sont pas indépendants**.

Sur la construction et l'utilisation de l'arbre pondéré : voir les savoir-faire 1 et 2. Pour l'indépendance de deux événements : voir le savoir-faire 3.

b. L'arbre pondéré devient cette fois :

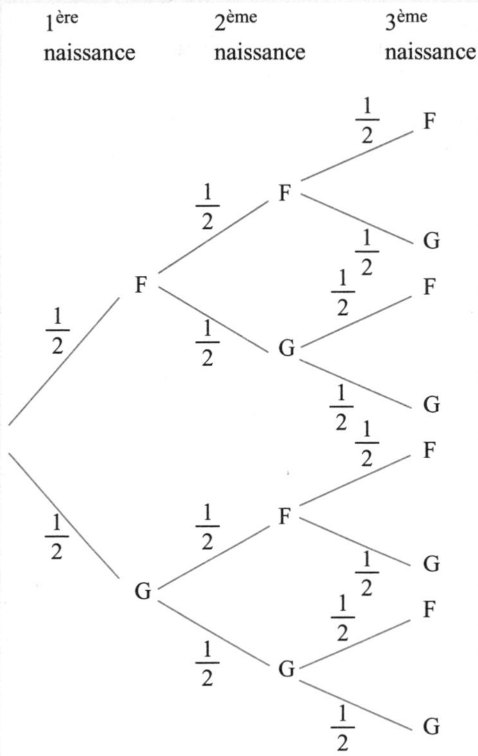

$A = \{(F ; G ; G) ; (G ; G ; G) ; (G ; G ; F) ; (G ; G ; G)\}$,

donc $p(A) = \frac{1}{2} \times \frac{1}{2} \times \frac{1}{2} \times 4 = \frac{1}{2}$.

$\overline{B} = \{(F ; F ; F) ; (G ; G ; G)\}$, donc $p(\overline{B}) = \frac{1}{2} \times \frac{1}{2} \times \frac{1}{2} \times 2 = \frac{1}{4}$.

D'où $p(B) = 1 - p(\overline{B}) = 1 - \frac{1}{4} = \frac{3}{4}$.

$A \cap B = \{(F ; G ; G), (G ; F ; G), (G ; G ; F)\}$,

donc $p(A \cap B) = \frac{1}{2} \times \frac{1}{2} \times \frac{1}{2} \times 3 = \frac{3}{8}$.

Autre méthode :

$A \cap \overline{B} = \{(G ; G ; G)\}$, donc $p(A \cap \overline{B}) = \frac{1}{2} \times \frac{1}{2} \times \frac{1}{2} = \frac{1}{8}$.

Or $p(A \cap B) + p(A \cap \overline{B}) = p(A)$, donc :

$$p(A \cap B) = p(A) - p(A \cap \overline{B}) = \frac{1}{2} - \frac{1}{8} = \frac{3}{8}.$$

D'autre part, $p(\mathrm{A}) \times p(\mathrm{B}) = \frac{1}{2} \times \frac{3}{4} = \frac{3}{8}$.

$p(\mathrm{A}) \times p(\mathrm{B}) = p(\mathrm{A} \cap \mathrm{B})$, donc **A et B sont indépendants.**

Autre méthode : si on appelle succès la naissance d'une fille, chaque naissance peut être considérée comme une épreuve de Bernoulli de paramètre $p = \frac{1}{2}$. Les naissances étant supposées indépendantes, le nombre X de filles nées dans une famille de 2 enfants (respectivement 3 enfants) suit une loi Binomiale de paramètres $n = 2,\ p = \frac{1}{2}$ (respectivement $n = 3,\ p = \frac{1}{2}$).

On interprète alors les événements A, B et $\mathrm{A} \cap \mathrm{B}$ à l'aide de X :

$A = « X \leqslant 1 » = « X = 0$ ou $X = 1 » : p(A) = p(X = 0) + p(X = 1)$ connu pour une loi binomiale ;

$\mathrm{B} = « X \neq 0 \text{ et } X \neq 2 »$ (respectivement $\mathrm{B} = « X \neq 0 \text{ et } X \neq 3 »$) :

$p(\mathrm{B}) = 1 - (p(X = 0) + p(X = 2))$;

(respectivement $p(\mathrm{B}) = 1 - (p(X = 0) + p(X = 3))$)

$\mathrm{A} \cap \mathrm{B} = « X = 1 » : p(\mathrm{A} \cap \mathrm{B}) = p(X = 1)$.

10 **1.** Soit r la raison de la suite arithmétique.

$p_2 = p_1 + r,\ p_3 = p_1 + 2r,\ p_4 = p_1 + 3r,\ p_5 = p_1 + 4r$ et $p_6 = p_1 + 5r$.

Donc $r \neq 0$ sinon $p_1 = p_2 = \ldots = p_6$ ce qui est contraire à l'énoncé.

Or la somme des probabilités des événements élémentaires vaut 1,

donc $p_1 + p_2 + p_3 + p_4 + p_5 + p_6 = 1$. Donc $6p_1 + 15r = 1$. (1)

Soit q la raison de la suite géométrique. $p_2 = q \times p_1$ et $p_4 = q \times p_2$;

or $p_2 = p_1 + r$, donc $q_4 = q \times (p_1 + r) = q \times p_1 + q \times r = p_2 + q \times r$.

Or $q_4 = p_2 + 2r$, donc $q \times r = 2 \times r$, donc $q = 2$ car $r \neq 0$.

Ainsi $p_2 = 2p_1 = p_1 + r$, donc $p_1 = r$.

En remplaçant dans (1), on trouve $21p_1 = 1$, donc $p_1 = \frac{1}{21} = r$.

Donc $p_2 = p_1 + r = \frac{2}{21}, p_3 = p_2 + r = \frac{3}{21}, p_4 = p_3 + r = \frac{4}{21}$,

$p_5 = p_4 + r = \frac{5}{21}$ et $p_6 = p_5 + r = \frac{6}{21}$.

Ainsi $p_k = \frac{k}{21}$ pour tout entier k compris entre 1 et 6.

Au bac, si on bloque sur ce genre de question, on peut la passer dans un premier temps et traiter la suite en utilisant le résultat donné dans l'énoncé.

2. a. Notons $\Omega = \{1 ; 2 ; 3 ; 4 ; 5 ; 6\}$ l'univers de cette expérience aléatoire.

$\mathrm{A} = \{2 ; 4 ; 6\}$, donc $p(\mathrm{A}) = p_2 + p_4 + p_6 = \frac{2}{21} + \frac{4}{21} + \frac{6}{21} = \frac{12}{21}$, soit $\boldsymbol{p(\mathrm{A}) = \frac{4}{7}}$.

$B = \{3\,;4\,;5\,;6\}$, donc $p(B) = p_3 + p_4 + p_5 + p_6 = \dfrac{3}{21} + \dfrac{4}{21} + \dfrac{5}{21} + \dfrac{6}{21} = \dfrac{18}{21}$, soit $\boldsymbol{p(B) = \frac{6}{7}}$.

$C = \{3\,;4\}$, donc $p(C) = p_3 + p_4 = \dfrac{3}{21} + \dfrac{4}{21} = \dfrac{7}{21}$, soit $\boldsymbol{p(C) = \frac{1}{3}}$.

b. $p(A) \neq 0$, donc $p_A(B) = \dfrac{p(A \cap B)}{p(A)}$.

$A \cap B = \{4\,;6\}$, donc $p(A \cap B) = p_4 + p_6 = \dfrac{4}{21} + \dfrac{6}{21} = \dfrac{10}{21}$.

Donc $p_A(B) = \dfrac{\frac{10}{21}}{\frac{4}{7}} = \dfrac{10}{21} \times \dfrac{7}{4}$, soit $\boldsymbol{p_A(B) = \frac{5}{6}}$.

c. $p_A(B) \neq p(B)$, donc **A et B ne sont pas indépendants**.

$A \cap C = \{4\}$, donc $p(A \cap C) = p_4 = \dfrac{4}{21}$.

$p(A) \times p(C) = \dfrac{4}{7} \times \dfrac{1}{3} = \dfrac{4}{21} = p(A \cap C)$.

Donc A et C sont indépendants.

d. Si le dé est bien équilibré, $p_1 = p_2 = p_3 = p_4 = p_5 = p_6 = \dfrac{1}{6}$,

donc $p(A) = p_2 + p_4 + p_6 = \dfrac{1}{6} + \dfrac{1}{6} + \dfrac{1}{6} = \dfrac{1}{2}$,

$p(B) = p_3 + p_4 + p_5 + p_6 = \dfrac{4}{6} = \dfrac{2}{3}$,

$p(C) = p_3 + p_4 = 2 \times \dfrac{1}{6} = \dfrac{1}{3}$.

Donc $p(A \cap B) = p_4 + p_6 = \dfrac{1}{6} + \dfrac{1}{6} = \dfrac{1}{3}$,

$p(A) \times p(B) = \dfrac{1}{2} \times \dfrac{2}{3} = \dfrac{1}{3} = p(A \cap B)$,

donc A et B sont indépendants.

Ici, le dé étant bien équilibré, les probabilités correspondent aux proportions de cas favorables : la proportion des nombres pairs parmi les nombres supérieurs ou égaux à 3 (2 pairs pour 4 : proportion $\frac{2}{4} = \frac{1}{2}$) est bien la même que la proportion de nombres pairs dans les résultats possibles du dé (3 pairs pour 6 nombres : proportion $\frac{3}{6} = \frac{1}{2}$).

$p(A \cap C) = p_4 = \dfrac{1}{6}$, $p(A) \times p(C) = \dfrac{1}{2} \times \dfrac{1}{3} = \dfrac{1}{6} = p(A \cap C)$.

A et C sont indépendants.

11 **1.** Chaque naissance, si on appelle succès la naissance d'une fille, constitue une épreuve de Bernoulli de paramètre $p = 0,49$. Les n naissances successives, supposées indépendantes, constituent donc un schéma de Bernoulli. Si on note X le nombre de naissances de filles (de succès), X suit donc une loi binomiale de paramètres n et $p = 0,49$.
« Il nait au moins une fille » correspond à l'événement « $X \geqslant 1$ ». Son événement contraire est « $X = 0$ ».

L'événement « $X = 0$ » ne contient qu'une seule éventualité, tandis que l'événement « $X \geqslant 1$ » en contient n.

Or, $p(X=0) = \binom{n}{0} \times p^0 \times (1-p)^n = 0,51^n$,

donc $p(X \geqslant 1) = 1 - p(X=0) = 1 - 0,51^n$.

On cherche le plus petit entier naturel n tel que $1 - 0,51^n \geqslant 0,95$, ce qui équivaut successivement à :

$-0,51^n \geqslant -0,05$

$0,51^n \leqslant 0,05$, avec $0,51^n$ et $0,05$ strictement positifs

$\ln(0,51^n) \leqslant \ln(0,05)$ car ln est croissante sur $]0\,;+\infty[$

$n \ln(0,51) \leqslant \ln(0,05)$

$n \geqslant \dfrac{\ln(0,05)}{\ln(0,51)}$ car $\ln(0,51) < 0$ car $0 < 0,51 < 1$.

$\dfrac{\ln(0,05)}{\ln(0,51)} \approx 4,4$ à 10^{-1} près, donc **la plus petite valeur qui convient est $n = 5$.**

On peut également voir que l'événement contraire de « il nait au moins une fille » est « il nait n garçons ». Ces n naissances indépendantes de garçons ayant chacune une probabilité $1 - 0,49 = 0,51$, on retrouve la probabilité de l'événement contraire : $0,51^n$.

Si la méthode précédente vous parait trop difficile, vous pouvez vous contenter d'une justification obtenue à la calculatrice en dressant un tableau de valeurs de $0,51^n$ pour n entier.

On saisit $Y = 0.51 \wedge X$ et on dresse le tableau avec $X_{min} = 1$ et un pas de 1.

On trouve pour n allant de 1 à 7 (par exemple) :

n	1	2	3	4	5	6	7
$0,51^n$ à 10^{-3} près	0,51	0,26	0,1326	0,068	0,035	0,018	0,009

Il semble que : $0,51^n < 0,05 \Leftrightarrow n \geqslant 5$.

C'est bien ce qu'on a trouvé plus haut.

On peut justifier cette observation : la suite $(0,51^n)_{n \in N}$ est géométrique de premier terme $1 > 0$ et de raison $q = 0,51 \in\,]0\,;\,1[$. Cette suite est donc bien strictement décroissante. Alors pour tout entier $n \geqslant 5$, $0,51^n \leqslant 0,51^5 < 0,05$.

2. Il nait au moins deux filles se traduit par « $X \geqslant 2$ ». On s'intéresse à nouveau à l'événement contraire « $X < 2$ » soit « $X = 0$ ou $X = 1$ ».

$$p(X<2) = p(X=0) + p(X=1) = 0,51^n + \binom{n}{1} \times 0,49^1 \times 0,51^{n-1}$$
$$= 0,51^n + n \times 0,49 \times 0,51^{n-1}.$$

Ainsi $p(X \geqslant 2) = 1 - (0,51^n + n \times 0,49 \times 0,51^{n-1})$.

On cherche le plus petit entier $n > 1$ tel que :

$1 - (0,51^n + n \times 0,49 \times 0,51^{n-1}) > 0,95 \Leftrightarrow 0,51^n + n \times 0,49 \times 0,51^{n-1} < 0,05$.

À la calculatrice, on saisit $\mathrm{Y} = 0.51\,^\wedge\,\mathrm{X} + \mathrm{X} * 0.49 * 0.51\,^\wedge\,(\mathrm{X}-1)$ et on dresse le tableau avec $\mathrm{X}_{\min} = 1$ et un pas de 1.

On trouve pour n allant de 1 à 8 :

n	1	2	3	4	5	6	7	8
$0,51^n + n \times 0,49 \times 0,51^{n-1}$ à 10^{-3} près	1	0,76	0,515	0,328	0,2	0,119	0,069	0,04

$0,51^n + n \times 0,49 \times 0,51^{n-1} > 0,05$ pour $n \leqslant 7$;

$0,51^n + n \times 0,49 \times 0,51^{n-1} > 0,05$ pour $n = 8$.

Il faut donc attendre 8 naissances.

La suite définie par

$u_n = 0,51^n + n \times 0,49 \times 0,51^{n-1}$ est strictement décroissante :

$$u_{n+1} - u_n = 0,51^{n+1} + (n+1) \times 0,49 \times 0,51^n - (0,51^n + n \times 0,49 \times 0,51^{n-1})$$
$$= 0,51 \times 0,51\,^\wedge\,\mathrm{n} + 0,49n \times 0,51^n + 0,49 \times 0,51^n - 0,51^n - 0,49n \times 0,51^{n-1}$$
$$= (0,51 + 0,49) \times 0,51^n + 0,49n \times (0,51^n - 0,51^{n-1}) - 0,51^n$$
$$= 0,51^n + 0,49n \times (0,51^{n-1} \times 0,51 - 0,51^{n-1}) - 0,51^n$$
$$= 0,49n \times 0,51^{n-1} \times (0,51 - 1) = -0,49^2 \times n \times 0,51^{n-1} < 0.$$

Donc la plus petite valeur cherchée est bien $n = 8$.

12 Partie A

```
Entrées : aucune
Initialisation : N=1 (N désigne le nombre de lancers de dés pour pouvoir entrer dans le jeu)
Traitement : d est un nombre aléatoire égal à E(6×a+1) où a est aléatoire pris au hasard
dans l'intervalle [0 ; 1].
Tant que d≠6,
        N devient N+1
        On recalcule d par la même formule
Fin de la boucle tant que
Sorties : Faire afficher N.
```

Si on programme cet algorithme, on doit penser à déclarer les variables N et d dès le début (comme des nombres).

Partie B

Pour $n \in \mathbb{N}^*$, on note A_n l'événement « pouvoir entrer en jeu au n-ième tour de dé ». Le dé est bien équilibré, donc ses six faces sont équiprobables. À chaque tour de dé, la probabilité d'obtenir un 6 est donc $p = \frac{1}{6}$ et la probabilité de ne pas obtenir un 6 est $q = 1 - p = \frac{5}{6}$.

1. On entre en jeu au premier tour de dé si on obtient un 6, donc :

$$\boldsymbol{p(A_1) = p = \frac{1}{6}.}$$

2. On rentre en jeu au deuxième lancer si on n'a pas obtenu un 6 au premier tour de dé et si on obtient un 6 au deuxième tour de dé. Les résultats des lancers de dé étant indépendants :

$$\boldsymbol{p(A_2) = p \times q = \frac{5}{6} \times \frac{1}{6} = \frac{5}{36}.}$$

On visualise mieux la situation avec un arbre pondéré :

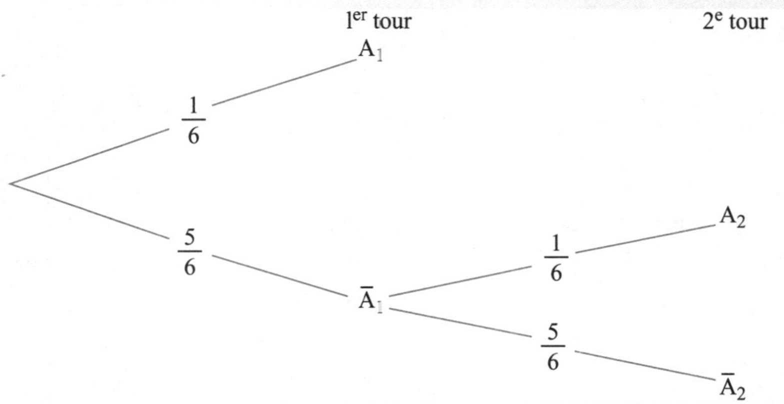

Donc $A_2 \subset \overline{A_1}$, d'où $A_2 = \overline{A_1} \cap A_2$ et $p(A_2) = p(\overline{A_1}) \times p_{\overline{A_1}}(A_2) = \frac{5}{6} \times \frac{1}{6}$.

3. Soit $n \in \mathbb{N}$, $n \geqslant 2$. On rentre en jeu au n-ième tour de dé si on n'a pas obtenu 6 au cours de $n-1$ premiers tours de dé, et si on obtient un 6 au n-ième tour. Les résultats des lancers étant indépendants :

$$\boldsymbol{p(A_n) = \left(= \frac{5^{n-1}}{6^n} \right) \times q = \left(\frac{5}{6}\right)^{n-1} \times \frac{1}{6}.}$$

On visualise mieux la situation à l'aide d'un arbre pondéré :

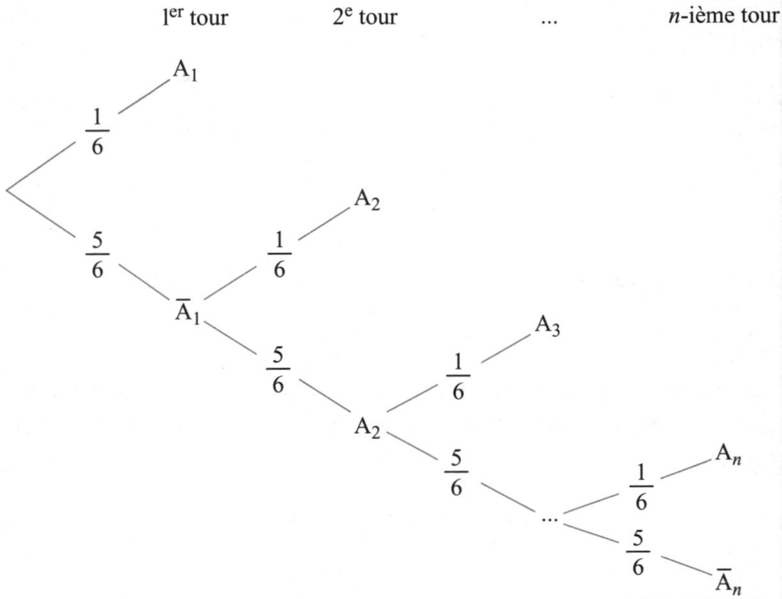

$p(A_n) = p(\overline{A_1} \cap \overline{A_2} \cap \cdots \cap \overline{A_{n-1}} \cap A_n) = \left(\frac{5}{6}\right)^{n-1} \times \frac{1}{6}.$

Cette formule est vraie également pour $n = 1$ avec la convention $\left(\frac{5}{6}\right)^0 = 1$.

13 **1.** Les données conduisent immédiatement à l'arbre pondéré :

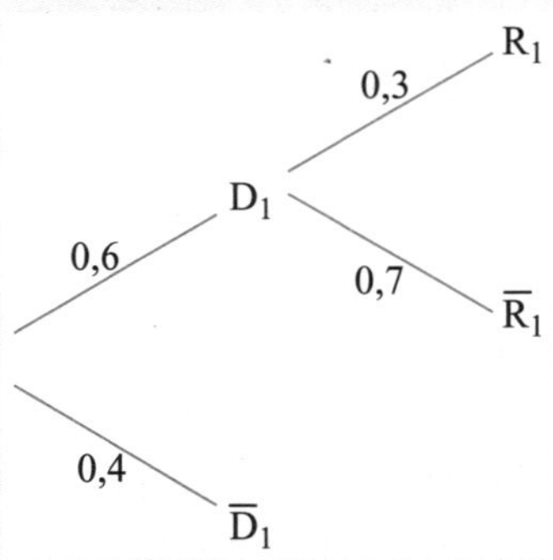

Ainsi $p(R_1) = p(D_1 \cap R_1) = p(D_1) \times p_{D_1}(R_1) = 0,6 \times 0,3$

$\boldsymbol{p(R_1) = 0,18}$.

En cas de difficultés, voir le savoir-faire 2.

2. On complète l'arbre précédent :

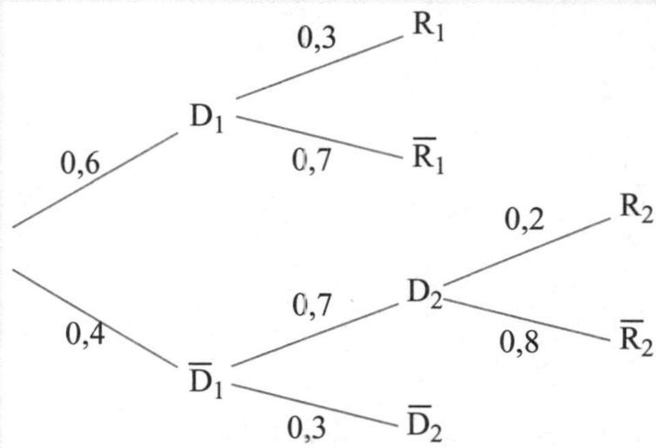

$R = R_1 \cup R_2$ avec R_1 et R_2 incompatibles, donc $p(R) = p(R_1) + p(R_2)$.
Des probabilités conditionnelles inscrites dans l'arbre, on déduit :

$$p(R_2) = 0,4 \times 0,7 \times 0,2 = 0,056.$$

Donc $p(R) = 0,18 + 0,056$, soit $\boldsymbol{p(R) = 0,236}$.

On donne la valeur de $p(R)$ dans l'énoncé : il y a de fortes chances pour qu'on en ait besoin dans la suite !

3. $p(R) \neq 0$, donc $p_R(R_1) = \dfrac{p(R \cap R_1)}{p(R)}$. Or $R \cap R_1 = R_1$, donc :

$p_R(R_1) = \dfrac{0,18}{0,236} \approx$ **0,763 à 10^{-3} près**.

4. Pour chaque personne contactée, l'expérience a deux issues, R, le succès de probabilité 0, 236 et $\overline{R}$, l'échec, de probabilité $1 - 0,236 = 0,764$. Il s'agit donc d'une épreuve de Bernoulli de paramètre $p = 0,236$.
L'enquêteur répète 25 expériences de Bernoulli, identiques et indépendantes.
Le nombre de succès obtenus suit donc une loi binomiale de paramètres $n = 25$ et $p = 0,236$.
La probabilité que 20 % des personnes, soit que $\dfrac{20}{100} \times 25 = 5$ personnes répondent, est la probabilité d'obtenir 5 succès.

Elle vaut $\dbinom{25}{5} \times 0,236^5 \times 0,764^{20} \simeq$ **0,179 à 10^{-3} près**.

$\dbinom{25}{5} = 53130$ se calcule directement à la calculatrice en tapant 25 nCr 5.

14 **1.** Les téléviseurs sont testés de façon équiprobable, donc $\boldsymbol{p(T) = \dfrac{70}{100}}$ et sachant que le test est négatif, le téléviseur est livré dans 65 % des cas, donc $p_{\overline{T}}(C) = \dfrac{65}{100}$.

On en déduit l'arbre pondéré suivant :

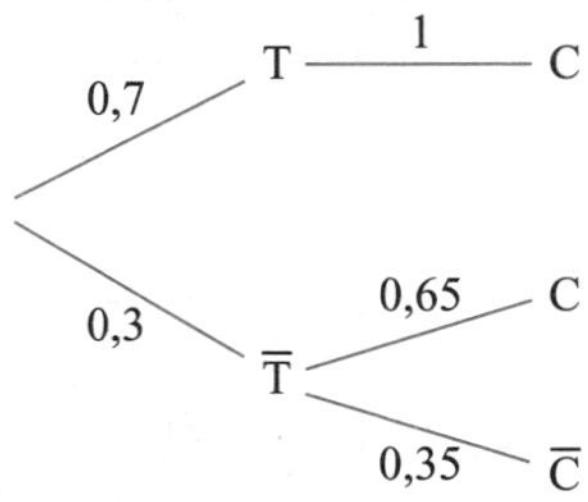

La règle des nœuds a permis de déterminer les probabilités $p(\overline{T})$ et $p_{\overline{T}}(\overline{C})$.

$$p(\mathrm{C}) = p(\mathrm{T} \cap \mathrm{C}) + p(\overline{\mathrm{T}} \cap \mathrm{C})$$
$$p(\mathrm{C}) = p(\mathrm{T}) \times p_{\mathrm{T}}(\mathrm{C}) + p(\overline{\mathrm{T}}) \times p_{\overline{\mathrm{T}}}(\mathrm{C})$$
$$p(\mathrm{C}) = 0,7 \times 1 + 0,3 \times 0,65$$
$$\mathbf{p(C) = 0,895}.$$

2. a. Le gain est $a - 1000$ lorsque le test est positif:

$$p(X = a - 1\,000) = p(\mathrm{T} \cap \mathrm{C}) = p(\mathrm{T}) \times p_{\mathrm{T}}(\mathrm{C})$$
$$p(X = a - 1\,000) = 0,7 \times 1$$
$$\mathbf{p(X = a - 1\,000) = 0,7}.$$

Le gain est $a - 1\,000 - 50 = a - 1\,050$ lorsque le test est négatif, mais que le téléviseur est réparé. Donc $p(X = a - 1\,050) = p(\overline{\mathrm{T}} \cap \mathrm{C}) = p(\overline{\mathrm{T}}) \times p_{\mathrm{T}}(\mathrm{C})$.

$$p(X = a - 1\,050) = 0,3 \times 0,65$$
$$\mathbf{p(X = a - 1\,050) = 0,195}.$$

Le gain est $-1\,050$ lorsque le test est négatif et que la réparation échoue.
Donc $p(X = -1\,050) = p(\overline{\mathrm{T}} \cap \overline{\mathrm{C}}) = p(\overline{\mathrm{T}}) \times p_{\overline{\mathrm{T}}}(\overline{\mathrm{C}}) = 0,3 \times 0,35$

$$\mathbf{p(X = -1\,050) = 0,105}.$$

On peut résumer la loi de probabilité de la variable aléatoire X dans un tableau :

x_i	$-1\,050$	$a - 1\,050$	$a - 1\,000$
$p(X = x_i)$	0,105	0,195	0,7

La somme des probabilités obtenues doit valoir 1 : cela permet de détecter une erreur, ou de calculer une des valeurs lorsqu'on a déjà trouvé toutes les autres.

b. L'espérance de X est :

$$E(X) = (a - 1\ 000) \times 0,7 + (a - 1\ 050) \times 0,195 - 1\ 050 \times 0,105$$

$$\mathbf{E(X) = 0,895a - 1\ 015}.$$

c. L'entreprise peut espérer réaliser des bénéfices équivaut successivement à

$$E(X) > 0 ; 0,895a - 1\ 015 > 0 ; a > \frac{1\ 015}{0,895}.$$

Or $\frac{1\ 015}{0,895} \approx 1\ 134,08$ à 10^{-2} près, donc **l'entreprise peut espérer réaliser des bénéfices à partir d'un prix de vente de 1 135 euros**.

15 **1.** La pièce étant bien équilibrée, on a équiprobabilité des résultats pile et face.
Donc $p(A_1) = \frac{1}{2}$.

2. On traduit l'énoncé. Pour $n \in \mathbb{N}, n \geqslant 1,\ p_{A_n}(A_{n+1}) = \frac{1}{2}$,

donc $p_{A_n}\left(\overline{A}_{n+1}\right) = \frac{1}{2}$ et $p_{\overline{A}_n}\left(\overline{A}_{n+1}\right) = \frac{1}{3}$, donc $p_{\overline{A}_n}(A_{n+1}) = \frac{2}{3}$;

ou on traduit l'énoncé à l'aide d'un arbre pondéré (partiel).
Soit $n \in \mathbb{N},\ n \geqslant 1$.

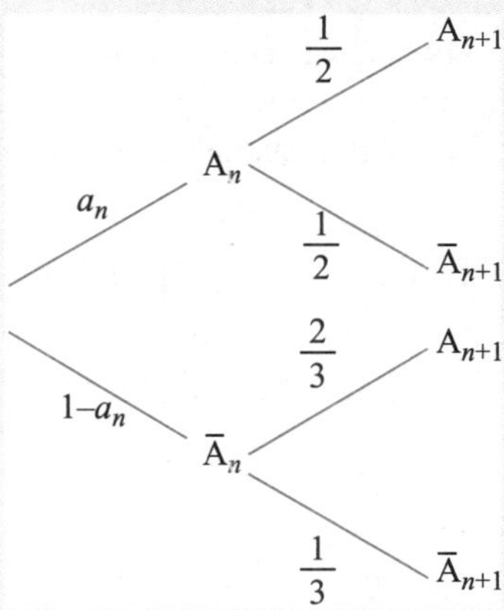

Soit alors $n \in \mathbb{N},\ n \geqslant 1$:

$$a_{n+1} = p(A_{n+1}) = p_{A_n}(A_{n+1}) \times p(A_n) + p_{\overline{A}_n}(A_{n+1}) \times p(\overline{A}_n).$$

Donc $a_{n+1} = \frac{1}{2} \times a_n + \frac{2}{3} \times (1 - a_n) = \left(\frac{1}{2} - \frac{2}{3}\right) a_n + \frac{2}{3} = \boldsymbol{-\frac{1}{6} a_n + \frac{2}{3}}$.

3. Soit $n \in \mathbb{N}, n \geqslant 1$. $u_{n+1} = a_{n+1} - \frac{4}{7} = -\frac{1}{6} a_n + \frac{2}{3} - \frac{4}{7} = -\frac{1}{6} a_n + \frac{2}{21}$

$$= -\frac{1}{6}\left(a_n - 6 \times \frac{2}{21}\right) = -\frac{1}{6}\left(a_n - \frac{4}{7}\right)$$

$$\boldsymbol{u_{n+1} = -\frac{1}{6} u_n}.$$

Donc (u_n) est une suite géométrique de premier terme $u_1 = a_1 - \frac{4}{7} = \frac{1}{2} - \frac{4}{7} = -\frac{1}{14}$ et de raison $q = -\frac{1}{6}$.

On en déduit que pour tout $n \in \mathbb{N},\ n \geqslant 1$,

$$u_n = u_1 \times q^{n-1} = -\frac{1}{14} \times \left(-\frac{1}{6}\right)^{n-1}.$$

D'où $a_n = u_n + \frac{4}{7}$ soit $\boldsymbol{a_n = -\frac{1}{14} \times \left(-\frac{1}{6}\right)^{n-1} + \frac{4}{7}}$.

Attention, le premier terme de la suite est u_1.

4. $-1 < -\frac{1}{6} < 1$ donc $\lim\limits_{N \to +\infty} \left(-\frac{1}{6}\right)^N = 0$.

Or $\lim\limits_{n \to +\infty} n - 1 = +\infty$, donc $\lim\limits_{n \to +\infty} \left(-\frac{1}{6}\right)^{n-1} = 0$. Donc $\boldsymbol{\lim\limits_{n \to +\infty} a_n = \frac{4}{7}}$.

5. Lorsque la n-ième partie est gagnée, elle l'est soit par Antoine, soit par Bruno.
Ainsi si on note G_n l'événement « la n-ième partie est gagnée » :
$G_n = (G_n \cap A_n) \cup \left(G_n \cap \overline{A_n}\right)$, cette réunion étant disjointe.
Donc :

$$p(G_n) = p_{A_n}(G_n) \times p(A_n) + p_{\overline{A_n}}(G_n) \times p(\overline{A_n}).$$

Or, $p_{A_n}(G_n) = \frac{1}{2}$ et $p_{\overline{A_n}}(G_n) = \frac{1}{3}$, $p(A_n) = a_n$ et $p(\overline{A_n}) = 1 - a_n$.

Donc $p(G_n) = \frac{1}{2} a_n + \frac{1}{3}(1 - a_n)$

$$p(G_n) = \frac{1}{6} a_n + \frac{1}{3} = \frac{1}{6} \times \left(-\frac{1}{14}\right) \times \left(-\frac{1}{6}\right)^{n-1} + \frac{1}{6} \times \frac{4}{7} + \frac{1}{3}.$$

$$\boldsymbol{p(G_n) = \frac{1}{14} \times \left(-\frac{1}{6}\right)^n + \frac{9}{21} = \frac{1}{14} \times \left(-\frac{1}{6}\right)^n + \frac{3}{7}}.$$

16 **1.** L'individu testé ayant été choisi au hasard, ce test se fait de façon équiprobable parmi tous les individus de cette population. La fraction d'individus atteints de cette population étant x, $p(A) = x$.

On a également $p_A(T) = 0{,}99$ et $p_{\overline{A}}(\overline{T}) = 0{,}99$, d'où l'arbre pondéré complété avec la règle des nœuds.

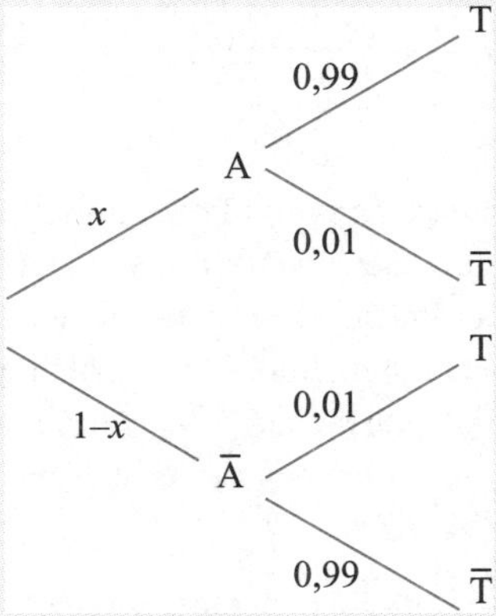

2. $p(\text{T}) = p(\text{A}) \times p_{\text{A}}(\text{T}) + p(\overline{\text{A}}) \times p_{\overline{\text{A}}}(\text{T})$

$p(\text{T}) = x \times 0,99 + (1 - x) \times 0,01$

$\boldsymbol{p(\text{T}) = 0,98x + 0,01}$.

En cas de difficultés, voir le savoir-faire 2.

3. a. $p(\text{T}) = 0,98x + 0,01 \neq 0$ donc $p_{\text{T}}(\text{A}) = \dfrac{p(\text{A} \cap \text{T})}{p(\text{T})} = \dfrac{p(\text{A}) \times p_{\text{A}}(\text{T})}{p(\text{T})}$

$$p_{\text{T}}(\text{A}) = \frac{x \times 0,99}{0,98x + 0,01} = \frac{0,99x \times 100}{(0,98x + 0,01) \times 100}$$

soit $\boldsymbol{p_{\text{T}}(\text{A}) = \dfrac{99x}{98x + 1} = f(x)}$.

b. Pour trouver les variations de *f*, on étudie le signe de *f*.

f est dérivable sur $\mathbb{R} \setminus \left\{-\dfrac{1}{98}\right\}$, donc sur $[0\ ;\ 1]$.

$$f'(x) = \frac{99(98x + 1) - 99x \times 98}{(98x + 1)^2} = \frac{99}{(98x + 1)^2}.$$

Donc $f' > 0$ sur $[0\ ;\ 1]$ et f **est strictement croissante sur [0 ; 1]**.

c. $p_{\text{T}}(\overline{\text{A}}) = 1 - p_{\text{T}}(\text{A})$ d'où le tableau :

x	0,001	0,01	0,1	0,5	0,9
$p_{\text{T}}(\text{A})$	0,090 2	0,5	0,916 7	0,99	0,998 9
$p_{\text{T}}(\overline{\text{A}})$	0,909 8	0,5	0,083 3	0,01	0,001 1

On utilise la calculatrice avec la fonction $Y = (99X)/(98X+1)$: ne pas oublier les parenthèses !

d. S'il s'agit d'une maladie rare, la proportion x d'individus atteints est proche de zéro, donc la probabilité que la personne testée soit atteinte sachant que le test est positif est faible : **on risque donc d'alerter inutilement des individus sains**.
e. Si la population présente des symptômes de la maladie, la proportion x d'individus atteints parmi cette population se rapproche de 1. Il s'ensuit que la probabilité d'être malade sachant que le test est positif devient très proche de 1, donc que **le test devient davantage prédictif**.

4. a. $p(\overline{\mathrm{T}}) = 1 - p(\mathrm{T}) = 1 - (0{,}98x + 0{,}01) = 0{,}99 - 0{,}98x \neq 0$ car $x \in [0\ ;\ 1]$.

Donc $p_{\overline{\mathrm{T}}}(\overline{\mathrm{A}}) = \dfrac{p(\overline{\mathrm{A}} \cap \overline{\mathrm{T}})}{p(\overline{\mathrm{T}})} = \dfrac{p(\overline{\mathrm{A}}) \times p_{\overline{\mathrm{A}}}(\overline{\mathrm{T}})}{p(\overline{\mathrm{T}})}$

$$p_{\overline{\mathrm{T}}}(\overline{\mathrm{A}}) = \frac{(1-x) \times 0{,}99}{0{,}99 - 0{,}98x} = \frac{(1-x) \times 99}{99 - 98x} = \frac{99 \times (1-x)}{98(1-x)+1}$$

$$\boldsymbol{p_{\overline{\mathrm{T}}}(\overline{\mathrm{A}}) = f(1-x).}$$

Sans autre information dans l'énoncé, on utilise la formule du cours, II.

b. Soit a, b deux réels dans $[0\ ;\ 1]$ tels que $a < b$.
Alors $0 \leqslant a < b \leqslant 1$.
Donc $0 \geqslant -a > -b \geqslant -1$, donc $1 \geqslant 1-a > 1-b \geqslant 0$.
Or f est strictement croissante sur $[0\ ;\ 1]$ d'après **3. b.**
Donc $f(1-a) > f(1-b)$.
Donc $x \mapsto f(1-x)$ est strictement décroissante sur $[0\ ;\ 1]$.

Autre méthode : on dérive $g(x) = f(1-x)$ à l'aide de la dérivée d'une composée. On obtient $g'(x) = -1 \times f'(1-x) < 0$ sur $[0\ ;\ 1]$ car $f' > 0$ sur $\mathbb{R}$ d'après les calculs faits en **2. b.**

c. Si $x < 0{,}1$, $0 \leqslant x < 0{,}1$, donc $0{,}9 < 1 - x \leqslant 1$,
donc $f(1-x) > f(0{,}9)$, soit $f(1-x) > 0{,}998$, soit :

$$\boldsymbol{p_{\overline{\mathrm{T}}}(\overline{\mathrm{A}}) > 0{,}998}.$$

d. Dans le cas d'une maladie rare, x est proche de zéro donc certainement inférieur à 0,1. La probabilité que l'individu ne soit pas atteint sachant que le test est négatif est très proche de 1: **cela doit pouvoir le rassurer**.

17 **1.** Avec un tableau à double entrée (les chiffres entre parenthèses correspondent à l'ordre de remplissage des cases à la lecture de l'énoncé).

Fréquence en % correspondant aux événements	B	$\overline{B}$	Total
A	1 (3)	4 (1)	5 (4)
$\overline{\text{A}}$	2 (2)	93 (8)	95 (6)
Total	3 (5)	97 (7)	100

Ou avec un diagramme de Venn, plus visuel :

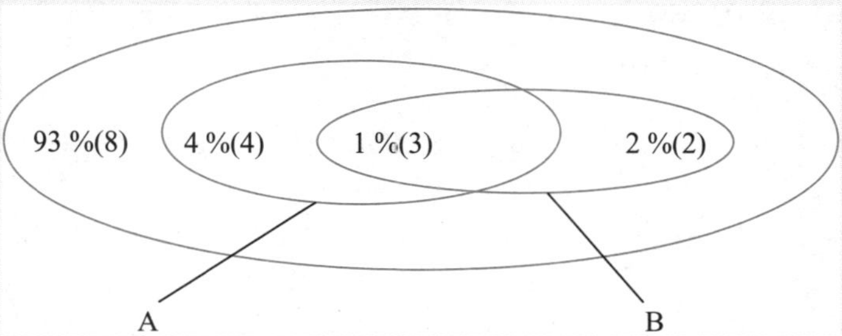

a. Le choix de l'appareil sorti de la machine M_1 se fait de façon équiprobable. Il y a $4\%+1\%=5\%$ de machines présentant le défaut d_1 (seul ou couplé avec le défaut 2).

Donc $p(\text{A})=\dfrac{5}{100}=0,05$.

De même, $p(\text{B})=\dfrac{2+1}{100}=\dfrac{3}{100}=0,03$ et $p(\text{A}\cap\text{B})=\dfrac{1}{100}=0,01$.

Ainsi $p(\text{A})\times p(\text{B})=0,05\times 0,03=0,0015\neq p(\text{A}\cap\text{B})$.

Donc A et B ne sont pas indépendants.

b. $p(\text{B})\neq 0$, donc $p_{\text{B}}(\text{A})=\dfrac{p(\text{A}\cap\text{B})}{p(\text{B})}=\dfrac{0,01}{0,03}$. soit $\boldsymbol{p_{\text{B}}(\text{A})=\dfrac{1}{3}}$.

C'est la formule du cours, II.

Autre méthode : si on note N le nombre d'appareils produits par la machine M_1. Sachant qu'on a $\dfrac{3}{100}\times N$ appareils ayant le défaut d_2, on choisit l'un des $\dfrac{1}{100}\times N$ appareils ayant aussi le défaut d_1 parmi eux, avec la probabilité $\dfrac{\frac{1}{100}\times N}{\frac{3}{100}\times N}=\dfrac{1}{3}$.

c. $D = A \cup B$, donc le diagramme de Venn (ou le tableau à double entrée) donne directement :

$$p(D) = \frac{4+1+2}{100} = \frac{7}{100}.$$

$$\boldsymbol{p(D) = 0{,}07}.$$

On peut aussi utiliser la formule :
$p(D) = p(A \cup B) = p(A) + p(B) - p(A \cap B) = 0{,}05 + 0{,}03 - 0{,}01 = 0{,}07$.

d. $\boldsymbol{p(\overline{D}) = 1 - p(D) = 0{,}93}$.

2. a. Les appareils sont tirés de façon équiprobable, donc $p_D(C) = \frac{60}{100} = 0{,}6$ et $p_D(\overline{C}) = 1 - p_D(C) = 0{,}4$ (règle des nœuds) ; $p_{\overline{D}}(C) = \frac{3}{100} = 0{,}03$ et $p_{\overline{D}}(\overline{C}) = 0{,}97$. D'où l'arbre pondéré :

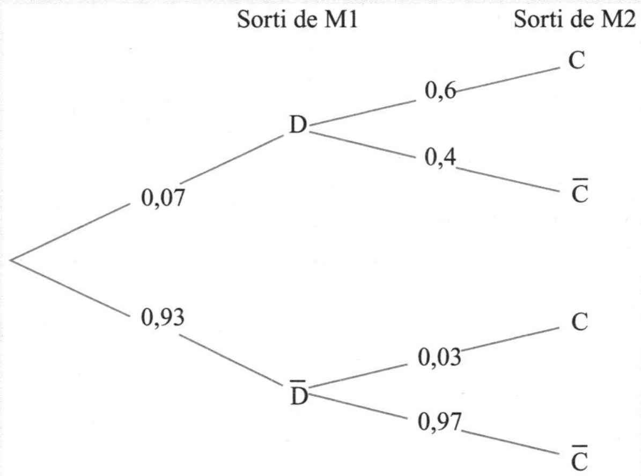

En cas de difficultés, voir le savoir-faire 2.

b. $p(\overline{D} \cap \overline{C}) = p\left(\overline{D}\right) \times p_{\overline{D}}\left(\overline{C}\right) = 0{,}93 \times 0{,}97$, soit $\boldsymbol{p(\overline{D} \cap \overline{C}) = 0{,}9021}$.

18

Entrées : aucune
Initialisation : T = 0 (T désigne le nombre de tirs au total pour les 100 parties)
Traitement : Pour i allant de 1 à 100
N = 1 (N désigne le nombre de tirs nécessaires pour crever le ballon)
a est un nombre aléatoire pris au hasard dans l'intervalle [0 ; 1].
Tant que a > 0,2
    N devient N + 1
    On choisit un nouveau nombre aléatoire a
Fin de la boucle tant que

Cette boucle s'arrête quand $a \leqslant 0{,}2$, c'est-à-dire pour $a \in [0;0{,}2]$, ce qui a bien pour probabilité $0{,}2-0=0{,}2$.

T devient $T+N$ (on ajoute N à T)
Fin de la boucle pour.
Sorties : Faire afficher $T/100$.

À chaque partie, il faut penser à réinitialiser le nombre de tirs N.

Partie B.

1. a. Pour $k \in \mathbb{N}^*$, on note C_k l'événement « le ballon crève au k-ième tir » et I_k l'événement « le ballon est intact au k-ième tir ».

Sachant que le ballon est intact à l'issu d'un tir, la probabilité de crever le ballon au tir suivant est $p=0,2$ donc la probabilité de laisser intact le ballon est $q=1-0,2=0,8$.

Le ballon est intact au bout de deux tirs s'il est intact au premier tir (événement I_1) et au second tir (événement I_2).

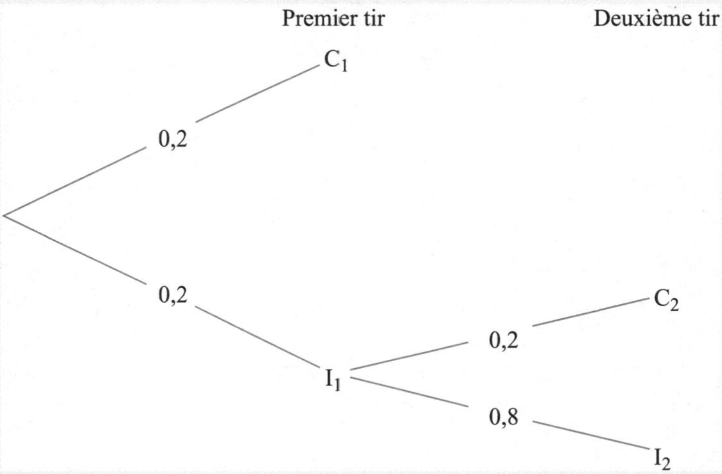

On en déduit :

$$p(I_1 \cap I_2) = p(I_1) \times p_{I_1}(I_2) = 0,8 \times 0,8 = 0,8^2$$

$$\boldsymbol{p(I_1 \cap I_2) = 0,64}.$$

b. L'événement A « deux tirs suffisent pour crever le ballon » est l'événement contraire de « au bout de deux tirs le ballon est intact ».

Donc $p(A) = 1 - p(I_1 \cap I_2) = 1 - 0,64$.

$$\boldsymbol{p(A) = 0,36.}$$

On obtient le même résultat en écrivant $A = C_1 \cup (I_1 \cap C_2)$ et utilisant les branches correspondantes de l'arbre pondéré : $p(A) = 0,2 + 0,8 \times 0,2 = 0,36$.

c. Soit B l'événement « au bout de *n* tirs le ballon est intact ». C'est l'événement contraire de « *n* tirs suffisent à crever le ballon ».
B est réalisé lorsque chacun des *n* tirs consécutifs laisse le ballon intact :

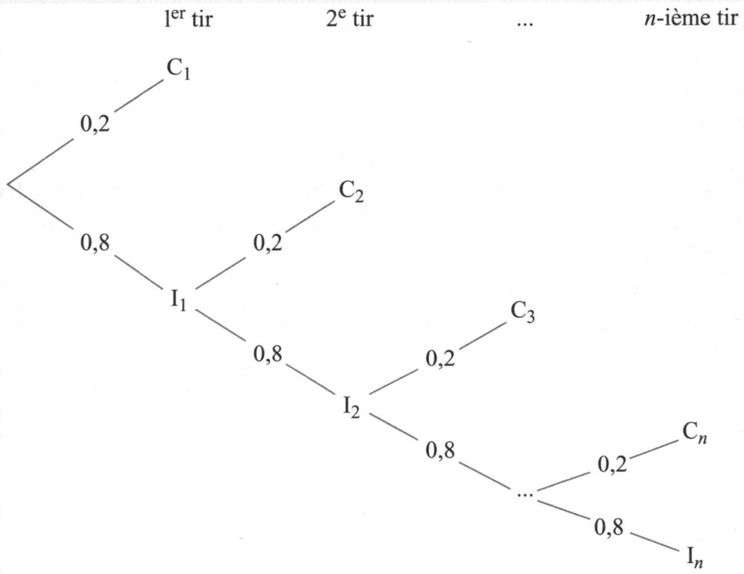

$B = I_1 \cap I_2 \cap \ldots \cap I_n$, donc $p(B) = 0,8^n$.
Ainsi $p_n = p(\overline{B}) = 1 - p(B)$ soit $\boldsymbol{p_n = 1 - 0,8^n}$.

Ici, le passage à l'événement contraire est indispensable car il est beaucoup trop long d'effectuer un calcul direct en suivant les branches favorables à l'événement cherché.

d. $p_n > 0,99$ équivaut successivement à :

$1 - 0,8^n > 0,99$; $-0,8^n > -0,01$; $0 < 0,8^n < 0,01$;

$\ln(0,8)^n < \ln 0,01$ car ln est strictement croissante sur $]0 ; +\infty[$;

$n \ln 0,8 < \ln 0,01$; $n > \dfrac{\ln 0,01}{\ln 0,8}$ car $\ln 0,8 < 0$.

Or $\dfrac{\ln 0,01}{\ln 0,8} \simeq 20,6$ à 10^{-1} près.

Donc $\boldsymbol{p_n > 0,99}$ **pour** $\boldsymbol{n}$ **entier,** $\boldsymbol{n \geqslant 21}$.

Si cette méthode précédente vous parait trop difficile, vous pouvez vous contenter d'une justification obtenue à la calculatrice en dressant un tableau de valeurs de $p_n = 1 - 0{,}8^n$ pour n entier.

On saisit $Y = 1 - 0{,}8\text{^}X$ et on dresse le tableau avec $X_{min} = 1$ et un pas de 1.

On trouve $p_{20} \approx 0{,}988$ à 10^{-3} près et $p_{21} \approx 0{,}991$ à 10^{-3} près.

Or la suite $(0{,}8^n)_{n\in\mathbb{N}}$ est géométrique de premier terme $1 > 0$ et de raison $q = 0{,}8 \in]0\,;\,1[$. Cette suite est donc strictement décroissante. Donc la suite (p_n) est strictement croissante.

Ainsi $p_n > 0{,}99 \Leftrightarrow n \geqslant 21$: ce qu'on avait trouvé plus haut.

2. Soit X la variable aléatoire correspondant au numéro de la face obtenue. Le dé étant régulier, X prend 4 valeurs 1, 2, 3 et 4, de façons équiprobables donc avec la même probabilité $\frac{1}{4}$.

On note E l'événement « le joueur crève le ballon ».

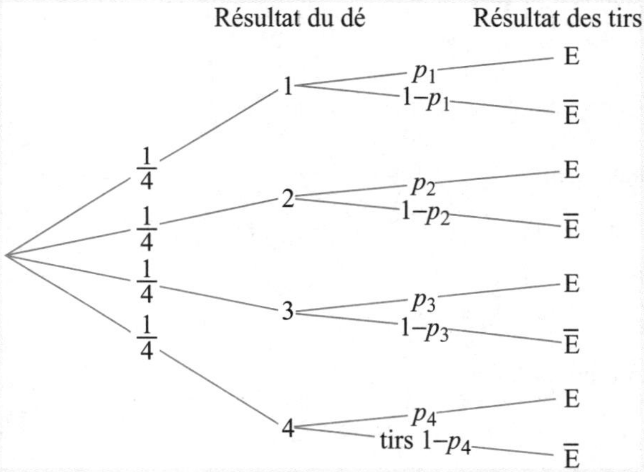

Pour n entier compris entre 1 et 4, sachant $(X = n)$, E est réalisé lorsque n tirs ont suffi pour crever le ballon, soit $p_{(X=n)}(\text{E}) = p_n$.

On en déduit :

$$p(\text{E}) = \frac{1}{4}p_1 + \frac{1}{4}p_2 + \frac{1}{4}p_3 + \frac{1}{4}p_4$$

$$p(\text{E}) = \frac{1}{4}\times(1-0{,}8) + \frac{1}{4}\times(1-0{,}8^2) + \frac{1}{4}\times(1-0{,}8^3) + \frac{1}{4}\times(1-0{,}8^4)$$

$$\boldsymbol{p(\text{E}) = 0{,}4096.}$$

19 **1.** On peut écrire $\text{A} = (\text{A}\cap\text{B}) \cup (\text{A}\cap\overline{\text{B}})$ où $\text{A}\cap\text{B}$ et $\text{A}\cap\overline{\text{B}}$ sont disjoints, donc $p(\text{A}) = p(\text{A}\cap\text{B}) + p(\text{A}\cap\overline{\text{B}})$.

On en déduit :

$$p(\text{A}\cap\overline{\text{B}}) = p(\text{A}) - p(\text{A}\cap\text{B}).$$

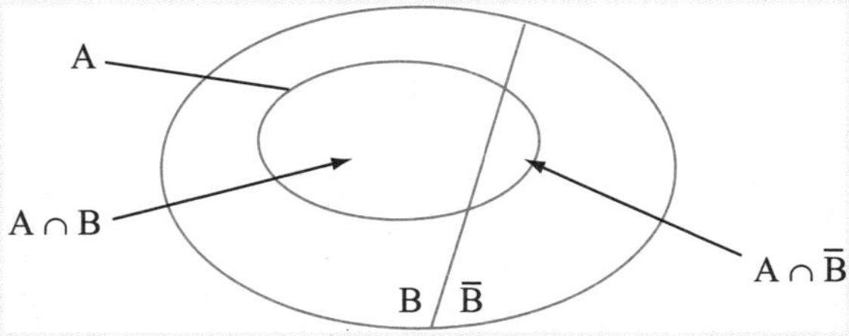

On dit que B et $\overline{\text{B}}$ forment une partition de l'univers : leur réunion, disjointe, est égale à l'univers tout entier.

2. Si A et B sont indépendants, $p(\text{A} \cap \text{B}) = p(\text{A}) \times p(\text{B})$.

Donc $p(\text{A} \cap \overline{\text{B}}) = p(\text{A}) - p(\text{A}) \times p(\text{B}) = p(\text{A}) \times (1 - p(\text{B})) = p(\text{A}) \times p(\overline{\text{B}})$.

Donc A et $\overline{B}$ sont indépendants.

20 **1.** Au premier lancer, réussir ou manquer le panier sont équiprobables, donc : $p_1 = p(\text{A}_1) = \dfrac{1}{2}$ et $p(\text{B}_1) = \mathbf{\dfrac{1}{2}}$.

D'ailleurs, $\text{B}_1 = \overline{A_1}$, donc on a bien $p(B_1) = 1 - p(A_1) = \dfrac{1}{2}$.

Pour le deuxième lancer :

$p_{\text{A}_1}(\text{A}_2) = \dfrac{1}{3}$ et, comme $\text{B}_2 = \overline{\text{A}_2}$, $p_{\text{A}_1}(\text{B}_2) = 1 - p_{\text{A}_1}(\text{A}_2) = \dfrac{2}{3}$.

$p_{\text{B}_1}(\text{B}_2) = \dfrac{4}{5}$, donc $p_{\text{B}_1}(\text{A}_2) = \dfrac{1}{5}$.

On en déduit l'arbre pondéré :

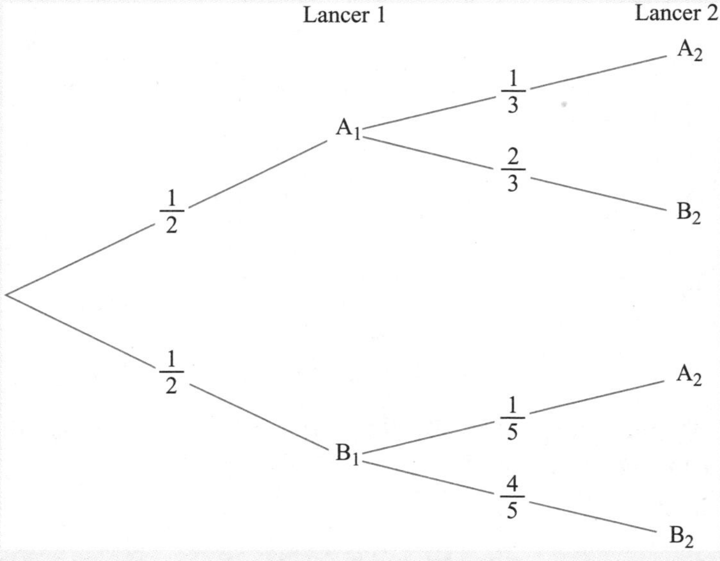

Alors

$$p_2 = p(A_2) = p(A_1 \cap A_2) + p(B_1 \cap A_2)$$
$$= p(A_1) \times p_{A1}(A_2) + p(B_1) \times p_{B1}(A_2)$$
$$p_2 = \frac{1}{2} \times \frac{1}{3} + \frac{1}{2} \times \frac{1}{5} = \frac{1}{6} + \frac{1}{10}$$
$$= \frac{1}{6} + \frac{1}{10} = \frac{5}{30} + \frac{3}{30}$$
$$= \frac{8}{30}.$$

$$\boldsymbol{p_2 = \frac{4}{15}}.$$

En cas de difficultés, voir le savoir-faire 2.

2. Soit n $\geqslant 1$ $p_{A_n}(A_{n+1}) = \frac{1}{3}$, donc $p_{A_n}(B_{n+1}) = \frac{2}{3}$;

$p_{B_n}(B_{n+1}) = \frac{4}{5}$, donc $p_{B_n}(A_{n+1}) = \frac{1}{5}$.

Enfin $B_n = \overline{A_n}$, donc $p(B_n) = 1 - p(A_n) = 1 - p_n$.

D'où l'arbre pondéré :

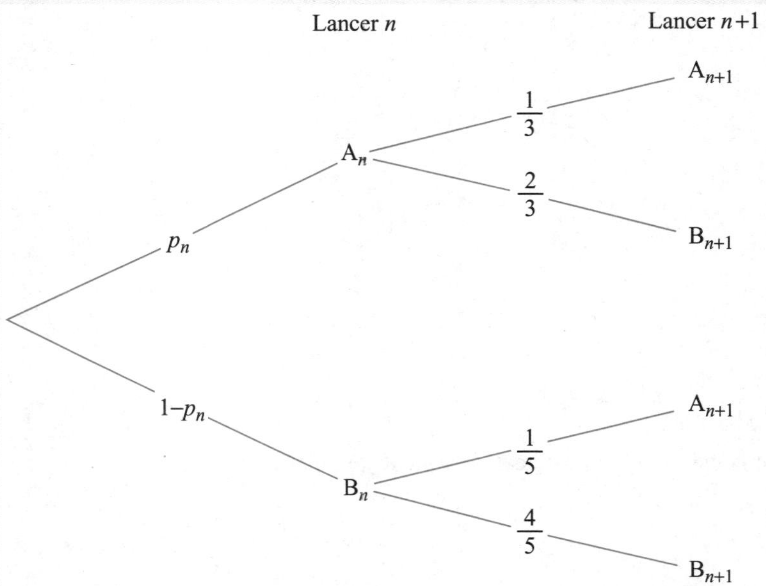

On en déduit :

$$\begin{aligned} p_{n+1} &= p(A_{n+1}) \\ &= p(A_n)\times p_{A_n}(A_{n+1}) + p(B_n)\times p_{B_n}(A_{n+1}) \\ &= p_n \times \frac{1}{3} + (1-p_n)\times\frac{1}{5} = \frac{1}{3}\times p_n - \frac{1}{5}\times p_n + \frac{1}{5} \\ &= \left(\frac{1}{3}-\frac{1}{5}\right)\times p_n + \frac{1}{5} \\ &= \left(\frac{5}{15}-\frac{3}{15}\right)\times p_n + \frac{1}{5} \end{aligned}$$

$$\mathbf{p_{n+1} = \frac{2}{15}\times p_n + \frac{1}{5}}$$

3. Soit $n \geqslant 1$. $u_{n+1} = p_{n+1} - \frac{3}{13}$

$$\begin{aligned} &= \left(\frac{2}{15}p_n + \frac{1}{5}\right) - \frac{3}{13} \\ &= \frac{2}{15}p_n + \frac{1}{5} - \frac{3}{13} \\ &= \frac{2}{15}p_n + \frac{13}{65} - \frac{15}{65} \\ &= \frac{2}{15}p_n - \frac{2}{65} \\ &= \frac{2}{15}\left(p_n - \frac{15}{2}\times\frac{2}{65}\right) \\ &= \frac{2}{15}\left(p_n - \frac{3}{13}\right) \end{aligned}$$

$$u_{n+1} = \frac{2}{15}u_n.$$

Donc la suite $(u_n)_{n\geqslant 1}$ est géométrique de premier terme :

$$u_1 = p_1 - \frac{3}{13} = \frac{1}{2} - \frac{3}{13} = \frac{13}{26} - \frac{6}{26} = \mathbf{\frac{7}{26}}$$

et de raison $\mathbf{q = \frac{2}{15}}$.

4. Pour tout $n \geqslant 1$, $u_n = u_1 \times q^{n-1} = \frac{7}{26} \times \left(\frac{2}{15}\right)^{n-1}$.

D'où $\boldsymbol{p_n = u_n + \frac{3}{13} = \frac{7}{26} \times \left(\frac{2}{15}\right)^{n-1} + \frac{3}{13}}$.

On a bien $\frac{7}{26} \times \left(\frac{2}{15}\right)^0 + \frac{3}{13} = \frac{7}{26} + \frac{3}{13} = \frac{7}{26} + \frac{6}{26} = \frac{13}{26} = \frac{1}{2} = p_1$

et $\frac{7}{26} \times \left(\frac{2}{15}\right)^1 + \frac{3}{13} = \frac{7}{13\times 15} + \frac{3}{13} = \frac{7}{13\times 15} + \frac{3\times 15}{13\times 15} = \frac{52}{13\times 15} = \frac{4}{15} = p_2$.

5. $-1 < \frac{2}{15} < 1$ donc $\lim\limits_{N\to+\infty} \left(\frac{2}{15}\right)^N = 0$ or $\lim\limits_{n\to+\infty} n-1 = +\infty$, donc $\lim\limits_{n\to+\infty} \left(\frac{2}{15}\right)^{n-1} = 0$.

Ainsi $\boldsymbol{\lim\limits_{n\to+\infty} p_n = \frac{3}{13}}$.

21 On note B l'événement « M. Prudent met ses bottes » et N l'événement « il neige ». L'énoncé donne $p(\mathrm{B}) = \frac{8}{10}$, $p_N(\mathrm{B}) = 1$ et $p_{\overline{N}}(\mathrm{B}) = \frac{1}{3}$, donc $p_{\overline{N}}\left(\overline{\mathrm{B}}\right) = \frac{2}{3}$ d'après la règle des nœuds. On pose $p = p(\mathrm{N})$. Donc $p\left(\overline{\mathrm{N}}\right) = 1 - p$.

On en déduit l'arbre pondéré suivant :

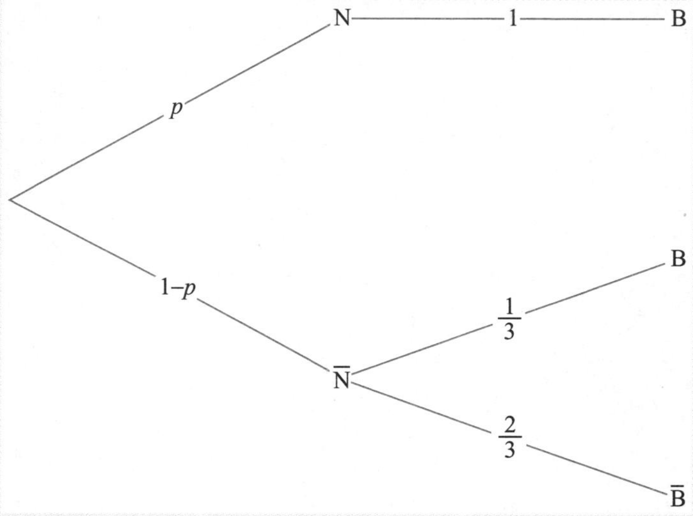

Ainsi $p(\mathrm{B}) = p(\mathrm{N} \cap \mathrm{B}) + p\left(\overline{\mathrm{N}} \cap \mathrm{B}\right)$

$= p(\mathrm{N}) \times p_{\mathrm{N}}(\mathrm{B}) + p\left(\overline{\mathrm{N}}\right) \times p_{\overline{\mathrm{N}}}(\mathrm{B})$,

$= p \times 1 + (1-p) \times \frac{1}{3}$.

Or $p(\mathrm{B})=\dfrac{8}{10}$, d'où :

$$p+(1-p)\times\frac{1}{3}=\frac{8}{10} \Leftrightarrow p+\frac{1}{3}-\frac{1}{3}\times p=\frac{8}{10}$$

$$\Leftrightarrow \frac{2}{3}\times p=\frac{8}{10}-\frac{1}{3}=\frac{24}{30}-\frac{10}{30}=\frac{14}{30}=\frac{7}{15}$$

$$\Leftrightarrow p=\frac{3}{2}\times\frac{7}{15}=\frac{7}{10}.$$

On cherche $p_{\mathrm{B}}\left(\overline{\mathrm{N}}\right)$.

Comme $p(\mathrm{B})=\dfrac{8}{10}\neq 0$, $p_{\mathrm{B}}\left(\overline{\mathrm{N}}\right)=\dfrac{p\left(\mathrm{B}\cap\overline{\mathrm{N}}\right)}{p(\mathrm{B})}=\dfrac{p\left(\overline{\mathrm{N}}\right)\times p_{\overline{\mathrm{N}}}(\mathrm{B})}{p(\mathrm{B})}$

Or $p\left(\overline{\mathrm{N}}\right)=1-p=\dfrac{3}{10}$, donc $p_{\mathrm{B}}\left(\overline{\mathrm{N}}\right)=\dfrac{\dfrac{3}{10}\times\dfrac{2}{3}}{\dfrac{8}{10}}=\dfrac{\dfrac{2}{10}}{\dfrac{8}{10}}=\dfrac{2}{10}\times\dfrac{10}{8}$.

D'où :

$$\boldsymbol{p_{\mathrm{B}}\left(\overline{\mathrm{N}}\right)=\frac{1}{4}}.$$

10

Lois continues Échantillonnage Estimation

I DENSITÉ DE PROBABILITÉ

On considère un univers Ω muni d'une probabilité p et X une variable aléatoire à valeurs dans un intervalle I de $\mathbb{R}$.

■ **Définition :** on dit que ***X* suit une loi continue** s'il existe une fonction f continue et positive sur I telle que, pour tout intervalle J inclus dans I, $p(X \in J)$ est égale à l'aire de la partie du plan formée par les points M(x ; y) vérifiant $x \in J$ et $0 \leqslant y \leqslant f(x)$.

La partie du plan formée par les points M(x ; y) vérifiant $x \in I$ et $0 \leqslant y \leqslant f(x)$ doit avoir une aire égale à 1.

• En particulier, si $I = [a\ ;\ b]$, X suit une loi continue sur I signifie qu'il existe une fonction f continue, positive sur I et vérifiant $\int_a^b f(x)\mathrm{d}x = 1$ telle que pour tout intervalle $[c\ ;\ d]$ inclus dans I, $p\big(X \in [c\ ;\ d]\big) = \int_c^d f(x)\mathrm{d}x$.

Voir II, la loi uniforme.

• Si $I = [a\ ;\ +\infty[$, X suit une loi continue sur I signifie qu'il existe une fonction f continue, positive sur I, et vérifiant $\lim\limits_{d \to +\infty} \int_a^d f(x)\mathrm{d}x = 1$, telle que pour tout intervalle $[c\ ;\ d]$ inclus dans I, $p\big(X \in [c\ ;\ d]\big) = \int_c^d f(x)\mathrm{d}x$ et pour tout $c \geqslant a$, $p\big(X \in [c\ ;+\infty[\big) = \lim\limits_{d \to +\infty} \int_c^d f(x)\mathrm{d}x = 1 - \int_a^c f(x)\mathrm{d}x$.

Voir III, la loi exponentielle.

• Si $I = \mathbb{R}$, X suit une loi continue sur I signifie qu'il existe une fonction f continue, positive sur I, et vérifiant $\lim\limits_{c \to -\infty} \int_c^0 f(x)\mathrm{d}x + \lim\limits_{d \to +\infty} \int_0^d f(x)\mathrm{d}x = 1$, telle que pour tout intervalle $[c\ ;\ d]$ inclus dans I, $p\big(X \in [c\ ;d]\big) = \int_c^d f(x)\mathrm{d}x$, pour tout $c \in \mathbb{R}$, $p\big(X \in [c\ ;+\infty[\big) = \lim\limits_{t \to +\infty} \int_c^t f(x)\mathrm{d}x$ et pour tout $d \in \mathbb{R}$, $p\big(X \in]-\infty\ ; d]\big) = \lim\limits_{c \to -\infty} \int_c^d f(x)\mathrm{d}x$.

Voir IV, la loi normale.

Vocabulaire : f est la densité de probabilité de X.

■ **Propriété :** une variable aléatoire X suivant une loi continue ne « charge pas les points » ; pour tout $c \in \mathrm{I}$, $p(X = c) = 0$. En particulier :

$p(X \in [c\,;d]) = p(X \in [c\,;d[) = p(X \in]c\,;d]) = p(X \in]c\,;d[)$,

ce qu'on écrira parfois $p(X \in (c\,;\,d))$.

II LOI UNIFORME

■ **Définition :** soit a et b deux réels tels que $a < b$. X suit une **loi uniforme** sur $[a\,;b]$ si X est une variable aléatoire continue de densité f telle que $f(x) = \dfrac{1}{b-a}$ sur $\mathrm{I} = [a\,;\,b]$.

C'est la loi correspondant au choix d'un nombre au hasard dans l'intervalle $[a\,;b]$.

■ **Propriété :** si X suit une loi uniforme sur $[a\,;\,b]$,

pour tout $(c\,;\,d) \subset [a\,;\,b]$, $p(X \in (c\,;\,d)) = \dfrac{d-c}{b-a}$.

■ Son espérance est :

$$E(X) = \int_a^b x f(x)\mathrm{d}x = \int_a^b \frac{x}{b-a}\mathrm{d}x = \frac{a+b}{2}.$$

III LOI EXPONENTIELLE

■ **Définition :** soit λ un réel strictement positif. X suit une **loi exponentielle** de paramètre λ si X est une variable aléatoire continue de densité f définie par $f(x) = \lambda \mathrm{e}^{-\lambda x}$ sur $I = [0\,;+\infty[$.

■ C'est **la loi de durée de vie sans vieillissement** : si s et t sont deux réels appartenant à $[0\,;+\infty[$, la probabilité de l'événement « $X \geqslant s+t$ » sachant « $X \geqslant s$ » est égale à la probabilité de l'événement « $X \geqslant t$ ».

On parle de **loi sans mémoire**. Voir l'exercice 4.

■ Son espérance est :

$$E(X) = \lim_{d \to +\infty} \int_0^d x f(x)\mathrm{d}x = \frac{1}{\lambda}.$$

IV LOI NORMALE

1. Loi normale centrée réduite N(0 ; 1)

■ **Définition :** X suit une loi normale centrée réduite N(0 ; 1) si X admet pour densité la fonction f définie sur $\mathbb{R}$ par $f(x) = \dfrac{1}{\sqrt{2\pi}}\mathrm{e}^{-\frac{x^2}{2}}$.

Ainsi, pour tout réel a et b tels que $a \leqslant b$, $p(a \leqslant X \leqslant b) = \int_a^b \frac{1}{\sqrt{2\pi}} e^{-\frac{x^2}{2}} dx$.

■ **Propriété :** la densité f est paire, donc sa courbe est symétrique par rapport à l'axe des ordonnées, d'où :

- L'aire de la partie du plan situé sous la courbe de f, au dessus de l'axe des abscisses et à droite de l'axe des ordonnées est égale à $\frac{1}{2}$.
- Pour tout réel u, $p(X \leqslant -u) = p(X \geqslant u)$.

Son espérance est $E(X) = \lim_{c \to -\infty} \int_c^0 x f(x) dx + \lim_{d \to +\infty} \int_0^d x f(x) dx = 0$.

(X est **centrée**), on note généralement $\mu = 0$.

- Sa variance est $V(X) = E((X - E(X))^2) = 1$ (X est **réduite**), et son écart-type est $\sigma = \sqrt{V(X)} = 1$.

■ **Théorème :**

si X suit une loi N(0 ; 1), pour tout $\alpha \in]0\ ;\ 1[$, il existe un unique réel u_α tel que $p(-u_\alpha \leqslant X \leqslant u_\alpha) = 1 - \alpha$.

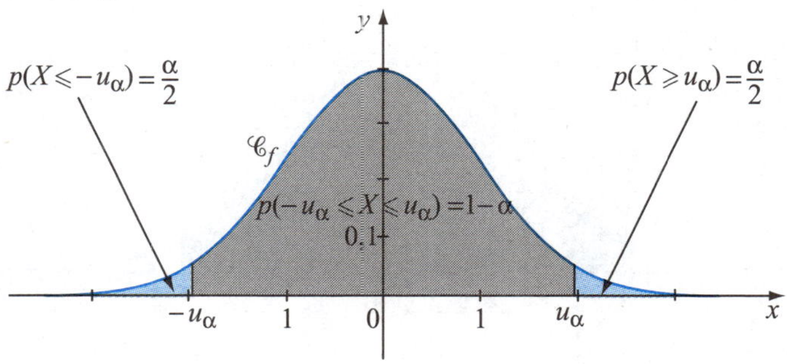

EXEMPLES :

- Pour $\alpha = 0{,}05$, $u_{0{,}05} \approx 1{,}96$ à $0{,}01$ près :

$$p(-1{,}96 \leqslant X \leqslant 1{,}96) = 0{,}95.$$

- Pour $\alpha = 0{,}01$, $u_{0{,}01} \approx 2{,}58$ à $0{,}01$ près :

$$p(-2{,}58 \leqslant X \leqslant 2{,}58) = 0{,}99.$$

Visualisation du théorème pour $\alpha = 0{,}05$:

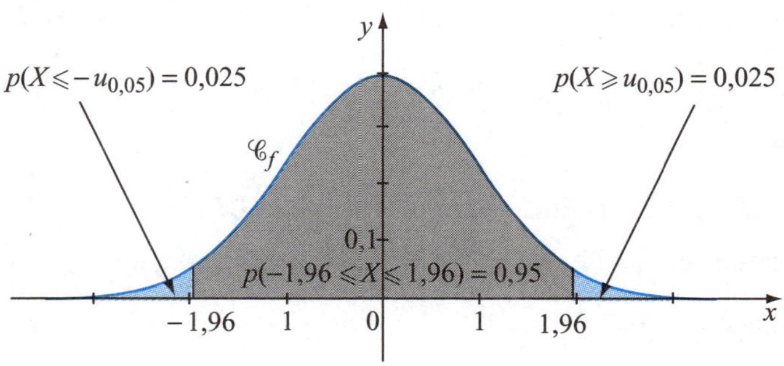

COURS

2. Loi normale N(μ ; σ²)

■ **Définition :** une variable aléatoire X suit une loi normale N(μ ; σ²) si la variable $Z = \dfrac{X-\mu}{\sigma}$ suit une loi normale N(0 ; 1).

■ **Propriété :** si X suit une loi normale N(μ ; σ²) :

$$E(X) = \mu \text{ et } V(X) = E\left((X - E(X))^2\right) = \sigma^2.$$

■ **Propriété :** si X suit une loi normale N(μ ; σ²), alors :

$$p(\mu - \sigma \leqslant X \leqslant \mu + \sigma) \approx 0{,}68 \text{ à } 0{,}01 \text{ près ;}$$

$$p(\mu - 2\sigma \leqslant X \leqslant \mu + 2\sigma) \approx 0{,}95 \text{ à } 0{,}01 \text{ près ;}$$

$$p(\mu - 3\sigma \leqslant X \leqslant \mu + 3\sigma) \approx 0{,}997 \text{ à } 0{,}001 \text{ près.}$$

EXEMPLE : Pour $\mu = 3{,}5$ et $\sigma^2 = 2$:

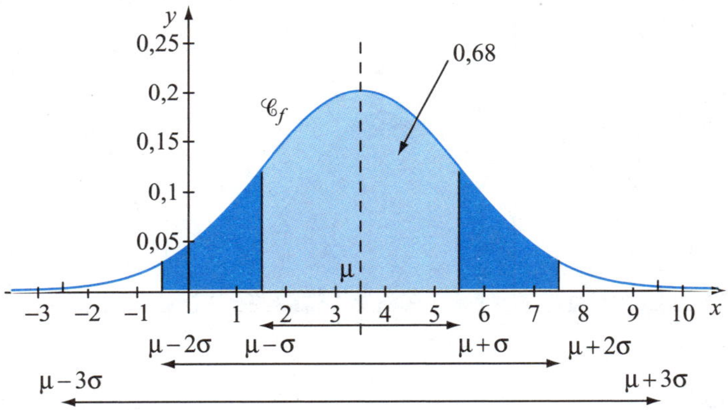

3. Théorème de Moivre-Laplace

Théorème : soit $p \in \left]0 \,;\, 1\right[$. On suppose que, pour tout entier $n \geqslant 1$, la variable aléatoire X_n suit une loi binomiale B(n ; p). On pose $Z_n = \dfrac{X_n - np}{\sqrt{np(1-p)}}$.

Alors, pour tous réels a et b tels que $a < b$, $\lim\limits_{n\to+\infty} p(a \leqslant Z_n \leqslant b) = \int_a^b \dfrac{1}{\sqrt{2\pi}} \mathrm{e}^{-\frac{x^2}{2}} \mathrm{d}x$,

c'est-à-dire $\lim\limits_{n\to+\infty} p(a \leqslant Z_n \leqslant b) = p(a \leqslant Z \leqslant b)$, où Z est une variable aléatoire de loi N(0 ; 1).

V INTERVALLE DE FLUCTUATION ASYMPTOTIQUE

■ **Propriété :** soit $n \in \mathbb{N}^*$ et $p \in \left]0 \,;\, 1\right[$. Si la variable aléatoire X_n suit une loi B(n, p), alors pour tout réel $\alpha \in \left]0 \,;\, 1\right[$, $\lim\limits_{n\to+\infty} p\left(\dfrac{X_n}{n} \in I_n\right) = 1 - \alpha$, où

$I_n = \left[p - u_\alpha \frac{\sqrt{p(1-p)}}{\sqrt{n}} ; p + u_\alpha \frac{\sqrt{p(1-p)}}{\sqrt{n}} \right]$ et u_α est l'unique réel tel que $p(-u_\alpha \leqslant Z \leqslant u_\alpha) = 1 - \alpha$ où Z suit une loi normale N(0 ; 1).

■ **Vocabulaire :** l'intervalle $I_n = \left[p - u_\alpha \frac{\sqrt{p(1-p)}}{\sqrt{n}} ; p + u_\alpha \frac{\sqrt{p(1-p)}}{\sqrt{n}} \right]$ est appelé **intervalle de fluctuation asymptotique au seuil $1 - \alpha$.**

Si la variable aléatoire X_n suit une loi B(n, p), lorsque $n \geqslant 30$, $np \geqslant 5$ et $n(1-p) \geqslant 5$, on utilise l'approximation $p\left(\frac{X_n}{n} \in I_n\right) = 1 - \alpha$.

EXEMPLE IMPORTANT: si $n \geqslant 30$, $np \geqslant 5$ et $n(1-p) \geqslant 5$:

$$p\left(\frac{X_n}{n} \in \left[p - 1{,}96 \frac{\sqrt{p(1-p)}}{\sqrt{n}} ; p + 1{,}96 \frac{\sqrt{p(1-p)}}{\sqrt{n}} \right]\right) \approx 0{,}95.$$

■ **Application à la prise de décision** : si on connait la proportion p d'un caractère dans la population totale (cas 1), ou si on fait une hypothèse sur la valeur de cette proportion p (cas 2), on détermine la valeur de la fréquence f observée sur un échantillon de taille n tiré aléatoirement dans la population :

- Si f est dans l'intervalle de fluctuation asymptotique au seuil $1 - \alpha$, on déclare au seuil de $1 - \alpha$ la conformité de l'échantillon pour le cas 1, ou on valide l'hypothèse faite sur la valeur de p pour le cas 2.
- Si f n'est pas dans l'intervalle de fluctuation asymptotique au seuil $1 - \alpha$, on rejette au risque α (de rejeter à tort) la conformité de cet échantillon pour le cas 1, ou la valeur de p pour le cas 2.

Voir le savoir-faire 3.

VI INTERVALLE DE CONFIANCE

■ **Propriété :** soit $n \in \mathbb{N}^*$ et $p \in]0 ; 1[$. Soit X_n une variable aléatoire suivant une loi B(n ; p). Pour $n \geqslant 30$, $np \geqslant 5$ et $n(1-p) \geqslant 5$, alors :

$$p\left(\frac{X_n}{n} - \frac{1}{\sqrt{n}} \leqslant p \leqslant \frac{X_n}{n} + \frac{1}{\sqrt{n}}\right) \geqslant 0{,}95.$$

Dans plus de 95 % des réalisations de la variable aléatoire X_n, $p \in \left[f - \frac{1}{\sqrt{n}} ; f + \frac{1}{\sqrt{n}} \right]$ où f est la fréquence observée (la réalisation de $\frac{X_n}{n}$ correspondante). Ceci a déjà été vu en classe de seconde.

L'intervalle $\left[f-\frac{1}{\sqrt{n}}\ ;\ f+\frac{1}{\sqrt{n}}\right]$ est appelé **intervalle de confiance** au niveau de confiance 0,95 pour p.

Dans d'autres disciplines, on utilise l'intervalle :

$$\left[f-1{,}96\frac{\sqrt{f(1-f)}}{\sqrt{n}}\ ;\ f+1{,}96\frac{\sqrt{f(1-f)}}{\sqrt{n}}\right].$$

■ **Application** : lorsqu'un caractère touche une proportion p inconnue de la population, on détermine la fréquence f de réalisation de ce caractère sur un échantillon de taille $n \geqslant 30$. Si $nf \geqslant 5$ et $n(1-f) \geqslant 5$, on peut conclure qu'un intervalle de confiance au niveau de confiance 0,95 pour p est :

$$\left[f-\frac{1}{\sqrt{n}}\ ;\ f+\frac{1}{\sqrt{n}}\right].$$

On dit que l'on a estimé la proportion p dans la population totale par intervalle de confiance à partir de la fréquence f observée sur l'échantillon.

Voir le savoir-faire 4.

SAVOIR-FAIRE

1. Calculer une probabilité avec une loi continue

EXEMPLE : On cherche la probabilité de l'événement « $X \in [1\ ;4]$ ».

a. Si X suit une loi uniforme sur $[-2\ ;10]$.

X admet une densité de probabilité définie sur $[-2\ ;10]$ par :

$$f(x)=\frac{1}{10-(-2)}=\frac{1}{12}.$$

$[1\ ;4]\subset[-2\ ;10]$, donc $p\left(X\in[1\ ;4]\right)=\int_1^4 \frac{1}{12}\,\mathrm{d}x=\frac{4-1}{12}=\frac{3}{12}$

soit $\boldsymbol{p\left(X\in[1\,;4]\right)=\frac{1}{4}}$.

Voir l'exercice 1 pour d'autres exemples.

b. Si X suit une loi exponentielle de paramètre $\lambda=0{,}1$.

X admet une densité de probabilité définie sur $[0\ ;+\infty[$ par :

$$f(x)=\lambda \mathrm{e}^{-\lambda x}=0{,}1\mathrm{e}^{-0{,}1x}.$$

$[1\ ;\ 4] \subset [-2\ ;\ 10]$, donc $p(X \in [1\ ;\ 4]) = \int_1^4 0{,}1\mathrm{e}^{-0{,}1x}\mathrm{d}x = \left[-\mathrm{e}^{-0{,}1x}\right]_1^4$

$= -\mathrm{e}^{-0{,}4} - (-\mathrm{e}^{-0{,}1})$ soit $\boldsymbol{p(X \in [1\ ;\ 4]) = \mathrm{e}^{-0{,}1} - \mathrm{e}^{-0{,}4}}$.

Voir l'exercice 3 pour d'autres exemples.

c. Si X suit une loi N(2,5 ; 0,25) un cas particulier à (re-connaître).

$\mu = 2{,}5$ et $\sigma = \sqrt{0{,}25} = 0{,}5$, donc $[1\ ;\ 4] = [\mu - 3\sigma\ ;\ \mu + 3\sigma]$.

On en déduit (voir cours) que $\boldsymbol{p(X \in [1\ ;\ 4])}$**= 0,997 à = 0,001 près.**

Voir les exercices 6 et 14 pour d'autres exemples et le savoir-faire 2 pour un cas plus général.

2. Utiliser une calculatrice pour calculer avec une loi normale N(μ ; σ^2)

EXEMPLE : X suit une loi N(3 ; 4).

a. Déterminer $p(X \in [1\ ;\ 4])$. Ici $\mu = 3$ et $\sigma^2 = 4$, donc $\sigma = \sqrt{4} = 2$ (car $\sigma \geqslant 0$).

- Texas Instrument (à partir de la TI 82 Stats) : 2nd VAR permet d'entrer dans le menu Distr pour utiliser la commande normalcdf, dont la syntaxe est normalcdf(1, 4, 3, 2), où on entre dans l'ordre les bornes a et b de l'intervalle, la valeur μ, puis de σ.
- Casio (à partir de la Graph 35+) : MENU STATS onglet DIST puis Norm pour utiliser la commande Ncd dont la syntaxe est Ncd(Lower : 1 ; Upper : 4 ; σ : 2 ; μ : 3).

Attention : c'est la valeur de σ qu'on rentre, et pas de σ^2 !

On obtient $\boldsymbol{p(X \in [1\ ;\ 4]) \approx}$ **0,533 à 0,001 près.**

b. Déterminer $p(X \leqslant 4)$.

On peut utiliser l'approximation $p(X \leqslant 4) \approx p(X \in [-10^{99}\ ;\ 4])$.

- Texas : normalcdf (-E99 , 4 , 3 , 2).

Casio : Ncd(Lower : –1E+99 ; Upper : 4 ; σ : 2 ; μ : 3) ;

Attention : là encore, c'est la valeur de σ qu'on rentre !

On obtient $\boldsymbol{p(X \leqslant 4) \approx}$ **0,69 à 0,01 près.**

c. Déterminer a tel que $p(X \leqslant a) = 0,8$.

- Texas : 2nd VAR permet d'entrer dans le menu Distr pour utiliser la commande invNorm : invNorm (0.8, 3, 2).

Attention à l'utilisation du point comme séparateur décimal.

- Casio : MENU STATS onglet DIST puis Norm pour utiliser la commande InvN(Tail : Left ; Area : 0,8 ; σ : 2 ; μ : 3)

Attention : là encore, c'est la valeur de σ que l'on rentre !

On obtient $\alpha \approx$ **4,68 à 0,01 près.**

3. Construire et utiliser un intervalle de fluctuation asymptotique au seuil $1 - \alpha$

Une entreprise de 1 250 salariés emploie 525 femmes. On suppose que la proportion de femmes dans la population active du pays où est implantée l'entreprise, est de 40 %. Peut-on considérer, au risque de 10 %, que l'entreprise exerce une discrimination à l'embauche vis-à-vis des femmes ?

Sous l'hypothèse que le recrutement des femmes par l'entreprise est conforme à la répartition dans la population totale, le nombre de femmes dans l'entreprise doit correspondre à la réalisation d'une loi binomiale de paramètres $n = 1\,250$ et $p = \dfrac{40}{100} = 0,4$. On détermine alors l'intervalle de fluctuation asymptotique au seuil $1 - \dfrac{10}{100} = 0,9$ pour la fréquence du succès pour la loi B(1 250 ; 0,4).

Comme $n = 1\,250 \geqslant 30$, $np = 1\,250 \times 0,4 = 500 \geqslant 5$,

$n(1-p) = 1\,250 \times 0,6 = 750 \geqslant 5$, on peut utiliser l'intervalle :

$$\left[p - u_\alpha \frac{\sqrt{p(1-p)}}{\sqrt{n}} \; ; \; p + u_\alpha \frac{\sqrt{p(1-p)}}{\sqrt{n}}\right].$$

On doit déterminer $u_{0,1}$ défini par $p(-u_{0,1} \leqslant X \leqslant u_{0,1}) = 1 - 0,1 = 0,9$ où X suit une loi N(0 ; 1). Par symétrie de la courbe de la fonction densité de la loi de X :

$$p(-u_{0,1} \leqslant X \leqslant u_{0,1}) = 2p(0 \leqslant X \leqslant u_{0,1}) = 2\left(p(X \leqslant u_{0,1}) - \frac{1}{2}\right),$$

car $p(X \leqslant 0) = \dfrac{1}{2}$.

D'où $p(-u_{0,1} \leqslant X \leqslant u_{0,1}) = 2p(X \leqslant u_{0,1}) - 1$ et on cherche $u_{0,1}$ tel que $2p(X \leqslant u_{0,1}) - 1 = 0,9$ soit $p(X \leqslant u_{0,1}) = 0,95$.

On procède comme au savoir-faire **2** question **3**.

- Texas : 2nd VAR permet d'entrer dans le menu Distr pour utiliser la commande invNorm : invNorm(0.95, 0 , 1).

Attention à l'utilisation du point comme séparateur décimal.

- Casio : MENU STATS onglet DIST puis Norm pour utiliser la commande InvN(Tail : Left ; Area : 0,95 ; σ : 1 ; μ : 0).

On obtient $u_{0,1} \approx 1,645$ à 0,001 près.

D'où l'intervalle de fluctuation asymptotique au seuil de 90% :

$$\left[0,4-1,645 \times \frac{\sqrt{0,4(1-0,4)}}{\sqrt{1\ 250}} ; 0,4+1,645 \times \frac{\sqrt{0,4(1-0,4)}}{\sqrt{1\ 250}}\right]$$

$$=[0,377 \ ; \ 0,423],$$

en arrondissant les bornes à 0,001 près.

La fréquence observée de femmes dans l'entreprise est $f=\frac{525}{1\ 250}=0,42$.

Cette fréquence appartient à l'intervalle de fluctuation asymptotique, donc on peut déclarer que l'échantillon est conforme au modèle au seuil de 90 % : **l'entreprise n'exerce pas de discrimination à l'embauche vis-à-vis des femmes au seuil de 90 %**.

Pour le seuil de 80 %, on trouverait un intervalle plus contraignant car on prendrait le risque de rejeter 20 % d'échantillons conformes au lieu de 10 % : $u_{0,2} \approx 1,282$ à 0,001 près donne l'intervalle [0,382 ; 0,418] qui ne contient pas f. On devrait alors conclure, au risque de 20 %, que l'entreprise exerce une discrimination à l'embauche vis-à-vis des femmes.

4. Déterminer un intervalle de confiance au niveau de confiance 0,95

EXEMPLE : le 18 avril 2002, un institut de sondage annonce que sur un échantillon représentatif de 1020 personnes :

204 ont déclaré vouloir voter pour Jacques Chirac ;

184 ont déclaré vouloir voter pour Lionel Jospin ;

139 ont déclaré vouloir voter pour Jean-Marie Le Pen.

a. Déterminer les intervalles de confiance au niveau de confiance 0,95 de la proportion de votes pour chacun des trois candidats.

Sur l'échantillon de taille $n = 1020$, la fréquence observée d'intentions de vote pour Jacques Chirac est $f=\frac{204}{1\ 020}=0,20$.

$n = 100 \geqslant 30$, $n \times f = 204 \geqslant 5$ et $n \times (1-f) = 816 \geqslant 5$, donc l'intervalle de confiance au niveau 0,95 de la proportion de vote dans la population totale est $\left[f - \frac{1}{\sqrt{n}} ; f + \frac{1}{\sqrt{n}}\right] = \left[0,2 - \frac{1}{\sqrt{1\,020}} ; 0,2 + \frac{1}{\sqrt{1\,020}}\right]$; soit $\mathbf{[0,169\ ;\ 0,231]}$ en arrondissant les bornes à 0,001 près.

De même pour Lionel Jospin :

$$\left[\frac{184}{1\,020} - \frac{1}{\sqrt{1\,020}} ; \frac{184}{1\,020} + \frac{1}{\sqrt{1\,020}}\right] = \mathbf{[0,149\ ;\ 0,212]}.$$

Enfin pour Jean-Marie Le Pen :

$$\left[\frac{139}{1\,020} - \frac{1}{\sqrt{1\,020}} ; \frac{139}{1\,020} + \frac{1}{\sqrt{1\,020}}\right] = \mathbf{[0,105\ ;\ 0,168]}.$$

b. Les résultats du premier tour de l'élection étaient : Jacques Chirac 19,9 % ; Jean-Marie Le Pen 16,9 % ; Lionel Jospin 16,2 %.
Ces résultats étaient-ils conformes aux prévisions ?

On constate que $\frac{19,9}{100} = 0,199 \in [0,169\ ;\ 0,231]$; $0,169 \in [0,149\ ;\ 0,212]$, mais $0,169 \notin [0,105\ ;\ 0,168]$.

Les fréquences de votes réelles pour Jacques Chirac et Lionel Jospin sont bien dans leurs intervalles de confiance au seuil 0,95 mais celle concernant Jean-Marie Le Pen n'y est pas.

Au niveau de confiance 95 %, les résultats concernant Jacques Chirac et Lionel Jospin étaient conformes aux prévisions, mais pas celui concernant Jean-Marie le Pen.

EXERCICES D'APPLICATION

1 LOI UNIFORME : LE COURS | ★ | 10 min | ▸ P. 387

X suit une loi uniforme sur $[-2\ ;\ 3]$.

1. Donner sa fonction de densité f et la représenter dans un repère orthonormé d'unité 2 cm.

2. Calculer les probabilités et faire apparaitre sur le graphique les domaines correspondants :

a. $p(X \in [-1\ ;\ 2])$; **b.** $p(X = 1)$; **c.** $p(X \geqslant 1)$.

En cas de difficultés, voir le savoir-faire 1.

3. Déterminer l'espérance de la variable X.

2 TIRAGE ALÉATOIRE | ★★ | 15 min | ▸ P. 388

On choisit un nombre réel au hasard X dans l'intervalle $[0\ ;\ 1]$.

1. Quelle est la loi de X ?

2. Quelle est la probabilité qu'il soit compris entre 0,15 et 0,4 ?

3. Quelle est la probabilité qu'il comporte exactement un chiffre après la virgule ?

4. Quelle est la probabilité que sa deuxième décimale soit un 9 sachant qu'il est inférieur à 0,5 ?

3 LOI EXPONENTIELLE : LE COURS | ★ | 10 min | ▸ P. 388

X suit une loi exponentielle de paramètre $\lambda = 2$.

1. Déterminer sa fonction de densité f et la représenter dans un repère orthonormé d'unité 5 cm.

2. Calculer les probabilités et faire apparaitre sur le graphique les domaines correspondants :

a. $p(X \in [1\ ;\ 2])$; **b.** $p(X = 1)$; **c.** $p(X \geqslant 1)$.

En cas de difficultés, voir le savoir-faire 1.

3. Déterminer l'espérance de la variable X.

4 DURÉE DE VIE D'UNE AMPOULE | ★★ | 20 min | ▸ P. 390

Une ampoule a une durée de vie en heures notée T. On suppose qu'elle suit une loi exponentielle de paramètre $\lambda = \dfrac{1}{20\,000} = 5 \times 10^{-5}$.

1. Quelle est la probabilité que l'ampoule dure moins de 4 000 heures ?

2. Quelle est la probabilité que l'ampoule dure plus de 10 000 heures ?

3. Quelle est la probabilité que l'ampoule dure plus de 10 000 heures sachant qu'elle a duré plus de 4 000 heures ?

4. Combien de temps peut-on espérer faire fonctionner cette ampoule ?

On pourra utiliser le cours, III ou remarquer que $T > 10\,000$ implique $T > 4\,000$.

5. Le fabriquant annonce que son ampoule a été améliorée : son nouveau paramètre, noté α, assure une durée de vie supérieure à 10 000 heures avec une probabilité égale à 0,95. Déterminer α.

5 LOI NORMALE CENTRÉE RÉDUITE : LE COURS | ★ | 10 min | ▸ P. 391

X suit une loi normale centrée réduite N(0 ; 1).

1. Donner sa fonction de densité f et la représenter dans un repère orthogonal d'unités 2 cm en abscisses et 5 cm en ordonnée.

2. Calculer les probabilités (arrondies à 0,001 près) et faire apparaitre sur le graphique les domaines correspondants :

a. $p\left(X \in [-1 ; 2]\right)$; b. $p\left(X \in [-2 ; 2]\right)$ c. $p\left(X = 1\right)$

d. $p(X \leqslant 2)$; e. $p(X \leqslant -1)$; f. $p(X \geqslant 1)$.

En cas de difficultés, voir le savoir-faire 2.

3. Déterminer l'espérance de la variable X.

6 LOI NORMALE $N(\mu ; \sigma^2)$ | ★★ | 15 min | ▸ P. 393

À la naissance, le poids en kg des nouveaux nés est une variable aléatoire X qui peut être modélisée par une loi normale de moyenne $\mu = 3{,}4$ et d'écart-type $\sigma = 0{,}5$.

1. Dans la réalité, on ne peut pas avoir de poids négatif ; vérifier que $p\left(X < 0\right)$ est très petit pour la loi proposée.

2. Quelle est la probabilité qu'un nouveau né ait un poids compris entre 2,9 kg et 3,9 kg à la naissance ?

3. Quelle loi suit la variable aléatoire $Z = \dfrac{X - 3{,}4}{0{,}5}$?

C'est du cours !

4. Calculer la probabilité qu'un nouveau né pèse moins de 2,8 kg à la naissance.

a. Directement à la calculatrice avec l'approximation :

$$p(X \leqslant 2{,}8) \approx p(X \in [10^{-99} ; 2{,}8].$$

b. Sans calculatrice, en utilisant le fait que :

$$p(-1{,}2 < Z \leqslant 0) \approx 0{,}385 \text{ à } 0{,}001 \text{ près.}$$

c. Sans calculatrice, en utilisant le fait que :

$$p\left(Z < 1{,}2\right) \approx 0{,}885 \text{ à } 0{,}001 \text{ près.}$$

7 INTERVALLE DE FLUCTUATION | ★ | 10 min | ▸ P. 395

Les baguettes du batteur Travis Baker (du groupe Blink 182) mesurent 414 mm de long. Le fabricant certifie en fait que la longueur L, en mm, d'une baguette produite dans son usine suit une loi normale de moyenne 414 et d'écart-type 1.

1. Montrer que $p(413 \leqslant \mathrm{L} \leqslant 415) \approx 0,68$ à 10^{-2} près.

2. Le contrat stipule que les baguettes livrées à Travis doivent avoir une longueur comprise entre 413 mm et 415 mm. On prélève 100 baguettes au hasard produites au cours d'une journée. On suppose que le nombre total de baguettes produites est suffisant pour qu'on puisse assimiler ce contrôle à 100 tirages successifs identiques indépendants d'une même épreuve de Bernoulli de paramètre $p = 0,68$.

a. Donner l'intervalle de fluctuation asymptotique au seuil de 95 % de la fréquence des baguettes conformes.

Voir le cours, V.

b. Sur les 100 baguettes testées, 61 sont conformes. Faut-il, au seuil de 95 %, procéder à un réglage de la machine ?

8 INTERVALLE DE CONFIANCE TEST DE DÉPISTAGE | ★ | 10 min | ▸ P. 395

Une angine peut être due à un virus (on parle d'angine virale) ou à une bactérie (on parle d'angine bactérienne). Seules les angines bactériennes sont efficacement combattues par les antibiotiques. Un laboratoire a mis au point un test basé sur un prélèvement de salive afin de savoir si l'angine nécessite la prise d'antibiotiques : ce test doit être positif si l'angine est bactérienne, négative sinon.
Sur 400 malades atteints d'une angine bactérienne, le test a été positif 336 fois.
Sur 100 malades atteints d'une angine virale, le test a été positif 15 fois.

1. a. Déterminer la proportion de malades ayant un test positif parmi ceux ayant une angine bactérienne.

b. En déduire un intervalle de confiance au niveau de confiance 0,95 de la sensibilité du test (c'est-à-dire la proportion de tests positifs lorsque l'angine est bactérienne).

Voir le cours, VI.

2. Déterminer un intervalle de confiance au niveau de confiance 0,95 de la spécificité du test (c'est-à-dire la proportion de tests négatifs lorsque l'angine n'est pas bactérienne).

3. Un test est satisfaisant quand sa sensibilité et sa spécificité dépassent toutes les deux 90 %. Peut-on, au niveau de confiance 0,95, affirmer que ce test est satisfaisant ?

EXERCICES D'ENTRAÎNEMENT

9 LOI UNIFORME | ★★ | 10 min | ▸ P. 396

Yann arrive à l'arrêt de bus de Port-Neuf entre 7h et 7h30. On fait l'hypothèse qu'il peut y arriver à tout instant avec les mêmes chances.
On note X l'heure, représentée par le nombre de minutes après 7h, où Yann arrive à cet arrêt.

1. Quelle loi peut-on attribuer à X ? Quelle est sa densité ?

2. Quelle est la probabilité que Yann arrive :

a. entre 7h11 et 7h22 ?

b. après 7h28 ?

c. à 7h13 exactement ?

3. À partir de 7 heures le matin, les bus passent toutes les quinze minutes à cet arrêt.
Quelle est la probabilité que Yann attende :

a. moins de cinq minutes le prochain bus ?

b. plus de dix minutes le prochain bus ?

10 ANCIEN EXERCICE. QCM LOI EXPONENTIELLE | ★★ | 30 min | ▸ P. 396

Cet exercice est un questionnaire à choix multiples constitué de six questions : chacune comporte trois réponses, une et une seule étant exacte.

On s'intéresse à la durée de vie, exprimée en années, d'un appareil ménager avant la première panne. On peut modéliser cette situation par une loi de probabilité p de durée de vie sans vieillissement, définie sur l'intervalle $[0,+\infty[$. Ainsi, la probabilité d'un intervalle $[0,\ t[$, notée $p([0,\ t[)$, est la probabilité que l'appareil ménager tombe en panne avant l'instant t.

Cette loi est telle que $p([0,\ t[)=\int_0^t \lambda e^{-\lambda x}\mathrm{d}x$, où t est un nombre réel positif représentant le nombre d'années (loi exponentielle de paramètre λ, avec $\lambda > 0$).

1. Pour $t \geqslant 0$, la valeur exacte de $p([t,+\infty[)$ est :

a. $1-\mathrm{e}^{-\lambda t}$ **b.** $\mathrm{e}^{-\lambda t}$ **c.** $1+\mathrm{e}^{-\lambda t}$

On peut utiliser l'événement contraire.

2. La valeur de t pour laquelle $p([0,\ t[)=p([t,+\infty[)$ est :

a. $\dfrac{\ln 2}{\lambda}$ **b.** $\dfrac{\lambda}{\ln 2}$ **c.** $\dfrac{\lambda}{2}$

3. D'après une étude statistique, la probabilité que l'appareil tombe en panne avant la fin de la première année est 0,18. La valeur exacte de λ est alors :

a. $\ln\left(\dfrac{50}{41}\right)$ **b.** $\ln\left(\dfrac{41}{50}\right)$ **c.** $\dfrac{\ln(82)}{\ln(100)}$

4. Sachant que cet appareil n'a connu aucune panne au cours des deux premières années après sa mise en service, la probabilité qu'il ne connaisse aucune panne l'année suivante est :

a. $p([1,+\infty[)$ **b.** $p([3, +\infty[)$ **c.** $p[2\ ;\ 3[$

Dans la suite de l'exercice on prendra $\lambda = 0,2$.

5. La probabilité que l'appareil n'ait pas eu de panne au cours des trois premières années, arrondie à 10^{-4} près, est :

a. 0,5523 **b.** 0,5488 **c.** 0,4512

6. Dix appareils neufs de ce type ont été mis en service en même temps. On désigne par X la variable alatoire égale au nombre d'appareils qui n'ont pas de panne au cours des trois premières années.

La valeur la plus proche de la probabilité de l'événement « $X = 4$ » est :

a. 0,5555 **b.** 0,8022 **c.** 0,1607

Identifier la loi de X.

11 TEMPS D'ATTENTE | ★★ | 25 min | ▸ P. 397

On modélise le temps d'attente entre deux clients à un guichet comme une variable aléatoire X suivant une loi exponentielle de paramètre strictement positif.

Le temps moyen d'attente est donné par $\lim\limits_{t\to+\infty}\int_0^t \lambda x \mathrm{e}^{-\lambda x}\mathrm{d}x$.

1. a. Déterminer deux réels a et b tels que la fonction définie par :

$$g(x) = (ax+b)\mathrm{e}^{-\lambda x}$$

soit une primitive de la fonction $x \mapsto \lambda x\mathrm{e}^{-\lambda x}$ sur $[0\ ;+\infty[$.

b. En déduire l'expression de $\int_0^t \lambda x\mathrm{e}^{-\lambda x}\mathrm{d}x$ en fonction de $t \geqslant 0$.

c. Vérifier alors que le temps moyen d'attente entre deux clients est $\dfrac{1}{\lambda}$.

2. Le temps moyen d'attente est de 5 min. Quelle est la probabilité d'attendre plus de 10 minutes ? plus de 5 minutes ?

Commencer par trouver λ.

3. Quelle est la probabilité d'attendre encore au moins 5 minutes sachant qu'on a déjà attendu 10 minutes ? Comment expliquez-vous ce résultat ?

12 LOI NORMALES ET VACHES À LAIT | ★★ | 30 min | ▸ P. 399

On admet que la production laitière annuelle, en litres, d'une vache laitière peut être modélisée par une variable aléatoire à densité X, suivant une loi normale de moyenne $\mu = 5\,000$ et d'écart-type $\sigma = 300$.

Les résultats seront arrondis à 0,001 près.

1. Calculer la probabilité qu'une vache produise entre 4900 et 5100 litres de lait par an.

2. Calculer la probabilité qu'elle produise moins de 4800 litres par an :

a. Première méthode : en approchant $p(X \leqslant x)$ par $p(-10^{99} \leqslant X \leqslant x)$.

b. Deuxième méthode : après avoir justifié la propriété
« si $x \leqslant \mu$, $p(X \leqslant x) = 0{,}5 - p(x \leqslant X \leqslant \mu)$. »

3. Calculer la probabilité qu'une vache produise plus de 5250 litres par an :

a. Première méthode : en approchant $p(X \leqslant x)$ par $p(x \leqslant X \leqslant 10^{99})$.

b. Deuxième méthode : après avoir justifié la propriété ;
« si $x \geqslant \mu$, $p(X \geqslant x) = 0{,}5 - p(x \leqslant X \leqslant \mu)$. »

4. Calculer la production maximale prévisible des 20% de vaches les moins productives du troupeau, c'est-à-dire la valeur x telle que $p(X \leqslant x) = 0{,}20$. Arrondir au litre.

a. Première méthode : directement avec la « répartition normale réciproque » de la calculatrice.

Voir le savoir-faire 2.

b. Deuxième méthode : sachant que, si Z suit une loi normale centrée réduite, $p(Z \leqslant a) = 0{,}2 \Leftrightarrow a = -\ 0{,}842$ (arrondi à 0,001 près).

5. Calculer la production minimale prévisible des 30 % des vaches les plus productives.

a. Première méthode : directement avec la « répartition normale réciproque » de la calculatrice.

b. Deuxième méthode : sachant que si Z suit une loi normale centrée réduite, $P(Z \leqslant a) = 0{,}7 \Leftrightarrow a = 0{,}524$ (arrondi à 0,001 près).

13 POMME DE TERRE ET LOI NORMALE | ★★ | 15 min | ▸ P. 401

Dans mon potager, le poids X d'une pomme de terre suit une loi normale de paramètres μ et σ^2. Sur 200 pommes de terre récoltées, 120 font moins de 200 g et 185 font plus de 120 g.

1. Déterminer $p(X \leqslant 200)$ et $p(X \leqslant 120)$.

2. En déduire, en utilisant la variable aléatoire $Z = \dfrac{X - \mu}{\sigma}$, que μ et σ sont solutions du système $\dfrac{200 - \mu}{\sigma} = 0{,}25$; $\dfrac{120 - \mu}{\sigma} = -1{,}44$. (résultats arrondis au centième)

Voir le savoir-faire 3.

3. Déterminer les valeurs de μ et σ (arrondir à 0,1 près).

4. Quel est le pourcentage de pommes de terre pesant entre 150 et 180 g ?

5. On a récolté une pomme de terre au hasard. Sachant qu'elle pèse plus de 150g, quelle est la probabilité qu'elle pèse moins de 180 g ?

14 QUALITÉ DU TEST | ★★ | 20 min | ▸ P. 402

Un producteur de semences vend un mélange de graines qui donneront soit des fleurs rouges, soit des fleurs bleues. Il annonce une proportion de 20 % de fleurs rouges.

Un organisme de contrôle plante des échantillons de 50 graines aléatoirement prélevées chez ce producteur. La production est suffisamment importante pour considérer qu'il s'agit de tirages au hasard avec remise.

Le protocole est le suivant : sur un échantillon, on compte le nombre de fleurs rouges obtenues.

Soit X la variable aléatoire correspondant au nombre de fleurs rouges observées sur un échantillon de taille 50.

On accepte l'hypothèse selon laquelle la proportion de graines de fleurs rouges est $p = 0{,}2$, lorsque la fréquence de fleurs rouges f observée sur l'échantillon se situe dans l'intervalle de fluctuation asymptotique au seuil de 95 % pour la fréquence $\dfrac{X}{50}$.

Partie A.

On se place sous l'hypothèse $p = 0{,}2$.

1. Démontrer que X suit une loi binomiale de paramètres $n = 50$ et $p = 0{,}2$.

2. Déterminer l'intervalle de fluctuation asymptotique au seuil de 95 % pour la fréquence $\dfrac{X}{50}$.

> Voir le cours V et le savoir-faire 3.

3. Quelle est la probabilité de rejeter à tort un échantillon ?

On donne $p(X \leqslant 4) \approx 0{,}0185$ et $p(X \leqslant 15) \approx 0{,}9692$ à 10^{-4} près.

> $p(X \leqslant 4)$ s'obtient soit avec le tableur = LOI.BINOMIALE(4 ; 50 ; 0,2 ; 1), soit en calculant $p(X = k) = \binom{50}{k} 0{,}2^k \times 0{,}8^{50-k}$ pour k allant de 0 à 4 et en additionnant les valeurs obtenues.

Partie B.

Suite à une fausse manœuvre, la proportion de graines de fleurs rouges dans le mélange vendu est, en réalité, de 30 %. On considère la variable aléatoire Y correspondant au nombre de fleurs rouges sur un échantillon de taille 50.

1. Donner les paramètres de la loi binomiale suivie par Y.

2. Quelle est la probabilité de décider, à tort, que la proportion annoncée (20 %) est respectée alors qu'elle est de 30 % ? Cette méthode semble-t-elle fiable pour détecter l'erreur ?

On donne $p(Y \leqslant 4) \approx 0{,}00017$ et $p(Y \leqslant 15) \approx 0{,}56918$ à 10^{-5} près.

On accepte à tort la valeur de 20% si la fréquence de l'échantillon observé tombe dans l'intervalle construit **partie A**.

15 SONDAGE | ★★ | 10 min | ▸ P. 404

Un candidat à une élection a interrogé 250 personnes sur un marché. 54 % ont promis de voter pour lui.

1. Ce sondage lui assure-t-il d'être élu au niveau de confiance 0,95 ?

Quelle proportion p de votants dans la population totale faut-il pour être élu?

2. Quel est le nombre minimal $n \geqslant 30$ de personnes à interroger pour qu'une proportion de 54 % de promesses de vote assure au candidat d'être élu au niveau de confiance 0,95 ?

16 L'URNE SECRÈTE. | ★★ | 30 min | ▸ P. 405

Un sac contient 400 billes indiscernables au toucher. Chacune est noire ou rouge, mais on ne connait pas la répartition exacte de chaque couleur.

1. On répète 50 fois l'expérience suivante : on tire une bille au hasard et on note sa couleur, puis on la remet dans l'urne. Sur les 50 billes obtenues, 16 sont rouges.

a. Donner, avec un niveau de confiance 0,95, un encadrement de la proportion de billes rouges dans le sac.

Voir le cours VI et le savoir-faire 4.

b. Pour en avoir le cœur net, on vide le sac et on compte : il y avait en fait 190 billes rouges dans le sac.

Était-ce prévisible aux vues de l'intervalle de confiance précédent ?

2. La fréquence observée étant bien en-dessous de la valeur réelle de la proportion de billes rouges, on s'interroge sur la façon dont ont été réalisés les 50 tirages précédents.

a. À l'aide du logiciel Algobox, simuler 100 fois l'expérience précédente (50 tirages successifs avec remise) et comptabiliser le nombre de simulations où l'on a tiré 16 billes rouges ou moins. Que constatez-vous ?

L'épreuve de Bernoulli correspondant au tirage d'une boule rouge, de paramètre $p=\frac{190}{400}$ peut être simulée avec floor(random()+190/400) qui renvoie 1 avec probabilité $p=\frac{190}{400}$ et 0 sinon. La variable x comptabilisera au fur et à mesure le nombre de boules rouges tirées.

b. Écrire l'intervalle de fluctuation asymptotique de la proportion de billes rouges obtenues sur 50 tirages successifs indépendants avec remise.

Voir le cours, V.

c. Que peut-on en conclure au seuil de 95 % pour la qualité des 50 tirages réalisés au 1. ?

d. Quelle est la probabilité qu'on ait rejeté à tort cette série de 50 tirages ?

On cherche la probabilité pour qu'on obtienne effectivement 16 billes rouges au cours de 50 tirages successifs avec remise dans cette urne.

EXERCICES D'APPROFONDISSEMENT

17 LOI UNIFORME | ★★ | 15 min | ▸ P. 406

La médiathèque ferme à 18h. George et Katja décident de s'y retrouver après 16h. Les instants d'arrivée X de George et Y de Katja sont assimilés à des variables aléatoires de loi uniforme sur [0 ; 2] (X et Y représentent le temps, en heure, écoulé depuis 16h). D'un commun accord, chacun attendra l'autre au maximum un quart d'heure, mais pas après 18h. On cherche la probabilité, p qu'ils se retrouvent effectivement à la médiathèque.

1. Traduire les données de l'énoncé à l'aide de X, Y et de l'écart $|Y-X|$.

2. Dans un repère orthonormé d'unité 5 cm, tracer les droites d'équation $y=x+0{,}25$ et $y=x-0{,}25$, puis colorier l'ensemble E des points $\mathrm{M}(x\,;y)$ dont les coordonnées vérifient, $0\leqslant x\leqslant 2$; $0\leqslant y\leqslant 2$ et $|y-x|\leqslant 0{,}25$.

3. On admettra que p est le quotient de l'aire coloriée par l'aire du carré de système d'inéquations $0\leqslant x\leqslant 2\,;0\leqslant y\leqslant 2$. En déduire la valeur de p.

18 DISCRIMINATION | ★★★ | 30 min | ▸ P. 407

L'entreprise GrobraSA emploie 1350 salariés, dont 560 femmes.

1. Dans une entreprise de 1 350 salariés ne faisant pas de discrimination à l'embauche, donner l'intervalle de fluctuation asymptotique au seuil de 95 % de la proportion de femmes. Peut-on raisonnablement dire que cette entreprise respecte la parité ?

Voir le savoir-faire 3.

2. Sous l'impulsion d'une nouvelle direction, l'entreprise décide d'embaucher x femmes. x désigne un entier naturel.

a. Déterminer la fréquence $f(x)$ du nombre de femmes dans l'entreprise.

b. Quel doit être le nombre de femmes embauchées pour assurer un respect strict de la parité, c'est-à-dire tel que $f(x)=\dfrac{1}{2}$.

3. Dans une entreprise de $1350 + x$ salariés ne faisant pas de discrimination à l'embauche :

a. Donner l'intervalle de fluctuation asymptotique $[a(x)\,;b(x)]$ au seuil de 0,95.

b. Étudier les variations de la fonction définie pour $x \in [0\ ;\ 230]$ par :

$$g(x) = \frac{x+560}{x+1\,350} + \frac{0,98}{x+1\,350} - 0,5.$$

c. En déduire le nombre minimal de femmes devant être embauchées pour pouvoir affirmer que l'entreprise GrosbraSA respecte la parité au seuil de 95 %.

19 TAILLE D'ÉCHANTILLON ET PRÉCISION DE L'INTERVALLE DE CONFIANCE | ★★ | 30 min | ▸ P. 410

Dans une population de lapins, une proportion p, inconnue, est albinos. Un échantillon de taille n, choisi au hasard dans cette population, présente une proportion observée f d'albinos.

On suppose que $n \geqslant 30$, $nf \geqslant 5$ et $n(1-f) \geqslant 5$.

1. Donner l'intervalle de confiance IC_n au niveau de confiance 0,95 pour p, puis son amplitude.

Cette amplitude est appelée **précision de l'estimation** au niveau de confiance 0,95.

2. Dans cette question seulement, on suppose que $IC_n = [0,31\ ;\ 0,35]$.

Déterminer la fréquence f observée de ce caractère et le nombre n d'individus de l'échantillon.

3. Soit $a > 0$ fixé.

a. Quelle doit être la valeur minimale de n pour que la précision de l'estimation au niveau de confiance 0,95 soit inférieure ou égale à a ?

La précision est d'autant plus « grande » quand *a* est « petit ».

b. Déterminer cette valeur minimale pour $a = 0,5$; $a = 0,3$; $a = 0,1$; $a = 0,05$; $a = 0,01$.

c. Comment décririez-vous l'évolution de la valeur minimale de la taille de l'échantillon n quand on veut « augmenter » la précision de l'estimation au niveau de confiance 0,95 ?

4. Il existe un autre intervalle de confiance au niveau 0,95 utilisé en économie :

c'est $J_n = \left[f - 1,96\,\dfrac{\sqrt{f(1-f)}}{\sqrt{n}}\,;f + 1,96\,\dfrac{\sqrt{f(1-f)}}{\sqrt{n}}\right].$

a. Déterminer la précision de l'estimation au niveau de confiance 0,95 pour cet intervalle.

b. Soit $a > 0$ fixé. Quelle doit être la valeur minimale de n pour que la précision de l'estimation au niveau de confiance 0,95 soit inférieure ou égale à a ?

c. Si $f = 0{,}1$, déterminer cette valeur minimale pour $a = 0{,}5$; $a = 0{,}3$; $a = 0{,}1$; $a = 0{,}05$; $a = 0{,}01$.

d. Si $f = 0{,}5$, déterminer cette valeur minimale pour $a = 0{,}5$; $a = 0{,}3$; $a = 0{,}1$; $a = 0{,}05$; $a = 0{,}01$.

e. Pour quelle valeur de f diriez-vous qu'il est nettement préférable d'utiliser J_n plutôt que IC_n ?

CONTRÔLE

20 LE COURS | ★★ | 20 min | ▸ P. 412

Partie A. ROC

On rappelle que si X suit une loi exponentielle de paramètre λ :

- sa fonction de densité est la fonction définie sur $[0\,;+\infty[$ par $f(t) = \lambda e^{-\lambda t}$.
- son espérance est la limite quand x tend vers $+\infty$ de $\int_0^x tf(t)\mathrm{d}t$.

Soit g la fonction définie sur $[0\,;+\infty[$ par $g(t) = -te^{-\lambda t}$.

1. Dériver g.

2. En déduire la valeur de $\int_0^x tf(t)\mathrm{d}t$ pour $x > 0$.

3. Calculer l'espérance de X en fonction de λ.

- $\lim\limits_{x\to-\infty} e^x = 0$ et $\lim\limits_{x\to-\infty} xe^x = 0$.
- Pour la définition de $E(X)$, voir cours III.

Partie B.

Y suit une loi uniforme sur l'intervalle $[0\,;\,3]$.

1. Calculer $p(1 \leqslant Y \leqslant 2{,}5)$.

Voir le savoir-faire 1.

2. Calculer $p(Y > 2)$.

Partie C.

Z suit une loi normale $N(\mu\,;\,\sigma^2)$.

1. Si $\mu = 0$ et $\sigma^2 = 1$:

a. Comment appelle-t-on la loi de Z ?

b. Donner la fonction de densité de la loi de X.

c. Quelle particularité a sa courbe représentative dans un repère orthogonal ?
d. Donner alors $p(-1{,}96 \leqslant Z \leqslant 1{,}96)$.

Voir le savoir-faire 1.

2. Si $\mu = 3$ et $\sigma^2 = 2$, calculer $p(1 \leqslant Z \leqslant 2{,}5)$ à 0,001 près.

Voir le savoir-faire 2.

21 COMPOSANTS DÉFECTUEUX | ★★ | 35 min | ▸ P. 413

Les parties A et B sont indépendantes

Alain fabrique, en amateur, des appareils électroniques. Il achète pour cela, dans un magasin, des composants en apparence tous identiques, mais dont certains présentent un défaut. On estime que la probabilité qu'un composant vendu dans le magasin soit défectueux est égale à 0,02.

Partie A.

On admet que le nombre de composants présentés dans le magasin est suffisamment important pour que l'achat de 50 composants soit assimilé à 50 tirages indépendants avec remise, et on appelle X le nombre de composants défectueux achetés. Alain achète 50 composants.

1. Quelle est la probabilité qu'exactement deux des composants achetés soient défectueux ? Donner une valeur approchée de cette probabilité à 10^{-1} près.

2. Quelle est la probabilité qu'au moins un des composants achetés soit défectueux ? Donner une valeur approchée de cette probabilité à 10^{-2} près.

3. Quel est, par lot de 50 composants achetés, le nombre moyen de composants défectueux ?

Partie B.

On suppose que la durée de vie T_1 (en heures) de chaque composant défectueux suit une loi exponentielle de paramètre $\lambda_1 = 5 \times 10^{-4}$ et que la durée de vie T_2 (en heures) de chaque composant non défectueux suit une loi exponentielle de paramètre $\lambda_2 = 10^{-4}$.

1. Calculer la probabilité que la durée de vie d'un composant soit supérieure à 1 000 heures en valeurs exactes, puis approchées à 10^{-2} près.

a. si ce composant est défectueux ;

b. si ce composant n'est pas défectueux.

Donner une valeur approchée de ces probabilités 10^{-2} près.

2. Soit T la durée de vie (en heures) d'un composant acheté au hasard. Démontrer que la probabilité que ce composant soit encore en état de marche après t heures de fonctionnement est :

$$P(T \geqslant t) = 0{,}02\mathrm{e}^{-5\times10^{-4}t} + 0{,}98\mathrm{e}^{-10^{-4}t}.$$

(on rappelle que la probabilité qu'un composant vendu dans le magasin soit défectueux est égale à 0,02).

3. Sachant que le composant acheté est encore en état de fonctionner 1 000 heures après son installation, quelle est la probabilité que ce composant soit défectueux ? On donnera une valeur approchée à 10^{-2} près.

CONTRÔLE

22 ROC | ★★ | 10 min | ▸P. 415

On rappelle que si X suit une loi normale centrée réduite :

- sa fonction de densité est la fonction définie sur $\mathbb{R}$ par $f(t) = \dfrac{1}{\sqrt{2\pi}}\mathrm{e}^{-\frac{t^2}{2}}$;
- son espérance est définie par $E(X) = \lim\limits_{x\to-\infty}\int_x^0 tf(t)\mathrm{d}t + \lim\limits_{y\to+\infty}\int_0^y tf(t)dt.$

1. Déterminer une primitive g de la fonction $t \to tf(t)$ sur $\mathbb{R}$.
2. En déduire la valeur de $E(X)$.

23 ET 1, ET 2, ET 3 σ | ★★ | 15 min | ▸P. 415

Une raffinerie de sucre en poudre produit des paquets d'un kg de sucre. Le poids d'un paquet peut être modélisé par une variable aléatoire X suivant une loi normale d'espérance $\mu = 1\,000$ et d'écart-type $\sigma = 2$.

Le paquet est jugé conforme si son poids est compris entre 994 g et 1 006 g.

1. Donner, sans calculatrice, la probabilité qu'un paquet prélevé aléatoirement en sortie d'usine soit non conforme.

Voir le cours, IV et le savoir-faire 1.

2. Pour déceler des anomalies de réglage en temps réel, on mesure le poids des paquets de sucre directement en sortie de la chaine de production et on compare à deux indicateurs d'alerte $1\,000 - h$ et $1\,000 + h$ définis par :

$$p(1\,000 - h < X < 1\,000 + h) = 0{,}99.$$

a. Quelle est la loi de probabilité de la variable aléatoire Z définie par $Z = \dfrac{X - 1\,000}{2}$?

b. En déduire sans calculatrice la valeur de ces indicateurs d'alerte.

En cas de difficultés, voir le cours IV.

24 REPRÉSENTATIVITÉ D'UN ÉCHANTILLON | ★★ | 25 min | ▸ P. 416

L'indice de masse corporelle, IMC, se calcule par la formule :

$$\text{IMC} = \frac{\textit{Poids en kg}}{(\textit{taille en m})^2}.$$

D'après l'OMS (Organisation Mondiale de la Santé), une personne est en surpoids si son IMC est supérieur à 25.

Soucieux de la santé de ses administrés, le Maire d'une commune lance une étude pour estimer le pourcentage p d'individus en surpoids dans sa ville : deux instituts de sondages interrogent respectivement 750 individus et 900 individus, pris au hasard dans la population et calculent leur IMC. Le premier institut trouve 29% d'individus en surpoids et le deuxième 21 %.

1. Le Maire s'étonne de l'écart entre ces deux résultats : est-ce légitime ?
On pourra comparer les intervalles de confiance au niveau 0,95 pour le pourcentage de personnes en surpoids dans cette commune dans chacune des deux études.

Voir le cours, VI et le savoir-faire 4.

2. Pour expliquer cette différence, le Maire met en cause la représentativité des échantillons interrogés. Le premier comptait 370 hommes et 380 femmes, le second 390 hommes et 510 femmes. Le pourcentage d'hommes dans cette commune étant de 47 %, mettriez-vous en cause la représentativité des échantillons interrogés, et si, oui, à laquelle des deux études le Maire devrait-il, selon vous, se fier ?
On pourra déterminer les intervalles de fluctuation asymptotique au seuil de 95 % pour la proportion d'hommes dans des échantillons de taille 750 et 900 et comparer avec les fréquences observées dans les deux échantillons interrogés.

Voir le cours, V et le savoir-faire 3.

CORRIGÉS

1 **1.** f est la fonction définie sur $[-2\ ;\ 3]$ par $f(x)=\dfrac{1}{3-(-2)}=\dfrac{1}{5}$.

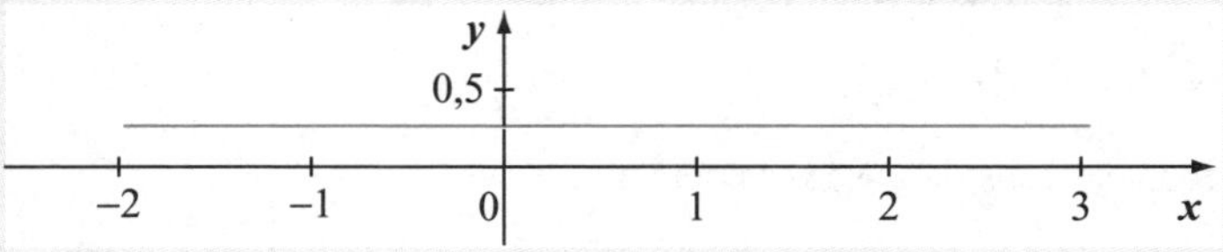

2. a. $[-1\ ;\ 2]\subset[-2\ ;\ 3]$, donc

$$p(X\in[-1\ ;\ 2])=\int_{-1}^{2}f(x)\mathrm{d}x=\int_{-1}^{2}\frac{1}{5}\,\mathrm{d}x=\left[\frac{1}{5}x\right]_{-1}^{2}=\frac{2-(-1)}{5}$$

d'où $\boldsymbol{p\big(X\in[-1\ ;\ 2]\big)=\dfrac{3}{5}}$.

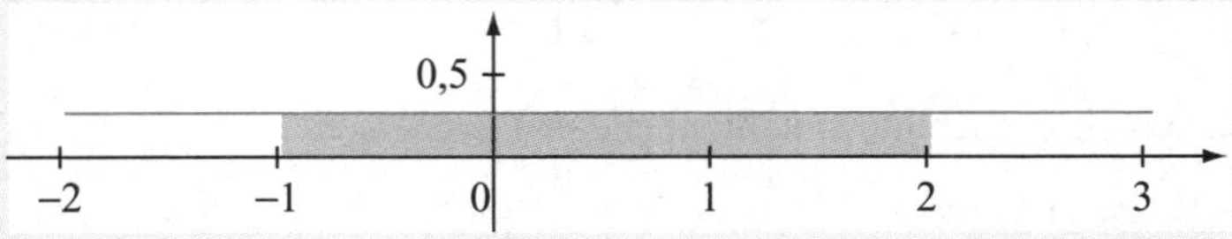

b. Une loi uniforme ne charge pas les points, donc $p(X=1)=0$.

On vérifie ce résultat en écrivant $\displaystyle\int_{1}^{1}\frac{1}{5}\,\mathrm{d}x=0$.

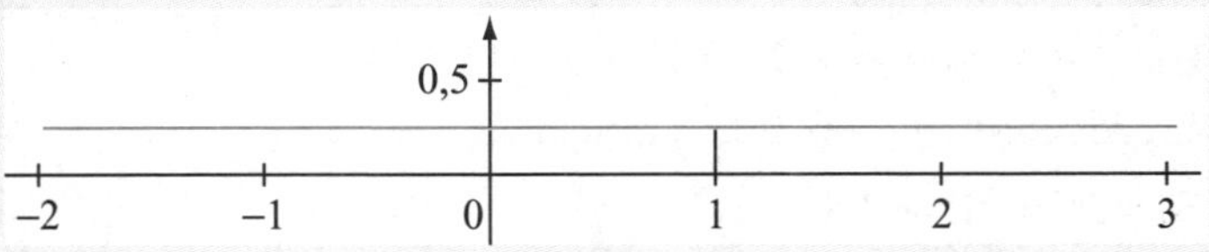

c. «$X\geqslant 1$» = «$X\in[1\ ;\ 3]$» et

$$p\big(X\in[1\ ;\ 3]\big)=\int_{1}^{3}f(x)\mathrm{d}x=\int_{1}^{3}\frac{1}{5}\,\mathrm{d}x=\left[\frac{1}{5}x\right]_{1}^{3}=\frac{3-1}{5}=\frac{2}{5},$$

donc $\boldsymbol{P(X\geqslant 1)=\dfrac{2}{5}}$.

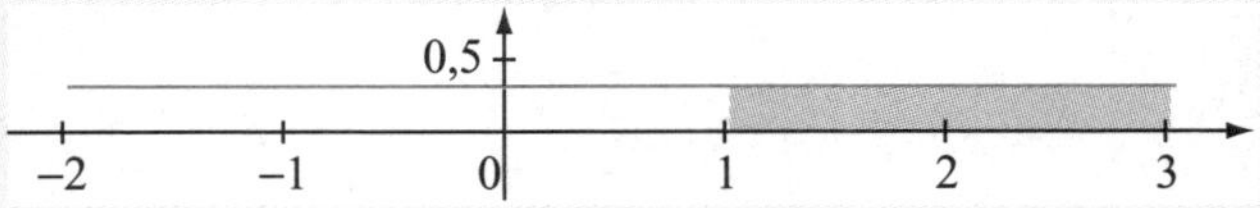

3. $$E(X)=\int_{-2}^{3}xf(x)\mathrm{d}x=\int_{-2}^{3}\frac{x}{5}\,\mathrm{d}x=\left[\frac{1}{5}\frac{x^2}{2}\right]_{-2}^{3}=\frac{1}{10}\left(3^2-(-2)^2\right)=\frac{1}{10}(9-4)=\frac{5}{10},$$

d'où $\boldsymbol{E(X)=\dfrac{1}{2}}$.

On peut aussi utiliser la formule du cours : $E(X)=\frac{a+b}{2}=\frac{-2+3}{2}=\frac{1}{2}$.

2 1. Le réel X obtenu suit une loi uniforme sur l'intervalle $[0\,;1]$.

2. $p(0{,}15 \leqslant X \leqslant 0{,}4)=0{,}4-0{,}15$

$\boldsymbol{p(0{,}15 \leqslant X \leqslant 0{,}4)=0{,}25.}$

3. L'événement considéré est l'événement :

$$« X=0{,}1 \text{ ou } X=0{,}2 \text{ ou ... ou } X=0{,}9 »$$

réunion de neuf événements disjoints 2 à 2 et de probabilité nulle (pour tout entier $i, 1 \leqslant i \leqslant 9, p\left(X=\frac{i}{10}\right)=0$), donc la probabilité cherchée est :

$$\boldsymbol{\sum_{i=1}^{9} p\left(x=\frac{i}{10}\right)=0.}$$

4. On cherche la probabilité conditionnelle de l'événement :

A « $X \in [0.09\,;0{,}1[$ ou $X \in [0{,}19\,;0{,}2[$ ou ... ou $X \in [0{,}99\,;1[$ »,

sachant que l'événement B « $X \in [0\,;0{,}5[$ » est réalisé.

$p(\mathrm{B})=p(X \in [0\,;0{,}5[)=0{,}5-0 \neq 0$, donc $p_{\mathrm{B}}(\mathrm{A})=\frac{p(\mathrm{A}\cap\mathrm{B})}{p(\mathrm{B})}$.

$p(\mathrm{A}\cap\mathrm{B})=p(X \in [0{,}09\,;0{,}1[$ ou $X \in [0{,}19\,;0{,}2[$ ou $X \in [0{,}49\,;0{,}5[)$

$p(\mathrm{A}\cap\mathrm{B})=(0{,}1-0{,}09)+(0{,}2-0{,}19)+\ldots+(0{,}5-0{,}49)$

(car ces événements sont deux à deux disjoints)

$p(\mathrm{A}\cap\mathrm{B})=5\times 0{,}01=0{,}05$.

Donc $p_{\mathrm{B}}(\mathrm{A})=\frac{0{,}05}{0{,}5}$ soit $\boldsymbol{p_{\mathrm{B}}(\mathrm{A})=0{,}1.}$

3 1. f est la fonction définie sur $[0\,;+\infty[$ par $f(x)=2\mathrm{e}^{-2x}$.

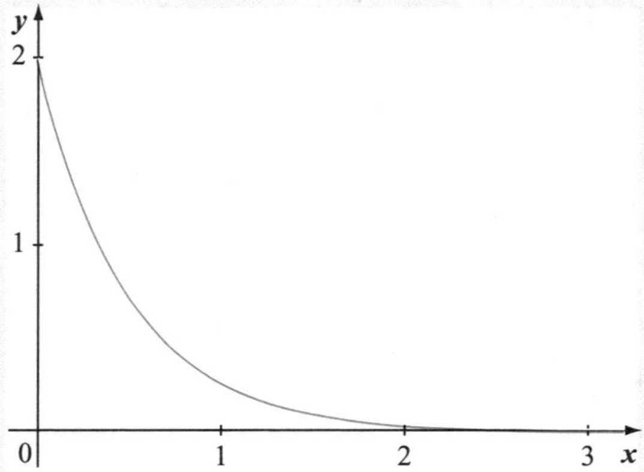

Voir le cours, III.

2. a. $[1\ ;\ 2] \subset [0\ ;\ +\infty[$,

donc $p(X \in [1\ ;\ 2]) = \int_1^2 f(x)\mathrm{d}x = \int_1^2 2\mathrm{e}^{-2x}\mathrm{d}x = [-\mathrm{e}^{-2x}]_1^2 = -\mathrm{e}^{-4} - (-\mathrm{e}^{-2})$

soit $\boldsymbol{p(X \in [1\ ;\ 2] = \mathrm{e}^{-2} - \mathrm{e}^{-4}}$.

Penser à vérifier que l'on obtient bien ici un résultat positif.

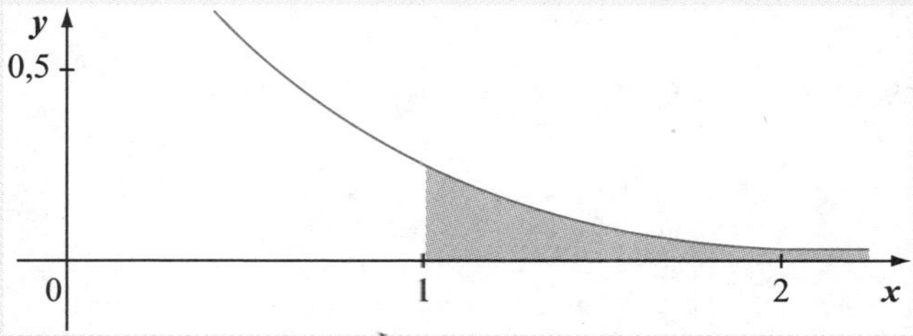

b. Une loi uniforme ne charge pas les points, donc $\boldsymbol{p(X = 1) = 0}$

On le vérifie en écrivant $\int_1^1 2\mathrm{e}^{-2x}\mathrm{d}x = 0$.

c. «$X \geqslant 1$» = «$X \in [1\ ;\ +\infty[$», donc :

$p(X \geqslant 1) = \lim\limits_{t\to+\infty} \int_1^t f(x)\mathrm{d}x = \lim\limits_{t\to+\infty} \left[-\mathrm{e}^{-2x}\right]_1^t = \lim\limits_{t\to+\infty} (\mathrm{e}^{-2} - \mathrm{e}^{-2t})$.

Or $\lim\limits_{t\to+\infty} -2t = -\infty$ et $\lim\limits_{T\to-\infty} \mathrm{e}^T = 0$, donc $\boldsymbol{p(X \geqslant 1) = \mathrm{e}^{-2}}$.

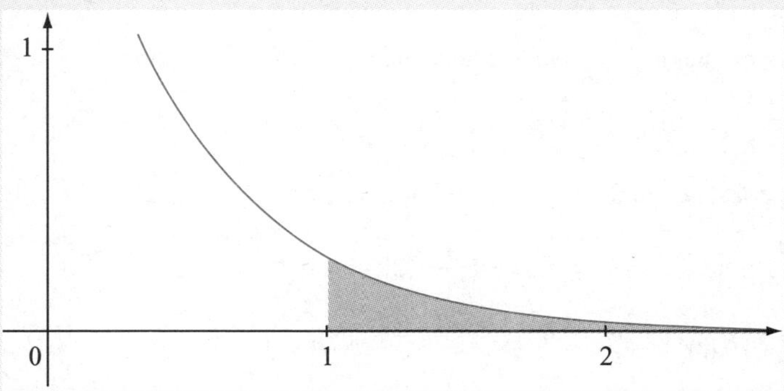

Autre méthode : $p(X \geqslant 1) = 1 - p(x < 1) = 1 - \left(\int_0^1 2\mathrm{e}^{-2x}\mathrm{d}x\right) = 1 - \left[-\mathrm{e}^{-2x}\right]_0^1$

$= 1 - (\mathrm{e}^{-2} - \mathrm{e}^{0}) = 1 - (\mathrm{e}^{-2} - 1) = \mathrm{e}^{-2}$.

3. $\boldsymbol{E(X) = \dfrac{1}{\lambda} = \dfrac{1}{2}}$.

4 1. $p(T \leqslant 4\,000) = \int_0^{4\,000} \lambda e^{-\lambda t} dt = \left[-e^{-\lambda t}\right]_0^{4\,000} = -e^{-5\times10^{-5}\times4\times10^3} + 1$

$\boldsymbol{p(T \leqslant 4000) = 1 - e^{-0,2} \approx 0,18}$ **(à 10^{-2} près).**

2. $p(T > 10\,000) = 1 - p(T \leqslant 10\,000) = 1 - \int_0^{10\,000} \lambda e^{-\lambda t} dt = 1 - \left[e^{-0,5} - 1\right] = e^{-0,5}$.

Autre méthode : comme à l'exercice 3, on peut calculer :

$$p(X > 10\,000) = \lim_{x\to+\infty} \int \lambda e^{-\lambda x} dx = \lim_{t\to+\infty}\left(e^{-\lambda t} + e^{-\lambda\times10\,000}\right)$$
$$= e^{-1000\lambda} = e^{-0,5}$$

$\boldsymbol{p(T > 10\,000) = e^{-0,5} \approx 0,61}$ **(à 10^{-2} près).**

La loi exponentielle « ne charge pas les points ».

Prendre des inégalités strictes ou larges ne change pas la probabilité.

C'est le cas pour toutes les lois de probabilité à densité.

3. Comme $p(T > 4\,000) = 1 - p(T \leqslant 4\,000) = e^{-0,2} \neq 0$, on peut conditionner par l'événement $(T \geqslant 4\,000)$ avec:

$$p_{(T>4000)}(T > 10\,000) = \frac{p(T > 10\,000 \text{ et } T > 4\,000)}{p(T > 4\,000)}.$$

Or, l'événement $(T > 10\,000)$ contient l'événement $(T > 4\,000)$ donc:

$$p_{(T>4\,000)}(T > 10\,000) = \frac{p(T > 10\,000)}{p(T > 4\,000)} = \frac{e^{-0,5}}{e^{-0,2}} = e^{-0,3}$$

$\boldsymbol{p_{(T>4\,000)}(T > 10000) = e^{-0,3} \approx 0,74}$ **(à 10^{-2} près).**

Autre méthode : la loi exponentielle est « sans mémoire », donc :

$$p_{(T>4000)}\left(T > 4\,000 + 6\,000\right) = p\left(T > 6\,000\right) = e^{-6000\lambda} = e^{-0,3}$$

4. L'espérance de la durée de vie de l'ampoule est:

$$\boldsymbol{E(T) = \frac{1}{\lambda} = 20\,000 \text{ heures}.}$$

5. $p(T > 10\,000) = 1 - \int_0^{10\,000} \alpha e^{-\alpha t} dt = e^{-\alpha\times10000}$,

Alors $p(T > 10000) = 0,95$ équivaut successivement à :

$e^{-\alpha\times10000} = 0,95$ (quantités strictement positives)

$-\alpha\times10\,000 = \ln 0,95$ (car ln est strictement croissante sur $]0\,;+\infty[$;

$\alpha = \dfrac{-\ln 0,95}{10\,000}$

$$\boldsymbol{\alpha \approx 5\times10^{-6}} \textbf{ (à } \boldsymbol{10^{-6}} \textbf{ près).}$$

5 **1.** La fonction f est définie sur $\mathbb{R}$ par $f(x) = \frac{1}{\sqrt{2\pi}} e^{-\frac{x^2}{2}}$.

Voir le cours, IV 1.

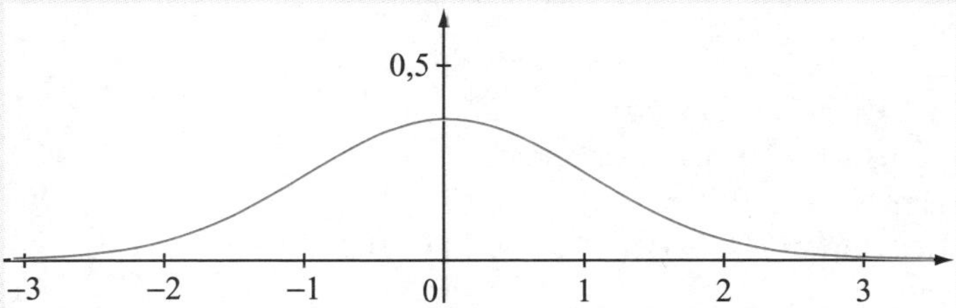

2. a. $\mu = 0$ et $\sigma = 1$, donc à la calculatrice :
Texas : normalcdf (–1, 2, 0, 1) ;
Casio : Ncd(Lower : –1 ; Upper : 2 ; σ : 1 ; μ : 0).
On obtient $\mathbf{p(X \in [-1\ ;\ 2]) \approx 0{,}819}$ **à 0,001 près**.

Voir le savoir-faire 2.

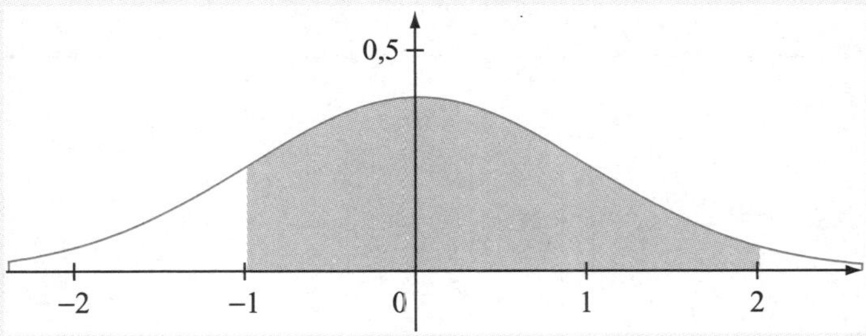

b. À la calculatrice
Texas : normalcdf (–2, 2, 0, 1) ;
Casio : Ncd(Lower : –2 ; Upper : 2 ; σ : 1 ; μ : 0).
On obtient $\mathbf{p(X \in [-2\ ;\ 2]) \approx 0{,}954}$ **à 0,001 près**.

C'est un peu plus précis que le résultat du cours, IV 2., (à connaître) :
$p(X \in [\mu - 2\sigma\ ;\ \mu + 2\sigma]) \approx 0{,}95$ à 10^{-2} près.

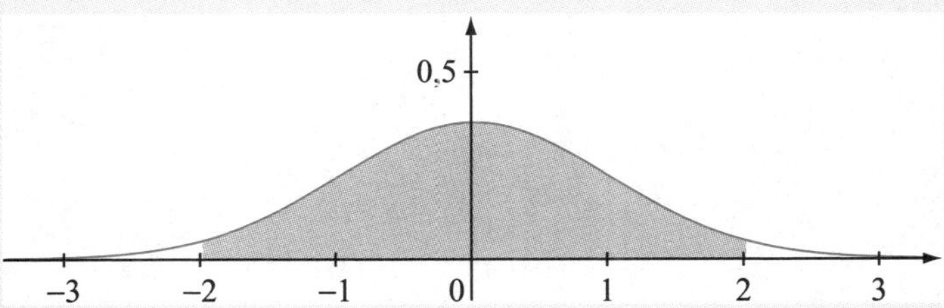

f étant paire, $p(X \in [-2\ ;\ 2]) = 2 \times p(X \in [0\ ;\ 2])$.

c. La loi normale ne charge pas les points, donc $\boldsymbol{p(X = 1) = 0}$.

On le vérifie car $\int_1^1 \frac{1}{\sqrt{2\pi}} e^{-\frac{x^2}{2}} dx = 0$.

d. $p(X \leqslant 2) = p(X \leqslant 0) + p(0 < X \leqslant 2)$.
Or $p(X \leqslant 0) = 0{,}5$ et à la calculatrice :
Texas : normalcdf (0, 2, 1) ;
Casio : Ncd (Lower : 0 ; Upper : 2 ; σ : 1 ; μ : 0).
On obtient :
$p(0 < X \leqslant 2) \approx 0{,}477$,
donc $\boldsymbol{p(X \leqslant 2) \approx 0{,}977}$ **à 0,001 près**.

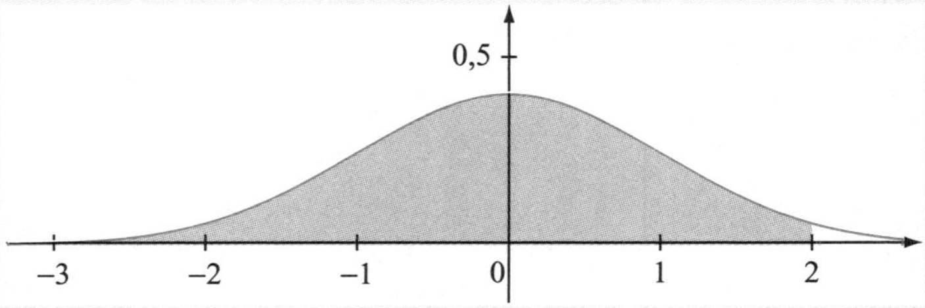

Autre méthode : on approche $p(X \leqslant 2)$ par $p(X \in [-10^{99}\ ;\ 2])$.

À la calculatrice :

Texas : normalcdf (−E99, 2, 0,1)

Casio : Ncd (Lower : −1E + 99 ; Upper : 2 ; σ : 1 ; μ : 0).

e. À la calculatrice
Texas : normalcdf (−E99, −1, 0, 1) ;
Casio : Ncd(Lower : −1E + 99 ; Upper : −1 ; σ : 1 ; μ : 0) ;
on obtient : $p(-10^{99} \leqslant X \leqslant -1) \approx 0{,}159$ à 0,001 près,
donc $\boldsymbol{p(X \leqslant -1) \approx 0{,}159}$.

Autre méthode : $p(X \leqslant -1) = p(X \leqslant 0) - p(-1 < X \leqslant 0)$.

Or $p(X \leqslant 0) = 0{,}5$ et $p(-1 < X \leqslant 0) \approx 0{,}341$ à 0,001 près

Texas : normalcdf (−1, 0, 0, 1) ;

Casio : Ncd(Lower : −1 ; Upper : 0 ; σ : 1 ; μ : 0) ;

donc $p(X \leqslant -1) \approx 0{,}159$ à 0,001 près.

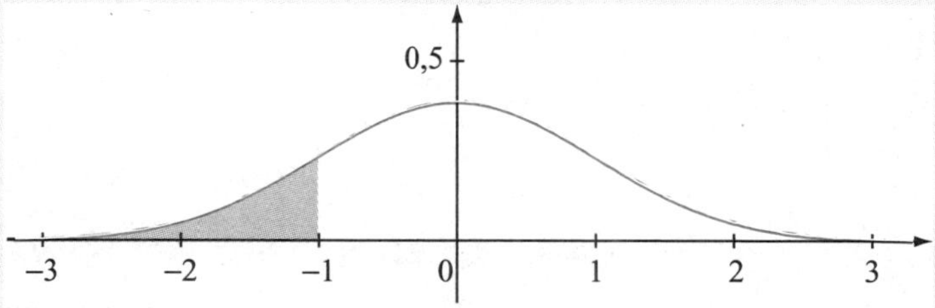

f. Par symétrie, $\boldsymbol{p(X \geqslant 1) = p(X \leqslant -1) \approx 0{,}159}$ **à 0,001 près.**
Autres méthodes :

- On approche $p(X \geqslant 1)$ par $p\left(X \in [1\ ;\ 10^{99}]\right)$

À la calculatrice :
Texas : normalcdf (1, E99, 0, 1) ;
Casio : Ncd(Lower : 1 ; Upper : 1E+99 ; σ:1 ; μ:0) ;

$p(1 \leqslant X \leqslant 10^{99}) \approx 0{,}159$ à 0,001 près, donc $\boldsymbol{p(X \geqslant 1) \approx 0{,}159}$.

- On utilise $p(X \geqslant 1) = 1 - p(X < 1)$.

Or $p(X < 1) = p(X \leqslant 0) + p(0 \leqslant X < 1) = 0{,}5 + p(0 \leqslant X < 1)$.

À la calculatrice :
Texas : normalcdf (0, 1, 0, 1) ;
Casio : Ncd(Lower : 0 ; Upper : 1 ; σ:1 ; μ:0) ;
on obtient $p(0 \leqslant X < 1) \approx 0{,}341$ à 0,001 près,
d'où $p(X \leqslant 1) \approx 1 - (0{,}5 + 0{,}341) \approx \mathbf{0{,}159}$ à 0,001 près.

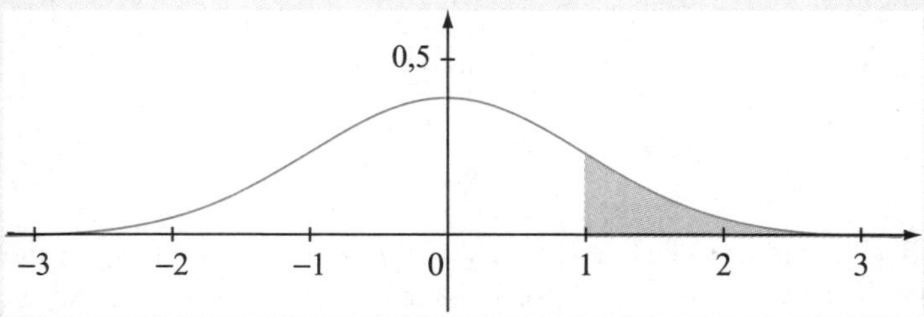

3. L'espérance de la loi normale centrée réduite est $\boldsymbol{E(X) = 0}$.

6 1. L'approximation $p(X < 0) \approx p\left(X \in [-10^{99}\ ;\ 0[\right)$ donne ;

Texas : normalcdf (−E99, 0, 3.4, 0.5) ;

Casio : Ncd(Lower : −1E+99 ; Upper : 4 ; σ:0.5 ; μ:3.4) ;

on obtient $\boldsymbol{p(X < 0) \approx 5{,}23 \times 10^{-12}}$ **à $\boldsymbol{10^{-14}}$ près.**

Voir le savoir-faire 2.

Autre méthode :

$p(X < 0) = p(0 \leqslant 3{,}4) - p(0 \leqslant X < 3{,}4) = \dfrac{1}{2} - p(0 \leqslant X < 3{,}4)$

donne en fait $p(0 \leqslant X < 3{,}4) = 0{,}5$ pour des raisons d'arrondi, d'où $p(X < 0) = 0$.

2. $[2{,}9\ ;\ 3{,}9] = [\mu - \sigma\ ;\ \mu + \sigma]$, donc $\boldsymbol{p(X \in [2{,}9\ ;\ 3{,}9]) \approx 0{,}68}$ **à 0,01 près.**

- Voir le cours, IV. 2.
- **Autre méthode** à la calculatrice

Texas : normalcdf (2.9, 3.9, 3.4, 0.5) ;

Casio : Ncd(Lower : 2.9 ; Upper : 3.9 ; σ : 0.5 ; μ : 3.4).

3. Par définition, $\boldsymbol{Z = \dfrac{X - \mu}{\sigma}}$ **suit une loi normale centrée réduite.**

4. a. À la calculatrice

Texas : normalcdf (–E99, 2.8, 3.4, 0,5) ;

Casio : Ncd(Lower : –1E+99 ; Upper : 2.8 ; σ : 0.5 ; μ : 3.4) ;

on obtient $\boldsymbol{p(X \leqslant 2{,}8) \approx 0{,}115}$ **à $\boldsymbol{10^{-3}}$ près.**

b. $p(X \leqslant 2{,}8) = p(X - 3{,}4 \leqslant -0{,}6) = p(\dfrac{X - 3{,}4}{0{,}5} \leqslant -\dfrac{0{,}6}{0{,}5}) = p(Z \leqslant -1{,}2)$ (1)

car on divise par $0{,}5 > 0$

Z suit une loi N(0 ; 1), donc :

$p(Z \leqslant -1{,}2) = p(Z \leqslant 0) - p(-1{,}2 < Z \leqslant 0) \approx 0{,}5 - 0{,}385 \approx 0{,}115$ à 10^{-3} près.

Donc $\boldsymbol{p(X \leqslant 2{,}8) \approx 0{,}115}$ **à $\boldsymbol{10^{-3}}$ près.**

$p(-1{,}2 < Z \leqslant 0) \approx 0{,}385$ s'obtient à la calculatrice:

Texas : normalcdf (–1.2, 0, 0,1) ;

Casio : Ncd(Lower : –1.2 ; Upper : 0 ; σ : 1 ; μ : 0).

c. On utilise également l'égalité (1) $p(X \leqslant 2{,}8) = p(Z \leqslant -1{,}2)$ où Z suit une loi N(0 ; 1). Par symétrie de la courbe de la fonction densité de la loi normale centrée réduite, $p(Z \leqslant -1{,}2) = p(Z \geqslant 1{,}2)$, donc $p(Z \leqslant -1{,}2) = 1 - p(Z < 1{,}2) \approx 0{,}115$ à 10^{-3} près. Donc $\boldsymbol{p(X \leqslant -2{,}8) \approx 0{,}115}$ **à $\boldsymbol{10^{-3}}$ près.**

$p(Z < 1{,}2) \approx 0{,}885$ à 10^{-3} près s'obtient :

- Soit directement par approximation à la calculatrice :

  Texas : normalcdf (–E99, 1.2, 0,1) ;

  Casio : Ncd(Lower : –1E+99 ; Upper : 1.2 ; σ : 1 ; μ : 0).

- Soit avec $p(Z < 1{,}2) = p(Z < 0) + p(0 \leqslant Z < 1{,}2)$,
  puis $p(Z < 0) = 0{,}5$ et $p(0 \leqslant Z < 1{,}2) \approx 0{,}385$ avec la calculatrice :

  Texas : normalcdf (0, 1.2, 0, 1) ;

  Casio : Ncd(Lower : 0 ; Upper : 1.2 σ : 1 ; μ : 0).

7 **1.** L suit une loi normale de moyenne $\mu = 414$ et d'écart-type $\sigma = 1$, donc :
$p(413 \leqslant L \leqslant 415) = p(L \in [\mu - \sigma ; \mu + \sigma])$, donc, d'après le cours IV. 2 :

$$\mathbf{p(413 \leqslant L \leqslant 415) \approx 0,68 \text{ à } 10^{-2} \text{ près}}.$$

Autre méthode à la calculatrice

Texas : normalcdf(413, 415, 414, 1) ;

Casio : Ncd(Lower : 413 ; Upper : 415 ; σ : 1 ; μ : 414).

2. a. Si on appelle succès le fait qu'une baguette est conforme, c'est-à-dire que sa longueur est comprise dans l'intervalle $[413 ; 415]$, chaque tirage peut s'assimiler à une épreuve de Bernoulli de paramètre $p = 0,68$. En répétant 100 fois cette même épreuve de Bernoulli de façon indépendante, le nombre X de baguettes conformes, correspondant au nombre de succès du schéma de Bernoulli, suit une loi binomiale B(100 ; 0,68).
$n = 100 \geqslant 30$, $np = 100 \times 0,68 = 68 \geqslant 5$ et $n(1-p) = 100 \times 0,32 = 32 \geqslant 5$,
donc on peut utiliser l'intervalle de fluctuation asymptotique au seuil de 95 % pour la fréquence $\dfrac{X}{100}$ des baguettes conformes donné par :

$$I = \left[p - 1,96\frac{\sqrt{p(1-p)}}{\sqrt{n}} ; p + 1,96\frac{\sqrt{p(1-p)}}{\sqrt{n}} \right]$$

$$I = \left[0,68 - 1,96\frac{\sqrt{0,68 \times (1-0,68)}}{\sqrt{100}} ; 0,68 + 1,96\frac{\sqrt{0,68 \times (1-0,68)}}{\sqrt{100}} \right]$$

$\mathbf{I = [0,59 ; 0,77]}$ **(les bornes ont été arrondies à 0,01 près)**.

b. On observe une fréquence $f = \dfrac{61}{100} = 0,61$ de baguettes conformes dans le lot :
f est dans l'intervalle de fluctuation au seuil de 95 %, **donc on ne procèdera pas au réglage de la machine**.

8 **1. a.** La proportion de malades ayant un test positif parmi ceux ayant une angine bactérienne est, dans l'échantillon :

$$\mathbf{f = \frac{336}{400} = 0,84}.$$

b. L'échantillon contient $n = 400$ individus,

donc $n \geqslant 30$, $n \times f = 400 \times \dfrac{336}{400} = 336 \geqslant 5$ et $n \times (1-f) = 400 \times \dfrac{64}{400} = 64 \geqslant 5$.

On peut estimer la proportion de tests positifs lorsque l'angine est bactérienne dans l'ensemble de la population au niveau de confiance 0,95 par l'intervalle :

$$\left[f - \frac{1}{\sqrt{n}} ; f + \frac{1}{\sqrt{n}} \right] = \left[0,84 - \frac{1}{\sqrt{400}} ; 0,84 + \frac{1}{\sqrt{400}} \right] = \mathbf{[0,79 ; 0,89]}.$$

2. Il y a 85 tests négatifs lorsque l'angine n'est pas bactérienne, donc la proportion de tests négatifs est $f' = \dfrac{85}{100} = 0,85$ pour cet échantillon de $n' = 100$ individus, $n' \geqslant 30$, $n' \times f' \geqslant 5$ et $n' \times (1 - f') \geqslant 5$, donc on peut estimer au niveau de confiance 0,95 la proportion de tests négatifs lorsque l'angine n'est pas bactérienne dans l'ensemble de la population par l'intervalle :

$$\left[f' - \frac{1}{\sqrt{n'}} \;;\; f' + \frac{1}{\sqrt{n'}}\right] = \left[0,85 - \frac{1}{\sqrt{100}} \;;\; 0,85 + \frac{1}{\sqrt{100}}\right] = \mathbf{[0,75\;;\;0,95]}.$$

3. L'intervalle de confiance de la spécificité du test contient bien des valeurs dépassant 90 %, mais celui de la sensibilité du test n'en contient pas, donc **on ne peut pas affirmer, au niveau de confiance 0,95, que ce test est satisfaisant.**

9 **1.** Yann peut arriver à tout instant avec les mêmes chances entre 0 et 30 minutes après 7 heures, **donc on peut attribuer à *X* la loi uniforme sur l'intervalle [0 ; 30].**

Sa densité est la fonction *f* définie sur [0 ; 30] par $\boldsymbol{f(x) = \dfrac{1}{30-0} = \dfrac{1}{30}}$**.**

2. a. $p(11 \leqslant X \leqslant 22) = \displaystyle\int_{11}^{22} \frac{1}{30}\,\mathrm{d}x = \frac{1}{30}[x]_{11}^{22} = \frac{22-11}{30} = \mathbf{\frac{11}{30}}.$

b. $p(X \leqslant 28) = p(28 \leqslant X \leqslant 30) = \dfrac{30-28}{30} = \dfrac{2}{30} = \mathbf{\dfrac{1}{15}}.$

c. $p(X = 13) = \displaystyle\int_{13}^{13} \frac{1}{30}\,\mathrm{d}x = \mathbf{0}.$

Une loi uniforme ne charge pas les points !

3. a. $p(X \in [10\,;15] \cup [25\,;30]) = p(10 \leqslant X \leqslant 15) + p(25 \leqslant X \leqslant 30)$

$$= \frac{15-10}{30} + \frac{30-25}{30} = \frac{10}{30}$$

$$\boldsymbol{p\big(X \in [10\;;\;15] \cup [25\;;\;30]\big) = \frac{1}{3}}.$$

b. $p\big(X \in]0\;;\;5[\cup]15\;;\;20[\big) = p(0 < X < 5) + p(15 < X < 20)$

$$= \frac{5-0}{30} + \frac{20-15}{30} = \frac{10}{30}$$

d'où :

$$\boldsymbol{p\big(X \in]0\;;\;5\,[\cup]15\;;\;20\,[\big) = \frac{1}{3}}$$

10 **1.** Pour $t \geqslant 0$, $p([t\;;+\infty[) = 1 - p([0\;;\,t[) = \int_0^t \lambda \mathrm{e}^{-\lambda x}\mathrm{d}x = [-\mathrm{e}^{-\lambda x}]_0^t = 1 - \mathrm{e}^{-\lambda t}$

Donc $p([t\;;+\infty[) = 1 - (1 - \mathrm{e}^{-\lambda t}) = \mathrm{e}^{-\lambda t}$.

La bonne réponse est b.

2. $p([0\ ;\ t[) = p([t\ ;\ +\infty[)$ équivaut successivement à $1 - e^{-\lambda t} = e^{-\lambda t}$;

$2e^{-\lambda t} = 1$; $e^{-\lambda t} = \frac{1}{2} > 0$; $-\lambda t = \ln\frac{1}{2} = -\ln 2$; $t = \frac{-\ln 2}{-\lambda} = \frac{\ln 2}{\lambda}$.

On parle de demi-vie de l'appareil.

La bonne réponse est a.

3. $p([0\ ;\ 1[) = 0{,}18$, ce qui équivaut successivement à :

$1 - e^{-\lambda \times 1} = 0{,}18$; $e^{-\lambda} = 0{,}82 > 0$; $-\lambda = \ln 0{,}82$;

$\lambda = -\ln 0{,}82 = \ln\left(\frac{1}{0{,}82}\right) = \ln\left(\frac{100}{82}\right) = \ln\left(\frac{50}{41}\right)$.

La bonne réponse est a.

4. La loi exponentielle est une loi sans vieillissement, donc :

$$p_{[2;+\infty[}([3\ ;\ +\infty[) = p([1\ ;\ +\infty[).$$

Voir le cours, III.

La bonne réponse est a.

5. $p([3\ ;\ +\infty[) = e^{-3\times 0{,}2} = e^{-0{,}6} \approx 0{,}5488$ à 10^{-4} près.

La bonne réponse est b.

6. Si on note S l'événement « un appareil n'a pas eu de panne au cours des trois premières années », $p(S) = e^{-0{,}6}$ d'après **4**.

Les pannes des appareils sont indépendantes, donc X désigne le nombre de succès dans une répétition de 10 épreuves de Bernoulli de paramètre $p = e^{-0{,}6}$ indépendantes. Donc X suit une loi binomiale de paramètres $n = 10$ et $p = e^{-0{,}6}$.

Donc $p(X = 4) = \binom{10}{4} p^4 (1-p)^6 = \binom{10}{4} \left(e^{-0{,}6}\right)^4 \left(1 - e^{-0{,}6}\right)^6$,

$p(X = 4) \approx 0{,}1607$ à 10^{-4} près.

La bonne réponse est c.

On obtient le même résultat en utilisant la valeur approchée de la question **5.** :

$p(X = 4) \approx \binom{10}{4} \times 0{,}5488^4 \times (1 - 0{,}5488)^6$. $\binom{10}{4}$ s'obtient à la calculatrice : 10 nCr 4.

11 **a.** g est une primitive de $x \mapsto \lambda e^{-\lambda x}$ sur $[0\ ;\ +\infty[$ si, et seulement si, g est dérivable sur $[0\ ;\ +\infty[$ et $g'(x) = \lambda e^{-\lambda x}$ pour tout $x \in [0\ ;\ +\infty[$.

Or $g(x) = (ax + b)e^{-\lambda x} = u(x) \times v(x)$, avec $u(x) = ax + b$ et $v(x) = e^{-\lambda x}$.

u et v sont dérivables sur $[0\ ;\ +\infty[$ avec $u'(x) = a$ et $v'(x) = -\lambda e^{-\lambda x}$, donc g est dérivable sur $[0\ ;+\infty[$, de dérivée :

$$g'(x) = u'(x)v(x) + u(x)v'(x)$$

$$g'(x) = ae^{-\lambda x} + (ax + b)\left(-\lambda e^{-\lambda x}\right)$$

$$g'(x) = (-\lambda a x + a - \lambda b)e^{-\lambda x}.$$

Alors g est une primitive de $x \mapsto \lambda e^{-\lambda x}$ sur $[0\ ;+\infty[$ si, et seulement si,

$(-\lambda ax + a - \lambda b)e^{-\lambda x} = \lambda e^{-\lambda x}$ pour tout $x \in [0\ ;+\infty[$;

$-\lambda ax + a - \lambda b = \lambda$ pour tout $x \in [0\ ;+\infty[$ car $e^{-\lambda x} \neq 0$;

$-\lambda a = \lambda$ et $a - \lambda b = 0$ par identification des coefficients de ces deux fonctions polynomiales :

$a = -1$ car $\lambda \neq 0$ et $b = \frac{a}{\lambda} = -\frac{1}{\lambda}$.

Donc une primitive de la fonction $x \mapsto \lambda x e^{-\lambda x}$ sur $[0\ ;+\infty[$ est la fonction g définie par $\boldsymbol{g(x) = \left(-x - \frac{1}{\lambda}\right)e^{-\lambda x}}$.

b. Soit $t \geqslant 0$. $\int_0^t \lambda x e^{-\lambda x} dx = [g(x)]_0^t = g(t) - g(0)$ où :

$g(t) = (-t - \frac{1}{\lambda})e^{-\lambda t} = -\left(t + \frac{1}{\lambda}\right)e^{-\lambda t}$.

D'où $\int_0^t \lambda x e^{-\lambda x} dx = g(t) - g(0) = -\left(t + \frac{1}{\lambda}\right)e^{-\lambda t} + \left(0 + \frac{1}{\lambda}\right)e^{-\lambda \times 0}$ soit :

$$\boldsymbol{\int_0^t \lambda x e^{-\lambda x} dx = -\left(t + \frac{1}{\lambda}\right)e^{-\lambda t} + \frac{1}{\lambda}}.$$

c. $\int_0^t \lambda x e^{-\lambda x} dx = -\left(t + \frac{1}{\lambda}\right)e^{-\lambda t} + \frac{1}{\lambda} = -te^{-\lambda t} + \frac{1}{\lambda}e^{-\lambda t} + \frac{1}{\lambda}$.

$\lambda > 0$ donc $-\lambda < 0$, donc $\lim\limits_{t \to +\infty} -\lambda t = \infty$; or $\lim\limits_{T \to -\infty} e^T = 0$, donc

$\lim\limits_{t \to +\infty} e^{-\lambda t} = 0$ Comme $\lim\limits_{T \to -\infty} Te^T = 0$ par les critères de croissance comparée

$\lim\limits_{t \to +\infty} -\lambda t e^{-\lambda t} = 0$.

Donc $\lim\limits_{t \to +\infty} \int_0^t e^{-\lambda x} dx = \frac{1}{\lambda}$.

Le temps moyen d'attente entre deux clients est $\boldsymbol{\frac{1}{\lambda}}$.

2. Pour $t \geqslant 0$

$p(X > t) = 1 - p(X \leqslant t) = 1 - \int_0^t \lambda e^{-\lambda x} dx = 1 - [-e^{-\lambda x}]_0^t = 1 + e^{-\lambda t} - e^{-\lambda \times 0} = e^{-\lambda t}$.

Le temps moyen d'attente est $\frac{1}{\lambda} = 5$, donc $\lambda = \frac{1}{5}$.

Donc $p(X > t) = e^{-\frac{t}{5}}$.

Si $t = 10 \geqslant 0$, $p(X > 10) = e^{-\frac{10}{5}} = e^{-2} \simeq$ **0,135 à 10^{-3} près**.

Si $t = 5 \geq 0$, $p(X > 5) = e^{-\frac{5}{5}} = e^{-1} \simeq$ **0,368 à 10^{-3} près**.

Une loi à densité « ne charge pas les points » : on a les mêmes probabilités avec des inégalités larges ou strictes.

3. Sachant qu'on a déjà attendu 10 min, attendre encore au moins 5 min revient à attendre plus de 15 min.

$p(X > 10) \neq 0$, donc $p_{(X>10)}(X > 15) = \dfrac{p(X > 10 \text{ et } X > 15)}{p(X > 10)}$.

Or l'événement $(X > 15)$ est inclus dans l'événement $(X > 10)$, donc :

$$p_{(X>10)}(X > 15) = \frac{p(X > 15)}{p(X > 10)} = \frac{e^{-\frac{15}{5}}}{e^{-2}} = \frac{e^{-3}}{e^{-2}} = \mathbf{e^{-1} = p(X > 5)}.$$

Cela s'explique par le fait que la loi exponentielle est à durée de vie sans vieillissement.

Voir le cours, III.

12 **1.** Les calculatrices :
Texas : normalcdf (4900, 5100, 5000, 300) ;
Casio : Ncd(Lower : 4800 ; Upper : 5100 ; σ : 300 ; μ : 5000)
donnent $\boldsymbol{p(4\,900 \leqslant X \leqslant 5\,100) \approx 0{,}261}$ **à 0,001 près**.

2. a. Les calculatrices
Texas : normalcdf(−E99, 4 800, 5 000, 300) ;
Casio : Ncd(Lower : −1E+99 ; Upper : 4 800 ; σ : 300 ; μ : 5000)
donnent $p(-10^{99} \leqslant X \leqslant 5\,100) \approx 0{,}252$ à 0,001 près,
d'où $\boldsymbol{p(X \leqslant 4\,800) \approx 0{,}252}$.

b. Si $x \leqslant \mu$, $]-\infty\,;\mu]$ est la réunion disjointe $]-\infty\,;x] \cup]x\,;\mu]$.
D'où $p(X \leqslant \mu) = p(X \leqslant x) + p(x < X \leqslant \mu)$,
donc $p(X \leqslant x) = p(X \leqslant \mu) - p(x < X \leqslant \mu)$.

μ étant la moyenne de la loi normale, $p(X \leqslant \mu) = 0{,}5$ et comme une loi normale ne charge pas les points, $p(x < X \leqslant \mu) = p(x \leqslant X \leqslant \mu)$.

Ainsi on a bien $p(X \leqslant x) = 0{,}5 - p(x \leqslant X \leqslant \mu)$.

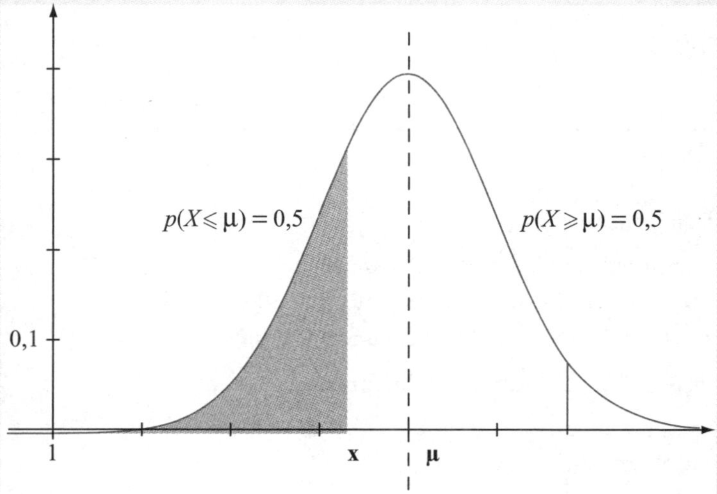

On en déduit $p(X \leqslant 4\,800) = 0,5 - p(4\,800 \leqslant X \leqslant 5\,000)$.

Or les calculatrices

Texas : normal cdf(4 800, 5 000, 5 000, 300)

Casio : Ncd(Lower : 4800 ; Upper : 5 000 ; 6300 ; μ 5 000)

donnent $p(4\,800 \leqslant X \leqslant 5\,000) \approx 0,248$ à 0,001 près.

Donc $\boldsymbol{p(X \leqslant 4\,800) \approx 0,252}$ **à 0,001 près**.

On a aussi la propriété suivante « si $x \geqslant \mu$, $p(X \leqslant x) = 0,5 + p(\mu \leqslant X \leqslant x)$ ».

3. a. Les calculatrices

Texas : normal cdf(5 250, E99, 5 000, 300)

Casio : Ncd(Lower : 5 250 ; Upper : 1E + 99 ; σ : 300 ; μ : 5 000)

donnent $p(5\,250 \leqslant X \leqslant 10^{99}) \approx 0,202$ à 0,001 près.

D'où $\boldsymbol{p(X \geqslant 5\,250) \approx 0,202}$.

b. Si $x \geqslant \mu$, $[\mu\ ; +\infty[$ est la réunion disjointe $[\mu\ ; x[\cup [x\ ; +\infty[$.

D'où $p(X \geqslant \mu) = p(\mu \geqslant X < x) + p(X \geqslant x)$.

Or $p(X \geqslant \mu) = 0,5$ et $p(\mu \leqslant X < x) = p(\mu \leqslant X \leqslant x)$,

donc $p(X \geqslant x) = 0,5 - p(\mu \leqslant X \leqslant x)$.

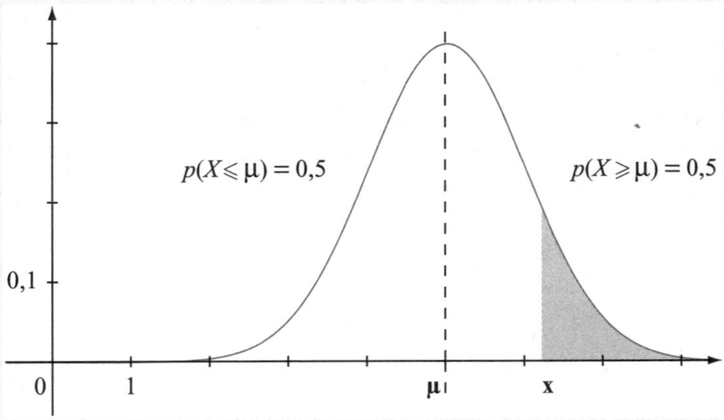

Les calculatrices

Texas : normalcdf (5 000, 5 250, 5 000, 300)

Casio : Ncd(Lower : 5 000 ; Upper : 5 250 ; σ : 300 ; μ : 5 000)

donnent $p(5\,000 \leqslant X \leqslant 5\,250) \approx 0,298$ à 0,001 près.

Donc $\boldsymbol{p(X \geqslant 5\,250) \approx 0,202}$ **à 0,001 près**.

4. a. Les calculatrices

Texas : invNorm (0.2, 5 000, 300) ;

Casio : InvN(Tail : Left ; Area : 0,2 ; σ : 300 ; μ : 5000) ;
donnent $\boldsymbol{x \approx 4\,748}$ **litres à 1 litre près.**

b. X suit une loi $N(5\,000\ ;\ 300^2)$, donc $Z = \dfrac{X-5\,000}{300}$ suit une loi $N(0\ ;\ 1)$.

Or $p(X \leqslant x) = p(X - 5\,000 \leqslant x - 5\,000) = p\left(\dfrac{X-5\,000}{300} \leqslant \dfrac{X-5\,000}{300}\right)$
car $300 > 0$.

donc $p(X \leqslant x) = p\left(Z \leqslant \dfrac{X-5\,000}{300}\right)$.

$p(X \leqslant x) = 0,2 \Leftrightarrow \dfrac{x-5\,000}{300} = -0,842 \Leftrightarrow x - 5\,000 = -0,842 \times 300 = -252,6$

Donc $\boldsymbol{x = -252,6 + 5000 \approx 4\,747}$ **à 1 près.**

5. On cherche la valeur x telle que $p(X \geqslant x) = 0,30$ ce qui équivalent à $p(X < x) = 1 - 0,3 = 0,7$ c'est-à-dire tel que $p(X \leqslant x) = 0,7$ car la loi normale ne charge pas les points.

a. Les calculatrices
Texas : invNorm(0.7, 5000, 300) ;
Casio : InvN(Tail : Left ; Area : 0,7 ; σ : 300 ; μ : 5000) ; donnent :

$\boldsymbol{x \approx 5\,157}$ **litres à 1 près.**

b. Comme au **4.b.,**

$p(X \leqslant x) = 0,7 \Leftrightarrow p\left(Z \leqslant \dfrac{x-5\,000}{300}\right) = 0,7 \Leftrightarrow \dfrac{x-5000}{300} = 0,524$

$\Leftrightarrow x = 300 \times 0,524 + 5\,000$

d'où $\boldsymbol{x \approx 5\,157}$ **litres à 1 près.**

13 **1.** L'énoncé donne :

$p(X \leqslant 200) = \dfrac{120}{200} = \mathbf{0,6}$ et $p(X \leqslant 120) = \dfrac{185}{200} = 0,925$:

$p(X < 120) = 1 - p(X \leqslant 120) = 0,075$ en passant à l'événement contraire.

Une loi normale ne charge pas les points, donc $\boldsymbol{p(X \leqslant 120) = 0,075}$.

2. X suit une loi normale $N(\mu\ ;\ \sigma^2)$, donc $Z = \dfrac{X-\mu}{\sigma}$ suit une loi normale $N(0\ ;\ 1)$.

Or $p(X \leqslant 200) = 0,6) \Leftrightarrow p(X - \mu \leqslant 200 - \mu) = 0,6$

$\Leftrightarrow p\left(\dfrac{X-\mu}{\sigma} \leqslant \dfrac{200-\mu}{\sigma}\right) = 0,6$ car $\sigma > 0$, d'où $p\left(Z \leqslant \dfrac{200-\mu}{\sigma}\right) = 0,6$.

On cherche donc a tel que $p(Z \leqslant a) = 0,6$
Les calculatrices :
Texas : invNorm (0.6, 0, 1) ;
Casio : InvN(Tail : Left ; Area : 0.6 ; σ : 1 ; μ : 0) ;

donnent $a \approx 0,25$ à 0,01 près.

Ainsi $\mathbf{\dfrac{200-\mu}{\sigma} = 0,25}$.

De même $p(X \leqslant 120) = 0,075 \Leftrightarrow p\left(Z \leqslant \dfrac{120-\mu}{\sigma}\right) = 0,075$.

On cherche donc a tel que $p(Z \leqslant a) = 0,075$.
Les calculatrices :
Texas : invNorm(0.075, 0, 1) ;
Casio : InvN(Tail : Left ; Area : 0.075 ; σ:1 ; μ:0) ;
donnent $a \approx -1,44$ à 0,01 près.

Ainsi $\mathbf{\dfrac{120-\mu}{\sigma} = -1,44}$.

3. On résout le système $\dfrac{200-\mu}{\sigma} = 0,25$ et $\dfrac{120-\mu}{\sigma} = -1,44$ qui équivaut successivement à :

$200-\mu = 0,25\,\sigma$ et $120-\mu = -1,44\,\sigma$;

$(200-\mu)-(120-\mu) = 0,25\,\sigma-(-1,44\,\sigma) = 1,69\,\sigma$ et $120-\mu = -144\,\sigma$;

$1,69\,\sigma = 80$ et $\mu = 120+1,44\,\sigma$;

$\sigma = \dfrac{80}{1,69}$ et $\mu = 120+1,44\times\dfrac{80}{1,69}$,

soit $\sigma \approx$ **47,3** et $\mu \approx$ **188,2 à 0,1 près**.

4. À la calculatrice :
Texas : normalcdf(150, 180, 188.2, 47.3)
Casio : Ncd(Lower : 150 ; Upper : 180 ; σ:47.3; μ:188.2) ;
on obtient $p(150 \leqslant X \leqslant 180) \approx 0,22$ à 0,01 près.
22 % des pommes de terre pèsent entre 150g et 180g.

5. On note A l'événement « $X \geqslant 150$ » et B l'événement « $X \leqslant 180$ ».
À la calculatrice :
Texas : normalcdf (150, E99, 188.2, 47.3)
Casio : Ncd(Lower : 150 ; Upper : 1E+99 ; σ:47.3 ; μ:188.2).

On obtient $p(\text{A}) \approx 0,79$ à 0,01 près. Donc $p(\text{A}) > 0$.

Donc $p_{\text{A}}(\text{B}) = \dfrac{p(\text{A}\cap\text{B})}{p(\text{A})} = \dfrac{p(X \leqslant 150 \text{ et } X \leqslant 180)}{p(\text{A})} = \dfrac{p(150 \leqslant X \leqslant 180)}{p(\text{A})} \approx \dfrac{0,22}{0,79}$,

d'où $\boldsymbol{p(\text{B}) \approx 0,28}$ **à 0,001 près.**

14 **Partie A.**

1. L'expérience consistant à tester une graine et à appeler succès le fait que la fleur soit rouge constitue une épreuve de Bernoulli de paramètre $p = 0,2$. Lorsqu'on tire au hasard avec remise 50 graines, on répète 50 fois la même épreuve de Bernoulli de paramètre $p = 0,2$ de façon indépendante. X représente donc le nombre de succès dans cette épreuve de Bernoulli de paramètres $n = 50$ et $p = 0,2$, **donc X suit bien une loi B(50 ; 0,2)**.

2. $n = 50 \geqslant 30$, $np = 50 \times 0,2 = 10 \geqslant 5$ et $n(1-p) = 50 \times 0,8 = 40 \geqslant 5$,

donc l'intervalle de fluctuation asymptotique pour la fréquence $\dfrac{X}{50}$ est :

$$I = \left[p - 1,96\frac{\sqrt{p(1-p)}}{\sqrt{n}} \ ; p + 1,96\frac{\sqrt{p(1-p)}}{\sqrt{n}} \right]$$

$$I = \left[0,2 - 1,96\frac{\sqrt{0,2 \times (1-0,2)}}{\sqrt{50}} \ ; \ 0,2 + 1,96\frac{\sqrt{0,2 \times (1-0,2)}}{\sqrt{50}} \right]$$

$I = [0,089 \ ; \ 0,311]$ en arrondissant les bornes à 0,001 près.

3. On rejette à tort l'échantillon lorsque la fréquence observée n'est pas dans l'intervalle $[0,089 \ ; \ 0,311]$, c'est-à-dire lorsque la valeur observée de X n'est pas dans l'intervalle $[0,089 \times 50 \ ; \ 0,311 \times 50] = [4,45 \ ; \ 15,55]$.

Or $p(X \notin [4,45 \ ; \ 15,55]) = p(X \leqslant 4 \text{ ou } X \geqslant 16)$ car X est entier ;

$= p(X \leqslant 4) + p(X \geqslant 16)$ car ces événements sont disjoints ;

$= p(X \leqslant 4) + 1 - p(X \leqslant 15)$ en passant à l'événement contraire (et $X \in \mathbb{N}$) ;

$p(X \notin [4,45 \ ; \ 15,55]) \approx 0,0493$ à 10^{-4} près.

La probabilité de rejeter à tort l'échantillon est de 0,0493 à 10^{-4} près.

On rejette bien l'hypothèse à tort dans moins de 5 % des cas.

Partie B.

1. Comme dans la partie A, ***Y* suit une loi $\mathcal{B}(50 \ ; \ 0,3)$.**

2. On ne rejette pas à tort la valeur de 20 % lorsque la valeur observée de $\dfrac{Y}{50}$ est dans $[0,089 \ ; \ 0,311]$, c'est-à-dire lorsque la valeur observée pour Y est dans $[4,45 \ ; \ 15,55]$.

On cherche donc $p(Y \in [4,45 \ ; \ 15,55]) = p(5 \leqslant Y \leqslant 15)$ car Y est entier.

Or $p(5 \leqslant Y \leqslant 15) = p(0 \leqslant Y \leqslant 15) - p(0 \leqslant Y < 5)$

$= p(Y \leqslant 15) - p(Y \leqslant 4)$ car $Y \in \mathbb{N}$;

Donc $p(Y \in [4,45 \ ; \ 15,55]) \approx 0,56901$ à 10^{-5} près.

On ne rejette donc pas à tort la proportion de 20 % dans près de 57 % des échantillons observés. Cette méthode ne semble donc pas fiable pour détecter cette erreur.

Ici la différence entre les deux valeurs de p est trop faible pour que les lois de X et de Y donnent des valeurs significativement différentes, comme le montrent les diagrammes en barres des distributions de X et Y ci-après.

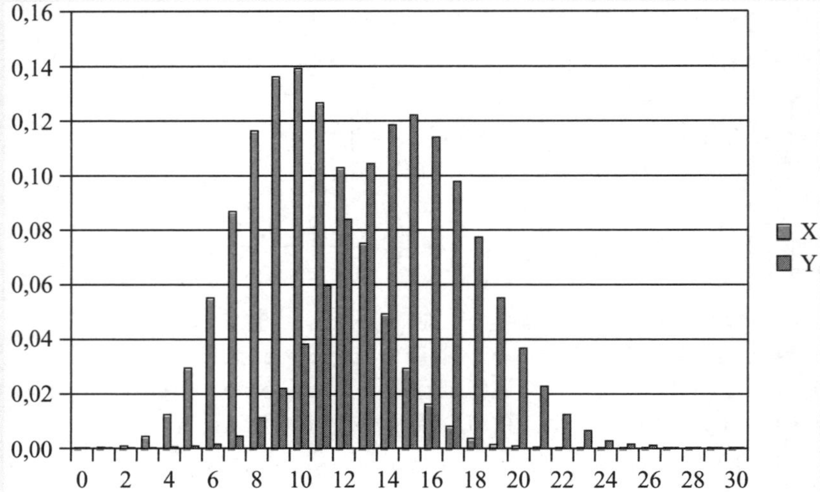

15 1. La proportion de personnes déclarant vouloir voter pour le candidat sur cet échantillon de $n = 250$ personnes est $f = 0,54$.

$n \geqslant 30,\ n \times f = 250 \times 0,54 = 135 \geqslant 5$ et $n \times (1 - f) = 250 \times 0,46 = 115 \geqslant 5$.

Donc l'intervalle de confiance au niveau 0,95 correspondant est :

$$\left[f - \frac{1}{\sqrt{n}}\ ; f + \frac{1}{\sqrt{n}}\right] = \left[0,54 - \frac{1}{\sqrt{250}}\ ;\ 0,54 + \frac{1}{\sqrt{250}}\right] = [0,477\ ;\ 0,603]$$

en arrondissant les bornes à 0,001 près.

Pour être élu, il faut que la proportion de votes p dans la population totale soit strictement supérieure 0,5. Comme l'intervalle de confiance obtenu contient des valeurs inférieures ou égales à 0,5, **ce sondage ne lui assure pas d'être élu au niveau de confiance 0,95**.

2. Un échantillon de $n \geqslant 30$ personnes fournissant une proportion égale à $f = 0,54$, $n \geqslant 30$, $nf \geqslant 30 \times 0,54 \geqslant 5$ et $n(1 - f) \geqslant 30 \times 0,46 \geqslant 5$, donc :

$$\left[f - \frac{1}{\sqrt{n}}\ ; f + \frac{1}{\sqrt{n}}\right] = \left[0,54 - \frac{1}{\sqrt{n}}\ ;\ 0,54 + \frac{1}{\sqrt{n}}\right].$$

Pour être « assuré » d'être élu au niveau de confiance 0,95, il faut et il suffit que $0,54 - \frac{1}{\sqrt{n}} > 0,5$, ce qui équivaut successivement à :

$-\frac{1}{\sqrt{n}} > -0,04$; $0 < \frac{1}{n} < 0,04$;

$\sqrt{n} > \frac{1}{0,04}$ car la fonction inverse est strictement décroissante sur $]0\ ;+\infty[$;

$\sqrt{n} > 25$; $n > 625$ car la fonction carrée est strictement croissante sur $[0\ ;+\infty[$.

Le nombre minimal de personnes à interroger est donc $n = 626$.

16 **1.** Soit p la proportion de billes rouges effectivement présentes dans le sac. Si on appelle succès le fait d'obtenir une boule rouge, chaque tirage peut être assimilé à une épreuve de Bernoulli de paramètre p. Le nombre total de boules rouges obtenu, c'est-à-dire le nombre de succès dans la répétition de ces 50 épreuves de Bernoulli de paramètre p identiques et indépendantes, est une variable aléatoire X suivant une loi binomiale de paramètres $n = 50$ et p.

a. La fréquence observée sur ce tirage est $f = \dfrac{16}{50} = 0,32$.

$n = 50 \geqslant 30$, $n \times f = 16 \geqslant 5$ et $n \times (1-f) = 34 \geqslant 5$, donc l'intervalle de confiance au niveau 0,95 pour la fréquence de succès $\dfrac{X}{n}$ est $\left[f - \dfrac{1}{\sqrt{n}}\ ;\ f + \dfrac{1}{\sqrt{n}}\right]$.

Ainsi, au niveau de confiance 0,95, $p \in \left[0,32 - \dfrac{1}{\sqrt{50}}\ ;\ 0,32 + \dfrac{1}{\sqrt{50}}\right]$,

ce équivaut à $0,32 - \dfrac{1}{\sqrt{50}} \leqslant p \leqslant 0,32 + \dfrac{1}{\sqrt{50}}$,

soit $0,179 \leqslant p \leqslant 0,461$ en arrondissant les bornes à 0,001 près.

Voir le savoir-faire 4.

b. Donc $p = \dfrac{190}{400} = 0,475$. Cette valeur n'est pas dans l'intervalle de confiance au niveau 0,95 : **ce résultat n'était pas prévu !**

2. a.

```
VARIABLES
x EST_DU_TYPE NOMBRE
i EST_DU_TYPE NOMBRE
S EST_DU_TYPE NOMBRE
k EST_DU_TYPE NOMBRE
DEBUT_ALGORITHME
POUR k ALLANT_DE 1 A 100
DEBUT_POUR
x PREND_LA_VALEUR 0
POUR i ALLANT_DE 1 A 50
DEBUT_POUR
x PREND_LA_VALEUR x+floor(random()+190/400)
FIN_POUR
SI (x<=16) ALORS
DEBUT_SI
S PREND_LA_VALEUR S+1
FIN_SI
FIN_POUR
AFFICHER S
FIN_ALGORITHME
```

Sans autre indication, S prend initialement la valeurs 0, mais il faut bien penser à réinitialiser la valeur de x avant chacun des 50 tirages.

En faisant tourner cet algorithme une vingtaine de fois, j'obtiens entre 0 et 5 simulations sur 100 qui donnent 16 boules rouges ou moins. **C'est bien un événement rarement observé.**

b. Le nombre total de boules rouges obtenu, c'est-à-dire le nombre de succès dans la répétition de ces 50 épreuves de Bernoulli de paramètre $p=\dfrac{190}{400}$ identiques et indépendantes, est une variable aléatoire X suivant une loi binomiale de paramètres $n=50$ et $p=\dfrac{190}{400}$. Comme $n\geqslant 30$, $np\geqslant 5$ et $n(1-p)\geqslant 5$, on en déduit l'intervalle de fluctuation asymptotique au seuil de 95 % pour la proportion de billes rouges (fréquence de succès) :

$$I=\left[p-1,96\frac{\sqrt{p(1-p)}}{\sqrt{n}}\ ; p+1,96\frac{\sqrt{p(1-p)}}{\sqrt{n}}\right].$$

$\boldsymbol{I=[0,337\ ;\ 0,613]}$ **en arrondissant les bornes à 0,001 près.**

c. La fréquence observée au cours des 50 tirages du **1.** est de $\dfrac{16}{50}=0,32$. Elle n'est pas dans l'intervalle de fluctuation asymptotique au seuil de 95 %, donc le tirage n'est pas conforme à la répartition réelle des billes rouges dans la population totale. **Donc ce tirage ne s'est pas réalisé correctement au risque de 5 %.**

Voir le savoir-faire 4.

d. Le nombre X de billes rouges suit une loi $\mathrm{B}\left(50\ ;\ \dfrac{190}{400}\right)$, donc :

$$p(X=16)=\binom{50}{16}\times\left(\frac{190}{400}\right)^{16}\times\left(1-\frac{190}{400}\right)^{50-16}$$

$$\boldsymbol{p(X=16)=\binom{50}{16}\times\left(\frac{190}{400}\right)^{16}\times\left(\frac{210}{400}\right)^{34}\approx 0,010}\ \textbf{à 0,001 près.}$$

$\binom{50}{16}\approx 4,92\times 10^{12}$ se calcule directement à la calculatrice : 50 nCr 16.

On trouve, à l'aide du tableur - en utilisant la formule

= LOI.BINOMIALE (16;50;190/400;1) – que $p(X\leqslant 16)\approx 0,019$ à 0,001 près.

Donc $p(X\leqslant 16)\leqslant 0,025$: on se situe bien à gauche de l'intervalle de fluctuation au seuil de 95 % vu en première.

17 **1.** On veut $0\leqslant X\leqslant 2$ et $0\leqslant Y\leqslant 2$ et $|X-Y|\leqslant 0,25$.

2. $|y-x|\leqslant 0,25 \Leftrightarrow -0,25\leqslant y-x\leqslant 0,25 \ \Leftrightarrow x-0,25\ \leqslant y\ \leqslant x+0,25$.

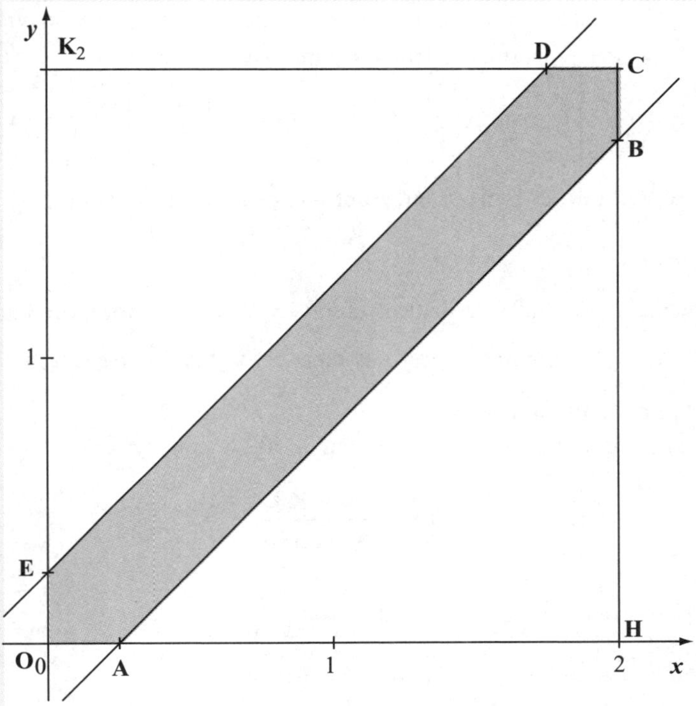

3. L'aire du carré OHCK est $\mathcal{A}(\text{OHCK}) = OH \times KO = 2 \times 2 = 4$.
L'aire du quadrilatère OABCDE est :

$$\begin{aligned}\mathcal{A}(\text{OABCDE}) &= \mathcal{A}(\text{OHCK}) - 2 \times \mathcal{A}(\text{AHB}) \\ &= 4 - 2 \times \frac{\text{AH} \times \text{HB}}{2} \\ &= 4 - (1,75 \times 1,75) = 0,9375.\end{aligned}$$

D'où la probabilité cherchée :

$$p = \frac{0,9375}{4} = 0,234375, \text{ soit } \boldsymbol{p = \frac{15}{64}}.$$

Pour aller plus loin ... sous l'hypothèse implicite que les heures d'arrivée *X* et *Y* sont indépendantes, on dit que le couple (*X* ; *Y*) suit une loi uniforme sur [0 ; 2]×[0 ; 2].

18 **1.** En supposant que la proportion de femmes dans la population active est de 0,5, sous l'hypothèse qu'une entreprise de 1 350 salariés n'exerce pas de discrimination à l'embauche, le nombre de femmes employés suit donc une loi binomiale de paramètres $n = 1\,350$ et $p = 0,5$.

$n \geqslant 30, np \geqslant 5$ et $n(1-p) \geqslant 5$, donc l'intervalle de fluctuation asymptotique au seuil de 95% de la proportion de femmes employées est donc :

$$\left[p-1{,}96\frac{\sqrt{p(1-p)}}{\sqrt{n}}\ ;\ p+1{,}96\frac{\sqrt{p(1-p)}}{\sqrt{n}}\right],$$

soit $\boldsymbol{I} = [\mathbf{0{,}473\ ;\ 0{,}527}]$ **en arrondissant les bornes à 0,001 près.**

Voir le cours, V.

La fréquence des femmes réellement observée dans l'entreprise GrobraSA est $f = \frac{560}{1350} = 0{,}415$. **Comme *f* n'est pas dans cet intervalle, on rejette l'hypothèse de parité au risque de 5 %.**

2. a. Il y a désormais $560 + x$ femmes pour $1350 + x$ employés, donc :

$$\boldsymbol{f(x) = \frac{x+560}{x+1\,350}}.$$

b. $f(x) = \frac{1}{2}$ équivaut successivement à $\frac{x+560}{x+1\,350} = \frac{1}{2}$;

$2(x+560) = x+1\,350$ car $x \geqslant 0$, donc $x \geqslant -1\,350$;

$2x+1\,120 = x+1\,350$; $x = 1\,350-1\,120 = 230 \in \mathbb{N}^*$.

Il faut embaucher 230 femmes pour le strict respect de la parité.

3. a. Pour $n = 1350 + x \geqslant 30$ et $p = \frac{1}{2}$, $n \times p \geqslant 30 \times \frac{1}{2} \geqslant 5$ et $n \times (1-p) \geqslant 5$, donc l'intervalle de fluctuation asymptotique au seuil de 95 % $[a(x)\ ;\ b(x)]$ est donné par :

$$a(x) = p - 1{,}96\frac{\sqrt{p(1-p)}}{\sqrt{n}} = 0{,}5 - 1{,}96 \times \frac{\sqrt{0{,}5(1-0{,}5)}}{\sqrt{x+1\,350}} = 0{,}5 - \frac{0{,}98}{\sqrt{x+1\,350}}\ ;$$

$$b(x) = p + 1{,}96\frac{\sqrt{p(1-p)}}{\sqrt{n}} = 0{,}5 + \frac{0{,}98}{\sqrt{x+1\,350}}.$$

$$\boldsymbol{a(x) = 0{,}5 - \frac{0{,}98}{\sqrt{x+1\,350}}} \text{ et } \boldsymbol{b(x) = 0{,}5 + \frac{0{,}98}{\sqrt{x+1\,350}}}.$$

b. La fonction *g* définie par $g(x) = \frac{x+560}{x+1\,350} + \frac{0{,}98}{\sqrt{x+1\,350}} - 0{,}5$ est dérivable sur $[0\ ;\ 230] \subset]-1350\ ;\ +\infty[$, de dérivée :

$$g'(x) = \frac{1 \times (x+1\,350) - (x+560) \times 1}{(x+1\,350)^2} + 0{,}98 \times \left(-\frac{\frac{1}{2\sqrt{x+1\,350}}}{\sqrt{x+1\,350}^2} \right)$$

$$= \frac{790}{(x+1350)^2} - \frac{0,49}{(x+1350)\sqrt{x+1350}} = \frac{790-0,49\sqrt{x+1350}}{(x+1350)^2}.$$

Or $0 \leqslant x \leqslant 230$, donc $0 \leqslant x+1350 \leqslant 1580$, puis $\sqrt{x+1350} \leqslant \sqrt{1580}$ par croissance de la fonction carrée sur $[0\,;+\infty[$.

Donc $-0,49\sqrt{x+1350} \geqslant -0,49 \times \sqrt{1580}$ car $-0,49 < 0$, d'où :

$790-0,49\sqrt{x+1350} \geqslant 790-0,49\times\sqrt{1580} > 0$.

On en déduit $g'(x) > 0$ sur $[0\,;230]$, **donc g est strictement croissante sur $[0\,;230]$**.

c. Pour pouvoir affirmer que l'entreprise respecte la parité au seuil de 95 %, il faut et il suffit que la fréquence de femmes observée soit dans l'intervalle de fluctuation asymptotique au seuil de 95 %, donc que $a(x) \leqslant f(x) \leqslant b(x)$, ce qui équivaut à :

$$0 \leqslant f(x)-a(x) \leqslant b(x)-a(x).$$

Or $f(x)-a(x) = \dfrac{x+560}{x+1350} - \left(0,5 - \dfrac{0,98}{\sqrt{x+1350}}\right) = \dfrac{x+560}{x+1350} + \dfrac{0,98}{\sqrt{x+1350}} - 0,5$,

donc $f(x)-a(x) = g(x)$ pour $x \in [0\,;230]$.

Comme g est continue, strictement croissante sur $[0\,;230]$, et vérifie $g(0) \approx -0,06$ à $0,01$ près et $g(230) \approx 0,02$ à $0,01$ près, le corollaire du théorème des valeurs intermédiaires permet d'affirmer que g s'annule exactement une fois sur $[0\,;230]$.

Voir le cours du chapitre 2, III 4.

Avec la fonction Table de la calculatrice, on constate que $g(153) < 0$ et $g(154) > 0$. Donc la plus petite valeur entière de x pour laquelle $f(x)-a(x) > 0$, c'est-à-dire $a(x) < f(x)$, est 154. On vérifie alors que pour $x = 154$, on a bien aussi $f(x) < b(x)$:

$f(154) = \dfrac{154+560}{154+1350} \approx 0,475$ à $0,001$ près ;

$g(154) = 0,5 + \dfrac{0,98}{\sqrt{154+1350}} \approx 0,525$ à $0,001$ près.

Le nombre minimal de femmes à embaucher est de 154.

230 femmes supplémentaires assurant le strict respect de la parité, qui est bien sûr plus contraignant que le respect de l'intervalle de fluctuation à 95 %, on pouvait bien se limiter à travailler sur l'intervalle $[0\,;230]$. On vérifie que la valeur de x nécessaire est bien dans cet intervalle, le seul sur lequel on a étudié la fonction g.

19 1. Comme $n \geqslant 30$, $n \geqslant 5$ et $n(1-f) \geqslant 5$, l'intervalle de confiance IC_n au niveau de confiance 0,95 pour p est $\boldsymbol{IC_n = \left[f - \frac{1}{\sqrt{n}} \,;\, f + \frac{1}{\sqrt{n}} \right]}$.

$f + \frac{1}{\sqrt{n}} - \left(f - \frac{1}{\sqrt{n}} \right) = \frac{2}{\sqrt{n}}$, donc son amplitude est $\frac{2}{\sqrt{n}}$.

2. L'amplitude de l'intervalle $[0,31 \,;\, 0,35]$ est $0,35 - 0,31 = 0,04$, d'où :

$\frac{2}{\sqrt{n}} = 0,04 \Leftrightarrow \sqrt{n} = \frac{2}{0,04} = 50 \Leftrightarrow n = 50^2 = 2\,500$ car $\sqrt{n} > 0$.

On vérifie qu'on a bien $n \geqslant 30$.

Or $f - \frac{1}{\sqrt{n}} = 0,31$, donc $f = 0,31 + \frac{0,04}{2} = 0,33$ (c'est le milieu de l'intervalle $[0,31 \,;\, 0,35]$).

On dit que l'intervalle de confiance au niveau 0,95 est centré sur *f*.

Donc $\boldsymbol{n = 2\,500}$ et $\boldsymbol{f = 0,33}$.

3. a. On veut $\frac{2}{\sqrt{n}} \leqslant a$, ce qui équivaut successivement à :

$\frac{\sqrt{n}}{2} \geqslant \frac{1}{a}$ car $\frac{2}{\sqrt{n}} > 0$ et la fonction inverse est décroissante sur $]0 \,;\, +\infty[$;

$\sqrt{n} \geqslant \frac{2}{a}$ car $2 > 0$;

$n \geqslant \left(\frac{2}{a} \right)^2$ car la fonction carrée est croissante sur $[0 \,;\, +\infty[$; $n \geqslant \frac{4}{a^2}$.

Si $\boldsymbol{\frac{4}{a^2} \in \mathbb{N}^*}$, on prendra $\boldsymbol{n = \max\left(30 \,;\, \frac{4}{a^2} \right)}$, sinon, on prendra $\boldsymbol{n = \max\left(30 \,;\, E\left(\frac{4}{a^2} \right) + 1 \right)}$, où E désigne la fonction partie entière.

b.

a	0,5	0,3	0,1	0,05	0,01
$\frac{4}{a^2}$	16	44,4 à 0,1 près	400	1 600	40 000
Valeur minimale de n	30	45	400	1 600	40 000

c. La valeur minimale de n est inversement proportionnelle au carré de la précision a. **La valeur minimale de *n* augmente donc rapidement quand on veut augmenter la précision (quand *a* diminue)**.

4. a. La précision de l'estimation au niveau de confiance 0,95 pour J_n est :

$$\left(f+1{,}96\frac{\sqrt{f(1-f)}}{\sqrt{n}}\right)-\left(f-1{,}96\frac{\sqrt{f(1-f)}}{\sqrt{n}}\right)=2\times1{,}96\frac{\sqrt{f(1-f)}}{\sqrt{n}}$$

$$\mathbf{=3{,}92\times\frac{\sqrt{f(1-f)}}{\sqrt{n}}}.$$

b. $3{,}92\times\frac{\sqrt{f(1-f)}}{\sqrt{n}}\leqslant a \Leftrightarrow \frac{\sqrt{n}}{3{,}92\times\sqrt{f(1-f)}}\geqslant\frac{1}{a}$ car la fonction inverse est décroissante sur $]0\,;+\infty[$;

$\Leftrightarrow \sqrt{n}\geqslant\frac{3{,}92\times\sqrt{f(1-f)}}{a}$ car $3{,}92\times\sqrt{f(1-f)}>0$

$\Leftrightarrow n\geqslant\frac{3{,}92^2\times f(1-f)}{a^2}$ car la fonction carré est croissante sur $[0\,;+\infty[$.

Si $\frac{3{,}92^2\times f(1-f)}{a^2}\in\mathbb{N}$, on prendra $n=\max\left(30\,;\frac{3{,}92^2\times f(1-f)}{a^2}\right)$,

sinon, on prendra $n=\max\left(30\,;E\left(\frac{3{,}92^2\times f(1-f)}{a^2}\right)+1\right)$ où E désigne la fonction partie entière.

c. Pour $f=0{,}1$, $\frac{3{,}92^2\times f(1-f)}{a^2}=\frac{3{,}92^2\times0{,}1\times0{,}9}{a^2}$.

a	0,5	0,3	0,1	0,05	0,01
$\frac{3{,}92^2\times0{,}1\times0{,}9}{a^2}$	5,5 à 0,1 près	15,4 à 0,1 près	138,3 à 0,1 près	553,2 à 0,1 près	13 829,8 à 0,1 près
Valeur minimale de n	30	30	139	554	13 830

d. Pour $f=0{,}5$, $\frac{3{,}92^2\times f(1-f)}{a^2}=\frac{3{,}92^2\times0{,}5\times0{,}5}{a^2}$.

a	0,5	0,3	0,1	0,05	0,01
$\frac{3{,}92^2\times0{,}5\times0{,}5}{a^2}$	15,4 à 0,1 près	42,7 à 0,1 près	384,2 à 0,1 près	1536,7 à 0,1 près	38416
Valeur minimale de n	30	43	139	554	38416

e. Pour $f = 0{,}1$, les valeurs minimales trouvées ici pour n sont proches de celles trouvées avec IC_n, tandis que pour $f = 0{,}5$, on trouve une valeur minimale de n bien inférieure pour J_n dès que a est petit : cet intervalle de confiance au niveau 0,95 nécessite des tailles d'échantillons bien moins importants que IC_n, **donc il est préférable d'utiliser plutôt J_n pour $f = 0{,}5$.**

La précision $f \to 3{,}92^2 \times f(1-f)$ est maximale pour $f = 0{,}5$ où elle vaut 3,92 à 0,01 près. $\dfrac{3{,}92^2 \times f(1-f)}{a^2}$ est alors très proche de la précision $\dfrac{4}{a^2}$ obtenue pour IC_n.

20 **Partie A.**

1. $t \mapsto e^{-\lambda t}$ est de la forme e^u avec $u(t) = -\lambda t$, donc dérivable sur $[0\ ;\ +\infty[$ de dérivée $u'e^u$ soit $t \mapsto -\lambda e^{-\lambda t}$.

$t \mapsto g(t) = -t\,e^{-\lambda t}$ est donc dérivable sur $[0\ ;\ +\infty[$ comme produit, et :

$g'(t) = -1 \times e^{-\lambda t} + (-t) \times (-\lambda e^{-\lambda t})$

$$\boldsymbol{g'(t) = \lambda t e^{-\lambda t} - e^{-\lambda t}}.$$

2. Soit $x > 0$. Commençons par calculer $\int_0^x tf(t)dt = \int_0^x t\lambda\, e^{-\lambda t}dt$.

Pour tout $t \geqslant 0$, $\lambda t e^{-\lambda t} = g'(t) + e^{-\lambda t}$, donc une primitive de $t \mapsto \lambda t e^{-\lambda t}$ sur $[0\ ;\ +\infty[$ est la fonction :

$$t \mapsto g(t) + \left(-\frac{1}{\lambda}e^{-\lambda t}\right) = -te^{-\lambda t} - \frac{1}{\lambda}e^{-\lambda t}.$$

Alors $\int_0^x t\lambda e^{-\lambda t}dt = \left[-te^{-\lambda t} - \frac{1}{\lambda}e^{-\lambda t}\right]_0^x = -xe^{-\lambda x} - \frac{1}{\lambda}e^{-\lambda x} + 0e^{-\lambda \times 0} + \frac{1}{\lambda}e^{-\lambda \times 0}$

$$\boldsymbol{\int_0^x tf(t)\,dt = \frac{1}{\lambda} - xe^{-\lambda x} - \frac{1}{\lambda}e^{-\lambda x}}.$$

3. $\lambda > 0$, donc $\lim\limits_{x \to +\infty} -\lambda x = -\infty$.

Comme $\lim\limits_{X \to -\infty} e^X = 0$ et $\lim\limits_{X \to -\infty} Xe^X = 0$, on en déduit :

$\lim\limits_{x \to +\infty} e^{-\lambda x} = 0$ et $\lim\limits_{x \to +\infty} -\lambda e^{-\lambda x} = \lim\limits_{x \to +\infty} \frac{1}{\lambda}(-\lambda x e^{-\lambda x}) = 0$.

Donc $\lim\limits_{x \to +\infty} \int_0^x t\lambda e^{-\lambda t}dt = \frac{1}{\lambda}$ et $\boldsymbol{E(X) = \frac{1}{\lambda}}$.

Partie B.

1. La loi de Y admet pour densité la fonction définie sur $[0\ ;\ 3]$ par $f(x) = \dfrac{1}{3-0} = \dfrac{1}{3}$.

On peut aussi utiliser directement la formule (voir le cours, II).

D'où $p(1 \leqslant Y \leqslant 2{,}5)=\int_1^{2.5} f(x)\mathrm{d}x=\int_1^3 \frac{1}{3}\,\mathrm{d}x=\left[\frac{1}{3}x\right]_1^{2,5}=\frac{2{,}5-1}{3}=\frac{1{,}5}{3}.$

$$\boldsymbol{p(1 \leqslant Y \leqslant 2{,}5)=0{,}5}.$$

2. $p(Y>2)=p(Y\in]2\,;3])=\int_2^3 f(x)\,\mathrm{d}x=\frac{1}{3}$ par le même procédé .

$$\boldsymbol{p(Y>2)=\frac{1}{3}}.$$

Partie C.

1. a. On dit que ***Z* suit une loi normale centrée réduite.**

Voir le cours, IV.

b. La fonction de densité de la loi de Z est définie sur $\mathbb{R}$ par :

$$\boldsymbol{f(x)=\frac{1}{\sqrt{2\pi}}\mathrm{e}^{-\frac{x^2}{2}}}.$$

c. **Sa courbe est symétrique par rapport à l'axe des ordonnées** (c'est une fonction paire).

d. $u_{0,05}\approx 1{,}96$ à 0,01 près, donc $\boldsymbol{p(-1{,}96 \leqslant Z \leqslant 1{,}96)\approx 0{,}95}$.

On peut aussi utiliser directement la calculatrice :

Texas : normalcdf(-1.96, 1.96, 0, 1) ;

Casio : Ncd(Lower : -1.96 ; Upper : 1.96 ; σ : 0 ; μ : 1).

2. La calculatrice

Texas : normalcdf $\left(\left(1,\ 2{,}5,\ 3,\ \sqrt{2}\right)\right)$;

Casio : Ncd(Lower : 1 ; Upper : 2.5 ; σ : $\sqrt{2}$; μ : 3)

donne $\boldsymbol{p(1 \leqslant Z \leqslant 2{,}5)\approx 0{,}283}$ **à 0,001 près.**

Attention, c'est la valeur de $\sigma=\sqrt{2}$ qu'il faut entrer à la calculatrice et pas σ^2 !

21 **Partie A.**

1. Les tirages se font avec remise, donc chaque tirage comporte deux issues S « obtenir un composant défectueux » réalisé avec probabilité $0{,}02$ et $\overline{\text{S}}$. Il s'agit d'une épreuve de Bernoulli de paramètre $p=0{,}02$.

On répète 50 épreuves de Bernoulli indépendantes. Le nombre de composants défectueux, c'est-à-dire de succès dans ce schema de Bernoulli, suit une loi binomiale de paramètres $n=50$ et $p=0{,}02$.

La probabilité qu'exactement deux des composants achetés soient défectueux est donc :

$$\binom{50}{2}\times 0,02^2\times(1-0,02)^{50-2}=1225\times 0,02^2\times 0,98^{48}$$

$$\approx \mathbf{0,2\ à\ 10^{-1}\ près}.$$

2. On cherche $p(X\geqslant 1)=1-p(X=0)$.

Or $p(X=0)=\binom{50}{0}\times 0,02^0\times 0,98^{50-0}=0,98^{50}$,

donc $\boldsymbol{p(X\geqslant 1)\approx 0,64}$ **à** $\mathbf{10^{-2}}$ **près.**

3. Le nombre moyen de composants défectueux pour lot de 50 composants est l'espérance de la loi binomiale de paramètres $n=50$ et $p=0,02$, c'est-à-dire :

$$\boldsymbol{E(X)=n\times p=50\times 0,02-1.}$$

Partie B.

1. a. Si le composant est défectueux, sa durée de vie T_1 suit une loi exponentielle de paramètre $\lambda_1=5\times 10^{-4}$.

$$p(T_1\geqslant 1000)=p(T_1\in[1000\ ;\ +\infty[)=1-\int \lambda_1\,\mathrm{e}^{-\lambda_1 x}\mathrm{d}x,$$

soit $p(T_1\geqslant 1\,000)=1-\left[-\mathrm{e}^{-\lambda_1 x}\right]_0^{1\,000}=1+\mathrm{e}^{-1\,000\lambda_1}-\mathrm{e}^0$,

$p(T_1\geqslant 1\,000)=\mathrm{e}^{-1\,000\lambda_1}=\mathrm{e}^{-10^3\times 5\times 10^{-4}}=\mathbf{e^{-0,5}\approx 0,61}$ **à** $\mathbf{10^{-2}}$ **près.**

b. De même avec un composant non défectueux,

$p(T_2\geqslant 1000)=\mathrm{e}^{-1000\lambda_2}=\mathrm{e}^{-1000\times 10^{-4}}=\mathbf{e^{-0,1}\approx 0,91}$ **à** $\mathbf{10^{-2}}$ **près.**

2. Un composant est, soit défectueux, soit non défectueux et ces événements sont incompatibles, donc si on note D l'événement « le composant est défectueux », d'après la formule des probabilités totales :

$$p(T\geqslant t)=p(\mathrm{D})\times p_{\mathrm{D}}(T\geqslant t)+p(\overline{\mathrm{D}})\times p_{\overline{\mathrm{D}}}(T\geqslant t).$$

Or, si (sachant que) l'appareil est défectueux, $T=T_1$, et si l'appareil n'est pas défectueux, $T=T_2$, donc $p(T\geqslant t)=0,02\times p(T_1\geqslant t)+0,98\times p(T_2\geqslant t)$ $=0,02\times\mathrm{e}^{-\lambda_1 t}+0,98\times\mathrm{e}^{-\lambda_2 t}$ (pour le même calcul qu'en **1.**).

$$\boldsymbol{p(T\geqslant t)=0,02\mathrm{e}^{-5\times 10^{-4}t}+0,98\times\mathrm{e}^{-10^{-4}t}.}$$

3. $p(T\geqslant 1\,000)=0,02\mathrm{e}^{-0,5\times 10^{-4}\times 1\,000}+0,98\times\mathrm{e}^{-10^{-4}\times 1\,000}$

$$=0,02\mathrm{e}^{-0,5}+0,98.$$

$p(T\geqslant 1000)\neq 0$ donc :

$$p_{T\geqslant 1000}(\mathrm{D})=\frac{p(D\cap(T\geqslant 1000))}{p(T\geqslant 1000)}=\frac{p(\mathrm{D})\times p_{\mathrm{D}}(T\geqslant 1000)}{p(T\geqslant 1000)}.$$

Or, $p_{\mathrm{D}}(T \geqslant 1000) = p(T_1 \geqslant 1000) = \mathrm{e}^{-\lambda_1 \times 1000} = \mathrm{e}^{-0,5}$, donc :

$$p_{T \geqslant 1000}(\mathrm{D}) = \frac{0,02 \times \mathrm{e}^{-0,5}}{0,02\,\mathrm{e}^{-0,5} + 0,98\,\mathrm{e}^{-0,1}}$$

$$\boldsymbol{p_{T \geqslant 1000}(\mathrm{D}) = 0,01 \text{ à } 10^{-2} \text{ près.}}$$

22 1. Posons $u(t) = -\frac{t^2}{2} = -\frac{1}{2}t^2$ pour $t \in \mathbb{R}$.

u est dérivable sur $\mathbb{R}$, de dérivée $u'(t) = -\frac{1}{2} \times 2t = -t$. Donc $t \to \frac{1}{\sqrt{2\pi}}\mathrm{e}^{\frac{t^2}{2}}$ est dérivable sur $\mathbb{R}$, de dérivée $\frac{1}{\sqrt{2\pi}}u'(t)\mathrm{e}^{u(t)} = -\frac{1}{\sqrt{2\pi}}t\,\mathrm{e}^{-\frac{t^2}{2}} = -tf(t)$.

Donc $t \mapsto tf(t)$ est la dérivée de la fonction $g(t) = -\frac{1}{\sqrt{2\pi}}\mathrm{e}^{-\frac{t^2}{2}} = -f(t)$.

Donc $g = -f$ convient.

2. Soit $x < 0$,

$$\int_x^0 tf(t)\mathrm{d}t = [g(t)]_x^0 = g(0) - g(x) = -f(0) + f(x) = -\frac{1}{\sqrt{2\pi}} + \frac{1}{\sqrt{2\pi}}\mathrm{e}^{-\frac{x^2}{2}}.$$

Or $\lim\limits_{x \to -\infty} -\frac{x^2}{2} = -\infty$ et $\lim\limits_{X \to -\infty} \mathrm{e}^X = 0$, donc $\lim\limits_{x \to -\infty} \frac{1}{\sqrt{2\pi}}\mathrm{e}^{-\frac{x^2}{2}} = 0$;

puis $\lim\limits_{x \to -\infty} \int_x^0 tf(t)\mathrm{d}t = -\frac{1}{\sqrt{2\pi}}$.

De même pour $y > 0$, $\int_0^y tf(t)\mathrm{d}t = f(0) - f(y) = \frac{1}{\sqrt{2\pi}} - \frac{1}{\sqrt{2\pi}}\mathrm{e}^{-\frac{y^2}{2}}$.

$\lim\limits_{y \to +\infty} -\frac{y^2}{2} = -\infty$ et $\lim\limits_{X \to -\infty} \mathrm{e}^X = 0$, donc $\lim\limits_{y \to +\infty} \frac{1}{\sqrt{2\pi}}\mathrm{e}^{-\frac{y^2}{2}} = 0$,

puis $\lim\limits_{y \to +\infty} \int_0^y tf(t)dt = \frac{1}{\sqrt{2\pi}}$.

Ainsi $E(X) = -\frac{1}{\sqrt{2\pi}} + \frac{1}{\sqrt{2\pi}} = 0$.

23 1. La probabilité que X soit conforme est :

$p(X \in [994 ; 1\,006]) = p(X \in [\mu - 3\sigma ; \mu + 3\sigma]) \approx 0,997$ à 0,001 près car X suit une loi $\mathrm{N}(1000 ; 2^2)$. On en déduit la probabilité que la boite soit non conforme : elle vaut $1 - p(X \in [994 ; 1006]) \approx$ **0,003 à 0,001** près.

2. a. **Z suit une loi $\mathrm{N}(0 ; 1)$.**

Voir le cours, IV.

b. $p(1000-h \leqslant X \leqslant 1000+h)=0,99 \Leftrightarrow p(-h \leqslant X-1000 \leqslant h)=0,99.$

$$\Leftrightarrow p\left(-\frac{h}{2} \leqslant \frac{X-1000}{2} \leqslant \frac{h}{2}\right)=0,99 \Leftrightarrow p\left(-\frac{h}{2} \leqslant Z \leqslant \frac{h}{2}\right)=0,99.$$

Or il existe un unique u_α tel que $p(-u_\alpha \leqslant Z \leqslant u_\alpha)=0,99=1-0,01$: c'est $u_{0,01} \approx 2,58$.

Voir le cours, II.

Donc $\dfrac{h}{2} \approx 2,58 \Leftrightarrow h \approx 2\times 2,58 \approx 5,16.$

Les indicateurs d'alerte sont donc :

$$\mathbf{1\,000-5,16 \approx 994,84 \text{ et } 1\,000+5,16 \approx 1\,005,16.}$$

24 **1.** Pour le premier institut de sondage, le nombre n_1 d'individus interrogés est $n_1 = 750$, la fréquence de personnes observées en surpoids est $f_1 = \dfrac{29}{100} = 0,29.$

Ainsi $n_1 \geqslant 30$, $n_1 \times f_1 = 750 \times 0,29 = 217,5 \geqslant 5$,

et $n_1 \times (1-f_1) = 750 \times 0,71 = 532,5 \geqslant 5$, donc l'intervalle de confiance au niveau 0,95 pour la proportion de personnes en surpoids dans la population totale de la ville est $IC_1 = \left[f_1 - \dfrac{1}{\sqrt{n_1}} \; ; f_1 + \dfrac{1}{\sqrt{n_1}}\right] = \left[0,29 - \dfrac{1}{\sqrt{750}} \; ; 0,29 + \dfrac{1}{\sqrt{750}}\right]$,

soit $IC_1 = [0,253 \; ; 0,327]$ en arrondissant les bornes à 0,001 près.

De même pour le deuxième institut de sondage, le nombre n_2 d'individus interrogés est $n_2 = 900$, la fréquence de personnes observées en surpoids est $f_2 = 0,23$. Ainsi $n_2 \geqslant 30$, $n_2 \times f_2 \geqslant 5$ et $n_2 \times (1-f_2) \geqslant 5$, donc l'intervalle de confiance au niveau 0,95 pour la proportion p de personnes en surpoids dans la population totale de la ville est $IC_2 = \left[0,21 - \dfrac{1}{\sqrt{900}} \; ; 0,21 + \dfrac{1}{\sqrt{900}}\right]$,

soit $[0,177 \; ; 0,243]$ en arrondissant les bornes à 0,001 près.

Ces deux intervalles sont disjoints, donc on peut conclure, au niveau de confiance 0,95, que ces deux études sont contradictoires. **La surprise du Maire est légitime au niveau de confiance 0,95.**

2. Notons $p = \dfrac{47}{100} = 0,47$ la proportion effective des hommes dans la population totale de la ville. Sur un échantillon de taille $n_1 = 750$:

$n_1 \geqslant 30$, $n_1 \times p = 750 \times 0,47 \geqslant 5$ et $n_1 \times (1-p) = 750 \times 0,5 \geqslant 5$, donc l'intervalle de fluctuation asymptotique au seuil de 95 % pour la fréquence des hommes dans un échantillon de 750 personnes prises aléatoirement dans la population totale est :

$$I=\left[p-1,96\frac{\sqrt{p(1-p)}}{\sqrt{n_1}}\ ;p+1,96\frac{\sqrt{p(1-p)}}{\sqrt{n_1}}\right]$$

$$I=\left[0,47-1,96\times\frac{\sqrt{0,47\times0,53}}{\sqrt{750}}\ ;0,47+1,96\times\frac{\sqrt{0,47\times0,53}}{\sqrt{750}}\right]$$

$I=[0,434\ ;0,506]$ en arrondissant les bornes à 0,001 près.

La proportion observée d'hommes dans l'échantillon interrogé par le premier institut est égale à $f_1=\frac{370}{750}\approx 0,493$ à 0,001 près : cette proportion est dans l'intervalle de fluctuation asymptotique au seuil de 95 %, donc on peut conclure que l'échantillon est bien représentatif de la population totale.

Sur un échantillon de taille $n_2=900$, on a toujours $n_2\geqslant 30$, $n_2\times p\geqslant 5$ et $n_2\times(1-p)\geqslant 5$, donc l'intervalle de fluctuation asymptotique au seuil de 95 % pour la fréquence des hommes dans un échantillon de 900 personnes prises aléatoirement dans la population totale est :

$$I=\left[p-1,96\frac{\sqrt{p(1-p)}}{\sqrt{n_2}}\ ;p+1,96\frac{\sqrt{p(1-p)}}{\sqrt{n_2}}\right]$$

$$I=\left[0,47-1,96\times\frac{\sqrt{0,47\times0,53}}{\sqrt{900}}\ ;0,47+1,96\times\frac{\sqrt{0,47\times0,53}}{\sqrt{900}}\right]$$

$I=[0,437\ ;0,503]$ en arrondissant les bornes à 0,001 près.

La fréquence des hommes observée sur l'échantillon interrogé par le deuxième institut est $f_2=\frac{390}{900}\approx 0,433$ à 0,001 près : cette proportion n'est pas dans l'intervalle de fluctuation asymptotique au seuil de 95 %, donc on peut conclure que l'échantillon n'est pas représentatif de la population totale.

Le Maire devrait plutôt se fier au résultat du premier institut de sondage.

Enseignement de spécialité

11 Arithmétique

I DIVISIBILITÉ ET CONGRUENCE

1. Divisibilité dans $\mathbb{Z}$

Définition

Soit a et b deux entiers relatifs.

On dit que **a divise b,** et on note $a|b$, s'il existe un entier relatif k tel que $b = a \times k$.

a s'appelle **diviseur** de b et b **multiple** de a.

- 0 ne divise aucun entier relatif non nul et tout entier relatif divise 0.
- Pour tout entier relatif a, $1|a$; $a|a$ et $-a|a$.

Propriétés de divisibilité

a, b et c sont trois entiers relatifs.

- On suppose que $b \neq 0$. Si $a|b$, alors $|a| \leqslant |b|$.
- Si $a|b$ et $b|c$, alors $a|c$.
- Si $a|b$ et $b|a$, alors $a = b$ ou $a = -b$.
- Si $c|a$ et $c|b$, alors, pour tous entiers relatifs u et v, $c|ua + vb$.

En particulier, $c|a + b$ et $c|a - b$.

2. Division euclidienne

Soit a un entier relatif et b un entier naturel non nul.

Il existe un unique couple $(q \; ; \; r) \in \mathbb{Z} \times \mathbb{N}$ tel que :

$$\boldsymbol{a = bq + r} \textbf{ avec } \boldsymbol{0 \leqslant r < b}.$$

q s'appelle le **quotient** et r le **reste** de la division euclidienne de a par b.

- La condition $0 \leqslant r < b$ est essentielle pour l'unicité du couple $(q \; ; \; r)$.
- On peut prolonger la division euclidienne en prenant $b \in \mathbb{Z}^*$; la condition sur le reste s'écrit alors $0 \leqslant r < |b|$.

Propriété

Soit a et b deux entiers relatifs, b étant non nul ; b divise a si, et seulement si, le reste de la division euclidienne de a par b est nul.

3. Congruences

Définition

Soit n un entier supérieur ou égal à 2, a et b deux entiers relatifs.

On dit que ***a* est congru à *b* modulo *n*** si $a-b$ est un multiple de n (ou si n divise leur différence). On note alors $a \equiv b$ (modulo n) ou $a \equiv b$ (n).

n divise $a-b$ si, et seulement si, n divise $b-a$.
On peut alors dire indifféremment « a est congru à b modulo n » ou « b est congru à a modulo n » ou « a et b sont congrus modulo n ».

EXEMPLES : $2\,003 \equiv 3$ (modulo 10) ; $34 \equiv -131$ (modulo 5) ;
$-19 \equiv 5$ (modulo 6).

Pour obtenir tous les entiers congrus à 5 modulo 6, on « compte de 6 en 6 » à partir de 5 : ... ; -19 ; -13 ; -7 ; -1 ; 5 ; 11 ; 17 ; 23 ; ...

Conséquences

Soit n un entier supérieur ou égal à 2, a, b et c trois entiers relatifs.

- $a \equiv a$ (modulo n).
- Si $a \equiv b$ (modulo n), alors $b \equiv a$ (modulo n).
- Si $a \equiv b$ (modulo n) et si $b \equiv c$ (modulo n), alors $a \equiv c$ (modulo n).

Propriété 1

Soit n un entier supérieur ou égal à 2, a et b deux entiers relatifs.

a et b sont congrus modulo n si, et seulement si, a et b ont le même reste dans leurs divisions euclidiennes par n.

En particulier : $a \equiv 0$ (modulo n) si, et seulement si, $n|a$.

Propriété 2

Soit n un entier naturel supérieur ou égal à 2.

Tout entier relatif a est congru modulo n à un unique entier r tel que $0 \leqslant r < n$.

Cette propriété permet de définir une partition de $\mathbb{Z}$ en n « classes », chacune contenant un unique élément de $\{0\ ;\ 1\ ;\ ...\ ;\ n-1\}$.

EXEMPLE : Modulo 4, $\mathbb{Z}$ est partagé en quatre parties :

– les entiers dont le reste dans leur division par 4 est 0 ;
– les entiers dont le reste dans leur division par 4 est 1 ;
– les entiers dont le reste dans leur division par 4 est 2 ;
– les entiers dont le reste dans leur division par 4 est 3.

Propriété 3

Soit n un entier naturel supérieur ou égal à 2.
a, a', b, b' sont des entiers relatifs :

> Si $a \equiv a'$ (modulo n) et $b \equiv b'$ (modulo n), alors :
> $a + b \equiv a' + b'$ (modulo n) et $a \times b \equiv a' \times b'$ (modulo n).

Conséquences

Soit n un entier naturel supérieur ou égal à 2. Si a et b sont des entiers relatifs tels que $a \equiv b$ (modulo n), alors :
– pour tout entier relatif k, $ka \equiv kb$ (modulo n) ;
– pour tout entier naturel p, $a^p \equiv b^p$ (modulo n).

II PGCD DE DEUX ENTIERS

1. Définition

Théorème

Soit a et b deux entiers relatifs non nuls. L'ensemble des diviseurs commun à a et b admet un plus grand élément d.

Définition

d s'appelle **plus grand diviseur commun** à a et b. On le note PGCD $(a\ ;\ b)$.

- Si $a \neq 0$, on pose PGCD $(a\ ;\ 0) = a$.
- Soit $(a\ ;\ b) \in \mathbb{Z}^* \times \mathbb{Z}^*$. 1 divise a et b, donc PGCD $(a\ ;\ b) \geqslant 1$.

EXEMPLE : PGCD $(9\ ;\ 15) = 3$.

Propriétés

Soit a, b et k des entiers relatifs non nuls.

> (1) PGCD $(a\ ;\ b) =$ PGCD $(b\ ;\ a)$;
>
> (2) PGCD $(a\ ;\ b) =$ PGCD $(|a|\ ;\ |b|)$;
>
> (3) PGCD $(a\ ;\ 1) = 1$;
>
> (4) PGCD $(ka\ ;\ kb) = |k| \times$ PGCD $(a\ ;\ b)$.

D'après la propriété (2), on supposera dans la suite que a et b sont des entiers naturels. D'après la propriété (4), si on pose $d =$ PGCD$(a\ ;\ b)$, il existe deux entiers naturels a' et b' tels que :

$$a = d \times a',\ b = d \times b',\ \text{et PGCD } (a'\ ;\ b') = 1.$$

■ **Propriété (lemme d'Euclide)**

Soit a et b deux entiers naturels non nuls avec $a > b$.

Soit $(q\ ;\ r) \in \mathbb{N} \times \mathbb{N}$ tel que $a = bq + r$ et $0 \leqslant r < b$.

- si $r = 0$, alors PGCD $(a\ ;\ b) = b$;
- si $r \neq 0$, alors PGCD $(a\ ;\ b) =$ PGCD $(b\ ;\ r)$.

■ **Corollaire**

Soit a et b deux entiers naturels non nuls. Si d est un diviseur commun à a et b, alors d divise PGCD $(a\ ;\ b)$.

2. Algorithme d'Euclide

L'algorithme suivant, appelé algorithme d'Euclide, permet de déterminer PGCD $(a\ ;\ b)$ pour $(a\ ;\ b) \in \mathbb{N} \times \mathbb{N}$, $a > b$.

On effectue la division euclidienne de a par b :

il existe $(q_1\ ;\ r_1) \in \mathbb{N} \times \mathbb{N}$ tel que $a = bq_1 + r_1$ et $0 \leqslant r_1 < b$.

Deux cas sont possibles :

- $r_1 = 0$, alors PGCD $(a\ ;\ b) = b$.
- $r_1 \neq 0$, alors on effectue la division euclidienne de b par r_1 :

il existe $(q_2\ ;\ r_2) \in \mathbb{N} \times \mathbb{N}$ tel que $b = r_1 q_2 + r_2$ et $0 \leqslant r_2 < r_1$.

Deux cas sont possibles :

- $r_2 = 0$, alors PGCD $(a\ ;\ b) =$ PGCD $(b\ ;\ r_1) = r_1$.
- $r_2 \neq 0$, alors on effectue la division euclidienne de r_1 par r_2 …

On continue tant que le reste trouvé n'est pas nul : on obtient alors une suite d'entiers naturels $r_1, r_2, r_3, \ldots$ avec $\ldots < r_3 < r_2 < r_1 < b$, mais, comme ces restes constituent une suite strictement décroissante d'entiers naturels, il existe $k \in \mathbb{N}^*$ tel que $r_k \neq 0$ et $r_{k+1} = 0$. On en déduit :

$$\begin{aligned}\text{PGCD}\,(a\ ;\ b) &= \text{PGCD}\,(b\ ;\ r_1)\\ &= \text{PGCD}\,(r_1\ ;\ r_2)\\ &= \ldots\\ &= \text{PGCD}\,(r_{k-1}\ ;\ r_k)\\ &= \boldsymbol{r_k}.\end{aligned}$$

III NOMBRES PREMIERS

1. Généralités

■ **Définition**

Soit $p \in \mathbb{N}$, $p > 1$. On dit que p est **premier** si ses seuls diviseurs positifs sont 1 et lui-même. Sinon, on dit qu'il est composé.

0 et 1 ne sont pas des nombres premiers.

EXEMPLES : 2, 3, 5, 7, 11, 13, 17, 19 sont premiers.

Théorème

Soit $a \in \mathbb{N}$, $a > 1$.

- L'entier a admet au moins un diviseur premier.
- Si a n'est pas premier, il admet un diviseur premier p vérifiant :

$$2 \leqslant p \leqslant \sqrt{a}.$$

Critère de primalité

Un entier naturel n est premier si, et seulement si, il n'est pas divisible par un nombre premier compris entre 2 et $\sqrt{n}$.

Théorème 2 (Euclide)

L'ensemble des nombres premiers est infini.

2. Décomposition en facteurs premiers d'un entier naturel

Théorème

Soit $n \in \mathbb{N}$, $n > 1$, n se décompose en produit de nombres premiers et cette décomposition est unique (à l'ordre près des facteurs).

> n peut alors s'écrire $n = p_1^{\alpha_1} \times p_2^{\alpha_2} \times \ldots \times p_r^{\alpha_r}$ où p_1, ... , p_r sont des nombres premiers deux à deux distincts et α_1, ... α_r sont des entiers naturels non nuls.

IV THÉORÈMES DE BÉZOUT ET DE GAUSS

Dans ce paragraphe, a, b, c sont des entiers relatifs tels que $(a , b) \neq (0 , 0)$.

Définition

On dit que a et b sont **premiers entre eux** si leurs seuls diviseurs communs sont -1 et 1.

Théorème 1 (de Bézout)

- Si a et b sont premiers entre eux, alors il existe un couple $(u ; v)$ d'entiers relatifs tel que $au + bv = 1$.
- Réciproquement, s'il existe un couple $(u ; v)$ d'entiers relatifs tel que $au + bv = 1$, alors a et b sont premiers entre eux.

> Au moins un des deux entiers a, b du théorème est non nul car 0 et 0 ne sont pas premiers entre eux et la relation $au + bv = 1$ implique que $(a ; b) \neq (0 ; 0)$.

Théorème 2

Si on pose $d = \text{PGCD}(a ; b)$, alors il existe un couple $(u ; v)$ d'entiers relatifs tel que $au + bv = d$.

> La réciproque de ce théorème est fausse si $d \neq 1$.
> Par exemple, $3 \times 5 + (-1) \times 9 = 6$ mais PGCD $(3 ; 9) = 3 \neq 6$.

■ **Théorème 3 (de Gauss)**
Si a divise bc et si PGCD $(a\ ;\ b)=1$, alors a divise c.

■ **Théorème 4 : équations diophantiennes du premier degré $ax+by=c$.**

• (1) si PGCD $(a\ ;\ b)$ divise c, alors l'équation $\boldsymbol{ax+by=c}$ admet une infinité de solutions entières ;

• (2) si PGCD $(a\ ;\ b)$ ne divise pas c, alors l'équation $ax+by=c$ n'admet pas de solution entière.

SAVOIR-FAIRE

1. Divisibilité et congruences

• La division euclidienne d'un entier a par un entier b s'écrit $a=bq+r$ avec q et r entiers tels que $0\leqslant r<b$. Alors $a\equiv r$ (modulo b).

• a et b étant deux entiers, a est divisible par b si et seulement si il existe $k\in\mathbb{Z}$ tel que $a=bk$, soit $a\equiv 0$ (modulo b).

EXEMPLE 1

Déterminer le reste dans la division euclidienne de :

a. 2009 par 11 ;

b. 2^{10} par 11 ;

c. $2^{2009}+2009$ par 11 ;

a. $2009\div 11\approx 182{,}6$ et $2009-11\times 182=7$, donc :

$$2009=11\times 182+7.$$

Le reste dans la division euclidienne de 2009 par 11 est 7.

b. De même, $2^{10}=1\ 024=11\times 93+1$.

Le reste dans la division euclidienne de 2^{11} par 11 est 1.

c. $2^{2009}=2^{2000+9}=2^{10\times 200+9}=(2^{10})^{200}\times 2^{9}$.

Or, d'après **b.** $2^{10}\equiv 1$ (modulo 11) donc, par propriété des congruences :

$$(2^{10})^{200}\equiv 1^{200}\equiv 1 \text{ (modulo 11)}.$$

De plus, $2^9=512=11\times 46+6$, donc $2^9\equiv 6$ (modulo 11), d'où :

$$(2^{10})^{200}\times 2^9\equiv 1\times 6\equiv 6 \text{ (modulo 11)}.$$

D'après **a,** $2009\equiv 7$ (modulo 11), donc finalement :

$$2^{2009}+2009\equiv 6+7\equiv 13\equiv 2 \text{ (modulo 11)}.$$

2 étant un entier naturel strictement inférieur à 11, **2 est le reste de la division euclidienne de $2^{2009}+2009$ par 11.**

EXEMPLE 2

Résoudre une équation avec congruence : x étant un entier, démontrer que $x^2+x+3 \equiv 0$ (modulo 5) si et seulement si $x \equiv 1$ (modulo 5) ou $x \equiv 3$ (modulo 5).

Plusieurs méthodes sont possibles :

- Tester tous les cas : dans la division par 5, on a 5 restes possibles, 0, 1, 2, 3 ou 4, donc tout nombre entier x s'écrira $5k+r$, $k \in \mathbb{Z}$, puis on remplace dans l'équation que l'on cherche à résoudre.
- Lorsque n n'est pas trop grand, on peut considérer tous les cas possibles en présentant les résultats dans un tableau des restes modulo n.

Première méthode

Pour tout entier x, la division euclidienne par 5 s'écrit $x = 5k+r$ avec $r = 0$, 1, 2, 3 ou 4, d'où :

$$x^2+x+3 = (5k+r)^2+(5k+r)+3 = 25k^2+10kr+r^2+5k+r+3$$
$$= 5(5k^2+2kr+k)+r^2+r+3.$$

5 divise $5(5k^2+2kr+k)$, dans la mesure où $5k^2+2kr+k$ est un entier, donc :

$x^2+x+3 \equiv 0$ (modulo 5) $\Leftrightarrow x^2+x+3$ est divisible par 5
$\Leftrightarrow r^2+r+3$ est divisible par 5.

Considérons tous les cas :

- Si $r=0$: $r^2+r+3=3$, qui n'est pas divisible par 5.
- Si $r=1$: $r^2+r+3=5$, qui est divisible par 5, donc $x=5k+1$, $k \in \mathbb{Z}$ est solution de l'équation.
- Si $r=2$: $r^2+r+3=9$, qui n'est pas divisible par 5.
- Si $r=3$: $r^2+r+3=15$, qui est divisible par 5, donc $x=5k+3$, $k \in \mathbb{Z}$ est solution de l'équation.
- Si $r=4$: $r^2+r+3=23$, qui n'est pas divisible par 5.

$x^2+x+3 \equiv 0$ (modulo 5) $\Leftrightarrow x \equiv 1$ (modulo 5) ou $x \equiv 3$ (modulo 5).

Seconde méthode

Tout entier x est congru à 0, 1, 2, 3 ou 4 modulo 5.

Dressons le tableau des restes de x^2+x+3 modulo 5 :

Par exemple, si $x \equiv 2$ (modulo 5), alors $x^2+x+3 \equiv 4+2+3 \equiv 9 \equiv 4$ (modulo 5)

x (modulo 5)	0	1	2	3	4
x^2+x+3 (modulo 5)	3	0	4	0	3

D'après le tableau, **on constate que $x^2+x+3 \equiv 0$ (modulo 5) si et seulement si $x \equiv 1$ (modulo 5) ou $x \equiv 3$ (modulo 5).**

2. PGCD de deux entiers

On utilise l'algorithme d'Euclide jusqu'à trouver un reste égal à 0 dans les divisions euclidiennes successives. Le dernier reste non nul est le PGCD cherché.

Pour trouver la division euclidienne de a par b, si la calculatrice ne le fait pas :

- on divise a par b et la partie entière du résultat est le quotient q ;
- le reste est égal à $a - b \times q$.

EXEMPLE 1 :

Déterminer le PGCD de 4 200 et de 198.

On effectue la division du plus grand des deux entiers par le second :

$$4\,200 = 198 \times 21 + 42.$$

Puis on divise le diviseur par le reste :

$$198 = 42 \times 4 + 30.$$

Et on poursuit jusqu'à trouver un reste nul :

$$42 = 30 \times 1 + 12$$
$$30 = 12 \times 2 + 6$$
$$12 = 6 \times 2 + 0.$$

Le dernier reste non nul est 6, donc :

PGCD (4 200 ; 198) = 6.

EXEMPLE 2 :

Déterminer le PGCD de 5 303 et de 426. Que peut-on en déduire ?

$$5\,303 = 426 \times 12 + 191$$
$$426 = 191 \times 2 + 44$$
$$191 = 44 \times 4 + 15$$
$$44 = 15 \times 2 + 14$$
$$15 = 14 \times 1 + 1$$
$$14 = 1 \times 14 + 0.$$

Donc PGCD (5303 ; 426) = 1, c'est-à-dire que 5303 et 426 sont premiers entre eux.

3. Nombres premiers

Pour déterminer si un nombre n est premier, on tente de le diviser par tous les nombres premiers inférieurs à $\sqrt{n}$, la liste des nombres premiers commençant par 2, 3, 5, 7, 11, 13, 17, 19, 23, …

Il peut être utile de vérifier d'abord les critères de divisibilité pour s'épargner des opérations :

- Nombres divisibles par 2 : se terminent par 0, 2, 4, 6 ou 8.
- Nombres divisibles par 3 : la somme des chiffres est un multiple de 3.

- Nombres divisibles par 5 : se terminent par 0 ou 5.
- Nombres divisibles par $9 = 3^2$: la somme des chiffres est un multiple de 9.
- Nombres divisibles par $10 = 2 \times 5$: se terminent par 0.

EXEMPLE : Les nombres suivants sont-ils premiers : 377, 2 451, 5 303 ?

- Pour 377 ; les critères de divisibilité ne fonctionnent pas.

$\sqrt{377} \approx 19{,}4$; on tente les divisions par 7, 11, 13, et $377 \div 13 = 29$, **donc 377 n'est pas un nombre premier**.

- Pour 2 451, $2+4+5+1=12$, qui est un multiple de 3, **donc 2 451 est divisible par 3 : il n'est pas premier.**
- Pour 5 303, les critères de divisibilité ne fonctionnent pas.

$\sqrt{5303} \approx 72{,}8$; on tente les divisions par 5, 7, 11, 13, 17, 19, 23, 29, 31, 37, 41, 43, 47, 53, 59, 61, 67, 71. Aucune ne tombe juste, **donc 5 303 est un nombre premier**.

4. Décomposition d'un nombre en facteurs premiers et applications

On décompose ce nombre petit à petit en vérifiant d'abord les critères de divisibilité. On obtient un résultat du type : $n = 2^\alpha \times 3^\beta \times 5^\gamma \times n'$.
Puis on tente de diviser n' par les nombre premiers inférieurs à $\sqrt{n'}$.

EXEMPLE 1

Décomposer les nombres suivants sous la forme d'un produit de facteurs premiers : 352, 2 451, 2 520.

- 352 est pair, donc il est divisible par 2.

$352 \div 2 = 176$, donc $352 = 2 \times 176$.

On poursuit ainsi :

$$352 = 2\times2\times88 = 2\times2\times2\times44 = 2\times2\times2\times2\times22$$
$$= 2\times2\times2\times2\times2\times11 = 2^5\times11$$

11 étant premier, **c'est la décomposition de 352 en produit de facteurs premiers**.

- 2 451 est divisible par 3, car $2+4+5+1=12$ qui est un multiple de 3, donc $2\,451 = 3\times817$.

817 ne répond pas aux critères de divisibilité.

Puis $\sqrt{817} \approx 28{,}5$, donc on tente de diviser 817 par 7, 11, 13, 17, 19, et 23. On constate que $817 = 19\times43$, **donc la décomposition de 2 451 en facteurs premiers est $3\times19\times43$**.

- Pour 2 520, on constate immédiatement que c'est un multiple de 10, puis on décompose simultanément les facteurs pour un gain de temps :

$$2\,520 = 10\times252 = 2\times5\times2\times126 = 2^2\times5\times2\times63 = 2^3\times5\times7\times9$$

$$\mathbf{2\,520 = 2^3\times3^2\times5\times7.}$$

EXEMPLE 2

Simplifier les fractions $\dfrac{352}{2\ 520}$ et $\dfrac{352}{2\ 451}$.

- $\dfrac{352}{2\ 520} = \dfrac{2^5 \times 11}{2^3 \times 3^2 \times 5 \times 7} = \dfrac{2^3 \times 2^2 \times 11}{2^3 \times 3^2 \times 5 \times 7} = \dfrac{2^2 \times 11}{3^2 \times 5 \times 7}$.

Il n'y a plus de facteurs communs au numérateur et au dénominateur, donc la fraction est irréductible : $\mathbf{\dfrac{352}{2\ 520} = \dfrac{44}{315}}$.

- $\mathbf{\dfrac{352}{2\ 451}}$ **est irréductible**, car 352 et 2 451 n'ont pas de facteurs premiers en commun.

EXEMPLE 3

Déterminer le PGCD de 352 et de 2 451, ainsi que PGCD (352 ; 2 520).

Plutôt que d'utiliser l'algorithme d'Euclide, nous pouvons comparer les décompositions en produits de facteurs premiers.

Le PGCD étant le plus grand des diviseurs communs, il est le produit des facteurs premiers communs aux deux nombres.

- 352 et 2 451 n'ont pas de facteurs premiers en commun, donc leur seul diviseur commun positif est 1 :

PGCD (352 ; 2 451) = 1.

- $352 = 2^5 \times 11 = 2^3 \times 2^2 \times 11$ et $2\ 520 = 2^3 \times 3^2 \times 5 \times 7$;

2^3 est le plus grand facteur commun à ces deux nombres, donc c'est le PGCD :

PGCD (352 ; 2 520) = 8.

5. Résolution d'une équation diophantienne $ax + by = c$

EXEMPLE : Déterminer les solutions entières de $728x + 187y = 5$ (E).

Méthode :

- **Existence d'une solution**

Pour cela, on vérifie si PGCD $(a\ ;\ b)$ divise c.

$$728 = 3 \times 187 + 167$$
$$187 = 1 \times 167 + 20$$
$$167 = 8 \times 20 + 7$$
$$20 = 2 \times 7 + 6$$
$$7 = 1 \times 6 + 1$$
$$6 = 6 \times 1 + 0.$$

Donc PGCD (728 : 187) = 1.

PGCD (728 ; 187) divise 5, donc il existe une infinité de solutions.

- **Détermination d'une solution particulière à l'aide de l'algorithme d'Euclide** On remonte alors l'algorithme d'Euclide :

$$\begin{aligned}1 &= 7-1\times 6\\ &= 7-(20-2\times 7)\\ &= 3\times 7-20\\ &= 3\times(167-8\times 20)-20\\ &= 3\times 167-25\times 20\\ &= 3\times 167-25\times(187-167\times 1)\\ &= 28\times 167-25\times 187\\ &= 28\times(728-3\times 187)-25\times 187\\ &= 28\times 728-109\times 187.\end{aligned}$$

Donc $728u+187v=1$ pour $u=28$ et $v=-109$.
Donc $728u+187v=5$ pour $u_0=5\times 28=140$ et $v_0=5\times(-109)=-545$.
Une solution particulière est (140 ; – 545), et on peut écrire :

$$728\times 140+187\times(-545)=5 \ (*).$$

- **Détermination de la solution générale de l'équation à l'aide du théorème de Gauss**

Soit $(x\,;y)$ une solution quelconque de (E). Par soustraction membre à membre de (*) à (E) :

$$728(x-140)+187(y+545)=0 \ (**)$$

$$728(x-140)=-187(y+545).$$

Donc 187 divise $728(x-140)$.
Or 187 et 728 sont premiers entre eux, donc d'après le théorème de Gauss, 187 divise $(x-140)$.
Donc il existe un entier relatif k tel que $x=140+187k$.
En remplaçant dans $(**)$, on obtient $728\times 187\times k=-187(y+545)$, c'est-à-dire $y=-545-728k$.

Vérification
Si k est un entier relatif quelconque :

$$728(140+187k)+187(-545-728k)=728\times 140-187\times 545=5.$$

Les solutions de (E) sont donc les couples :

$$\boldsymbol{(140+187k\ ;\ -545-728k)}\ \textbf{avec}\ k\in\mathbb{Z}.$$

EXERCICES D'APPLICATION

1 DIVISIBILITÉ

★ | 10 min | ▸P. 452

1. Sans utiliser votre calculatrice, démontrer que $1\,004^2 - 999^2$ est divisible par 5.

2. a. Démontrer que pour tous réels a et b :

$$a^4 - b^4 = (a-b)(a+b)(a^2+b^2).$$

b. Démontrer que $\underbrace{100\ldots004}_{100\ \textit{zéros}}{}^4 - \underbrace{99\ldots999}_{101\ \textit{chiffres}\ 9}{}^4$ est divisible par 5.

Voir la définition I.1.

2 DIVISIBILITÉ

★ | 15 min | ▸P. 452

1. a. Soit $n \in \mathbb{Z}$. Démontrer que $2n+1 = 2(n-3)+7$.

b. En déduire l'ensemble des entiers relatifs n tels que $n-3$ divise $2n+1$.

Utiliser la propriété de linéarité de la divisibilité.

2. a. Montrer que pour tout $n \in \mathbb{N}$, $n^2 - n + 3 = (n-2)(n+1)+5$.

b. Déterminer tous les entiers naturels n tels que $n+1$ divise $n^2 - n + 3$.

3 DIVISION EUCLIDIENNE

★ | 5 min | ▸P. 453

Déterminer dans chaque cas les entiers q et r tels que $a = bq + r$, avec $0 \leqslant r < |b|$.

a. $a = 121$, $b = 17$.

b. $a = -121$, $b = 17$.

c. $a = 121$, $b = -17$.

d. $a = -121$, $b = -17$.

Bien vérifier la condition existant sur r.

4 DIVISION EUCLIDIENNE

★ | 5 min | ▸P. 453

Soit $a \in \mathbb{N}$, $b \in \mathbb{N}^*$. On a effectué la division euclidienne de a par b. Le résultat obtenu est $a = 27b + 39$.
Quel est le reste de la division euclidienne de a par 27 ?

5

★ | 5 min | ▸P. 453

À l'aide de l'algorithme d'Euclide, calculer PGCD $(38\,254\ ;\ 49\,360)$.

Voir le savoir-faire 2.

6 FRACTION ET PGCD | ★★ | 5 min | ▸P. 454

Trouver la fraction égale à $\frac{153}{189}$ sachant que le PGCD de son numérateur et de son dénominateur est 15.

7 PROGRAMMER LE CALCUL DU PGCD DE DEUX ENTIERS À LA CALCULATRICE | ★★ | 15 min | ▸P. 454

On propose le programme suivant, décrit en langage naturel :

```
R, a et b sont trois nombres
Entrer la valeur de a
Entrer la valeur de b
R vaut 1.
Tant que R ≠ 0 :
        – R prend la valeur a – b × (partie entière de a/b)
        – a prend la valeur b
        – b prend la valeur R
Afficher le message "Le PGCD cherché vaut"
Afficher la valeur de a
```

1. Pourquoi est-il indispensable d'initialiser la valeur de R (par exemple, ici : $R = 1$) ?
2. Expliquer pourquoi on a la formule $R = a - b \times \left(\text{partie entière de } \frac{a}{b}\right)$.

> Cette formule permet de réaliser le programme, même sur des logiciels ou des calculatrices qui ne proposent pas la fonction "reste de la division euclidienne".

3. Expliquer en détail ce qui se passe lors de la première boucle si $a < b$.
4. Pourquoi fait-on afficher la valeur de a comme étant le PGCD, et non pas R ?
5. Réaliser ce programme sur votre calculatrice, et déterminer :

a. le PGCD de 12 et de 9 ;
b. le PGCD de 68 et de 48 ;
c. le PGCD de 347 et de 222.

8 CONGRUENCES | ★★ | 25 min | ▸P. 454

Déterminer l'ensemble des entiers relatifs x tels que :

1. $2x \equiv 3$ (modulo 7).

> On ne peut pas diviser par 2 dans une congruence.

2. $2x \equiv 3$ (modulo 10).

3. $3x \equiv 12$ (modulo 15).

Voir le savoir-faire 1, exemple 2.

4. $3x \equiv 12$ (modulo 6).

9 QCM | ★★ | 15 min | ▸ P. 456

▸ P. 456

Les affirmations suivantes sont-elles vraies ou fausses ?

1. 354 est congru à 11 modulo 7.
2. $-172 = -15 \times 11 - 7$, donc le reste de la division euclidienne de -172 par 11 est 7.
3. $n^3 - n$ est divisible par 6 pour tout $n \in \mathbb{N}$.
4. Le 1er janvier 2006 était un samedi, sachant que le 30 septembre 2006 était un samedi.
5. n étant un entier, on admet que $3n^2 - 2n + 5 = (n-1)(3n+1) + 6$.
Alors $3n^2 - 2n + 5$ est divisible par $n - 1$ si, et seulement si, $n = 1 + 6k$, où $k \in \mathbb{Z}$.

10 CONGRUENCES ET DIVISION EUCLIDIENNE | ★ | 10 min | ▸ P. 456

1. Calculer modulo 9 les nombres suivants : 2^0 ; 2^1 ; 2^2 ; 2^3 ; 2^4 ; 2^5 ; 2^6.
2. En déduire que pour tout $q \in \mathbb{N}$, $2^{6q} \equiv 1$ (modulo 9).
3. Soit $n \in \mathbb{N}$.

a. Soit r le reste de la division euclidienne de n par 6. Montrer que :

$$2^n \equiv 2^r \text{ (modulo 9).}$$

b. En déduire, suivant les valeurs de l'entier n, le reste de la division euclidienne de 2^n par 9.

- Voir le savoir-faire 1.
- Cet exercice décrit un procédé classique pour simplifier une congruence avec des puissances (voir exercices 18 et 20).

11 DÉCOMPOSITION EN FACTEURS PREMIERS | ★ | 5 min | ▸ P. 457

1. Les entiers 37, 67, 167 sont-ils premiers ? Justifier la réponse.
2. Décomposer en produits de facteurs premiers les entiers suivants :

2 004, 4 200, 13 325, 212 625.

Voir les savoir-faire 3 et 4.

12 ÉQUATION DIOPHANTIENNE | ★ | 10 min | ▸ P. 458

1. Calculer PGCD (187 ; 133) en utilisant l'algorithme d'Euclide.

2. Justifier l'existence, puis déterminer deux entiers u et v tels que :

$$187u + 133v = 1.$$

3. En déduire deux entiers m et n tels que $187m + 133n = -4$.

Voir le savoir-faire 5.

13 ÉQUATION DIOPHANTIENNE | ★ | 40 min | ▸P. 458

1. Soit $a \in \mathbb{Z}$, $b \in \mathbb{Z}^*$, $d \in \mathbb{N}^*$.
Une « sorte de réciproque » du théorème 2 du cours : supposons que d divise a, d divise b et qu'il existe $(u\ ;\ v) \in \mathbb{Z} \times \mathbb{Z}$ tels que $au + bv = d$.
Démontrer que $d = \text{PGCD}\,(a\ ;\ b)$.
2. Résoudre l'équation diophantienne $ax + by = c$.
a. Si $a = 1\ 124$, $b = 268$, $c = 3$.
b. Si $a = 14$, $b = 21$, $c = 7$.
c. Si $a = 147$, $b = 119$, $c = 15$.

Voir le savoir-faire 5.

14 THÉORÈMES DU COURS | ★★ | 10 min | ▸P. 459

1. Soit $n \in \mathbb{Z}$.
a. Déterminer deux entiers relatifs u et v tels que :

$$(6n + 10)u + (2n + 3)v = 1.$$

b. En déduire que $6n + 10$ et $2n + 3$ sont premiers entre eux.
2. Démontrer que pour tout $n \in \mathbb{Z}$, la fraction $\dfrac{3n + 4}{5n + 7}$ est irréductible.

On démontre que $3n + 4$ et $5n + 7$ sont premiers entre eux en procédant comme au 1.

15 DIVISIBILITÉ | ★★ | 10 min | ▸P. 459

Trouver les entiers naturels a et b vérifiant $(a + 4)(b + 5) = 2\ 004$.

16 ÉTUDE DU RESTE D'UNE DIVISION EUCLIDIENNE | ★★ | 25 min | ▸P. 460

Pour tout entier naturel non nul n, on considère les deux nombres entiers :

$$N = 3n^2 - n + 1 \text{ et } D = 2n - 1.$$

Le but de l'exercice consiste à déterminer, suivant les valeurs de n, le reste de la division euclidienne de N par D.

1. Déterminer le reste de la division de N par D dans les cas $n = 1, 2, 4, 5$ et 7.
2. Représenter graphiquement sur le logiciel d'algorithmique Algobox les restes en fonction de n. Que constate-t-on ?

Une boucle "pour" permet d'incrémenter la valeur de n automatiquement, jusqu'à une valeur que l'on choisira.

3. Conjecturer, suivant les valeurs de n, l'expression du reste de la division euclidienne de N par D.

Des points alignés correspondent à une expression du premier degré dont il reste à déterminer les coefficients, on peut pour cela s'aider des résultats du 1.

4. Démontrer que si n est pair, le reste de la division euclidienne de N par D est $r = \frac{n}{2} + 1$. Pourquoi r ne peut-il pas être le reste de la division euclidienne de N par D si n est impair ?
5. Si n est impair supérieur à 5, démontrer que le reste est $r = \frac{3n+1}{2}$.

17 DIVISIBILITÉ | ★★★ | 15 min | ▸ P. 461

Montrer par récurrence que, pour tout $x \in \mathbb{N}$, pour tout $n \in \mathbb{N}^*$, $(x+1)^n - nx - 1$ est divisible par x^2.

18 RESTES DANS UNE DIVISION EUCLIDIENNE | ★★ | 30 min | ▸ P. 462

1. Déterminer les restes de la division euclidienne, pour $n \in \mathbb{N}$, de 3^n par 7.
2. Déterminer les restes de la division euclidienne par 7 de $1\,515^{2\,000}$.
3. Déterminer le chiffre des unités de 227^{541}.

19 PRODUITS DE TROIS ENTIERS | ★★ | 5 min | ▸ P. 463

Montrer que tout produit de trois entiers consécutifs est divisible par 3.

20 QCM CONGRUENCES | ★★★ | 30 min | ▸ P. 463

Pour chaque question, une ou plusieurs réponses sont correctes. Cocher la ou les réponses correspondantes.

1. x étant un entier relatif, on considère l'équation $x^2 \equiv 0$ (modulo 12).

a. La solution est $x \equiv 0$ (modulo 12).

b. Il y a une infinité d'entiers solutions.

c. $S = \{6k,\ k \in \mathbb{Z}\}$.

d. Toutes les solutions sont des entiers pairs.

2. On considère l'équation $x^2 - x + 4 \equiv 0$ (modulo 6), où $x \in \mathbb{Z}$.

a. Toutes les solutions sont des entiers pairs.

b. Il n'y a aucune solution.

c. Les solutions vérifient $x \equiv 2$ (modulo 6).

d. Les solutions vérifient $x \equiv 2$ (modulo 6) ou $x \equiv 5$ (modulo 6).

3. Soient deux entiers relatifs n et p vérifiant les relations :

$$np \equiv 6 \text{ (modulo 10) et } p \equiv 2 \text{ (modulo 5).}$$

Alors :

a. $np \equiv 3$ (modulo 5). **b.** $n \equiv 3$ (modulo 10).

c. $n \equiv 3$ (modulo 5). **d.** $n \equiv 3$ (modulo 2).

4. Soient les nombres $n = 1\ 789$ et $p = 1\ 789^{2\ 007}$. Alors :

a. $n \equiv 4$ (modulo 17) et $p \equiv 16$ (modulo 17).

b. p est un nombre premier.

c. $p \equiv -4$ (modulo 17). **d.** $p \equiv 4$ (modulo 17).

21 ÉQUATION DIOPHANTIENNE | ★★ | 25 min | ▸p. 464

1. a. Déterminer, suivant les valeurs de l'entier y, le reste de la division euclidienne de y^2 par 5.

b. Déterminer, suivant les valeurs de l'entier x, le reste de la division euclidienne de x^4 par 5.

c. En déduire que l'équation $x^4 + y^2 = 2\ 003$ n'a pas de solution entière.

2. En raisonnant modulo 7, montrer que l'équation $x^2 + 7y^2 = 10\ 727$ n'a pas de solution entière.

22 APPLICATIONS DE LA CONGRUENCE À LA DIVISIBILITÉ | ★★ | 25 min | ▸p. 465

1. Démontrer que, pour tout entier naturel n, $2^{3n} - 1$ est un multiple de 7.
En déduire que $2^{3n+1} - 2$ est un multiple de 7 et que $2^{3n+2} - 4$ est un multiple de 7.

2. Déterminer les restes de la division par 7 des puissances de 2.

3. Soit $p \in \mathbb{N}$. On considère le nombre entier $A_p = 2^p + 2^{2p} + 2^{3p}$.

a. Si $p = 3n$, quel est le reste de la division de A_p par 7 ?

b. Démontrer que si $p = 3n + 2$, alors A_p est divisible par 7.

c. Étudier le cas où $p = 3n + 1$.

4. On considère les nombres $a = 584$ et $b = 4\ 358$.

a. Vérifier que ces deux nombres sont des nombres de la forme A_p.

b. À l'aide de la question **3.**, déterminer s'ils sont divisibles par 7.

23 « LA PREUVE PAR 9 » | ★★ | 15 min | ▸p. 466

On rappelle que tout entier naturel n peut s'écrire de manière unique :

$$n = a_p \times 10^p + a_{p-1} \times 10^{p-1} + \ldots + a_2 \times 100 + a_1 \times 10 + a_0,$$

avec $p \in \mathbb{N}$, $a_0, a_1, \ldots a_p \in \{0 ; 1 ; \ldots ; 9\}$: c'est l'écriture décimale de n.
Denis effectue à la main la division euclidienne de :
$a = 123\ 456\ 789\ 012\ 345\ 678\ 901$ par $b = 7\ 654\ 321$. Il affirme que le quotient q et le reste r valent $q = 16\ 129\ 032\ 086\ 888$ et $r = 246\ 163$.

Sandrine lui prouve qu'il s'est trompé en utilisant « sa bonne vieille preuve par 9 » :
Premièrement : la somme des chiffres de a vaut 91 ; $9+1=10$; $1+0=1$.
Deuxièmement : la somme des chiffres de b vaut 28 ; $2+8=10$; $1+0=1$.
Troisièmement : la somme des chiffres de q vaut 62 ; $6+2=8$.
Quatrièmement : la somme des chiffres de r vaut 22 ; $2+2=4$.
Enfin : $1\times 8+4=12$, $1+2=3$, et $1\neq 3$.
Elle conclut : « Ton résultat est donc faux ».

1. Justifier cette méthode.
2. Cette « preuve par 9 » permet-elle de détecter toutes les erreurs ? Justifier la réponse.

EXERCICES D'ENTRAÎNEMENT

24 QCM | ★★ | 30 min | ▸ P. 466

Les affirmations suivantes sont-elles vraies ou fausses ?
Justifier votre réponse.

1. Le nombre 5 400 a 48 diviseurs positifs.
2. Quel que soit l'entier naturel n, PGCD $(6n^2+6n+1\ ;\ 6n+4)=1$.
3. Si un entier naturel n est congru à 1 modulo 7, alors le PGCD de $3n+4$ et $4n+3$ est égal à 7.
4. Soit a et b deux entiers naturels. Si il existe deux entiers relatifs u et v tels que $au+bv=2$, alors le PGCD de a et de b est égal à 2.

25 PGCD ET FACTORISATION | ★★ | 25 min | ▸ P. 467

Soit n un entier naturel.

1. Montrer que $4n^3+18n^2+20n+6=2(n+1)(n+3)(2n+1)$.
2. Factoriser $6n^2+24n+18$.
3. Discuter, suivant la valeur de l'entier naturel n, le PGCD de :

$$4n^3+18n^2+20n+6 \text{ et } 6n^2+24n+18.$$

Utiliser la propriété 4 du cours sur le PGCD.

26 PGCD AVEC L'AIDE D'UN TABLEUR | ★★ | 20 min | ▸ P. 468

Pour tout entier naturel n, on définit deux entiers a et b en posant :

$$a=4n+1 \text{ et } b=5n+3.$$

On s'intéresse aux valeurs du PGCD de a et de b en fonction de n.

1. Conjecture

a. Sur un tableur, créer trois colonnes donnant les valeurs de n, a et b pour n variant de 0 à 100.

b. Remplir la quatrième colonne avec les valeurs du PGCD de a et de b.

c. Quelles semblent être les valeurs possibles de PGCD (a,b) ?

d. Peut-on caractériser les valeurs de n telles que PGCD $(a,b)=7$?

2. Démonstrations

a. Démontrer la conjecture faite au **1. c.**

b. En raisonnant par disjonction des cas, déterminer les valeurs de n telles que PGCD $(a,b)=7$.

27 ÉQUATIONS | ★★ | 20 min | ▸P. 469

Trouver l'ensemble des entiers naturels non nuls a et b tels que $ab=216$ et PGCD $(a\ ;\ b)=6$.

28 DIVISEURS D'UN ENTIER | ★★ | 20 min | ▸P. 470

1. a. Soit q et r deux entiers naturels. Déterminer le nombre de diviseurs positifs de $2^q \times 5^r$.

b. En déduire le nombre de zéros du nombre 1 250 … 0 pour qu'il ait 130 diviseurs positifs.

2. Soit $n \in \mathbb{N}$, $n>1$. On note $n = p_1^{\alpha_1} \times p_2^{\alpha_2} \times \ldots \times p_r^{\alpha_r}$ sa décomposition en facteurs premiers. Soit d un diviseur quelconque de n ; exprimer d en fonction de $p_1, p_2, \ldots, p_r$.

3. Déterminer le nombre de diviseurs positifs de n.

29 DÉMONSTRATION DU THÉORÈME DE GAUSS | ★★★ | 30 min | ▸P. 470

1. a. Soit a et b deux entiers naturels non nuls, $\alpha \in \mathbb{N}^*$, p un nombre premier tels que p^α divise le produit $a \times b$.

Démontrer que si p ne divise pas a alors p^α divise b.

b. Application

Soit n et q deux entiers naturels non nuls. Démontrer que $\sqrt[q]{n}$ est irrationnel, c'est-à-dire que $\sqrt[q]{n}$ ne peut pas s'écrire comme quotient de deux entiers sauf si n est la puissance $q^{\text{ième}}$ d'un entier naturel.

2. Soit $a \in \mathbb{N}^*$, $b \in \mathbb{N}^*$, $c \in \mathbb{N}^*$.

Démontrer que si c divise $a \times b$ et si PGCD $(c\ ;\ a)=1$, alors c divise b.

30 ALGORITHME DU CRIBLE D'ÉRATOSTÈNE | ★★ | 20 min | ▸P. 471

1. a. Construire un tableau de 10 lignes et 10 colonnes contenant tous les entiers compris entre 1 et 100 (la 1re ligne contiendra tous les entiers entre 1 et 10).

b. Barrer 1 (car il n'est pas premier) et entourer 2. Barrer tous les multiples suivants de 2. Le premier entier non barré supérieur à 2 (ici 3) est premier. Pourquoi ?
On entoure ainsi 3 et on barre tous les multiples de 3, …

c. On a ainsi entouré 2, 3, 5, … , p.
Soit q le premier entier non barré supérieur à p. Est-il premier ? Quel est le premier multiple de q qui n'a pas été encore barré ?
En déduire le moment où le processus s'arrête.

d. Déterminer tous les nombres premiers compris entre 2 et 100.

2. Déterminer de même tous les nombres premiers compris entre 2 et 400 à l'aide d'un tableau de 20 lignes et 20 colonnes.

31 NOMBRES DE MERSENNE | ★★★ | 15 min | ▸ P. 472

1. Soit $a \in \mathbb{R}$, $n \in \mathbb{N}^*$. Montrer que $a^n - 1 = (a-1) \times (a^{n-1} + ... + a + 1)$.

2. Soit n et a deux entiers naturels supérieurs ou égaux à 2.
Démontrer que si $a^n - 1$ est premier, alors $a = 2$ et n est premier.

3. On appelle nombre de Mersenne, tout nombre de la forme $2^p - 1$ avec p premier, on le note M_p. Les nombres M_2, M_3, M_5, M_7, M_{11} sont-ils premiers ?

32 QCM | ★★ | 25 min | ▸ P. 472

Les affirmations suivantes sont-elles vraies ou fausses ? Justifier votre réponse.

1. n est un entier divisible par 21 et par 36. Alors n est divisible par 756.

2. x et y sont deux entiers relatifs tels que $35x + 17y = 3$. Alors x et y sont divisibles par 3.

3. p est un nombre premier, a et b sont deux entiers. Si ab est un multiple de p, alors p divise a ou b.

4. Il existe deux entiers m et n tels que $312m - 143n = 1$.

5. Le système $\begin{cases} x \equiv y \text{ (modulo 6)} \\ x \equiv y \text{ (modulo 5)} \end{cases}$ équivaut à $x \equiv y$ (modulo 30)
(x et y étant deux entiers).

33 APPLICATIONS DU THÉORÈME DE BÉZOUT AUX CONGRUENCES | ★★ | 35 min | ▸ P. 473

Soit $a \in \mathbb{Z}^*$, $b \in \mathbb{Z}$, $c \in \mathbb{Z}$, $n \in \mathbb{N}^*$.

1. Démontrer la propriété suivante : « Il existe un entier relatif x tel que $ax \equiv b$ (modulo n) si, et seulement si, PGCD $(a\ ;\ n)$ divise b. »

Se ramener à une équation diophantienne de coefficients a, n et b.

2. Déterminer l'ensemble des entiers relatifs x vérifiant :

$$10x \equiv 4 \text{ (modulo 24)}.$$

34 CODAGE ASCII ET CODAGE AFFINE | ★★ | 35 min | ▸P. 474

Partie A. Le code ASCII.

En informatique, le code ASCII consiste à associer à chaque caractère (lettre de l'alphabet, chiffre, signe de ponctuation, …) un code numérique entier, compris entre 0 et 255, que l'on appelle son code ASCII.

Par exemple, le code de A est 65, celui de B est 66, et ainsi de suite pour tout l'alphabet, celui de a est 97, celui de l'espace est 32...

1. a. En considérant que la lettre A occupe la place $N = 0$ dans l'alphabet, donner une formule reliant C, le code ASCII d'une lettre, et sa place N dans l'alphabet.

b. Déterminer le code ASCII de la lettre Z.

> La 26e lettre de l'alphabet occupe la place **N** = …

c. À quelle lettre correspond le code ASCII 82 ?

2. Pour crypter un message, on peut effectuer le codage affine suivant : pour chaque lettre, on calcule sa position N dans l'Alphabet, puis on détermine le reste modulo 26 du produit $7 \times \text{N}$. Ce reste r correspond à une lettre majuscule qu'on transmettra en guise de message codé.

a. Déterminer le reste correspondant à la lettre A, puis à la lettre B, puis à la lettre M. Quel code sera transmis pour les lettres A, B, M ?

b. Justifier que $15r \equiv N$ (modulo 26), et en déduire la lettre correspondant au reste $r = 12$.

> On commencera par calculer le reste modulo 26 de 15×7.

Partie B. Codage affine et Algobox.

1. Écrire un programme qui donne C, le code ASCII d'une lettre écrite en majuscules, détermine sa place N dans l'Alphabet, affiche son reste r modulo 26, puis la lettre majuscule à transmettre : on pourra l'appeler code.

> Il y a deux étapes opérations bien distinctes. L'une qui donnera la position de la lettre dans l'alphabet en fonction de son code ASCII (et inversement), et l'autre qui permet le codage affine à proprement parler. Cette dernière est exclusivement réalisée sur la position de la lettre dans l'alphabet. Il suffit ensuite de bien respecter l'ordre des opérations demandées.

Syntaxe Algobox : la lettre à coder et le code seront des variables de type chaine. Lettre.charCodeAt(0) renvoie le code ASCII du caractère situé en première position dans la chaine lettre, c'est-à-dire qu'une chaine est une liste de caractères numérotés à partir de 0.

String.fromCharCode(r) renvoie la lettre dont le code ASCII est *r*.
Le reste de la division Euclidienne de *a* par *b* se calcule avec la formule $a\%b$.
2. Utiliser ce programme pour coder le mot DIVISIBILITE.

Partie C. Décodage affine et Algobox.
1. Modifier le programme de la partie B pour qu'il retrouve la lettre initiale à partir de la lettre codée.

Utiliser A.2.b.

2. Décoder le mot REODUEPC.

35 THÉORÈME DE GAUSS ET CLÉ DE CONTRÔLE | ★★★ | 40 min | ▸P. 475

Le code EAN 13, utilisé dans la fabrication des codes barres, comporte douze chiffres (entiers compris entre 0 et 9), $a_1, a_2, \dots, a_{12}$, suivis d'une clé c obtenue comme suit. On calcule :

$\alpha = a_1 + a_3 + a_5 + a_7 + a_9 + a_{11}$; $\beta = a_2 + a_4 + a_6 + a_8 + a_{10} + a_{12}$; $e = \alpha + 3\beta$.

La clé c est alors donnée par $c = 10 - r$, où r est le reste de la division euclidienne de e par 10.

Partie A. Exemples
1. Calculer la clé du code commençant par 314588904974.
2. Déterminer l'ensemble des chiffres a tels que le code $2704a58533012$ soit un code EAN 13.

Partie B. Détection d'erreur
On imprime un code barre correspondant au code $a_1, a_2, \dots, a_{11}, a_{12}, c$.

1. Vérifier que c est la clé du code barre si, et seulement si, $c \in \{0 ; 1 ; \dots ; 9\}$, et $c + e \equiv 0$ (modulo 10).
2. On suppose qu'au cours de l'impression, un et un seul des chiffres a_i a été modifié par erreur en $a_i' \neq a_i$ $(1 \leqslant i \leqslant 12)$.
a. Calculer pour cette série de douze chiffres les nombres α', β' et e' en fonction de α, β, e, a_i et a_i'. On traitera d'abord le cas où i est impair, puis le cas où i est pair.
b. En déduire que la clé c ne correspond pas à la série de chiffres obtenus.
3. On suppose cette fois qu'au cours de l'impression, deux chiffres consécutifs distincts a_i et a_{i+1} ont été inversés par erreur $(1 \leqslant i \leqslant 11)$.
a. Calculer pour cette série de douze chiffres les nombres α', β' et e' en fonction de α, β, e, a_i et a_{i+1}. On traitera d'abord le cas où i est impair, puis le cas où i est pair.
b. En déduire que la clé c ne correspond pas à la série de chiffres obtenus, sauf dans un cas à préciser.
c. En déduire un code que l'on peut imprimer à la place du code 7114921334809 sans que l'erreur ne soit détectée.

EXERCICES D'APPROFONDISSEMENT

Dans cette partie d'approfondissement, les exercices sont souvent en deux parties : la partie théorique concentre l'essentiel des difficultés, mais les mises en application seront profitables pour préparer le baccalauréat.

36 MAJORATIONS DU n-IÈME NOMBRE PREMIER | ★★★ | 30 min | ▸ p. 477

Pour $n \in \mathbb{N}^*$, on note p_n le n-ième nombre premier (par exemple $p_1 = 2$, $p_2 = 3$, $p_3 = 5$ …).

1. Soit n un entier supérieur ou égal à 2.
Démontrer que $p_n \leqslant (p_1 \times p_2 \times \ldots \times p_{n-1}) + 1$. (On pourra raisonner par l'absurde).

2. a. En déduire que pour tout entier $n \geqslant 2$, $p_n \leqslant (p_{n-1})^{n-1} + 1$.

b. Démontrer par récurrence que, pour tout $n \in \mathbb{N}^*$, $p_n \leqslant 2^{2^{n-1}}$.

37 CAS PARTICULIERS DU THÉORÈME DE DIRICHLET | ★★★ | 30 min | ▸ p. 478

Le but de cet exercice est de démontrer qu'il existe une infinité de nombres premiers de la forme $6k + 5$.
On va raisonner par l'absurde : on suppose qu'il existe un nombre fini de nombres premiers de la forme $6k + 5$ et on note p le plus grand d'entre eux.

1. a. Démontrer que le produit de nombres de la forme $6k+1$ est de la forme $6k+1$.

b. Démontrer que tout nombre premier différent de 2 et de 3 est de la forme $6k+1$ ou de la forme $6k+5$.

2. Soit $N = (2 \times 3 \times 5 \times \ldots \times p) - 1$.

a. Montrer qu'il existe un nombre premier de la forme $6k+5$ qui divise N.

b. Conclure.

38 | ★★★ | 30 min | ▸ p. 478

Soit a et b deux entiers naturels non nuls tels que $a > b$.

1. Restitution organisée de connaissances

Soit q et r deux entiers naturels tels que $a = bq + r$ avec $0 \leqslant r < b$.

a. Montrer que les diviseurs communs à a et b sont les diviseurs communs à b et r.

b. En déduire : PGCD $(a\ ;\ b) = $ PGCD $(b\ ;\ r)$.

2. En effectuant des divisions euclidiennes successives comme dans l'algorithme d'Euclide, montrer à l'aide de la question **1.** que les diviseurs communs à a et b sont les diviseurs de PGCD $(a\ ;\ b)$.

3. Application

Un chocolatier confectionne des paquets tous identiques avec les 637 œufs en chocolat noir et les 910 œufs en chocolat au lait qu'il vient de réaliser. S'il ne reste aucun œuf à la fin, quelles sont les différentes répartitions possibles de ses paquets ?

39 NOMBRES DE FERMAT | ★★★★ | 45 min | ▸P. 480

Partie A

1. Démontrer que, pour tout $x \in \mathbb{R} \setminus \{-1\}$, pour tout entier naturel impair n :

$$1 - x + x^2 + \ldots + (-x)^{n-k} + \ldots - x^{n-2} + x^{n-1} = \frac{x^n + 1}{x+1}.$$

2. En déduire que pour tout $x \in \mathbb{R}$, pour tout entier naturel impair n :

$$(1+x)(1 - x + \ldots - x^{n-2} + x^{n-1}) = 1 + x^n.$$

3. Soit $n \in \mathbb{N}$. Démontrer que si $2^n + 1$ est premier, alors $n = 2^q$ avec $q \in \mathbb{N}$.

> On démontrera la contraposée, c'est-à-dire que si n n'est pas une puissance de 2 (n s'écrit alors $n = rs$ avec r une puissance de 2, et s impair strictement supérieur à 1), alors $2^n + 1$ n'est pas premier.
>
> On appelle nombre de Fermat, les nombres F_n de la forme $F_n = 2^{2n} + 1$ pour tout $n \in \mathbb{N}$.

Partie B

Soit $k \in \mathbb{N}^*$, $n \in \mathbb{N}$.

1. Démontrer que pour tout $x \in \mathbb{R} \setminus \{-1\}$, $k \in \mathbb{N}^*$:

$$-1 + x - x^2 + x^3 - \ldots + x^{2^k - 1} = \frac{x^{2^k} - 1}{x+1}.$$

2. Démontrer que $\dfrac{F_{n+k} - 2}{F_n}$ est un entier naturel.

3. En déduire que pour tout $n \in \mathbb{N}$, $k \in \mathbb{N}^*$, PGCD $(F_{n+k}\ ;\ F_n) = 1$.

4. En déduire qu'il existe une infinité de nombres premiers.

> Les exercices 40, 41 et 42 nécessitent le petit théorème de Fermat : « Si p est un nombre premier et si a est un entier non divisible par p, alors $a^{p-1} \equiv 1$ (modulo p).

40 ORDRE D'UN ENTIER MODULO *P* | ★★★ | 20 min | ▸P. 481

Soit p un nombre premier et a un entier non divisible par p.

On considère l'ensemble $E = \{n \in \mathbb{N}^* / a^n \equiv 1 \text{ (modulo } p)\}$.

1. Démontrer que E n'est pas vide.

2. Soit h le plus petit entier appartenant à E : on dit que h est l'ordre de a modulo n. Soit $n \in E$. Démontrer que h divise n.
3. En déduire que h divise $p-1$.
4. *Exemples* : déterminer les ordres de 2, 3, 5 et 12 modulo 13.

Les deux exercices suivants utilisent les résultats démontrés dans l'exercice précédent. Soit p un nombre premier et a un entier non divisible par p :
- Il existe un plus petit entier h $(h \geqslant 1)$ tel que $a^h \equiv 1$ (modulo p).
- Si n est un autre entier supérieur à 1 tel que $a^n \equiv 1$ (modulo p), alors h divise n (donc h divise $p-1$ d'après le petit théorème de Fermat).

41 FACTORISATION DES NOMBRES DE FERMAT | ★★★ | 30 min | ▸ P. 482 |

Rappel : les nombres de Fermat sont de la forme $F_n = 2^{2n}+1$ où $n \in \mathbb{N}$.
Soit p un nombre premier divisant F_n.
1. Quelle est la parité de p ?
2. Démontrer que $2^{2^n} \equiv -1$ (modulo p).
3. En déduire que $2^{2^{n+1}} \equiv 1$ (modulo p).
4. a. Démontrer, par l'absurde, que pour tout entier q compris entre 0 et n, 2^{2^q} n'est pas congru à 1 modulo p.
b. Déterminer alors l'ordre de 2 modulo p.
c. En déduire que $p \equiv 1$ (modulo 2^{n+1}).
5. **Application :** Démontrer que F_5 n'est pas premier.

42 FACTORISATION DES NOMBRES DE MERSENNE | ★★★ | 20 min | ▸ P. 483 |

Cet exercice prolonge l'étude des nombres de Mersenne qui a été faite dans l'exercice 31. On rappelle que les nombres de Mersenne sont de la forme $M_p = 2^p - 1$ avec p un nombre premier impair.
Soit q un facteur premier de M_P où p est un nombre premier impair.
1. Quelle est la parité de q ?
2. Démontrer que p est l'ordre de 2 modulo q (c'est-à-dire que p est le plus petit entier supérieur à 1 tel que $2^p \equiv 1$ (modulo q)).
3. Démontrer que p divise $q-1$.
4. On écrit alors $q-1 = p \times m$, avec $m \in \mathbb{N}$, démontrer que m est pair et en déduire que $q \equiv 1$. (modulo $2p$).
5. **Application :** les nombres M_{17}, M_{19} et M_{23} sont-ils premiers ?

43 NUMÉRO INSEE | ★★ | 40 min | ▸ P. 483 |

Le numéro INSEE d'un individu est un nombre de quinze chiffres.

$$N = \overline{a_1 a_2 \ldots a_{13} a_{14} a_{15}}.$$

Les chiffres $a_1, a_2, \ldots, a_{13}$ dépendent du sexe de l'individu, de la date et du lieu de sa naissance. Ils constituent un nombre noté $A = \overline{a_1 a_2 \ldots, a_{12} a_{13}}$.

Les chiffres a_{14} et a_{15} constituent le nombre $C = \overline{a_{14}a_{15}}$, appelé clé, et obtenu comme suit : on calcule le reste r de la division euclidienne de A par 97, et on pose $C = 97 - r$.

1. Vérifier que 97 est un nombre premier.

2. On dispose d'un numéro INSEE noté $N = \overline{a_1a_2...a_{13}a_{14}a_{15}}$, et on note C sa clé.

a. Vérifier que $N = 100A + C$, et que $A + C \equiv 0$ (modulo 97).

b. Calculer le reste modulo 97 de 10^n, pour $n \in \mathbb{N}$, $0 \leqslant n \leqslant 12$.

c. En déduire que C est l'unique entier vérifiant $1 \leqslant C \leqslant 97$ et :

$$C \equiv 16\overline{a_1a_2a_3a_4a_5} - 9\overline{a_6a_7a_8a_9} - \overline{a_{10}a_{11}a_{12}a_{13}} \text{ (modulo 97)}.$$

d. *Exemple :* déterminer la clé du code INSEE commençant par 2751157212758.

Pour pouvoir traiter les exercices suivants sur la cryptographie dans les temps donnés, il sera utile de programmer correctement sa calculatrice pour les applications numériques.

44 LE CODE DE VIGENÈRE | ★★★ | 40 min | ▸P. 484

Partie A. Expérimentation.

On cherche à coder le message RENDEZ VOUS A MIDI avec la clef de codage DEPART.

On répète la clef en face du message à coder (sans les espaces) autant de fois que nécessaire, puis on numérote les lettres de la clef en associant à A la position 0, à B la position 1 etc. Chacun de ces numéros détermine le décalage des lettres du message : la lettre R, en face de la lettre D dans la clef, sera décalée de 3 places dans l'alphabet etc. Bien sûr, lorsque l'on arrive au bout de l'alphabet … on recommence à A !

1. Compléter le tableau suivant.

Message	R	E	N	D	E	Z	V	O
Clé	D	E	P	A	R	T	D	E
Numéro	3	4	15	0	17	19		
Code	U	I	C	D	V	S		

Message	U	S	A	M	I	D	I
Clé							
Numéro							
Code							

2. En déduire le message codé.

3. Pour le décodage, on utilise la même méthode, mais le décalage se fait « en sens inverse ».

Décoder le message PGYZWTPHDYT, avec la clef de codage PLUIE.

Ce type de codage nécessite que le destinataire connaisse à l'avance le mot clef utilisé pour le codage. Il ne s'agit pas d'une clef publique comme pour le codage RSA par exemple.

Partie B. Codage avec Algobox.

Pour automatiser la procédure de codage, on va numéroter également les lettres du message et de la clef en employant le codage ASCII très commun en informatique : il consiste à associer à chaque caractère (lettre de l'alphabet, chiffre, signe de ponctuation, ...) un code numérique entier, compris entre 0 et 255, que l'on appelle son code ASCII.

Par exemple, le code de A est 65, celui de B est 66, celui de a est 97, celui de l'espace est 32... Pour retrouver la position de la lettre A (par exemple) dans l'Alphabet, il suffira de soustraire 65 à son code ASCII.

Pour une introduction au codage ASCII, on traitera avec profit l'exercice 34.

1. Saisir le programme suivant sous Algobox :

```
VARIABLES
message EST_DU_TYPE CHAINE
longueur_message EST_DU_TYPE NOMBRE
clef EST_DU_TYPE CHAINE
longueur_clef EST_DU_TYPE NOMBRE
i EST_DU_TYPE NOMBRE
code_lettre EST_DU_TYPE NOMBRE
decalage EST_DU_TYPE NOMBRE
lettre EST_DU_TYPE CHAINE
DEBUT_ALGORITHME
LIRE message
LIRE clef
longueur_message PREND_LA_VALEUR message.length
longueur_clef PREND_LA_VALEUR clef.length
POUR i ALLANT_DE 1 A longueur_message
DEBUT_POUR
code_lettre PREND_LA_VALEUR message.charCodeAt(i-1)-65
decalage PREND_LA_VALEUR clef.charCodeAt((i-1)%longueur_clef)-65
lettre PREND_LA_VALEUR String.fromCharCode(65+(code_lettre+decalage)%26)
AFFICHER lettre
FIN_POUR
FIN_ALGORITHME
```

Syntaxe Algobox : Le message à coder sera rentré sous la forme d'une chaine de lettres majuscules. Appelons cette chaine message.

message.length renvoie un nombre égal à la longueur de la chaine message.

message.charCodeAt(i) renvoie le code ASCII du caractère situé au rang i dans la chaine message.

Attention : une chaine est une liste de caractères numérotés à partir du rang 0. La boucle POUR permet ici de remplir cette liste un terme après l'autre.

a%b renvoie le reste de la division euclidienne de a par b.

2. À quelle partie du codage correspond la ligne : decalage PREND_LA_VALEUR clef.charCodeAt((i-1)%longueur_clef)-65 ?
3. Que fait l'instruction : lettre PREND_LA_VALEUR String.fromCharCode(65+(code_lettre+decalage)%26) ?
4. Tester cet algorithme pour retrouver le code de la partie **A. 1**.

Partie C. Décodage avec Algobox.
La commande String.fromCharCode(N) renvoie la lettre dont le code ASCII est N. Modifier le programme précédent pour qu'il décode le message donné à la partie **A.3.**

Attention : le décalage donne parfois à la lettre une position négative dans l'alphabet ... ce qui lui vaudra un code ASCII faux. Il faudra y remédier !

45 CODAGE PAR CHIFFREMENT RSA | ★★ | 45 min | ▸P. 485

Partie A
Soit p et q deux nombres premiers et m un entier premier avec p et q.
1. Sachant que $m^{p-1} \equiv 1$ (modulo p) et que $m^{q-1} \equiv 1$ (modulo q) (petit théorème de Fermat), montrer que $m^{(p-1)(q-1)} \equiv 1$ (modulo pq).
2. Soit e un entier premier avec $(p-1)(q-1)$. Démontrer qu'il existe un entier d tel que $d \times e \equiv 1$ (modulo $(p-1)(q-1)$).
3. Démontrer que $(m^e)^d \equiv m$ (modulo pq).

Partie B. Mise en œuvre
RSA repose sur le fait qu'il est très difficile de décomposer un entier en facteurs premiers lorsqu'il est grand (plusieurs centaines de chiffres).
Antoine veut envoyer un message codé à Christophe que lui seul pourra lire : Christophe choisit deux nombres premiers p et q, et un entier e premier avec $(p-1)(q-1)$. Il rend public les nombres $n = p \times q$ et e.
• Antoine, qui a codé son message alphabétique en un équivalent numérique m, envoie à Christophe le nombre c égal au reste de la division de m^e par n.
• Christophe décode le message en déterminant d tel que :
$d \times e \equiv 1$ (modulo $(p-1)(q-1)$).
(Lui seul peut le faire car il est le seul à connaître p et q).
Christophe rend public les nombres $n = 1\,037$, $e = 7$. Antoine veut lui envoyer le message « RDV À UNE HEURE ». Il commence par numéroter chaque lettre : A correspond à 00, B à 01, ..., Z à 25 et code le nombre obtenu par bloc de 3 chiffres.
1. Déterminer le message codé que reçoit Christophe.
2. Christophe veut décoder le message reçu ($p = 17$ et $q = 61$).
a. À l'aide de l'algorithme d'Euclide, déterminer d tel que :
$$d \times e \equiv 1 \text{ (modulo } (p-1)(q-1)).$$
b. Retrouver le message envoyé par Antoine.

CONTRÔLE

46 CODAGE | ★★ | 50 min | ▸P. 486

Partie A : Restitution organisée de connaissances

1. Énoncer les théorèmes de Bézout et de Gauss.
2. Démontrer le théorème de Gauss en utilisant le théorème de Bézout.

Partie B

On considère l'équation (E) $11x - 26y = 1$, où x et y désignent deux nombres entiers relatifs.

1. Vérifier que le couple $(-7\ ;\ -3)$ est solution de (E).
2. Résoudre alors l'équation (E).
3. En déduire le couple d'entiers relatifs $(u\ ;\ v)$ solution de (E) tel que :

$$0 \leqslant u \leqslant 25.$$

Partie C

On assimile chaque lettre de l'alphabet à un nombre entier comme l'indique le tableau ci-dessous :

A	B	C	D	E	F	G	H	I	J	K	L	M
0	1	2	3	4	5	6	7	8	9	10	11	12

N	O	P	Q	R	S	T	U	V	W	X	Y	Z
13	14	15	16	17	18	19	20	21	22	23	24	25

On « code » tout nombre entier x compris entre 0 et 25 de la façon suivante :

– on calcule $11x + 8$.

– on calcule le reste de la division euclidienne de $11x + 8$ par 26, que l'on appelle y.

x est alors « codé » par y.

Ainsi, par exemple, la lettre L est assimilée au nombre 11 ; $11 \times 11 + 8 = 129$.
Or $129 \equiv 25$ (modulo 26) ; 25 est le reste de la division euclidienne de 129 par 26. Au nombre 25 correspond la lettre Z.

La lettre L est donc codée par la lettre Z.

1. Coder la lettre W.
2. Le but de cette question est de déterminer la fonction de décodage.

a. Montrer que pour tous nombres entiers relatifs x et j :
$11x \equiv j$ (modulo 26) équivaut à $x \equiv 19j$ (modulo 26).

b. En déduire un procédé de décodage.

c. Décoder la lettre W.

CONTRÔLE

47 RESTITUTION ORGANISÉE DE CONNAISSANCES | ★★★ | 20 min | ▸P. 488 |

Le but de cet exercice est de démontrer qu'il existe une infinité de nombres premiers de la forme $4k+3$.
On va raisonner par l'absurde : on suppose qu'il existe un nombre fini de nombres premiers de la forme $4k+3$ et on les note $p_1, p_2, \ldots, p_n$.

1. a. Démontrer que le produit de nombres de la forme $4k+1$ est également de la forme $4k+1$.

b. Démontrer que tout nombre premier différent de 2 est de la forme :

$$4k+1 \text{ ou } 4k+3.$$

2. Soit $N = 2^2 \times p_1 \times p_2 \times \ldots \times p_n - 1$.

a. Montrer, à l'aide de la question **1.**, qu'il existe un nombre premier de la forme $4k+3$ qui divise N.

b. Conclure.

48 | ★★ | 35 min | P. 488 |

Pour tout entier naturel n supérieur ou égal à 5, on considère les nombres $a = n^3 - n^2 - 12n$ et $b = 2n^2 - 7n - 4$.

1. Montrer, après factorisation, que a et b sont des entiers naturels divisibles par $n-4$.

2. On pose $\alpha = 2n+1$ et $\beta = n+3$. On note d le PGCD de α et β.

a. Établir une relation entre α et β indépendante de n.

b. Démontrer que d est un diviseur de 5.

c. Démontrer que les nombres α et β sont multiples de 5 si et seulement si $n-2$ est multiple de 5.

3. Montrer que $2n+1$ et n sont premiers entre eux.

4. a. Déterminer, suivant les valeurs de n et en fonction de n, le PGCD de a et b.

b. Vérifier les résultats obtenus dans les cas particuliers $n=11$ et $n=12$.

CONTRÔLE

49 DIVISIBILITÉ PAR 7

★★★ | 60 min | ▸P. 490

Partie A

Dans tout l'exercice, n désigne un entier naturel non nul.

1. a. Pour $0 \leqslant n \leqslant 6$, calculer les restes de la division euclidienne de 3^n par 7.

b. Démontrer que, pour tout n, $3^{n+6} - 3^n$ est divisible par 7. En déduire que 3^n et 3^{n+6} ont le même reste dans la division par 7.

c. À l'aide des résultats précédents, calculer le reste de la division euclidienne de $3^{1\,000}$ par 7.

d. De manière générale, comment peut-on calculer le reste de la division euclidienne de 3^n par 7, pour n quelconque ?

e. En déduire que, pour tout entier naturel n, 3^n n'est pas divisible par 7.

2. Soit $U_n = 1 + 3 + 3^2 + \ldots + 3^{n-1} = \sum_{i=0}^{n-1} 3^i$ où n est un entier supérieur ou égal à 2.

a. Montrer que si U_n est divisible par 7, alors 3^{n-1} est divisible par 7.

b. Réciproquement, montrer que si $3^n - 1$ est divisible par 7, alors U_n est divisible par 7.

$$7U_n - 3 \times 2U_n = U_n.$$

c. En déduire les valeurs de n telles que U_n soit divisible par 7.

Partie B

1. Déterminer, suivant les valeurs de l'entier naturel n, le reste de la division par 7 de 2^n, puis de 10^{2n}.

2. Vérifier que le nombre 787 878 est divisible par 7.

3. Démontrer que si n est divisible par 3, tout entier $\overline{bcbc\ldots bc}$, avec $0 \leqslant b \leqslant 9$ et $0 \leqslant c \leqslant 9$, $\overline{bc}$ étant répété n fois, est divisible par 7.

CORRIGÉS

1 1. On factorise cette différence de deux carrés :

$1\,004^2 - 999^2 = (1\,004 - 999)(1\,004 + 999) = 5 \times 2\,003.$

Donc $\mathbf{1\,004^2 - 999^2}$ **est bien divisible par 5.**

2. a. Il suffit de remarquer que :

$(a-b)(a+b)(a^2+b^2) = (a^2-b^2)(a^2+b^2) = \left((a^2)^2-(b^2)^2\right) = a^4 - b^4.$

D'où $\boldsymbol{a^4 - b^4 = (a-b)(a+b)(a^2+b^2)}$.

b. En utilisant la formule du **a.** :

$100\ldots004^4 - 99\ldots999^4$

$= (100\ldots004 - 99\ldots999)(100\ldots004 + 99\ldots999)(100\ldots004^2 + 99\ldots999^2)$

$= 5 \times 200\ldots003 \times (100\ldots004^2 + 99\ldots999^2)$

Ainsi $100\ldots004^4 - 99\ldots999^4 = 5k$, avec $k \in \mathbb{N}$,

donc $\mathbf{100\ldots004^4 - 99\ldots999^4}$ **est divisible par 5.**

Par la suite, il sera plus naturel d'utiliser les congruences dans ce cas, car $100\ldots004 \equiv 4$ (modulo 5) et $99\ldots999 \equiv -1$ (modulo 5), que l'on peut ensuite mettre à la puissance 4 pour établir le résultat.

2 1. a. Soit $n \in \mathbb{Z}$.
$2(n-3) = 2n-6$, donc $2n+1 = 2n-6+7$, soit $\boldsymbol{2n+1 = 2(n-3)+7}$.

b. Soit $n \in \mathbb{Z}$. D'après **a.**, on cherche l'ensemble des entiers relatifs n tels que $n-3$ divise $2(n-3)+7$.
Or on sait que $n-3$ divise $2(n-3)$, donc $n-3$ divise $2(n-3)+7$ si, et seulement si, $n-3$ divise $2(n-3)+7-2(n-3) = 7$.
Or les diviseurs de 7 sont 1, -1, 7 et -7.
Donc $n-3$ divise $2(n-3)+7$ si, et seulement si, $n-3=1$ ou $n-3=-1$ ou $n-3=7$ ou $n-3=-7$
donc si, et seulement si, $n=4$, ou $n=2$, ou $n=10$, ou $n=-4$.

L'ensemble des entiers relatifs $\boldsymbol{n}$ **tels que** $\boldsymbol{n-3}$ **divise** $\boldsymbol{2n+1}$ **est :**

$$\{\mathbf{-4\ ;\ 2\ ;\ 4\ ;\ 10}\}.$$

2. a. Soit $n \in \mathbb{N}$. $(n-2)(n+1)+5 = n^2 - 2n + n - 2 + 5$

$$\boldsymbol{(n-2)(n+1)+5 = n^2 - n + 3}.$$

b. Soit $n \in \mathbb{N}$. D'après **a.**, on cherche l'ensemble des entiers naturels n tels que $n+1$ divise $(n-2)(n+1)+5$. Or $n+1$ divise $(n-2)(n+1)$.

Donc $n+1$ divise $(n-2)(n+1)+5$ si, et seulement si, $n+1$ divise 5.

Or, d'une part les diviseurs de 5 sont 1, -1, 5 et -5, et d'autre part $n \in \mathbb{N}$, donc $n+1 \geqslant 1$.
Donc $n+1$ divise $(n-2)(n+1)+5$ si, et seulement si :

$$n+1=1 \text{ ou } n+1=5.$$

Donc si, et seulement si, $n=0$ ou $n=4$.
L'ensemble des entiers naturels n tels que $n+1$ divise n^2-n+5 est $\{0 ; 4\}$.

3 a. On effectue la division euclidienne de 121 par 17 :

$121=17\times7+2$, et on vérifie que $0 \leqslant 2<17$. Donc $\boldsymbol{q=7}$ **et** $\boldsymbol{r=2}$.

b. D'après **a.**, $-121=-(17\times7+2)$

$$=17\times(-7)=-2$$
$$=17\times(-8)+17-2$$
$$=17\times(-8)+15.$$

On vérifie alors que $0 \leqslant 15<17$. Donc $\boldsymbol{q=-8}$ **et** $\boldsymbol{r=15}$.

c. D'après **a.**, $121=(-17)\times(-7)+2$.

On vérifie alors que $0 \leqslant 2<|-17|$. Donc $\boldsymbol{q=-7}$ **et** $\boldsymbol{r=2}$.

d. D'après **a.**, $-121=(-17)\times7-2$

$$=(-17)\times8+15.$$

On vérifie alors que $0 \leqslant 15<|-17|$. Donc $\boldsymbol{q=8}$ **et** $\boldsymbol{r=15}$.

Il est plus sûr de se ramener au cas où a et b sont des entiers naturels, pour retrouver la division euclidienne apprise au primaire.

4 $a=27b+39=27(b+1)+12$.

Or $b \in \mathbb{N}^*$, donc $b+1 \in \mathbb{Z}$. On vérifie alors que $0 \leqslant 12<27$.

Donc **le reste de la division euclidienne de a par 27 est 12.**

5 Avec $a=49\,360$ et $b=38\,254$ (pour avoir $a>b$), on effectue les divisions euclidiennes successives dans l'algorithme d'Euclide jusqu'à obtenir un reste nul. Le PGCD de 38 254 et 49 360 sera le dernier reste non nul de ces divisions :

$49\,360=38\,254\times1+11\,106$.

$38\,254=11\,106\times3+4\,936$.

$11\,106=4\,936\times2+1\,234$.

$4\,936=1\,234\times4+0$.

Ainsi, **PGCD (38 254 ; 49 360) = 1 234**.

6 On remarque que le critère de divisibilité par 9 s'applique pour 153 et189. Les sommes $1+5+3+9$ et $1+8+9=2\times 9$ sont toutes deux divisibles par 9, donc 153 et 189 sont divisibles par 9.

Alors $153=9\times 17$ et $189=9\times 21$, donc $\dfrac{153}{189}=\dfrac{17}{21}$ avec PGCD$(17\ ;\ 21)=1$ car 17 est un nombre premier.

Or, pour tous entiers naturels non nuls a, b et d :

$$\text{PGCD}\,(da\ ;\ db)=d\times \text{PGCD}\,(a\ ;\ b).$$

Donc PGCD $(15\times 17\ ;\ 15\times 21)=15\times$ PGCD $(17\ ;\ 21)=15$, avec :

$$\frac{153}{189}=\frac{17}{21}=\frac{15\times 17}{15\times 21}=\frac{255}{315}.$$

La fraction cherchée est donc $\dfrac{255}{315}$.

7 1. Afin que l'algorithme ne s'arrête pas, **il faut initialiser la valeur de R pour être sûr que R soit non nul au démarrage de la boucle.**

2. La division euclidienne de a par b s'écrit : il existe un unique couple d'entiers q et R, avec $b>R\geqslant 0$ tel que $a=bq+R$ soit $R=a-bq$. De plus, q est le quotient de a par b, c'est-à-dire le plus grand entier inférieur ou égal à $\dfrac{a}{b}$, donc q est la partie entière de $\dfrac{a}{b}$. Finalement **$R=a-b\times$(partie entière de a/b).**

3. Si $a<b$, $\dfrac{a}{b}<1$, donc $q=0$. D'où $R=a$ à la première étape de la boucle. Puis on remplace a par b, et b par $R=a$, ce qui a pour effet d'échanger a et b. Et comme $R\neq 0$, la boucle reprend ensuite, avec cette fois $a>b$.

4. Le programme s'arrête lorsque $R=0$, ce qui n'est pas le PGCD, donc il faut rechercher le dernier reste non nul.
Au tour de boucle précédent, R prend la valeur $a-b\times$(partie entière de a/b) ; c'est à partir de là que R vaut 0. a prend la valeur b ; b prend la valeur R, c'est-à-dire 0.
Il faut regarder le tour encore précédent :
R prend la valeur $a-b\times$(partie entière de a/b) c'est le dernier reste non nul cherché ; a prend la valeur b ; b prend la valeur R, c'est le PGCD.
Ainsi, lorsqu'au dernier tour, a prend la valeur b, c'est bien le PGCD.

5. a. **Le PGCD de 12 et de 9 vaut 3.** b. **Le PGCD de 68 et de 48 vaut 4 .** c. **Le PGCD de 347 et de 222 vaut 1.**

8 1. Développons deux méthodes.
Première méthode
Soit $x\in\mathbb{Z}$ tel que $2x\equiv 3$ (modulo 7).
On multiplie les deux nombres de cette relation par 4, et comme la relation de congruence est compatible avec la multiplication par un entier, on obtient :
$8x\equiv 12$ (modulo 7), donc $8x\equiv 5$ (modulo 7).
Or $8x=7x+x$, donc $x\equiv 5$ (modulo 7).

Vérification

si $x \equiv 5$ (modulo 7), $2x \equiv 10$ (modulo 7), soit $2x \equiv 3$ (modulo 7).

Par conséquent, l'ensemble des entiers relatifs x vérifiant $2x \equiv 3$ (modulo 7) est $\{7k+5\ ;\ k \in \mathbb{Z}\}$.

De plus, on ne peut jamais diviser dans une relation de congruence.

Deuxième méthode

Tout entier est congru modulo 7 à un unique entier de l'ensemble $\{0\ ;\ 1\ ;\ ...\ ;\ 6\}$.

On dresse la table de multiplication par 2 modulo 7 :

x (modulo 7)	0	1	2	3	4	5	6
$2x$ (modulo 7)	0	2	4	6	1	3	5

On lit dans ce tableau :

$2x \equiv 3$ (modulo 7) si, et seulement si, $x \equiv 5$ (modulo 7).

Ainsi, l'ensemble des entiers cherchés est $\{7k+5\ ;\ k \in \mathbb{Z}\}$.

2. *Première méthode*

Si $x \in \mathbb{Z}$ est tel que $2x \equiv 3$ (modulo 10), alors 10 divise $2x-3$.

Or 2 divise 10, donc 2 divise $2x-3$, et comme 2 divise $2x$, 2 doit diviser 3, ce qui est absurde. **L'ensemble des entiers relatifs x tels que $2x \equiv 3$ (modulo 10) est l'ensemble vide.**

Deuxième méthode

On dresse de même le tableau de multiplication par 2 modulo 10 :

x (modulo 10)	0	1	2	3	4	5	6	7	8	9
$2x$ (modulo 10)	0	2	4	6	8	0	2	4	6	8

Il n'existe donc pas d'entier relatif x tel que $2x \equiv 3$ (modulo 10) : **l'ensemble cherché est l'ensemble vide**.

3. *Première méthode*

Pour tout $x \in \mathbb{Z}$, $3x \equiv 12$ (modulo 15) équivaut successivement à :

15 divise $3x-12$,

il existe $k \in \mathbb{Z}$ tel que $3x = 15k+12$,

il existe $k \in \mathbb{Z}$ tel que $x = 5k+4$ (on a divisé membre à membre par $3 \neq 0$), $x \equiv 4$ (modulo 5).

L'ensemble des entiers relatifs x vérifiant $3x \equiv 12$ (modulo 15) est $\{5k+4\ ;\ k \in \mathbb{Z}\}$.

Deuxième méthode

On dresse le tableau de multiplication par 3 modulo 15.

x (modulo 15)	0	1	2	3	4	5	6	7	8	9	10	11	12	13	14
$3x$ (modulo 15)	0	3	6	9	12	0	3	6	9	12	0	3	6	9	12

On lit : $3x \equiv 12$ (modulo 15) si, et seulement si,

$x \equiv 4$ (modulo 15) ou $x \equiv 9$ (modulo 15) ou $x \equiv 14$ (modulo 15).

On remarque alors que si $k \in \mathbb{Z}$,

$15k+4=5(3k)+4$,

$15k+9=5(3k+1)+4$

et $15k+14=5(3k+2)+4$.

Comme tout entier n peut s'écrire sous l'une des formes $3k$, $3k+1$ ou $3k+2$, pour un certain $k \in \mathbb{Z}$, on en déduit que **l'ensemble des entiers x vérifiant $2x \equiv 3$ (modulo 15) est $\{5n+4\ ;\ n \in \mathbb{Z}\}$.**

4. Tout entier relatif est congru modulo 6 à un, et un seul, des entiers
0 ; 1 ; 2 ; ... ; 5 (propriété 2 du cours).
On examine tous les cas possibles des carrés modulo 6 :

x (modulo 6)	0	1	2	3	4	5
x^2 (modulo 6)	0	1	4	3	4	1

On obtient donc : $x^2 \equiv 3$ (modulo 6) si, et seulement si, $x \in 3$ (modulo 6).
L'ensemble cherché est donc $\{6k+3\ ;\ k \in \mathbb{Z}\}$.

9 1. $354 \equiv 11$ (modulo 7) $\Leftrightarrow 354-11 \equiv 0$ (modulo 7)
$\Leftrightarrow 343 \equiv 0$ (modulo 7).
Or 343 est divisible par 7, donc **l'affirmation est vraie.**

2. Le reste d'une division euclidienne est toujours positif.
Ici, le reste est 8 car $-172=-16\times 11+8$.
Donc l'affirmation est fausse.

3. Utilisons un tableau des restes modulo 6 pour répondre :

n	0	1	2	3	4	5
n^3-n	0	0	0	0	0	0

Ainsi, quel que soit $n \in \mathbb{N}$, $n^3-n \equiv 0$ (modulo 6), donc **l'affirmation est vraie.**

4. Dénombrons le nombre de jours entre le 1er janvier 2006 et le 30 septembre 2006 (attention, du 1er janvier au 31 janvier, il n'y a que 30 jours).
$30+28+31+30+31+30+31+31+30=272$; or 272 n'est pas divisible par 7, donc il n'y a pas un nombre entier de semaines séparant ces 2 jours, et donc **l'affirmation est fausse.**

5. $n-1$ divise $(n-1)(3n+1)$, donc $(n-1)$ divise $3n^2-2n+5$ si, et seulement si,
$n-1$ divise $3n^2-2n+5-(n-1)(3n+1)=6$,
c'est-à-dire $n-1 \in \{-6\ ;-3\ ;-2\ ;-1\ ;\ 1\ ;\ 2\ ;\ 3\ ;\ 6\}$,
soit $n \in \{-5\ ;-2\ ;-1\ ;0\ ;\ 2\ ;\ 3\ ;\ 4\ ;\ 7\}$, donc **l'affirmation est fausse.**

10 1. On calcule successivement par multiplication par 2 :

- **$2^0 \equiv 1$ (modulo 9) ;**
- **$2^1 \equiv 2$ (modulo 9) ;**

- $\mathbf{2^2 \equiv 4}$ **(modulo 9) ;**
- $\mathbf{2^3 \equiv 8 \equiv -1}$ **(modulo 9) ;**
- $\mathbf{2^4 \equiv -2 \equiv 7}$ **(modulo 9) ;**
- $\mathbf{2^5 \equiv -4 \equiv 5}$ **(modulo 9) ;**
- $\mathbf{2^6 \equiv -8 \equiv 1}$ **(modulo 9).**

2. $2^6 \equiv 1$ (modulo 9).
Or pour tout $q \in \mathbb{N}$, $2^{6q} = (2^6)^q$, donc $\mathbf{2^{6q} \equiv 1^q \equiv 1}$ **(modulo 9).**

3. Soit $n \in \mathbb{N}$.

a. Soit r le reste et q le quotient dans la division euclidienne de n par 6 :
$n = 6q + r$, avec $0 \leqslant r < 6$ et $q \in \mathbb{N}$.

Alors $2^n = 2^{6q+r} = 2^{6q} \times 2^r$.

Or $2^{6q} \equiv 1$ (modulo 9) d'après **2.**
Donc $2^n \equiv 1 \times 2^r$ (modulo 9), soit $\mathbf{2^n \equiv 2^r}$ **(modulo 9).**

b. Soit $n \in \mathbb{N}$.
r est le reste de la division euclidienne de n par 6 si, et seulement si, $r \in \mathbb{N}$, $0 \leqslant r < 6$ et $n \equiv r$ (modulo 6) (*cf.* propriété 2 du cours).
De même $r' \in \mathbb{N}$ est le reste de la division euclidienne de 2^n par 9 si, et seulement si, $0 \leqslant r' < 9$ et $2^n \equiv r'$ (modulo 9).
On déduit alors de la question précédente et de la question **1.** que dans la division euclidienne de 2^n par 9 :

- Si $n \equiv 0$ (modulo 6), $2^n \equiv 1$ (modulo 9) : **le reste est donc 1**.
- Si $n \equiv 1$ (modulo 6), $2^n \equiv 2$ (modulo 9) : **le reste est donc 2**.
- Si $n \equiv 2$ (modulo 6), $2^n \equiv 4$ (modulo 9) : **le reste est donc 4**.
- Si $n \equiv 3$ (modulo 6), $2^n \equiv 8$ (modulo 9) : **le reste est donc 8**.
- Si $n \equiv 4$ (modulo 6), $2^n \equiv -2 \equiv 7$ (modulo 9) : **le reste est donc 7.**
- Si $n \equiv 5$ (modulo 6), $2^n \equiv -4 \equiv 5$ (modulo 9) : **le reste est donc 5.**

11 1. $\sqrt{37} \approx 6{,}1$ à 10^{-1} près et 2, 3 et 5 ne divisent pas 37.

37 est donc premier.
De même, on montre que **67 et 167 sont premiers.**

2.
$$\begin{array}{r|l} 2\,004 & 4 \\ 501 & 3 \\ 167 & \end{array}$$
et 167 est premier

(car $\sqrt{167} \approx 12{,}9$ à 10^{-1} près et 2, 3, 5, 7, 11 ne divisent pas 167).
Donc $\mathbf{2\,004 = 2^2 \times 3 \times 167}$.
De même, on montre que :
$\mathbf{4\,200 = 2^3 \times 3 \times 5^2 \times 7}$, $\mathbf{13\,325 = 5^2 \times 13 \times 41}$, $\mathbf{212\,625 = 3^5 \times 5^3 \times 7}$.

12 **1.** On applique l'algorithme d'Euclide :

$187 = 1 \times 133 + 54$

$133 = 2 \times 54 + 25$

$54 = 2 \times 25 + 4$

$25 = 6 \times 4 + 1$

$4 = 4 \times 1 + 0.$

Le dernier reste non nul étant 1, on en déduit que **PGCD (187 ; 133) = 1**.

2. PGCD (187 ; 133) = 1, donc d'après le théorème de Bézout (1), il existe $(u\ ;\ v) \in \mathbb{Z}^2$ tel que $187u + 133v = 1$.

On remonte l'algorithme d'Euclide pour trouver une valeur possible du couple $(u\ ;\ v)$:

$25 - 6 \times 4 = 1$

$25 - 6 \times (54 - 2 \times 25) = 1$

$13 \times 25 - 6 \times 54 = 1$

$13 \times (133 - 2 \times 54) - 6 \times 54 = 1$

$13 \times 133 - 32 \times 54 = 1$

$13 \times 133 - 32 \times (187 - 133) = 1$

$45 \times 133 - 32 \times 187 = 1.$

Donc $\boldsymbol{v = 45}$**,** $\boldsymbol{u = -32}$ **conviennent**.

3. Si on pose $m = -4 \times -32 = 128$ et $n = -4 \times (45) = -180$, alors :

$$187m + 133n = (-4)(187u + 133v) = -4 \times 1 = -4.$$

Donc $\boldsymbol{m = 128}$ **et** $\boldsymbol{n = -180}$ **conviennent**.

13 **1.** S'il existe $(u\ ;\ v) \in \mathbb{Z} \times \mathbb{Z}$ tel que $au + bv = d$, alors PGCD $(a\ ;\ b)$ divise d d'après le théorème **2** du cours **IV**.

Or d divise a et b, donc d divise PGCD $(a\ ;\ b)$.

On en déduit que $\boldsymbol{d}$ **= PGCD** $\boldsymbol{(a\ ;\ b)}$.

2. a. Si $a = 1\,124$ et $b = 268$, 2 divise a et b qui sont pairs, donc 2 divise PGCD $(a\ ;\ b)$. Or, 2 ne divise pas 3, donc le PGCD $(a\ ;\ b)$ ne divise pas $c = 3$.

D'après le théorème **4b.** du cours, **l'équation n'a donc pas de solution**.

b. Si $a = 14$, $b = 21$ alors PGCD $(a\ ;\ b) = 7 = c$.

Donc d'après le théorème **1** du cours **IV**, l'équation diophantienne $ax + by = c$ admet des solutions. En divisant par $7 \neq 0$,

l'équation $14x + 21y = 7$ équivaut à $2x + 3y = 1$ (1).

Or, $2 \times 2 + 3 \times (-1) = 1$, donc $(2\ ; -1)$ est une solution particulière de (1).

Alors pour tout $(x\ ;\ y) \in \mathbb{Z} \times \mathbb{Z}$ tel que $2x + 3y = 1$,

$2 \times 2 + 3 \times (-1) = 1$ implique $2(x - 2) + 3(y + 1) = 0$,

d'où $3(y + 1) = -2(x - 2)$, donc 3 divise $2(x - 2)$.

Or, 3 est premier à 2, donc 3 divise $(x-2)$ d'après le théorème de Gauss.
Ainsi, il existe $k \in \mathbb{Z}$ tel que $x = 3k+2$.

Alors $3(y+1) = -2(3k+2-2) = 3(-2k)$, d'où $y = -2k-1$.

Vérification : pour tout $k \in \mathbb{Z}$, $2\times(3k+2)+3\times(-2k-1) = 1$.

L'ensemble des solutions de $14x+21y=7$ est donc :

$$\{(3k+2\ ;-2k-1),\ k \in \mathbb{Z}\}.$$

c. Si $a = 147$ et $b = 119$.
Grâce à l'algorithme d'Euclide, on obtient PGCD $(147\ ;\ 119) = 7$.
Or 7 ne divise pas $c = 15$, donc **l'équation n'a pas de solution**.

14 **1. a.** $(6n+10)-3\times(2n+3) = 1$, donc $u = 1$ **et** $v = -3$, donc $(u\ ;\ v) \in \mathbb{Z}\times\mathbb{Z}$, u et v conviennent.

b. Pour tout $n \in \mathbb{Z}$, $6n+10$ et $2n+3$ sont des entiers naturels, et il existe $(u\ ;\ v) \in \mathbb{Z}^2$ tel que $(6n+10)u+(2n+3)v = 1$.
D'après le théorème de Bézout (2), on en déduit que **$6n+10$ et $2n+3$ sont premiers entre eux**.

2. Pour tout $n \in \mathbb{Z}$, $(3n+4) \in \mathbb{Z}$ et $(5n+7) \in \mathbb{Z}^*$,

car $5x+7=0$ est équivalent à $x = -\dfrac{7}{5}$ et $-\dfrac{7}{5} \notin \mathbb{Z}$.

De plus, pour tout $n \in \mathbb{Z}$, $3\times(5n+7)-5\times(3n+4) = 1$.

Ainsi, il existe $u = 3$, et $v = -5$ tels que $(5n+7)u+(3n+4)v = 1$.
D'après le théorème de Bézout, on en déduit que, pour tout $n \in \mathbb{Z}$, $5n+7$ et $3n+4$ sont premiers entre eux, avec $5n+7 \neq 0$.

Donc, pour tout $n \in \mathbb{Z}$, **la fraction $\dfrac{3n+4}{5n+7}$ est irréductible.**

15 $a,\ b \in \mathbb{N}$, donc $a+4,\ b+5 \in \mathbb{N}^*$.

$(a+4)(b+5) = 2\ 004$, donc $a+4$ et $b+5$ sont diviseurs de 2 004.

On détermine donc les diviseurs de 2 004 :

$$\begin{array}{r|l} 2\ 004 & 4 \\ 501 & 3 \\ 167 & \end{array}$$

et 167 est premier (car $\sqrt{167} \approx 12,9$ à 10^{-1} près et 2, 3, 5, 7, 11 ne divisent pas 167).
Les diviseurs positifs de 2 004 sont donc : 1, 2, 3, 4, 6, 12, 167, 334, 501, 668, 1 002, 2 004.
Comme a et b sont des entiers naturels, alors $a+4 \geqslant 4$ et $b+5 \geqslant 5$. Ainsi :

$(a+4)(b+5) = 2\ 004$ équivaut à :

$$\begin{cases} a+4=4 \\ b+5=501 \end{cases} \text{ou} \begin{cases} a+4=6 \\ b+5=334 \end{cases} \text{ou} \begin{cases} a+4=12 \\ b+5=167 \end{cases} \text{ou} \begin{cases} a+4=167 \\ b+5=12 \end{cases} \text{ou} \begin{cases} a+4=334 \\ b+5=6. \end{cases}$$

Les couples $(a\ ;\ b)$ tels que $(a+4)(b+5)=2\ 004$ sont :

$(0\ ;\ 496), (2\ ;\ 329), (8\ ;\ 162), (163\ ;7), (330\ ;1)$.

16 1. Si $n=1$, $N=3$ et $D=1$ donc $\dfrac{D}{N}$ et le reste euclidien est 0.

Si $n=2$, $N=11$ et $D=3$. Comme $11=3\times3+2$, le reste est **2.**

Si $n=4$, $N=45$ et $D=7$. Comme $45=7\times6+3$, le reste est **3.**

Si $n=5$, $N=71$ et $D=9$. Comme $71=9\times7+8$, le reste est **8.**

Si $n=7$, $N=141$ et $D=13$. Comme $141=13\times10+11$, le reste est **11.**

2. L'algorithme peut être par exemple :

```
VARIABLES
  r EST_DU_TYPE NOMBRE
  n EST_DU_TYPE NOMBRE
  i EST_DU_TYPE NOMBRE
DEBUT_ALGORITHME
    LIRE n
    POUR i ALLANT_DE 1 A n
        DEBUT_POUR
        r PREND_LA_VALEUR (3*i*i–i+1)%(2*i–1)
        TRACER_POINT (i,r)
        FIN_POUR
FIN_ALGORITHME
```

n est fixé par l'utilisateur en début de programme et on aura pris soin de cocher "utiliser un repère" avec pour échelle : Xmin = 0, Xmax = *n* (donc variable en fonction de la valeur choisie pour *n*) et Ymin = 0, Ymax = 2*n*, ce qui semble suffire vu les valeurs obtenues pour *r* au 1.

Voici le graphique obtenu pour $n=30$:

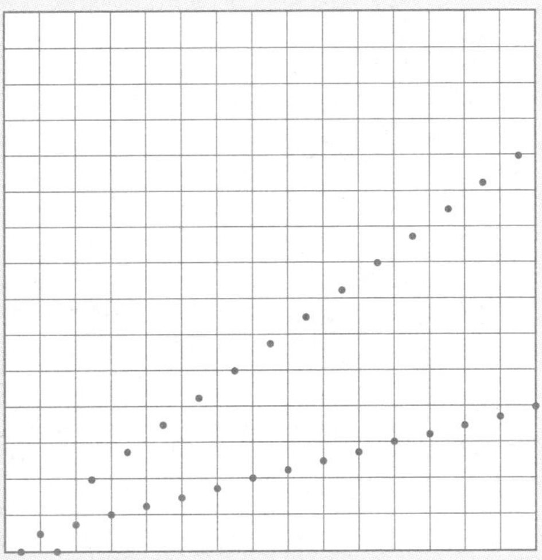

Xmin:0 ; Xmax:30 ; Ymin:0 ; Ymax:60 ; GradX:2 ; GradY:5

3. On constate qu'il y a deux séries de points alignés :

Si n est pair, il semble que ce sont des points de la droite d'équation $y=\frac{1}{2}x+1$.

Si n est impair, à partir de $n=5$, les points semblent être sur la droite d'équation $\boldsymbol{y=\frac{3}{2}x+\frac{1}{2}}$.

On peut vérifier que ces formules marchent pour les restes trouvés au **1.**

4. Si n est pair, essayons de diviser $N=3n^2-n+1$ par $D=2n-1$.

$(2n-1)\times\frac{3}{2}n=3n^2-\frac{3}{2}n=3n^2-n-\frac{1}{2}n+1-1=N-\left(\frac{1}{2}n+1\right)$, soit :

$$N=D\times\frac{3}{2}n+\left(\frac{1}{2}n+1\right).$$

n étant pair, $\frac{3}{2}n\in\mathbb{N}$, donc on peut poser $q=\frac{3}{2}n$ et $\frac{n}{2}+1\in\mathbb{N}$ également. De plus, $\frac{n}{2}+1<D$ car $(2n-1)-\left(\frac{n}{2}+1\right)=\frac{3}{2}n-2>0$ si $n\geqslant 2$. **Donc, si n est pair, $N=Dq+r$ avec $r=\frac{n}{2}+1$, qui est le reste de la division euclidienne de N par D. Par contre, si n est impair, $\frac{n}{2}+1$ n'est pas un nombre entier, donc ce n'est pas le reste de la division euclidienne.**

5. Si n est impair, $3n$ est impair, donc $3n+1$ est pair, donc $\frac{3n+1}{2}\in\mathbb{N}$.

De plus, $\frac{3n+1}{2}<D$ car $(2n-1)-\frac{3n+1}{2}=\frac{n}{2}-\frac{3}{2}>0$ si $n>3$.

r peut donc être le reste cherché.

De plus, $N-r=3n^2-n+1-\frac{3n+1}{2}=3n^2-\frac{5}{2}n+\frac{1}{2}=3n^2-\frac{3}{2}n-n+\frac{1}{2}$

$=(2n-1)\times\frac{3}{2}n-n+\frac{1}{2}=D\times\frac{3}{2}n-\frac{2n-1}{2}=D\times\left(\frac{3}{2}n-\frac{1}{2}\right)=D\times\frac{3n-1}{2}$.

Or, $n\geqslant 5$, donc $3n-1>0$ et $3n$ est impair, donc $3n-1$ est pair, d'où $\frac{3n-1}{2}\in\mathbb{N}$: c'est bien le quotient.

Ainsi, le reste de la division de N par D est bien $\frac{3n+1}{2}$ si n est impair et $n\geqslant 5$.

17 Soit x un entier naturel fixé. On commence par remarquer que $x^2\in\mathbb{N}$.

On va montrer par récurrence sur l'entier $n\in\mathbb{N}^*$ que, pour tout $n\in\mathbb{N}^*$, l'hypothèse H_n « $(x+1)^n-nx-1$ est divisible par x^2 » est vraie.

- Au premier rang $n=1$: $(x+1)^1-1\times x-1=0=0\times x^2$, donc H_1 est vraie.
- On suppose qu'il existe un rang $n\in\mathbb{N}^*$ tel que H_n soit vraie, c'est-à-dire $(x+1)^n-nx-1$ est divisible par x^2.

Il existe donc $m \in \mathbb{Z}$ tel que $(x+1)^n - nx - 1 = mx^2$.
Ainsi $(x+1)^n = mx^2 + nx + 1$.

Or $(x+1)^{n+1} = (x+1)\times(x+1)^n = (x+1)\times(mx^2+nx+1)$ d'après H_n

$$= mx^3 + (n+m)x^2 + (n+1)x + 1.$$

On en déduit :
$(x+1)^{n+1} - (n+1)x - 1 = mx^3 + (n+m)x^2 = (mx+n+m)x^2$.
Si on pose $r = mx+n+m$, alors $r \in \mathbb{Z}$,

et $(x+1)^{n+1} - (n+1)x - 1 = rx^2$.

Donc $(x+1)^{n+1} - (n+1)x - 1$ est divisible par x^2 et H_{n+1} est vraie.

- D'après le principe de raisonnement par récurrence, on en déduit que, **pour tout $n \in \mathbb{N}^*$, H_n est vraie, soit $(x+1)^n - nx - 1$ est divisible par x^2.**

18 **1.** On rappelle que, pour tout $x \in \mathbb{Z}$, r est le reste de la division euclidienne de x par 7 si, et seulement si, $r \in \{0 ; 1 ; 2 ; 3 ; 4 ; 5 ; 6\}$ et $x \equiv r$ (modulo 7).

Voir le savoir-faire 4.

Commençons par regarder les restes modulo 7 des premières puissances de 3 :

Puissance de 3	3^0	3^1	3^2	3^3	3^4	3^5	3^6
Reste modulo 7	1	3	2	6	4	5	1

Ainsi, pour tout $k \in \mathbb{N}$, $3^{6k} \equiv (3^6)^k \equiv 1$ (modulo 7).

Soit alors $n \in \mathbb{N}$. On effectue la division euclidienne de n par 6 :

il existe $(q ; r) \in \mathbb{N}^2$, tel que $n = 6q + r$ avec $0 \leq r < 6$.

Alors $r \in \{0 ; 1 ; ... ; 5\}$ et comme $3^n = 3^{6q+r} = (3^6)^q \times 3^r$:

$$3^n \equiv 3^r \text{ (modulo 7).}$$

Ainsi, dans la division euclidienne de 3^n par 7 :

- Si $n = 6q$, $3^n \equiv 1$ (modulo 7) : le reste est **1**.
- Si $n = 6q+1$, $3^n \equiv 3$ (modulo 7) : le reste est **3**.
- Si $n = 6q+2$, $3^n \equiv 2$ (modulo 7) : le reste est **2**.
- Si $n = 6q+3$, $3^n \equiv 6$ (modulo 7) : le reste est **6**.
- Si $n = 6q+4$, $3^n \equiv 4$ (modulo 7) : le reste est **4**.
- Si $n = 6q+5$, $3^n \equiv 5$ (modulo 7) : le reste est **5**.

2. $1\,515 = 7 \times 216 + 3$, donc $1\,515 \equiv 3$ (modulo 7).
Ainsi, pour tout $n \in \mathbb{N}$, $1\,515^n \equiv 3^n$ (modulo 7).
Pour $n = 2\,000$, on effectue la division euclidienne de 2 000 par 6 :

$$2\,000 = 6 \times 333 + 2.$$

D'après **1.**, $3^{2\,000} \equiv 2$ (modulo 7), donc $1\,515^{2\,000} \equiv 2$ (modulo 7).
Le reste de la division euclidienne de $1\,515^{2\,000}$ par 7 est donc 2.

3. On commence par démontrer que dans notre système décimal, tout nombre entier naturel est congru modulo 10 au chiffre de ses unités.
Pour $n \in \mathbb{N}$, il existe $p \in \mathbb{N}$, $a_0, a_1, ..., a_p \in \{0 ; 1 ; 2 ; ... ; 9\}$, tels que
$n = a_p \times 10^p + a_{p-1} \times 10^{p-1} + ... + a_2 \times 10^2 + a_1 \times 10 + a_0$, a_0 étant le chiffre des unités de n.
Or $10 \equiv 0$ (modulo 10), donc pour tout $k \in \mathbb{N}^*$, $10^k \equiv 0$ (modulo 10).
On en déduit $n \equiv a_0$ (modulo 10).
Alors $227 \equiv 7$ (modulo 10), donc $227^{541} \equiv 7^{541}$ (modulo 10).
Comme $7^2 = 49$ et $49 \equiv -1$ (modulo 10), $7^4 \equiv 1$ (modulo 10).
On écrit alors $541 = 4 \times 135 + 1$, dont on déduit $7^{541} = (7^4)^{135} \times 7$.
Alors $7^{541} = 1^{135} \times 7$ (modulo 10), donc $7^{541} \equiv 7$ (modulo 10).
On en déduit que le chiffre des unités de 227^{541} est 7.

19 Soit trois entiers consécutifs n, $n + 1$, $n + 2$.
On effectue la division euclidienne de n par 3 : il existe $q \in \mathbb{Z}$, $r \in \mathbb{Z}$ tels que $n = 3q + r$ avec $0 \leqslant r < 3$, donc $r = 0$ ou $r = 1$ ou $r = 2$.

- Si $r = 0$, $n = 3q$ et 3 divise n donc 3 divise $n(n+1)(n+2)$.
- Si $r = 1$, $n+2 = 3q+3 = 3(q+1)$, donc 3 divise $(n+2)$, donc 3 divise $n(n+1)(n+2)$.
- Si $r = 2$, $n+1 = 3(q+1)$, donc 3 divise $(n+1)$,donc 3 divise $n(n+1)(n+2)$.

Le produit de trois entiers consécutifs est donc divisible par 3.

20 **1.** Dressons un tableau des restes modulo 12 :

x	0	1	2	3	4	5	6	7	8	9	10	11
x^2	0	1	4	9	4	1	0	1	4	9	4	1

D'après ce tableau, la proposition **a.** est fausse, car il y a d'autres solutions.
Les solutions sont $x \equiv 0$ (modulo 12) ou $x \equiv 6$ (modulo 12), ce qu'on peut aussi écrire $x = 12k$ ou $x = 6 + 12k$, $k \in \mathbb{Z}$, ou encore $x = 6k$, $k \in \mathbb{Z}$, ce qui représente une infinité d'entiers solution.
Les propositions b. et c. sont donc vraies.
De plus, tous ces entiers sont pairs, donc **la proposition d. est vraie également.**
(La réciproque de la proposition **d.** est fausse, par contre).

2. La proposition **a.** est fausse car – 1 est solution de cette équation et – 1 est impair.
Le **b.** par conséquent également.
Et comme – 1 est solution de l'équation, l'affirmation **c.** est fausse, car il y a des solutions x non congrues à 2 (modulo 6).
La seule bonne réponse est la d. (puisqu'il y en a au moins une).
(*Autre méthode* : résoudre l'équation par un tableau des restes).

3. Prenons comme contre-exemple $n = 3$ et $p = 2$.
Alors on a bien $np \equiv 6$ (modulo 10) et $p \equiv 2$ (modulo 5).
Cet exemple contredit la proposition **a.** car $6 \equiv 1$ (modulo 5). Donc on élimine cette proposition.
Si on prend $n = 8$ et $p = 2$. Les conditions sont vérifiées également, et cet exemple contredit la proposition **b.** car $8 \equiv 8$ (modulo 10). Cet exemple contredit également la proposition **d.** car $n \equiv 3$ (modulo 2) équivaut à n impair, ce qui n'est pas le cas avec 8. **La seule proposition valable est donc la c.**
Autre méthode possible
Remarquer que si $p \equiv 2$ (modulo 5), alors $p \equiv 2$ (modulo 10) ou $p \equiv 7$ (modulo 10), puis distinguer ces deux cas en dressant à chaque fois le tableau des restes modulo 10 correspondants.

4. On peut déjà éliminer le **b.** : p est le produit de 2 007 entiers (premiers) différents de 1 (tous égaux à 1 789), donc p n'est pas premier.
$1\,789 = 17 \times 105 + 4$, donc $n \equiv 4$ (modulo 17).
Testons les premières puissances de 4 :
$4^1 \equiv 4$ (modulo 17) ; $4^2 \equiv 16$ (modulo 17) ; $4^3 \equiv 13$ (modulo 17) ;
$4^4 \equiv 1$ (modulo 17).
Or $2\,007 = 4 \times 501 + 3$, donc :
$1\,789^{2\,007} \equiv 4^{2\,007} \equiv (4^4)^{501} \times 4^3 \equiv 1^{501} \times 13 \equiv 13 \equiv -4$ (modulo 17).
La seule bonne réponse est donc la c.

21 **1. a.** Tout entier naturel étant congru modulo 5 à un unique entier de l'ensemble $\{0 ; 1 ; 2 ; 3 ; 4\}$, on dresse le tableau des carrés modulo 5 :

y (modulo 5)	0	1	2	3	4
y^2 (modulo 5)	0	1	4	4	1

- Si $y = 5k$, $k \in \mathbb{Z}$, le reste est **0**.
- Si $y = 5k+1$, ou $y = 5k+4$, $k \in \mathbb{Z}$, le reste est **1**.
- Si $y = 5k+2$, ou $y = 5k+3$, $k \in \mathbb{Z}$, le reste est **4**.

b. On dresse de même le tableau des puissances quatrièmes modulo 5, en se servant du tableau précédent et du fait que $x^4 = (x^2)^2$:

x (modulo 5)	0	1	2	3	4
x^4 (modulo 5)	0	1	1	1	1

- Si $x = 5k$, $k \in \mathbb{Z}$, le reste est **0**.
- Si $x = 5k+1$, ou $x = 5k+2$, ou $x = 5k+3$, $x = 5k+4$, $k \in \mathbb{Z}$, le reste est **1**.

c. $x^4 + y^2 = 2\,003$, donne (modulo 5) $x^4 + y^2 \equiv 3$ (modulo 5).
Cependant, d'après les deux tableaux précédents, les valeurs possibles pour $x^4 + y^2$ (modulo 5) sont 0, 1, 2 ou 4.
On déduit que **l'équation $x^4 + y^2 = 2\,003$ n'a pas de solution entière.**

2. Comme préconisé, on va travailler modulo 7.
Soit $(x\ ;\ y) \in \mathbb{Z} \times \mathbb{Z}$ tel que $x^2 + 7y^2 = 10\ 727$.
$10\ 727 \equiv 3$ (modulo 7) et $7 \equiv 0$ (modulo 7), donc $x^2 \equiv 3$ (modulo 7).
On dresse alors le tableau des carrés modulo 7 :

x (modulo 7)	0	1	2	3	4	5	6
x^2 (modulo 7)	0	1	4	2	2	4	1

Tout entier étant congru modulo 7 à l'un des entiers de $\{0\ ;\ 1\ ;\ ...\ ;\ 6\}$, il n'existe pas d'entier x vérifiant $x^2 \equiv 3$ (modulo 7), donc **l'équation $x^2 + 7y^2 = 10\ 727$ n'admet pas de solution entière.**

22 1. $2^3 = 8 \equiv 1$ (modulo 7) et pour tout $n \in \mathbb{N}$, $2^{3n} = (2^3)^n$.
Donc, pour tout $n \in \mathbb{N}$, $2^{3n} \equiv 1^n \equiv 1$ (modulo 7).
Or $2^{3n+1} = 2 \times 2^{3n}$, donc $2^{3n+1} \equiv 2$ (modulo 7).
De même, $2^{3n+2} = 2^{3n+1} \times 2$, donc $2^{3n+2} \equiv 4$ (modulo 7).
Pour tout $n \in \mathbb{N}$, $2^{3n} - 1$, $2^{3n+1} - 2$ et $2^{3n+2} - 4$ sont multiples de 7.

2. Soit $k \in \mathbb{N}$. D'après le théorème de la division euclidienne, il existe un (unique) couple $(q\ ;\ r) \in \mathbb{N}^2$ avec $0 \leqslant r < 3$, tel que $k = 3q + r$.
D'après le résultat précédent :
- **pour $r = 0$, $2^{3q} \equiv 1$ (modulo 7),**
- **pour $r = 1$, $2^{3q+1} \equiv 2$ (modulo 7),**
- **pour $r = 2$, $2^{3q+2} \equiv 4$ (modulo 7).**

3. a. Si $p = 3n$, $A_{3n} = 2^{3n} + 2^{6n} + 2^{9n} = 2^{3n} + 2^{3(2n)} + 2^{3(3n)}$.
Ainsi $A_{3n} \equiv 1 + 1 + 1 \equiv 3$ (modulo 7) d'après **2.**
Comme $0 \leqslant 3 < 7$, on peut conclure que **le reste de la division euclidienne de A_{3n} par 7 est 3.**

b. Si $p = 3n + 2$, $A_{3n+2} = 2^{3n+2} + 2^{2(3n+2)} + 2^{3(3n+2)}$

$$= 2^{3n+2} + 2^{3(2n+1)+1} + 2^{3(3n+2)}$$

Donc d'après **2.**, $A_{3n+2} \equiv 4 + 2 + 1 \equiv 0$ (modulo 7), d'où **7 divise A_{3n+2}**.

c. Si $p = 3n + 1$, $A_{3n+1} = 2^{3n+1} + 2^{2(3n+1)} + 2^{3(3n+1)}$

$$= 2^{3n+1} + 2^{3(2n)+2} + 2^{3(3n+1)}.$$

Donc d'après **2.**, $A_{3n+1} \equiv 2 + 4 + 1 \equiv 0$ (modulo 7), et **7 divise A_{3n+1}.**

4. a. $A_0 = 2_0 + 2_0 + 2_0 = 3$,

$A_1 = 2^1 + 2^2 + 2^3 = 14$,

$A_2 = 2^2 + 2^4 + 2^6 = 84$,

$A_3 = 2^3 + 2^6 + 2^9 = 584 = a$. Donc $\boldsymbol{a = A_3}$.

$A_4 = 2^4 + 2^8 + 2^{12} = 4\ 538 = b$. Donc $\boldsymbol{b = A_4}$.

b. $a = A_3$, donc a est de la forme A_p avec $p = 3 \times 1$. D'après **3.a.** le reste de la division euclidienne de a par 7 est 3 donc ***a* n'est pas divisible par 7.**

$b = A_4$, donc b est de la forme A_p avec $p = 3\times1+1$. D'après **3.c.**, A_4 est divisible par 7 donc ***b* est divisible par 7.**

23 **1.** On commence par justifier le fait que tout nombre entier naturel est congru modulo 9 à la somme de ses chiffres (dans le système décimal).
Soit $n \in \mathbb{N}$. n peut s'écrire de manière unique :
$n = a_p \times 10^p + a_{p-1}\times 10^{p-1} + ... + a_2 \times 100 + a_1 \times 10 + a_0$, avec $p \in \mathbb{N}$,
$a_0, a_1, ..., a_p \in \{0\ ;\ 1\ ;\ ...\ ;\ 9\}$.
Or, $10 \equiv 1$ (modulo 9),
donc, pour tout $k \in \mathbb{N}$, $10^k \equiv 1$ (modulo 9).
Ainsi $n \equiv a_p + a_{p-1} + ... + a_0$ (modulo 9).
Appliquant ceci à l'entier a, on obtient $a \equiv 91$ (modulo 9).
Or, $91 = 9\times10+1$, donc $91 \equiv 10 \equiv 1$ (modulo 9).
On en déduit $a \equiv 1$ (modulo 9).
Par le même procédé, on trouve $b \equiv 1$ (modulo 9), $q \equiv 8$ (modulo 9), et $r \equiv 4$ (modulo 9).
Or, si la division euclidienne est exacte, on doit avoir par définition $a = bq + r$, donc on doit avoir $a \equiv bq + r$ (modulo 9).
Comme le résultat obtenu par Denis donne $bq + r \equiv 3$ (modulo 9), alors que $a \equiv 1$ (modulo 9), on en déduit que **ce résultat est faux**.

2. La division euclidienne de $a = 20$ par $b = 8$ ne donne pas $q = 1$ et $r = 3$ (car $8\times1+3=11$), mais on a bien $8\times1+3 \equiv 2$ (modulo 9), et $a \equiv 2$ (modulo 9).
Cet exemple prouve que **cette "preuve par 9" ne détecte pas toutes les erreurs.**

24 **1.** Si l'on veut éviter de se lancer dans la liste exhaustive des diviseurs de 5 400 (c'est long et on s'exposerait à des oublis), on décompose 5 400 en produit de facteurs premiers :

$$5\,400 = 6\times9\times100 = 2\times3\times3^2\times4\times25 = 2^3\times3^3\times5^2.$$

On remarque ensuite que tous les diviseurs de 5 400 sont de la forme :

$$2^\alpha\times3^\beta\times5^\gamma,\ \text{où}\ 0\le\alpha\le3,\ 0\le\beta\le3\ \text{et}\ 0\le\gamma\le2.$$

Il s'agit de dénombrer ensuite toutes les combinaisons possibles de ces facteurs premiers pour former des diviseurs de 5 400. On a 4 possibilités pour α (de 0 à 3), 4 possibilités pour β et 3 pour γ, ce qui donne en tout $4\times4\times3 = 48$ diviseurs.
Donc **la proposition est vraie.**

2. n étant un entier naturel, $6n^2+6n+1$ et $6n+4$ sont bien strictement positifs, donc le PGCD est bien défini. Utilisons l'algorithme d'Euclide pour le déterminer :

$6n^2+6n+1 = n\times(6n+4)+2n+1$, avec $0 \le 2n+1 < 6n+4$, donc :

$$\text{PGCD}\ (6n^2+6n+1\ ;\ 6n+4) = \text{PGCD}\ (6n+4\ ;\ 2n+1).$$

Si $n = 0$, alors $2n+1 = 1$, d'où on conclut PGCD $(6n+4\ ;\ 2n+1) = 1$.

Sinon, on poursuit : $6n+4=3\times(2n+1)+1$, avec $0\leq 1<2n+1$,

donc PGCD $(6n^2+6n+1\ ;\ 6n+4)=$ PGCD $(2n+1\ ;\ 1)=1$.

La proposition est donc vraie.

3. Vérifions d'abord que 7 est un diviseur commun à $3n+4$ et $4n+3$:
$n\equiv 1$ (modulo 7), donc $3n+4\equiv 3\times 1+4\equiv 7\equiv 0$ (modulo 7) ; donc 7 est un diviseur de $3n+4$;
de même $4n+3\equiv 4\times 1+3\equiv 0$ (modulo 7), donc $7\mid 4n+3$.

On en déduit que 7 divise le PGCD de $3n+4$ et $4n+3$.

De plus, quel que soit l'entier n, $4(3n+4)-3(4n+3)=12n+16-12n-9=7$.

D'après le théorème de Bézout (2), PGCD $(3n+4\ ;\ 4n+3)$ divise 7.

D'où PGCD $(3n+4\ ;\ 4n+3)=7$ si $n\equiv 1$ (modulo 7). **La proposition est vraie.**

4. Pour prouver que cette proposition est fausse, il suffit de trouver un contre-exemple. Si $a=2$ et $b=3$, alors PGCD $(a\ ;\ b)=1$, donc il existe, d'après le théorème de Bézout, deux entiers u et v tels que $au+bv=1$. Par exemple, $2\times(-1)+3\times 1=1$.
En posant $u'=2u$ et $v'=2v$, alors $au'+bv'=2au+2bv=2\times 1=2$, mais PGCD $(a\ ;\ b)=1$. **La proposition est bien fausse.**

25 Soit $n\in\mathbb{N}$.

1. $2(n+1)(n+3)(2n+1)=2\left[2n^3+6n^2+2n^2+n^2+3n+6n+n+3\right]$

$$\mathbf{2(n+1)(n+3)(2n+1)=4n^3+18n^2+20n+6.}$$

2. Pour $x\in\mathbb{R}$, on considère le polynôme du second degré :

$$6x^2+24x+18=6(x^2+4x+3).$$

$x=-1$ est une racine évidente de ce polynôme, et $x=\dfrac{3}{-1}=-3$ est la deuxième racine (le produit des racines vaut 3).

Ainsi, $6(x^2+4x+3)=6(x+1)(x+3)$ et :

$$\mathbf{6(n^2+4n+3)=6(n+1)(n+3).}$$

On peut aussi utiliser le discriminant d'un trinôme du second degré.

3. $4n^3+18n^2+20n+6\in\mathbb{N}^*$ et $6n^2+2n+18\in\mathbb{N}^*$, donc leur PGCD existe et :

PGCD $(4n^3+18n^2+20n+6\ ;\ 6n^2+2n+18)$

$= $ PGCD $(2(n+1)(n+3)(2n+1)\ ;\ 6(n+1)(n+3))$

$=2(n+1)(n+3)$ PGCD $(2n+1\ ;\ 3)$.

- Si $n\equiv 0$ (modulo 3), $2n+1\equiv 1$ (modulo 3)
et PGCD $(2n+1\ ;\ 3)=1$.
- Si $n\equiv 1$ (modulo 3), $2n+1\equiv 0$ (modulo 3)
et PGCD $(2n+1\ ;\ 3)=3$.

• Si $n \equiv 2$ (modulo 3), $2n+1 \equiv 2$ (modulo 3) et $\text{PGCD}(2n+1\ ;\ 3)=1$.

Donc, **si $n \equiv 1$ (modulo 3),**

$\text{PGCD}\ (4n^3+18n^2+20n+6\ ;\ 6(n+1)(n+3)) = 6(n+1)(n+3)$,

sinon, $\text{PGCD}\ (4n^3+18n^2+20n+6\ ;\ 6(n+1)(n+3)) = 2(n+1)(n+3)$.

26 1. c. **Les valeurs possibles de PGCD (a, b) semblent être 1 et 7.**

d. **Il semble que $\text{PGCD}\ (a,b)=7$ lorsque $n=7k+5,\ k\in\mathbb{N}$.**

2. a. Soit d un diviseur positif commun à a et b.

$d|4n+1 \Leftrightarrow$ il existe $k\in\mathbb{N}$ tel que $4n+1=dk$.

$d|5n+3 \Leftrightarrow$ il existe $k'\in\mathbb{N}$ tel que $5n+3=dk'$.

Pour obtenir une propriété sur d, on cherche à éliminer n de ces expressions ; pour cela, on procède comme dans un système à plusieurs inconnues, par combinaison linéaire.

$4n+1=dk \Leftrightarrow 5(4n+1)=5dk$,

$5n+3=dk' \Leftrightarrow 4(5n+3)=4dk'$, puis, par soustraction membre à membre :

$5dk-4dk'=5(4n+1)-4(5n+3)=5-12=-7 \Leftrightarrow d(5k-4k')=-7$

Ainsi, d est un diviseur de -7, donc $d=1$ ou $d=7$.

PGCD étant le plus grand des diviseurs, on retrouve la conjecture.

b. • Si $n=7k,\ k\in\mathbb{N}\ ;\ a=4\times 7k+1=28k+1$.

$7|28k$ mais 7 ne divise pas 1, donc 7 n'est pas un diviseur de a, donc 7 ne peut être le PGCD de a et b : on conclut que $\text{PGCD}\ (a\ ;\ b)=1$ si $n=7k$.

• Si $n=7k+1,\ k\in\mathbb{N}\ ;\ a=4\times(7k+1)+1=28k+5$.

$7|28k$, mais 7 ne divise pas 5, donc 7 n'est pas un diviseur de a. On conclut que $\text{PGCD}\ (a\ ;\ b)\ =\ 1$ si $n=7k+1$.

• Si $n=7k+2,\ k\in\mathbb{N}\ ;\ a=4\times(7k+2)+1=28k+9$. De la même façon, on conclut que $\text{PGCD}\ (a\ ;\ b)=1$ si $n=7k+2$.

• Si $n=7k+3,\ k\in\mathbb{N}$ et $a=4\times(7k+3)+1=28k+13$, $\text{PGCD}\ (a\ ;\ b)=1$ si $n=7k+3$.

• Si $n=7k+4,\ k\in\mathbb{N},\ a=4\times(7k+4)+1=28k+17$ et $\text{PGCD}\ (a\ ;\ b)=1$ si $n=7k+4$.

• Si $n=7k+5,\ k\in\mathbb{N},\ a=4\times(7k+5)+1=28k+21$, et 7 est un diviseur de $28k$ et de 21, donc $7\mid a$.
De plus, $b=5\times(7k+5)+3=35k+28$. Donc 7 est un diviseur de $35k$ et de 28, donc $7|b$.
Comme PGCD = 1 ou 7, alors le PGCD de a et b est 7 si $n=7k+5,\ k\in\mathbb{N}$.

• Si $n=7k+6,\ k\in\mathbb{N},\ a=4\times(7k+6)+1=28k+25$, donc $\text{PGCD}\ (a\ ;\ b)=1$ si $n=7k+6$.

Ainsi, PGCD $(a\ ;\ b) = 7$ si et seulement si $n = 7k + 5$, $k \in \mathbb{N}$.

Autre méthode : On peut présenter les différents cas dans un tableau des restes modulo 7 :

***n* (modulo 7)**	0	1	2	3	4	5	6
4*n*+1 (modulo 7)	1	5	2	6	3	0	4
5*n*+3 (modulo 7)	3	1	6	4	2	0	5

On constate que le reste est égal à 0, c'est-à-dire 7 divise $4n+1$ et $5n+3$, où 7 est le PGCD cherché, lorsque $n \equiv 5$ (modulo 7), donc pour $n = 7k+5$, $k \in \mathbb{Z}$.

27 Soit $(a\ ;\ b) \in \mathbb{N}^* \times \mathbb{N}^*$ tels que $\begin{cases} ab = 216 \\ \text{PGCD}\ (a\ ;\ b) = 6 \end{cases}$.

Dans un premier temps, pour simplifier nos calculs, nous supposerons $a \leqslant b$.

PGCD $(a\ ;\ b) = 6$, donc 6 divise a et b et on peut poser :

$a = 6a'$ et $b = 6b'$ avec $(a'\ ;\ b') \in \mathbb{N}^* \times \mathbb{N}^*$, et $a' \leqslant b'$.

On a alors :

$$\text{PGCD}\ (a\ ;\ b) = \text{PGCD}\ (6 \times a'\ ;\ 6 \times b') = 6 \times \text{PGCD}\ (a'\ ;\ b') = 6,$$

donc PGCD $(a'\ ;\ b') = 1$.

De plus, $ab = 6a' \times 6b' = 36a'b'$, d'où $a'b' = \dfrac{216}{36} = 6$.

On cherche donc $(a'\ ;\ b') \in \mathbb{N}^*$, $a' \leqslant b'$, tels que $\begin{cases} a'b' = 6 \\ \text{PGCD}\ (a'\ ;\ b') = 1. \end{cases}$

Or $6 = 2 \times 3$, avec 2 et 3 des nombres premiers,

donc $a'b' = 6$ implique $a' = 1$, $b' = 6$ ou $a' = 2$, $b' = 3$.

Ainsi, $a = 6$, $b = 6 \times 6 = 36$, ou $a = 12$, $b = 18$.

Vérification :

- Si $a = 6$, $b = 36$: $ab = 6 \times 36 = 216$ et :

PGCD $(a\ ;\ b)$ = PGCD $(6\ ;\ 36) = 6$ car 6 divise 36.

Donc $a = 6$, $b = 36$ conviennent.

- Si $a = 12$, $b = 18$: $ab = 12 \times 18 = 216$ et :

PGCD $(a\ ;\ b)$ = PGCD $(6 \times 2\ ;\ 6 \times 3) = 6$ car PGCD $(2\ ;\ 3) = 1$.

Donc $a = 12$, $b = 18$ conviennent.

Par symétrie, si on suppose désormais $a \geqslant b$, on trouve :

$$a = 36,\ b = 6, \text{ ou } a = 18,\ b = 12.$$

L'ensemble des couples d'entiers $(a\ ;\ b) \in \mathbb{N}^* \times \mathbb{N}^*$ tels que :

$\begin{cases} ab = 216 \\ \text{PGCD}\ (a\ ;\ b) = 6 \end{cases}$ est donc $\{$**(6 ; 36), (12 ; 18), (18 ; 12), (36 ; 6)**$\}$.

28 **1. a.** Soit d un diviseur positif de $2^q \times 5^r$. Il existe $k \in \mathbb{N}$ tel que $2^q \times 5^r = d \times k$.

Par unicité de la décomposition en facteurs premiers, on doit retrouver les facteurs premiers 2 et 5 (et uniquement eux) dans la décomposition de d et de k, c'est-à-dire $d = 2^q \times 5^r$ où $0 \leq q' \leq q$ et $0 \leq r' \leq r$.

Il y a donc $q + 1$ possibilités pour q' et $r + 1$ possibilités pour r, et donc $(q+1)(r+1)$ possibilités pour d. **Le nombre de diviseurs de $2^q \times 5^r$ est $(q+1)(r+1)$.**

b. $1250...0 = 125 \times 10^n$ avec n le nombre de zéros de 1250…0.

Donc $1250...0 = 5^3 \times 5^n \times 2^n = 5^{n+3} \times 2^n$: il a $(n+4) \times (n+1)$ diviseurs.

$(n+4)(n+1) = 130 \Leftrightarrow n^2 + 5n - 126 = 0$.

Il y a deux racines, dont une seule est positive, $n = 9$.
Le nombre cherché est donc 125 000 000 000.

2. Si p est un nombre premier divisant d, alors p divise aussi n, donc les nombres premiers apparaissant dans la décomposition en facteurs premiers de d apparaissent aussi dans celle de n.

Donc $d = p_1^{\beta_1} \times p_2^{\beta_2} \times ... \times p_r^{\beta_r}$ où β_1, β_2, ...; β_r sont des entiers naturels éventuellement nuls et tels que $\beta_i \leq \alpha_i$ pour tout $1 \leq i \leq r$ (car $p_i^{\beta_i}$ divise d et donc n).

3. Il s'agit de dénombrer toutes les combinaisons possibles de facteurs premiers.
On sait qu'un diviseur s'écrit $d = p_1^{\beta_1} \times p_2^{\beta_2} \times \ldots \times p_r^{\beta_r}$ et on a $(\alpha_1 + 1)$ possibilités pour β_1 : de 0 à α_1 ; $(\alpha_2 + 1)$ possibilités pour β_2, de 0 à α_2 ;…, $(\alpha_r + 1)$ possibilités pour β_r, de 0 à α_r ; ce qui fait en tout **$(\alpha_1 + 1)(\alpha_2 + 1)...(\alpha_r + 1)$ diviseurs positifs.**

29 **1. a.** Si $a = 1$, alors c'est évident.
Si $a \neq 1$ ($b > 1$ par hypothèse, sinon p ne peut diviser $a \times b$), p^α divise $a \times b$ et p est premier, donc par unicité de la décomposition en facteurs premiers, p^α apparaît dans la décomposition en facteurs premiers de $a \times b$; mais, puisque a n'est pas divisible par p, alors p n'apparaît pas dans la décomposition en facteurs premiers de a, donc p^α apparaît uniquement dans la décomposition en facteurs premiers de b ; finalement **p^α divise b.**

b. Supposons que $\sqrt[q]{n}$ soit rationnel. Il existe alors $(a\,;\,b) \in \mathbb{N} \times \mathbb{N}^*$ tel que PGCD $(a\,;\,b) = 1$ et $\sqrt[q]{n} = \dfrac{a}{b}$, donc $n \times b^q = a^q$.

- Si $a = 1$, alors, comme n et bq sont des entiers naturels, $n = b = 1$.

- Si $a \neq 1$, et si on note $p_1^{\alpha_1} p_2^{\alpha_2} ... p_r^{\alpha_r}$ la décomposition en facteurs premiers de a (p_1, …, p_r étant des nombres premiers deux à deux distincts et $\alpha_1, ..., \alpha_r$ des entiers naturels non nuls), alors $p_1^{q\alpha_1} p_2^{q\alpha_2} ... p_r^{q\alpha_r}$ est celle de a^q (par unicité de la décomposition en facteurs premiers).

Or PGCD $(a\ ;\ b)=1$, donc, pour tout $i \in \{1, 2, ..., r\}$, p_i ne divise pas b, donc $p_i^{\alpha_i}$ divise n, donc a^q divise n ; ainsi, $b=1$ et $n=a^q$.
Réciproquement, si n est la puissance q-ième d'un entier, il est évident que $\sqrt[q]{n}$ est un entier.
Donc $\sqrt[q]{n}$ **est rationnel si, et seulement si, *n* est la puissance *q*-ième d'un entier.**

2. *Méthode 1*
À l'aide de la décomposition en facteurs premiers d'entiers, la démonstration, étant identique à celle de la question **1.** en raisonnant sur les facteurs premiers de c, est laissée au lecteur.

Méthode 2
Puisque PGCD $(c\ ;\ a)=1$ alors $b \times$ PGCD $(c\ ;\ a)=b$
c'est-à-dire PGCD $(b \times c\ ;\ b \times a)=b$.
Or c divise $b \times c$ et $b \times a$, donc c divise PGCD $(b \times c\ ;\ b \times a)=b$.
Donc, si *c* divise $a \times b$ et si PGCD $(c\ ;\ a)=1$, alors *c* divise *b*.

30 **1. a.**

~~1~~	**2**	**3**	~~4~~	**5**	~~6~~	**7**	~~8~~	~~9~~	~~10~~
11	~~12~~	**13**	~~14~~	~~15~~	~~16~~	**17**	~~18~~	**19**	~~20~~
~~21~~	~~22~~	**23**	~~24~~	~~25~~	~~26~~	~~27~~	~~28~~	**29**	~~30~~
31	~~32~~	~~33~~	~~34~~	~~35~~	~~36~~	**37**	~~38~~	~~39~~	~~40~~
41	~~42~~	**43**	~~44~~	~~45~~	~~46~~	**47**	~~48~~	~~49~~	~~50~~
~~51~~	~~52~~	**53**	~~54~~	~~55~~	~~56~~	~~57~~	~~58~~	**59**	~~60~~
61	~~62~~	~~63~~	~~64~~	~~65~~	~~66~~	**67**	~~68~~	~~69~~	~~70~~
71	~~72~~	**73**	~~74~~	~~75~~	~~76~~	~~77~~	~~78~~	**79**	~~80~~
~~81~~	~~82~~	**83**	~~84~~	~~85~~	~~86~~	~~87~~	~~88~~	**89**	~~89~~
~~91~~	~~92~~	~~93~~	~~94~~	~~95~~	~~96~~	**97**	~~98~~	~~99~~	~~100~~

b. Un entier supérieur ou égal à 2 est premier s'il n'est divisible par aucun nombre premier strictement plus petit que lui. 3 n'est pas barré, car il n'est pas divisible par 2, le seul nombre premier strictement plus petit que lui.

Donc 3 est premier.

c. q est le premier entier non barré supérieur à p : il n'est pas un multiple de 2, 3, ..., p qui sont les seuls nombres premiers inférieurs à q, donc q est premier.
Les multiples de q qui ont été déjà barrés sont $2q$, $3q$, ..., pq (car ce sont des multiples de 2, ..., p) et $(p+1)q$, $(p+2)q$, ...,$(q-1)q$ (car $p+1$, $p+2$, ..., $(q-1)$ ont été barrés car ils étaient des multiples de 2, ..., p).
Donc le premier multiple de q qui n'est pas encore barré est q^2 : **le processus s'arrête donc quand $q^2>100$.**

d. D'après la question précédente, le processus s'arrête lorsque $q = 11$ et tous les entiers non barrés sont premiers. **Les nombres premiers compris entre 2 et 100 sont donc 2, 3, 5, 7, 11, 13, 17, 19, 23, 29, 31, 37, 41, 43, 47, 53, 59, 61, 67, 71, 73, 79, 83, 89, 97.**

2. Le processus s'arrête lorsque $q = 23$. **Les nombres premiers compris entre 2 et 400 sont 2, 3, 5, 7, 11, 13, 17, 19, 23, 29, 31, 37, 41, 43, 47, 53, 59, 61, 67, 71, 73, 79, 83, 89, 97, 101, 103, 107, 109, 113, 127, 131, 137, 139, 149, 151, 157, 163, 167, 173, 179, 181,191, 193, 197, 199, 211, 223, 227, 229, 233, 239, 241, 251, 257, 263, 269, 271, 277, 281, 283, 293, 307, 311, 313, 317, 331, 337, 347, 349, 353, 359, 367, 373, 379, 383, 389, 397.**

31 **1.** Si $a = 1$, l'égalité est évidente. Si $a \neq 1$, la suite $(a^k)_{k \in \mathbb{N}}$ étant géométrique de raison a, $1 + a + a^2 + ... + a^{n-1} = \dfrac{1-a^n}{1-a}$, d'où :

$$\boldsymbol{a^n - 1 = (a-1)(a^{n-1} + ... + a + 1).}$$

2. Soit $a \in \mathbb{N}$, $a \geqslant 2$ et $n \in \mathbb{N}$, $n \geqslant 2$. On a $a - 1 \geqslant 1$. Or :

$$a^n - 1 = (a-1)(a^{n-1} + ... + a^2 + a + 1) \text{ et } 1 + a + a^2 + ... + a^{n-1} > 1.$$

Donc si $a^n - 1$ est premier, $a - 1 = 1$, donc $a = 2$.
Si n n'est pas premier, $n = pq$, avec $p \in \mathbb{N}^*$, $q \in \mathbb{N}^*$ et :

$$2^{pq} - 1 = (2^p)^q - 1 = (2^p - 1)\left[(2^p)^{q-1} + ... + 2^p + 1\right].$$

Puisque $p > 1$ et $q > 1$, alors $2^p - 1 > 1$ et $(2^p)^{q-1} + ... + 2^p + 1 > 1$; donc $2^n - 1$ n'est pas premier.
Donc, **si $a^n - 1$ est premier, alors $a = 2$ et n est premier.**

3. $\boldsymbol{M_2 = 3, M_3 = 7, M_5 = 31, M_7 = 127}$**, sont premiers,** $\boldsymbol{M_{11} = 2\ 047 = 23 \times 89}$ **est composé.**

- Les nombres de Mersenne participent à la recherche des nombres premiers : le plus grand nombre premier connu (en 2006) est $M_{32\,582\,657}$ (plus de 10 millions de chiffres) ;
- On retrouve les nombres de Mersenne dans les nombres parfaits pairs.

32 **1.** Par exemple, si $n = 252$ alors $252 = 36 \times 7$ et $252 = 21 \times 12$, donc 252 est divisible par 36 et 21, mais pas par 756. (C'est un contre-exemple au théorème de Gauss si a et b ne sont pas premiers entre eux).
Donc l'affirmation est fausse.

2. $35 \times 1 + 17 \times (-2) = 1$, donc $35 \times 3 + 17 \times (-6) = 3$.

D'où $35x + 17y = 35 \times 3 + 17 \times (-6)$, ce qui équivaut à $35(x-3) = 17(-y-6)$.

Donc 17 divise $35(x-3)$. Or, 17 et 35 sont premiers entre eux, donc d'après le théorème de Gauss, 17 divise $x-3$, donc il existe $k \in \mathbb{Z}$ tel que $x = 17k+3$; d'où on déduit $35(17k+3)+17y = 3$, ce qui nous donne $y = -35k-6$.
Réciproquement, on vérifie que les couples de la forme $(17k+3 ; -35k-6)$, $k \in \mathbb{Z}$ sont solutions de l'équation.
Les solutions de l'équation sont les couples $(17k+3 ; -35k-6)$, $k \in \mathbb{Z}$.
Parmi toutes ces solutions, il en existe où x et y ne sont pas des multiples de 3.
Par exemple, pour $k = 1$, $x = 20$ et $y = -41$ ne sont pas multiples de 3 et $35 \times 20 + 17 \times (-41) = 3$.

Donc l'affirmation est fausse.

3. p est un nombre premier divisant ab. Si p divise a, alors l'affirmation est vraie, sinon p et a sont premiers entre eux. Alors d'après le théorème de Gauss, comme p divise ab, p doit diviser b.

Donc l'affirmation est toujours vraie.

4. D'après le théorème de Bézout, ces entiers m et n existent si, et seulement si, m et n sont premiers entre eux. Or :

$312 = 143 \times 2 + 26$

$146 = 26 \times 5 \times 13$

$26 = 2 \times 13$,

donc PGCD $(312 ; 143) = 13$, donc 312 et 143 ne sont pas premiers entre eux.

Donc l'affirmation est fausse.

5. $x \equiv y$ (modulo 6) équivaut à : il existe $k \in \mathbb{Z}$ tel que $x - y = 6k$;

$x \equiv y$ (modulo 5) équivaut à : il existe $k' \in \mathbb{Z}$ tel que $x - y = 5k'$, d'où $6k = 5k'$.
Or, d'après le théorème de Gauss, comme 5 divise $6k$, et 5 et 6 sont premiers entre eux, on en déduit que 5 divise k, donc il existe k'' tel que $k = 5k''$. D'où $x - y = 30k''$, ce qui implique $x \equiv y$ (modulo 30).
Réciproquement, si $x \equiv y$ (modulo 30), alors il existe $k \in \mathbb{Z}$ tel que $x - y = 30k = 6 \times 5k = 5 \times 6k$, donc :

$$x \equiv y \text{ (modulo 6) et } x \equiv y \text{ (modulo 5).}$$

Donc l'affirmation est vraie.

33 1. Soit $a \in \mathbb{Z}^*$, $b \in \mathbb{Z}$, $c \in \mathbb{Z}$, $n \in \mathbb{N}^*$.
Il existe $x \in \mathbb{Z}$ tel que $ax \equiv b$ (modulo n) équivaut successivement à :

- Il existe $x \in \mathbb{Z}$, il existe $k \in \mathbb{Z}$ tels que $ax - b = kn$.
- Il existe $x \in \mathbb{Z}$, il existe $k \in \mathbb{Z}$ tels que $ax - kn = b$.
- Il existe $(x ; k) \in \mathbb{Z} \times \mathbb{Z}$ tel que $(x ; -k)$ soit solution de l'équation diophantienne du premier degré $ap + nq = b$.
- PGCD $(a ; n)$ divise b d'après le théorème d'existence des solutions des équations diophantiennes du premier degré.

2. PGCD (10 ; 24) = 2, donc il existe $x \in \mathbb{Z}$ tel que $10x \equiv 4$ (modulo 24) d'après **1.** Alors pour $x \in \mathbb{Z}$:
$10x \equiv 4$ (modulo 24) $\Leftrightarrow$ il existe $k \in \mathbb{Z}$ tel que $10x - 24k = 4$
$\Leftrightarrow$ il existe tel $k \in \mathbb{Z}$ que $5x - 12k = 2$
$\Leftrightarrow$ il existe $k \in \mathbb{Z}$ tel que $(x\ ;\ k)$ soit solution de l'équation diophantienne $5p - 12q = 2$.
On résout l'équation diophantienne $5p - 12q = 2$ (1)
comme à l'exercice **5** (elle admet des solutions car PGCD $(5\ ;-12) = 1$ et divise 2) et $(-2\ ;-1)$ est une solution particulière de (1).
L'ensemble des entiers x vérifiant $10x \equiv 4$ est :

$$\{\mathbf{12}\boldsymbol{k} - \mathbf{2}, \boldsymbol{k} \in \mathbb{Z}\}.$$

34 **Partie A.**

1. a. $\boldsymbol{C = N + 65}$.

b. Z est la 26-ième lettre de l'alphabet, donc Z occupe la place $N = 25$. **Le code ASCII de *Z* est donc $\boldsymbol{C = 25 + 65 = 90}$.**

c. $C = N + 65 \Leftrightarrow N = C - 65$, donc si N est la place de la lettre dont le code ASCII est 82, $N = 82 - 67 = 17$. **Il s'agit donc de la 18-ième lettre de l'Alphabet, R.**

2. a. Pour la lettre A, $N = 0$, donc $7 \times N = 0 = 26 \times 0 + 0$. Donc $r = 0$. **Le code transmis est donc A.**
Pour la lettre B, $N = 1$, donc $7 \times N = 7 = 26 \times 0 + 7$. Donc $r = 7$. **Le code transmis est donc H.**
Pour la lettre M, $N = 12$, donc $7 \times 12 = 84 = 26 \times 3 + 6$. Donc $r = 6$. **Le code transmis est donc G.**

b. $15 \times 7 = 105 = 26 \times 4 + 1$, donc $15 \times 7 \equiv 1$ (modulo 26).

Donc $15 \times 7 \times N \equiv 1 \times N \equiv N$ (modulo 26). Or $7 \times N \equiv r$ (modulo 26), donc on a bien $15 \times r \equiv N$ (modulo 26).

Pour $r = 12$, $15 \times 12 = 180 = 26 \times 6 + 24$. Donc $15 \times 12 \equiv 24$ (modulo 26), donc $N = 24$.
La lettre correspondant au reste $r = 12$ est donc la lettre dont la position dans l'alphabet est 24 **c'est la 25-ème lettre de l'alphabet, Y.**

Partie B.

1. En respectant l'ordre des opérations décrites aux questions **A.1.** et **A.2.**, on obtient :

```
VARIABLES
lettre EST_DU_TYPE CHAINE
C EST_DU_TYPE NOMBRE
N EST_DU_TYPE NOMBRE
r EST_DU_TYPE NOMBRE
code EST_DU_TYPE CHAINE
DEBUT_ALGORITHME
```

```
LIRE lettre
C PREND_LA_VALEUR lettre.charCodeAt(0)
N PREND_LA_VALEUR C-65
r PREND_LA_VALEUR (7*N)%26
code PREND_LA_VALEUR String.fromCharCode(r+65)
AFFICHER code
FIN_ALGORITHME
```

2. On obtient le code VEREWEHEZEDC.

La faiblesse de ce type de codage vient du fait que la lettre I, ici répétée 5 fois dans le mot à coder, est toujours codée par la même lettre, ici E. Des méthodes basées sur l'analyse de ce type de régularité permettent de casser ce code très facilement. Pour un codage qui évite ce problème, voir le codage de Vigenère à l'exercice 44.

Partie C.

1. Ici, on va intervertir les rôles de la lettre à coder et du code, et calculer le reste modulo 26 de $15\times r$, où r désigne la position dans l'alphabet du code à décoder. On obtient avec les mêmes variables :

```
DEBUT_ALGORITHME
LIRE code
C PREND_LA_VALEUR code.charCodeAt(0)
r PREND_LA_VALEUR C-65
N PREND_LA_VALEUR (15*r)%26
lettre PREND_LA_VALEUR String.fromCharCode(N+65)
AFFICHER lettre
FIN_ALGORITHME
```

2. Le mot décodé est VICTOIRE.

35 **Partie A. Exemples**

1. Pour le code commençant par 314588904974 :

$\alpha = 3+4+8+9+4+7 = 35$;

$\beta = 1+5+8+0+9+4 = 27$;

$e = \alpha + 3\beta = 116$.

Or $116 = 10\times 11+6$ avec $0 \leqslant 6 < 10$, donc $r = 6$.

On en déduit que $c = 10-6$ soit $\boldsymbol{c = 4}$.

2. Pour le numéro 2704a58533012 :

$\alpha = 2+0+a+8+3+0 = 13+a$;

$\beta = 7+4+5+5+3+1 = 25$.

Alors $e = \alpha + 3\beta = a+88$.

Par ailleurs, $c = 2 = 10-r$, donc $r = 8$.
On en déduit que le numéro est un code EAN 13 si, et seulement si, le reste de la division euclidienne de $a+88$ par 10 est 8, avec $a \in \{0 ; 1 ; ... ; 9\}$, soit si, et seulement si, $\boldsymbol{a = 0}$.

Partie B. Détection d'erreur

1. Par définition, le reste de la division euclidienne de e par 10 est l'unique entier $r \in \{0 ; 1 ; ... ; 9\}$ tel que $e \equiv r$ (modulo10).

Or c est la clé si, et seulement si, $c = 10 - r$, donc si, et seulement si, $c \equiv -r$ (modulo 10). On en déduit que c est la clé si, et seulement si,

$$\begin{cases} \boldsymbol{c \in \{0 ;1 ; ... ; 9\}} \\ \boldsymbol{c + e \equiv -r + r \equiv 0} \textbf{ (modulo 10)} \end{cases}$$

2. a. Si i est impair, pour $k \in \{1 ; 2 ; ... ; 12\}$, tous les a_k sont corrects pour k pair.

Donc $\beta' = a_2 + a_4 + a_6 + a_8 + a_{10} + a_{12} = \beta$.

Seul a_i est modifié en a_i', tous les autres sont corrects pour k impair, $k \neq i$.

Alors $\alpha' = a_1 + a_3 + a_5 + a_7 + a_9 + a_{11} - a_i + a_i' = \alpha - a_i + a_i'$.

Ainsi :

$$\alpha' = \alpha - \boldsymbol{a_i} + a_i' \text{ et } \boldsymbol{\beta' = \beta}$$

$$e' = (\alpha - a_i + a_i') + 3\beta$$

$$\boldsymbol{e' = e + (a_i' - a_i)}.$$

De même, si i est pair :

$$\boldsymbol{\alpha' = \alpha \text{ et } \beta' = \beta - a_i + a_i'}.$$

$$e' = \alpha' + 3\beta' = \alpha + 3(\beta - a_i + a_i') = \alpha + 3\beta + 3(a_i' - a_i)$$

$$\boldsymbol{e' = e + 3(a_i' - a_i)}.$$

b. D'après **1.**, la clé c vérifie $e + c \equiv 0$ (modulo 10).

Supposons que c soit la clé correspondant au code modifié.
On a donc aussi $e' + c \equiv 0$ (modulo 10).

- Si i est impair, $e' = e + (a_i' - a_i)$.

Donc $e' + c = e + c + (a_i' - a_i)$, d'où $0 \equiv (a_i' - a_i)$ (modulo 10).

Donc 10 divise $(a_i' - a_i)$, ce qui est impossible car $a_i,\ a_i' \in \{0 ; 1 ; ... ; 9\}$, et $a_i \neq a_i'$, donc $a_i' - a_i \in \{-9 ; -8 ;... ;-1 ; 1 ;... ; 8 ; 9\}$.
Donc c n'est pas la clé correspondant à ce numéro.

- De même, si i est pair, $e' = e + 3(a_i' - a_i)$.

D'où $e' + c = e + c + 3(a_i' - a_i)$, soit $3(a_i' - a_i) \equiv 0$ (modulo 10).

Donc 10 divise $3(a_i' - a_i)$. D'après le théorème de Gauss, comme 10 et 3 sont premiers entre eux, on en déduit que 10 divise $a_i' - a_i$, ce qui est absurde par le même raisonnement que précédemment.
***C* n'est donc pas la clé correspondant à la série de chiffres obtenue.**

3. a. • Si i est impair, on a inversé a_i et a_{i+1}, avec i impair, donc $i+1$ est pair.

Ainsi, $\boldsymbol{\alpha' = \alpha - a_i + a_{i+1}}$ et $\boldsymbol{\beta' = \beta - a_{i+1} + a_i}$

$$e' = \alpha' + 3\beta' = \alpha - (a_i - a_{i+1}) + 3\left(\beta + (a_i - a_{i+1})\right) = \alpha + 3\beta + 2(a_i - a_{i+1})$$

$$\boldsymbol{e' = e + 2(a_i - a_{i+1})}.$$

• Si i est pair, $i+1$ est impair et alors :

$\boldsymbol{\alpha' = \alpha - a_{i+1} + a_i}$ et $\boldsymbol{\beta' = \beta - a_i + a_{i+1}}$.

$e' = \alpha + (a_i - a_{i+1}) + 3\left(\beta + (a_{i+1} - a_i)\right)$

$$\boldsymbol{e' = e + 2(a_{i+1} - a_i)}.$$

b. Supposons que c soit la clé correspondant à la série de chiffres obtenue.
c est la clé correspondant à e, donc $c + e \equiv 0$ (modulo 10).
Donc, si i est impair :
$e' = e + 2(a_i - a_{i+1})$ implique $e' + c \equiv 2(a_i - a_{i+1})$ (modulo 10).
Donc c est la clé si, et seulement si, $2(a_i - a_{i+1}) \equiv 0$ (modulo10), soit si, et seulement si, $a_i - a_{i+1} \equiv 0$ (modulo 5) ou $a_i \equiv a_{i+1}$ (modulo 5).
De même, si i est pair :
c est la clé si, et seulement si, $2(a_{i+1} - a_i) \equiv 0$ (modulo 10),
soit si, et seulement si, $a_{i+1} \equiv a_i$ (modulo 5).
Donc c n'est pas la clé de la série de chiffres, sauf si $a_{i+1} \equiv a_i$ (modulo 5).

c. On vérifie que le code 7119421334809, obtenu par inversion de a_4 et a_5, admet bien 9 comme clé :
$\alpha' = 7+1+4+1+3+8 = 24$
$\beta' = 1+9+2+3+4+0 = 19$, donc $e' = 81$, $r' = 1$ et $c' = 9$.
Ce code est donc un code pouvant être imprimé à la place du code 7114921334809.

36 **1.** L'ensemble des nombres premiers est infini, donc pour tout $n \in \mathbb{N}^*$, p_n existe. Supposons que $p_n > p_1 \times p_2 \times ... \times p_{n-1} + 1$. Alors il existe $i \in \{1, ..., n-1\}$ tel que p_i divise $p_1 \times p_2 \times ... \times p_{n-1} + 1$, sinon ce nombre serait le n^e nombre premier.
De plus p_i divise $p_1 \times p_2 \times ... \times p_{n-1}$,
donc p_i divise $p_1 \times p_2 \times ... \times p_{n-1} + 1 - p_1 \times p_2 \times ... \times p_{n-1} = 1$,
ce qui est absurde car p_i est premier.
Donc $\boldsymbol{p_n \leqslant p_1 \times p_2 \times ... \times p_{n-1} + 1}$.

2. a. Soit $n \geqslant 2$. Pour tout $i \in \{1, ..., n-1\}$, $p_i \leqslant p_{n-1}$;

donc $p_1 \times p_2 \times ... \times p_{n-1} + 1 \leqslant (p_{n-1})^{n-1} + 1$.

Donc d'après **1.**, $\boldsymbol{p_n \leqslant (p_{n-1})^{n-1} + 1}$.

b. On va montrer par récurrence que pour tout $n \in \mathbb{N}^*$, $\boldsymbol{p_n \leqslant 2^{2^{n-1}}}$.

$p_1 = 2$ et $2 = 2^{2^{1-1}}$, donc la propriété est vraie au rang 1.

Supposons que la propriété soit vraie jusqu'à un certain rang $n \in \mathbb{N}^*$, montrons qu'elle est vraie au rang $n+1$. $p_{n+1} \leqslant p_1 \times p_2 \times \ldots \times p_n + 1 \leqslant 2^{2^0} \times 2^{2^1} \times \ldots \times 2^{2^{n-1}} + 1$, soit $p_{n+1} \leqslant 2^{2^0+2^1+\ldots+2^{n-1}} + 1$.

Or $2^{2^0+2^1+\ldots+2^{n-1}} = 2^{\frac{2^n-1}{1}}$,

donc $p_{n+1} \leqslant 2^{2^n-1} + 1 \leqslant 2^{2^n-1} + 2^{2^n-1} \leqslant 2^{2^n}$:

La propriété est donc vraie au rang $n+1$.

Donc, pour tout $n \in \mathbb{N}^*$, $p_n \leqslant 2^{2^{n-1}}$.

37 **1. a.** Soit $q_1, q_2, \ldots, q_r$, r entiers naturels $(r \geqslant 1)$ de la forme $6k+1$ $(k \in \mathbb{N})$, c'est-à-dire tels que pour tout $i \in \{1, 2, \ldots, r\}$ $q_i \equiv 1$ (modulo 6).

Alors $q_1 \times q_2 \times \ldots \times q_r \equiv 1 \times 1 \times \ldots \times 1$ (modulo 6).

Donc $q_1 \times q_2 \times \ldots \times q_r$ est de la forme $6k+1$ $(k \in \mathbb{N})$.

b. Les restes de la division euclidienne d'un entier par 6 étant 0, 1, 2, 3, 4 ou 5, tout entier est de la forme $6k$, $6k+1$, $6k+2$, $6k+3$, $6k+4$, $6k+5$ avec $k \in \mathbb{N}$.

Or, pour tout $k \in \mathbb{N}$, $6k$, $6k+2$ et $6k+4$ sont divisibles par 2 et $6k+3$ est divisible par 3.

Un nombre premier différent de 2 et de 3 est donc bien de la forme $6k+1$ ou $6k+5$ avec $k \in \mathbb{N}$.

2. a. Puisque $N = (2 \times 3 \times \ldots \times p) - 1$, alors $N \equiv -1 \equiv 5$ (modulo 6), donc N est de la forme $6k+5$.

N n'est pas premier (car $N > p$ et on a supposé que p était le plus grand des nombres premiers de la forme $6k+5$), donc **il existe un nombre premier q ($q < p$) de la forme $6k+5$ qui divise N** (car sinon 2 et 3 ne divisant pas N, tous les diviseurs premiers de N seraient de la forme $6k+1$, donc N aussi d'après la question **1. a.**, ce qui est impossible).

b. Puisque q divise N et $2 \times 3 \times 5 \times \ldots \times p$, alors q divise $2 \times 3 \times 5 \times \ldots \times p - N$ c'est-à-dire q divise 1, ce qui absurde.

Il existe donc une infinité de nombres premiers de la forme $6k+5$, $k \in \mathbb{N}$.

Cet exercice est un cas particulier du théorème de Dirichlet :
« Si $(a\,;\,b) \in (\mathbb{N}^*)^2$ et PGCD $(a\,;\,b) = 1$, alors il existe une infinité de nombres premiers de la forme $ak+b$ $(k \in \mathbb{N})$ ».

38 **1.** $a = bq + r$ avec $0 \leqslant r < b$.

a. Soit d un entier relatif.

- Si d est un diviseur commun à a et à b, d divise $a - bq = r$, donc d est un diviseur commun à b et à r.

• Inversement, si d est un diviseur commun à b et r, d divise $bq+r=a$.
Les diviseurs communs à *a* et *b* sont donc ceux communs à *b* et *r*.

b. Le PGCD de a et b est le plus grand des diviseurs communs à a et à b, donc à b et à r. On en déduit **PGCD (a ; b) = PGCD (b ; r).**

2. On effectue la division euclidienne de a par b dans $\mathbb{N}^*$:
il existe $(q_1\ ;\ r_1) \in \mathbb{N}^2$ tel que $a = bq_1 + r_1$ avec $0 \leqslant r_1 < b$.
D'après **1.**, les diviseurs communs à a et b sont les diviseurs communs à b et r_1, et PGCD $(a\ ;\ b) =$ PGCD $(b\ ;\ r_1)$.

• Si $r_1 = 0$: les diviseurs communs à b et 0 sont les diviseurs de b car tout entier est diviseur de 0, et PGCD $(b\ ;\ 0) = b$. Ainsi PGCD $(a\ ;\ b) = b$ et les diviseurs communs à a et b sont ceux de $b =$ PGCD $(a\ ;\ b)$.

• Sinon, on effectue la division euclidienne de b par $r_1 \neq 0$: il existe $(q_2\ ;\ r_2) \in \mathbb{N}^2$ tel que $b = r_1 q_2 + r_2$ avec $0 \leqslant r_2 < r_1$.
D'après **1.**, les diviseurs communs à b et r_1 sont ceux de r_1 et r_2, et :

$$\text{PGCD } (b\ ;\ r_1) = \text{PGCD } (r_1\ ;\ r_2).$$

• Si $r_2 = 0$: les diviseurs communs à r_1 et 0 sont les diviseurs de r_1, et PGCD $(r_1\ ; 0) = r_1$. Ainsi PGCD $(a\ ; b) =$ PGCD $(b\ ; r_1) = r_1$ et les diviseurs communs à a et b sont ceux de $r_1 =$ PGCD $(a\ ; b)$.

• Sinon, on réitère le processus pour trouver des entiers naturels $r_3, r_4, \ldots, r_k$ où r_k sera le premier reste nul, ce qui arrive puisque la suite des restes r_1, r_2, ... est une suite strictement décroissante d'entiers positifs.
On obtient alors $r_{k-2} = r_{k-1}q_k + r_k$, avec $r_k = 0$, et d'après **1.**, les diviseurs communs à r_{k-2} et à r_{k-1} sont ceux de r_{k-1} et r_k,
et PGCD $(r_{k-2} ; r_{k-1}) =$ PGCD $(r_{k-1} ; r_k)$.
Comme $r_k = 0$, on en déduit :

$$\text{PGCD } (a\ ; b) = \text{PGCD } (b\ ; r_1) = \ldots = \text{PGCD } (r_{k-1}\ ;\ r_k) = r_{k-1},$$

et les diviseurs communs à a et b sont ceux de b et r_1, ..., donc de r_{k-1} et 0, donc les diviseurs de $r_{k-1} =$ PGCD $(a\ ; b)$.
Les diviseurs communs à *a* et *b* sont donc les diviseurs de PGCD (*a* ; *b*), le dernier reste non nul dans cet algorithme qui n'est autre que l'algorithme d'Euclide.

3. On note n le nombre de paquets de composition identique que pourra confectionner le chocolatier avec ses $a = 637$ œufs en chocolat noir et ses oeufs en chocolat au lait. Il ne restera pas d'oeufs si, et seulement si, n divise a et b. D'après **2.**, cela équivaut à n divise PGCD $(a\ ; b)$.
On applique l'algorithme d'Euclide à $a = 637$ et $b = 910$:
$637 = 910 \times 0 + 637$ avec $0 \leqslant 637 < 910$.
$910 = 637 \times 1 + 273$ avec $0 \leqslant 273 < 637$.
$637 = 273 \times 2 + 91$ avec $0 \leqslant 91 < 273$.
$273 = 91 \times 3 + 0$.

On en déduit PGCD $(a\,;b)=91$.
Or $91=7\times 13$ avec 7 et 13 des nombres premiers.
Donc n divise PGCD $(a\,;b)$ si, et seulement si, $n=1$ou $n=7$ ou $n=13$ ou $n=19$.
Les répartitions possibles des oeufs dans chaque sachet sont donc :

- Si $n=1$, **637** oeufs en chocolat noir et **910** oeufs en chocolat au lait.
- Si $n=7$, $\dfrac{637}{7}=\mathbf{91}$ oeufs en chocolat noir et $\dfrac{910}{7}=\mathbf{130}$ oeufs en chocolat au lait.
- Si$n=13$, $\dfrac{637}{13}=\mathbf{49}$ oeufs en chocolat noir et $\dfrac{910}{13}=\mathbf{70}$ oeufs en chocolat au lait.
- Si $n=91$, $\dfrac{637}{91}=\mathbf{7}$ oeufs en chocolat noir et $\dfrac{910}{91}=\mathbf{10}$ oeufs en chocolat au lait.

Même si on peut le regretter, c'est la répartition la plus plausible.

39 1. **Partie A.**
La suite $((-x)^n)_{n\in\mathbb{N}}$ est géométrique de raison $-x$ $(x\neq -1)$ et de premier terme 1.
Donc pour tout entier naturel non nul n :

$$1+(-x)+(-x)^2+\ldots+(-x)^{n-1}=\frac{1-(-x)^n}{1+x}.$$

Or si n est impair, $(-x)^n=-x^n$ et $(-x)^{n-1}=x^{n-1}$.

Pour $n=1$ impair, on obtient : $1=\dfrac{x+1}{x+1}$.

Et pour tout entier naturel n impair, $n\geq 3$, $n-2$ est impair et :

$$\mathbf{1-x+x^2+\ldots-x^{n-2}+x^{n-1}=\frac{x^n+1}{x+1}}.$$

2. Pour $x\neq -1$, c'est immédiat d'après la question précédente.
Pour $x=-1$, $x^n=((-1)^2)^k\times(-1)=-1$, et donc $1+x^n=0$, donc $1+x^n=1+x$.
si n est impair. Donc, pour tout $x\in\mathbb{R}$, pour tout entier naturel impair n :

$$\mathbf{(1+x)(1-x+\ldots-x^{n-2}+x^{n-1})=1+x^n}.$$

3. Supposons que n ne soit pas une puissance de 2.
N s'écrit $n=rs$ avec r une puissance de 2 (d'exposant pouvant être nul) et s un entier impair strictement supérieur à 1.
$2^n+1=2^{rs}+1=(2^r)^s+1$, donc d'après **2.** appliqué à $x=2^r$.

$$2^n+1=(2^r+1)\left[1+(-2^r)+(-2^r)^2+\ldots+(-2^r)^{s-1}\right]\quad(1)$$

Montrons que $1+(-2^r)+(-2^r)^2+\ldots+(-2^r)^{s-1}>1$.

$s\geqslant 3$ et $-2^r\neq 1$, donc $1+(-2^r)+(-2^r)^2+\ldots+(-2^r)^{s-1}=\dfrac{2^{rs}+1}{2^r+1}$

avec $2^{rs}>2^r$, donc $\dfrac{2^{rs}+1}{2^r+1}>\dfrac{2^r+1}{2^r+1}$ donc :

$$1+(-2^r)+(-2^r)^2+\ldots+(-2^r)^{s-1}>1.$$

Comme $2^r+1>1$ et $1+(-2^r)+(-2^r)^2+...+(-2^r)^{s-1}>1$,

d'après l'égalité (1), $2^{rs}+1$ n'est pas premier, ce qui est absurde.

On en déduit que **si 2^n+1 est premier, alors $n=2^q$ avec $q\in\mathbb{N}$.**

Partie B.

1. On définit la suite géométrique $(u_n)_{n\in\mathbb{N}}$ de premier terme $u_0=-1$ et de raison $-x\neq 1$. Alors :

$u_0+u_1+...+u_{2^k-1}=(-1)\dfrac{(-x)^{2^k}-1}{-x-1}$, soit :

$$\mathbf{-1+x-x^2+\cdots+x^{2^k-1}=\frac{x^{2^k}-1}{x+1}}.$$

2. $\dfrac{F_{n+k}-2}{F_n}=\dfrac{2^{2^{n+k}}-1}{2^{2^n}+1}=\dfrac{(2^{2^n})^{2^k}-1}{2^{2^n}+1}=-1+2^{2^n}+...+(2^{2^n})^{2^k-1}$

d'après **1.** appliqué à $x=2^{2^n}\neq-1$.

Donc $\dfrac{F_{n+k}-2}{F_n}$ est bien un entier !

3. Soit d un diviseur commun à F_n et à F_{n+k}.

D'après la question précédente, il existe $q\in\mathbb{N}$ tel que $F_{n+k}=2+qF_n$.

Donc d divise $F_{n+k}-qF_n=2$, et comme F_n est impair, $d=1$.

Donc PGCD $(F_{n+k};F_n)=1$.

4. Pour tout $n\in\mathbb{N}$, il existe un nombre premier p_n tel que p_n divise F_n.

Pour $n\neq m$, PGCD $(F_n;F_m)=1$ d'après **3.**, donc les nombres p_n et p_m sont distincts. La suite $(p_n)_{n\in\mathbb{N}}$ ainsi formée constitue une infinité de nombres premiers.

Fermat pensait que les nombres F_n étaient premiers pour tout $n\in\mathbb{N}$, mais Euler a démontré que F_5 n'est pas premier. On ne sait toujours pas s'il existe un F_n premier pour un certain $n>5$.

40 **1.** Puisque p est premier et que a n'est pas divisible par p, alors d'après le petit théorème de Fermat, $a^{p-1}\equiv 1$ (modulo p), donc $p-1\in E$.
Donc $\boldsymbol{E\neq\varnothing}$.

2. On effectue la division euclidienne de n par h :
il existe $(q\,;r)\in\mathbb{N}^2$ avec $0\leqslant r<h$ tel que $n=q\times h+r$.
$a^n\equiv 1$ (modulo p) car $n\in E$, soit $(a^h)^q\times a^r\equiv 1$ (modulo p),
donc $a^r\equiv 1$ (modulo p) car $h\in E$.
Si $r\neq 0$, alors $r\in E$, ce qui est absurde car h est le plus petit entier appartenant à E, donc nécessairement $r=0$ et $n=q\times h$.
Si $n\in E$, alors n est divisible par h.

3. Comme $p-1\in E$ (question **1.**) alors **h divise $p-1$** (question **2.**).

4. D'après le petit théorème de Fermat :
$2^{12} \equiv 3^{12} \equiv 5^{12} \equiv 12^{12} \equiv 1$ (modulo 13), donc les ordres modulo 13 de 2, 3, 5, 12 sont des diviseurs positifs de 12 soit 1, 2, 3, 4, 6 ou 12.

- 2, $2^2, 2^3, 2^4$, et 2^6 ne sont pas congrus à 1 modulo 13, **donc l'ordre de 2 modulo 13 est 12.**
- 3 et 3^2 ne sont pas congrus à 1 modulo 13 et $3^3 \equiv 1$ (modulo 13), **donc l'ordre de 3 modulo 13 est 3.**
- 5, 5^2 et 5^3 ne sont pas congrus à 1 modulo 13 et $5^4 \equiv 1$ (modulo 13), **donc l'ordre de 5 modulo 13 est 4.**
- $12 \equiv -1$(modulo 13) et $12^2 \equiv 1$ (modulo 13), **donc l'ordre de 12 modulo 13 est 2.**

41 **1.** Comme F_n est impair et p divise F_n, alors **p est impair**.

2. p divise F_n, $2^{2^n} + 1 \equiv 0$ (modulo p) c'est-à-dire $\mathbf{2^{2^n} \equiv -1}$ **(modulo p).**

3. $2^{2^n} \equiv -1$ (modulo p), donc $(2^{2^n})^2 \equiv 1$ (modulo p).
Donc $\mathbf{2^{2^{n+1}} \equiv 1}$ **(modulo p).**

4. a. Raisonnons par l'absurde : on suppose qu'il existe $q \in \mathbb{N}, 0 \leq q \leq n$ tel que $2^{2^q} \equiv 1$ (modulo p).
Alors $(2^{2^q})^{2^{n-q}} \equiv 1$ (modulo p),
c'est-à-dire $2^{2^n} \equiv 1$ (modulo p) ce qui est absurde car $2^{2^n} \equiv -1$ (modulo p) et 1 n'est pas congru à -1 modulo p car p est impair.
Donc pour tout $q \in \mathbb{N}$ tel que $0 \leqslant q \leqslant n$, 2^{2^q} n'est pas congru à 1 modulo p.

b. Notons h l'ordre de 2 modulo p.
Puisque $2^{2^{n+1}} \equiv 1$ (modulo p), alors h divise 2^{n+1} (voir exercice précédent).
Il existe donc $r \in \mathbb{N}$ tel que $0 \leqslant r \leqslant n+1$ et $h = 2^r$.
Mais, d'après la question précédente, pour tout $q \in \{0 ; ... ; n\}$, 2^{2^q} n'est pas congru à 1 modulo p donc $h = 2^{n+1}$.
L'ordre de 2 modulo p est donc 2^{n+1}.

c. 2^{n+1} est l'ordre de 2 modulo p et $2^{p-1} \equiv 1$ (modulo p)(d'après le petit théorème de Fermat) donc 2^{n+1} divise $p-1$,c'est-à-dire $p - 1 \equiv 0$ (modulo 2^{n+1}), ou encore $p \equiv 1$ **(modulo 2^{n+1}).**

5. $F_5 = 2^{2^5} + 1$.
Les facteurs premiers p éventuels de F_5 sont, d'après la question précédente, de la forme $p \equiv 1$ (modulo 2^6).
On dresse le tableau suivant ($2^6 = 64$) :

k	1	2	3	4	5	6	7	8	9	10
$1 + 64k$	65	129	193	257	321	385	449	513	577	641

On vérifie que seuls les entiers 193, 257, 449, 577, 641 sont premiers. En effectuant à l'aide de la calculatrice la division euclidienne de F_5 par ces nombres premiers, on trouve que seul 641 divise F_5, donc F_5 **n'est pas premier**.

42 **1.** M_p étant impair, ***q* est forcément impair.**

2. Appelons h l'ordre de 2 modulo q.
q divise M_p, donc $M_p \equiv 0$ (modulo q), c'est-à-dire $2^p \equiv 1$ (modulo q).
On en déduit que h divise p, mais p étant premier, $\boldsymbol{h = p}$.

3. Puisque q est premier impair et que 2 n'est pas divisible par q alors, d'après le petit théorème de Fermat $2^{q-1} \equiv 1$ (modulo q).
De plus p est l'ordre de 2 modulo q, donc ***p* divise $\boldsymbol{q-1}$**.

4. q est impair donc $q-1$ est pair, puisque p est impair et que $q-1 = p \times m$, alors m est nécessairement pair et il existe $m' \in \mathbb{N}$ tel que $q-1 = p \times 2m'$ donc $\boldsymbol{q \equiv 1}$ **(modulo $\boldsymbol{2p}$)**.

5. • Montrons que $M_{17} = 131\ 071$ est premier. $\sqrt{M_{17}} \approx 362$ à 1 unité près et si M_{17} n'est pas premier, il admet un diviseur premier inférieur à $\sqrt{M_{17}}$. Or d'après la question **4.**, les facteurs premiers éventuels q de M_{17} sont congrus à 1 modulo 34. On dresse le tableau suivant :

K	1	2	3	4	5	6	7	8	9	10
$1 + 34\,k$	35	69	103	137	171	205	239	273	307	341

On vérifie que seuls les entiers 103, 137, 239, 307 sont premiers mais qu'ils ne divisent pas $\boldsymbol{M_{17}}$. **$\boldsymbol{M_{17}}$ est donc premier.**

• De même, on démontre que **$\boldsymbol{M_{19}}$ est premier**.

• $M_{23} = 8\ 388\ 607$ et $\sqrt{M_{23}} \approx 2\ 896$ à 1 unité près.

On vérifie que $47 = 1 + 2 \times 23$ divise **$\boldsymbol{M_{23}}$, qui n'est donc pas premier.**

43 **1.** On vérifie que pour tous les entiers n tels que $2 \leqslant n \leqslant \sqrt{97}$, n ne divise pas 97.
En effet, $E(\sqrt{97}) = 9$, et aucun des entiers 2, 3 ne divise 97.
97 est donc un nombre premier.

2. a. $N = \overline{a_1 a_2 \ldots a_{13} a_{14} a_{15}}$, $A = \overline{a_1 a_2 \ldots a_{13}}$ $C = \overline{a_{14} a_{15}}$.

Or, $\overline{a_1 a_2 \ldots a_{13} a_{14} a_{15}} = \overline{a_1 a_2 \ldots a_{13} 00} + \overline{a_{14} a_{15}} = \overline{a_1 a_2 \ldots a_{13}} \times 100 + \overline{a_{14} a_{15}}$,
donc $\boldsymbol{N = 100A + C}$.
Soit $C = 97 - r$, où r est le reste de la division euclidienne de A par 97.
Ainsi $C \equiv -r$ (modulo 97) et $A \equiv r$ (modulo 97).
Donc $C \equiv -A$ (modulo 97), soit $\boldsymbol{A + C \equiv 0}$ **(modulo 97).**

b. On dresse le tableau suivant pour $0 \le n \le 12$:

10^n	1	10	10^2	10^3	10^4	10^5	10^6	10^7	10^8	10^9	10^{10}	10^{11}	10^{12}
10^n (modulo 97)	1	10	3	30	9	−7	27	−21	−16	34	49	5	50

c. $A=\overline{a_1a_2...a_{13}}=\overline{a_1a_2a_3a_4a_5}\times 10^8+\overline{a_6a_7a_8a_9}\times 10^4+\overline{a_{10}a_{11}a_{12}a_{13}}$.

D'où $A\equiv -16\times\overline{a_1a_2a_3a_4a_5}+9\times\overline{a_6a_7a_8a_9}+\overline{a_{10}a_{11}a_{12}a_{13}}$ (modulo 97).

Or $C\equiv -A$ (modulo 97),

donc $C\equiv 16\times\overline{a_1a_2a_3a_4a_5}-9\times\overline{a_6a_7a_8a_9}-\overline{a_{10}a_{11}a_{12}a_{13}}$ (modulo 97).

De plus, $C=97-r$ avec $0\leq r<97$ car r est le reste de la division euclidienne de A par 97, donc $1\leqslant C\leqslant 97$.

L'entier $16\overline{a_1a_2a_3a_4a_5}-9\overline{a_6a_7a_8a_9}-\overline{a_{10}a_{11}a_{12}a_{13}}$ étant congru modulo 97 à un unique entier compris entre 1 et 97, on en déduit que **C est l'unique entier vérifiant $1\leq C\leq 97$ et $C\equiv 16\overline{a_1a_2a_3a_4a_5}-9\overline{a_6a_7a_8a_9}-\overline{a_{10}a_{11}a_{12}a_{13}}$ (modulo 97).**

d. Pour $A=2\ 751\ 157\ 212\ 758$, on a :

$16\times 27\ 511-9\times 5\ 721-2\ 758=385\ 839$.

On trouve que $385\ 839\equiv 70$ (modulo 97), donc **la clé est $C=70$.**

44 **1. Partie A.**

Message	R	E	N	D	E	Z	V	O	U	S	A	M	I	D	I
Clé	D	E	P	A	R	T	D	E	**P**	**A**	**R**	**T**	**D**	**E**	**P**
Numéro	3	4	15	0	17	19	**3**	**4**	**15**	**0**	**17**	**19**	**3**	**4**	**15**
Code	U	I	C	D	V	S	**Y**	**S**	**J**	**S**	**R**	**F**	**L**	**H**	**X**

La lettre E est ici une fois codée par I et une autre fois par V, de même que S sert de code à la fois pour Z, O et S. Cela rend inopérante l'observation des fréquences, méthode utilisée pour casser les codages plus simples (affine par exemple) où une lettre est toujours codée de la même façon. Dans ces codages, le code servant pour la lettre E, la plus utilisée en français, était souvent lui-même la lettre la plus représentée dans le message codé ! On cherchait alors le code correspondant à A etc...

2. On obtient donc **UICDVSYSJSRFLHX.**

3.

Message	P	G	Y	Z	W	T	P	H	D	Y	T
Clé	P	L	U	I	E	P	L	U	I	E	P
Numéro	15	11	20	8	4	15	11	20	8	4	15
Code	A	V	E	R	S	E	E	N	V	U	E

Le message est AVERSE EN VUE.

Partie B.

2. Cette ligne détermine le code ASCII de la i-ème lettre du mot formé en répétant la clef (on travaille modulo la longueur de cette clef), puis sa position dans l'alphabet (en soustrayant 65). Cette ligne calcule donc le décalage de la i-ième lettre du message.

3. **Cette instruction calcule la position de la lettre codée dans l'alphabet** (on travaille modulo 26 pour repartir de O quand on arrive à la fin de l'alphabet) **puis son code ASCII (on ajoute 65) et donne la lettre correspondante.**

4. **On retrouve bien le code de la partie A.1.**

Partie C.

```
VARIABLES
message EST_DU_TYPE CHAINE
longueur_message EST_DU_TYPE NOMBRE
clef EST_DU_TYPE CHAINE
longueur_clef EST_DU_TYPE NOMBRE
i EST_DU_TYPE NOMBRE
code_lettre EST_DU_TYPE NOMBRE
decalage EST_DU_TYPE NOMBRE
lettre EST_DU_TYPE CHAINE
place EST_DU_TYPE NOMBRE
DEBUT_ALGORITHME
LIRE message
LIRE clef
longueur_message PREND_LA_VALEUR message.length
longueur_clef PREND_LA_VALEUR clef.length
POUR i ALLANT_DE 1 A longueur_message
DEBUT_POUR
code_lettre PREND_LA_VALEUR message.charCodeAt(i-1)-65
decalage PREND_LA_VALEUR clef.charCodeAt((i-1)%longueur_clef)-65
place PREND_LA_VALEUR (code_lettre-decalage)
SI (place<0) ALORS
DEBUT_SI
place PREND_LA_VALEUR place+26
FIN_SI
lettre PREND_LA_VALEUR String.fromCharCode(65+place)
AFFICHER lettre
FIN_POUR
FIN_ALGORITHME
```

45 Partie A.

1. $(m^{(p-1)})^{(q-1)} \equiv 1$ (modulo p) et $(m^{(p-1)})^{(q-1)} \equiv 1$ (modulo q).

Donc p et q divisent $m^{(p-1)(q-1)}-1$, et puisque $p \neq q$, alors p et q apparaissent dans la décomposition en facteurs premiers de $m^{(p-1)(q-1)}-1$. Donc pq divise $m^{(p-1)(q-1)}-1$, d'où $\boldsymbol{m^{(p-1)(q-1)} \equiv 1}$ **(modulo $\boldsymbol{pq}$).**

2. Comme e est un entier premier avec $(p-1)(q-1)$, alors, d'après le théorème de Bézout (1), il existe un couple $(d\ ;f) \in \mathbb{N}^2$ tel que $de + f(p-1)(q-1) = 1$.
D'où $\boldsymbol{d \times e \equiv 1}$ **(modulo $\boldsymbol{(p-1)(q-1)}$).**

3. D'après la question **2.** :

$m \equiv m^{de+f(p-1)(q-1)}$ (modulo pq) ;

$m \equiv (m^e)^d \times (m^{(p-1)(q-1)})^f$ (modulo pq) ;

$m \equiv (m^e)^d$ (modulo pq) d'après la question **1.b.**

Partie B.

1. En numérotant les lettres, le message RDVAUNEHEURE devient :
170321002013040704201704

On dresse le tableau suivant :

x	170	321	002	013	040	704	201	704
x^7 (modulo 1 037)	170	76	128	684	82	709	669	709

Le message reçu est 170076128684082709669709.

2. $(p-1)(q-1) = 960$.

a. À l'aide de l'algorithme d'Euclide, on trouve que $1 = 960 - 137 \times 7$,

donc $-137 \times 7 \equiv 1$ (modulo 960), d'où $(960-137) \times 7 \equiv 1$ (modulo 960).

On choisit ainsi $\boldsymbol{d = 960 - 137 = 823}$.

b. $170^7 \equiv 170$ (modulo 1 037), donc :

$170^{823} \equiv (170^7)^{117} \times 170^4 \equiv 170^{117} \times 170^4 \equiv ... \equiv 170$ (modulo 1 037).

À l'aide d'une calculatrice et après de longs calculs, on trouve que :

$76^{823} \equiv 321$ (modulo 1 037),

$128^{823} \equiv 2$ (modulo 1 037),

$684^{823} \equiv 13$ (modulo 1 037),

$82^{823} \equiv 40$ (modulo 1 037),

$709^{823} \equiv 704$ (modulo 1 037),

et $669^{823} \equiv 201$ (modulo 1 037).

Le nombre obtenu 170321002013040704201704 permet bien de retrouver le message d'origine.

46 **Partie A.**

1. **Théorème de Bézout :** Soient a et b deux entiers relatifs.
a et b sont premiers entre eux si, et seulement si, il existe deux entiers relatifs u et v tels que $au + bv = 1$.

Théorème de Gauss : Soit a un entier relatif non nul, b et c deux entiers relatifs. Si a divise bc, et si PGCD $(a\ ;\ b) = 1$, alors a divise c.

2. **Démonstration** : on se place dans les hypothèses du théorème de Gauss.
PGCD $(a\ ;\ b) = 1$ si, et seulement si, d'après le théorème de Bézout, il existe deux entiers u et v tels que $au + bv = 1$, donc en multipliant membre à membre par c, $acu + bcv = c$.

Or, a divise bc si, et seulement si, il existe un entier k tel que $bc = ka$, donc l'égalité obtenue devient $acu + kav = c$, c'est-à-dire $c = a(cu + kv)$, donc a divise c.

Partie B.

1. $11\times(-7)-26\times(-3)=-77+78=1$, donc **$(-7\,;-3)$ est solution de (E).**

2. Par soustraction membre à membre, de l'égalité ci-dessus et de (E), on obtient : $11(x-(-7))-26(y-(-3))=0 \Leftrightarrow 11(x+7)=26(y+3)$ (2).

D'après le théorème de Gauss, comme 11 et 26 sont premiers entre eux, alors 11 divise $y+3$, c'est-à-dire qu'il existe $k\in\mathbb{Z}$ tel que $y+3=11k$, soit $y=-3+11k$, $k\in\mathbb{Z}$.

En remplaçant dans l'égalité (2), on a alors :

$$11(x+7)=26\times11k\,;\, x+7=26k \text{ et } x=-7+26k.$$

Réciproquement, si k est un entier et que $x=-7+26k$, $y=-3+11k$, alors on obtient :

$11x-26y=11(-7+26k)-26(-3+11k)=-77+286k+78-286k=1$

donc l'ensemble des solutions de (E) est $\{(-7+26k\,;-3+11k), k\in\mathbb{Z}\}$.

3. Si $k=1$, on obtient la solution $(19\ ;\ 8)$, où $u=19$ répond à la condition posée.

Donc $(19\ ;\ 8)$ est le couple cherché.

Partie C.

1. W correspond au nombre 22.

$11\times22+8=242+8=250=26\times9+14$, donc le reste y de la division euclidienne qui code W est 14, ce qui correspond à la lettre O. **W est codé par O.**

2. a. $11x\equiv j$ (modulo 26), d'où $19\times11x\equiv19j$ (modulo 26).

Or $19\times11=209=26\times8+1$, donc $19\times11\equiv1$ (modulo 26), d'où $x\equiv19j$ (modulo 26).

On raisonne de la même manière pour obtenir la réciproque, et donc :

$$\mathbf{11x\equiv j \text{ (modulo 26)} \Leftrightarrow x\equiv 19j \text{ (modulo 26)}.}$$

b. Soit y le nombre codant x. Alors par définition du codage :

$11x+8\equiv y$ (modulo 26) $\Leftrightarrow 11x\equiv-8+y$ (modulo 26)

D'après **a,** ceci équivaut à

$x\equiv19(-8+y)$ (modulo 26), donc $x\equiv-152+19y$ (modulo 26) ;

or $-152=-156+4=-26\times6+4$, donc $-152\equiv4$ (modulo 26).

Donc $x\equiv19y+4$ (modulo 26).

Pour décoder la lettre y, on calcule $19y+4$ (modulo 26).

c. W correspond au nombre 22.

$19y+4=19\times22+4=422=416+6$, donc le reste de la division euclidienne est 6. **Le décodage de W donne G.**

47 **1. a.** Soit $q_1, q_2, ... q_r$, r entiers naturels $(r \geqslant 1)$ de la forme $4k+1$ $(k \in \mathbb{N})$, c'est-à-dire tels que pour tout, $i \in \{1, 2, ..., r\}$, $q_i \equiv 1$ (modulo 4).
Alors $q_1 \times q_2 \times ... \times q_r = 1 \times 1 \times ... \times 1 \equiv 1$ (modulo 4).
$\boldsymbol{q_1 \times q_2 \times ... \times q_r}$ **est donc de la forme** $\boldsymbol{4k+1}$ $(\boldsymbol{k \in \mathbb{N}})$.

b. Les restes de la division euclidienne d'un entier par 4 étant 0, 1, 2 ou 3, tout entier est donc de la forme $4k$, $4k+1$, $4k+2$, $4k+3$ avec $k \in \mathbb{N}$.
Un nombre premier différent de 2 étant impair, il est donc bien de la forme
$\boldsymbol{4k+1}$ **ou** $\boldsymbol{4k+3}$ **avec** $\boldsymbol{k \in \mathbb{N}}$.

2. a. Puisque $N = 4 \times p_1 \times ... \times p_n - 1$, alors $N \equiv -1 \equiv 3$ (modulo 4), donc N est de la forme $4k+3$.
N n'est pas premier (car, pour tout $i \in \{1, 2, ..., n\}$, $N > p_i$ et on a supposé que $p_1, p_2, ... p_n$ étaient les seuls nombres premiers de la forme $4k+3$), donc il existe $i \in \{1, 2, ..., n\}$ tel que p_i divise N (car sinon tous les diviseurs premiers de N seraient de la forme $4k+1$, donc N aussi d'après la question **1.a.** ce qui est impossible).

b. Puisque p_i divise N et $p_1 \times p_2 \times ... \times p_n$ alors p_i divise $p_1 \times p_2 \times ... \times p_n - N$ c'est-à-dire p_i divise 1, ce qui absurde.
Il existe donc une infinité de nombres premiers de la forme $\boldsymbol{4k+3}$ $(\boldsymbol{k \in \mathbb{N}})$.

48 **1.** • $a = n^3 - n^2 - 12n = n(n^2 - n - 12)$. Or, 4 est une racine de $n^2 - n - 12$, donc il peut être factorisé par $(n-4)$; de plus, le produit des racines vaut $-12 = 4 \times (-3)$, donc l'autre facteur est $n+3$, d'où $\boldsymbol{a = n\,(n-4)(n+3)}$.

• $b = 2n^2 - 7n - 4$ admet 4 comme racine (on remplace n par 4 et le résultat vaut 0), donc b peut être factorisé par $(n-4)$; $b = 2\left(n^2 - \frac{7}{2}n - 2\right)$. Le produit des racines vaut $-2 = 4 \times \left(-\frac{1}{2}\right)$, donc l'autre facteur est $\left(n + \frac{1}{2}\right)$ et $b = 2(n-4)\left(n + \frac{1}{2}\right)$, mais $n + \frac{1}{2}$ ne peut pas être laissé ainsi car $\frac{1}{2}$ n'est pas un nombre entier. Par contre $2\left(n + \frac{1}{2}\right) = 2n+1$ convient. Ainsi $\boldsymbol{b = (n-4)(2n+1)}$.

2. a. $\alpha - 2\beta = 2n + 1 - 2(n+3)$, donc $\boldsymbol{\alpha - 2\beta = -5}$.

b. d est un diviseur commun à α et à β, donc d est un diviseur de $\alpha - 2\beta$.
d **est donc un diviseur de 5.**

c. α est multiple de 5 $\Leftrightarrow$ il existe $k \in \mathbb{Z}$ tel que $2n+1 = 5k$

$\Leftrightarrow$ il existe $k \in \mathbb{Z}$ tel que $2(n-2) + 4 + 1 = 5k$

$\Leftrightarrow$ il existe $k \in \mathbb{Z}$ tel que $2(n-2) = 5k - 5$

$\Leftrightarrow$ il existe $k \in \mathbb{Z}$ tel que $2(n-2) = 5(k-1)$.

5 étant premier à 2, d'après le théorème de Gauss, 5 divise $n-2$. Ainsi :

$$\boldsymbol{\alpha \text{ est multiple de } 5 \Leftrightarrow n-2 \text{ est un multiple de } 5.}$$

On pouvait aussi dresser un tableau des restes modulo 5.

β est multiple de 5 si et seulement si $\beta \equiv 0$ (modulo 5) $\Leftrightarrow n+3 \equiv 0$ (modulo 5) $\Leftrightarrow n \equiv -3 \equiv 2$ (modulo 5) $\Leftrightarrow n-2 \equiv 0$ (modulo 5) $\Leftrightarrow n-2$ est un multiple de 5.

Donc α et β sont multiples de 5 si et seulement si $n-2$ est multiple de 5.

3. Si d est un diviseur commun à $(2n+1)$ et à n, alors d divise aussi toute combinaison linéaire de $(2n+1)$ et de n, donc d divise $(2n+1)-2\times n=1$. D'où $d=1$ et le seul diviseur commun est 1, donc **$(2n+1)$ et n sont premiers entre eux.**

$(2n+1)-2\times n=1$ prouve que PGCD $(2n+1\ ;\ n)=1$ d'après le théorème de Bézout.

4. a.
$$\begin{aligned}\text{PGCD}(a\ ;\ b) &= \text{PGCD}(n^3-n^2-12n\ ;\ 2n^2-7n-4)\\ &= \text{PGCD}(n(n-4)(n+3);\\ &(n-4)(2n+1)) = (n-4)\times \text{PGCD}(n(n+3)\ ;\ 2n+1).\end{aligned}$$

Or, n et $2n+1$ sont premiers entre eux, donc :

$$\text{PGCD}(n(n+3)\ ;\ 2n+1) = \text{PGCD}(n+3\ ;\ 2n+1).$$

D'après le **2.c.**, PGCD $(n+3\ ;\ 2n+1)=5$ si, et seulement si, $n\equiv 2$ (modulo 5) et sinon PGCD $(n+3\ ;\ 2n+1)=1$.

Ainsi PGCD $(a\ ;\ b)=5(n-4)$ si $n\equiv 2$ (modulo 5) et PGCD $(a\ ;\ b)=n-4$ si n est congru à 0, 1, 3, ou 4 (modulo 5).

b. • Si $n=11$, alors $n\equiv 1$ (modulo 5).
Or $a=n^3-n^2-12n=1078$ et $b=2n^2-7n-4=161$.
D'après l'algorithme d'Euclide :

$$\begin{aligned}\text{PGCD}(1078\ ;\ 161) &= \text{PGCD}(161\ ;\ 112) = \text{PGCD}(112\ ;\ 49)\\ &= \text{PGCD}(49\ ;\ 14) = 7\end{aligned}$$

et 7 est égal à $n-4$

Donc PGCD (1078, 161) = 11−4.

• Si $n=12$, alors $n\equiv 2$ (modulo 5).
Or $a=n^3-n^2-12n=1440$ et $b=2n^2-7n-4=200$;
D'après l'algorithme d'Euclide :

$$\begin{aligned}\text{PGCD}(1440\ ;\ 200) &= 10\times\text{PGCD}(144\ ;\ 20)\\ &= 10\times\text{PGCD}(20\ ;\ 4) = 10\times 4 = 40\end{aligned}$$

et 40 est bien égal à $5\times(n-4)=5\times 8$.

Donc PGCD (1440 ; 200) = 5(12 − 4).

49 **Partie A.**

1. a. On dresse le tableau des restes modulo 7 des premières puissances successives de 3 :

Puissances de 3	3^0	3^1	3^2	3^3	3^4	3^5	3^6
Restes modulo 7	1	3	2	6	4	5	1

b. $3^{n+6} - 3^n \times (3^6 - 1)$.

Or d'après **a.**, $3^6 \equiv 1$ (modulo 7), donc $3^{n+6} - 3^n \equiv 0$ (modulo 7).

Ainsi, $3^{n+6} - 3^n$ est divisible par 7.

On en déduit que 3^{n+6} **et** 3^n **ont le même reste dans leur division euclidienne par 7.**

c. $1\,000 = 6 \times 166 + 4$, donc $3^{1\,000} = (3^6)^{166} \times 3^4$.

D'après **1.a.**, $3^6 \equiv 1$ (modulo 7) et $3^4 \equiv 4$ (modulo 7),

donc $3^{1\,000} \equiv 4$ (modulo 7).

Puisque $0 \leq 4 < 7$, **le reste de la division euclidienne de 3^n par 7 est 4.**

d. Soit $n \in \mathbb{N}$. On appelle q le quotient et r le reste de la division euclidienne de n par 6.

$n = 6q + r$ d'où $3^n \equiv (3^6)^q \times 3^r \left(\text{modulo } 7\right) \equiv 3^r \left(\text{modulo } 7\right)$.

Donc le reste de la division euclidienne de 3^n par 7 est celui de 3^r par 7, où r est le reste de la division euclidienne de n par 6.

Puisque $0 \leq r < 6$, le reste de la division euclidienne de 3^n par 7 est d'après la question **1.a.** : **1, 2, 3, 4, 5 ou 6.**

e. D'après la question précédente **3^n n'est jamais divisible par 7.**

2. a. Soit $n \geqslant 1$, $U_n = \dfrac{3^n - 1}{3 - 1} = \dfrac{3^n - 1}{2}$.

Comme 7 divise l'entier U_n, il existe $q \in \mathbb{N}$ tel que $U_n = 7q$.

Alors $3^n - 1 = 7 \times (2q)$, donc 7 divise bien $3^n - 1$.

Donc, si U_n est divisible par 7, alors $3^n - 1$ est divisible par 7.

b. D'après la question précédente, $2U_n = 3^n - 1$, donc 7 divise $2U_n$.

De plus, 7 divise $7U_n$, d'où 7 divise $7U_n - 3 \times 2U_n = U_n$, donc **7 divise U_n**.

c. D'après les deux questions précédentes, U_n est divisible par 7 si, et seulement si, $3^n - 1$ est divisible par 7.

D'après la question **1.**, 7 divise $3^n - 1$ si, et seulement si, $n \equiv 0$ (modulo 6).

Donc, **U_n est divisible par 7 si, et seulement si, n est divisible par 6.**

Partie B.

1. $2^3 \equiv 1$ **(modulo 7)**.

Soit $n \in \mathbb{N}$, on appelle q le quotient et r le reste de la division euclidienne de N par 3, d'où $n = 3q + r$ avec $0 \leq r < 3$.

Alors $2^n = (2^3)^n \times 2^r$, donc $2^n \equiv 2^r$ (modulo 7) avec $0 \leq r < 3$.

Le reste de la division euclidienne de 2^n par 7 est donc $2^0 = 1$, $2^1 = 2$ ou $2^2 = 4$.

$10 \equiv 3$ (modulo 7). Donc $10^6 \equiv 1$ (modulo 7).

Soit q le quotient et r le reste de la division euclidienne de n par 3, $0 \leqslant r < 3$.

$10^{2n} = 10^{6q+2r} = (10^6)^q \times 10^{2r}$.

Donc $10^{2n} \equiv 10^{2r} \equiv 3^{2r} \equiv 9^r \equiv 2^r$ (modulo 7).

Le reste de la division euclidienne de 10^{2n} par 7 est :

$$\begin{cases} \mathbf{1} \text{ si } n \equiv 0 \text{ (modulo 3)} \\ \mathbf{2} \text{ si } n \equiv 1 \text{ (modulo 3)} \\ \mathbf{4} \text{ si } n \equiv 2 \text{ (modulo 3)}. \end{cases}$$

2. $787\,878 = 78 \times 10^4 + 78 \times 10^2 + 78 \times 10^0$

$$= 78 \times (10^4 + 10^2 + 1).$$

Or, d'après la question précédente, $10^4 \equiv 4$ (modulo 7) et $10^2 \equiv 2$ (modulo 7).

Donc $10^4 + 10^2 = 10^0 \equiv 0$ (modulo 7).

Donc 7 divise $78 \times (10^4 + 10^2 + 1)$,

et **787 878 est bien divisible par 7.**

3. On suppose que n est divisible par 3.

Soit b et c deux entiers vérifiant $0 < b \leq 9$ et $0 \leq c \leq 9$.

Alors :

$\overline{bcbcbc...bc} = \overline{bc} \times 10^{2(n-1)} + \overline{bc} \times 10^2 + ... + \overline{bc} \times 1$ car $\overline{bc}$ est répété n fois (le nombre d'entiers compris entre 0 et n est $n+1$).

Ainsi, $\overline{bcbcbc...bc} = \overline{bc} \times (10^{2n-2} + 10^{2n-4} + ... + 10^2 + 1)$

$$= \overline{bc} \times \left[(10^2)^{n-1} + (10^2)^{n-2} + ... + (10^2)^1 + 1\right]$$

$$= \overline{bc} \times \frac{10^{2n} - 1}{10^2 - 1}.$$

En effet, $\left[(10^2)^{n-1} + (10^2)^{n-2} + ... + (10^2)^1 + 1\right]$ est la somme des n premiers termes de la suite géométrique de premier terme 1, de raison 10^2.

Or $\dfrac{10^{2n}-1}{10^2-1}=\dfrac{10^{2n}-1}{99}$

$$=99\times\frac{10^{2n}-1}{99}-98\times\frac{10^{2n}-1}{99}$$

$$=(10^{2n}-1)-7\times14\times\frac{10^{2n}-1}{99}.$$

De plus, d'après la question **1.**, $10^{2n}-1$ est divisible par 7 car $n\equiv 0$ (modulo 3).

On en déduit que $\dfrac{10^{2n}-1}{10^2-1}$ est divisible par 7, donc que $\overline{bc}\times\dfrac{10^{2n}-1}{10^2-1}$ est divisible par 7.

Donc, **si n est divisible par 3, quels que soient les entiers b et c vérifiant $0\leq b\leq 9$ et $0\leq c\leq 0$, le nombre qui s'écrit $\overline{bcbcbc...bc}$ dans le système décimal, est divisible par 7.**

12 Matrices

I GÉNÉRALITÉS

1. Définitions

■ Une matrice de taille $n \times p$ est un tableau à n lignes et p colonnes.
Une matrice carrée de taille n est une matrice de taille $n \times n$.
Un vecteur colonne est une matrice de taille $n \times 1$, où $n \in \mathbb{N}^*$.
Un vecteur ligne est une matrice de taille $1 \times n$, où $n \in \mathbb{N}^*$.
La matrice nulle de taille $n \times p$ est notée $0_{n,p}$ et tous ses éléments sont nuls.

■ On note $a_{i,j}$ l'élément de la matrice situé à l'intersection de la i-ième ligne et de la j-ième colonne. Dans ce cas, on écrit $\text{A} = (a_{i,j})$ la matrice correspondante.

EXEMPLE

$\text{A} = \begin{pmatrix} 1 & 4 & -1 \\ 5 & 3 & 2 \end{pmatrix}$ est une matrice de taille 2×3 où $a_{1,1} = 1$, $a_{1,2} = 4$, $a_{2,1} = 3$, $a_{2,3} = 2\ldots$

2. Opérations sur les matrices

■ **Multiplication d'une matrice par un réel**

Soit $\text{A} = (a_{i,j})$ une matrice et k un réel. Alors la matrice $k\text{A}$ est la matrice, de même taille, dont l'élément situé à l'intersection de la i-ième ligne et de la j-ième colonne vaut $k \times a_{i,j}$.

EXEMPLE : Si $\text{A} = \begin{pmatrix} 1 & 4 & -1 \\ 5 & 3 & 2 \end{pmatrix}$ et $k = -2$, alors $-2\text{A} = \begin{pmatrix} -2 & -8 & 2 \\ -10 & -6 & -4 \end{pmatrix}$.

■ **Somme de matrices**

Soient $\text{A} = (a_{i,j})$ et $\text{B} = (b_{i,j})$ deux matrices de même taille. Alors la matrice $\text{A} + \text{B}$ est la matrice, de même taille, dont l'élément situé à l'intersection de la i-ième ligne et de la j-ième colonne vaut $a_{i,j} + b_{i,j}$.

EXEMPLE

Si $\text{A} = \begin{pmatrix} 1 & 4 & -1 \\ 5 & 3 & 2 \end{pmatrix}$ et $\text{B} = \begin{pmatrix} 0 & 1 & 2 \\ -3 & 6 & 7 \end{pmatrix}$, alors $\text{C} = \text{A} + \text{B} = \begin{pmatrix} 1 & 5 & 1 \\ 2 & 9 & 9 \end{pmatrix}$.

■ Produit de matrices

• Produit d'un vecteur ligne $1 \times n$ par un vecteur colonne $n \times 1$

Le produit $L \times C$ du vecteur ligne $L = (l_1 \; l_2 \; \ldots \; l_n)$ par le vecteur colonne

$C = \begin{pmatrix} c_1 \\ c_2 \\ \ldots \\ \ldots \\ c_n \end{pmatrix}$ est égal à $(l_1 \times c_1 + l_2 \times c_2 + \ldots + l_n \times c_n)$.

EXEMPLE : $\begin{pmatrix} 1 & 2 & -3 \end{pmatrix} \times \begin{pmatrix} 5 \\ -4 \\ 0 \end{pmatrix} = 1 \times 5 + 2 \times (-4) + (-3) \times 0 = -3.$

• Produit d'une matrice de taille $n \times p$ par une matrice de taille $p \times q$:

Soit A une matrice $n \times p$ dont les lignes sont notées $L_1, \ldots, L_n$ et B une matrice $p \times q$ dont les colonnes sont notées $C_1, \ldots, C_q$. Alors la matrice produit $M = A \times B$ est une matrice de taille $n \times q$ dont l'élément situé à l'intersection de la i-ième ligne et de la j-ième colonne vaut $L_i \times C_j$.

EXEMPLE : $A = \begin{pmatrix} 1 & 4 & -1 \\ 5 & 3 & 2 \end{pmatrix}$ et $B = \begin{pmatrix} 2 & 7 \\ -3 & 0 \end{pmatrix}$.

Le produit $A \times B$ n'existe pas, le nombre de colonnes de A étant différent du nombre de lignes de B.

En revanche, $B \times A = \begin{pmatrix} 2 & 7 \\ -3 & 0 \end{pmatrix} \times \begin{pmatrix} 1 & 4 & -1 \\ 5 & 3 & 2 \end{pmatrix}$

$$= \begin{pmatrix} L_1 \times C_1 & L_1 \times C_2 & L_1 \times C_3 \\ L_2 \times C_1 & L_2 \times C_2 & L_2 \times C_3 \end{pmatrix}, \text{ où } L_1 = \begin{pmatrix} 2 & 7 \end{pmatrix},$$

$L_2 = \begin{pmatrix} -3 & 0 \end{pmatrix}$, $C_1 = \begin{pmatrix} 1 \\ 5 \end{pmatrix}$, $C_2 = \begin{pmatrix} 4 \\ 3 \end{pmatrix}$ et $C_3 = \begin{pmatrix} -1 \\ 2 \end{pmatrix}$.

$$B \times A = \begin{pmatrix} 2 \times 1 + 7 \times 5 & 2 \times 4 + 7 \times 3 & 2 \times (-1) + 7 \times 2 \\ (-3) \times 1 + 0 \times 5 & (-3) \times 4 + 0 \times 3 & (-3) \times (-1) + 0 \times 2 \end{pmatrix}$$

$$= \begin{pmatrix} 37 & 29 & 12 \\ -3 & -12 & 3 \end{pmatrix}.$$

• Le produit de matrices n'est pas commutatif : en général $AB \neq BA$.

• L'égalité $AB = 0$ n'implique pas que A ou B soit nulle. Par exemple :

$A = \begin{pmatrix} 1 & 0 \\ 0 & 0 \end{pmatrix} \neq 0_2$ et $B = \begin{pmatrix} 0 & 0 \\ 1 & 0 \end{pmatrix} \neq 0_2$ mais $A \times B = 0_2$.

3. Propriétés des opérations sur les matrices

■ Soient A et B deux matrices de taille $n \times p$ et k et k' des réels. Alors :

$$k(\mathrm{A}+\mathrm{B}) = k\mathrm{A} + k\mathrm{B} \text{ et } (k+k')\mathrm{A} = k\mathrm{A} + k'\mathrm{A}.$$

■ Soit A et B des matrices de taille $n \times p$ et C et D des matrices de taille $p \times q$. Alors :

$$\mathrm{A}(\mathrm{C}+\mathrm{D}) = \mathrm{AC} + \mathrm{AD} \text{ et } (\mathrm{A}+\mathrm{B})\mathrm{C} = \mathrm{AC} + \mathrm{BC}.$$

Si $k \in \mathbb{R}$, $k\mathrm{AB} = (k\mathrm{A})\mathrm{B} = \mathrm{A}(k\mathrm{B})$.

■ Soit A une matrice de taille $n \times p$, B une matrice de taille $p \times q$ et C une matrice de taille $q \times r$. Alors :

$$\mathrm{A}(\mathrm{BC}) = (\mathrm{AB})\mathrm{C} = \mathrm{ABC}.$$

II MATRICES CARRÉES

1. Matrice unité d'ordre *n*

■ On appelle **matrice unité d'ordre *n* la** matrice carrée de taille n constituée de 1 sur la diagonale et de 0 partout ailleurs. On la note I_n.

EXEMPLE : $\mathrm{I}_2 = \begin{pmatrix} 1 & 0 \\ 0 & 1 \end{pmatrix}$ et $\mathrm{I}_3 = \begin{pmatrix} 1 & 0 & 0 \\ 0 & 1 & 0 \\ 0 & 0 & 1 \end{pmatrix}$.

■ **Propriété :** Soit A une matrice carrée de taille n, alors $\mathrm{AI}_n = \mathrm{I}_n\mathrm{A} = \mathrm{A}$.

2. Inverse d'une matrice carrée

■ Soit A une matrice carrée de taille n. On dit que A est **inversible** si, et seulement si, il existe une matrice B (de même taille) telle que $\mathrm{AB} = \mathrm{BA} = \mathrm{I}_n$. On dit alors que B est l'**inverse** de A et on note $\mathrm{B} = \mathrm{A}^{-1}$.

En pratique, pour prouver que $\mathrm{B} = \mathrm{A}^{-1}$, il suffit de montrer que $\mathrm{AB} = \mathrm{I}$ ou que $\mathrm{BA} = \mathrm{I}$. Ce résultat est admis.

■ **Propriété (cas particulier des matrices carrées de taille 2)**

Soit A une matrice carrée de taille 2, $\mathrm{A} = \begin{pmatrix} a & b \\ c & d \end{pmatrix}$. A est inversible si, et seulement si, $ad - bc \neq 0$.

Si $ad - bc \neq 0$, alors $\mathrm{A}^{-1} = \dfrac{1}{ad-bc}\begin{pmatrix} d & -b \\ -c & a \end{pmatrix}$.

3. Puissance d'une matrice carrée

Soit A une matrice carrée de taille n. Soit $p \in \mathbb{N}^*$.

On note $\mathrm{A}^p = \underbrace{\mathrm{A} \times \mathrm{A} \times \ldots \times \mathrm{A}}_{p \text{ facteurs}}$.

COURS

Par convention, $A^0 = I_n$.

■ **Propriété**

Les puissances d'une même matrice carrée A commutent :

si $p, q \in \mathbb{N}^*$, alors $A^p \times A^q = A^q \times A^p = A^{p+q}$.

En particulier, $A^{n+1} = A^n \times A = A \times A^n$.

SAVOIR-FAIRE

1. Déterminer l'inverse d'une matrice

Déterminer l'inverse de la matrice $A = \begin{pmatrix} 1 & 4 & -1 \\ 0 & 2 & 1 \\ 0 & 0 & 3 \end{pmatrix}$.

Il s'agit de trouver une matrice de même taille $B = \begin{pmatrix} a_1 & b_1 & c_1 \\ a_2 & b_2 & c_2 \\ a_3 & b_3 & c_3 \end{pmatrix}$ telle que $AB = I_3$.

Pour cela
- on traduit l'égalité matricielle $AB = I_3$ par un système d'équations ;
- on résout le système, puis on écrit B ;
- on vérifie à l'aide de la calculatrice.

Posons $B = \begin{pmatrix} a_1 & b_1 & c_1 \\ a_2 & b_2 & c_2 \\ a_3 & b_3 & c_3 \end{pmatrix}$.

$$AB = I_3 \Leftrightarrow \begin{pmatrix} 1 & 4 & -1 \\ 0 & 2 & 1 \\ 0 & 0 & 3 \end{pmatrix}\begin{pmatrix} a_1 & b_1 & c_1 \\ a_2 & b_2 & c_2 \\ a_3 & b_3 & c_3 \end{pmatrix} = \begin{pmatrix} 1 & 0 & 0 \\ 0 & 1 & 0 \\ 0 & 0 & 1 \end{pmatrix}$$

$$\Leftrightarrow \begin{cases} a_1 + 4a_2 - a_3 = 1 \\ b_1 + 4b_2 - b_3 = 0 \\ c_1 + 4c_2 - c_3 = 0 \\ 2a_2 + a_3 = 0 \\ 2b_2 + b_3 = 1 \\ 2c_2 + c_3 = 0 \\ 3a_3 = 0 \\ 3b_3 = 0 \\ 3c_3 = 1 \end{cases} \Leftrightarrow \begin{cases} a_3 = b_3 = 0 \\ c_3 = \dfrac{1}{3} \\ a_2 = 0 \\ b_2 = \dfrac{1}{2} \\ c_2 = -\dfrac{1}{6} \\ a_1 = 1 \\ b_1 + 2 = 0 \\ c_1 - \dfrac{2}{3} - \dfrac{1}{3} = 0 \end{cases}$$

$$\Leftrightarrow \mathbf{B}=\begin{pmatrix} \mathbf{1} & \mathbf{-2} & \mathbf{1} \\ \mathbf{0} & \mathbf{\frac{1}{2}} & \mathbf{-\frac{1}{6}} \\ \mathbf{0} & \mathbf{0} & \mathbf{\frac{1}{3}} \end{pmatrix}$$. On vérifie à la calculatrice :

$$\begin{pmatrix} 1 & 4 & -1 \\ 0 & 2 & 1 \\ 0 & 0 & 3 \end{pmatrix}\times\begin{pmatrix} 1 & -2 & 1 \\ 0 & \frac{1}{2} & -\frac{1}{6} \\ 0 & 0 & \frac{1}{3} \end{pmatrix}=\begin{pmatrix} 1 & -2 & 1 \\ 0 & \frac{1}{2} & -\frac{1}{6} \\ 0 & 0 & \frac{1}{3} \end{pmatrix}\times\begin{pmatrix} 1 & 4 & -1 \\ 0 & 2 & 1 \\ 0 & 0 & 3 \end{pmatrix}=\mathrm{I}_3.$$

2. Résoudre un système à l'aide des matrices

1re étape **:** traduire le système d'équations par une égalité matricielle.

$$\begin{cases} ax+by=r \\ cx+dy=s \end{cases}\Leftrightarrow\begin{pmatrix} a & b \\ c & d \end{pmatrix}\begin{pmatrix} x \\ y \end{pmatrix}=\begin{pmatrix} r \\ s \end{pmatrix};$$

$$\begin{cases} a_1x+b_1y+c_1z=r \\ a_2x+b_2y+c_2z=s \\ a_3x+b_3y+c_3z=t \end{cases}\Leftrightarrow\begin{pmatrix} a_1 & b_1 & c_1 \\ a_2 & b_2 & c_2 \\ a_3 & b_3 & c_3 \end{pmatrix}\begin{pmatrix} x \\ y \\ z \end{pmatrix}=\begin{pmatrix} r \\ s \\ t \end{pmatrix}.$$

2e étape **:** résoudre l'équation matricielle à l'aide du résultat suivant : si A est inversible, alors $\mathrm{AX}=\mathrm{B}\Leftrightarrow \mathrm{X}=\mathrm{A}^{-1}\mathrm{B}$.

EXEMPLE : Résoudre le système $\begin{cases} 3x+2y=5 \\ x-4y=7 \end{cases}$.

$$\begin{cases} 3x+2y=5 \\ x-4y=7 \end{cases}\Leftrightarrow\begin{pmatrix} 3 & 2 \\ 1 & -4 \end{pmatrix}\begin{pmatrix} x \\ y \end{pmatrix}=\begin{pmatrix} 5 \\ 7 \end{pmatrix}.$$

$3\times(-4)-1\times 2=-14\neq 0$, donc la matrice $\mathrm{A}=\begin{pmatrix} 3 & 2 \\ 1 & -4 \end{pmatrix}$ est inversible et $\mathrm{A}^{-1}=-\frac{1}{14}\begin{pmatrix} -4 & -2 \\ -1 & 3 \end{pmatrix}$.

Donc $\begin{cases} 3x+2y=5 \\ x-4y=7 \end{cases}\Leftrightarrow\begin{pmatrix} 3 & 2 \\ 1 & -4 \end{pmatrix}\begin{pmatrix} x \\ y \end{pmatrix}=\begin{pmatrix} 5 \\ 7 \end{pmatrix}\Leftrightarrow\begin{pmatrix} x \\ y \end{pmatrix}=-\frac{1}{14}\begin{pmatrix} -4 & -2 \\ -1 & 3 \end{pmatrix}\begin{pmatrix} 5 \\ 7 \end{pmatrix}$

$$\begin{cases}3x+2y=5\\x-4y=7\end{cases} \Leftrightarrow \begin{pmatrix}x\\y\end{pmatrix}=\begin{pmatrix}\frac{17}{7}\\-\frac{8}{7}\end{pmatrix} \Leftrightarrow \begin{cases}x=\frac{17}{7}\\y=-\frac{8}{7}\end{cases}$$

Le système $\begin{cases}\mathbf{3}x+\mathbf{2}y=\mathbf{5}\\x-\mathbf{4}y=\mathbf{7}\end{cases}$ **admet un unique couple solution** $\left(\frac{\mathbf{17}}{\mathbf{7}};-\frac{\mathbf{8}}{\mathbf{7}}\right)$.

3. Déterminer l'inverse de A à partir d'une relation de la forme $a\mathrm{A}^2+b\mathrm{A}+c\mathrm{I}=0$

N'importe quelle équation de la forme $P(\mathrm{A})=0$, où P est un polynôme dont le terme constant est non nul, peut convenir.

EXEMPLE : Soit A une matrice (donnée) qui vérifie la relation

$$2\mathrm{A}^2-3\mathrm{A}+4\mathrm{I}=0.$$

Il s'agit de faire apparaître une relation de la forme $\mathrm{A}\times(\alpha\mathrm{A}+\beta\mathrm{I})=\mathrm{I}$, α, β étant des réels. Pour cela :

- on isole le terme constant ;
- on factorise le premier membre de l'égalité par A (sachant que $\mathrm{A}=\mathrm{A}\times\mathrm{I}$) :
- $2\mathrm{A}^2-3\mathrm{A}=-4\mathrm{I}$;
- $\mathrm{A}\times(2\mathrm{A}-3\mathrm{I})=-4\mathrm{I}$.

On continue :

$$-\left(\frac{1}{4}\right)\mathrm{A}\times(2\mathrm{A}-3\mathrm{I})=\mathrm{I}$$

soit (voir **I-3**) propriété **b)**) :

$$\mathrm{A}\times\left(-\frac{1}{4}\right)(2\mathrm{A}-3\mathrm{I})=\mathrm{I}.$$

D'où $\mathrm{A}\times\left(-\frac{1}{2}\mathrm{A}+\frac{3}{4}\mathrm{I}\right)=\mathrm{I}$.

Voir le paragraphe I.3 du cours.

On en déduit que A est inversible et que :

$$\mathbf{A}^{-1}=-\frac{\mathbf{1}}{\mathbf{2}}\mathbf{A}+\frac{\mathbf{3}}{\mathbf{4}}\mathbf{I}.$$

4. Traduire un problème de stock par une égalité matricielle

EXEMPLE : À l'occasion de la fête de la pomme, les membres d'une association décident de vendre des tartes aux pommes et des crumbles à la pomme. Voici les ingrédients nécessaires à la fabrication des différents produits :

	Farine (grammes)	Pommes (grammes)	Beurre (grammes)
Crumble	50	800	50
Tarte aux pommes	100	500	25

On note x_1 le nombre de crumbles et x_2 le nombre de tartes aux pommes préparés.

On note y_1 la quantité de farine utilisée, y_2 la quantité de pommes utilisée et y_3 la quantité de beurre utilisée.

On pose $X = \begin{pmatrix} x_1 \\ x_2 \end{pmatrix}$ et $Y = \begin{pmatrix} y_1 \\ y_2 \\ y_3 \end{pmatrix}$. Déterminer une égalité matricielle de la forme Y = AX, où A est une matrice à définir.

On traduit le problème par un système d'équations et on écrit ensuite l'égalité matricielle correspondante.

$$\begin{cases} y_1 = 50x_1 + 100x_2 \\ y_2 = 800x_1 + 500x_2 \\ y_3 = 50x_1 + 25x_2 \end{cases} \text{ soit } \begin{pmatrix} y_1 \\ y_2 \\ y_3 \end{pmatrix} = \begin{pmatrix} 50 & 100 \\ 800 & 500 \\ 50 & 25 \end{pmatrix} \begin{pmatrix} x_1 \\ x_2 \end{pmatrix}.$$

Donc $\mathbf{Y = AX}$ **avec** $\mathbf{A} = \begin{pmatrix} \mathbf{50} & \mathbf{100} \\ \mathbf{800} & \mathbf{500} \\ \mathbf{50} & \mathbf{25} \end{pmatrix}$.

5. Créer et exploiter un graphe probabiliste

On conserve dans une enceinte une population d'êtres unicellulaires qui peuvent se trouver dans deux états physiologiques désignés par A et B.

On désigne par a_n et b_n les effectifs – exprimés en milliers d'individus – des deux populations à l'instant n.

On note P_n la matrice colonne $P_n = \begin{pmatrix} a_n \\ b_n \end{pmatrix}$.

Des observations menées sur une assez longue période permettent d'estimer que 95 % des unicellulaires se trouvant à l'instant n dans l'état A n'ont pas changé d'état à l'instant $n+1$, non plus que 80 % de ceux se trouvant à l'instant n dans l'état B.

a. Représenter la situation par un graphe

On applique la propriété : la somme des coefficients des arêtes issues d'un même sommet vaut 1.

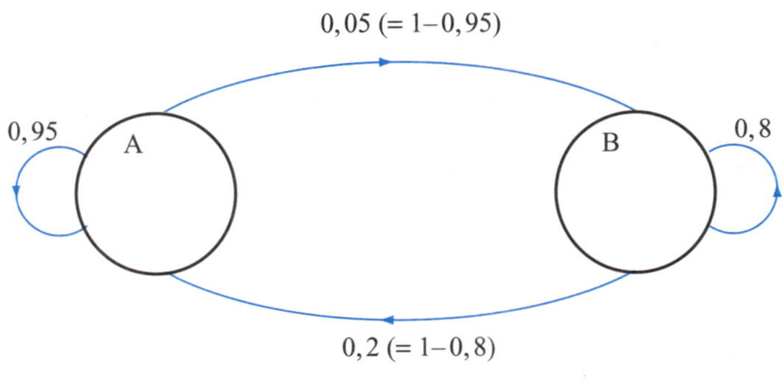

b. Donner la matrice de transition M correspondante

On écrit un système donnant a_{n+1} et b_{n+1} en fonction de a_n et b_n.
On traduit ensuite ce système par une égalité matricielle.

Soit $n \in \mathbb{N}, \begin{cases} a_{n+1} = 0,95a_n + 0,2b_n \\ b_{n+1} = 0,05a_n + 0,8b_n \end{cases}$,

c'est-à-dire $P_{n+1} = \begin{pmatrix} 0,95 & 0,2 \\ 0,05 & 0,8 \end{pmatrix} P_n$.

D'où $\mathbf{M} = \begin{pmatrix} \mathbf{0,95} & \mathbf{0,2} \\ \mathbf{0,05} & \mathbf{0,8} \end{pmatrix}$.

On vérifie que la somme des éléments de chaque colonne vaut 1 et que chaque élément appartient bien à l'intervalle [0 ; 1] : c'est alors bien une matrice de transition

EXERCICES D'APPLICATION

1 SOMME ET MULTIPLICATION PAR UN SCALAIRE | ★ | 10 min | ▸P. 517

1. On donne les matrices

$$A=\begin{pmatrix}3&5\\-1&2\end{pmatrix},\ B=\begin{pmatrix}2\\7\end{pmatrix},\ C=\begin{pmatrix}1&2&3\\4&5&6\\7&8&9\end{pmatrix},\ D=\begin{pmatrix}-3\\1\end{pmatrix},\ E=\begin{pmatrix}0&2\\3&-1\\-3&4\end{pmatrix},$$

$$F=\begin{pmatrix}1&0\\0&1\end{pmatrix},\ G=\begin{pmatrix}-2&0&5\\0&1&1\\-5&-2&1\end{pmatrix}.$$ Calculer toutes les sommes possibles.

2. Déterminer les quadruplets $(a\ ;b\ ;c\ ;d)$ tels que :

a. $\begin{pmatrix}a&b^2\\\sqrt{c}&|d|\end{pmatrix}=\begin{pmatrix}-2&9\\4&7\end{pmatrix}$; **b.** $\begin{pmatrix}a&2\\-1&d\end{pmatrix}-\begin{pmatrix}3&b\\c&5\end{pmatrix}=I_2$.

2 PRODUITS DE MATRICES | ★★ | 30 min | ▸P. 517

1. Soient $A=\begin{pmatrix}3&5\\-1&2\end{pmatrix}$, $B=\begin{pmatrix}1&-2\\3&1\end{pmatrix}$, $X=\begin{pmatrix}2\\7\end{pmatrix}$, $Y=\begin{pmatrix}-3\\1\end{pmatrix}$,

$$C=\begin{pmatrix}2&3\\4&6\end{pmatrix} \text{ et } D=\begin{pmatrix}3&-15\\-2&10\end{pmatrix}.$$

a. Calculer AX, AY, BX et BY.

b. Calculer AI_2 et I_2A.

c. Comparer les produits AB et BA.

d. Calculer CD.

Voir les remarques du cours, I. 2.

2. Soit $A=\begin{pmatrix}a&b\\c&d\end{pmatrix}$.

a. Exprimer la matrice A^2 en fonction de a, b, c et d.

b. Vérifier que $A^2=(a+d)M+bcI_2+N^2$, avec :

$$M=\begin{pmatrix}0&b\\c&0\end{pmatrix} \text{ et } N=\begin{pmatrix}a&0\\0&d\end{pmatrix}.$$

3. Soient $E=\begin{pmatrix}1&2&3\\4&5&6\\7&8&9\end{pmatrix}$, $F=\begin{pmatrix}-2&0&5\\0&1&1\\-5&-2&1\end{pmatrix}$ et $Z=\begin{pmatrix}1\\-2\\0\end{pmatrix}$.

Calculer EZ, FZ, EI_3, I_3E et EF.

3 MATRICES ET SYSTÈMES D'ÉQUATIONS LINÉAIRES | ★ | 10 min | ▸P. 518

1. Traduire par une égalité matricielle chacun des systèmes suivants :

a. $\begin{cases} 3x - 2y = 5 \\ -x + 7y = 2 \end{cases}$

b. $\begin{cases} x + \dfrac{y}{2} = 3 \\ -3y = 4 \end{cases}$

c. $\begin{cases} x = y - 1 \\ x + y = 1 \end{cases}$

d. $\begin{cases} 2x - y + 3z = 1 \\ x + 2y - 5z = 0 \\ x + y + z = 3 \end{cases}$

Voir le début du savoir-faire 2.

2. Traduire par un système chacune des égalités matricielles suivantes :

a. $\begin{pmatrix} 1 & -2 \\ 3 & 1 \end{pmatrix}\begin{pmatrix} x \\ y \end{pmatrix} = \begin{pmatrix} 4 \\ 5 \end{pmatrix}$

b. $\begin{pmatrix} -2 & 0 & 5 \\ 0 & 1 & 1 \\ -5 & -2 & 1 \end{pmatrix}\begin{pmatrix} x \\ y \\ z \end{pmatrix} = \begin{pmatrix} 1 \\ -2 \\ 0 \end{pmatrix}$

4 CALCUL DE L'INVERSE D'UNE MATRICE PAR LA RÉSOLUTION D'UN SYSTÈME | ★★ | 30 min | ▸P. 518

Voir le savoir-faire 1.

1. Soit A la matrice $\begin{pmatrix} 3 & 2 \\ 0 & 4 \end{pmatrix}$.

On cherche à déterminer la matrice inverse $A^{-1} = \begin{pmatrix} a & b \\ c & d \end{pmatrix}$.

a. Traduire par un système d'équations l'égalité $A \times A^{-1} = I$.

b. Résoudre ce système puis conclure.

2. Déterminer de même l'inverse de la matrice $B = \begin{pmatrix} 2 & 3 \\ -3 & 5 \end{pmatrix}$.

3. Déterminer l'inverse de la matrice $M = \begin{pmatrix} 1 & 2 & 3 \\ 0 & 4 & 5 \\ 0 & 0 & 6 \end{pmatrix}$.

4. Déterminer l'inverse de la matrice $N = \begin{pmatrix} 1 & 0 & -2 \\ 1 & 0 & 1 \\ -1 & 2 & 0 \end{pmatrix}$.

5 INVERSE D'UNE MATRICE 2×2

★ | 10 min | ▸p. 520

Soit $A=\begin{pmatrix}2 & 3\\ -1 & 5\end{pmatrix}$, $B=\begin{pmatrix}1 & 0\\ 0 & 0\end{pmatrix}$, $C=\begin{pmatrix}1 & 2\\ 3 & 4\end{pmatrix}$,

$$D=\begin{pmatrix}\frac{4}{3} & -2\\ -1 & \frac{3}{2}\end{pmatrix},\ I_2,\ E=\begin{pmatrix}0 & 1\\ 1 & 0\end{pmatrix}.$$

Parmi ces matrices, lesquelles sont inversibles ? Calculer leurs inverses.

Voir le cours, II. 2., propriété.

6 PROBLÈME SIMPLE DE MATRICES ET STOCKS

★★ | 25 min | ▸p. 521

Une entreprise assure la production de deux types de calculatrices C1 et C2 en quantités (hebdomadaires) respectives x et y.
Le coût des éléments installés et le nombre d'heures de travail sont donnés pour chaque calculatrice dans le tableau suivant :

	C_1	C_2
Coût des éléments en euros	6	8
Nombre d'heures de travail	1	1,5

Un programme de production hebdomadaire peut se représenter par la matrice :

$$X=\begin{pmatrix}x\\ y\end{pmatrix}.$$

Cette production occasionne un coût c et un nombre t d'heures de travail. Ces deux éléments sont donnés dans la matrice $Y=\begin{pmatrix}c\\ t\end{pmatrix}$.

Enfin on appelle A la matrice issue du tableau : $A=\begin{pmatrix}6 & 8\\ 1 & 1,5\end{pmatrix}$.

1. a. Écrire une égalité matricielle reliant A, X et Y qui traduit la production de l'entreprise.

Voir le savoir-faire 4.

b. Durant une semaine, l'entreprise a produit 200 calculatrices C1 et 800 calculatrices C2. Par un calcul matriciel, déterminer le coût total et le nombre d'heures de travail pour la production de cette semaine.

2. On note B la matrice : $B=\begin{pmatrix}1,5 & -8\\ -1 & 6\end{pmatrix}$.

a. Effectuer le produit $B\times A$.

b. Montrer, en transformant l'égalité $Y = A \times X$, que $B \times Y = X$.
c. Durant une autre semaine, l'entreprise fait face à un coût total de 8 400 euros et 1450 heures de travail. Déterminer par le calcul matriciel le nombre de calculatrices de chaque type fabriquées au cours de cette semaine.

7 GRAPHES PROBABILISTES ET MATRICES DE TRANSITION

★ | 15 min | ▶ P. 521

1. Parmi les matrices ci-dessous, certaines sont des matrices de transition. Dire lesquelles et dessiner le graphe probabiliste leur correspondant.

$$A = \begin{pmatrix} \frac{1}{3} & \frac{3}{4} \\ \frac{2}{3} & \frac{1}{4} \end{pmatrix} ; \; B = \begin{pmatrix} 0,2 & 0,8 \\ 0,3 & 0,7 \end{pmatrix} ;$$

$$C = \begin{pmatrix} 1 & 0,8 & -0,2 \\ 0,5 & 0,6 & 0,1 \\ -0,5 & -0,4 & 1,1 \end{pmatrix} ; \; D = \begin{pmatrix} 0,1 & 0,2 & 0,3 \\ 0,35 & 0,25 & 0,1 \\ 0,55 & 0,55 & 0,6 \end{pmatrix}.$$

Voir le savoir-faire 5. b.

2. Donner à chaque fois la matrice de transition correspondant au graphe probabiliste.

a.

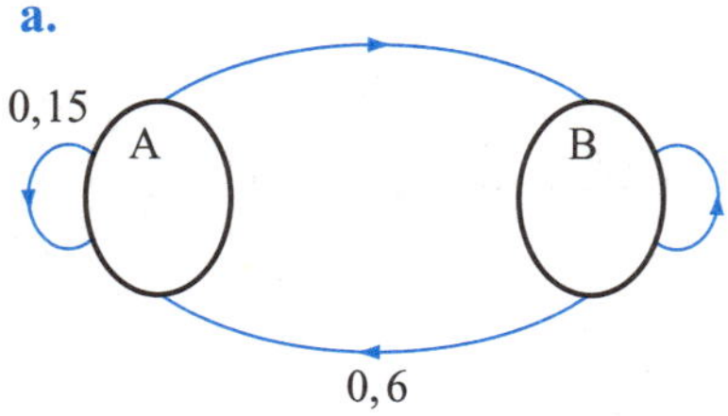

b.

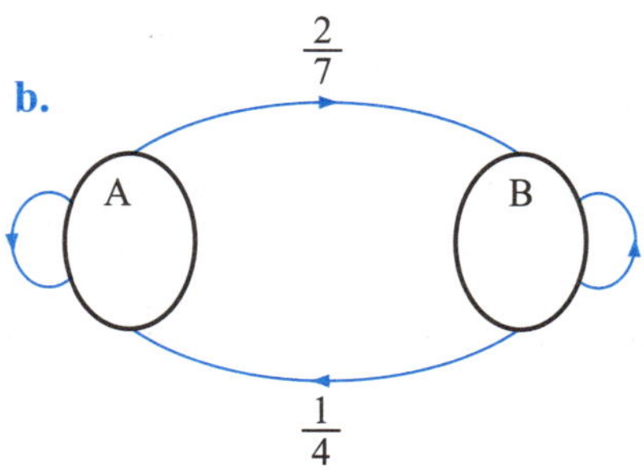

c.

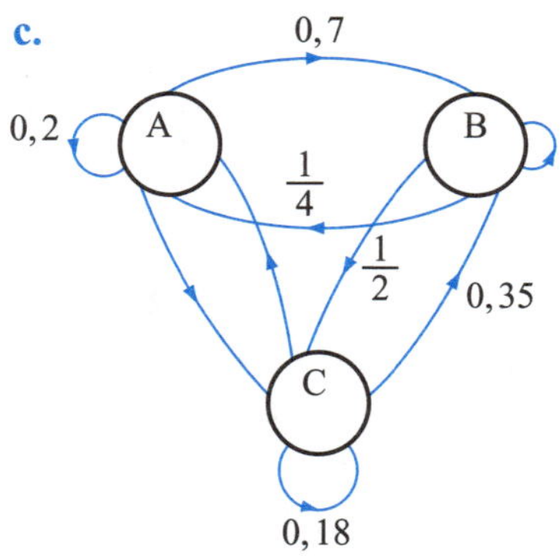

On notera a_n, b_n et c_n les effectifs correspondant aux états A, B et C à l'instant de n. On exprimera alors a_{n+1}, b_{n+1} et c_{n+1} en fonction de a_n, b_n et c_n.

8 PROBLÈME SIMPLE GRAPHE PROBABILISTE | ★★ | 35 min | ▶P. 522

Un théâtre propose deux types d'abonnements pour une année : un abonnement A donnant droit à six spectacles ou un abonnement B donnant droit à trois spectacles. On considère un groupe de 2500 personnes qui s'abonnent tous les ans. n étant un entier naturel, on note :

- a_n la probabilité qu'une personne ait choisi un abonnement A l'année n ;
- b_n la probabilité qu'une personne ait choisi un abonnement B l'année n ;
- P_n la matrice $\begin{pmatrix} a_n \\ b_n \end{pmatrix}$ traduisant l'état probabiliste l'année n.

Les probabilités de conserver son abonnement sont données dans le graphe ci-dessous :

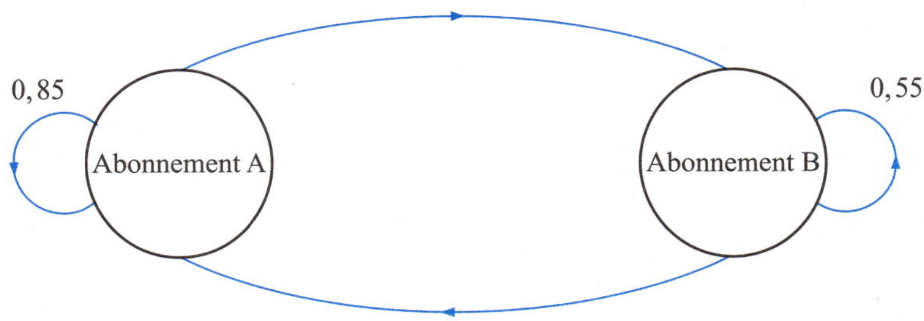

1. Compléter ce graphe sachant que les personnes interrogées s'abonnent tous les ans.

2. On suppose que, l'année zéro, 1 500 personnes ont choisi l'abonnement A et 1 000 l'abonnement B.

a. Déterminer l'état initial $P_0 = \begin{pmatrix} a_0 \\ b_0 \end{pmatrix}$.

b. Déterminer la matrice de transition M du graphe.

Voir le savoir-faire 5.

c. En déduire le nombre d'abonnés pour chaque type d'abonnement l'année un.

3. Montrer que pour tout entier $n \geqslant 0$:

$$a_{n+1} = 0,45 + 0,4a_n.$$

Quelle relation simple a-t-on entre a_n et b_n ?

4. Soit la suite (v_n) définie, pour tout entier naturel n par :

$$v_n = a_n - 0,75.$$

a. Montrer que la suite (v_n) est une suite géométrique de raison $0,4$.

b. En déduire v_n, puis a_n, en fonction de n.

c. Calculer la limite de a_n quand n tend vers l'infini. Interpréter cette limite.

EXERCICES D'ENTRAÎNEMENT

9 INVERSES DE MATRICES | ★★ | 35 min | ▸P. 523

▸P. 523

1. Pour quelles valeurs du réel k la matrice $A = \begin{pmatrix} 1-k & -2 \\ 1 & 4-k \end{pmatrix}$ est-elle inversible ? Calculer alors A^{-1}.

Voir le cours II. 2, propriété.

2. Calculer l'inverse de la matrice $B = \begin{pmatrix} \cos(a) & 0 & 1 \\ \sin(a) & 1 & 0 \\ 0 & \sin(a) & \cos(a) \end{pmatrix}$,
où a désigne un réel fixé.

Voir le savoir-faire 1.

3. Soit $M = \begin{pmatrix} 2 & 0 & 0 \\ 0 & -1 & 1 \\ 0 & -3 & -1 \end{pmatrix}$. Calculer M^3. En déduire M^{-1}.

Voir le savoir-faire 3.

10 MATRICES DE ROTATION | ★★ | 45 min | ▸P. 524

▸P. 524

Le plan est muni d'un repère orthonormal (O ; I; J), et orienté dans le sens direct. R désigne une matrice 2×2.
À tout point $M(x\,;y)$, on associe le point image $M'(x'\,;y')$ tel que
$\begin{pmatrix} x' \\ y' \end{pmatrix} = R\begin{pmatrix} x \\ y \end{pmatrix}$.

1. Soit R la matrice $\begin{pmatrix} \frac{1}{2} & \frac{-\sqrt{3}}{2} \\ \frac{\sqrt{3}}{2} & \frac{1}{2} \end{pmatrix}$.

Déterminer les images I', A' et B' des points I, $A\left(\frac{\pi}{6}\right)$, $B(\pi)$. Vérifier qu'ils se situent sur le cercle trigonométrique et donner leurs affixes.

2. Soit θ un réel. On note R_θ la matrice $\begin{pmatrix} \cos\theta & -\sin\theta \\ \sin\theta & \cos\theta \end{pmatrix}$.

a. Déterminer les images I′ et B′ des points I et B(π). Vérifier qu'ils se situent sur le cercle trigonométrique et donner leurs affixes.
b. Soit A le point du cercle trigonométrique d'affixe α. Exprimer les coordonnées du point image A′ en fonction de α et θ. Vérifier que A′ a pour affixe (α + θ).

Voir les formules d'addition vues en 1re S.

3. Vérifier que, pour tous réels θ et θ′, $R_\theta \times R_{\theta'} = R_{\theta+\theta'}$ et $R_\theta^{-1} = R_{-\theta}$.

11 INVERSE D'UNE MATRICE VÉRIFIANT $A^2 = \alpha A + \beta I$ avec α, β RÉELS | ★★ | 40 min | ▸P. 526

1. Soit $A = \begin{pmatrix} 7 & -2 \\ 4 & 0 \end{pmatrix}$.

a. Calculer A^2.

b. Déterminer les réels (non nuls) α et β tels que $A^2 = \alpha A + \beta I_2$ (1).
c. Déduire de (1) que A est inversible et exprimer en fonction de A, α et β la matrice inverse de A.

Voir le savoir-faire 3.

d. Calculer A^{-1}.

2. Soient $A = \begin{pmatrix} -3 & -2 & 2 \\ -2 & -3 & -2 \\ 2 & -2 & -3 \end{pmatrix}$ et $B = \begin{pmatrix} 1 & -1 & 1 \\ -1 & 1 & -1 \\ 1 & -1 & 1 \end{pmatrix}$.

a. Montrer que $B = \frac{1}{2}A + \frac{5}{2}I_3$.

b. Calculer B^2 et trouver une relation entre B^2 et B.
c. Établir l'égalité $A^2 + 4A - 5I_3 = 0$.
d. Déduire du **c.** que A est inversible et donner l'expression de A^{-1}.

12 PUISSANCES D'UNE MATRICE | ★★ | 45 min | ▸P. 528

1. Soit $A = \begin{pmatrix} -28 & 18 \\ -45 & 29 \end{pmatrix}$. On veut pouvoir déterminer A^n, pour tout $n \in \mathbb{N}^*$.

a. Vérifier que $A = PDP^{-1}$ avec $D = \begin{pmatrix} 2 & 0 \\ 0 & -1 \end{pmatrix}$ et $P = \begin{pmatrix} 3 & -2 \\ 5 & -3 \end{pmatrix}$.

On dit que la matrice carrée D est une matrice diagonale (les éléments qui ne sont pas situés sur la diagonale sont nuls).

b. Démontrer par récurrence que, pour tout $n \in \mathbb{N}^*$, $A^n = P\begin{pmatrix} 2^n & 0 \\ 0 & (-1)^n \end{pmatrix}P^{-1}$.

Voir le chapitre 5.

c. Calculer A^{10}.

2. Soit $M = \begin{pmatrix} 3 & 1 & -1 \\ 6 & -2 & -6 \\ 5 & -5 & -3 \end{pmatrix}$.

a. Soient $P = \begin{pmatrix} 1 & 0 & 1 \\ 0 & 1 & 1 \\ 1 & 1 & 0 \end{pmatrix}$ et $Q = \frac{1}{2}\begin{pmatrix} 1 & -1 & 1 \\ -1 & 1 & 1 \\ 1 & 1 & -1 \end{pmatrix}$. Montrer que $Q = P^{-1}$.

b. Vérifier que $M = P \times D \times Q$ avec $D = \begin{pmatrix} 2 & 0 & 0 \\ 0 & -8 & 0 \\ 0 & 0 & 4 \end{pmatrix}$.

c. Démontrer par récurrence que, pour tout $n \in \mathbb{N}^*$, $M^n = P \times D^n \times Q$.

d. Calculer alors M^5.

13 VECTEURS COLONNES VÉRIFIANT $U_{n+1} = AU_n + C$ | ★★ | 50 min | ▸P. 529

Partie A.

Soit $A = \begin{pmatrix} -\frac{1}{2} & \frac{7}{3} \\ 0 & \frac{2}{3} \end{pmatrix}$.

1. Vérifier que $A = P \times D \times P^{-1}$ avec $D = \begin{pmatrix} -\frac{1}{2} & 0 \\ 0 & \frac{2}{3} \end{pmatrix}$ et $P = \begin{pmatrix} 1 & 2 \\ 0 & 1 \end{pmatrix}$.

2. Démontrer par récurrence que, pour tout $n \in \mathbb{N}^*$, $A^n = P \times D^n \times P^{-1}$.

Voir le chapitre 5.

3. Vérifier que, pour tout $n \in \mathbb{N}^*$, $A^n = \begin{pmatrix} \left(-\frac{1}{2}\right)^n & -2 \times \left(-\frac{1}{2}\right)^n + 2\left(\frac{2}{3}\right)^n \\ 0 & \left(\frac{2}{3}\right)^n \end{pmatrix}$.

Partie B.

On considère la suite (U_n) de vecteurs colonnes définie par récurrence par :

$U_0 = \begin{pmatrix} 1 \\ 0 \end{pmatrix}$, et, pour tout $n \in \mathbb{N}$, $U_{n+1} = A \times U_n + \begin{pmatrix} 45 \\ 3 \end{pmatrix}$.

Pour tout $n \in \mathbb{N}$, on pose $U_n = \begin{pmatrix} x_n \\ y_n \end{pmatrix}$.

1. Calculer U_1.

2. Déterminer le vecteur colonne $Z = \begin{pmatrix} \alpha \\ \beta \end{pmatrix}$ pour lequel $Z = AZ + \begin{pmatrix} 45 \\ 3 \end{pmatrix}$.

3. On pose, pour tout $n \in \mathbb{N}$, $V_n = U_n - Z$.

a. Calculer V_0 et V_1.

b. Démontrer par récurrence que, pour tout $n \in \mathbb{N}^*$, $V_n = A^n \times V_0$.

c. Exprimer $\begin{pmatrix} x_n \\ y_n \end{pmatrix}$ en fonction de n, pour $n \in \mathbb{N}^*$.

d. Déterminer $\lim\limits_{n \to +\infty} x_n$ et $\lim\limits_{n \to +\infty} y_n$.

14 PROBLÈME MATRICES ET STOCKS | ★★ | 25 min | ▸ P. 532

Une usine fabrique 3 sortes d'articles a_1, a_2, a_3, à partir de 3 modules m_1, m_2, m_3.
On donne :

Modules \ articles	a_1	a_2	a_3	
m_1	3	9	5	
m_2	4	0	9	
m_3	4	8	6	

Modules	m_1	m_2	m_3
Poids unitaires (en kg)	5	6	3
Coûts unitaires (en euros)	180	250	150

On lit par exemple : Pour fabriquer un article a_2, il faut 9 modules m_1 et 8 modules m_3 ; un module m_1 pèse 5 kg et coûte 180 euros.

On note $A = \begin{pmatrix} 3 & 9 & 5 \\ 4 & 0 & 9 \\ 4 & 8 & 6 \end{pmatrix}$ et $M = \begin{pmatrix} 5 & 6 & 3 \\ 180 & 250 & 150 \end{pmatrix}$.

1. a. Calculer le produit matriciel $M \times A$.

b. Interpréter les lignes de ce produit.

2. Une semaine donnée, l'usine doit fournir 8 articles a_1, 12 articles a_2, 13 articles a_3. Elle dispose en début de semaine d'un stock de 200 modules de chaque sorte.

On note F la matrice : $F = \begin{pmatrix} 8 \\ 12 \\ 13 \end{pmatrix}$.

a. Calculer le produit matriciel $A \times F$. Que représente-t-il ?

b. La demande (8 articles a_1, 12 articles a_2, 13 articles a_3) peut-elle être satisfaite ?

15 GRAPHE PROBABILISTE À DEUX SOMMETS | ★★ | 35 min | ▶P. 532

Lors d'une partie de fléchettes, un joueur envoie une à une des fléchettes vers une cible. La tentative est réussie quand la fléchette atteint la cible, elle échoue dans le cas contraire. Pour la 1e fléchette, les chances de réussite ou d'échec sont égales. Pour chaque lancer suivant, la probabilité qu'il réussisse dépend uniquement du résultat du lancer précédent :

- Elle est de 0,7 quand le lancer précédent atteint la cible.
- Elle est de 0,4 quand il a échoué.

On note :

- C_n l'événement « La n^e fléchette atteint la cible ».
- E_n l'événement « Le n^e lancer a échoué ».

1. La partie ne comporte que deux fléchettes. Traduire la situation à l'aide d'un arbre pondéré. En déduire la probabilité pour que la 2e fléchette atteigne la cible.

Dans toute la suite de l'exercice, n désigne un entier supérieur ou égal à 1 et on considère que le jeu se déroule avec n fléchettes.
On désigne par c_n la probabilité d'atteindre la cible lors du n^e lancer et par e_n la probabilité que ce n^e lancer échoue.

On note $P_n = \begin{pmatrix} c_n \\ e_n \end{pmatrix}$ la matrice colonne qui traduit l'état probabiliste lors du n^e lancer.

La matrice $P_1 = \begin{pmatrix} 0,5 \\ 0,5 \end{pmatrix}$ traduit donc l'état probabiliste lors du 1er lancer.

2. a. Représenter la situation à l'aide d'un graphe probabiliste.

b. Donner l'état P_2.

3. a. Soit $n \in \mathbb{N}^*$. Écrire l'égalité matricielle liant P_n, P_{n+1} et la matrice de transition A associée au graphe probabiliste.

Voir le savoir-faire 5.

b. Montrer que pour tout entier $n \geqslant 1$, $c_{n+1} = 0,3.c_n + 0,4$.

Quelle relation simple a-t-on entre c_n et e_n ?

4. Soit la suite (u_n) définie, pour tout entier naturel $n \geqslant 1$ par $u_n = c_n - \dfrac{4}{7}$.

a. Montrer que la suite (u_n) est une suite géométrique de raison 0, 3.

b. En déduire u_n, puis c_n, en fonction de n.

c. Calculer la limite de c_n quand n tend vers l'infini. Interpréter cette limite.

EXERCICES D'APPROFONDISSEMENT

16 MARCHE ALÉATOIRE | ★★★ | 35 min | ▸P. 534

Une puce se promène sur un tétraèdre régulier ABCD. A l'instant n, elle quitte le sommet où elle se trouve pour se placer indifféremment sur n'importe quel autre sommet.

1. Écrire la matrice de transition M associée au graphe.

On pose, pour tout $n \in \mathbb{N}^*$, $A_n = \begin{pmatrix} u_n & v_n & v_n & v_n \\ v_n & u_n & v_n & v_n \\ v_n & v_n & u_n & v_n \\ v_n & v_n & v_n & u_n \end{pmatrix}$,

avec $u_n = \dfrac{1}{4}\left[\dfrac{(-1)^n}{3^{n-1}} + 1\right]$ et $v_n = \dfrac{1}{4}\left[1 - \left(-\dfrac{1}{3}\right)^n\right]$.

2. Démontrer que, pour tout $n \in \mathbb{N}^*$, $M^n = A_n$.

3. Soit T la variable aléatoire qui donne le temps au bout duquel la puce est revenue au sommet de départ.

a. Déterminer la loi de probabilité de T.

Déterminer successivement $p(T = 1)$, $p(T = 2)$, ... et reconnaître les termes successifs d'une suite géométrique.

b. Calculer $S_n = p(T = 1) + p(T = 2) + \ldots + p(T = n)$ et déterminer la limite de S_n quand n tend vers $+\infty$.

Voir le cours sur les sommes de termes consécutifs d'une suite géométrique, chapitre 5.

17 PUISSANCE DE MATRICE | ★★★ | 30 min | ▸P. 536

On considère la matrice $A = \begin{pmatrix} 1 & 0 & 1 \\ 1 & 1 & 1 \\ 0 & 0 & 1 \end{pmatrix}$.

1. Déterminer la matrice B définie par $A = B + I_3$.

2. Calculer les matrices B^2 et B^3.

3. En déduire la matrice B^n pour tout entier n, $n > 3$.

4. Démontrer que pour tout entier n, $n > 3$, $A^n = (B + I_3)^n = \begin{pmatrix} 1 & 0 & n \\ n & 1 & \dfrac{n(n+1)}{2} \\ 0 & 0 & 1 \end{pmatrix}$.

Utiliser la formule du binôme vue en 1re S.

18 INVERSE DE MATRICE | ★★ | 40 min | ▸P. 536

On considère les matrices 0_3, I_3 et $A = \begin{pmatrix} 0 & 1 & 0 \\ 0 & 0 & 1 \\ 0 & 0 & 0 \end{pmatrix}$.

1. Calculer A^2 et A^3. En déduire pour tout entier $n > 3$, la valeur de A^n.

2. À tout nombre réel x, on associe la matrice notée $M(x)$ où :

$$M(x) = I_3 + xA + \frac{x^2}{2}A^2. \qquad (1)$$

a. Déterminer $M(0)$ et $M(4)$.

b. Écrire la matrice $M(x)$.

3. a. x et y étant deux nombres réels quelconques, calculer en utilisant la relation (1) le produit $M(x) \times M(y)$.

b. Montrer l'égalité :

$$M(x) \times M(y) = M(x + y). \qquad (2)$$

c. En utilisant les résultats de la question **2.**, déterminer le nombre réel x' tel que :

$$M(x) \times M(x') = I_3.$$

4. Montrer que les matrices $B = \begin{pmatrix} 1 & 4 & 8 \\ 0 & 1 & 4 \\ 0 & 0 & 1 \end{pmatrix}$ et $C = \begin{pmatrix} 1 & -12 & 72 \\ 0 & 1 & -12 \\ 0 & 0 & 1 \end{pmatrix}$ sont inversibles et donner leurs inverses.

19 MODÈLE PROIE PRÉDATEUR | ★★★ | 60 min | ▸P. 537

On s'intéresse à l'évolution du nombre c_n de chouettes et du nombre s_n de souris, exprimés en milliers d'individus.

On a choisi, pour décrire cette évolution, le modèle suivant :

$$\begin{cases} c_0 = 2 \\ s_0 = 15 \end{cases} \text{ et, pour tout } n \in \mathbb{N}, \quad \begin{cases} c_{n+1} = 0{,}5c_n + 0{,}3s_n \\ s_{n+1} = -0{,}108c_n + 1{,}1s_n \end{cases} \qquad (1)$$

Le coefficient 0,5 indique qu'en l'absence de souris, le nombre de chouettes diminue.
Le coefficient 1,1 indique qu'en l'absence de chouettes, le nombre de souris augmente de 10 %.
Les deux autres coefficients rendent compte de la relation proie-prédateur : positif pour les chouettes, négatif pour les souris.

On pose, pour tout $n \in \mathbb{N}$, $X_n = \begin{pmatrix} c_n \\ s_n \end{pmatrix}$.

1. Traduire le système (1) par une égalité matricielle entre X_n, X_{n+1} et une matrice carrée A à définir.

2. On suppose dans cette question qu'il existe un réel λ et un vecteur colonne V non nul tel que $AV = \lambda V$.

a. Montrer qu'alors la matrice $B = A - \lambda I_2$ n'est pas inversible.

Raisonner par l'absurde.

b. En déduire que λ est solution de l'équation $\lambda^2 - 1{,}6\lambda + 0{,}5824 = 0$.

3. Déterminer les racines λ_1 et λ_2 du trinôme $\lambda^2 - 1{,}6\lambda + 0{,}5824$. On notera λ_1 la plus petite des deux racines.

4. Déterminer un vecteur colonne non nul $V_1 = \begin{pmatrix} a_1 \\ b_1 \end{pmatrix}$ tel que $AV_1 = \lambda_1 V_1$, et un vecteur colonne non nul $V_2 = \begin{pmatrix} a_2 \\ b_2 \end{pmatrix}$ tel que $AV_2 = \lambda_2 V_2$.

5. Soit P la matrice formée des vecteurs colonnes V_1 et V_2 dans cet ordre.

a. Montrer que P est inversible et calculer son inverse.

b. Vérifier que $A = P\begin{pmatrix} \lambda_1 & 0 \\ 0 & \lambda_2 \end{pmatrix}P^{-1}$.

6. Démontrer par récurrence que, pour tout $n \in \mathbb{N}^*$:

$$X_n = A^n X_0 = P\begin{pmatrix} (\lambda_1)^n & 0 \\ 0 & (\lambda_2)^n \end{pmatrix}P^{-1} X_0.$$

7. En déduire l'expression de c_n et de s_n en fonction de n.

8. Déterminer les limites, quand n tend vers $+\infty$, des populations de chouettes et de souris.

CONTRÔLE

20 PUISSANCES D'UNE MATRICE | ★★ | 35 min | ▸ P. 540

On se propose de déterminer les puissances successives de la matrice M définie par :

$$M = \begin{pmatrix} 1 & 0 & 1 & 1 \\ 1 & 0 & 0 & 1 \\ 0 & 1 & 1 & 0 \\ 0 & 1 & 0 & 0 \end{pmatrix}.$$

1. Calculer M^2, M^3 et M^4. Établir une relation simple entre M^4 et M^3.

2. On admet qu'il existe une suite numérique (a_n) telle que, pour tout $n \geqslant 3$, $M^n = a_n M^3$.

a. Préciser la valeur de a_3 et de a_4.

b. Soit n un entier, $n \geqslant 3$. Exprimer M^{n+1} en fonction de M^n.

Décomposer $n+1$ en $(n-3)+4$.

c. En déduire la nature de la suite (a_n).

d. Montrer alors que, pour tout $n \geqslant 3$, $M^n = 2^{n-3} \begin{pmatrix} 3 & 3 & 3 & 3 \\ 2 & 2 & 2 & 2 \\ 2 & 2 & 2 & 2 \\ 1 & 1 & 1 & 1 \end{pmatrix}$.

21 GRAPHE PROBABILISTE À TROIS SOMMETS | ★★ | 25 min | ▸ P. 541

Dans une région, on considère trois types de temps : beau, variable, pluvieux.
On sait que :
s'il fait beau un jour donné, la probabilité qu'il fasse beau le lendemain est $\frac{1}{3}$ et la probabilité qu'il pleuve est $\frac{1}{6}$;
si le temps est variable, la probabilité qu'il soit variable le lendemain est $\frac{1}{4}$ et la probabilité qu'il pleuve est $\frac{1}{2}$;
s'il pleut, la probabilité qu'il pleuve le lendemain est $\frac{1}{4}$ et la probabilité qu'il fasse beau est $\frac{1}{2}$.
On note B « le temps est beau » ; V « le temps est variable » ; P « le temps est pluvieux ».

CONTRÔLE

1. Représenter la situation par un graphe probabiliste.

Pour tout entier naturel n, l'état probabiliste dans n jours est défini par la matrice colonne $P_n = \begin{pmatrix} b_n \\ v_n \\ p_n \end{pmatrix}$ où b_n désigne la probabilité qu'il fasse beau dans n jours, v_n la probabilité que le temps soit variable dans n jours et p_n la probabilité qu'il pleuve dans n jours.

2. Donner la matrice de transition de ce graphe.

Les sommets B, V, P seront rangés dans cet ordre.

3. Aujourd'hui il fait beau, on a donc $P_0 = \begin{pmatrix} 1 \\ 0 \\ 0 \end{pmatrix}$ matrice colonne décrivant l'état initial.

Déterminer la probabilité de chaque type de temps dans deux jours.

22 QCM | ★★ | 5 min | ▶P. 542

1. On considère la matrice

$M = \begin{pmatrix} 1 & 0 & a \\ 0 & 1 & 0 \\ 0 & 1 & 0 \end{pmatrix}$, où a désigne un nombre réel non nul.

La matrice M^2 est égale à :

a. $A = \begin{pmatrix} 1 & 0 & a^2 \\ 0 & 1 & 0 \\ 0 & 1 & 0 \end{pmatrix}$;

b. $B = \begin{pmatrix} 1 & a & a \\ 0 & 1 & 0 \\ 0 & 1 & 0 \end{pmatrix}$;

c. $C = \begin{pmatrix} 2 & 0 & 2a \\ 0 & 2 & 0 \\ 0 & 2 & 0 \end{pmatrix}$;

d. $D = \begin{pmatrix} 1 & 0 & 0 \\ 0 & 1 & 0 \\ 0 & 0 & 1 \end{pmatrix}$.

2. Parmi les matrices suivantes, une seule est inversible, quelque soit la valeur de a. Laquelle ?

a. $A = \begin{pmatrix} 1 & 2 \\ \cos a & -1 \end{pmatrix}$;

b. $B = \begin{pmatrix} \cos a & \sin a \\ \sin a & \cos a \end{pmatrix}$;

c. $C = \begin{pmatrix} \cos a & -\sin a \\ \sin a & \cos a \end{pmatrix}$;

d. $D = \begin{pmatrix} \sin^2 a & 0 \\ -1 & 1 \end{pmatrix}$.

23 CO-VOITURAGE | ★★ | 40 min | ▸ P. 542

Dans une région de France supposée démographiquement stable, on compte 190 milliers d'habitants qui se déplacent en voiture pour aller travailler : les uns se déplacent seuls dans leur voiture, les autres pratiquent le co-voiturage.
On admet que :

- si une année, un habitant pratique le co-voiturage, l'année suivante, il se déplace seul dans sa voiture avec une probabilité égale à 0,6 ;
- si une année, un habitant se déplace seul dans sa voiture, l'année suivante, il pratique le co-voiturage avec une probabilité égale à 0,35.

Partie A

On note C l'état « pratiquer le co-voiturage » et V l'état « se déplacer seul dans sa voiture ».

1. Dessiner un graphe probabiliste de sommets C et V qui modélise la situation aléatoire décrite.

2. En considérant C et V dans cet ordre, en colonne, la matrice de transition associée à ce graphe est $M = \begin{pmatrix} 0,40 & 0,35 \\ 0,60 & 0,65 \end{pmatrix}$.

Déterminer l'état stable du système, c'est-à-dire la matrice colonne $\begin{pmatrix} x \\ y \end{pmatrix}$ vérifiant :

$$\begin{pmatrix} x \\ y \end{pmatrix} = M \times \begin{pmatrix} x \\ y \end{pmatrix} \text{ et } x + y = 190 \text{ (population totale).}$$

En donner une interprétation.

Partie B

En 2000, 60 milliers d'habitants pratiquaient le co-voiturage et 130 milliers d'habitants se déplaçaient seuls dans leur voiture.
On appelle X_n (n entier naturel) le nombre de milliers d'habitants qui pratiquent le co-voiturage durant l'année $2\,000 + n$. On a donc $X_0 = 60$.

1. Montrer que pour tout entier naturel n, $X_{n+1} = 0,05X_n + 66,5$.

On considère la suite (u_n) définie pour tout entier naturel n par $u_n = X_n - 70$.

2. Prouver que la suite (u_n) est une suite géométrique de raison 0,05. Préciser son premier terme.

3. Montrer que pour tout entier naturel n, $X_n = 70 - 10 \times 0,05^n$.

Est-il possible que, durant une année, le nombre d'habitants pratiquant le co-voiturage atteigne la moitié de la population de cette région ?

CORRIGÉS

1 1. $A+F=\begin{pmatrix}4 & 5\\ -1 & 3\end{pmatrix}$; $B+D=\begin{pmatrix}-1\\ 8\end{pmatrix}$; $C+G=\begin{pmatrix}-1 & 2 & 8\\ 4 & 6 & 7\\ 2 & 6 & 10\end{pmatrix}$.

2. a. $\begin{pmatrix}a & b^2\\ \sqrt{c} & |d|\end{pmatrix}=\begin{pmatrix}-2 & 9\\ 4 & 7\end{pmatrix} \Leftrightarrow \begin{cases}a=-2\\ b^2=9\\ \sqrt{c}=4\\ |d|=7\end{cases} \Leftrightarrow \begin{cases}a=-2\\ b=3 \text{ ou } b=-3\\ c=16\\ d=-7 \text{ ou } d=7\end{cases}$.

Les quadruplets solutions sont :

$(-2\ ;\ 3\ ;\ 16\ ;\ -7)$, $(-2\ ;\ -3\ ;\ 16\ ;\ -7)$, $(-2\ ;\ 3\ ;\ 16\ ;\ 7)$, $(-2\ ;\ -3\ ;\ 16\ ;\ 7)$.

b. $\begin{pmatrix}a & 2\\ -1 & d\end{pmatrix}-\begin{pmatrix}3 & b\\ c & -5\end{pmatrix}=I_2 \Leftrightarrow \begin{cases}a-3=1\\ 2-b=0\\ -1-c=0\\ d+5=1\end{cases} \Leftrightarrow \begin{cases}a=4\\ b=2\\ c=-1\\ d=-4\end{cases}$

Le quadruplet solution est $(4\ ;\ 2\ ;\ -1\ ;\ -4)$.

2 1. a. $AX=\begin{pmatrix}3\times2+5\times7\\ -1\times2+2\times7\end{pmatrix}=\begin{pmatrix}41\\ 12\end{pmatrix}$; $AY=\begin{pmatrix}-4\\ 5\end{pmatrix}$; $BX=\begin{pmatrix}-12\\ 13\end{pmatrix}$; $BY=\begin{pmatrix}-5\\ -8\end{pmatrix}$.

b. $AI_2=\begin{pmatrix}3 & 5\\ -1 & 2\end{pmatrix}\begin{pmatrix}1 & 0\\ 0 & 1\end{pmatrix}=\begin{pmatrix}3\times1+5\times0 & 3\times0+5\times1\\ -1\times1+2\times0 & -1\times0+2\times1\end{pmatrix}=\begin{pmatrix}3 & 5\\ -1 & 2\end{pmatrix}$.

Donc $AI_2=A$ et, de même, $I_2A=A$.

c. $AB=\begin{pmatrix}3\times1+5\times3 & 3\times(-2)+5\times1\\ -1\times1+2\times3 & -1\times(-2)+2\times1\end{pmatrix}=\begin{pmatrix}18 & -1\\ 5 & 4\end{pmatrix}$;

$BA=\begin{pmatrix}1 & -2\\ 3 & 1\end{pmatrix}\times\begin{pmatrix}3 & 5\\ -1 & 2\end{pmatrix}=\begin{pmatrix}1\times3+(-2)\times(-1) & 1\times5+(-2)\times2\\ 3\times3+1\times(-1) & 3\times5+1\times2\end{pmatrix}=\begin{pmatrix}5 & 1\\ 8 & 17\end{pmatrix}$.

Donc $AB\neq BA$.

d. $CD=\begin{pmatrix}2 & 3\\ 4 & 6\end{pmatrix}\times\begin{pmatrix}3 & -15\\ -2 & 10\end{pmatrix}=\begin{pmatrix}0 & 0\\ 0 & 0\end{pmatrix}$.

Donc **$C\times D=0_2$ avec $C\neq 0_2$ et $D\neq 0_2$.**

2. a. $A^2=\begin{pmatrix}a & b\\ c & d\end{pmatrix}\times\begin{pmatrix}a & b\\ c & d\end{pmatrix}=\begin{pmatrix}\boldsymbol{a^2+bc} & \boldsymbol{ab+bd}\\ \boldsymbol{ac+dc} & \boldsymbol{bc+d^2}\end{pmatrix}$.

b. $(a+d)\mathrm{M}+bc\mathrm{I}_2+\mathrm{N}^2=(a+d)\begin{pmatrix}0 & b\\ c & 0\end{pmatrix}+bc\begin{pmatrix}1 & 0\\ 0 & 1\end{pmatrix}+\begin{pmatrix}a & 0\\ 0 & d\end{pmatrix}\times\begin{pmatrix}a & 0\\ 0 & d\end{pmatrix}$

$=\begin{pmatrix}0 & b(a+d)\\ c(a+d) & 0\end{pmatrix}+bc\begin{pmatrix}1 & 0\\ 0 & 1\end{pmatrix}+\begin{pmatrix}a^2 & 0\\ 0 & d^2\end{pmatrix}=\begin{pmatrix}bc+a^2 & b(a+d)\\ c(a+d) & bc+d^2\end{pmatrix}$. d'où :

$$\boldsymbol{(a+d)\mathrm{M}+bc\mathrm{I}_2+\mathrm{N}^2=\mathrm{A}^2}.$$

3. $\mathrm{EZ}=\begin{pmatrix}1\times1+2\times(-2)+3\times0\\ 4\times1+5\times(-2)+6\times0\\ 7\times1+8\times(-2)+9\times0\end{pmatrix}=\begin{pmatrix}\mathbf{-3}\\ \mathbf{-6}\\ \mathbf{-9}\end{pmatrix}$; $\mathrm{FZ}=\begin{pmatrix}\mathbf{-2}\\ \mathbf{-2}\\ \mathbf{-1}\end{pmatrix}$.

$\mathrm{EI}_3=\begin{pmatrix}1 & 2 & 3\\ 4 & 5 & 6\\ 7 & 8 & 9\end{pmatrix}\begin{pmatrix}1 & 0 & 0\\ 0 & 1 & 0\\ 0 & 0 & 1\end{pmatrix}$

$=\begin{pmatrix}1\times1+2\times0+3\times0 & 1\times0+2\times1+3\times0 & 1\times0+2\times0+3\times1\\ 4\times1+5\times0+6\times0 & 4\times0+5\times1+6\times0 & 4\times0+5\times0+6\times1\\ 7\times1+8\times0+9\times0 & 7\times0+8\times1+9\times0 & 7\times0+8\times0+9\times1\end{pmatrix}$.

Donc, $\mathbf{EI_3=E}$ et, de même, on trouve $\mathbf{I_3E=E}$.

$\mathrm{EF}=\begin{pmatrix}1\times(-2)+2\times0+3\times(-5) & 1\times0+2\times1+3\times(-2) & 1\times5+2\times1+3\times1\\ 4\times(-2)+5\times0+6\times(-5) & 4\times0+5\times1+6\times(-2) & 4\times5+5\times1+6\times1\\ 7\times(-2)+8\times0+9\times(-5) & 7\times0+8\times1+9\times(-2) & 7\times5+8\times1+9\times1\end{pmatrix}$

$=\begin{pmatrix}\mathbf{-17} & \mathbf{-4} & \mathbf{10}\\ \mathbf{-38} & \mathbf{-7} & \mathbf{31}\\ \mathbf{-59} & \mathbf{-10} & \mathbf{52}\end{pmatrix}$.

3 **1.**

a. $\begin{pmatrix}\mathbf{3} & \mathbf{-2}\\ \mathbf{-1} & \mathbf{7}\end{pmatrix}\times\begin{pmatrix}x\\ y\end{pmatrix}=\begin{pmatrix}\mathbf{5}\\ \mathbf{2}\end{pmatrix}$;

b. $\begin{pmatrix}\mathbf{1} & \mathbf{\frac{1}{2}}\\ \mathbf{0} & \mathbf{-3}\end{pmatrix}\times\begin{pmatrix}x\\ y\end{pmatrix}=\begin{pmatrix}\mathbf{3}\\ \mathbf{4}\end{pmatrix}$;

c. $\begin{cases}x=y-1\\ x+y=1\end{cases}\Leftrightarrow\begin{cases}x-y=-1\\ x+y=1\end{cases}\Leftrightarrow\begin{pmatrix}\mathbf{1} & \mathbf{-1}\\ \mathbf{1} & \mathbf{1}\end{pmatrix}\times\begin{pmatrix}x\\ y\end{pmatrix}=\begin{pmatrix}\mathbf{-1}\\ \mathbf{1}\end{pmatrix}$.

d. $\begin{pmatrix}\mathbf{2} & \mathbf{-1} & \mathbf{3}\\ \mathbf{1} & \mathbf{2} & \mathbf{-5}\\ \mathbf{1} & \mathbf{1} & \mathbf{1}\end{pmatrix}\times\begin{pmatrix}x\\ y\\ z\end{pmatrix}=\begin{pmatrix}\mathbf{1}\\ \mathbf{0}\\ \mathbf{3}\end{pmatrix}$.

2. a. $\begin{cases}\boldsymbol{x-2y=4}\\ \boldsymbol{3x+y=5}\end{cases}$.

b. $\begin{cases}\boldsymbol{-2x+5z=1}\\ \boldsymbol{y+z=-2}\\ \boldsymbol{-5x-2y+z=0}\end{cases}$.

4 **1. a.** $\mathrm{AA}^{-1}=\mathrm{I}_2\Leftrightarrow\begin{pmatrix}3 & 2\\ 0 & 4\end{pmatrix}\times\begin{pmatrix}a & b\\ c & d\end{pmatrix}=\begin{pmatrix}1 & 0\\ 0 & 1\end{pmatrix}\Leftrightarrow\begin{cases}\boldsymbol{3a+2c=1}\\ \boldsymbol{3b+2d=0}\\ \boldsymbol{4c=0}\\ \boldsymbol{4d=1}\end{cases}$.

b. $\begin{cases} 3a+2c=1 \\ 3b+2d=0 \\ 4c=0 \\ 4d=1 \end{cases} \Leftrightarrow \begin{cases} c=0 \\ d=\dfrac{1}{4} \\ 3a=1-2\times 0 \\ 3b=-2\times\dfrac{1}{4} \end{cases} \Leftrightarrow \begin{cases} c=0 \\ d=\dfrac{1}{4} \\ a=\dfrac{1}{3} \\ b=\dfrac{-1}{6} \end{cases}$. $\mathbf{A^{-1}} = \begin{pmatrix} \mathbf{\frac{1}{3}} & \mathbf{\frac{-1}{6}} \\ \mathbf{0} & \mathbf{\frac{1}{4}} \end{pmatrix}$.

2. $\begin{pmatrix} 2 & 3 \\ -3 & 5 \end{pmatrix} \times \begin{pmatrix} a & b \\ c & d \end{pmatrix} = \begin{pmatrix} 1 & 0 \\ 0 & 1 \end{pmatrix}$

$$\Leftrightarrow \begin{cases} 2a+3c=1 \\ 2b+3d=0 \\ -3a+5c=0 \\ -3b+5d=1 \end{cases} \Leftrightarrow \begin{cases} a=\dfrac{1}{2}-3\dfrac{c}{2} \\ b=-3\dfrac{d}{2} \\ a=5\dfrac{c}{3} \\ b=-\dfrac{1}{3}+5\dfrac{d}{3} \end{cases} \Leftrightarrow \begin{cases} a=5\dfrac{c}{3} \\ 5\dfrac{c}{3}+3\dfrac{c}{2}=\dfrac{1}{2} \\ b=-3\dfrac{d}{2} \\ 5\dfrac{d}{3}+3\dfrac{d}{2}=\dfrac{1}{3} \end{cases} \Leftrightarrow \begin{cases} c=\dfrac{3}{19} \\ a=\dfrac{5}{19} \\ d=\dfrac{2}{19} \\ b=\dfrac{-3}{19} \end{cases}.$$

Donc $\mathbf{B^{-1}} = \mathbf{\frac{1}{19}}\begin{pmatrix} \mathbf{5} & \mathbf{-3} \\ \mathbf{3} & \mathbf{2} \end{pmatrix}$.

Comparer ce résultat avec la formule du II. 2.

3. $\begin{pmatrix} 1 & 2 & 3 \\ 0 & 4 & 5 \\ 0 & 0 & 6 \end{pmatrix} \times \begin{pmatrix} a_1 & b_1 & c_1 \\ a_2 & b_2 & c_2 \\ a_3 & b_3 & c_3 \end{pmatrix} = \begin{pmatrix} 1 & 0 & 0 \\ 0 & 1 & 0 \\ 0 & 0 & 1 \end{pmatrix}$

$$\Leftrightarrow \begin{cases} a_1+2a_2+3a_3=1 \\ b_1+2b_2+3b_3=0 \\ c_1+2c_2+3c_3=0 \\ 4a_2+5a_3=0 \\ 4b_2+5b_3=1 \\ 4c_2+5c_3=0 \\ 6a_3=0 \\ 6b_3=0 \\ 6c_3=1 \end{cases} \Leftrightarrow \begin{cases} a_1=1 \\ b_1=-\dfrac{1}{2} \\ c_1=\dfrac{5}{12}-\dfrac{1}{2}=-\dfrac{1}{12} \\ a_2=0 \\ b_2=\dfrac{1}{4} \\ c_2=-\dfrac{5}{24} \\ a_3=0 \\ b_3=0 \\ c_3=\dfrac{1}{6} \end{cases}$$

Donc $\mathbf{M^{-1}} = \begin{pmatrix} \mathbf{1} & -\frac{\mathbf{1}}{\mathbf{2}} & -\frac{\mathbf{1}}{\mathbf{12}} \\ \mathbf{0} & \frac{\mathbf{1}}{\mathbf{4}} & -\frac{\mathbf{5}}{\mathbf{24}} \\ \mathbf{0} & \mathbf{0} & \frac{\mathbf{1}}{\mathbf{6}} \end{pmatrix}$.

4. $\begin{pmatrix} 1 & 0 & -2 \\ 1 & 0 & 1 \\ -1 & 2 & 0 \end{pmatrix} \times \begin{pmatrix} a_1 & b_1 & c_1 \\ a_2 & b_2 & c_2 \\ a_3 & b_3 & c_3 \end{pmatrix} = \begin{pmatrix} 1 & 0 & 0 \\ 0 & 1 & 0 \\ 0 & 0 & 1 \end{pmatrix}$

$$\Leftrightarrow \begin{cases} a_1 - 2a_3 = 1 \\ b_1 - 2b_3 = 0 \\ c_1 - 2c_3 = 0 \\ a_1 + a_3 = 0 \\ b_1 + b_3 = 1 \\ c_1 + c_3 = 0 \\ -a_1 + 2a_2 = 0 \\ -b_1 + 2b_2 = 0 \\ -c_1 + 2c_2 = 1 \end{cases} \Leftrightarrow \begin{cases} 3a_1 = 1 \\ b_1 = 2b_3 \\ c_1 = 2c_3 \\ a_1 = -a_3 \\ 3b_3 = 1 \\ 3c_3 = 0 \\ a_2 = \frac{a_1}{2} \\ b_2 = \frac{b_1}{2} \\ c_2 = \frac{1}{2} + \frac{c_1}{2} \end{cases} \Leftrightarrow \begin{cases} a_1 = \frac{1}{3} \\ b_3 = \frac{1}{3} \\ c_3 = 0 \\ b_1 = \frac{2}{3} \\ c_1 = 0 \\ a_3 = -\frac{1}{3} \\ a_2 = \frac{1}{6} \\ b_2 = \frac{1}{3} \\ c_2 = \frac{1}{2} \end{cases}$$

Donc $\mathbf{N^{-1}} = \frac{\mathbf{1}}{\mathbf{6}} \begin{pmatrix} \mathbf{2} & \mathbf{4} & \mathbf{0} \\ \mathbf{1} & \mathbf{2} & \mathbf{3} \\ \mathbf{-2} & \mathbf{2} & \mathbf{0} \end{pmatrix}$.

Vérification : $\frac{1}{6} \begin{pmatrix} 2 & 4 & 0 \\ 1 & 2 & 3 \\ -2 & 2 & 0 \end{pmatrix} \times \begin{pmatrix} 1 & 0 & -2 \\ 1 & 0 & 1 \\ -1 & 2 & 0 \end{pmatrix} = \frac{1}{6} \begin{pmatrix} 6 & 0 & 0 \\ 0 & 6 & 0 \\ 0 & 0 & 6 \end{pmatrix} = I_3$.

5 $2 \times 5 - (-1) \times 3 = 13 \neq 0$, **donc A est inversible et** $\mathbf{A^{-1}} = \frac{\mathbf{1}}{\mathbf{13}} \begin{pmatrix} \mathbf{5} & \mathbf{-3} \\ \mathbf{1} & \mathbf{2} \end{pmatrix}$.

$1 \times 0 - 0 \times 0 = 1 \neq 0$, **donc B est inversible et** $\mathbf{B^{-1}} = \frac{\mathbf{1}}{\mathbf{1}} \begin{pmatrix} \mathbf{0} & \mathbf{0} \\ \mathbf{0} & \mathbf{1} \end{pmatrix} = \begin{pmatrix} \mathbf{0} & \mathbf{0} \\ \mathbf{0} & \mathbf{1} \end{pmatrix}$.

$1 \times 4 - 3 \times 2 = -2 \neq 0$, **donc C est inversible et** $\mathbf{C^{-1}} = -\frac{\mathbf{1}}{\mathbf{2}} \begin{pmatrix} \mathbf{4} & \mathbf{-2} \\ \mathbf{-3} & \mathbf{1} \end{pmatrix} = \begin{pmatrix} \mathbf{-2} & \mathbf{1} \\ \frac{\mathbf{3}}{\mathbf{2}} & -\frac{\mathbf{1}}{\mathbf{2}} \end{pmatrix}$,

$\frac{4}{3}\times\frac{3}{2}-(-1)\times(-2)=0$, donc D n'est pas inversible.

$0\times 0-1\times 1=-1\neq 0$, donc E est inversible et $E^{-1}=\frac{1}{-1}\begin{pmatrix}0&-1\\-1&0\end{pmatrix}=\begin{pmatrix}0&1\\1&0\end{pmatrix}=E$.

$E^2=E\times E^{-1}=0_2$, bien que E soit non nulle.

6 1. a. $\begin{cases}c=6x+8y\\t=1x+1{,}5y\end{cases}$ soit $\begin{pmatrix}c\\t\end{pmatrix}=\begin{pmatrix}6&8\\1&1{,}5\end{pmatrix}\begin{pmatrix}x\\y\end{pmatrix}$. Donc $Y=AX$.

La production de l'entreprise est donnée par Y = AX

b. $x=200$ et $y=800$. $Y=\begin{pmatrix}6&8\\1&1{,}5\end{pmatrix}\begin{pmatrix}200\\800\end{pmatrix}=\begin{pmatrix}7\,600\\1\,400\end{pmatrix}$.

Le coût total sera de 7600 euros et le nombre d'heures de travail sera de 1400 heures.

2. a. $B\times A=\begin{pmatrix}1{,}5&-8\\-1&6\end{pmatrix}\times\begin{pmatrix}6&8\\1&1{,}5\end{pmatrix}=\begin{pmatrix}1&0\\0&1\end{pmatrix}$ soit $\mathbf{B\times A=I_2}$.

b. $Y=A\times X$ donc (multiplication à gauche par B) :
$B\times Y=B\times A\times X=I_2\times X=X$, **soit** $\mathbf{X=B\times Y}$.

c. $Y=\begin{pmatrix}8\,400\\1450\end{pmatrix}$, donc $X=BY=\begin{pmatrix}1{,}5&-8\\-1&6\end{pmatrix}\begin{pmatrix}8\,400\\1\,450\end{pmatrix}=\begin{pmatrix}1\,000\\300\end{pmatrix}$.

1000 calculatrices de type C_1 et 300 calculatrices de type C_2 ont été fabriquées.

7 1. Seules les matrices A et D sont des matrices de transition : tous leurs éléments appartiennent à l'intervalle [0 ; 1] et la somme des éléments de chaque colonne vaut 1.

2. a. $\begin{cases}a_{n+1}=0{,}15\,a_n+0{,}6\,b_n\\b_{n+1}=0{,}85\,a_n+0{,}4\,b_n\end{cases}$, donc $\begin{pmatrix}a_{n+1}\\b_{n+1}\end{pmatrix}=\begin{pmatrix}0{,}15&0{,}6\\0{,}85&0{,}4\end{pmatrix}\begin{pmatrix}a_n\\b_n\end{pmatrix}$

$$\mathbf{M}=\begin{pmatrix}\mathbf{0{,}15}&\mathbf{0{,}6}\\\mathbf{0{,}85}&\mathbf{0{,}4}\end{pmatrix}.$$

b. $\begin{cases}a_{n+1}=\frac{5}{7}a_n+\frac{1}{4}b_n\\b_{n+1}=\frac{2}{7}a_n+\frac{3}{4}b_n\end{cases}$, donc $\begin{pmatrix}a_{n+1}\\b_{n+1}\end{pmatrix}=\begin{pmatrix}\frac{5}{7}&\frac{1}{4}\\\frac{2}{7}&\frac{3}{4}\end{pmatrix}\begin{pmatrix}a_n\\b_n\end{pmatrix}$ et $\mathbf{M}=\begin{pmatrix}\mathbf{\frac{5}{7}}&\mathbf{\frac{1}{4}}\\\mathbf{\frac{2}{7}}&\mathbf{\frac{3}{4}}\end{pmatrix}$.

c. $$\begin{cases}a_{n+1}=0{,}2a_n+\frac{1}{4}b_n+(1-0{,}35-0{,}18)c_n=0{,}2a_n+\frac{1}{4}b_n+0{,}47c_n\\b_{n+1}=0{,}7a_n+\left(1-\frac{1}{2}-\frac{1}{4}\right)b_n+0{,}35c_n=0{,}7a_n+\frac{1}{4}b_n+0{,}35c_n,\\\qquad\text{donc}\\c_{n+1}=(1-0{,}2-0{,}7)a_n+\frac{1}{2}b_n+0{,}18c_n=0{,}1a_n+\frac{1}{2}b_n+0{,}18c_n\end{cases}$$

$$\begin{pmatrix} a_{n+1} \\ b_{n+1} \\ c_{n+1} \end{pmatrix} = \begin{pmatrix} 0,2 & \frac{1}{4} & 0,47 \\ 0,7 & \frac{1}{4} & 0,35 \\ 0,1 & \frac{1}{2} & 0,18 \end{pmatrix} \begin{pmatrix} a_n \\ b_n \\ c_n \end{pmatrix} \text{ et } \mathbf{M} = \begin{pmatrix} \mathbf{0,2} & \mathbf{\frac{1}{4}} & \mathbf{0,47} \\ \mathbf{0,7} & \mathbf{\frac{1}{4}} & \mathbf{0,35} \\ \mathbf{0,1} & \mathbf{\frac{1}{2}} & \mathbf{0,18} \end{pmatrix}.$$

8 **1.**

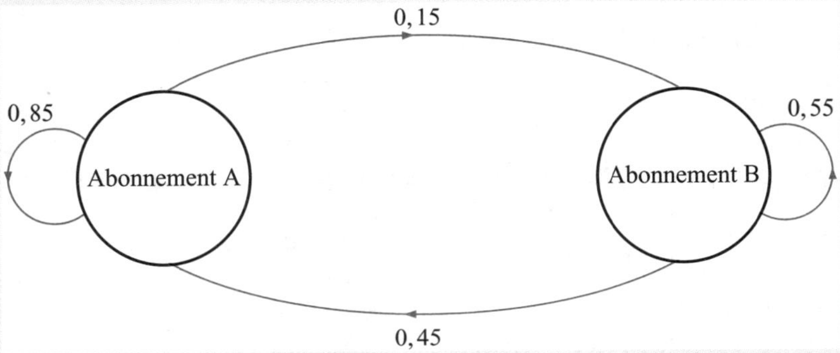

2. a. $P_0 = \begin{pmatrix} \frac{1500}{2500} \\ \frac{1000}{2500} \end{pmatrix} = \begin{pmatrix} \frac{3}{5} \\ \frac{2}{5} \end{pmatrix}$ soit $\mathbf{P_0} = \begin{pmatrix} \mathbf{0,6} \\ \mathbf{0,4} \end{pmatrix}$.

b. Soit $n \in \mathbb{N}, \begin{cases} a_{n+1} = 0,85\ a_n + 0,45 b_n \\ b_{n+1} = 0,15\ a_n + 0,55 b_n \end{cases}$, c'est-à-dire $P_{n+1} = \begin{pmatrix} 0,85 & 0,45 \\ 0,15 & 0,55 \end{pmatrix} P_n$.

Donc $\mathbf{M} = \begin{pmatrix} \mathbf{0,85} & \mathbf{0,45} \\ \mathbf{0,15} & \mathbf{0,55} \end{pmatrix}$.

c. $P_1 = M \times P_0 = \begin{pmatrix} 0,85 & 0,45 \\ 0,15 & 0,55 \end{pmatrix} \begin{pmatrix} 0,6 \\ 0,4 \end{pmatrix} = \begin{pmatrix} 0,69 \\ 0,31 \end{pmatrix}$.

L'année un, $0,69 \times 2\,500 = 1\,725$ personnes auront choisi l'abonnement A et $0,31 \times 2\,500 = 775$ personnes auront choisi l'abonnement B.

3. Soit $n \in \mathbb{N}$. $P_{n+1} = M \times P_n$, soit $\begin{pmatrix} a_{n+1} \\ b_{n+1} \end{pmatrix} = \begin{pmatrix} 0,85 & 0,45 \\ 0,15 & 0,55 \end{pmatrix} \begin{pmatrix} a_n \\ b_n \end{pmatrix}$ d'où (1re ligne) :

$a_{n+1} = 0,85a_n + 0,45b_n$. Or $a_n + b_n = 1$, donc $b_n = 1 - a_n$ et :

$a_{n+1} = 0,85a_n + 0,45(1 - a_n)$ soit $\mathbf{a_{n+1} = 0,45 + 0,4a_n}$.

4. Soit la suite (v_n) définie, pour tout entier naturel n par $v_n = a_n - 0,75$.

a. Soit $n \in \mathbb{N}$, $v_{n+1} = a_{n+1} - 0,75 = 0,45 + 0,4a_n - 0,75 = 0,4a_n - 0,3$.

Mettons 0, 4 en facteur : $v_{n+1} = 0,4\left(a_n - \frac{3}{4}\right) = 0,4(a_n - 0,75) = 0,4\,v_n$.

On peut aussi exprimer $0{,}4\,v_n$ en fonction de a_n et le comparer à v_{n+1}.

Pour tout $n \in \mathbb{N}$, $v_{n+1} = 0{,}4\,v_n$, donc (v_n) est une suite géométrique de raison 0, 4.

b. Pour tout $n \in \mathbb{N}$, $v_n = v_0 \times 0{,}4^n$ avec $v_0 = a_0 - 0{,}75 = 0{,}6 - 0{,}75 = -0{,}15$.
Donc $v_n = -0{,}15 \times 0{,}4^n$. Il en résulte que, pour tout $n \in \mathbb{N}$:

$$\boldsymbol{a_n = 0{,}75 + v_n = 0{,}75 - 0{,}15 \times 0{,}4^n}.$$

c. Comme $0{,}4 \in]-1\,;1[$, $\lim\limits_{n\to+\infty}(0{,}4^n) = 0$. Donc $\lim\limits_{n\to+\infty} a_n = 0{,}75$.

La répartition des abonnements A et B tend vers la répartition limite : 75 % d'abonnements A et 25 % d'abonnements B.

Rappel

$$\lim_{n\to+\infty} q^n = \begin{cases} 0 \text{ si } q \in]-1\,;1[\\ 1 \text{ si } q = 1 \\ +\infty \text{ si } q > 1 \end{cases}.$$

Si $q \leqslant -1$, alors q^n n'admet pas de limite quand n tend vers $+\infty$.

9 1. $(1-k)\times(4-k) - 1\times(-2) \neq 0 \Leftrightarrow k^2 - 5k + 6 \neq 0 \Leftrightarrow (k-2)(k-3) \neq 0$.

Donc A est inversible si, et seulement si, ($k \neq 2$ et $k \neq 3$).

Soit k un réel autre que 2 ou 3. Alors $\mathbf{A}^{-1} = \dfrac{1}{(k-2)(k-3)}\begin{pmatrix} 4-k & 2 \\ -1 & 1-k \end{pmatrix}$.

2. $$\begin{pmatrix} \cos(a) & 0 & 1 \\ \sin(a) & 1 & 0 \\ 0 & \sin(a) & \cos(a) \end{pmatrix} \times \begin{pmatrix} a_1 & b_1 & c_1 \\ a_2 & b_2 & c_2 \\ a_3 & b_3 & c_3 \end{pmatrix} = \begin{pmatrix} 1 & 0 & 0 \\ 0 & 1 & 0 \\ 0 & 0 & 1 \end{pmatrix}$$

$$\Leftrightarrow \begin{cases} a_1\cos(a) + a_3 = 1 \\ b_1\cos(a) + b_3 = 0 \\ c_1\cos(a) + c_3 = 0 \\ a_1\sin(a) + a_2 = 0 \\ b_1\sin(a) + b_2 = 1 \\ c_1\sin(a) + c_2 = 0 \\ a_2\sin(a) + a_3\cos(a) = 0 \\ b_2\sin(a) + b_3\cos(a) = 0 \\ c_2\sin(a) + c_3\cos(a) = 1 \end{cases}$$

$$\Leftrightarrow \begin{cases} a_3 = 1 - a_1\cos(a) \\ b_3 = -b_1\cos(a) \\ c_3 = -c_1\cos(a) \\ a_2 = -a_1\sin(a) \\ b_2 = 1 - b_1\sin(a) \\ c_2 = -c_1\sin(a) \\ \cos(a) - a_1(\cos^2(a) + \sin^2(a)) = 0 \\ \sin(a) - b_1(\cos^2(a) + \sin^2(a)) = 0 \\ -c_1(\cos^2(a) + \sin^2(a)) = 1 \end{cases} \Leftrightarrow \begin{cases} a_1 = \cos(a) \\ b_1 = \sin(a) \\ c_1 = -1 \\ a_3 = 1 - \cos^2(a) = \sin^2(a) \\ b_3 = -\sin(a)\times\cos(a) \\ c_3 = +\cos(a) \\ a_2 = -\sin(a)\times\cos(a) \\ b_2 = 1 - \sin^2(a) = \cos^2(a) \\ c_2 = +\sin(a) \end{cases}$$

Donc B est inversible et $\mathbf{B^{-1}} = \begin{pmatrix} \cos(a) & \sin(a) & -1 \\ -\sin(a)\times\cos(a) & \cos^2(a) & \sin(a) \\ \sin^2(a) & -\sin(a)\times\cos(a) & \cos(a) \end{pmatrix}$**.**

Penser à vérifier que $\begin{pmatrix} \cos(a) & \sin(a) & -1 \\ -\sin(a)\times\cos(a) & \cos^2(a) & \sin(a) \\ \sin^2(a) & -\sin(a)\times\cos(a) & \cos(a) \end{pmatrix} \times B = I_3$.

3. • $M^2 = \begin{pmatrix} 2 & 0 & 0 \\ 0 & -1 & 1 \\ 0 & -3 & -1 \end{pmatrix} \times \begin{pmatrix} 2 & 0 & 0 \\ 0 & -1 & 1 \\ 0 & -3 & -1 \end{pmatrix} = \begin{pmatrix} 4 & 0 & 0 \\ 0 & -2 & -2 \\ 0 & 6 & -2 \end{pmatrix}$.

$M^3 = \begin{pmatrix} 2 & 0 & 0 \\ 0 & -1 & 1 \\ 0 & -3 & -1 \end{pmatrix} \times \begin{pmatrix} 4 & 0 & 0 \\ 0 & -2 & -2 \\ 0 & 6 & -2 \end{pmatrix} = \begin{pmatrix} 8 & 0 & 0 \\ 0 & 8 & 0 \\ 0 & 0 & 8 \end{pmatrix}$, soit $\mathbf{M^3 = 8I_3}$.

$M^3 = 8I_3$ donc $M \times M^2 = 8I_3$, donc $M \times \frac{1}{8} M^2 = I_3$, donc :

$$\mathbf{M^{-1} = \frac{1}{8}M^2 = \begin{pmatrix} \frac{1}{2} & 0 & 0 \\ 0 & -\frac{1}{4} & -\frac{1}{4} \\ 0 & \frac{3}{4} & -\frac{1}{4} \end{pmatrix}}.$$

10 1. I(1 ; 0) donc I′(x′ ; y′) avec $\begin{pmatrix} x' \\ y' \end{pmatrix} = \begin{pmatrix} \frac{1}{2} & \frac{-\sqrt{3}}{2} \\ \frac{\sqrt{3}}{2} & \frac{1}{2} \end{pmatrix} \begin{pmatrix} 1 \\ 0 \end{pmatrix} = \begin{pmatrix} \frac{1}{2} \\ \frac{\sqrt{3}}{2} \end{pmatrix}$.

I′ a pour coordonnées $\left(\frac{1}{2} ; \frac{\sqrt{3}}{2}\right)$**, c'est le point du cercle trigonométrique d'affixe** $\frac{\pi}{3}$.

$A\left(\frac{\sqrt{3}}{2} ; \frac{1}{2}\right)$, donc A′(x′ ; y′) avec $\begin{pmatrix} x' \\ y' \end{pmatrix} = \begin{pmatrix} \frac{1}{2} & \frac{-\sqrt{3}}{2} \\ \frac{\sqrt{3}}{2} & \frac{1}{2} \end{pmatrix} \begin{pmatrix} \frac{\sqrt{3}}{2} \\ \frac{1}{2} \end{pmatrix} = \begin{pmatrix} 0 \\ 1 \end{pmatrix}$.

Donc A′ = J(0 ; 1), c'est le point du cercle trigonométrique d'affixe $\frac{\pi}{2}$.

B(−1 ; 0), donc B′(x′ ; y′) avec $\begin{pmatrix} x' \\ y' \end{pmatrix} = \begin{pmatrix} \frac{1}{2} & \frac{-\sqrt{3}}{2} \\ \frac{\sqrt{3}}{2} & \frac{1}{2} \end{pmatrix} \begin{pmatrix} -1 \\ 0 \end{pmatrix} = \begin{pmatrix} -\frac{1}{2} \\ \frac{-\sqrt{3}}{2} \end{pmatrix}$.

B′ a pour coordonnées $\left(-\frac{1}{2} ; -\frac{\sqrt{3}}{2}\right)$, c'est le point du cercle trigonométrique d'affixe $-\frac{2\pi}{3}$.

2. a. I(1 ; 0) donc I′(x′ ; y′) avec $\begin{pmatrix} x' \\ y' \end{pmatrix} = \begin{pmatrix} \cos\theta & -\sin\theta \\ \sin\theta & \cos\theta \end{pmatrix} \begin{pmatrix} 1 \\ 0 \end{pmatrix} = \begin{pmatrix} \cos\theta \\ \sin\theta \end{pmatrix}$.

I′ a pour coordonnées $(\cos\theta ; \sin\theta)$: c'est le point du cercle trigonométrique d'affixe θ.

B(−1 ; 0), donc B′(x′ ; y′) avec $\begin{pmatrix} x' \\ y' \end{pmatrix} = \begin{pmatrix} \cos\theta & -\sin\theta \\ \sin\theta & \cos\theta \end{pmatrix} \begin{pmatrix} -1 \\ 0 \end{pmatrix} = \begin{pmatrix} -\cos\theta \\ -\sin\theta \end{pmatrix}$.

B′ a pour coordonnées $(-\cos\theta ; -\sin\theta)$.

Or, pour tout réel θ, $\begin{cases} -\cos\theta = \cos(\theta+\pi) \\ -\sin\theta = \sin(\theta+\pi) \end{cases}$

Voir cours 1re S.

B′ est donc le point du cercle trigonométrique d'affixe θ + π.

b. A(cos α ; sin α) donc A′(x′ ; y′) avec :

$$\begin{pmatrix} x' \\ y' \end{pmatrix} = \begin{pmatrix} \cos\theta & -\sin\theta \\ \sin\theta & \cos\theta \end{pmatrix} \begin{pmatrix} \cos\alpha \\ \sin\alpha \end{pmatrix} = \begin{pmatrix} \cos\theta\times\cos\alpha - \sin\theta\times\sin\alpha \\ \sin\theta\times\cos\alpha + \cos\theta\times\sin\alpha \end{pmatrix}.$$

Or, pour tous réels a, b, $\begin{cases} \cos(a+b) = \cos(a)\cos(b) - \sin(a)\sin(b) \\ \sin(a+b) = \sin(a)\cos(b) + \cos(a)\sin(b) \end{cases}$

Donc A′ a pour coordonnées (cos(α + θ) ; sin(α + θ)).
A′ est donc le point du cercle trigonométrique d'affixe (α + θ).

R_θ est une matrice de rotation. On voit ici qu'elle transforme tout point du cercle trigonométrique en son image par la rotation d'angle θ. C'est en fait le cas pour tout point du plan.

3. Soient θ et θ′ deux réels. Alors :

$$R_\theta \times R_{\theta'} = \begin{pmatrix} \cos\theta & -\sin\theta \\ \sin\theta & \cos\theta \end{pmatrix} \times \begin{pmatrix} \cos\theta' & -\sin\theta' \\ \sin\theta' & \cos\theta' \end{pmatrix}$$

$$= \begin{pmatrix} \cos\theta\times\cos\theta' - \sin\theta\times\sin\theta' & -\cos\theta\times\sin\theta' - \sin\theta\times\cos\theta' \\ \sin\theta\times\cos\theta' + \cos\theta\times\sin\theta' & -\sin\theta\times\sin\theta' + \cos\theta\times\cos\theta' \end{pmatrix}$$

$$= \begin{pmatrix} \cos(\theta+\theta') & -\sin(\theta+\theta') \\ \sin(\theta+\theta') & \cos(\theta+\theta') \end{pmatrix}$$

Donc $\mathbf{R_\theta \times R_{\theta'} = R_{\theta+\theta'}}$.

$$R_{-\theta} = \begin{pmatrix} \cos(-\theta) & -\sin(-\theta) \\ \sin(-\theta) & \cos(-\theta) \end{pmatrix} = \begin{pmatrix} \cos\theta & \sin\theta \\ -\sin\theta & \cos\theta \end{pmatrix}, \text{ donc :}$$

$$R_{-\theta} \times R_\theta = \begin{pmatrix} \cos\theta & \sin\theta \\ -\sin\theta & \cos\theta \end{pmatrix} \times \begin{pmatrix} \cos\theta & -\sin\theta \\ \sin\theta & \cos\theta \end{pmatrix}$$

$$= \begin{pmatrix} \cos^2\theta + \sin^2\theta & 0 \\ 0 & +\sin^2\theta + \cos^2\theta \end{pmatrix} = \begin{pmatrix} 1 & 0 \\ 0 & 1 \end{pmatrix}.$$

Donc $\mathbf{R_\theta^{-1} = R_{-\theta}}$.

Ce résultat implique que la composée de deux rotations d'angles respectifs θ et θ' est une rotation d'angle $\theta + \theta'$, et que l'application réciproque de la rotation d'angle θ est la rotation d'angle $-\theta$.

11 **1. a.** $A^2 = \begin{pmatrix} 7 & -2 \\ 4 & 0 \end{pmatrix}\begin{pmatrix} 7 & -2 \\ 4 & 0 \end{pmatrix} = \begin{pmatrix} \mathbf{41} & \mathbf{-14} \\ \mathbf{28} & \mathbf{-8} \end{pmatrix}$.

b. $A^2 = \alpha A + \beta I_2 \Leftrightarrow \begin{pmatrix} 41 & -14 \\ 28 & -8 \end{pmatrix} = \begin{pmatrix} 7\alpha & -2\alpha \\ 4\alpha & 0 \end{pmatrix} + \begin{pmatrix} \beta & 0 \\ 0 & \beta \end{pmatrix}$

$$\Leftrightarrow \begin{cases} 41 = 7\alpha + \beta \\ -14 = -2\alpha \\ 28 = 4\alpha \\ -8 = \beta \end{cases} \Leftrightarrow \begin{cases} 41 = 7\times 7 - 8 \\ \alpha = 7 \\ \alpha = 7 \\ \beta = -8 \end{cases}$$

Donc $\mathbf{A^2 = 7A - 8I_2}$.

c. $A^2 = 7A - 8I_2 \Leftrightarrow A^2 - 7A = -8I_2 \Leftrightarrow -\frac{1}{8}A^2 + \frac{7}{8}A = I_2$

$$\Leftrightarrow (-\frac{1}{8}A + \frac{7}{8}I_2) \times A = I_2.$$

Donc **A est inversible et $\mathbf{A^{-1} = -\frac{1}{8}A + \frac{7}{8}I_2}$.**

d. $A^{-1} = \frac{1}{8}(-A + 7I_2) = \frac{1}{8}\begin{pmatrix} 0 & 2 \\ -4 & 7 \end{pmatrix} = \begin{pmatrix} 0 & \frac{1}{4} \\ -\frac{1}{2} & \frac{7}{8} \end{pmatrix}$.

Penser à vérifier que $\begin{pmatrix} 0 & \frac{1}{4} \\ -\frac{1}{2} & \frac{7}{8} \end{pmatrix} \times A = I_2$.

2. a. $\frac{1}{2}A+\frac{5}{2}I_3=\begin{pmatrix} -\frac{3}{2}+\frac{5}{2} & -1 & 1 \\ -1 & -\frac{3}{2}+\frac{5}{2} & -1 \\ 1 & -1 & -\frac{3}{2}+\frac{5}{2} \end{pmatrix}$.

Donc $\mathbf{\frac{1}{2}A+\frac{5}{2}I_3=B}$.

b. $B^2=\begin{pmatrix} 1 & -1 & 1 \\ -1 & 1 & -1 \\ 1 & -1 & 1 \end{pmatrix}\times\begin{pmatrix} 1 & -1 & 1 \\ -1 & 1 & -1 \\ 1 & -1 & 1 \end{pmatrix}=\begin{pmatrix} 3 & -3 & 3 \\ -3 & 3 & -3 \\ 3 & -3 & 3 \end{pmatrix}$

Donc $\mathbf{B^2=3B}$.

c. $B^2=3B$, donc $\left(\frac{1}{2}A+\frac{5}{2}I_3\right)^2=3\left(\frac{1}{2}A+\frac{5}{2}I_3\right)$. Comme les puissances de A commutent, on en déduit $\frac{1}{4}A^2+\frac{5}{2}A+\frac{25}{4}I_3=\frac{3}{2}A+\frac{15}{2}I_3$, soit :

$$\frac{1}{4}A^2+A-\frac{5}{4}I_3=0_3.$$

On multiplie les deux membres de l'égalité par 4 :

$$\mathbf{A^2+4A-5I_3=0.}$$

d. $A^2+4A-5I_3=0 \Leftrightarrow A^2+4A=5I_3 \Leftrightarrow \frac{1}{5}A^2+\frac{4}{5}A=I_3$

$$\Leftrightarrow \left(\frac{1}{5}A+\frac{4}{5}I_3\right)\times A=I_3.$$

Donc **A est inversible et** $\mathbf{A^{-1}=\frac{1}{5}A+\frac{4}{5}I_3=\begin{pmatrix} \frac{1}{5} & -\frac{2}{5} & \frac{2}{5} \\ -\frac{2}{5} & \frac{1}{5} & -\frac{2}{5} \\ \frac{2}{5} & -\frac{2}{5} & \frac{1}{5} \end{pmatrix}}$.

Penser à vérifier que $\begin{pmatrix} \frac{1}{5} & -\frac{2}{5} & \frac{2}{5} \\ -\frac{2}{5} & \frac{1}{5} & -\frac{2}{5} \\ \frac{2}{5} & -\frac{2}{5} & \frac{1}{5} \end{pmatrix}\times A=I_3$.

12 **1. a.** $P^{-1} = \dfrac{1}{-9+10}\begin{pmatrix} -3 & 2 \\ -5 & 3 \end{pmatrix} = \begin{pmatrix} -3 & 2 \\ -5 & 3 \end{pmatrix}$, d'où :

$$PDP^{-1} = \begin{pmatrix} 3 & -2 \\ 5 & -3 \end{pmatrix} \times \begin{pmatrix} 2 & 0 \\ 0 & -1 \end{pmatrix} \times \begin{pmatrix} -3 & 2 \\ -5 & 3 \end{pmatrix} = \begin{pmatrix} 3 & -2 \\ 5 & -3 \end{pmatrix} \times \begin{pmatrix} -6 & 4 \\ 5 & -3 \end{pmatrix} = \begin{pmatrix} -28 & 18 \\ -45 & 29 \end{pmatrix}.$$

Donc $\mathbf{PDP^{-1} = A}$.

b. • $A^1 = A = PDP^{-1}$ d'après la question **1.a.**

• Supposons qu'il existe un entier non nul p tel que $A^p = P\begin{pmatrix} 2^p & 0 \\ 0 & (-1)^p \end{pmatrix}P^{-1}$, et montrons qu'alors $A^{p+1} = P\begin{pmatrix} 2^{p+1} & 0 \\ 0 & (-1)^{p+1} \end{pmatrix}P^{-1}$.

$$A^p = P\begin{pmatrix} 2^p & 0 \\ 0 & (-1)^p \end{pmatrix}P^{-1}, \text{ donc } A^{p+1} = A \times A^p = P\begin{pmatrix} 2 & 0 \\ 0 & -1 \end{pmatrix}P^{-1} \times P\begin{pmatrix} 2^p & 0 \\ 0 & (-1)^p \end{pmatrix}P^{-1}$$

$$= P\begin{pmatrix} 2 & 0 \\ 0 & -1 \end{pmatrix} \times \begin{pmatrix} 2^p & 0 \\ 0 & (-1)^p \end{pmatrix}P^{-1} \text{ car } P^{-1} \times P = I.$$

Donc $A^{p+1} = P\begin{pmatrix} 2^{p+1} & 0 \\ 0 & (-1)^{p+1} \end{pmatrix}P^{-1}$.

• Donc, pour tout $n \in \mathbb{N}^*$, $\mathbf{A^n = P\begin{pmatrix} 2^n & 0 \\ 0 & (-1)^n \end{pmatrix}P^{-1}}$.

c. $A^{10} = P\begin{pmatrix} 2^{10} & 0 \\ 0 & (-1)^{10} \end{pmatrix}P^{-1} = \begin{pmatrix} 3 & -2 \\ 5 & -3 \end{pmatrix} \times \begin{pmatrix} 1024 & 0 \\ 0 & 1 \end{pmatrix} \times \begin{pmatrix} -3 & 2 \\ -5 & 3 \end{pmatrix}$

$A^{10} = \begin{pmatrix} 3 & -2 \\ 5 & -3 \end{pmatrix} \times \begin{pmatrix} -3\,072 & 2\,048 \\ -5 & 3 \end{pmatrix}$, d'où $\mathbf{A^{10} = \begin{pmatrix} -9\,206 & 6\,138 \\ -15\,345 & 10\,231 \end{pmatrix}}$.

2. a. $P \times Q = \begin{pmatrix} 1 & 0 & 1 \\ 0 & 1 & 1 \\ 1 & 1 & 0 \end{pmatrix} \times \dfrac{1}{2}\begin{pmatrix} 1 & -1 & 1 \\ -1 & 1 & 1 \\ 1 & 1 & -1 \end{pmatrix} = \dfrac{1}{2}\begin{pmatrix} 1 & 0 & 1 \\ 0 & 1 & 1 \\ 1 & 1 & 0 \end{pmatrix} \times \begin{pmatrix} 1 & -1 & 1 \\ -1 & 1 & 1 \\ 1 & 1 & -1 \end{pmatrix}$

$$= \frac{1}{2}\begin{pmatrix} 2 & 0 & 0 \\ 0 & 2 & 0 \\ 0 & 0 & 2 \end{pmatrix} = I_3.$$

Donc $\mathbf{Q = P^{-1}}$.

b. $P \times D \times Q = \begin{pmatrix} 1 & 0 & 1 \\ 0 & 1 & 1 \\ 1 & 1 & 0 \end{pmatrix} \times \begin{pmatrix} 2 & 0 & 0 \\ 0 & -8 & 0 \\ 0 & 0 & 4 \end{pmatrix} \times \dfrac{1}{2}\begin{pmatrix} 1 & -1 & 1 \\ -1 & 1 & 1 \\ 1 & 1 & -1 \end{pmatrix}$

$$= \begin{pmatrix} 1 & 0 & 1 \\ 0 & 1 & 1 \\ 1 & 1 & 0 \end{pmatrix} \times \begin{pmatrix} 1 & 0 & 0 \\ 0 & -4 & 0 \\ 0 & 0 & 2 \end{pmatrix} \times \begin{pmatrix} 1 & -1 & 1 \\ -1 & 1 & 1 \\ 1 & 1 & -1 \end{pmatrix}$$

$$= \begin{pmatrix} 1 & 0 & 1 \\ 0 & 1 & 1 \\ 1 & 1 & 0 \end{pmatrix} \times \begin{pmatrix} 1 & -1 & 1 \\ 4 & -4 & -4 \\ 2 & 2 & -2 \end{pmatrix} = \begin{pmatrix} 3 & 1 & -1 \\ 6 & -2 & -6 \\ 5 & -5 & -3 \end{pmatrix}.$$

Donc $\mathbf{P \times D \times Q = M}$.

c. • $M^1 = M = PDQ$ d'après la question **2.b.**

• Supposons qu'il existe un entier non nul p tel que $M^p = PD^pQ$ et montrons qu'alors $M^{p+1} = PD^{p+1}Q$.

$M^p = PD^pQ$, donc $M^{p+1} = M \times M^p = PDQ \times PD^pQ = PD \times D^pQ$,

car $Q \times P = P^{-1} \times P = I$.

Donc $M^{p+1} = PD^{p+1}Q$.

• Donc, **pour tout** $\boldsymbol{n \in \mathbb{N}^*}$, $\mathbf{M^n = P \times D^n \times Q}$.

d. $M^5 = PD^5Q = \begin{pmatrix} 1 & 0 & 1 \\ 0 & 1 & 1 \\ 1 & 1 & 0 \end{pmatrix} \begin{pmatrix} 2^5 & 0 & 0 \\ 0 & (-8)^5 & 0 \\ 0 & 0 & 4^5 \end{pmatrix} \begin{pmatrix} 1 & -1 & 1 \\ -1 & 1 & 1 \\ 1 & 1 & -1 \end{pmatrix}$

$$= \begin{pmatrix} 1 & 0 & 1 \\ 0 & 1 & 1 \\ 1 & 1 & 0 \end{pmatrix} \begin{pmatrix} 32 & 0 & 0 \\ 0 & -32\,768 & 0 \\ 0 & 0 & 1\,024 \end{pmatrix} \begin{pmatrix} 1 & -1 & 1 \\ -1 & 1 & 1 \\ 1 & 1 & -1 \end{pmatrix}$$

$$M^5 = \begin{pmatrix} 1 & 0 & 1 \\ 0 & 1 & 1 \\ 1 & 1 & 0 \end{pmatrix} \begin{pmatrix} 32 & -32 & 32 \\ 32\,768 & -32\,768 & -32\,768 \\ 1\,024 & 1\,024 & -1\,024 \end{pmatrix}$$

$$\mathbf{M^5} = \begin{pmatrix} \mathbf{1\,056} & \mathbf{992} & \mathbf{-992} \\ \mathbf{33\,792} & \mathbf{-31\,744} & \mathbf{-33\,792} \\ \mathbf{32\,800} & \mathbf{-32\,800} & \mathbf{-32\,736} \end{pmatrix}.$$

13 **Partie A**

1. $1 \times 1 - 2 \times 0 = 1 \neq 0$, donc P est inversible et $P^{-1} = \frac{1}{1}\begin{pmatrix} 1 & -2 \\ 0 & 1 \end{pmatrix} = \begin{pmatrix} 1 & -2 \\ 0 & 1 \end{pmatrix}$

$$P \times D \times P^{-1} = \begin{pmatrix} 1 & 2 \\ 0 & 1 \end{pmatrix} \times \begin{pmatrix} -\frac{1}{2} & 0 \\ 0 & \frac{2}{3} \end{pmatrix} \times \begin{pmatrix} 1 & -2 \\ 0 & 1 \end{pmatrix} = \begin{pmatrix} 1 & 2 \\ 0 & 1 \end{pmatrix} \times \begin{pmatrix} -\frac{1}{2} & 1 \\ 0 & \frac{2}{3} \end{pmatrix}$$

$$= \begin{pmatrix} \frac{-1}{2} & \frac{7}{3} \\ 0 & \frac{2}{3} \end{pmatrix}.$$

Donc $\mathbf{P \times D \times P^{-1} = A}$.

2. • $A^1 = A = PDP^{-1}$ d'après la question **1.a.**

• Supposons qu'il existe un entier non nul p tel que $A^p = P\begin{pmatrix} \left(-\frac{1}{2}\right)^p & 0 \\ 0 & \left(\frac{2}{3}\right)^p \end{pmatrix}P^{-1}$,

et montrons qu'alors $A^{p+1} = P\begin{pmatrix} \left(-\frac{1}{2}\right)^{p+1} & 0 \\ 0 & \left(\frac{2}{3}\right)^{p+1} \end{pmatrix}P^{-1}$.

$A^p = P\begin{pmatrix} \left(-\frac{1}{2}\right)^p & 0 \\ 0 & \left(\frac{2}{3}\right)^p \end{pmatrix}P^{-1}$, donc :

$$A^{p+1} = A \times A^p = P\begin{pmatrix} -\frac{1}{2} & 0 \\ 0 & \frac{2}{3} \end{pmatrix}P^{-1} \times P\begin{pmatrix} \left(-\frac{1}{2}\right)^p & 0 \\ 0 & \left(\frac{2}{3}\right)^p \end{pmatrix}P^{-1}$$

$$= P\begin{pmatrix} -\frac{1}{2} & 0 \\ 0 & \frac{2}{3} \end{pmatrix} \times \begin{pmatrix} \left(-\frac{1}{2}\right)^p & 0 \\ 0 & \left(\frac{2}{3}\right)^p \end{pmatrix}P^{-1} \text{ car } P^{-1} \times P = I.$$

Donc $A^{p+1} = P\begin{pmatrix} \left(-\frac{1}{2}\right)^{p+1} & 0 \\ 0 & \left(\frac{2}{3}\right)^{p+1} \end{pmatrix}P^{-1}$.

Donc, **pour tout** $n \in \mathbb{N}^*$, $\mathbf{A^n = P\begin{pmatrix} \left(-\frac{1}{2}\right)^n & 0 \\ 0 & \left(\frac{2}{3}\right)^n \end{pmatrix}P^{-1}}$**.**

3. Pour tout $n \in \mathbb{N}^*$:

$$A^n = \begin{pmatrix} 1 & 2 \\ 0 & 1 \end{pmatrix} \times \begin{pmatrix} \left(-\frac{1}{2}\right)^n & 0 \\ 0 & \left(\frac{2}{3}\right)^n \end{pmatrix} \times \begin{pmatrix} 1 & -2 \\ 0 & 1 \end{pmatrix}$$

$$= \begin{pmatrix} 1 & 2 \\ 0 & 1 \end{pmatrix} \times \begin{pmatrix} \left(-\frac{1}{2}\right)^n & -2\times\left(-\frac{1}{2}\right)^n \\ 0 & \left(\frac{2}{3}\right)^n \end{pmatrix}$$

$$\mathbf{A}^n = \begin{pmatrix} \left(-\frac{1}{2}\right)^n & -2\times\left(-\frac{1}{2}\right)^n + 2\left(\frac{2}{3}\right)^n \\ 0 & \left(\frac{2}{3}\right)^n \end{pmatrix}.$$

Partie B

1. $U_1 = A \times U_0 + \begin{pmatrix} 45 \\ 3 \end{pmatrix} = \begin{pmatrix} -\frac{1}{2} & \frac{7}{3} \\ 0 & \frac{2}{3} \end{pmatrix} \times \begin{pmatrix} 1 \\ 0 \end{pmatrix} + \begin{pmatrix} 45 \\ 3 \end{pmatrix} = \begin{pmatrix} -\frac{1}{2} \\ 0 \end{pmatrix} + \begin{pmatrix} 45 \\ 3 \end{pmatrix}$

Soit : $U_1 = \begin{pmatrix} 44,5 \\ 3 \end{pmatrix}$.

2. $Z = AZ + \begin{pmatrix} 45 \\ 3 \end{pmatrix} \Leftrightarrow \begin{pmatrix} \alpha \\ \beta \end{pmatrix} = \begin{pmatrix} -\frac{1}{2}\alpha + \frac{7}{3}\beta \\ \frac{2}{3}\beta \end{pmatrix} + \begin{pmatrix} 45 \\ 3 \end{pmatrix} \Leftrightarrow \begin{cases} \alpha = -\frac{1}{2}\alpha + \frac{7}{3}\beta + 45 \\ \beta = \frac{2}{3}\beta + 3 \end{cases}$

$\Leftrightarrow \begin{cases} \frac{3}{2}\alpha = \frac{7}{3}\beta + 45 \\ \frac{1}{3}\beta = 3 \end{cases} \Leftrightarrow \begin{cases} \frac{3}{2}\alpha = 66 \\ \beta = 9 \end{cases}$ **Donc** $\boldsymbol{Z} = \begin{pmatrix} \mathbf{44} \\ \mathbf{9} \end{pmatrix}$.

3. a. $V_0 = \begin{pmatrix} 1 \\ 0 \end{pmatrix} - \begin{pmatrix} 44 \\ 9 \end{pmatrix} = \begin{pmatrix} \mathbf{-43} \\ \mathbf{-9} \end{pmatrix}$ et $V_1 = \begin{pmatrix} 44,5 \\ 3 \end{pmatrix} - \begin{pmatrix} 44 \\ 9 \end{pmatrix} = \begin{pmatrix} \mathbf{0,5} \\ \mathbf{-6} \end{pmatrix}$.

b. • $A \times V_0 = \begin{pmatrix} -\frac{1}{2} & \frac{7}{3} \\ 0 & \frac{2}{3} \end{pmatrix} \times \begin{pmatrix} -43 \\ -9 \end{pmatrix} = \begin{pmatrix} 21,5 - 21 \\ 0 - 6 \end{pmatrix} = V_1$.

• Supposons qu'il existe un entier non nul p tel que $V_p = A^p \times V_0$ et montrons qu'alors $V_{p+1} = A^{p+1} \times V_0$:

$V_{p+1} = U_{p+1} - Z = A \times U_p + \begin{pmatrix} 1 \\ 3 \end{pmatrix} - Z = A \times U_p + \begin{pmatrix} 1 \\ 3 \end{pmatrix} - \left(AZ + \begin{pmatrix} 1 \\ 3 \end{pmatrix} \right)$ d'après **2**.

$V_{p+1} = A \times U_p - A \times Z + \begin{pmatrix} 1 \\ 3 \end{pmatrix} - \begin{pmatrix} 1 \\ 3 \end{pmatrix} = A \times (U_p - Z) = A \times V_p$.

Or $V_p = A^p \times V_0$, donc $V_{p+1} = A \times A^p \times V_0 = A^{p+1} \times V_0$.

• **Donc, pour tout** $\boldsymbol{n \in \mathbb{N}^*}$, $\mathbf{V_n = A^n \times V_0}$.

c. Soit $n \in \mathbb{N}^*$. $\begin{pmatrix} x_n \\ y_n \end{pmatrix} = U_n = V_n + Z$, puisque $V_n = U_n - Z$.

$$\begin{pmatrix} x_n \\ y_n \end{pmatrix} = A^n \times V_0 + Z = \begin{pmatrix} \left(-\frac{1}{2}\right)^n & -2\times\left(-\frac{1}{2}\right)^n + 2\left(\frac{2}{3}\right)^n \\ 0 & \left(\frac{2}{3}\right)^n \end{pmatrix} \times \begin{pmatrix} -43 \\ -9 \end{pmatrix} + \begin{pmatrix} 44 \\ 9 \end{pmatrix}$$

$$\begin{pmatrix} x_n \\ y_n \end{pmatrix} = \begin{pmatrix} -43\times\left(-\frac{1}{2}\right)^n + 18\times\left(-\frac{1}{2}\right)^n - 18\times\left(\frac{2}{3}\right)^n \\ 0 - 9\times\left(\frac{2}{3}\right)^n \end{pmatrix} + \begin{pmatrix} 44 \\ 9 \end{pmatrix}.$$

$$\begin{pmatrix} \boldsymbol{x_n} \\ \boldsymbol{y_n} \end{pmatrix} = \begin{pmatrix} \mathbf{44 - 25\times\left(-\frac{1}{2}\right)^n - 18\times\left(\frac{2}{3}\right)^n} \\ \mathbf{9 - 9\times\left(\frac{2}{3}\right)^n} \end{pmatrix}.$$

d. $\lim\limits_{n\to+\infty}\left(-\frac{1}{2}\right)^n = 0$ et $\lim\limits_{n\to+\infty}\left(\frac{2}{3}\right)^n = 0$, donc $\boldsymbol{\lim\limits_{n\to+\infty} x_n = 44}$ **et** $\boldsymbol{\lim\limits_{n\to+\infty} y_n = 9}$.

14 **1. a.** $M \times A = \begin{pmatrix} 5 & 6 & 3 \\ 180 & 250 & 150 \end{pmatrix} \begin{pmatrix} 3 & 9 & 5 \\ 4 & 0 & 9 \\ 4 & 8 & 6 \end{pmatrix}$ soit :

$$\mathbf{MA = \begin{pmatrix} 51 & 69 & 97 \\ 2\,140 & 2\,820 & 4\,050 \end{pmatrix}}.$$

b. La première ligne de la matrice produit $\begin{pmatrix} 51 & 69 & 97 \\ 2\,140 & 2\,820 & 4\,050 \end{pmatrix}$ donne **le poids unitaire de chaque article**, et la seconde ligne donne **le coût de chaque article**.

2. a. $A \times F = \begin{pmatrix} 3 & 9 & 5 \\ 4 & 0 & 9 \\ 4 & 8 & 6 \end{pmatrix} \times \begin{pmatrix} 8 \\ 12 \\ 13 \end{pmatrix} = \begin{pmatrix} 197 \\ 149 \\ 206 \end{pmatrix}$. Ce vecteur colonne représente le nombre de modules de chaque type nécessaires à la fabrication des articles commandés : **il faut 197 modules $\mathbf{m_1}$, 149 modules $\mathbf{m_2}$ et 206 modules $\mathbf{m_3}$**.

b. L'usine ne disposant que de 200 modules m_3, **la demande ne peut être satisfaite**.

15 **1.**

Voir le chapitre 9 sur les probabilités conditionnelles.

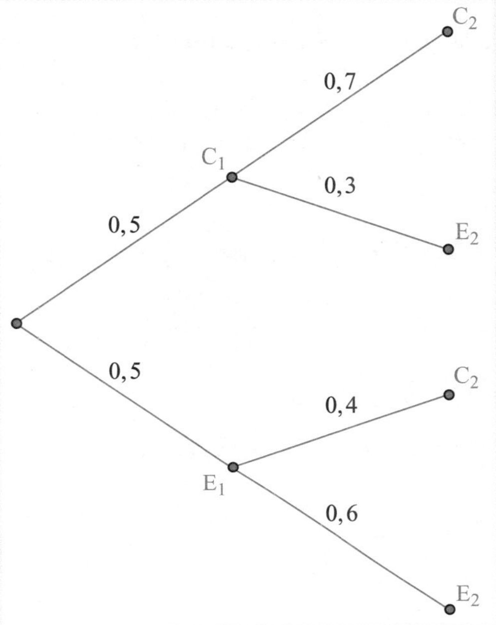

$$P(C_2) = P(C_1 \cap C_2) + P(E_1 \cap C_2) = P(C_1) \times P_{C_1}(C_2) + P(E_1) \times P_{E_1}(C_2)$$
$$= 0,5 \times 0,7 + 0,5 \times 0,4 = 0,55.$$

La probabilité pour que la 2e fléchette atteigne la cible est 0,55.

2. a.

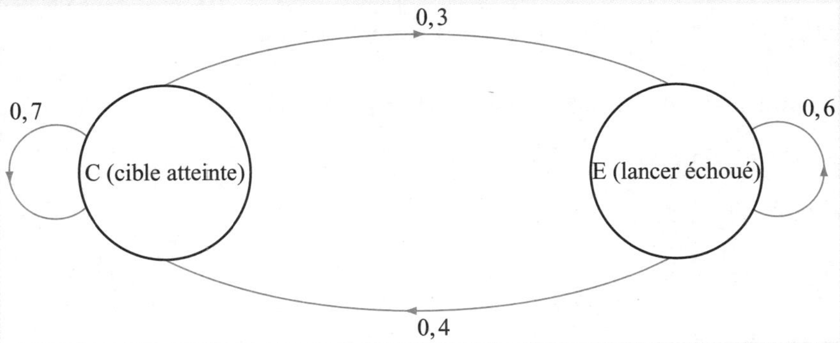

b. $c_2 = 0,7\,c_1 + 0,4\,e_1 = 0,7 \times 0,5 + 0,4 \times 0,5 = 0,55$ et $e_2 = 1 - c_2 = 0,45$.

Donc $\mathbf{P_2} = \begin{pmatrix} \mathbf{0,55} \\ \mathbf{0,45} \end{pmatrix}$.

3. a. Soit $n \in \mathbb{N}^*$.

$$\begin{cases} c_{n+1} = 0,7\,c_n + 0,4\,e_n \\ e_{n+1} = 0,3\,c_n + 0,6\,e_n \end{cases}, \text{ soit } \begin{pmatrix} c_{n+1} \\ e_{n+1} \end{pmatrix} = \begin{pmatrix} 0,7 & 0,4 \\ 0,3 & 0,6 \end{pmatrix} \begin{pmatrix} c_n \\ e_n \end{pmatrix}.$$

$\mathbf{P_{n+1} = A \times P_n}$, **A désignant la matrice de transition** $\begin{pmatrix} \mathbf{0,7} & \mathbf{0,4} \\ \mathbf{0,3} & \mathbf{0,6} \end{pmatrix}$.

b. Soit n un entier $n \geqslant 1$. $c_{n+1} = 0,7c_n + 0,4e_n$. Or $c_n + e_n = 1$, donc $c_{n+1} = 0,7c_n + 0,4(1 - c_n)$, soit $\mathbf{c_{n+1} = 0,3c_n + 0,4}$.

4. a. Soit $n \in \mathbb{N}^*$.

$$u_{n+1} = c_{n+1} - \frac{4}{7} = 0,3c_n + 0,4 - \frac{4}{7} = 0,3c_n + \frac{2}{5} - \frac{4}{7} = 0,3c_n - \frac{6}{35}.$$

D'autre part, $0,3u_n = 0,3\left(c_n - \dfrac{4}{7}\right) = 0,3c_n - \dfrac{3}{10} \times \dfrac{4}{7} = 0,3c_n - \dfrac{6}{35}$.

Donc, pour tout $n \in \mathbb{N}^*$, $u_{n+1} = 0,3u_n$.

La suite (u_n) est une suite géométrique de raison 0, 3.

On applique ici la méthode rencontrée dans les études de suites arithmético-géométriques.

b. Soit $n \in \mathbb{N}^*$.

$u_n = u_1 \times 0,3^n$ avec $u_1 = c_1 - \dfrac{4}{7} = \dfrac{1}{2} - \dfrac{4}{7} = -\dfrac{1}{14}$.

Donc $\mathbf{u_n = -\dfrac{1}{14} \times 0,3^n}$ et $\mathbf{c_n = u_n + \dfrac{4}{7} = \dfrac{4}{7} - \dfrac{1}{14} \times 0,3^n}$.

c. $0,3 \in]-1\,;1[$, donc $\lim\limits_{n \to +\infty} 0,3^n = 0$, donc $\mathbf{\lim\limits_{n \to +\infty} c_n = \dfrac{4}{7}}$.

La probabilité d'atteindre la cible tend vers la valeur limite $\dfrac{4}{7}$.

16 **1.** $M = \begin{pmatrix} 0 & \frac{1}{3} & \frac{1}{3} & \frac{1}{3} \\ \frac{1}{3} & 0 & \frac{1}{3} & \frac{1}{3} \\ \frac{1}{3} & \frac{1}{3} & 0 & \frac{1}{3} \\ \frac{1}{3} & \frac{1}{3} & \frac{1}{3} & 0 \end{pmatrix}$.

2. • $u_1 = \dfrac{1}{4}\left(\dfrac{-1}{1} + 1\right) = 0$ et $v_1 = \dfrac{1}{4}\left(1 - \left(-\dfrac{1}{3}\right)\right) = \dfrac{1}{4} \times \dfrac{4}{3} = \dfrac{1}{3}$.

Donc $\mathbf{M = M^1 = A_1}$.

• Supposons qu'il existe $p \in \mathbb{N}^*$ tel que $M^p = A_p$ et montrons qu'alors $M^{p+1} = A_{p+1}$.

$$\mathrm{M}^p = \mathrm{A}_p\text{, donc } \mathrm{M}^{p+1} = \mathrm{M}\times\mathrm{A}_p = \begin{pmatrix} 0 & \frac{1}{3} & \frac{1}{3} & \frac{1}{3} \\ \frac{1}{3} & 0 & \frac{1}{3} & \frac{1}{3} \\ \frac{1}{3} & \frac{1}{3} & 0 & \frac{1}{3} \\ \frac{1}{3} & \frac{1}{3} & \frac{1}{3} & 0 \end{pmatrix} \times \begin{pmatrix} u_p & v_p & v_p & v_p \\ v_p & u_p & v_p & v_p \\ v_p & v_p & u_p & v_p \\ v_p & v_p & v_p & u_p \end{pmatrix}$$

$$\mathrm{M}^{p+1} = \begin{pmatrix} v_p & \frac{u_p+2v_p}{3} & \frac{u_p+2v_p}{3} & \frac{u_p+2v_p}{3} \\ \frac{u_p+2v_p}{3} & v_p & \frac{u_p+2v_p}{3} & \frac{u_p+2v_p}{3} \\ \frac{u_p+2v_p}{3} & \frac{u_p+2v_p}{3} & \frac{u_p+2v_p}{3} & v_p \\ \frac{u_p+2v_p}{3} & \frac{u_p+2v_p}{3} & \frac{u_p+2v_p}{3} & v_p \end{pmatrix}.$$

D'une part, $u_{p+1} = \frac{1}{4}\left(\frac{(-1)^{p+1}}{3^p}+1\right) = \frac{1}{4}\left(1-\left(-\frac{1}{3}\right)^p\right) = v_p$.

D'autre part, $v_{p+1} = \frac{1}{4}\left(1-\left(-\frac{1}{3}\right)^{p+1}\right) = \frac{1}{4}\left(1-\left(-\frac{1}{3}\right)\times\left(-\frac{1}{3}\right)^p\right)$

$$= \frac{1}{4}\left(1+\frac{1}{3}\times\left(-\frac{1}{3}\right)^p\right).$$

$$\frac{u_p+2v_p}{3} = \frac{1}{3}\left[\frac{1}{4}\left(\frac{(-1)^p}{3^{p-1}}+1\right)+2\times\frac{1}{4}\left(1-\left(-\frac{1}{3}\right)^p\right)\right]$$

$$= \frac{1}{4}\left[\frac{(-1)^p}{3^p}+\frac{1}{3}+\frac{2}{3}-\frac{2}{3}\frac{(-1)^p}{3^p}\right] = \frac{1}{4}\left[1+\frac{1}{3}\frac{(-1)^p}{3^p}\right],$$

donc $v_{p+1} = \frac{u_p+2v_p}{3}$. D'où $\mathbf{M}^{p+1} = \mathbf{A}_{p+1}$.

Donc, **pour tout** $n \in \mathbb{N}^*$, $\mathbf{M}^n = \mathbf{A}_n$.

3. a. $p(T=1)=0$; $p(T=2)=1\times\frac{1}{3}$; $p(T=3)=1\times\frac{2}{3}\times\frac{1}{3}=\frac{2}{9}$;

$$p(T=4)=1\times\frac{2}{3}\times\frac{2}{3}\times\frac{1}{3}\ \cdots$$

Pour tout entier n, $n \geqslant 2$ $\;p(T=n)=1\times\left(\frac{2}{3}\right)^{n-2}\times\frac{1}{3}$.

En effet, si A est le point de départ et BCD la base du tétraèdre :

- le facteur 1 représente la probablilité que la puce quitte A ;
- le facteur $\frac{2}{3}$ représente le probabilité que la puce reste sur la base ;
- le facteur $\frac{1}{3}$ représente le probabilité que la puce revienne en A.

b. Posons $S_n = \text{p}(T=1)+\text{p}(T=2)+\ldots+\text{p}(T=n)$.

$$S_n = \frac{1}{3}\times\left[1+\frac{2}{3}+\ldots+\left(\frac{2}{3}\right)^{n-2}\right] = \frac{1}{3}\times\frac{1-\left(\frac{2}{3}\right)^{n-1}}{1-\frac{2}{3}} = 1-\left(\frac{2}{3}\right)^{n-1}.$$

Donc $\lim\limits_{n\to+\infty} S_n = 1$.

La somme (infinie) des probabilités élémentaires est égale à 1.

17 **1.** $\text{B} = \text{A} - \text{I}_3 = \begin{pmatrix} 0 & 0 & 1 \\ 1 & 0 & 1 \\ 0 & 0 & 0 \end{pmatrix}$.

2. $\mathbf{B^2} = \begin{pmatrix} 0 & 0 & 0 \\ 0 & 0 & 1 \\ 0 & 0 & 0 \end{pmatrix}$ et $\text{B}^3 = \begin{pmatrix} 0 & 0 & 0 \\ 0 & 0 & 1 \\ 0 & 0 & 0 \end{pmatrix} \times \begin{pmatrix} 0 & 0 & 1 \\ 1 & 0 & 1 \\ 0 & 0 & 0 \end{pmatrix}$, soit $\mathbf{B^3 = 0_3}$.

3. Pour tout entier n, $n > 3$, $\text{B}^n = \text{B}^3 \times \text{B}^{n-3} = 0_3 \times \text{B}^{n-3}$ soit $\mathbf{B}^n = \mathbf{0_3}$.

4. Soit n un entier n, $n \geqslant 3$. $\text{A}^n = (\text{B}+\text{I}_3)^n = \sum_{k=0}^{n}\binom{n}{k}\times \text{B}^k$;

$$\text{A}^n = \binom{n}{0}\times\text{B}^0 + \binom{n}{1}\times\text{B}^1 + \binom{n}{2}\times\text{B}^2 + 0_3 = 1\times\text{I}_3 + n\times\text{B} + \frac{n(n-1)}{2}\times\text{B}^2 \text{ ;}$$

$$\text{A}^n = \begin{pmatrix} 1 & 0 & 0 \\ 0 & 1 & 0 \\ 0 & 0 & 1 \end{pmatrix} + \begin{pmatrix} 0 & 0 & n \\ n & 0 & n \\ 0 & 0 & 0 \end{pmatrix} + \begin{pmatrix} 0 & 0 & 0 \\ 0 & 0 & \frac{n(n-1)}{2} \\ 0 & 0 & 0 \end{pmatrix} = \begin{pmatrix} \mathbf{1} & \mathbf{0} & \boldsymbol{n} \\ \boldsymbol{n} & \mathbf{1} & \boldsymbol{n+\frac{n(n-1)}{2}} \\ \mathbf{0} & \mathbf{0} & \mathbf{1} \end{pmatrix}.$$

18 **1.** $\text{A}^2 = \begin{pmatrix} 0 & 0 & 1 \\ 0 & 0 & 0 \\ 0 & 0 & 0 \end{pmatrix}$ et $\text{A}^3 = \begin{pmatrix} 0 & 0 & 1 \\ 0 & 0 & 0 \\ 0 & 0 & 0 \end{pmatrix} \times \begin{pmatrix} 0 & 1 & 0 \\ 0 & 0 & 1 \\ 0 & 0 & 0 \end{pmatrix} = 0_3$.

Donc, pour tout entier $n > 3$, $\text{A}^n = \text{A}^3 \times \text{A}^{n-3} = 0_3 \times \text{A}^{n-3}$ soit $\mathbf{A}^n = \mathbf{0_3}$.

2. a. $\mathbf{M(0) = I_3}$;

$$\text{M}(4) = \text{I}_3 + 4\text{A} + 8\text{A}^2 = \begin{pmatrix} 1 & 0 & 0 \\ 0 & 1 & 0 \\ 0 & 0 & 1 \end{pmatrix} + \begin{pmatrix} 0 & 4 & 0 \\ 0 & 0 & 4 \\ 0 & 0 & 0 \end{pmatrix} + \begin{pmatrix} 0 & 0 & 8 \\ 0 & 0 & 0 \\ 0 & 0 & 0 \end{pmatrix} = \begin{pmatrix} \mathbf{1} & \mathbf{4} & \mathbf{8} \\ \mathbf{0} & \mathbf{1} & \mathbf{4} \\ \mathbf{0} & \mathbf{0} & \mathbf{1} \end{pmatrix}.$$

b. $\mathbf{M(x)} = \begin{pmatrix} \mathbf{1} & \boldsymbol{x} & \boldsymbol{\frac{x^2}{2}} \\ \mathbf{0} & \mathbf{1} & \boldsymbol{x} \\ \mathbf{0} & \mathbf{0} & \mathbf{1} \end{pmatrix}$.

3. a. Soient x, y des réels.

$\mathrm{M}(x)\times\mathrm{M}(y) = \left(\mathrm{I}_3 + x\mathrm{A} + \frac{x^2}{2}\mathrm{A}^2\right)\times\left(\mathrm{I}_3 + y\mathrm{A} + \frac{y^2}{2}\mathrm{A}^2\right)$.

Les puissances de A commutent, d'où :

$\mathrm{M}(x)\times\mathrm{M}(y)$

$= \mathrm{I}_3 + (x+y)\mathrm{A} + \left(\frac{x^2}{2} + xy + \frac{y^2}{2}\right)\mathrm{A}^2 + \left(\frac{x^2}{2}y + x\frac{y^2}{2}\right)\mathrm{A}^3 + \frac{x^2}{2}\times\frac{y^2}{2}\mathrm{A}^4$.

$\mathrm{A}^3 = \mathrm{A}^4 = 0_3$, donc $\mathbf{M(x)\times M(y) = I_3 + (x+y)A + \left(\frac{x^2}{2} + xy + \frac{y^2}{2}\right)A^2}$.

b. $\mathrm{M}(x+y) = \mathrm{I}_3 + (x+y)\mathrm{A} + \frac{(x+y)^2}{2}\mathrm{A}^2 = \mathrm{I}_3 + (x+y)\mathrm{A} + \frac{x^2+2xy+y^2}{2}\mathrm{A}^2$ d'où:

$$\mathbf{M(x+y) = M(x)\times M(y)}.$$

c. Soit $x\in\mathbb{R}$, $\mathrm{M}(x+(-x)) = \mathrm{M}(0) = \mathrm{I}_3$ et $\mathrm{M}(x+(-x)) = \mathrm{M}(x)\times\mathrm{M}(-x)$.

Donc, en posant $x' = -x$, $\mathbf{M(x)\times M(x') = I_3}$.

4. $\mathrm{B} = \mathrm{M}(4)$ d'après **2. a.,** donc $\mathrm{B}\times\mathrm{M}(-4) = \mathrm{I}_3$.

B est inversible et $\mathbf{B^{-1} = M(-4)} = \begin{pmatrix} \mathbf{1} & \mathbf{-4} & \mathbf{8} \\ \mathbf{0} & \mathbf{1} & \mathbf{-4} \\ \mathbf{0} & \mathbf{0} & \mathbf{1} \end{pmatrix}$.

$\frac{(-12)^2}{2} = 72$, donc $\mathrm{C} = \mathrm{M}(-12)$. D'après **3. c.,** $\mathrm{C}\times\mathrm{M}(12) = \mathrm{I}_3$.

C est donc inversible et $\mathbf{C^{-1} = M(12)} = \begin{pmatrix} \mathbf{1} & \mathbf{12} & \mathbf{72} \\ \mathbf{0} & \mathbf{1} & \mathbf{12} \\ \mathbf{0} & \mathbf{0} & \mathbf{1} \end{pmatrix}$.

19 1. Pour tout $n\in\mathbb{N}$, $\begin{pmatrix} c_{n+1} \\ s_{n+1} \end{pmatrix} = \begin{pmatrix} 0{,}5 & 0{,}3 \\ -0{,}108 & 1{,}1 \end{pmatrix}\times\begin{pmatrix} c_n \\ s_n \end{pmatrix}$, soit

$\mathbf{X_{n+1} = AX_n}$ **avec** $\mathbf{A} = \begin{pmatrix} \mathbf{0{,}5} & \mathbf{0{,}3} \\ \mathbf{-0{,}108} & \mathbf{1{,}1} \end{pmatrix}$.

2. On suppose dans cette question qu'il existe un réel λ et un vecteur colonne V non nul tel que $\mathrm{AV} = \lambda\mathrm{V}$.

a. Par l'absurde, supposons que $\mathrm{B} = \mathrm{A} - \lambda\mathrm{I}_2$ soit inversible. Il existe donc une matrice B^{-1} telle que $\mathrm{BB}^{-1} = \mathrm{B}^{-1}\mathrm{B} = \mathrm{I}_2$.

On va montrer que $\mathrm{AV} = \lambda\mathrm{V} \Rightarrow \mathrm{V} = 0$.

$AV = \lambda V$, donc $AV - \lambda V = \begin{pmatrix} 0 \\ 0 \end{pmatrix}$, donc $AV - \lambda I_2 V = \begin{pmatrix} 0 \\ 0 \end{pmatrix}$,

donc $(A - \lambda I_2)V = \begin{pmatrix} 0 \\ 0 \end{pmatrix}$ soit $BV = \begin{pmatrix} 0 \\ 0 \end{pmatrix}$.

Multiplions à gauche par B^{-1} : $B^{-1}BV = B^{-1} \times \begin{pmatrix} 0 \\ 0 \end{pmatrix}$,

d'où $I_2 V = \begin{pmatrix} 0 \\ 0 \end{pmatrix}$, d'où $V = \begin{pmatrix} 0 \\ 0 \end{pmatrix}$.

Or V est non nul par hypothèse. Il y a une contradiction.
Donc **B n'est pas inversible**.

b. $B = A - \lambda I_2 = \begin{pmatrix} 0,5 - \lambda & 0,3 \\ -0,108 & 1,1 - \lambda \end{pmatrix}$.

B n'est pas inversible, donc $(0,5 - \lambda)(1,1 - \lambda) - (-0,108) \times 0,3 = 0$.

> Voir le cours, II. 2, propriété.

Donc $\lambda^2 - 1,6\lambda + 0,55 + 0,0324 = 0$, soit $\boldsymbol{\lambda^2 - 1,6\lambda + 0,5824 = 0}$.

3. $\Delta = (-1,6)^2 - 4 \times 0,5824 = 0,2304 > 0$ et $\Delta = 0,48$.

Les racines du trinôme $\lambda^2 - 1,6\lambda + 0,5824$ sont alors :

$\lambda_1 = \dfrac{1,6 - 0,48}{2} = 0,56$ et $\lambda_2 = \dfrac{1,6 + 0,48}{2} = 1,04$.

4. • $AV_1 = \lambda_1 V_1 \Leftrightarrow \begin{pmatrix} 0,5 & 0,3 \\ -0,108 & 1,1 \end{pmatrix} \begin{pmatrix} a_1 \\ b_1 \end{pmatrix} = 0,56 \begin{pmatrix} a_1 \\ b_1 \end{pmatrix}$

$$\Leftrightarrow \begin{cases} 0,5a_1 + 0,3b_1 = 0,56a_1 \\ -0,108a_1 + 1,1b_1 = 0,56b_1 \end{cases}$$

$$\Leftrightarrow \begin{cases} 0,3b_1 = 0,06a_1 \\ 0,54b_1 = 0,108a_1 \end{cases} \Leftrightarrow a_1 = 5b_1.$$

Donc $\boldsymbol{V_1 = \begin{pmatrix} 5 \\ 1 \end{pmatrix}}$ convient.

• $AV_2 = \lambda_2 V_2 \Leftrightarrow \begin{pmatrix} 0,5 & 0,3 \\ -0,108 & 1,1 \end{pmatrix} \begin{pmatrix} a_2 \\ b_2 \end{pmatrix} = 1,04 \begin{pmatrix} a_2 \\ b_2 \end{pmatrix}$

$$\Leftrightarrow \begin{cases} 0,5a_2 + 0,3b_2 = 1,04a_2 \\ -0,108a_2 + 1,1b_2 = 1,04b_2 \end{cases}$$

$$\Leftrightarrow \begin{cases} 0,3b_2 = 0,54a_2 \\ 0,06b_2 = 0,108a_2 \end{cases} \Leftrightarrow 5b_2 = 9a_2.$$

Donc $\boldsymbol{V_2 = \begin{pmatrix} 5 \\ 9 \end{pmatrix}}$ convient.

5. a. $P=\begin{pmatrix}5 & 5\\ 1 & 9\end{pmatrix}$.

$5\times 9-1\times 5=40\neq 0$, donc P est inversible et $\mathbf{P^{-1}=\dfrac{1}{40}\begin{pmatrix}9 & -5\\ -1 & 5\end{pmatrix}}$.

b. $P\times\begin{pmatrix}\lambda_1 & 0\\ 0 & \lambda_2\end{pmatrix}\times P^{-1}=\begin{pmatrix}5 & 5\\ 1 & 9\end{pmatrix}\times\begin{pmatrix}0{,}56 & 0\\ 0 & 1{,}04\end{pmatrix}\times\dfrac{1}{40}\begin{pmatrix}9 & -5\\ -1 & 5\end{pmatrix}$

$$=\frac{1}{40}\times\begin{pmatrix}5 & 5\\ 1 & 9\end{pmatrix}\times\begin{pmatrix}5{,}04 & -2{,}8\\ -1{,}04 & 5{,}2\end{pmatrix}$$

$P\times\begin{pmatrix}\lambda_1 & 0\\ 0 & \lambda_2\end{pmatrix}\times P^{-1}=\dfrac{1}{40}\begin{pmatrix}20 & 12\\ -4{,}32 & 44\end{pmatrix}=\begin{pmatrix}0{,}5 & 0{,}3\\ -0{,}108 & 1{,}1\end{pmatrix}$, soit :

$$\mathbf{P\begin{pmatrix}\lambda_1 & 0\\ 0 & \lambda_2\end{pmatrix}P^{-1}=A}.$$

6. • $A=P\times\begin{pmatrix}\lambda_1 & 0\\ 0 & \lambda_2\end{pmatrix}\times P^{-1}$, donc $X_1=AX_0=P\times\begin{pmatrix}\lambda_1 & 0\\ 0 & \lambda_2\end{pmatrix}\times P^{-1}X_0$.

• Supposons qu'il existe un entier non nul p tel que :

$X_p=A^pX_0=P\begin{pmatrix}(\lambda_1)^p & 0\\ 0 & (\lambda_2)^p\end{pmatrix}P^{-1}X_0$ et montrons qu'alors :

$X_{p+1}=A^{p+1}X_0=P\begin{pmatrix}(\lambda_1)^{p+1} & 0\\ 0 & (\lambda_2)^{p+1}\end{pmatrix}P^{-1}X_0$.

$X_p=A^pX_0=P\begin{pmatrix}(\lambda_1)^p & 0\\ 0 & (\lambda_2)^p\end{pmatrix}P^{-1}X_0$, donc $X_{p+1}=AX_p=A\times A^pX_0=A^{p+1}X_0$.

D'autre part, $X_{p+1}=A\times A^pX_0=A\times P\begin{pmatrix}(\lambda_1)^p & 0\\ 0 & (\lambda_2)^p\end{pmatrix}P^{-1}X_0$

$$=P\times\begin{pmatrix}\lambda_1 & 0\\ 0 & \lambda_2\end{pmatrix}\times P^{-1}\times P\begin{pmatrix}(\lambda_1)^p & 0\\ 0 & (\lambda_2)^p\end{pmatrix}P^{-1}X_0$$

$$X_{p+1}=P\begin{pmatrix}(\lambda_1)^p & 0\\ 0 & (\lambda_2)^p\end{pmatrix}\times\begin{pmatrix}\lambda_1 & 0\\ 0 & \lambda_2\end{pmatrix}\times P^{-1}X_0=P\begin{pmatrix}(\lambda_1)^{p+1} & 0\\ 0 & (\lambda_2)^{p+1}\end{pmatrix}P^{-1}X_0.$$

Donc, pour tout $n\in\mathbb{N}^*$, $\mathbf{X_n=A^nX_0=P\begin{pmatrix}(\lambda_1)^n & 0\\ 0 & (\lambda_2)^n\end{pmatrix}P^{-1}X_0}$.

7. Pour tout $n\in\mathbb{N}^*$, $X_n=\dfrac{1}{40}\begin{pmatrix}5 & 5\\ 1 & 9\end{pmatrix}\times\begin{pmatrix}0{,}56^n & 0\\ 0 & 1{,}04^n\end{pmatrix}\times\begin{pmatrix}9 & -5\\ -1 & 5\end{pmatrix}\begin{pmatrix}2\\ 15\end{pmatrix}$.

$$X_n=\frac{1}{40}\begin{pmatrix}5 & 5\\ 1 & 9\end{pmatrix}\times\begin{pmatrix}0{,}56^n & 0\\ 0 & 1{,}04^n\end{pmatrix}\times\begin{pmatrix}-57\\ 73\end{pmatrix}$$

$$=\frac{1}{40}\begin{pmatrix}5 & 5\\ 1 & 9\end{pmatrix}\times\begin{pmatrix}-57\times 0{,}56^n\\ 73\times 1{,}04^n\end{pmatrix}.$$

$$= \frac{1}{40}\begin{pmatrix} -285 \times 0,56^n + 365 \times 1,04^n \\ -57 \times 0,56^n + 657 \times 1,04^n \end{pmatrix}$$

$$= \begin{pmatrix} -7,125 \times 0,56^n + 9,125 \times 1,04^n \\ -1,425 \times 0,56^n + 16,425 \times 1,04^n \end{pmatrix}$$

$$= \begin{pmatrix} c_n \\ s_n \end{pmatrix}.$$

D'où $\begin{cases} \boldsymbol{c_n = -7,125 \times 0,56^n + 9,125 \times 1,04^n} \\ \boldsymbol{s_n = -1,425 \times 0,56^n + 16,425 \times 1,04^n}. \end{cases}$

8. $0,56 \in]-1\ ;1[$ donc $\lim\limits_{n \to +\infty} 0,56^n = 0$, donc $\lim\limits_{n \to +\infty} -7,125 \times 0,56^n = 0$ et $\lim\limits_{n \to +\infty} -1,425 \times 0,56^n = 0$.

$1,04 > 1$, donc $\lim\limits_{n \to +\infty} 1,04^n = +\infty$, donc $\lim\limits_{n \to +\infty} 9,125 \times 1,04^n = +\infty$ et $\lim\limits_{n \to +\infty} 16,425 \times 1,04^n = +\infty$.

Finalement $\lim\limits_{n \to +\infty} c_n = +\infty$ et $\lim\limits_{n \to +\infty} s_n = +\infty$.

Selon ce modèle, et dans ces conditions initiales, chacune des populations va croître infiniment.

20 **1.** $M^2 = \begin{pmatrix} 1 & 0 & 1 & 1 \\ 1 & 0 & 0 & 1 \\ 0 & 1 & 1 & 0 \\ 0 & 1 & 0 & 0 \end{pmatrix} \times \begin{pmatrix} 1 & 0 & 1 & 1 \\ 1 & 0 & 0 & 1 \\ 0 & 1 & 1 & 0 \\ 0 & 1 & 0 & 0 \end{pmatrix} = \begin{pmatrix} \mathbf{1} & \mathbf{2} & \mathbf{2} & \mathbf{1} \\ \mathbf{1} & \mathbf{1} & \mathbf{1} & \mathbf{1} \\ \mathbf{1} & \mathbf{1} & \mathbf{1} & \mathbf{1} \\ \mathbf{1} & \mathbf{0} & \mathbf{0} & \mathbf{1} \end{pmatrix}.$

$$M^3 = M^2 \times M = \begin{pmatrix} 1 & 2 & 2 & 1 \\ 1 & 1 & 1 & 1 \\ 1 & 1 & 1 & 1 \\ 1 & 0 & 0 & 1 \end{pmatrix} \times \begin{pmatrix} 1 & 0 & 1 & 1 \\ 1 & 0 & 0 & 1 \\ 0 & 1 & 1 & 0 \\ 0 & 1 & 0 & 0 \end{pmatrix} = \begin{pmatrix} \mathbf{3} & \mathbf{3} & \mathbf{3} & \mathbf{3} \\ \mathbf{2} & \mathbf{2} & \mathbf{2} & \mathbf{2} \\ \mathbf{2} & \mathbf{2} & \mathbf{2} & \mathbf{2} \\ \mathbf{1} & \mathbf{1} & \mathbf{1} & \mathbf{1} \end{pmatrix}.$$

$$M^4 = M^3 \times M = \begin{pmatrix} 3 & 3 & 3 & 3 \\ 2 & 2 & 2 & 2 \\ 2 & 2 & 2 & 2 \\ 1 & 1 & 1 & 1 \end{pmatrix} \times \begin{pmatrix} 1 & 0 & 1 & 1 \\ 1 & 0 & 0 & 1 \\ 0 & 1 & 1 & 0 \\ 0 & 1 & 0 & 0 \end{pmatrix} = \begin{pmatrix} \mathbf{6} & \mathbf{6} & \mathbf{6} & \mathbf{6} \\ \mathbf{4} & \mathbf{4} & \mathbf{4} & \mathbf{4} \\ \mathbf{4} & \mathbf{4} & \mathbf{4} & \mathbf{4} \\ \mathbf{2} & \mathbf{2} & \mathbf{2} & \mathbf{2} \end{pmatrix}.$$

$\mathbf{M^4 = 2M^3}$.

2. On admet qu'il existe une suite numérique (a_n) telle que, pour tout $n \geqslant 3$, $M^n = a_n M^3$.

a. $M^3 = 1M^3$, donc $\mathbf{a_3 = 1}$. $M^4 = 2M^3$, donc $\mathbf{a_4 = 2}$.

b. Soit n un entier, $n \geqslant 3$.
$M^{n+1} = M^{(n-3)+4} = M^{n-3} \times M^4 = M^{n-3} \times 2M^3 = 2M^{n-3} \times M^3$ soit :

$$\mathbf{M^{n+1} = 2M^n}.$$

c. $M^{n+1} = a_{n+1}M^3 = 2M^n = 2a_nM^3$.

D'où $(a_{n+1} - 2a_n)M^3 = 0$, c'est-à-dire $(a_{n+1} - 2a_n)\begin{pmatrix} 3 & 3 & 3 & 3 \\ 2 & 2 & 2 & 2 \\ 2 & 2 & 2 & 2 \\ 1 & 1 & 1 & 1 \end{pmatrix} = 0$.

Or, une matrice est nulle si, et seulement si tous ses termes sont nuls. En particulier, le terme d'indice 4,1 qui vaut $(a_{n+1} - 2a_n)$ est nul, soit $a_{n+1} = 2a_n$.

On a montré que, pour tout entier $n \geqslant 3$, $a_{n+1} = 2a_n$.

Donc la suite (a_n) est géométrique de raison 2 et de premier terme $a_3 = 1$.

d. Pour tout $n \geqslant 3$, $a_n = a_3 \times 2^{n-3} = 1 \times 2^{n-3} = 2^{n-3}$.

Voir le cours sur les suites géométriques de 1re S.

Donc, pour tout $n \geqslant 3$, $M^n = 2^{n-3}\begin{pmatrix} 3 & 3 & 3 & 3 \\ 2 & 2 & 2 & 2 \\ 2 & 2 & 2 & 2 \\ 1 & 1 & 1 & 1 \end{pmatrix}$.

21 **1.**

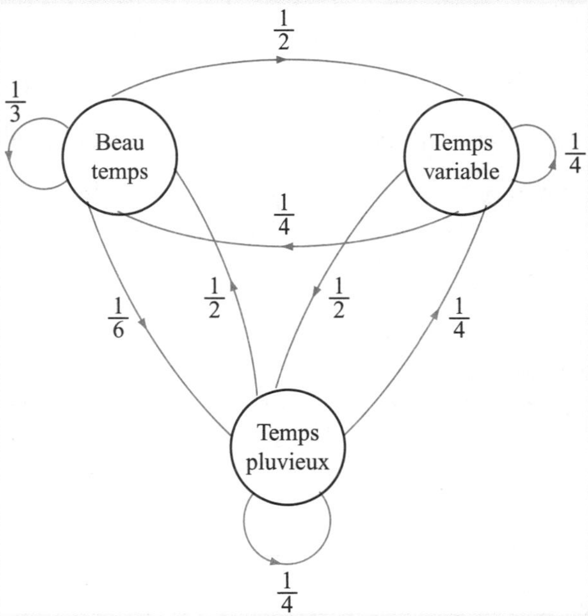

2. Soit $n \in \mathbb{N}$. $\begin{cases} b_{n+1} = \frac{1}{3}b_n + \frac{1}{4}v_n + \frac{1}{2}p_n \\ v_{n+1} = \frac{1}{2}b_n + \frac{1}{4}v_n + \frac{1}{4}p_n \\ p_{n+1} = \frac{1}{6}b_n + \frac{1}{2}v_n + \frac{1}{4}p_n \end{cases}$, soit $\begin{pmatrix} b_{n+1} \\ v_{n+1} \\ p_{n+1} \end{pmatrix} = \begin{pmatrix} \frac{1}{3} & \frac{1}{4} & \frac{1}{2} \\ \frac{1}{2} & \frac{1}{4} & \frac{1}{4} \\ \frac{1}{6} & \frac{1}{2} & \frac{1}{4} \end{pmatrix}\begin{pmatrix} b_n \\ v_n \\ p_n \end{pmatrix}$.

La matrice de transition de ce graphe est donc :

$$\mathbf{M} = \begin{pmatrix} \frac{1}{3} & \frac{1}{4} & \frac{1}{2} \\ \frac{1}{2} & \frac{1}{4} & \frac{1}{4} \\ \frac{1}{6} & \frac{1}{2} & \frac{1}{4} \end{pmatrix}.$$

3. $P_1 = M\begin{pmatrix} 1 \\ 0 \\ 0 \end{pmatrix} = \begin{pmatrix} \frac{1}{3} \\ \frac{1}{2} \\ \frac{1}{6} \end{pmatrix}$;

$$P_2 = M \times P_1 = M \times M \times P_0 = M \times M \times \begin{pmatrix} 1 \\ 0 \\ 0 \end{pmatrix} = M \times \begin{pmatrix} \frac{1}{3} \\ \frac{1}{2} \\ \frac{1}{6} \end{pmatrix} = \begin{pmatrix} \frac{23}{72} \\ \frac{1}{3} \\ \frac{25}{72} \end{pmatrix}.$$

La probabilité qu'il fasse beau dans deux jours est de $\frac{23}{72}$, la probabilité que le temps soit variable dans deux jours est de $\frac{1}{3}$, et la probabilité qu'il pleuve dans deux jours est de $\frac{25}{72}$.

Vérification : $\frac{23}{72} + \frac{1}{3} + \frac{25}{72} = \frac{23 + 24 + 25}{72} = 1.$

22 **1. Réponse c.** $M^2 = B$.

2. Réponse c. Pour tout a réel, $\cos^2 a - (-\sin^2 a) = \cos^2 a + \sin^2 a = 1 \neq 0$.

23 **Partie A**

1.

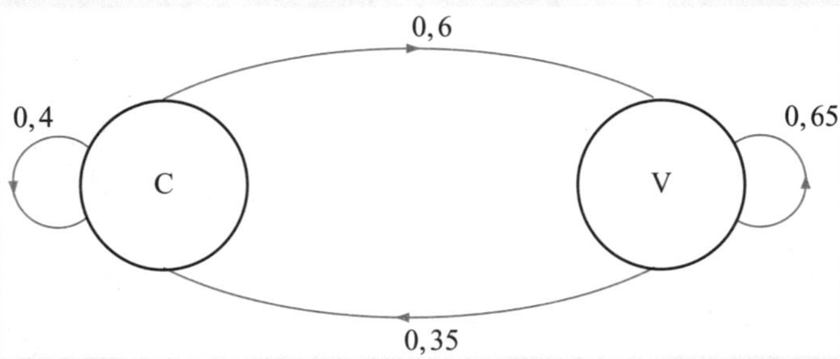

2. $\begin{pmatrix} x \\ y \end{pmatrix} = \mathrm{M} \times \begin{pmatrix} x \\ y \end{pmatrix} \Leftrightarrow \begin{pmatrix} x \\ y \end{pmatrix} = \begin{pmatrix} 0,40 & 0,35 \\ 0,60 & 0,65 \end{pmatrix} \times \begin{pmatrix} x \\ y \end{pmatrix} \Leftrightarrow \begin{cases} x = 0,40x + 0,35y \\ y = 0,6x + 0,65y \end{cases}$

D'où le système :

$$\begin{cases} 0,60x = 0,35y \\ x + y = 190 \end{cases} \Leftrightarrow \begin{cases} 0,60(190 - y) = 0,35y \\ x = 190 - y \end{cases} \Leftrightarrow \begin{cases} y = \dfrac{114}{0,95} = 120 \\ x = 190 - 120 = 70 \end{cases}.$$

L'état stable du système correspond donc à la matrice colonne $\begin{pmatrix} \mathbf{70} \\ \mathbf{120} \end{pmatrix}$.

Cela signifie que si la population une année donnée se répartit en 70 milliers de personnes pratiquant le covoiturage et 120 milliers de personnes roulant seuls, alors cette répartition sera inchangée les années suivantes.

Partie B

1. Soit $n \in \mathbb{N}$. $X_{n+1} = 0,40X_n + 0,35Y_n$. Or $X_n + Y_n = 190$.
Donc $X_{n+1} = 0,40X_n + 0,35(190 - X_n)$ soit $\boldsymbol{X_{n+1} = 66,5 + 0,05X_n}$**.**

2. Soit $n \in \mathbb{N}$.

$$u_{n+1} = X_{n+1} - 70 = 66,5 + 0,05X_n - 70$$
$$= 0,05X_n - 3,5 = 0,05\left(X_n - \frac{3,5}{0,05}\right).$$
$$u_{n+1} = 0,05(X_n - 70) = 0,05u_n.$$

La suite (u_n) est donc une suite géométrique de raison 0,05 et de premier terme $u_0 = X_0 - 70 = -10$.

3. Pour tout $n \in \mathbb{N}$, $u_n = -10 \times 0,05^n$,
donc $\boldsymbol{X_n = u_n + 70 = 70 - 10 \times 0,05^n}$**.**

Pour tout $n \in \mathbb{N}, -10 \times 0,05^n < 0$, donc $X_n < 70$.

Or $\dfrac{1}{2} \times 190 = 95$.

Le nombre d'habitants pratiquant le co-voiturage n'atteindra jamais, selon ce modèle, la moitié de la population de cette région.

PAPIER À BASE DE
FIBRES CERTIFIÉES

Hatier s'engage pour l'environnement en réduisant l'empreinte carbone de ses livres. Celle de cet exemplaire est de :
1.4 Kg éq. CO_2
Rendez-vous sur www.hatier-durable.fr

Achevé d'imprimer par Normandie Roto Impression s.a.s., 61250 Lonrai - France
N° d'imprimeur : 122560 – Dépôt légal n° 96268-4/01 - Août 2012